# GEORGII AGRICOL
### KEMPNICENSIS, MEDICI AC
### PHILOSOPHI CLARISS.

# DE RE METALLICA
## LIBRI XII.

QUIBUS OFFICIA, INSTRUMEN-
TA, MACHINÆ, AC OMNIA DENIQUE AD ME-
TALLICAM SPECTANTIA, NON MODO LUCULENTISSI-
mè deſcribuntur; ſed & per effigies, ſuis locis inſertas, adjunctis Latinis, Germanicisq; appellationibus, ita ob oculos po-
niuntur, ut clariùs tradi non poſsint.

*Ejuſdem*

## DE ANIMANTIBUS SUBTERRANEIS
### LIBER, ab Autore recognitus.

*Cum INDICIBUS diverſis, quicquid in Opere tra-*
*ctatum eſt, pulchrè demonſtrantibus.*

### BASILEÆ HELVET.
*Sumptibus itemque typis chalcographicis LudoviciRegis.*

### Anno MDCXXI.

# ILLUSTRISS. ET POTEN-

## TISS. SAXONIAE DUCIBUS, LANDGRAVIIS

### TORINGIAE, MARCHIONIBUS MISENAE, COMITIBUS

*Palatinis Saxoniæ, Burggraviis Aldeburgi & Magdeburgi, Comitibus Brenæ,*
*dominis terræ Pleisensis,* MAURICIO *sacri Imperii Archimarschal-*
*co & Electori, atque ejus fratri* AUGUSTO,
GEORGIUS *Agricola*
S. D.

UM sæpenumero, Illustrissimi Principes, totius rei Metallicæ, ut Moderatus Columella Rusticæ, magnitudinem, tanquam alicujus corporis granditatem, considerâssem; vel singulas ejus partes, quasi illius corporis membra, numerando percensuissem: veritus sum, ne vita prius me deficeret, quàm universam percipere possem, nedum literis consecrare: nam quàm longè latéque hæc pateat, quot & quantarum artium, si non magna, at aliquantula cognitio, metallicis ad eam tractandam necessaria sit, ex his nostris libris quisq; intelliget. Tametsi verò res Metallica sit amplissima, neculla ex parte à Græcis & Latinis, Scriptoribus, qui extant, absoluta, perdifficiles habeat explicatus: tamen, quia veterrima est, & hominum generi maximè necessaria atq; fructuosissima, non debere à nobis negligi, videbatur. Etenim Agriculturâ scientiarum nulla sine dubitatione vetustior, tamen hâc, res Metallica est antiquior, vel saltem æqualis & coæva: nemo enim omnium mortalium unquam absq; instrumentis agrum coluit. Ea verò, ut etiã reliquarum artium, quarum omne opus est in faciendo, instrumenta, aut ex metallis facta sunt, aut sine metallis non potuerut confici: qua de causa res metallica hominibus etiam est maximè necessaria. Nam, cùm hi paucis istiusmodi artibus carere possint, earumq; maximus sit numerus, nulla sine instrumentis quicquam efficit: tum omnium rerum, quibus magnæ divitiæ bonâ & honêstâ ratione acquiruntur, nihil est arte metallicâ utilius: ex agris enim benè cultis (ut alias res omittam) fructus capimus uberrimos, sed uberiores ex fodinis. Certè una fodina sæpè, multò majores utilitatis fructus nobis præbet, quàm agri plurimi: quocirca ex omnium ferè seculorum memoria cognoscimus, cóplures ex metallis divites factos esse, & eadem multorum regum fortunas amplificâsse: sed de his nunc plura non dicam: quòd eos locos, in primo libro, partim hujus operis, partim alterius, inscripti De veteribus & novis metallis, tractaverim, ac ea, quæ contra metalla & ipsos metallicos dicutur, refellerim. Quanquam autem res rustica, cum qua metallicam libenter confero, variè videtur esse diffusa, tamen in multo plures, quàm hæc nostra, partes non distribuitur: nec tam facilè præcepta hujus à me tradi possùnt, quàm Columella illius tradidit: quòd ipse cóplures rei rusticæ, Scriptores, quos sequeretur, in manibus habuit: nempe Græcos plus quinquaginta, quos etiam Marcus Varro recenset: Latinos plus decem, quos ipse Columella commemorat: ego solum C. Plinium Secundum, quem sequar, habeam: qui tamen per paucas rationes venarum effodiendarum, & metallorum conficiendorum exponit: res enim metallica tantùm abest, ut universa sit tractata ab aliquo scriptore, ut ne ii quidem, qui disperse scripserunt alius alia de re, singulas ejus partes absolverint: quinetiam eorum magna est paucitas: siquidem solus ex Græcis omnib. Strato Lampsacenus Theophrasti successor librum unum De machinis metallicis edidit: nisi fortè Philonis poetæ metallicus aliquam artis particulam sit complexus: nam Pherecrates in tómœdiam, inscriptione similem, metallicos servos aut ad metalla damnatos videtur introduxisse: ex Latinis autem Plinius, ut jam dixi, tradidit pauculas laborandi rationes: quibus novos scriptores, qualescunq; sint, oportet annumerare: nemo enim justa reprehensione poterit carere, qui eos, quorum scriptis, etsi paucis, utitur, debita laude fraudat. Nostra quidem lingua duo libri scripti sunt: alter De materiæ metallicæ & metallorum experimento, admodum confusus, cujus operis parens ignoratur: alter De venis, de quibus etiam Pandulfus Anglus scripsisse fertur: sed librum Germanicum confecit Calbus Fribergius, non ignobilis medicus: verùm venter eam, quam sumpsit, partem absolvit. Nuper verò Vannocius Biringuccius Senensis, homo disertus, & multarum rerum peritus, vulgari Italorum sermone tractavit locum De metallis fundendis, separandis, agglutinandis. Rationem autem quarundam venarum excoquendarum breviter perstrinxit: quorundam succorum conficiendorum planius exposuit: quibus legendis renovavi memoriam eorum: quos vidi quondam in Italia confici: reliquas res omnes, de quibus scribo, aut prorsus non attigit, aut leviter. Hoc libro Franciscus Bodoarius, patricius Venetus, vir sanè prudens & gravis, me donavit: quod tunc se facturum recepit, cùm proximo superiore anno FERDINANDUM regem, ad quem legatus à Venetis missus erat, secutus Mariebergi esset: plura scriptores de re metallica literis mádasse non comperio: quapropter, etiási Stratonis liber extaret, ex his partib. non dimidium artis metallicæ corpus confici posset. Quo autem minus multi sunt, qui de re Metallica scripserunt, eò magis mihi mirum videtur tot chymistas extitisse, qui composuerint artificium de metallis aliis in alia mutandis: multos Hermolaus Barbarus, homo dignitate generis & gradus, ac omni doctrina ornatus, nominatim protulit: ego plures proferam, sed insignes tantùm, delectum enim servabo: itaq; χυμόπεα scripsit Osthanes, Hermes, Chanes, Zosimus Alexandrinus ad sororem Theosebiam, Olympiodorus item Alexandrinus, Agathodæmon, Democritus, non Abderites ille sed alter, nescio qui: Orus Chrysorichites, Pebichius, Comerius, Joannes, Apulejus, Petasius, Pelagius, Africanus, Theophilus, Synesius, Stephanus ad Heracleum Cæsarem, Heliodorus ad Theodosium, Geberus, Calides Rachaidibus, Veradianus, Rodianus, Canides, Merlinus, Raimundus Lulius, Arnaldus Villonovanus, Augustinus

guſtinus Pantheus Venetus: fœminæ tres, Cleopatra, virgo Taphnutia, Maria Judæa: atq; hi chymiſtæ omnes orationem ſolutam uſurparunt: præter Joannem Auι elium Augurellum Ariminenſem, qui ſolus verba verſu incluſit. Sunt alii multi de hac re libri, ſed omnes obſcuri: quod ſcriptores iſti res alienis, non propriis vocabulis nominent: & quod alii aliis atq; aliis vocabulis, à ſe confictis, utantur, cum res non mutent. Iſti magiſtri ſuis diſcipulis vias tradunt, quibus progreſsi vilia metalla variis modis cocta corrumpant, & quodammodo in primam rerum materiam reducant, eaque ratione id, quod in ipſis redundat, auferant: quod deficit, compleant: atq; precioſa, hoc eſt aurum & argentum, ex eis conficiant, quæ in catillis aut catinis perdurent, hæc facere poſsint necne poſsint, non decerno: quia enim tot ſcriptores omni nobis aſſeveratione affirmant ſe eò perveniſſe, quo curſum ſuum dirigebant, eis fides eſſe videtur adhibenda: quia nullos ex hac arte quondam divites eſſe factos ſcriptum legimus, nec nunc fieri videmus, cùm tot ubivis gentium fuerint, & ſint chymiſtæ, omnesque omnes induſtriæ nervos dies noctesq; contendant, ut maximos auri & argenti acervos conſtruere poſsint, res in dubium vocatur: ſed ut ea fuerit ſcriptorum in diligentia, ut nomina magiſtrorum, qui ex hoc opificio magnam pecuniam conſecuti ſunt, memoriæ non tradiderint, certè diſcipuli decreta eorum vel non cognoſcunt, vel cognita non ſervant. Nam ſi ea perciperent, cùm tam multi fuerint, & ſint: oppida jam diu auro & argento repleviſſent: quorum vanitatem etiam libri declarant, in quibus Platonis & Ariſtotelis, aliorumque philoſophorum nomina inſcribunt, ut iſtæ glorioſæ inſcriptiones ſpecie doctrinæ viris ſimplicibus imponant. Eſt alterum genus chymiſtarum, quod vilium metallorum ſubſtantiam non immutat, ſed ipſa vel auri vel argenti colore tingit, & nova forma induit: ut ea videantur eſſe quę non ſunt: qua forma ignis calore de eis, tanquam aliena veſte detracta in ſuam redeunt ſpeciem: qui, quia decipiunt, non ſolùm ſumme in odio ſunt, ſed eorum fraus capite plectitur. Nec minus fraudem capitalem admittit tertium chymiſtarum genus: quod auri vel argenti particulam, in aliquo carbone incluſam, in catinum conjiciens fingit ſe additamentis, quæ vim eliciendi habeant, admiſtis conficere vel aurum ex auripigmento, vel argentum ex plumbo candido ſimilibusq;. Verùm de arte chymica, ſi modo ars eſt, aliàs plura: nunc ad metallicam revertar: quoniam eam integram nulli ſcriptores literis mandarunt, ac exteræ nationes & gentes noſtram linguam non intelligunt, & ſi eam intelligerent, exiguam artis partem ex noſtris iſtis ſcriptoribus poſſent diſcere, hos duodecim libris De re metallica conſcripſi: quorum P R I M U S habet ea quæ contra hanc arté & metalla atq; metallicos, vel ab iiſdem dici poſſunt: SE C U N D U S metallicum informat, & in ſermonem, qui haberi ſolet de venis inveniendis, dilabitur. T E R T I U S eſt de venis & fibris eorumq; commiſſuris. QU A R T U S explicat rationem dimetiendi venas, atque etiam exprimit officia metallica. QU I N TU S foſsionem venarum & artem menſoris docet. SE X T U S deſcribit inſtrumenta & machinas metallicas. SE P T I M U S eſt de experimento venaıum. OC T A V U S præcipit de opificio venæ urendæ, contundendæ, lavandæ, torrendæ. N O N U S excoquendarum venarum rationem exponit.

De c i m u s rei metallicæ ſtudioſos, inſtruit ad munus diſcernendi argentum ab auro, atq́; plumbum ab eodem & argento. Undecimus tradit vias ſeparandi argentum ab ære. Duodecimus dat præcepta conficiendi ſalis, nitri, aluminis, atramenti ſutorii, ſulfuris, bituminis, vitri. Hoc autem munus ſuſceptum, ut propter multitudinem rerum non expleverim, certe explere conatus ſum: nam in eo multum operæ & laboris inſumpſi, aliquem etiam ſumptum impendi: etenim venas, inſtrumenta, vaſa, canales, machinas, fornaces, non modò deſcripſi, ſed etiam mercede conduxi pictores ad earum effigies exprimendas: ne res, quæ verbis ſignificantur ignotæ aut hujus ætatis hominibus aut poſteris percipiendi difficultatem afferant: ut nobis non pauca vocabula afferre ſolent, quæ veteres ( quia res erant omnibus notæ) nuda ab enodatione prodiderunt: ſed ſit ſanè id à me prætermiſſum, quod nec ipſe vidi, neq́; legi, nec ex hominibus fide dignis cognovi: id profectò quod non vel vidi, vel lectum aut auditum expendi, non eſt ſcriptum: ſive verò præcipio ea, quæ fieri debeant, ſive narro, quæ fieri ſoleant, nec quæ fiunt improbo, eadem docendi ratio cenſeri debet. Verùm quo magis ars metallica abhorret ab omni ſermonis elegantia, eò minus hi mei libri ſunt politi: certè res, in quibus ars illa verſatur, interdum nominibus carent, vel quod novæ ſint, vel quod, etiamſi veteres, nominum, quibus vocabantur, memoria interierit: quare neceſſitate, cui venia datur, coactus quaſdam ſignificavi pluribus verbis conjunctis, quaſdam notavi novis, quod genus ſunt, ingeſtor, diſcretor, lotor, excoctor: quaſdam veteribus verbis deſignavi, quale eſt ciſium. Etenim cùm Nonius Marcellus ſcribat, vehiculi biroti genus eſſe: eo vocabulo nominare conſuevi parvum vehiculum, cui unica eſt rotula: quæ nomina ſi quis non probaverit, is rebus iſtis aut imponat magis propria, aut proferat veterum literis uſitata. Hi autem libri, principes illuſtriſsimi, multis de cauſis in veſtro nomine apparent, ſed maximè quod vobis metalla ſint fructuoſiſsima: nam cum majores veſtri ex amplis earum & divitibus regionibus uberes redituum fructus ceperint: item vectigalium, quæ peregrini ex viis penſitant, incolæ ex decumis: tamen multo uberiores ex metallis ceperunt, ex quibus quoq́; non pauca oppida nobilia orta ſunt, Fribergum ſcilicet, Annebergum, Mariebergum, Snebergum, Gairum, Aldebergum, ut alia omittam: quin, ſi quid ego ſentio, majores divitiæ nunc etiam in montoſis veſtrarum regionum locis ſub terra latent, quàm ſuprà terram exiſtant & appareant. Valete Kemnicii Hermundurorum Calend. Decembris,

Anno M. D. L.

# GEORGIUS FABRICIUS IN

Libros Metallicos GEORGII AGRICOLÆ
philosophi præstantissimi.

## AD LECTOREM.

SI juvat ignita cognoscere fronte Chimæram,
 Semicanem nympham, semibovemꝗ́ virum:
Si centum capitum Titanem, totáꝗ ferentem
 Sublimem manibus tela cruenta Gygen:
Si juvat Ætneum penetrare Cyclopis in antrum,
 Atque alios, Vates quos peperere, metus:
Nunc placeat mecum doctos evolvere libros,
 Ingenium AGRICOLÆ quos dedit acre tibi.
Non hic vana tenet suspensam fabula mentem:
 Sed precium, utilitas multa, legentis erit.
Quidquid terra sinu, gremióꝗ recondidit imo,
 Omne tibi multis eruit antè libris:
Sive fluens superas ultro nitatur in oras,
 Inveniat facilem seu magis arte viam.
Perpetui propriis manant de fontibus amnes,
 Est gravis Albuneæ sponte Mephitis odor.
Lethales sunt sponte scrobes Dicæarchidis oræ,
 Et micat è media conditus ignis humo.
Plana Nariscorum cùm tellus arsit in agro,
 Ter curva nondum falce resecta Ceres.
Nec dedit hoc damnum pastor, nec Jupiter igne:
 Vulcani per se ruperat ira solum.
Terrifico aura foras erumpens, incita motu,
 Sæpè facit montes, antè ubi plana via est.
Hæc abstrusa cavis, imóꝗ incognita fundo,
 Cognita natura sæpè fuere duce.
Arte hominum, in lucem veniunt quoꝗ multa, manuꝗ́
 Terræ multiplices effodiuntur opes.
Lydia sic nitrum profert, Islandia sulfur,
 Ac modò Tyrrhenus mittit alumen ager.
Succina, quâ trifido subit æquor Vistula cornu,
 Piscantur Codano corpora serva sinu.
Quid memorem regum preciosa insignia gemmas,
 Marmoráꝗ excelsis structa sub astra jugis?
Nil lapides, nil saxa moror: sunt pulchra metalla,
 Cræse tuis opibus clara, Mydáꝗ tuis,
Quæꝗ́ acer Macedo terra Creneide fodit,
 Nomine permutans nomina prisca suo.

α 4

At nunc non ullis cedit GERMANIA terris,
    Terra ferax hominum, terraq́; dives opum.
Hîc auri in venis locupletibus aura refulget,
    Non alio messis carior ulla loco.
Auricomum extulerit felix Campania ramum,
    Nec fructu nobis deficiente cadit.
Eruit argenti solidas hoc tempore massas
    Fossor, de propriis armaq́; miles agris.
Ignotum Graiis est Hesperiisq́; metallum,
    Quod Bisemutum lingua paterna vocat.
Candidius nigro, sed plumbo nigrius albo,
    Nostra quoq́; hoc vena divite fundit humus.
Funditur in tormenta, corus cum imitantia fulmen,
    Æs, inq́; hostiles ferrea massa domos.
Scribuntur plumbo libri: quis credidit antè
    Quàm mirandam artem Teutonis ora dedit?
Nec tamen hoc aliis, aut illa petuntur ab oris,
    Eruta Germano cuncta metalla solo.
Sed quid ego hæc repeto, monumentis tradita claris
    AGRICOLÆ, quæ nunc docta per ora volant?
Hîc caußis ortus, & formas viribus addit,
    Et quærenda quibus sint meliora locis.
Quæ si mente prius legisti candidus æqua:
    Da reliquis quoq́; nunc tempora pauca libris.
Utilitas sequitur cultorem: crede, voluptas
    Non jucunda minor, rara legentis, erit.
Judicioq́; prius ne quis malè damnet iniquo,
    Quæ sunt auctoris munera mira Dei:
Eripit ipse suis primùm tela hostibus, inq́;
    Mittentis torquet spicula rapta caput.
Fertur equo latro, vehitur pirata triremi:
    Ergo necandus equus, nec fabricanda ratis?
Visceribus terræ lateant abstrusa metalla,
    Uti opibus nescit quòd mala turba suis?
Quisquis es, aut doctis pareto monentibus, aut te
    Inter habere bonos ne fateare locum.
Se non in prærupta metallicus abjicit audax,
    Ut quondam immisso Curtius acer equo:
Sed prius edifcit, quæ sunt noscenda perito,
    Quodq́; facit, multa doctus ab arte facit.
Utiq́; gubernator servat cum sidere ventos:
    Sic minimè dubiis utitur ille notis.
Jasides navim, currus regit arte Metiscus:
    Fossor opus peragit nec minùs arte suum.
Indagat venæ spacium, numerumq́, modumq́; ,
    Sive obliqua suum, rectà ve tendat iter.

Pastor ut explorat quæ terra sit apta colenti,
  Quæ benè lanigeras, quæ malè pascat oves.
En terræ intentus, quid vincula linea tendit?
  Fungitur officio jam Ptolemæe tuo.
Utq́; suæ invenit mensuram juraq́; venæ,
  In varios operas dividit inde viros.
Jamq́; aggressus opus, viden' ut movet omne quod obstat,
  Assidua ut versat strenuus arma manu?
Nę tibi surdescant ferri tinnitibus aures,
  Ad graviora ideo conspicienda veni.
Instruit ecce suis nunc artibus ille minores:
  Sedulitas nulli non operosa loco.
Metiri docet hic venæ spaciumq́; modumq́ue,
  Utq́; regat positis finibus arva lapis,
Ne quis transmisso violentus limite pergens,
  Non sibi concessas, in sua vertat, opes.
Hic docet instrumenta, quibus Plutonia regna
  Tutus adit, saxi permeat atq; vias.
Quanta (vides) solidas expugnet machina terras:
  Machina non ullo tempore visa priùs.
Cede novis, nulla non inclyta laude vetustas,
  Posteritas meritis est quoq; grata tuis.
Tum quia Germano sunt hæc inventa sub axe,
  Si quis es, invidiæ contrahe vela tuæ.
Ausonis ora tumet bellis, terra Attica cultu,
  Germanum infractus tollit ad astra labor.
Nec tamen ingenio solet infeliciter uti,
  Mite gerat Phœbi, seu grave Martis opus.
Tempus adest, structis venarum montibus, igne
  Explorare, usum quem sibi vena ferat.
Non labor ingenio caret hic, non copia fructu,
  Est adaperta bonæ prima fenestra spei.
Ergo instat porrò graviores ferre labores,
  Intentas operi nec removere manus.
Urere sive locus poscat, seu tundere venas,
  Sive lavare lacu præter euntis aqua.
Seu flammis iterum modicis torrere necesse est,
  Excoquere aut fastis ignibus omne malum,
Cùm fluit æs rivis, auri argentiq́; metallum,
  Spes animo fossor vix capit ipse suas.
Argentum cupidus fulvo secernit ab auro,
  Et plumbi lentam demit utriq; moram.
Separat argentum, lucri studiosus, ab ære,
  Servatis, linquens deteriora, bonis.

Quæ

Quæ si cunĉta velim tenui percurrere versu,
    *Ante alium revehat Memnonis orta diem.*
Postremus labor est, concretos discere succos,
    *Quos fert innumeris Teutona terra locis.*
Quo sal, quo nitrum, quo paĉto fiat alumen,
    *Usibus artificis cùm parat illa manus:*
Nec non chalcantum, sulfur, fluidumꝗ; bitumen,
    *Massáꝗ, quo vitri lenta dolanda modo.*
Suscipit hæc hominum mirandos cura labores,
    *Pauperiem usque adeò ferre famemꝗ; grave est,*
Tantus amor viĉtum parvis extundere natis,
    *Et patriæ civem non dare velle malum.*
Nec manet in terræ fossoris mersa latebris
    *Mens, sed fert domino vota precesꝗ Deo.*
Munificæ expeĉtat, spe plenus, munera dextræ,
    *Extollens animum lætus ad astra suum.*
Divitias CHRISTUS dat notitiamꝗ fruendi,
    *Cui memori grates peĉtore semper agit.*
Hoc quoque laudati quondam fecere Philippi,
    *Qui virtutis habent cum pietate decus.*
Huc oculos, huc fleĉte animum, suavissimè Leĉtor,
    *Auĉtoremꝗ pia noscito mente Deum.*
AGRICOLÆ hinc optans operoso fausta labori,
    *Laudibus eximii candidus esto viri.*
Ille suum extollit patriæ cum nomine nomen,
    *Et vir in ore frequens posteritatis erit.*
Cunĉta cadunt letho, studii monumenta vigebunt,
    *Purpurei donec lumina solis erunt.*

Misenæ  M. D. LI.
è ludo illustri.

# GEORGII AGRICO-
## LÆ DE RE METALLICA
### LIBER PRIMUS.

MULTI habent hanc opinionem, rem metallicam fortuitum quiddam esse, & sordidum opus, atque omnino ejusmodi negotium, quod non tam artis indigeat, quàm laboris. Sed mihi, cùm singulas ejus partes animo & cogitatione percurro, res videtur longè aliter se habere. Siquidé metallicus sit oportet suæ artis peritissimus, ut primò sciat, qui mons, qui collis, quæve vallestris aut campestris positio utiliter fodi possit, aut recuset fossionem. Deinde venæ, fibræ, commissuræq; saxorum ipsi pateant. Mox pernoscat multiplices variasque species terrarum, succorum, gemmarum, lapidum, marmorum, saxorum, metallorum, mistorum: tum habeat cognitam omnem omnis operis sub terra faciendi rationem. Nota denique ipsi sint artificia materiæ experiendæ, & parandæ ad excoctionem, quæ etiam ipsa est admodum diversa. Nam aliam exigit aurum & argentum, aliam æs, aliam argentum vivum, aliam ferrum, aliam plumbum, & in eo ipso dissimilem candidum ac cinereum vel nigrum. Quamvis autem ars succos liquidos coquendi ad spissitudinem esse secreta à metallica possit videri, tamen quia iidem succi effodiuntur etiam in terra densati, aut excoquuntur ex quibusdam terrarum lapidúmve generibus, quæ metallici effodiunt, & quorum quædam metallis non carent, ab ea separari non debet, quæ excoctio iterum non est simplex: etenim alia est salis, alia nitri, alia aluminis, alia atramenti sutorii, alia sulphuris, alia bituminis. Metallicus præterea sit oportet multarum artium & disciplinarum non ignarus: Primò Philosophiæ, ut subterraneorum ortus & causas, naturasque noscat: Nam ad fodiendas venas faciliore & commodiore viâ perveniet, & ex effossis uberiores capiet fructus. Secundò Medicinæ, ut fossoribus & aliis operariis providere possit, ne in morbos, quibus præ cæteris urgentur, incidant: aut si inciderint, vel ipse eis curationes adhibere, vel ut medici adhibeant curare. Tertiò Astronomiæ, ut cognoscat cœli partes, atque ex eis venarum extensiones judicet. Quartò Mensurarum disciplinæ, ut & metiri queat, quàm altè fodiendus sit puteus, ut pertineat ad cuniculum usque qui eò agitur, & certos cuique fodinæ, præsertim in profundo, constituere fines, terminosque. Tum Numerorum disciplinæ sit intelligens, ut sumptus, qui in machinas & fossiones habendi sunt, ad calculos revocare possit. Deinde Architecturæ, ut diversas machinas substructionesque ipse fabricari, vel magis fabricandi rationem aliis explicare queat. Postea Picturæ, ut machinarum exempla deformare possit. Postremò Juris, maximè metallici, sit peritus, ut & alteri nihil surripiat, & sibi petat non iniquum, munusque aliis de jure respondendi sustineat. Itaque necesse est, ut is, cui placent certæ rationes & præcepta rei me-

# GEORGII AGRICO-
## LÆ DE RE METALLICA
### LIBER PRIMUS.

MULTI habent hanc opinionem, rem metallicam fortuitum quiddam esse, & sordidum opus, atque omnino ejusmodi negotium, quod non tam artis indigeat,
quàm laboris. Sed mihi, cùm singulas ejus partes animo & cogitatione percurro, res videtur longè aliter se
habere. Siquidè metallicus sit oportet suæ artis peritissimus, ut primò sciat, qui mons, qui collis, quæve vallestris aut campestris positio utiliter fodi possit, aut recuset fossionem. Deinde venæ, fibræ, commissuræq; saxorum ipsi pateant.
Mox pernoscat multiplices variasque species terrarum, succorum, gemmarum, lapidum, marmorum, saxorum, metallorum, mistorum: tum habeat
cognitam omnem omnis operis sub terra faciendi rationem. Nota denique
ipsi sint artificia materiæ experiendæ, & parandæ ad excoctionem, quæ
etiam ipsa est admodum diversa. Nam aliam exigit aurum & argentum, a-
liam æs, aliam argentum vivum, aliam ferrum, aliam plumbum, & in eo ipso
dissimilem candidum ac cinereum vel nigrum. Quamvis autem ars succos
liquidos coquendi ad spissitudinem esse secreta à metallica possit videri, tamen quia iidem succi effodiuntur etiam in terra densati, aut excoquuntur ex
quibusdam terrarum lapidúmve generibus, quæ metallici effodiunt, & quorum quædam metallis non carent, ab ea separari non debet, quæ excoctio
iterum non est simplex: etenim alia est salis, alia nitri, alia aluminis, alia atramenti sutorii, alia sulphuris, alia bituminis. Metallicus præterea sit oportet
multarum artium & disciplinarum non ignarus: Primò Philosophiæ, ut
subterraneorum ortus & causas, naturasque noscat: Nam ad fodiendas venas faciliore & commodiore viâ perveniet, & ex effossis uberiores capiet fructus. Secundò Medicinæ, ut fossoribus & aliis operariis providere possit,
ne in morbos, quibus præ cæteris urgentur, incidant: aut si inciderint, vel
ipse eis curationes adhibere, vel ut medici adhibeant curare. Tertiò Astronomiæ, ut cognoscat cœli partes, atque ex eis venarum extensiones judicet.
Quartò Mensurarum disciplinæ, ut & metiri queat, quàm altè fodiendus sit
puteus, ut pertineat ad cuniculum usque qui eo agitur, & certos cuique fodinæ, præsertim in profundo, constituere fines, terminosque. Tum Numerorum disciplinæ sit intelligens, ut sumptus, qui in machinas & fossiones habendi sunt, ad calculos revocare possit. Deinde Architecturæ, ut diversas
machinas substructionesque ipse fabricari, vel magis fabricandi rationem
aliis explicare queat. Postea Picturæ, ut machinarum exempla deformare
possit. Postremò Juris, maximè metallici, sit peritus, ut & alteri nihil surripiat, & sibi petat non iniquum, munusque aliis de jure respondendi sustineat. Itaque necesse est, ut is, cui placent certæ rationes & præcepta rei me-

a

tallicæ, hos aliosque noſtros libros ſtudioſé diligenterque legat, aut de qua-
que re conſulat experientes metallicos; ſed paucos inveniet gnaros totius artis. Etenim plerunque alius fodiendi rationem tenet: alius percepit ſcientiam lavandi, alius arte excoquendi confidit: alius diſciplinam terræ me-
tiendæ occultat: alius artificioſé fabricatur machinas: alius denique juris
metallici peritus eſt. At nos, ut inveniendorum & conficiendorum metallorum ſcientiam non perfecerimus, hominibus certé ſtudioſis, ad eam per-
cipiendam, magnum afferemus adjumentum. Verùm accedamus ad inſti-
tutam rationem.

UM ſemper fuerit inter homines ſumma de metallis diſſenſio, quòd
alii eis præconium tribuerent, alii ea graviter vituperarent, viſum
mihi eſt, antequam metallica præcepta tradam, veritatis inveſtigan-
dæ cauſá rem ipſam diligenter expendere. Ordiar autem ab utilitatis quæ-
ſtione, quæ duplex eſt: aut enim quæritur, utilis néc ne ſit ars metallica his,
qui verſantur in ejus ſtudio: aut reliquis hominibus utilis'ne ſit, an inutilis?
Qui metallicam cenſent inutilem eſſe his, qui ſuum ſtudium in ipſa collocant, ajunt primò, vix centeſimum quemque fodientem metalla, vel id genus
alia, fructus ex ea re capere. Sed metallicos, quia omnes ſuas opes certis &
bené conſtitutas committunt dubiæ & lubricæ fortunæ, plerunque ſpe falli,
ſumptibusque & jacturis exhauſtos, amariſſimam tandem vitam & miſerri-
mam degere. Verùm iſti non vident, quantum diſtet docïus & uſu peritus
metallicus, ab artis ignaro atque imperito. Hic ſine ullo delectu & diſcrimine
fodit venas, ille eas experitur atque tentat: ſed quia invenit vel nimis angu-
ſtas & duras, vel laxas & putres, ex eo colligit ipſas utiliter fodi non poſſe: itaque fodit ſelectas tantùm. Quid igitur mirum? rerum metallicarum imperitum damnum facere: peritum verò fructus ex foſſione capere uberrimos?
Contingit idem agricolis: Nam qui terram arant, ſiccam pariter & denſam
& macram, eique mandant ſemina, tantam non faciunt meſſem, quantam hi,
qui ſolum pingue ac putre colunt, & in eo faciunt ſementem. Cùm autem
multò plures metallici ſint artis imperiti, quàm periti, fit ut metallorum foſ-
ſio perpaucis emolumento ſit, detrimentum afferat multis. Siquidem vulgus
metallicorum, quod eſt cognitionis venarum rude ignarumque, non raró
& operam & oleum perdit. Id enim magna ex parte ſolet occurrere ad me-
talia, cùm vel propter magnum & grave æs alienum, quo ſe obſtrinxit, mer-
caturam depoſuerit, vel laboris commutandi gratiâ reliquerit falcem & ar-
trum. Quamobrem, ſi quando incidit in venas metallorum, aliorúmve foſsilium fœcundas, id bonâ magis fortunâ accidit, quàm aliquâ ſubtili animad-
verſione. Quòd autem metallica multos auxerit divitiis, ex hiſtoriis intelligimus: etenim inter ſcriptores antiquos conſtat, aliquot reſpub. florentes,
nonnullos reges, plurimos homines privatos, ex metallis, eorúmve ramentis,
divites eſſe factos. Quam rem, multis claris & illuſtribus exemplis uſus, in
primo libro De veteribus & novis metallis inſcripto, dilatavi atque explicavi:
ex quibus exemplis apparet, metallicam ſuis cultoribus eſſe utiliſſimam. Deinde iidem reprehenſores dicunt, metallicæ quæſtum minimé eſſe ſtabilem,
magnis-

magnisque laudibus efferunt agriculturam. Quàm autem verè hoc dicant,
non video: cùm argentaria metalla Fribergi, ad annos jam quadringentos in-
exhausta durent: plumbaria Goselariæ ad sexcentos, quorum utrumque ex
annalium monumentis conquiri potest:Schemnicii verò & Cremnicii communia argenti & auri ad octingentos, quod antiquissima incolarum privile-
gia loquuntur. Sed dicunt, singularum fodinarum quæstum stabilem non
esse. Quasi verò metallicus uni fodinæ, aut sit, aut addictus esse debeat, ac non
multi communiter impensas faciant in metalla: aut peritus artis non fodiat
alteram venam, si prioris fortuna ejus votis amplius non responderit: attamen Schonbergii metalli, quod Fribergi est, quæstus supra hominis æta-
tem stabilis permansit. Verùm, mihi non est in animo, derogare aliquid de
dignitate agriculturæ; minusque stabilem quæstum metallicorum esse, non
libenter modò, sed etiam semper fatebor, quòd venæ tandem desinant effundere metalla, cùm agri in perpetuum efferre fruges soleant. Sed metallicorum quæstus, quò minùs est stabilis, eò est uberior, ut, initâ ratione, quod sta-
bilitati deest, ubertate reperiatur æquari. Etenim fodinæ plumbariæ quæstus annuus eum fructibus agri optimi comparatus, ipsis triplus, aut mini-
nimùm duplus est. Quot ergo partibus antecedit eisdem fructibus quæstus
argentariæ vel aurariæ venæ? Quocirca verè ac scitè Xenophon scripsit de
Atheniensium argentariis metallis: Est terra, in qua, si sementem feceris, non
fundit fruges; si verò eam suderis, multò plures alit, quàm si fruges ferret.
Habeant igitur sibi agricolæ uberes campos colantque colles fertiles frugum
gratiâ: metallicis valles tenebricosas relinquant, & montes steriles, ut ex
ipsis eruant gemmas & metalla, non precia modò frugum, sed rerum o-
mnium quæ venduntur. Tum dicunt, periculosum esse metallicæ operam
dare; quòd metallorum fossores interimantur, modò ab aere pestifero, quem
spiritu ducunt, modò, haurientes pulverem pulmones exulcerantem, macie
extabescant: modò intereant, ruinis montium oppressi: nunc verò de scalis
in puteos delapsi, brachia, crura, cervices frangant; nullum autem utilitatis
fructum tanti æstimari debere, ut propter ejus magnitudinem, salus hominis & vita adducatur in maximum quodque periculum & extremum discrimen. Hæc quidem fateor perquàm gravia esse, atque adeò plena terroris &
periculi; ut, ipsorum vitandorum causâ, censerem, metalla fodienda non esse,
si vel sæpiùs in ea incurrerent metallorum fossores, vel ab eis sibi nullâ ratione cavere possent. Quî enim non potior esset vivendi ratio, quàm vel universa possidendi, nedum metalla? quanquam qui sic perit, possidet quidem
nulla, sed ea relinquit hæredi. Cùm autem rarò ejusmodi accidant, & impro-
vidis duntaxat fossoribus, metallicos non absterrent à fossione metallorum,
ut nec à suo artificio fabros materiarios absterret unus aliquis ex ipsis, qui,
quia incautè egit, ab alto ædificio delapsus, animam efflavit. Ista respondi
ad singula, quæ mihi objicere solent hi, qui vociferantur, rem metallicam
suis cultoribus esse inutilem; cùm, quòd sumptus impendat ad incertum ca-
sum; tum, quòd ipsa commutabilis sit & perniciosa. Nunc venio ad eos qui
eandem, cæteris hominibus utilem non esse ajunt; quia scilicet metalla &
gemmæ, & reliqua fossilium genera ipsis inutilia sint. Quod contendunt

partim probare argumentis, & exemplis, partim convitio à nobis extorque-
re. Utuntur autem primò his argumentis: Terra non occultat & ab oculis removet ea, quæ hominum generi utilia sunt & necessaria;sed, ut benefica beni-
gnaque mater, maximâ largitate fundit ex sese, & in aspectum lucemque profert herbas, legumina, fruges, fructus arborum: At fossilia in profundo penitus abstrudit: Eruenda igitur non sunt. Quia verò ipsa eruunt homines scele-
rati, quos, ut Poetæ loquuntur, ferrea ista ætas progignit, Ovidius eam auda-
ciam merito insequitur his versibus:

> Nec tantum segetes alimentaq́ debita dives
> Poscebatur humus, sed itum est in viscera terræ,
> Quasque recondiderat, Stygiisq́ admoverat undis,
> Effodiuntur opes, irritamenta malorum.
> Iamque nocens ferrum, ferroq́ nocentius aurum
> Prodierat, prodit bellum.

Alterum eorum argumentum est: Metalla nullum utilitatis fructum homini præbent: Ea igitur scrutari non debemus. Cùm enim homo constet ex
animo & corpore, neutrum eget fossilibus:animi namque pastus suavissimus
est contemplatio naturæ, optimarum artium disciplinarumque cognitio,
perceptio virtutum, in quibus optimis rebus si se exerceat, saturatus bona-
rum cognitionum epulis, nullius rei desiderio tenetur. Corporis verò natura, quamvis victu vestituque necessario contenta sit, fruges tamen terræ atque diversi generis animantes, ipsi suppeditant mirabilem cibi & potionis copiam, quâ commodissimè alitur, augescit, vitam ad multum temporis pro-
ducit. Linum autem & lana, multorumque animalium pelles, corpori vestitum dant copiosum & parabilem ac minimè carum ; delicatum verò nec difficilem inventu arborum lanugo, quod sericum appellatur, & bombicis te-
læ, ut nihil prorsus ipsi opus sit metallis penitus in terra abditis, & maxima
ex parte pretiosis. Quare, quod ab Euripide dictum est, ferunt probari in
omni doctorum hominum cœtu, atque id meritò semper in ore habuisse
Socratem:

> Non opera sunt argentea atque purpura
> Vitæ hominum, sed magis tragœdis usui.

Laudant etiam hoc Timocreontis Rhodii: Utinam, cæce Plute, nec in terra, nec in mari, nec in continente appareres; sed habitares in Tartaro & Acha-
ronte: ex te enim omnia oriuntur mala, quæ subeunt homines. Ad cœlum
laudibus extollunt versus Phocylidis:

> Aurum atque argentum damno est mortalibus, aurum
> Dux scelerum, vitæ pestis, rerumq́ ruina,
> O utinam clades non delectabilis esses,
> Te propter fiunt raptus, homicidia, pugnæ,
> Fratribus infensi fratres, natisq́ue parentes.

Placet præterea eis illud Naumachii:

> —— argentum pulvis & aurum,
> Pulvis arenoso pelagi quicunque lapilli
> Littore, quique jacent fluviorum margine sparsi.

Contrà

Contrà vituperant hos Euripidis versus:

*Plutus deus sapientibus, sunt cætera*
*Nugæ, simulque verborum præstigiæ.*

Item hos Theognidis:

*Te pulcherrime & ô placidissime Plute deorum*
*Dum teneam, possum vel malus esse bonus.*

Insectantur Aristodemum Spartanum, quòd dixerit: Pecuniæ vir, pauper nullus neque bonus est, neque honoratus. Reprehendunt hæc Timoclis carmina:

*Argentum & anima & sanguis est mortalibus,*
*Cujus sibi qui non congessit copiam,*
*Vagatur ille vivos inter mortuus.*

Accusant denique Menandrum, quòd scripserit:

*Epicharmus esse prædicat Deos, aquam,*
*Ventosque & ignem, terram, solem, sydera.*
*At ipse judico esse Deos utiles*
*Aurum argentumque nostrum, nanque si domi*
*Ponens tuæ loca veris hos, quicquid voles*
*Petas licet, tibi contingent omnia:*
*Ager, domus, serviq; & opera argentea,*
*Necnon amici, judices, testes, modò*
*Largire, nam Deos ministros possides.*

Hæc præterea premunt argumenta, Metallorum fossionibus agri vastantur: quocirca quondam Italiæ cautum est lege, ne quis metallorum causâ terram foderet, & agros illos uberrimos, ac vineta olivetaq; corrumperet. Sylvæ & nemora succiduntur, nam lignis infinitis opus est ad substructiones, ad machinas, ad metalla excoquenda: sylvis autem & nemoribus succisis, exterminantur volucres & bestiæ, quarum pleræque homini sunt cibus lautus & suavis. Venæ metallicæ lavantur, quæ lotura, quia venenis inficit rivos & fluvios, pisces aut necat, aut ex eis abigit. Cùm igitur incolæ regionum, propter agrorum, sylvarum, nemorum, rivorum, fluminum vastitatem, incurrant in magnam difficultatem rerum, quæ suppeditant ad victum, parandarum; propter lignorum inopiam, majorem impensam faciant in ædificia extruenda: palàm ante oculos omnium est, plus in fossione detrimenti esse, quàm in metallis emolumenti, quæ fossione pariuntur. Deinde, exemplis acriter pugnantes, contra metalla clamant, Præstantissimum quenque virum virtutibus contentum ea neglexisse: laudantque Biantem propterea, quòd ista ludibria fortunæ, ne sua quidem putaverit: ejus enim patriam Prienem cùm cepissent hostes, & sui cives, onusti rebus preciosis, dedissent sese in fugam, interrogatus à quodam, cur nihil de suis bonis secum efferret, respondit: Omnia mea mecum porto. Et Socrates (inquiunt) accepit viginti minas ad se missas ab Aristippo grato discipulo, sed eas, Dei jussu aspernatus, eidem remisit. Aristippus autem, in hac re secutus præceptorem, aurum sprevit, ac pro nihilo putavit. Cùm enim iter faceret unà cum servis, & ii, præ auri pondere, tardiùs irent, jussit eos tantum ipsius

retinere, quantum fine labore ferre poffent, reliquum de fe abjicere. Quin
Anacreon Teius, vetus atque nobilis Poeta, quinque talenta, quibus à Poly-
crate donatus fuit, cùm de iis duas noctes folicitus fuiffet, reddidit; dicens,
Non effe digna cui is, quæ fint fufcipiendæ de ipfis. Nobiles item & egregie
fortes Imperatores fuerunt Philofophorū fimiles, auri argentiq; defpicien-
tiâ ac contemptione: fiquidem Phocion Athenienfis, qui fæpiùs dux exercitus fuit, magnum auri pondus, fibi dono miffum ab Alexandro Macedonum
rege, parvum duxit & contempfit. Et M. Curius aurum, Fabricius Lufcinus
argentum & æs referre Samnitibus jufsit. Sed etiam Respub. quædam, aurum & argentum legibus & inftitutis, ab ufu & tractatione fuorum civium
excluferunt. Etenim Lacedęmones, decreto & difciplinâ Lycurgi, diligenter
inquirebant in fuos cives, ea pofsiderent nec'ne; poffeffor autem deprehen-
fus, pœnas legibus & judicio dedit. Et oppidi ad Tigrim, quod Babytace no-
minabatur, incolæ atque habitatores, aurum defodiebant in terra, ne quis eo
uteretur. Et Scytarchæ ufum auri argentique condemnabant, ut avaritiâ fe
abdicarent. Tum metalla conviciis jactantur. Primò autem petulanter
ifti maledicunt auro & argento, vocantque funeftas & nefarias peftes humani generis: nam ea qui pofsident, maximo in periculo funt; quos deficiunt,
poffefforibus tendunt infidias, quam ob rem utrifque fæpenumero caufa interitûs & exitii fuerunt: Siquidem Polymneftor rex Thracum, ut potire-
tur auro, interfecit Polydorum, illuftrem hofpitem, & filium Priami foceri
fui & veteris amici. Thefauros quoque auri argentique ut raperet Pygma-
leon Tyriorum rex, fororis maritum & facerdotem, nullam habens rationem, neque affinitatis, neque religionis, obtruncavit. Auri gratiâ Eriphyle
Amphiaraum maritum hofti prodidit. Lafthenes Olynthum urbem Phi-
lippo Macedoni. Sp. Tarpeii filia auro corrupta, Sabinos in arcem Roma-
nam accepit. C. Curio patriam auro vendidit Cæfari dictatori. At Æfcu-
lapio fummo medico, & ut habitus eft, Apollinis filio, aurum interitûs caufa fuit. Similiter M. Craffus, cùm auro Parthorum inhiaret, profligatus
unà cum filio & undecim legionibus, hofti ludibrio fuit. Is enim, aurum
liquidum infundens in rictum interfecti, dixit: Aurum fitifti, aurum bi-
be. Sed quid multis hiftoriarum exemplis hìc nobis opus eft? cùm videamus, diebus ferè fingulis, propter aurum argentúmve, fores effringi, perfodi parietes, miferos viatores occidi, ab ifto rapaci & crudeli genere hominum nato ad furta, ad facrilegia, ad excurfiones & latrocinia, fures contrà
correptos fufpendi, facrilegos vivos comburi, latronum artus rotâ confrin-
gi, bella quoque, non exitiofa tantùm iis, quibus inferuntur; fed iis etiam, qui
ea faciunt, geri propter eadem. Quinetiam ea ipfa, dicunt, dant facultatem ad omne flagitium; virginum fcilicet corruptelas, & adulteria, & in-
cefta: ftupra denique, quæ per vim offeruntur. Itaque Poetæ, cùm fingunt
Jovem in aureum imbrem verfum, atque illapfum in finum Danaes, non a-
liud volunt. quàm ipfum auro muniffe fibi tutam viam, quâ ingrederetur
in turrim ad vitium faciendum virgini. Præterea auro & argento multorum fides labefactatur, emuntur judicia, infinita fcelera eduntur. Etenim, ut Propertius inquit:

*Aurea*

*Aurea nunc verè sunt secula, plurimus auro*
*Venit honos, auro conciliatur amor,*
*Auro pulsa fides, auro venalia jura,*
  *Aurum lex sequitur, mox sine lege pudor.*

Et Diphilus:

*Auro puto nihil quicquam potentius,*
*Illo frangantur, illo fiunt omnia.*

Optimus igitur quisque ista merito ac jure contemnit, & pro nihilo ducit. Illudque dicit senis Plautini:

*Odi ego aurum, mult imultis sæpè suasit perperam.*

Ibi verò etiam Poetæ acerbè, & contumeliosè invehuntur in pecuniam, ex auro & argento conflatam. Inprimis autem Juvenalis:

*Quandoquidem inter nos sanctissima divitiarum*
*Majestas, & si funesti pecunia templo*
*Nondum habitas, nullas nummorum ereximus aras.*

Et in alio loco:

*Prima peregrinos obscæna pecunia mores*
*Intulit, & turpi fregerunt secula luxu*
*Divitiæ molles.*

Et pleriq; vehementer laudant rerum permutationem, quâ, ante repertam pecuniam, quondam homines usi sunt, & nunc simplices quædam nationes utuntur. Deinde reliquis metallis grande convitium faciunt, inprimis verò ferro, quo nulla pernicies major hominum vitæ afferri potuit. Etenim ex eo efficiuntur gladii, pila, hastæ, conti, sagittæ, quibus homines vulnerantur, & cædes, latrocinia, bella fiunt: quæ res, cùm Plinio stomachum movisset, scripsit, Ferro utimur non cominùs solùm, sed etiam missili volucrique, nunc tormentis excusso, nunc lacertis, nunc verò pennato, quam sceleratissimam humani ingenii fraudem arbitror; siquidem, ut ocyùs mors perveniret ad hominem, alitem illam fecimus, pennasque ferro dedimus. Veruntamen missile in unius corpore figitur, item sagitta, sive eam mittat arcus, sive scorpio, sive catapulta: at ferreus bombardæ globus, in aerem expressus, per multorum corpora ire potest, & nullum marmor saxúmve objectum tam durum est, ut ipsum suo ictu suaque vi non perfringat. Quocirca altissimas turres æquat solo, & muros firmissimos findit, perrumpit, disjicit: ut certè balistæ, quæ mittunt saxa, & arietes atque alia veterum tormenta, quæ murum percutiunt, & propugnacula dejiciunt, cum bombardis comparata, non magnam vim habere videantur. Quæ bombardæ, quia horribiles fundunt sonos & fremitus, non secus ac si tonitrua essent: emittunt ex se flammas coruscantes, ut fulgetra, ædificia quæque affligunt, comminuunt, dissipant, ignem evomunt & incendium excitant, non aliter atque fulminum ictus: de nostræ ætatis impiis hominibus diceretur recinus, quàm quondam de Salmoneo, fulmina eos eripuisse Jovi, & à manibus extorsisse: imò verò hanc perniciem hominum ab inferis emissam in terras, ut plures uno ictu concidentes, ad se raperet orcus. Sed quoniam

bombardæ, quæ in manu teneri poſſunt, hodie rarò fiunt ex ferro, magnæ
nunquam, ſed ex æris & plumbi candidi quadam miſtione; idcirco in æs
& plumbum plura maledicta conferunt, quàm in ferrum. Hoc loco etiam
commemorant æneum Phalaridis taurum, æneum Pergamenorum bo-
vem, canem ferreum, eculeum, manicas, compedes, cuneos, uncos, laminas ignitas. His homines crudeliter torti, confitentur maleficia & facino-
ra, quæ nunquam commiſerunt, atque innocentes omni ſupplicio, miſerri-
mè ſic exercitati necantur. Plumbum etiam nigrum peſtiferum & nocens eſſe, eóque liquido puniri homines, ex hoc carmine Horatii, de fortuna lo-
quentis, convincitur:

> Te ſemper anteit ſæva neceſsitas
> Clavos trabaleis, & cuneos manu
> Geſtans ahena, nec ſeverus
> Uncus abeſt, liquidumque plumbum.

Ut verò magis odium concitent in hoc metallum, non ſilent de plum-
batis & globulis parvarum bombardarum ex eo factis, & læſionis necisque
cauſam in ipſum conferunt. Itaque cùm natura in profundo terræ metalla
penitùs abſtruſerit, ad uſus vitæ non ſint neceſſaria, ſpreta ſunt ab optimo
quoque viro & repudiata, effodienda non ſunt, & cùm effoſſa ſemper multorum & magnorum malorum cauſa extiterint, ſequitur etiam ipſam artem
metallicam hominum generi utilem non eſſe; ſed noxiam, exitioſamque.
Iſtis autem tragœdiis viri boni complures ita perturbantur, ut odium acer-
biſſimum in metalla concipiant, eaque prorſus non gigni velint, aut genita
à nemine omnium effodi. Sed quò magis ſingularem illorum integrita-
tem & innocentiam bonitatemque laudo, eò majori curæ mihi erit, ut o-
mnis error ex eorum animis extirpetur, ac funditùs tollatur, utque aperiatur
ſententia vera, & humano generi perutilis. Primùm, qui metalla accuſant
& ea uſu abdicant, non vident, ſe Deum ipſum accuſare & ſcelerum da-
mnare, ut quem res quaſdam fruſtrà ac ſine cauſa condidiſſe autument, &
malorum autorem eſſe putent: quæ ſanè ſententia piis hominibus & peri-
tis viris digna non eſt. Deinde, metalla certè terra non recondit in profundo, proptereà quòd ea ab hominibus fodi non velit; ſed quia provida ſo-
lersque natura ſuum cuique rei locum dedit, ea gignit in venis & fibris com-
miſſurisque ſaxorum, tanquam in vaſis propriis, & materiæ receptaculis: etenim in reliquis elementis aut gigni non poſſunt, quòd ipſis materia deſit;
aut genita in aere, id quod perrarò evenit, non reperiunt locum conſiſten-
di, ſed ſua vi ſuóque pondere deorſum in terram feruntur. Cùm igitur metalla ſedem propriam & ſtabilem habeant in viſceribus terræ, quis non videt
iſtos, id quod volunt, probabili argumentatione non concludere? Sed dicunt: quanquam metalla ſunt in terra, ut in proprio ſui ortus loco, locata;
quia tamen incluſa & abdita latent in occulto, non ſunt eruenda. Ego autem iſtis reprehenſoribus, nimiùm moleſtis, pro metallis piſces regeram,
quos occultos & latentes in aquis, marinis etiam, capimus, cùm multò
magis alienum ſit, ab hominis terreni animalis vita, maris interiora, quàm
terræ viſcera ſcrutari. Siquidem, ut aves ad liberè volitandum per aerem

natæ

natæ funt, ita pifces ad pervagandas aquas : cæteris autem animantibus natura dedit terram, ut in ea habitent : homini præterea ut ipfam colat, & ex ejus cavernis metalla aliaque fofsilia eliciat. Rurfus iidem dicunt, Pifcibus vefcimur, at fofsilibus neque fames fitisque depellitur, neque utilia funt ad corpus veftiendum : quod eft alterum argumentum, quo contendunt probare, metalla eruenda non effe. Verùm homo fine metallis non poteft parare ea, quæ fuppeditant ad victum & ad veftitum. Etenim, cùm res ruftica maximam victus copiam præbeat noftris corporibus, primùm nullus labor abfolvitur & perficitur fine inftrumentis ; fiquidem terra fubigitur vomeribus & dentalibus, dolabrâ refodiuntur præfractæ ftirpes & radices fummæ, femen fparfum occatur, feges farritur & runcatur, matura fruges falcibus cum parte culmi demeffa in area deteritur, aut fpicæ ejus recifæ conduntur in horreum, & poftea tribulis tunduntur, ac vannis expurgantur, pura denique frumenta & legumina granario inferuntur, ex quo promuntur rurfus, cùm hæc res poftulat, aut flagitat necefsitas. Jam ad fructus meliores & uberiores capiendos ex arboribus & fruticibus, nobis opus eft paftinatione, putatione, infitione, quæ iterum fine inftrumentis fieri non queunt, ut nec liquores, lac dico, mel, vinum, oleum, fine vafis coercere & continere poffumus : nec tot generum animantes fine ftabulis tueri à pluvia diutina & à frigore intolerabili. Inftrumenta autem ruftica pleraque funt ferrea, ut vomer, dentale, dolabra, dentes quos habet occa, farculum, runcina, falx fœnaria, ftramentaria, arboraria, vineatica, rutrum, fcalpellum, furcæ, fcirpiculæ : vafa verò ænea vel plumbea. At neque inftrumenta vasáve lignea fine ferro funt fabricata : neque cella vinaria, vel olearia, neque ftabulum, neque ulla aliæ villæ pars fine inftrumentis ferreis potuit ædificari. Deinde, five ex pecuariis paftionibus abducantur ad lanienam taurus, vervex, hædus, & alia ejufdem generis animalia, five ex villaticis aviarius coco tradat pullum, gallinam, capum, num fine fecuribus aut cultris animantes fecari ac dividi poffunt ? Ut nihil hîc dicam de ahenis, & cocalis æneis, quia ad coquendas carnes eundem ufum afferant fictilia, quæ ne ipfa quidem fine inftrumentis à figulo fingi formarique queunt, ut nec fine ferro inftrumenta ulla ex ligno fieri. Cùm autem homini præterea victum præbeant venatio, aucupium, pifcatus, nónne venator cervum irretitum venabulo tranfverberat ? ftantem currentémve fagittâ configit ? vel globulo bombardæ trajicit ? nónne auceps in tetraonem vel phafianum ictu fagittæ conficit ? aut in ejus corpus globulum bombardæ immittit ? Ut taceam tendiculas, aliaque inftrumenta, quibus capitur attagen & picus, aliæque fylveftres volucres, ne fingulas intempeftivè nunc fpeciatim perfequar. Pifcator denique, nónne hamo & verriculo capit pifces in mari, in maritimis vivariis, in pifcinis, in fluviis ? At hamus ferreus eft, & è verriculo interdum plumbeas aut ferreas maffas appenfas videmus, pifces autem capti plerique mox cultribus & fecuribus in frufta fecantur aut exenterantur. Sed de victu fatis fuperque dictum : Nunc dicam de veftitu, qui fit ex lana, lino, pennis, pilis, pellibus, corio. Verùm oves primò tondentur, deinde lana pectitur : tum ducuntur fila, poftea ftamen fufpenditur

in pan-

in pannuleio, fub quod fubit fubtegmen, idque pectine feritur, ut tande
ex filis tantùm, vel ex filis & pilis fiat pannus. Linum verò vulfum prim
pectitur hamis: mox mergitur in aquas, rurfusque ficcatur: tum tufum fī
pario malleo vel confractum carminatur, deinde extenuatur in fila, pʊ
ftremò texitur telâ. Sed artifex panni aut textor num habet aliquod inftrʊ
mentum non ferreum? vel ligneum fine ferro factum? Jam farcinatori dī
cindendus pannus vel tela: num id fine cultro, vel forfice faciet? num coʊ
fuet ullam veftem fine acu? Ne populus quidem tranfmarinus pennarū
contextu corporis tegumentum faciet, fine iifdem inftrumentis: Nec pelliʊ
nes ipfis carere poffunt, cujuscunque generis animantium funt pelles.
futor indiget fcalpri, quo fcindat corium: cultri, quo radat: fubulæ, quâ pe
foret, ut pofsit conficere calceos. Sed hæc tegumenta corporum, vel text
vel futa funt. Ædificia verò, quæ idem corpus tuentur ab imbribus, veʊ
tis, frigore, calore, non extruuntur fine fecuri, ferra, terebro. Sed quid plʊ
ribus verbis opus eft? Metallis ex ufu hominum fublatis, tollitur omn
ratio, & tuendæ fuftentandæque valetudinis, & tenendi curfum vitæ cʊ
tioris. Etenim homines fœdifsimam & miferrimam vitam degerent intʊ
feras, nī metalla effent: redirent ad glandes atque fylveftria poma & prun
herbis & radicibus evullis vefcerentur, unguibus foderent fpeluncas,
quibus noctu jacerent, interdiu in fylvis & campis pafsim more beftiarū
vagarentur, quæ res, quia hominis ratione, præftantifsimâ & optimâ nʊ
turæ dote, prorfus eft indigna, adeóne quifquam erit ftultus aut pert
nax, ut metalla ad victum veftitumque neceffaria effe, & ad vitam hominuʊ
tuendam pertinere, non concedat? Tum, quia metallici plerumque fodiuʊ
montes nihil frugum ferentes, & valles tenebris circumfufas, agris vaftitʊ
tem exiguam, aut nullam inferunt. Poftremò, ubi fylvæ & nemora fuccʊ
duntur, ibi, fruticum & arborum radicibus extirpatis, frumenta ferunt, qʊ
novi agri tam uberes brevi efferunt fruges, ut damna, quæ lignis cariùs
mendis faciunt incolæ, refarciant. Atque metallis, quæ ex venis conflaʊ
tur, alibi innumeræ volucres, beftiæ edules, pifces comparari, & ad loʊ
montofa afferri poffunt. Abeo ad exempla. Bias Prienenfis captâ patrʊ
nihil de rebus preciofis exportavit ex urbe, ut vir qui habitus eft fapien
ab hoftibus fibi periculum non metuerit, quanquam hoc de eo dici veʊ
non pofsit, quòd fe conjecerit in fugam, non magna mihi res videtur eſʊ
jacturam horum etiam bonorum facere, perditâ domo, prædiis, patriâ
psâ, quâ nihil charius. Quin ego judicarem, Biantem iftius generis bor
contempfiffe, ac pro nihilo putâffe, fi, anteaquam patria capta effet, ea la
gitus effet cognatis & amicis, aut diftribuiffet in egentifsimos hominʊ
nam idipfum fine controverfia feciffet fuâ fponte: hoc, quod tantopere m
ratur Græcia, vi hoftium coactus & fractus metu feciffe videri poteft. Sʊ
crates verò non fprevit aurum, fed docendi precium noluit fibi perfolv
At Ariftippus Cyrenenfis fi comportâffet ipfe, atque fervâffet aurum, quo
jufsit fervos de fe abjicere, potuiffet emere res, quæ expetuntur ad ufus v
tæ neceffarias, & propter egeftatem non habuiffet neceffe adulari Dionʊ
fium Siciliæ tyrannum, nec unquam ex eo nominatus fuiffet regius cani
Quʊ

Quocirca Damasippus Horatianus carpens Staberum, maximi æstimantem divitias, inquit:

> —— *Quid simile isti*
> *Græcus Aristippus? qui servos projicere aurum*
> *In media jussit Libya, quia tardius irent*
> *Propter onus segnes, uter est insanior horum?*

Insanit enim, qui pluris facit divitias, quàm virtutes. Insanit etiam, qui easdem respuit, ac pro nihilo ducit, cùm liceat ipsis benè uti. Quòd autem idem Aristippus, aliàs aurum ab navigio projecit in mare, animo magno & prudenti eam rem egit. Siquidem cùm adverteret esse piratarum scapham, in qua vehebatur, timuit de vita sua, numeravitque aurum, & cùm id spontè ejecisset in mare, tanquam fecisset invitus, ingemuit: sed posteaquam evasisset ex periculo, dixit: ipsum aurum periisse satiùs est, quàm me periisse ejus causà. Verùm esto, Philosophi quidam & Anacreon Teius contempserint aurum & argentum, Anaxagoras etiam Clazomenius fundos, qui oves alerent, deseruit: & Crates Thebanus, cùm molestè ferret se rei familiaris, aliarúmque curas sustinere, & his animum suum in contemplando distrahi, bonis, quæ valerent octo talenta, relictis, atque sumpto pallio & perâ, pauper omnem curam, cogitationem, operam ad philosophiam contulit. Num, quòd isti Philosophi hęc spreverint, omnes alii pecuariam rem non curârunt? non coluerunt agros? non habitârunt domos? certè multi contrà, cùm divitiis affluerent, præclarè in studiis scientiæ cognitionisq; rerum divinarum & humanarum versati sunt, ut Aristoteles, Cicero, Seneca. Sed Phocioni non erat integrum, aurum ab Alexandro ad se missum, accipere. Si enim eo uti voluisset, tam rex quàm ipse occurrisset in odium offensionemque populi Atheniensis: qui populus etiam postea in virum illum bonum ingratus fuit: nam eum compulit ad hoc, ut biberet cicutam. Quid autem M. Curio, & Fabricio Luscino minùs conveniens, quàm aurum ab hostibus accipere? qui his machinis sperabant eos posse labefactari, aut suis civibus in odium venire volebant, ut ipsis Romanis inter se dissidentibus, rempubl. funditùs everterent. Sed Lycurgus debuerat auro & argento utendi præcepta tradere Spartanis, non res per se bonas tollere de medio. Babytacenses verò quis non videt homines fuisse amentes & invidos? poterant enim auro mercari ea quibus indigebant: vel ipsum donare finitimis populis, ut eos sibi donis beneficiisque devincirent. Postremò Scytarchæ solo auro argentíque usu damnato, avaritiâ se non prorsus abdicârunt: quòd avarus etiam sit aliorum bonorum possessor, si eis non utitur. Nunc respondendum est ad convitia, quibus res fossiles jactantur. Itaque aurum & argentum primò vocant pestes hominum; quòd possessoribus interitus & exitii causa sint: hoc autem modo, quæ tandem res, quam possidemus, pestis humani generis non dicetur? an equus? an vestis? an denique aliud simile? Vectus autem in equo insigni, aut viator benè vestitus causa latroni fuerit, ut ab eo occideretur: num igitur in equis non vehimur, sed pedibus iter facimus; quia prædo cædem fecit ut raperet equum? aut num vestiti non prodimus, sed nudi;

quia

quia graſſator ferro vitam viatori eripuit, ut eum ſpoliaret veſte? ſimilis eſt
poſſeſsio auri & argenti.    Quoniam verò his omnibus hominum vita bene
carere poteſt, cavebimus à prædatoribus, & quia ſemper non poſſumus ex
eorum manibus effugere, eſt proprium munus magiſtratus, ſceleratos & ne-
farios homines ad tortorem & carnificem rapere.   Belli etiam cauſa res foſsiles non ſunt: ut enim, cùm unus aliquis Tyrannus magno amore inflammatus in mulierem egregiâ formâ, facit bellum oppidanis, iſtiuſmodi belli in ef-
frænata tyranni libidine eſt culpa, non in facie mulieris: Ita cùm alius cæcus
cupiditate auri & argenti bellum infert divitibus populis, metalla extra cauſam ponere debemus, & omnem culpam in avaritiam transferre : Nam fu-
rentes impetus & turpes actiones, quæ jura gentium & civium comminuere
& violare ſolent, oriuntur ex noſtris vitiis.   Quare non rectè Tibullus in aurum contulit belli culpam, cùm inquit:

> *Divitis hoc vitium eſt auri, nec bella fuerunt*
> *Faginus aſtabat cùm ſcyphus ante dapes.*

At Virgilius dicit, homicidii culpam in avaritia reſidere, de Polymne-
ſtore loquens:

> *Fas omne abrumpit, Polydorum obtruncat, & auro*
> *Vi potitur. quid non mortalia pectora cogis*
> *Auri ſacra fames?*

Et iterum rectè, cùm loquitur de Pigmaleone, qui Sicheum interfecit:

> ——— *atque auri cæcus amore,*
> *Clam ferro incautum ſuperat.*

Fames enim & cupiditas auri aliarumque rerum, reddit homines cæcos.
Atque impia iſta pecuniarum cupiditas omnibus omni tempore & loco pro-
bro ſuit & crimini. Quin etiam avaritiæ tantum dediti, quòd ejus ſervi eſſent,
ſemper illiberales & ſordidi ſunt habiti.   Similiter auro & argento, & gemmis expugnaverit aliquis pudicitiam mulierum, multorum fidem labefactâ-
rit, emerit judicia, innumera ſcelera fecerit, iterum res foſsiles in culpa non
ſunt, ſed inflammatus atque ignitus furor hominum, vel animorum cæca &
impia cupiditas.   Quanquam autem in aurum & argentum dicta, in pecuniam potiſsimùm dicantur, tamen quia nominatim eam carpunt Poetæ, ipſorum convicia infringenda ſunt: quod uno illo fieri poteſt.   His pecunia eſt
bono, qui eâ bene utuntur : dat damnum aut malum, qui malè.   Quamobrem
rectiſsimè Horatius:

> *Neſcis quid valeat nummus, quem præbeat uſum*
> *Panis ematur, olus, vini ſextarius.*

Atque etiam alio loco:

> *Imperat aut ſervit collecta pecunia cuique,*
> *Tortum digna ſequi potiùs quàm ducere funem.*

At homines ingenioſi & ſolertes, cùm conſideraſſent rerum permutationem, quâ quondam homines rudes uſi ſunt, & hodie immanes quædam & barbaræ nationes utuntur, qualis eſſet, id eſt, quàm difficilis factu
& laborioſa, reperierunt pecuniam.   Eâ verò nihil utilius excogitari potuit.
Siquidem parva auri argentique maſſa, precium eſt rei magnæ & gravis.

Itaque

Itaque pecuniâ fretæ gentes multùm inter se distantes longéque sejunctæ, facillimè faciunt mercaturas, quibus vita civilis vix carere potest. Deinde maledicta, quæ dicuntur in ferrum, æs, plumbum, ne ipsa quidem, apud viros
prudentes & graves, locum habent. Etenim ut illa metalla tollantur de medio, homines certè vehementiùs effervescentes iracundiâ, & effrænato furo-
re incitati, pugnis, calcibus, unguibus, dentibus, tanquam feræ, certabunt.
Alii aliis fustes impingent, alios lapidibus percutient, alios prosternent; quinetiam homo hominem, non solùm ferro interficit, sed necat veneno, inediâ,
siti: premit faucibus & strangulat, vivum defodit in terra: immergit in aquas
& suffocat, comburit, suspendit, ut faciat omne elementum particeps humanæ necis. Tum denique alius feris objicitur: alius in mactati corporis cadaver
totus insuitur, excepto capite, sicq; vermibus dilaniandus relinquitur: alium
vivariis immersum, totum pariter murenæ distrahunt: alius oleo incoquitur:
alius olivo inunctus ligatusque, muscis & crabronibus vexandus proponi-
tur: alius virgis cæsus, vel fustibus mulctatus, neci datur: alius saxis facta lapi-
datione obruitur: alius præcipitatur ex altis locis. Præterea homo sine metallis cruciatur non uno modo: ut cùm carnifex cereis ardentibus inguina ipsi
& alas adurit: vel linteum imponit in os, idque per inspirationem sensim &
leniter in fauces tractum, repentè & violenter retrahit: vel manibus post tergum illigatis, ipsum fune paulatim in sublime tractum, subitò dejicit: vel similiter à trabe religato saxum grandis ponderis è pedibus funiculo appendit: vel
denique ejus artus torto distrahit. Itaque ex his intelligimus, non metalla esse
culpanda, sed nostra vitia, iram dico, crudelitatem, discordiam, cupiditatem
latè regnandi, avaritiam, libidinem. Sed existit hoc loco quæstio, Utrum res
fossiles in numero bonorum habere debeamus, an reponere in malorum cœtu? Universas quidem divitias Peripatetici in bonorum numero duxerunt, &
modò nominârunt externa, quòd neque in animo, neque in corpore; sed extra sint. Tum autem, ut multa alia dixerunt esse posse bona; quòd his benè vel
malè uti, sit in nostra situm potestate. Etenim boni viri his benè utuntur, eisq;
sunt utiles: mali, malè, eisque inutiles sunt. Socratis est dictum, Vinum ad vasa mutari, divitias ad eorum, qui ipsas possident, mores. Stoici verò, quorum
mos est, ut subtiliter & argutè disputent, quamvis divitias ex bonorum choro
sustulerint, nó tamen numerârunt in malis; sed in eo genere, quod appellatur
indifferens, collocârunt. Etenim ipsis virtus est una, bonum: vitium tantummodò, malum: omne reliquum genus, indifferens. Itaque, ut ipsi de hac re
sentiunt, nihil interest, benè valeat quispiam, an graviter ægrotet: nihil interest, formosus sit, an deformis. Denique

*Dives ne prisco natus ab Inacho*
*Nil interest, an pauper, & infima*
*De gente sub dio moreris.*

At ego quidem non video causam, cur ei, quod naturaliter & per se bonum
est, inter bona esse aliquid loci non debeat. Res fossiles certè natura creat, &
humano generi præbent multiplicem necessariumq; usum, ut taceam de or-
natu, qui cum utilitate mirificè congruit. Igitur ipsa dejici de suo statu & gra-
du, quem tenent in bonis, æquum non est. Nec verò, si quis malè ipsis est usus,

iccircò rectè dicentur mala. Quibus enim rebus bonis, malè æquè atque benè uti non possumus? Liceat mihi exempla ponere ex utroq; genere bonorum. Vinum, potus longè optimus, si modicè bibitur, prodest concoctioni ciborum: ad sanguinis ortum juvat: promovet succos in omnes corporis partes: nutricationi bono est, nec corpori solùm; sed animo etiam utile. Nam tenebras & caliginem mentis nostræ discutit: curâ & solicitudine nos liberat: reddit fidentes rebus. Sin immodicè bibitur, corpus lædit, & gravibus morbis opprimit. Vinolentus etiam nihil tacitum tenet: furit & bacchatur, multaque scelera nefaria facit & flagitia. Qua de re Theognis perdoctè scripsit versibus, quos sic Latinè reddere possumus:

*Vina nocere solent, avidâ si fauce trahantur,*
    *Si modicè biberis, vina juvare solent.*

Sed, ne diutiùs morer in externis, venio ad corporis & animi bona, inter quæ mihi Robur, & Forma atque Ingenium occurrunt. Igitur si quis robore fretus, multùm laborat, ut se suosque honestè & laudatè alat, eo benè utitur: sin ex cæde vivit & latrocinatur, malè. Similiter fœmina pulchritudine eximiâ, si nupta viro, ei uni placere studet, formâ utitur: sin petulanter vivit, ruitque in libidinem, eâ, ut convenit, non utitur. Pari ratione adolescens, qui doctrinæ sese dat, & artes ingenuas colit, rectè utitur ingenio: qui fingit, mentitur, capit, fraude & perfidiâ fallit, ejus celeritate abutitur. Ut autem is, qui Vinum, Robur, Formam, Ingenium, propter pejorem usum, in bonorum numero non habet, in summû illum rerum opificem Deum injuriosus & contumeliosus est: ita, qui res fossiles eximit ex bonorû cœtu, in eundem injuriâ & cotumeliâ facit. Rectissimè igitur quidâ Græci Poetæ scripserût; ut Pindarus:

*Quæ virtute pecunia*
    *Exornata nitet, suppeditat vias*
*Non unas benè agas, quibus*
    *Quæ sors cunque ferens obtulerit tibi.*

Ut Sappho:

*Sine virtutis amore hospes iniquus*
    *Nocet aurum, at sociata hæc caput & summa bonorum.*

Ut Callimachus:

*Divitiæ magnos sine nec virtute: nec ipsæ*
    *Virtutes faciunt magnos sine divite censu.*

Ut Antiphanes:

*Nam, per deos, cur oportet quis ditescere?*
    *Pecuniæ cur optet habere plurimum?*
*Quàm possit auxiliari ut amicis, gratiæ*
    *Fructumq́ serere Divarum suavissimæ.*

Argumentis & convitiis adversariorum refutatis, colligamus utilitates metallicæ. Primùm autem ea utilis est Medicis: etenim effundit copiam medicamentorum, quibus vulnera & ulcera solent curari, pestis etiam: ut certè, si nulla alia esset causa cur scrutaremur terram, tamen medicinę gratiâ eam fodere deberemus. Deinde utilis est Pictoribus: siquidem eruit genera pigmentorum, quibus cum ipsis tectoria picta fuerint, humor allapsus extrinsecus

ecus minùs,quàm cæteris nocet. Tum utilis eſt Architectis:etenim invenit
marmora ad firmitatem magnarum ædium apta,& ad ornatum decora. Utilis præterea eſt iis,quorum animus ad immortalem gloriam nititur:nam effodit metalla,è quibus nummi & ſtatuæ,aliaq; fiunt,quæ poſt literarum mo-
nimenta hominibus quodammodò æternitatem,immortalitatemq; donant.
Mercatoribus etiam utilis eſt,quòd multis de cauſis,ut aliàs dixi,moneta,quę
ex metallis conficitur,oportunior ſit homini,quàm rerum permutatio. Poſtremò cui non eſt utilis? nam ut nunc præteream & relinquam opera tam
concinna,tam polita,tam elaborata,tam utilia,quæ ex metallis,in varias figuras,formant fabri aurarii,argetarii,ærarii,plumbarii,ferrarii,quotuſquiſ-
que artifex ſine metallis aliquod opus elegans & perfectum efficere poteſt?
certè ſi non utitur inſtrumentis ex ferro vel ex ære factis,neq; lignea,neq; lapidea ſine eiſdem poterunt formari. Ex quibus omnibus perſpicuum eſt,qui
fructus,quæq; commoditates percipiantur ex metallis. Ea verò,ne habere-
mus quidem,niſi ars metallica eſſet inventa,nobiſq; miniſtraretur. Quis igitur non intelligit,eam eſſe maximè utilem,imò potiùs neceſſariam humano
generi? Ne plura:Homo metallicâ carere non potuit,nec ipſum eâ carere voluit divina benignitas. Porrò quæritur,Metallica honeſtá ne ſit ingenuis,
an pudenda & inhoneſta? Nos autem eam inter honeſtas numeramus artes:
Cujus enim artis quæſtus non eſt impius,non odioſus,non ſordidus,illam
honeſtam poſſumus exiſtimare:Talem verò metallicæ quæſtum eſſe,quòd
augeat rem bonis & honeſtis rationibus,jam oſtendemus:Jure igitur inter
honeſtas numeratur artes. Primùm autem,quæſtus metallici(liceat mihi
eam conferre cum cæteris rationibus,quibus magna pecunia quæritur)æ-
què pius eſt,atque agricolæ. Nam ut hic,cùm in agris ſuis ſementem facit;
quamvis ipſi fructuoſiſſimi ſint,nemini tamen facit injuriam:Ita ille,cùm
ſuum fodit metallum,etiamſi magnos acervos auri argentíve eruat,nulli tamen mortalium dat damnum.Omninóque hæc duo genera rei familiaris augendæ inprimis ſunt liberalia & ingenua. At præda bellatoris plerumque
impia eſt;quòd militaris furor rapiat bona tam ſacra,quàm prophana. Ut
verò bellum habeat ſuſceptum rex omnium juſtiſſimus cum crudelibus ty-
rannis,non poſſunt in eo homines improbi rem atque fortunas amittere,ut
non innocentem & miſeram plebem,ſenes dico,matronas,virgines,pupil-
los,ſecum in eandem calamitatem trahant. Metallicus autem magnas divitias in brevi congerere poteſt ſine ulla vi,ſine fraude & malitia. Quocirca o-
mninò verum non eſt illud vetus proverbium,Omnis dives aut iniquus,aut
iniqui hæres. De quo tamen quidam contendentes adverſus nos,inſectan-
tur & exagitant metallicos,eoſque aut ipſorum liberos,dicunt,in brevi in e-
geſtatem incidere,non aliam ob cauſam,quàm quòd divitias non bono modo congeſſerint. Nihil enim verius eſſe illo,quod eſt apud Nævium Poe-
tam,Malè parta,malè dilabuntur. His autem improbis rationibus homines ex fodinis divites fieri ajunt. Ubi ſpes aliqua metalli effodiendi oſtendi-
tur:aut regulus,magiſtratuſve,exturbat fodinæ dominos ex poſſeſſione:
aut callidus & verſutus aliquis vicinus,antiquis poſſeſſoribus infert litem,
ut eos aliquâ fodinæ parte ſpoliet:aut præfectus fodinæ ideò indicit domi-

nis symbola graviora, ut, si ea dare noluerint, vel non potuerint, omne jus possessionis amittant, ipse, contrà quàm fas est, amissum usurpet: aut denique praeses fodinae venam, quâ parte abundat metallo, oblinit luto, vel terris, saxis, assere, palo tegit, ut aliquot post annis, cùm domini fodinam, putantes exhaustam, deserent, ipse metallum relictum fodiat, & ad se rapiat: praeterea colluvies metallicorum ex fraude, fallaciis, mendaciis, tota constat. Etenim, ut de multis aliis nihil dicatur, sed solùm de his, quae ex vendito & empto contra fidem fiunt, aut venas effert fictis cômentitiisque laudibus, ut fodinarum partes dimidio carius, quàm aestimentur, possit divendere: aut contrà aliquid detrahit de earum aestimatione, ut partes parvo precio mercari possit. Haec crimina cùm protulerint in medium, omnem bonam metallicae existimationem violatam putant. Omnia autem bona, sive benè, sive malè parta fuerint, adverso aliquo casu adflicta dilabuntur: aut pereunt & dissipantur culpâ & vitio possessoris, qui ea, vel inertiâ & negligentiâ amittit & perdit, vel per luxuriam effundit atque obligurit: vel consumit largitionibus & exhaurit: vel ludendo profundit & ejicit:

——— *velut exhaustâ redivivus pullulet arcâ*
*Nummus, & è pleno semper tollatur acervo.*

Nec igitur mirum, si metallici, non memores hujus praecepti, quod dedit Agathocles rex, Fortunam repentinam reverenter esse habendam, iisdem de causis in egestatem incidunt; praesertim verò, cùm mediocribus divitiis contenti esse non possunt: tum enim non rarò, quas congesserunt ex metallis, in alia metalla insumunt. Verùm non regulus aut magistratus pellit dominos possessione; sed tyrannus, qui homines subditos non bonis modò honestè partis; sed etiam vitâ crudelissimè privat. Attamen, cùm solitus sim inquirere in eas querelas, quas isti apud vulgus habent, de talibus injuriis, semper reperio, malè audientibus causam justissimam esse, cur istos depellant de fodinis; malè dicentibus nullam, cur de illis conquerantur. Etenim quòd non dederunt symbola, jus possessionis amiserunt, vel à magistratu ex alieno metallo sunt pulsi: nam improbi quidam homines, venulas, proximas venis affluentibus aliquo metallo, fodientes, in alienam possessionem invadunt. Itaque eos, injuriarum accusatos, magistratus expellit atque exturbat ex fodinis. Isti igitur plerumq; graves de eo rumores spargunt in vulgus. At aliter, cùm quaedam, ut solet, inter vicinos controversia est orta, ipsam arbitri, à magistratu dati, dirimunt: aut de ea judices constituti cognoscunt & judicant: controversiâ ergo diremptâ, quia utriusque partis consensio in ea re extitit, neutra debet de injuriis conqueri: judicatâ, quia secundù leges metallicas sententia lata est, altera inferior jure non potest. Sed ut nô magnopere pugnem de hac re, interdum unum aliquem praefectum fodinae, majorem exigere collectam à dominis, quàm necessitas postulat. Quinetiam ut côcedam, aliquem fodinae praesidem, venam, quâ parte abundat metallis, oblinere luto, aut structurâ tegere: num unius aut alterius improbitas, plurimis bonis viris notam fraudis inurere potest? Quid senatu sanctius & integrius solet esse in republica? nonnulli tamen, in peculatu deprehensi, poenas dederunt. Num iccircò honestissimus ordo bonam famâ existimationéq; amittet? Sed certè praefectis

fectis fodinarum non licet fymbola dominis indicere,fine fcitu, permiffuque magiftri metallicorum & duumvirûm juratorum. Quare ejufmodi dolos adhibere non poffunt. Præfides autem fodinarum, fi fraudis cõvicti fuerint, cæduntur virgis: fin furti, fufpenduntur. Fraudulentos autem effe aliquos partium venditores & emptores clamant: concedimus; fed num fallere poffunt alium, quàm hominem ftolidum, negligentem, imperitum rerum metallicarum? vir fané prudens, impiger, gnarus hujus artis, fi fides venditoris vel emptoris ipfi in dubium venit, mox fe confert in fodinam, ut venam tantopere laudatam aut vituperatam fubjiciat fub afpectum, & confideret, fibi emendæ vel vendendæ fint partes, nec ne. Sed dicunt, ut is fibi à dolis cavere pofsit, fimplex tamen, & qui fe præbet credulum, decipitur. At non raró videmus, eum, qui hoc modo alium circumvenire volebat, feipfum decipere, & meritó omnibus ludibrio effe:nam plerumq;, tam qui ftudet alium fallere, quàm qui falli videtur, rei metallicæ eft ignarus. Itaq; cùm vena, præter opinioné fraudatoris, metallis abundaverit, tum is, qui putabatur deceptus effe, lucrum facit; qui decepiffe, damnum. Veruntamé ipfi metallici raró vendunt, emúntve partes; fed frequenter jurati venditores, qui eas venales tanti emunt vel vendunt, quanti emere vel vendere fuerint jufsi. Cùm igitur magiftratus ex æquo & bono judicet res cõtroverfas, bonus metallicus neminem decipiat, improbus fallere non facilé pofsit; aut fi fallat, non ferat impuné, fermo eorum, qui de honeftate metallicorum detrahere volunt, nihil momenti & ponderis habet. Deinde, metallici quæftus nemini eft odiofus. Quis enim, non naturâ malevolus & invidus, odium habebit in eum, ad quem opes quafi divinitùs delatæ funt? quiq; hoc amplectitur genus amplificandi rem familiarem, quod omni caret crimine? Sed fœnerator, fi ufuram exercet immodicam, in odia hominum incurrit: fin modicam & civilem, ut non fit invidiofus ad plebem, quòd eam non exhauriat, ex ipfa dives admodum non efficitur. Tum, quæftus metallici non eft fordidus. Qui enim talis effe poteft, tam magnus, tam copiofus, tam pius? Turpe verò & illiberale eft lucrum mercatoris, cùm vendit fucofas & fallaces merces, aut parvo emptis, nimis magnum precium cõftituit, eâque de caufa mercator non minori in odio, quàm fœnerator, effet apud viros bonos, nifi haberent rationé periculorum, in quæ pro mercibus fe infert. Verùm, qui hoc loco contumeliosé dicunt de metallica, detrahendi causâ, ajunt, quondam facinorum & fcelerum convictos homines, effe damnatos ad metalla, eosque ut fervos venas fodiffe: nunc verò metallicos effe mercenarios, utq; reliquos opifices in fordida arte verfari. Profectò, fi metallica ob hâc caufam pudenda & inhonefta ingenuo homini judicatur; quòd fervi quondam foderint metalla: nec agricultura erit fatis honefta; quòd mancipia agros coluerint, & nunc apud Turcas colant: nec architectura; quòd fervi quidam in ea artifices reperti fint: neq; medicina; quòd non pauci medici fuerint fervi: neq; plures aliæ artes ingenuæ; quòd manu capti eas exercuerint. At agricultura, & architectura, & medicina, nihiló minus in numero honeftarum artium habentur. Nec igitur metallica eâ causâ ipfarum à choro excludetur. Concedamus præterea iftis, quæftum mercenariorũ metallicorum effe fordidum, nos certé non intelligimus foffores modò, cæterosque operarios; fed,

tum metallicæ peritos; tum eos, qui impensam faciunt in metalla, inter quos
numerari possunt Reges, Principes, Respub. & in his, honestissimus quisque
Civis: tum denique intelligimus præfectos metallorum, qualis fuit Thucidi-
des nobilis ille historiarum Scriptor, quem Athenienses præposuerunt Tha-
siorum metallis. Attamen consumere aliquid operæ & laboris in fossione venarum, non est indecorū metallicis, maximè si ipsi sumptum fecerint in metalla; quemadmodum nec magnis viris, proprios agros colere: alioqui Ro-
manus Senatus L. Quintium Cincinnatum, operi agresti intentū, non creas-
set Dictatorem: nec viros civitatis primarios, à villis arcessisset in curiam: similiter neq; Maximilianus Cæsar, nostrá ætate Conradum ascripsisset in numerum nobilium, qui Comites nominantur: (fuit verò ille, cùm in metallis
Snebergi operas daret, egentissimus; quare cognomentū habebat Pauperis:
sed non multos post annos, ex metallis Firsti, quod est oppidum in Lotharin-
gia, dives factus, nomen ex Fortuna invenit) neq; Uladislaus rex, in cœtu eorum, quos vocát Barones, reposuisset Thursium civem Cracoviensem, quem
metalla, ejus partis regni Ungarorum, quæ quondam Dacia fuit dicta, fortunis locupletârunt. Quinetiam ne metallica quidem plebs est vilis & abjecta:
etenim nocturnis æquè ac diurnis vigiliis & operibus exercitata, habet duritiam corporum immanem, facilliméque, cùm res postulat, labores & munera
militiæ sustinet: quippe quæ consuevit ad multam noctem vigilare, tractare
ferramenta, fossas ducere, agere cuniculos, machinas fabricari, onera ferre.
Quocirca rei militaris periti, eam non modò urbanæ plebi præferunt; sed
etiam rusticæ. Verùm, ut tandem huic disputationi finem faciam, cùm quæstus maximi sint fœneratoris, bellatoris, mercatoris, agricolæ, metallici: fœ-
nus autem sit odiosum, præda, crudeliter capta ex fortunis plebis, non culpâ
calamitosæ, impia: quæstus metallici honestate ac decore præstet mercatoris
lucro: non minus sit bonus, quàm agricolæ, multò uberior: quis non intelligit, Metallicam in primis esse honestam? Certè cùm una sit ex decem maxi-
mis rebus optimisque, pecuniam magnam bono modo invenire,
id homo studiosus & diligens rei familiaris, non a-
lia ratione facilius, quàm metallicâ
potest assequi.

*De re metallica Libri primi*
F I N I S.

GEOR-

# GEORGII AGRICO-
## LÆ DE RE METALLICA
### LIBER SECUNDUS.

QUALIS esse debeat perfectus metallicus, & quæ contra artem metallicam, & metalla, atque ipsos metallicos videntur valere, vel pro eis sunt, primo Libro satis explicavi: nunc decrevi metallicos amplius informare. Qui inprimis necesse habent, sanctè Deum colere, ac ea, quæ dicam, scire, & operam dare, ut quoque opus efficiatur ritè atque diligenter. Etenim divinâ providentiâ factum est, ut his, qui nôrunt ea, quæ oportet facere, & curant, ut perfici possint, plerumque omnia secunda accidant: inertibus contrà, & qui curam in rebus absolvendis non ponunt, adversa. Nemo certè satis habet, omnes artificii metallici partes in animi notione reponere, sine impensis, quæ faciendæ sunt in metalla: vel sine laboribus, quos sibi ipse sumit & sustinet. Itaque si quis facultatem habet id, quod opus est, in sumptum erogandi, mercenarios, quotquot vult, in operas cujusque generis mittet; ut quondam Sosias Thracésis in argentarias operas misit mille servos, quos ipsi elocaverat Nicias Atheniensis filius Nicerati. Si nullam impensam facere potest, ex omnibus operibus facilimum quodque sibi ad efficiendum eligat. Ex quo genere hæc duo potissimùm sunt, Ducere fossas, & rivorû ac fluminum arenas lavare. Nam ex his sæpenumero colliguntur auri ramenta: aut lapides nigri, ex quibus conflatur plumbum candidum: aut etiam gemmæ. Illæ aperiunt venas, quæ interdum abundant metallis, in summo cespite inventis. Sive igitur arte, sive casu, in ejus manus tales arenæ aut venæ inciderint, quæstum sibi instituere poterit sine impendio, & ex paupere dives repentè fieri. Contra verò, si optatis non responderunt, mox de lotione vel fossione desistere licebit. Verùm, cùm unus aliquis, rei familiaris amplificandæ gratia, solus facit impensas in metallum, magni refert, ipsum interesse operibus, & præsentem videre omnia, quæ effici jussit. Quamobrem, aut ad fodinâ domicilium habeat; ut se in conspectum operariis semper dare possit, semperque cavere, ne quis suum munus negligenter exequatur: aut habitet in propinquis locis; ut & crebrò metallicas operas invisat, & crebrius, ad metallum se venturum, quàm sit venturus, operariis per nuncium significet. Etenim suo adventu, vel ejus denunciatione, mercenarium ferè quemq; sic terrebit, ut nunquam non diligenter negotium suum agat. Sed cùm inviserit metallum, diligenter operarios laudet, & interdû eis det munera, ut & ipsi, & alii alacriores ad laborandum fiant: contra negligentes objurget, atq; aliquos ex metallis amoveat, & in eorum locum sedulos substituat. Quinetiam dominus sæpenumero, dies noctesq; maneat in metallo. Quæ non sit mansio desidiosa & mollis: nam metallici, in re familiari augêda diligentis, interest, frequêter descendere in fodinî, & aliquid temporis côferre ad naturam venarû fibrarumq; cognoscendâ,

& tam intus,quàm foris,omnes laborandi rationes intueri atq; contemplari.
Nec id solùm agere debet,sed interdum aliquos labores suscipere:non ut in iis
se frangat,sed ut & sua diligétia mercenarios excitet,& eos doceat artem. Etenim bené se habet metallum, in quo, quid faciendum sit, non præses modò,
verùm dominus etiam docet. Quocirca barbarus quidam,ut est apud Xeno-
phontem,rectè respondit regi,Oculus domini saginat equum: nam diligentia domini omnibus in rebus valet plurimùm. At cùm multi communes impensas faciunt in metalla, ipsis accómodatum atque utile est, ex se præfectos
fodinarum eligere, item præsides: quia enim plerunque sua homines curant,
aliena negligunt, non possùnt illi sua curare,quin aliena curent; nec aliena
negligere, ut sua non negligant. Quòd si nemo ex ipsis ejusmodi officiorum
onera suscipere velit, aut sustinere possit, è re cómuni ei it, ea viris diligentis-
simis imponere. Quondam certè hæc res curæ fuit præfectis metalloru: sive
domini essent Reges, ut Priamus aurariorum circa Abydum, Mydas eorum
quæ fuerunt in Berimo monte,Gyges,Alyattes,Crœsus eorum,quæ fuerunt
ad oppidum desertum inter Atarneam & Pergamum: sive Respub. ut Cartha-
ginenses argentariorum quibus floruit Hispania: sive Familiæ amplæ & il-
lustres,ut Athenis fodinarum Laurei montis. Hoc porrò rationibus,domini
artis adhuc ignari,maximé conducit, sumptum cómunem sibi cum aliis ponere,non in fossione venæ unius,sed plurium. Nam qui solus impensas facit
in unam aliquam fodinam; si secunda fortuna ipsi venam abundantem metallis aliisque fossilibus elargitur, amplissimæ pecuniæ sit dominus: sin adversa inopem & sterilem, in omne tempus perdit omninò omnem sumptû,
quem in eam impendit. Qui verò nummos communiter cum aliis insumit in
plures venas alicujus loci, nobilitati copiá metallorum,ille raró perdit oleum
& operam,sed ipsius optatis plerumq; fortuna respondet. Cùm enim ex duodecim venis, in quas communis sit sumptus, una metallis affluens, domino
non reddat modo pecuniam impensam, sed det præter ea lucrum; certè erit ei
res metallica ampla & fructuosa,cui datæ venæ, aut tres, aut quatuor, plures-
ve effundunt metalla. Xenophontis autem non multùm huic dissimile con-
silium est, quid ipsis Atheniensibus sit faciendum, si novas argenti venas sine
detrimento voluerint quærere, Sunt,inquit,Atheniensium decé tribus; itaque si civitas singulis dederit servos pares numero, atque ipsæ communi fortunâ novas venas secuerint, hoc sanè modo si una invenerit venam argenti
divitem, utique universis, id quod habet utilitatem,ostendet: sin duæ tribus
invenerint, aut tres, aut quatuor, aut dimidia earum pars, profectò hæc o-
pera utiliora fient. Spem enim omnes tribus frustrari,præteritorum non est
simile. Quamvis autem hoc Xenophontis cósilium sit plenum prudentiæ,ta-
men ei locus non est in ullis civitatibus, nisi liberis & opulentis. Nam quæ
in regum & principum ditione sunt, vel tyranni dominatu premuntur, sine
eorum permissu non audent facere tales impensas : quæ præditæ sunt parvis opibus ac facultatibus, præ indigentia non possùnt: tum etiam, ut mos est
nostrorum hominum, Respub. nullos habent servos, quos tribubus elocare
possent. Quare hodie, qui cum potestate sunt,nomine Rerumpubl. impensas agunt in metalla,non aliter ac privati homines. Nonnulli verò do-

mini

mini, partes fodinæ, quæ abundat metallis, malunt emere, quàm esse solliciti
de venis quærendis. Atq; hi facilem quandam & minus incertà augendæ rei
rationem tenent. Ut enim unius & alterius fodinæ spes ejusmodi partiũ emptores frustretur, plurium certè fodinarum non deseret; sed ex his aliquæ o-
mnem pecuniam impensam cum fœnore dominis reddent, fodinarũ modò
metallis fœcundarum partes valdè magno precio non mercentur, nec nimis
multas proximarum fodinarum, quæ metalla nondum fundunt, ne, si optatis fortuna non responderit, semel jactuis exhausti, non habeant, sumptum
unde faciant,& emant alias partes, quæ damnum factum resarcire possint.
Quod malum accidit his, qui repentè ex metallis divites fieri volunt, & nimio plus sunt emaces. Igitur non solùm in cæteris rebus, sed etiam in em-
ptione partium, impendendi est modus quidam retinendus metallicis, ut ne
nimià divitiarum congerendar ũ libidine obcœcati, omnia profundant. Præterea, prudentes domini, antea quàm partes emant, se conferre in fodinas debent, & diligenter naturam venarũ contemplari. Hoc enim ipsis maximè cavendum est, ne fraudulenti partium venditores eos decipiant. Partium quidem emptores si minus divites fiunt, at certius faciunt rem, quàm hi, qui suis
impensis fodiunt metalla, quòd timidius se fortunæ cõmittant. Nec verò metallici prorsus fortunæ diffidere debent, ut nonnullos diffidere videmus, qui,
quamprimùm alicujus fodinæ partes cœperint esse in pretio, eas vendunt:
Quocirca rarò vel mediocres divitias assequuntur. Quin etiam qui tumulos,
quondam è fodinis egestos & neglectos, atque ea, quæ in canalibus cuniculorum subsederunt, lavare solent, & qui vetera recrementa excoquere, ex
ipsis non rarò satis uberes fructus capiunt. Verùm metallicus, antea quàm venas fodere incipiat, septem secum consideret, Loci Genus, Habitum, Aquam,
Viam, Salubritatem, Dominum, Vicinum. Loci autem quatuor sunt genera, Montanum, Collinum, Vallestre, Campestre. Ex quibus priora duo fodiuntur facilius; quòd in ea cuniculi agi possint, è quibus effluit aqua, quæ
fossionem laboriosam reddere aut omnino impedire solet: posteriora difficilius; maximè verò, cùm in eos cuniculi agi nulli possunt. Attamen metallicus prudens omnia hæc quatuor genera loci, in quo versari solet, contemplatur, & in eis quærit venas, quibus torrens, aliúdve detraxit terrenam istam
cutem, secumque rapuit. Non verò locis omnibus lectas aperit; sed quia magna est in montibus, ut etiam in reliquis tribus generibus, dissimilitudo, ex
multis eos semper eligit, qui bonam spem adipiscendi divitias ipsi faciunt. Etenim, cùm montes primò multùm inter se positione differant, quòd alii in æ-
quo & plano loco siti sint; alii in inæquabili atque edito; alii aliis mõtibus impositi esse videantur, sapiens metallicus non fodit positos in camporũ patentibus æquoribus, nec in montosis regionibus summos, nisi fortè fortunâ aliquæ ipsorũ montium venæ, corio nudatæ, & metallis aliis've fossilibus abun-
dantes, suâ sponte se subjecerint sub ejus aspectum. Quod, quia jam semel atq;
iterum dixi, etiamsi nunquam posthac repetam, quæcunque tamen dixero
de locis non eligendis, cum hac exceptione dicta volo. Deinde, cùm montes
omnibus locis crebri multíque non sint, sed alio unus, alio duo, alio tres,
plures've: atque alibi inter eos medii locentur campi, alibi conjuncti sint, aut

valli-

vallibus tantummodò disjuncti, non fodit folitarios & fufos per regionum
planitiem ac difperfos, fed cum aliis conjunctos atq; connexos. Tum etiam,
cùm montes à montibus quantitate diftinguantur, quòd alii magni fint, a-
lii mediocres, alii ad collis amplitudinem propiùs accedant, quàm magni
montis: rariùs fodit maximos quofque & minimos, fed plerumque medios
inter illos. Cùm denique montes magnam figurarum varietatem habeant,
quòd aliorum omne latus leniter affurgat: aliorum contrà omne fit præceps:
aliorum aliud fit molliter devexum, aliud præceps: alii in longum fint ducti:
alii leviter inflexi: aliis alia figura fit data, extra præcipites eorum partes o-
mnes fodit. Sed ne has quidem negligit, fi venæ metallicæ fefe ei in confpe-
ctum dederint. Verùm, quamvis tot differentiæ fint in collibus, quot in montibus difsimilitudines, metallicus tamè non fodit alios, quàm in montofis locis locatos, atque eos etiam perrarò. Minimé verò mirum eft, fi collis infulæ
Lemni foditur, quippe qui totus eft fulvus, eoq; colore prodit incolis terram
illam nobilem, & humano generi inprimis falutarem. Similiter alii colles
fodiuntur, fi creta, non quæfita, aliùdve terrarum genus fub afpectum cadit.
Valleftres etiam planities funt admodum diverfæ. Una, quæ quidem habet
latera claufa, exitum verò pariter atque introitum patentem. Altera, cujus in-
troitus vel exitus eft apertus, reliquæ partes omnes funt claufæ: quæ duæ propriè dicuntur valles. Tertia, undique fupra montibus: quæ convallis appellatur. Deinde, alia receffus habet, alia non habet. Tum, alia lata eft, alia angufta: alia longa, alia brevis: alia præterea altior non eft campo ipfi proximo: aliæ fubjecta eft campeftris planicies in aliquam altitudinem depreffa.
Metallicus autem non fodit undique feptas montibus, nec apertas, nifi fub
ipfis fit campus humilis, aut vena metallis gravida, de montibus defcendens,
ad eam pertineàt. Cùm denique campus à campo hoc differat, quòd alius in
humili loco fit fitus, alius in alto: & quòd alius æquatam habeat planitiem,
alius exiguè pronam, metallicus nunquã fodit humilem, aut eum, cui eft planities perlibrata, nifi fuerit in aliquo monte: rarò alios. Quod autem ad habitum loci pertinet, metallicus nondum perfoffum confiderat, veftitús ne fit
arboribus, an his nudatus. Si nemorofus erit, eum, modò reliquas habeat o-
portunitates, fodit, quòd fuppeditet ipfi lignorum copiam, ad fubftructiones,
machinas, ædificia, excoctiones, aliaque neffariam. Sin careat nemoribus,
ejus fofsionem omittit; nifi prope fit flumen, quod devehat ligna. Veruntamen ubi fpes oftenditur fore, ut aurum purum, aut gemmas inveniat, locum
etiam fubvertit non fylveftrem, quòd hæ politurà tantùm egeant, illud ex-
purgatione. Quocirca incolæ regionum calidarum ejufmodi eruunt ex afpe-
ris & arenofis locis, in quibus interdum ne fruteta quidem ulla funt, nedum
fylvæ. Metallicus etiam locum confiderat, habeàtne perpetuò fluentem a-
quam, an femper aquâ careat, nifi à vertice montiũ torrens largo imbre con-
ceptus defluxerit. Itaque quem locũ natura amne aut rivo donavit, is ad multa erit idoneus: nam nunquam deerit aqua, quæ ligneis canalibus in lava-
cri domicilia perducatur: quæ deducatur ad officinas, in quibus materia
metallica excoquitur: quæ denique, fi patietur loci conditio, in cuniculos derivari pofsit, ut verfet machinas illas fubterraneas. Contrà verò aquæ jugi-
ter flu-

r fluentes, loco qui foditur, à natura denegatæ, augent impenſas, atque eò
uagis, quò longius à fodinis abeſt amnis aut rivus, ad quem metallicæ res
unt vehendæ. Quinetiam metallicus viam, quâ à proxima regione & vici-
nitate itur, ad metalla contemplatur, bonáne ſit, an mala; brevis, an longa.
um enim loca foſsilibus abundantia, plerunque nullas ferant fruges, ſitque
ut eſſe, ut mercenariis, aliisᷓ importentur omnia, quæ expetuntur ad uſus
iter neceſſarios, via mala & longa multas moleſtias exhibet bajulis & vecto-
bus, atque auget impenſas rerum invectarum, quare majoris eas vendunt.
uod non tam mercenariis, quàm dominis dat damnum: ſiquidem, propter
erum caritatem, mercenarii uſitatâ laborum mercede contenti non ſunt, nec
ſe poſſunt; ſed à dominis petunt, ut majorem ipſis tribuant. Quòd ni fece-
int, non dant operas in metallis, ſed abeunt. Quanquam autem loci, metallis
iisque foſsilibus gravidi, plerumque ſint ſalubres, quòd à ventis circumflari
oſsint; nempe præcelſi atque editi, quidam tamen peſtilentes ſunt, ut aliis li-
ris dictum eſt, qui ſunt inſcripti De natura eorum quæ effluunt ex terra. Itaᷓ
retallici ſapientis eſt nò fodere locos, vel fructuoſiſsimos, quorum certa pe-
ſtilentiæ ſigna percipit. Etenim qui fodit peſtiferos, ei una hora ſatis eſt vitæ,
Iteram orco ſpondet. Metallicus præterea dominum loci intuetur, acri &
rtento animo, juſtúsne ſit & vir bonus, an tyrannus. Nam hic, homines vi
ppreſſos, imperio coercet, & ad ſe rapit bona corum; ille, juſtè & legitimè im-
erat, cómuniᷓue utilitati ſervit. Ubi igitur regio à tyranno dominatu pre-
nitur, nec ibi metallicus fodit venas; ſed domini etiam vicinum, cujus regio
ttingit locos ad fodiendum aptos, animo contuetur, amicús ne ſit, an inimi-
us. Si inimicus fuerit, metallum illud excurſionibus hoſtium erit infeſtum,
uarum una, omne aurum, argentī, aliúdve foſsile, à domino multis impen-
s & laboribus collectum atᷓ comportatum, auferet, & incutiet metum ho-
ninibus mercede conductis. Quo fracti, in fugam ſe conjicient, ut periculo,
uod in eos intenditur, ſe liberare poſsint. Tum non ſolùm fortunæ metallici
naximo in periculo erunt, ſed ejus etiam vita in diſcrimen vocabitur: itaᷓ ne
alem quidem locū fodit. Quoniam verò plures metallici fodere ſolent unius
oci venas, ex ea re vicinitas oritur, quam metallicus, qui primus foſsioni ope-
am dedit, à ſe excludere non poteſt. Etenim magiſter metallicorum, aliis per-
nittit poteſtatem fodiendi tam inferiores, quàm ſuperiores ejuſdem venæ
rartes: aliis tranſverſas venas, aliis obliquas: ſin alter ad foſsionem primò ag-
greditur, venaque metallis, aut aliis foſsilibus, fuerit gravida, ex re ejus non
rit, propter malā vicinitatem. omittere foſsionē, ſed armis juſtitiæ ſua pote-
it tueri atᷓ defendere. Cùm enim magiſter metallicorum, cujuſque domini
oſſeſsionem, certis terminis, definiat, boni metallici eſt, ſe ſuis finibus conti-
iere, prudentis vicinos ab iniquo conatu legibus repellere. Sed etiam de vici-
nitate ſatis. Metallicus igitur fodinam habeat loco montoſo, molliter deve-
co, ſylveſtri, ſalubri, tuto, qui non longè abſit à flumine vel rivo, quò mate-
ia effoſſa vehi poſsit, ut lavetur & excoquatur, ad quem etiam aditū ſit non
difficilimus. Quæ quidem poſitio eſt optima. Ad eam verò, quò quæque reliquarum propius accedit, eò melior eſt; hoc contrà pejor, quò ab ea diſcedit
ongius. Nunc dicam de his, ad quæ aſſequenda metallico non opus eſt foſsionibus,

nibus, quòd ea vis aquarum ſecum ex venis efferat: quorum duo genera ſunt
foſsilia, eorúmve ramenta & ſucci. Cùm autem fontes ſint ora venarum,
quibus jam dicta emittuntur, eos primùm metallicus conſiderat, utrum ha
beant arenam cum metallis aut gemmis permiſtam, an aquam alicujus ſucc
plenam effundant: ſi quid metallorum vel gēmarum in fontium lacunis ſub
ſederit, non ipſorum modò arenæ ſunt lavandæ; ſed etiam rivorum, qui ab ei
deducuntur, & fluminum, in quæ rurſus illi exonerant: ſin fontes ex ſeſe aquā
aliquo ſucco infectam, emiſerint, ea itidem colligenda eſt: quantò enim ab or
tus ſui loco longius defluxerit, pluresque combiberit aquas ſimplices, tantē
fit dilutior, tantóque magis eam vires deficiunt: attamen ſi alterius generis a
quas nullas, aut non multas, rivi ceperint, non ipſi tantùm, ſed lacus etiam, qu
eas collegerint aquas, naturæ ſunt ejuſdem cum fontibus, eundémque uſun
præbent: quo ſanè modo lacus, quem Hebræi mare mortuum appellant, eſ
bituminis liquidi pleniſsimus. Sed redeo ad arenas. Quia verò fontes effun
dunt aquas in mare, lacum, paludem, flumē, rivum, arena litoris marini rar
lavatur: etſi enim aqua, ex fontibus defluens in mare, ſecum rapit aliquid me
tallorum, gemmarúmve; quia tamen id per immenſum aquarum corpus di
pergitur, & cum arenis permiſtum aliud alio latè diſsipatur, aut ſubſidit i
profundo maris, colligi ferè non poteſt: atque ob eaſdem cauſas lacuum are
næ perrarò ſatis commodè lavari poſſunt, etiamſi fontes ex montibus orti, i
pleroſque omnes fundant aquas: at ramenta metallorum & gemmæ, ex fon
tibus rariſsimè manant ad paludes, quòd plerumque ſint in æquis & patenti
bus locis. Metallicus igitur primò fontis arenas lavat: deinde rivi, ab eo de
ductum fluvii, in quem rivus exonerat: ſed arenas amnis, lōgiùs à montiſ
diſcedentis in campeſtrem planiciem, lavare, operęprecium non eſt. Verùn
quò plures fontes metalliferi aquas effuderint in unum flumen, eò major ſpe
eſt lavacrum fructuoſius fore. Porrò ne arenas quidem rivorum, apud quo
metalla effoſſa lavantur, metallicus negligit. Jam ſucci gratiā guſtandæ ſun
aquæ fontium: cùm autem inter ſe multùm differant in ſapore, ſex earū gene
ra excoctor potiſsimā obſervat & animadvertit: ſalſas, ex quibus ſal excoqui
nitroſas, ex quibus nitrum: aluminoſas, ex quib. alumen: atramentoſas, ex qu
bus atramentū ſutorium: ſulphuroſas, ex quibus ſulphur: bituminoſas autē, e
quibus bitumen coquitur, color ipſe coctori prodit: ſed aqua marina, iccirc
quòd ſalſæ fontanæ ſimillima ſit, derivata in areas modicè depreſſas, & Sol
calorib. cocta, in ſalem ſpontè abit: tum etiā lacuum quorundam aqua ſimil
ter ſalſa, æſtivis Solibus ſiccata, fit ſal. Itaq; hominis induſtrii & diligentis eſ
hæc quoq; notare, & ex eis capere uſum, atq; afferre aliquid ad cōmunē util.
tatis fructū: rigor præterea maris liquidū bitumen, quod ex occultis fontibu
influit in ipſum, denſat in ſuccinū & gagatem, ut in libris, De ſubterraneorun
ortu & cauſis inſcriptis, dixi: utrumq; verò idem mare, certis ventorū flatil
cōmotum, in litora ejicit: quocirca etiā captura illa ſuccini, ut corallii, aliqu
curam deſiderat. Porrò, qui arenas lavant, aut coquunt aquam fontanam, ne
ceſſe eſt, ut ſolicitos etiā ipſos habeat cogitatio loci habitus, viæ, ſalubritati.
domini, ejuſq; vicini, ne propter earū rerū difficultatē, aut exhauriantur ſun
ptibus, aut de bonis & vita periclitētur. Hæc hactenus. Metallicus, poſtquan
                                                                    eleg.

elegit ex multis locis unum aliquem naturâ aptum ad fofsiones, in venis operam curamque ponit: quæ, vel aliquo casu nudatæ corio, se nobis ostendunt, vel abstrusæ & latentes arte inquiruntur: hoc evenire vulgò solet, illud rarò: quorum utrumque explicandum est.    Aliqua igitur vis, sine hominis industria & labore, aperit venas nõ uno modo: etenim eas cute nudat, aut torrens, quod Fribergi argentariis accidit; (de qua re scripsi in primo libro De veteribus & novis metallis ) aut vis ventorum, cùm ea radicitùs extrahit & extirpat arbores, quæ supra venas creverunt; aut abruptio saxi: monte verò id ipsum abrumpit, vel diuturnus & largus imber; vel terræ motus; vel ictus fulminis; vel violenta nivis devolutio; vel impetus ventorum:

　　　——Qualis rupes, quam vertice montis
　Abscidit impulsu ventorum adjuta vetustas.

Aut aratio venas aperit: nam aratro glebas auri excisas esse etiam in Galeciâ, Justinus memoriæ tradidit: aut sylvarũ incendium, quod argentariis Hispaniæ accidisse scribit Diodorus Siculus: & satis scitum est illud Posidonii, Nova germina, argentaria scilicet & auraria, efferbuerunt incendio, quo sylvæ conflagrarunt. Quinetiam Lucretius eandé rem his versibus latius explicavit,

　　Quod superest, æs atque aurum, ferrumque repertum est,
　　Et simul argenti pondus, plumbíque potestas,
　　Ignis ubi ingentes sylvas ardore cremârat
　　Montibus in magnis: seu cœli fulmine misso:
　　Sive quòd inter se bellum sylvestre gerentes
　　Hostibus intulerant ignem formidinis ergò:
　　Sive quod inducti terræ bonitate, volebant
　　Pandere agros pingues, & pascua reddere rura:
　　Sive feras interficere, & ditescere prædâ.
　　Nam foveâ atque igni prius est venarier ortum,
　　Quàm sæpire plagis saltum, canibúsq́ ciere.
　　Quicquid id est, quacunque è caussa flammeus ardor
　　Horribili sonitu sylvas exederat altis
　　Ab radicibus, & terram percoxerat igni.
　　Manabat venis ferventibus in loca terræ
　　Concava conveniens argenti rivus & auri,
　　Æris item & plumbi.

Attamen Poeta, ejusmodi incendiis, non tam venas primò nudatas esse, quàm totum metallorum opificium initium sumpsisse, censet. Aut deniq; venas reserat alia quæpiam vis: etenim equus, si huic narrationi fides habenda est, Goselariæ venam plumbariam ungulâ aperuit. Istis igitur modis fortuna nobis venas largitur.    Arte autem occultas & reconditas scrutamur, observantes primò scaturigines fontium, quæ à venis longè abesse non possunt, quòd ex ipsis earum aqua emanat: deinde fragmenta venarum, quæ torrens ex terra eruit, longinquitas verò temporis aliquam eorum partem rursus obruit terrâ: verùm ejusmodi fragmenta si supra terram jacuerint, aut sint lævia, venæ ab ipsis plerumq; absunt longiùs, quòd torrens extracta procul à venis abripuerit, &, dum ea propelleret, lævia fecerit: sin in terra infixa, vel aspera fuerint, ad

venas propius adſunt. Situs etiam conſiderandus: nam is in cauſa eſt,quòd &
venæ magis aut minus terrâ obruantur, & fragmenta longè aut minus longè protrudantur: venis autem iſto modo inventis, fragmenti nomen imponere metallici ſolent.Tû venas ſcrutamur obſervantes pruinas,quibus omnes
herbæ candicant:his exceptis,quæ creſcunt ſupra venas;quippe quæ ex ſeſe e-
mittunt exhalationem calidam & ſiccam, quæ humidæ concretionem impedit: quocirca tales herbæ magis aquis madent,quàm pruinis candicant,quod
omnibus locis frigidis cernere licet, anteaquam ad juſtam magnitudinê herbæ pervenerint; ut Aprili & Majo menſibus:aut cùm jam fœnum ſerotinum,
quod cordum appellant,falcibus defeſtum fuerit;ut menſe Septembri. Quo
igitur loco herbæ humidæ non congelant pruinis,ſubeſt vena: quæ ſi ſpira-
verit valdè calidum,ea terra fert herbas humiles & coloris nô vivi. Poſtremò
arbores,quorum folia,tempore veris,ſubcærulea vel livida ſunt: rami inprimis ſuperiores infeſti nigrore,aut aliquo alio colore non naturali: ſtipites bi-
fidi & ſimiliter,atque rami nigri vel diſcolores: ea namq; opera efficiunt valdè calidi & ſicci halitus,qui ne radicibus quidem arborũ parcunt; ſed eas adu-
rentes,prorſus infirmas reddunt. Qua de cauſa vis ventorum frequentius extirpat ejus generis arbores,quàm reliquas: venę autem emittunt halitus. Quo
igitur loco multæ arbores,longo quodam ordine diſpoſitæ,alieniſſimo tempore amittunt viriditatem & nigreſcunt, aut diſcolorantur, crebroq; vi ventorum dantur ad caſum,ibi ſubeſt vena. Quin cùm item longo quodam ordine,quo ſe vena tendit,aliqua herba, vel aliquod fungi genus, creſcit: quibus
intervenia aut interdum aliæ etiam venæ proximæ carent.Atque iſtis modis
naturaliter venæ poſſunt inveniri.    Porrò de virgula furcata,inter metallicos multæ & magnæ cõtentiones ſunt: nam eam alii ajunt in venis inveniendis ſibi maximo uſui eſſe; alii negant. Qui tractationem & uſum virgulæ pro-
bant, eorum alii primò furcam cultro reſecant colurnam: quam præ cæteris
ad venas quærendas idoneam eſſe cenſent; præſertim ſi corylus ſupra venam
aliquam creverit:alii pro varietate metalli diverſis virgulis ad venas inquirê-
das utuntur: etenim coryli virgulas adhibent ad venas argenti: fraxini, ad æ-
ris: piceaſtri,ad plumbi,maximè candidi: ex ferro vel acie ferri factas, ad auri:
deinde utrique virgulæ cornua manibus prehendentes pugnos faciunt: neceſſe autem eſt ut digiti compreſsi ad cœlum ſpectent,utque virgula erigatur
eâ parte, quâ cornua coeunt: tum huc & illuc paſsim per locos montoſos vagantur: itáque dicunt ſimul atq; ſupra venam pedem poſuerint,ſtatim virgulam verſari & volvi,ſibique prodere venam:ubi pedem retulerint,& ab ea diſ-
ceſſerint,rurſum virgulam immobilem manere. Verùm,ut ipſi aſſerunt,cau-
ſa motionis virgulæ eſt vis venarum: eaque interdum tanta eſt ,ut arborum,
prope venas creſcentium,ramos ad ſe flectat. Contrà,qui virgulam nulli viro
bono graviq;uſui eſſe poſſe dicunt,hi vim venarũ iccirco motionis ejus cauſſam eſſe negant,quòd omnibus non ſoleat moveri, ſed iſtis tantummodò, qui
cantionibus aut aſtutiis utuntur: vim præterea venarum negant ad ſe trahere
ramos arborum,ſed exhalationem calidam & ſiccam ajunt eos efficere cõtor-
tos. Ad quæ iſti reſpondent: quòd vis venarum virgulam,cùm quidam è metallicis aut cæteris hominibus eam tenent in manibus, non vertat,in cauſa eſt

hominis

:ominis proprietas quædam fingularis,quæ vim venarum impedit atque al-
ligat:quia enim vis venarum verſat & volvit virgulam, non aliter ac magnes
ferrum ad ſe allicit & trahit,eam occulta hominis proprietas debilitat & frangit,non ſecus atq; allium magnetis vires infirmat & excludit: etenim allii ſucco magnes oblitus ferrum ad ſe non trahit, nec idem trahit rubiginoſum.
Quænetiam de tractatione virgulæ nos admonet,ut digitos leniter non ſtrin-
gamus,neq; comprimamus acriter: nam ſi leniter tangemus virgulam, decidet,inquiunt,anteaquam vis venarum eam verſet:ſin acriter conſtringemus,
vis manuum vi venarum reſiſtet,& eam ſuperabit. Itaq;,ut ipſi cenſent,quin-
que es ſunt neceſſai iæ ad hoc, ut virgula ſuum faciat officium: quarū prima
eſt,virgulæ quantitas; vis enim venarum baculum nimis magnū volvere ne-
quit:altera,virgulæ figura;nam etſi furcata fuerit,eadem vis eam vertere non
poteſt:tertia,vis venarum,quæ naturam volvendi habet: quarta,virgulæ tractatio: quinta,privatio proprietatis occultæ. Ex jam dictis autem ſolent concludere hoc modo: Si,quòd virgula omnibus nō moveatur,in cauſſa eſt ine-
pta ejus tractatio, aut occulta hominis proprietas, quæ vi venarum repugnat
& obſiſtit,ut ſuprà diximus:qui venas ipſa quærunt,nō neceſſe habent id cantionibus facere,ſed ſatis eſt eos virgulam aptè tractare poſſe, & occultâ pro-
prietate carere. Virgula igitur,in inveniendis venis,viro bono gravique uſui
eſſe poteſt. Verùm de ramis arborum contortis plura non dicunt iſti, ſed manent in ſententia.Cùm autem hæc res controverſa ſit & plena diſſenſionis inter metallicos,eam ſuis ponderibus examinandā cenſeo. Virgula divina, quâ
incantatores ſcrutantur venas, ut annulis etiam,ſpeculis, criſtallis,quamvis
forma furcæ figurari poſsit, nihil tamen ad rem intereſt, recta ſit,an in aliam
figuram formata: non enim valet virgulæ figura,ſed incantamenta carminū,
quæ mihi cōmemorare non licet neq; libet. Veteres autem,non ea modò, quæ
ad victum & cultū attinent, virgulâ divinâ conquiſiverunt;ſed rerum etiam
formas verterunt: etenim incantatores Ægyptiorum virgas,ut Hebræorum
literæ narrant, in ſerpentes mutârunt: & apud Homerum Minerva ſenem U-
lyſſem virgulâ divinâ repentè in juvenem convertit, ac rurſus reſtituit in ſe-
nium: Circe quoq; ſocios Ulyſsis mutat in beſtias, eiſque reddit hominis effigiem: quinetiam Mercurius virgâ,quæ caduceus appellatur,vigilantibus ſo-
mnum dat,é ſomno excitat dormientes. Itaq; virgula divina primò ex incan-
tatorum impuris fontibus defluxiſſe videtur in metalla: deinde, cùm viri boni abhorrerent ab incantamentis carminum, eaque rejicerent, virgula à ſim-
plici metallicorū vulgo eſt retenta,& in querendis venis veſtigia antiqui uſus
remanſerunt. Quoniã verò metallicorum virgulæ moventur, etiamſi eas in-
cantare non ſolent, alii dicunt, motionis earum cauſſam eſſe vim venarū: alii
tractationem: alii utramque. Verùm, quæ vi ad ſe attrahendi prædita ſunt,ea
omnia in orbem non torquent res,ſed eas ad ſe alliciunt:verbi gratiâ,Magnes
ferrum non volvit,ſed id ad ſe trahit:& ſuccinum attritu concalefactum non
vertit paleas, ſed ſimpliciter eas ad ſe allicit: ſimiliter vis venarum, ſi candem
cum magnete aut ſuccino naturam haberet,virgulam toties non verſaret,ſed
ſemel tantummodò ad ſpatium ſemicirculi verſatam rectâ ad ſe traheret, &,
niſi cōpreſsio hominis, qui virgulam teneret in manibus, ipſi venarū vi reſi-

fteret & repugnaret, virgulam ferret ad terram: quod cùm non fiat, neceffa-
riò fequitur, tractationem effe caufam motionis virgulæ. Id verò hinc etiam
perfpicuum eft, quòd callidi ifti tractatores rectam virgulam non capiunt,
fed furcatam, atq; eam colurnam, aut aliquam aliam ita flexibilem, ut, fi fic tenetur in manibus, ut eam tenere folent, omni homini, quocunque in loco fte-
terit, in orbem vertatur: nec mirum, fi virgula non verfatur, cùm inertes eam
tenent; etenim cornua ejus acriter comprimunt, aut leniter ftringunt: hoc
autem ipfum vulgo metallicorum fidem facit, virgulâ venas inveniri; quòd
eâ utentes, cafu aliquas inveniunt, fed iidem multò fæpius perdunt operam,
& ut venas invenire pofsint, nihilominus in fofsis agendis defatigätur, quàm
adverfæ partis metallici. Metallicus igitur, quia eum virum bonum & gravé
effe volumus, virgulâ incantatâ non utitur; quia, rerum naturæ peritum &
prudentem, furcatam intelligit fibi ufui non effe; fed, ut fuprà dixi, habet natu-
ralia venarum figna, quæ obfervat. Itaque ea, fi natura vel cafus, aliquo in loco, ad fodiendum apto, patefecit, ibi metallicus agit foffas; fi non oftendit, crebris fofsionibus ufque eò fcrutatur locum, quoad venam crudariam reperit.

*Virgula* A.      *Foffa* B.

Attamen venam dilatatam rarò labor hominum aperit; fed plerumque vis
aliqua, interdum verò venæ profundæ puteus aut cuniculus. Venæ autem
inventæ

inventæ, ut etiam putei & cuniculi, nomina reperiunt, aut ex inventoribus, quomodo vena Carbonaria Annebergi nominata est; quòd eam carbonarius invenit: aut ex dominis, ut Gairica vallis Joachimicæ, à Gairicis, ibidem partes possidentibus: aut ex effossis, ut vena plumbaria ibidem, à plumbo nigro, & Snebergi Bisemutaria, à plumbo cinereo: aut ex casu, ut fragmentum dives vallis Joachimicæ, quam vis torrentis aperuit. Sæpiùs tamen primi inventores eis, magis verò fodinis, nomina imponunt, aut personæ; ut Cæsaris Germanici, Apollinis, Jani: aut animantis; ut Leonis, Ursi, Arietis, Vaccæ: aut rei inanimatæ; ut cistæ argentariæ, stabuli boum: aut ridiculi; ut helluo morionum: aut denique ominis boni causâ; ut donum Dei. Eandem autem consuetudinem appellandi venas, puteos, cuniculos, quondam fuisse usitatam, ex Plinio intelligimus, qui scribit: Mirum, adhuc per Hispanias, ab Hannibale olim inchoatos puteos durare, sua ab inventoribus nomina habentes, ex quís Bebelo appellatur hodiéque, qui
CCC. pondo Hannibali submini-
stravit in dies.

*De re Metallica Libri II.* F I N I S.

GEORGII AGRICO=
LAE DE RE METALLICA
LIBER TERTIUS.

P R O X I M E' prudentiâ informavi metallicos, dixíq; de electione loci fodiendi, arenæ lavandæ, aquæ coquendæ; similiter de inquisitione venarum. Atque ita persolvi secundum Librum: Venio ad tertium, qui est de venis ac fibris, saxorúmque commissuris. His verò nominibus interdum appellari terræ canales, sed sæpiùs ea, quæ in vasis continentur, aliàs dixi: alterá significatione nunc utor. Ipsis enim nominibus declaro res fossiles, quas terræ receptacula suo complexu coercent. Primò autem dicam de venis, quæ altitudine, latitudine, longitudine multùm inter se differunt: Nam alia de summo terræ corio descendit in imam ejus sedem: quam, ob eam ipsam rem, nominare soleo profundam.

C 3

*Mons* A. C.     *Vena profunda* B.

Alia, neque profundæ instar ascendit versùs terræ superficiem, neque descendit versùs ejus profundum; sed, sub terra latens, in multum spatii se dilatat: quæ vena iccircò dilatata dicitur.

*Mons* A. D.     *Vena dilatata* B. C.

Alia,

Alia,magnam alicujus loci partem occupat,in longum & latum ducta,quâ cumulatam foleo vocare: nec enim quicquã aliud eft, quàm aliquo fofsilium genere cumulatus locus,ut in libris De fubterraneorum ortu & caufis, fcri-pfi.Evenit interdum,licet infolenter & rarò,ut plures alicujus fofsilis cumuli, in uno loco reperiantur,alti unum aut etiam alterum paflum,lati quatuor vel quinque, quorum alter ab altero diftet, circiter duos,tres,plurésve paflus: qui,cùm ad eos fodiendo perventum fuerit,primò difci figurâ fe nobis oftendunt: deinde latius aperiuntur: poftremò ex omnibus iftiufmodi cumulis plerunque fit vena cumulata.

*Mons* A. B. C. D. *Vena cumulata* E. F. G. H. I. K.

Hoc autem loci,quod eft medium inter duas venas,intervenium nomi-natur: atque id ipfum intervallum,fi fuerit inter venas dilatatas,totum in ter-ra occultatur: fin inter profundas,fumma ejus pars palàm ante oculos omniũ eft: reliqua latet in occulto.

c 4

*Vena profunda* A.   *Intervenium* B.   *Altera vena profunda* C.

*Vena dilatata* A. B.   *Intervenium* C.   *Altera vena dilatata* D. E.

Deinde

Deinde,venæ profundæ multùm inter se differunt latitudine: nam earum aliæ sunt latæ passum,quædam duo cubita,aliæ unum,pedem aliæ,partim semissem: quas omnes nostri metallici latas vocant. Quædam contra latæ tantummodò sunt palmum , aliæ tres digitos, duos aliæ: quas angustas nuncupant. At in his locis,in quibus venæ sunt latissimæ, quæ data est cubitum, aut pedem,aut semissem,dicitur angusta: ut Cremnicii, ubi quædam vena aliquâ sui parte quindecim passus est lata, aliquâ decem & octo,aliquâ viginti : cuius rei testimonium incolæ nobis dabunt.

*Vena profunda lata* A.    *Vena profunda angusta* B.

Dilatatæ verò inter se differunt altitudine: etenim earum aliæ passum unum, aut duos,aut plures sunt altæ,partim cubitum, aliæ pedem, semissem aliæ:quas omnes appellare solent altas. Quædam contrà altæ sunt palmum, aliæ tres digitos,duos aliæ,partim unum : quas humiles nominant.

*Vena*

Tum, venæ profundæ inter se differunt extensione in longum: alia enim
ex oriente pertinet in occidentem.

*Vena* A B C.    *Commissuræ* D E F.    MERIDIES.

SEPTENTRIONES.

*Vena* A B C. *Commiſſuræ* D E F.

MERIDIES.

SEPTENTRIONES.

Alia ex meridie in septéntriones.

*Vena* A B C. *Commiſſuræ* D E F.　　MERIDIES.

SEPTENTRIONES.

Alia contrà ex feptentrionibus in meridiem.

*Vena* A B C.     *Commiſſuræ* D E F.

Sed vena, extendatúrne ab oriente, an ab occidente, nobis indicant com-∎miſſuræ faxorum: hæ enim ipſæ, ſi occidentem versùs vergunt in profundum, vena dicitur extendi ab oriente in occidentem: ſin orientem versùs, ab occidente in orientem: ſimiliter ex commiſſuris de meridie & ſeptentrionibus exiſtimamus.     Verùm metallici, unamquanque mundi partem, in ſex partes diſtribuunt: atque ad hunc modum faciunt partes mundi quatuor & viginti numero: quas ex duobus duodenariis numeris nominant. Eas autem mundi partes ipſis ſignificat inſtrumentum, cujus hæc eſt ſtructura: primò faciamus orbem: deinde à dimidia ejus parte uſque ad contrariam, duodecim rectas lineas, (quas Græci vocant διαμέτρες, Latini dimetientes appellare poſſunt) pari intervallo inter ſe diſtátes, ducamus per medium punctum, (quod iidem Græci, vocant κέντρον) ut orbem dividant in quatuor & viginti partes, undique inter ſe æquales: tum intra orbem tria fiant tympana: quorum extremum contineat lineas æqualiter ſecantes unamquamq; quatuor & viginti partium: medium verò binos duodenarios numeros in lineis dimetientibus utriuſque inſcriptos: intimum autem excavatum, capiat magnetinum indicem: per quem ea ex duodecim lineis dimetientibus recta tranſeat, in qua utrobique inſcriptus ſit numerus duodenarius.

## MERIDIES.

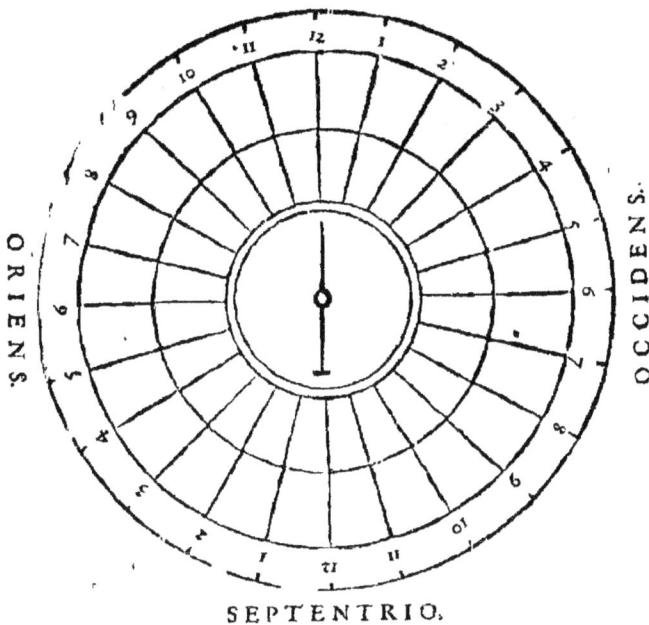

SEPTENTRIO.

Cùm autem index, quem regit magnes, ex Septentrionibus rectà pertineat in Auſtrum, nota XII. quæ eſt poſt ejus caudam, in figuram furcæ for-
matâ,ſignificat Septentriones; quæ ante aciem,Meridiem: Nota verò VI.ſu-
perior,indicat Orientè;inferior,Occidentem.Præterea,cùm inter duas mundi partes principes, ſemper aliæ quinq; ſint non principales,earum duæ priores, priori parti mundi; poſteriores duæ, poſteriori aſcribuntur: quinta autem, interjecta & media inter has & illas, dividitur: ejuſque pars dimidia,uni
parti principali attribuitur; altera,alteri. Verbi cauſâ: Inter XII. notam Septentrionum,& VI.Orientis,ſunt I.II.III. IIII.V.è quibus I.& II.ſunt partes
Septentrionũ,quæ ſpectant ad Orientem:IIII.& V.partes Orientis,quæ vergunt in Septentriones: III. verò dimidia pars aſſignatur Septétrionibus; dimidia,Orienti. Qui igitur curam in extenſionis venarũ cognitione ponit, is
ſuper venam etiã ſubterraneam, ſtatuat inſtrumentũ metallicum jam deſcri-
ptũ: quod,quamprimũ index quietus conſtiterit, extenſionem ipſi demon-
ſtrabit,ſi vena à VI.tendit ſe in VI.aut ex Oriente pertinet in Occidentè; aut
contrà,ex Occidente in Orientem: ſed hoc,an illud ſit,nobis cõmiſſuræ ſaxorum cõmonſtrant. Sin ex linea,quæ eſt inter V.& VI.procedit in oppoſitam
ipſi,ex medio V.& VI.Orientis progreditur;aut cõtrà,ex medio V.& VI.Oc-
cidentis: iterum verò hoc,an illud ſit,nobis cõmiſſuræ ſaxorum cõmonſträt.
Similiter, de aliis mundi partibus, earumq; intermediis, decernimus. Quoniam autem, quot partes mundi faciunt metallici,tot ventos numerant, non
hodierni modò nautæ,& in his quoq; noſtrates; ſed Romani etiam,qui quondam eis nomina, partim Latina poſuerunt,partim à Græcis mutuati ſunt, cui
metallico collibitum fuerit, is poterit venarum extenſionis vocabulis ven-

d

torum nominare; Sunt namque venti, ut partes mundi, principes quatuor, Subsolanus, qui spirat ab Oriente: & ei contrarius Favonius, qui flat ex Occidente: hic à Græcis Ζέφυρ@ appellatur; ille Α'πηλιώτης. Auster præterea, qui ex Meridie procedit: & ei oppositus, Septentrio, qui ex Septentrionibus: illum Νότον; hunc Græci Α'παρκτίαν vocant. At venti non principales, quemadmodum etiam partes mundi, sunt viginti numero: nam inter binos ventos principes, semper sunt quini non principales intermedii. Inter Subsolanum scilicet & Austrum, Ornithiæ primò tenentes locum Subsolano proximum: deinde Cæcias: tum Eurus, qui inter hos quinque medius est: postea Vulturnus: postremò Euronotus, vicinus Austri: quibus omnibus, excepto Vulturno, Græci hæc imposuerunt nomina. Itaque hunc, qui ratione tam subtili ventos non distinguunt, eundem, quem Græci nominant Εὖρον, esse dicunt. Rursus inter Austrum & Favonium primò est Altanus, à dextra Austri: deinde Libonotus: tum Africus, medius inter hos quinque: postea, Subvesperus: postremò, Argestes, à sinistra Favonii: quibus, exceptis Libonoto & Argeste, Latina sunt nomina: sed Africus quoque à Græcis Λίψ vocatur. Eodem modo inter Favonium & Septentrionem primò, à dextra Favonii, sunt Etesiæ: deinde Circius: tum Caurus, qui medius est inter hos quinque: postea Corus: postremò Thrascias, à sinistra Septentrionis: quibus omnibus, excepto Cauro, Græci nomina posuerunt. Iterum autem, qui tam concisà ratione ventos inter se non discernunt Κόρον à Græcis, Caurum à Latinis, eundem ventum dici, ajunt. Rursus verò inter Septentrionem & Subsolanum, primò, à dextra Septentrionis, est Gallicus: deinde Supernas: tum Aquilo, qui medius est inter hos quinque: postea Boreas: postremò Carbas, à sinistra Subsolani: atque iterum, qui tantam ventorum non pepererunt turbam, sed duodecim tantummodò ventos esse censuerunt, aut ad summum quatuordecim, eundem ventum esse dicunt, quem Græci Βορέαν, Latini Aquilonem appellant. Sed ad hanc nostram rationem, non modò hanc numerosam ventorum multitudinem, utile est approbare; sed etiam duplicare: quod Germanorum nautæ faciunt, qui præterea semper inter duos, medium ex utroque compositum numerant: isto enim modo etiam intermedias partes per flatum ventorum significare possumus. Ergo si vena à VI. Orientis tendit se in VI. Occidentis, ex Subsolano procedere dicetur in Favonium: quæ verò ex medio V. & VI. Orientis progreditur, in medium V. & VI. Occidentis, ex medio Carbæ & Subsolani procedere dicetur in medium Argestæ & Favonii. Similiter de aliis mundi partibus, earumque intermediis, sentiendum est. Metallicus autem, propter naturam magnetis, qui ferrei indicis aciem in Meridiem dirigit, necesse habet sic statuere jam descriptum instrumentum, ut Ortus ei sit ad sinistram: Occasus, ad dextram.

MERL.

## MERIDIES.

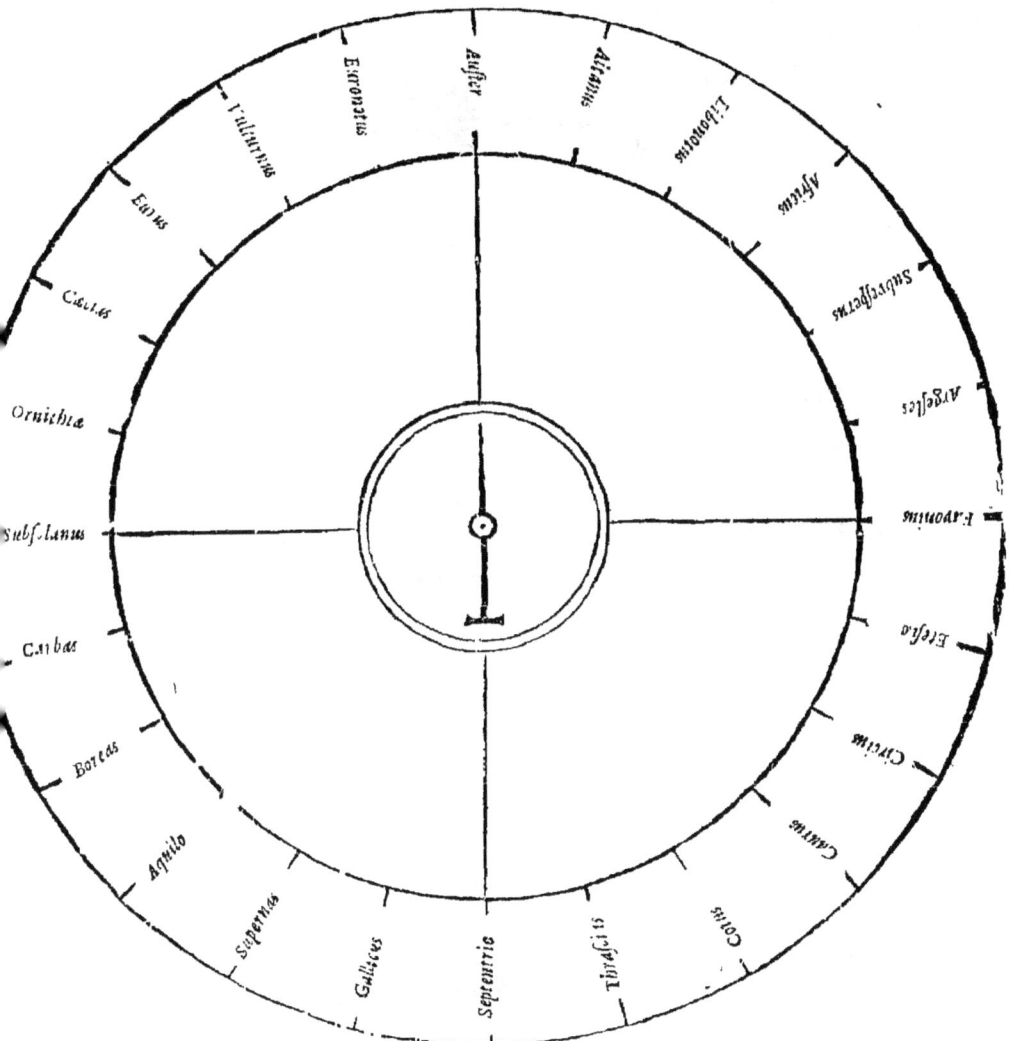

Exronatus · Auster · Altanus · Euronotus · Vulturnus · Libonotus · Afrus · Equus · Subuesperus · Circies · Argestes · Ornithia · Favonius · Subsolanus · Etesia · Caurus · Circius · Boreas · Caurus · Aquilo · Supernas · Gallicus · Septentrio · Thrascias · Corus

### SEPTENTRIO.

Non difsimiliter venæ dilatatæ, inter fe differunt extenfione in latum: in quam verò mundi partem in terra fe dilatent, etiam ex commifsuris faxorum poteft intelligi. Hæc enim, fi Occidentem versùs vergunt in profundum, ve- na dicitur ex Oriente pertinere in Occidentem : fi contrà, Orientem versùs, ex Occidente in Orientem. Eodem modo ex commifsuris exiftimare poffu- mus de Meridie & Septentrionibus, ac de partibus mundi non principalibus, earumque intermediis.

d 2

Quinetiam, quod ad extenſionem attinet, venarum profundarum quæ
dam, ex aliqua mundi parte recta, pertinet in eam, quæ è regione ipſius eſt:
lia curvata ſe tendit: quomodo illud accidit, ut vena, ex Oriente proceder
non vergat in partem ei oppoſitam, id eſt, Occidentem; ſed ſe torqueat, & f
ctat ad Meridiem, aut ad Septentriones.

*Vena profunda recta* A.     *Vena profunda curvata* B.

Similiter, venarum dilatatarum aliquæ, recté dilatant se, aliæ obliquæ, partim curvatæ. *Vena dilatata recta* A. *Vena dilatata obliqua* B.
*Vena dilatata curvata* C.

Ac verò etiam venę, quas profundas appellamus, diverso modo in profundum terræ descendunt: nam alia recta, alia obliqua, sive devexa; alia torta.

*Vena profunda descendens recta* A. *obliqua* B. *torta* C.

Venæ præterea profundæ, in varietate locorum, per quos se tendunt, multum inter se discrepant. Nam aliæ, per devexum montis aut collis tendentes, de eo prorsus non descendunt.     *Montis devexum* A C. *Vena profunda* B.

Aliquæ, de summo montis aut collis vertice, per devexum descendunt in vallem aut convallem; rursusq́; per declivem oppositi mótis, collis've partem ascendunt.     *Montis devexum* A. *Vallis* B. *Opposita montis pars declivis* C. *Vena profunda* D E F.

Quædam de monte aut colle descendentes, in camporum planiciem excur-
runt. *Montis devexum* A. *Campus* B. *Vena profunda* C. D.

Cæteræ, per planiciem montis, aut collis, aut campi, tendunt:
*Planities montis* A. *Vena profunda* B.

Deinde,venæ profundæ non parum inter se differunt in dividendo: siquidem alia,aliam transversa secat: alia,aliam oblique diffindit & quasi decussat.

*Vena principalis A.    Vena transversa B.*
*Vena principalem oblique diffindens C.*

Quòd si vena,quæ alteram principalem oblique diffindit, durior, quàm
ipsa fuerit: per eam penetrat non aliter, ac cuneus faginus vel terreus, instrumento aliquo percussus, per lignum molle: si mollior, eam principalis vel secum rapit ad pedes tres,aut ad passum unum,duos,tres,pluresve: vel in priorem partem,quod rarius accidit,transfert. Sed utrobiq; eandem esse venam,
quæ diffindit principalem,idem tecti & fundamenti habitus indicat.

*Vena*

Alia præterea vena profunda, cum alia jungitur, fitque ex duabus vel pluribus crudariis una.  Aut ex duabus quidem crudariis non fit una; sed, quia non multum inter se distat, & altera in alteram vergit, vel alterutra, cùm jam descenderunt in profundum, conjunguntur.  Ad consimiles modos ex tribus vel pluribus venis in profundo fit una.

*Duæ venæ* A. B.   *quarum utraq, obliquè descendit, atque sic altera in
alteram vergit.   Earum conjunctio* C.
*Iterum duæ venæ: quarum altera signata* D.   *rectè descendit in profundum terræ: altera signata* E. *obliquè, quæ in eam vergit.
Earum conjunctio* F.

Verùm ejufmodi confociatio venarum, nonnunquam rurfus diffolvitur
quomodo illud plerunque accidit, ut ex dextra fiat finiftra; & contrà, ex fini
ftra, dextra.

Porrò ex una vena, quæ durisſimo aliquo ſaxo, quaſi roſtro, finditur & dividitur in partes; aut quam fibræ in ſaxo molli disjiciunt, duæ plurésve fiunt: quæ interdum rurſus inter ſe conjunguntur, interdum diviſæ manent.

*Venæ diviſio* A B. *Ejuſdem partium conjunctio* C.

Sed, vena an dividatur, an jungatur cum altera, ex ſolis ſaxorum commiſſuris intelligi poteſt. Verbi cauſā, Si vena principalis ex Oriente pertinet in Occidentem, cōmiſſuræ ſaxorum item ab Oriente in profundum terræ deſcendunt versùs Occidentem. At venæ ſociæ, quæ cum ea jungitur, ſive procedit ex partibus Meridiei, ſive Septentrionum, commiſſuræ ſaxorum ſimiliter, ac ipſius extenſio, ſe habent: & cum venæ principalis cōmiſſuris, quæ poſt conjunctionem eædem manent, non concordant; niſi ſocia ex eadem mundi parte procedat, ex qua principalis. Tunc verò venam latiorem, nominamus principalem: ſtrictiorem, ſociam. Si verò principalis dividitur in partes, commiſſuræ ſaxorum, quæ partibus ſunt, eandem deſcendendi in profundum terræ rationem ſervant, quam vena principalis. Sed de venarum profundarum conjunctione & partitione ſatis, nunc ad dilatatas venio. Dilatata autem vena, aut ſecat profundam: aut cum ea jungitur: aut, ab eadem divulſa, dividitur in partes.

*Vena dilatata, ſecans profundam* A C. *Vena profunda* B.
*Vena dilatata, quæ jungitur cum profunda* D E. *Vena profunda* F.
*Vena dilatata* G. *Ejus divulſæ partes* H I.
*Vena profunda, quæ dilatatam divellit* K.

Poftremò,vena profunda habet originem & finem,caput & caudam. Origo quidem dicitur ea pars,unde eft orfa ; finis,in qua terminatur: caput verò,
quam effert in lucem ; cauda,quam in terra occultat. Verùm metallici non
neceffe habent primam originem venarum quærere,quemadmodum Ægypti reges, quondam ortum Nili quærebant; fed ipfis fatis eft,aliquam venæ
partem inveniffe, ejusque extenfionem cognoviffe: nam raro reperiri origo
poteft, item finis. Sed vena, versùs quam mundi partem caput proferat in lucem, aut caudam tendat, ejus fundamentum & tectum indicant: hoc etiam
pars pendens vocatur,illud jacens: fundamento autem venâ nititur, tectum
ipfi impendet: itaque, cùm defcendimus in puteum, pars, ad quam ventrem
vertimus, venæ fundamentum & fedes eft:ad quam dorfum, tectum. Re-
fpondet autem aliquo modo caput fundamento, cauda tecto: etenim, fi fundamentum in Meridie fuerit fitû, vena versùs Meridiem caput profert in lucem : tectum verò,quia femper fundamento opponitur, tunc eft in Septentrionibus pofitum: ergo etiam vena caudam tendit ad Septentriones, fi fuerit profunda devexa. Similiter de Oriente & Occidente, atque de partibus
non principalibus, earumque intermediis, decernimus. Veruntamen , cùm
vena profunda in terram defcendens, fit aut recta,aut obliqua, aut torta, fundamentum obliquæ facilè difcernitur à tecto: rectæ verò non item : at tortæ
fundamentum vertitur & mutatur in tectum : & côtrà, tectum in fundamentum : fed ea plerunque rurfus fit recta, vel obliqua.

*Origo* A.

*Origo* A. *Finis* B. *Caput* C. *Cauda* D.

Vena autem dilatata, originem tantummodò habet & finem: loco verò capitis & caudæ, duo latera.

*Origo* A. *Finis* B. *Latera* C. D.

At cumulata, habet originem, finem, caput, caudam, non fecùs, ac profunda. Tam autem cumulatam, quàm dilatatam, fæpenumero vena profunda tranfverfa fecat.

*Origo* A. *Finis* B.　*Caput* C. *Cauda* D.
*Vena tranfverfa* E.

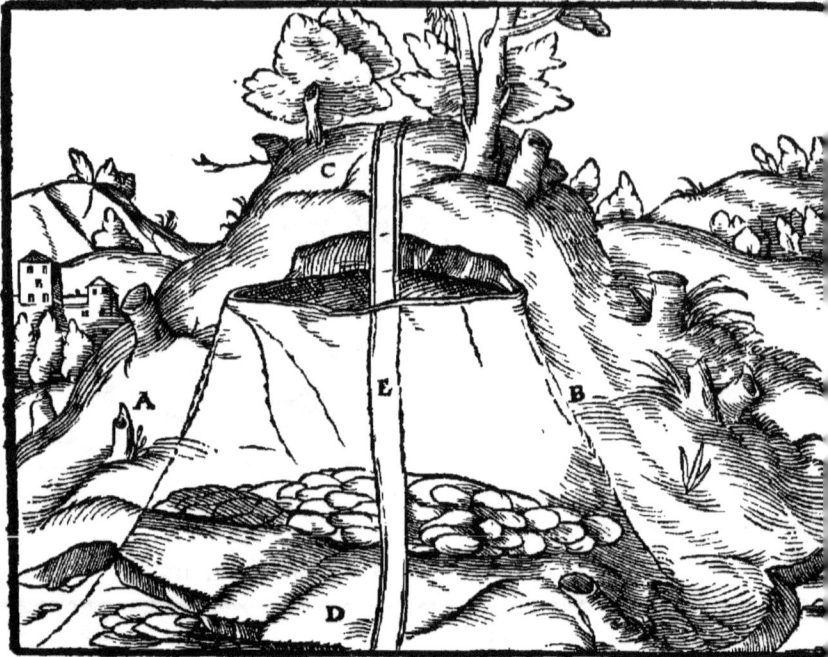

Fibræ porrò, quæ funt venulæ, diftribuuntur in tranfverfas, in obliquas venam diffindentes, in focias, in dilatatas, in incumbentes: tranfverfa autem venam fecat: obliquè diffindens, eam quafi decuffat: focia, cum ipfa jungitur: dilatata, venæ dilatatæ inftar, per eandem penetrat: fed fibra dilatata, æqua ac profunda, folet effe focia.

*Venæ* A. B. *Fibra tranſverſa* C. *Oblique diſſindens* D.
*Socia* E. *Dilatata* F.

. hora incumbēs altius in terram, ut cæteræ fibræ non deſcendit; ſed, quaſi ex
, vel tecti, vel fundaméti, in venā incúbit: ex qua re etiā, ſubdialis nominatur.

*Vena* A. *Fibra incumbens ex dio tecti* B. *Fundamenti* C.

Verùm,quod ad extensionem , & conjunctionem,& partitionem attin
fibræ non aliter,ac venæ se habent. Postremò commissuris, quæ sunt tenu
simę fibræ,nunc crebris,modò raris,saxa distinguuntur.Ex qua autem mu
di parte vena pertinet, eam versùs commissuræ sua capitula semper pro
runt in lucem.　Cùm verò commissuræ saxorum procedere soleant ex alię
mundi parte in eam,quæ ipsi opponitur; verbi causâ ex Oriente in Occidę
tem,si eas fibræ duræ inverterint, fit , ut & hæ ipsæ commissuræ,quæ mo
ex Oriente,procedebant in Occidentem,contrà ex Occidente, procedant
Orientem,& saxa efficiantur inversa. Tunc verò non commissuris raris ę
tensio venarum judicatur,sed crebris.

*Commissuræ ex Oriente procedentes* A.　*Inversæ* B.

At venæ pariter & fibræ,vel solidæ sunt,vel cavernosæ, vel propemodu
vacuæ rebus fossilibus,& aquis perviæ.　Sed solidæ nihil aquæ,aeris paru
in se continent: cavernosæ rariùs aquam, sæpiùs aerem: per vacuas rebus fo
silibus aquæ plerunq; manant. Solidæ autem venæ & fibræ,modò ex matę
dura,modò ex molli,nunc verò ex mediocri constant.

*Vena solida* A.　*Fibra solida* B.　*Vena cavernosa* C.
*Fibra cavernosa* D.　*Vena vacua* E.　*Fibra vacua* F.

Sed redeo ad venas: magna pars metallicorum in profundis optimam eſſe nſet eam, quæ è VI.vel VII.orientis ſe tendit in VI.vel VII. occidentis, per evexum montis, quod inclinat ad ſeptentriones: & cujus venæ tectum in eridie eſt, fundamentum verò in ſeptentrionib. quæq; caput etiã, quod ſemer reſpondere dixi fundamento, profert in ſeptentriones : & cujus deniq; cõiſſuræ ſaxorum, ſua capitula proferunt in orientem. Secundas verò tribuũt enæ, quæ contrà è VI.vel VII.occidentis ſe tendit in VI.vel VII.orientis per evexũ montis, quod ſimiliter inclinat ad ſeptentriones, cujusq; venę tectũ iã in meridie eſt, fundamentũ verò in ſeptentrionib. & quæ caput profert in ptétriones: cujus deniq; cõmiſſuræ ſaxorũ ſua capitula proferũt in occiden-. Tertias aũt deferũt ad venã, quę è XII.ſeptétrionũ ptinet in XII.meridiei p evexũ mõtis, q; ſpectat ad oriente : & cujus venæ tectũ in occidente eſt, fundamentũ verò in oriente : quæq; caput profert in oriente: cujus deniq; cõmiſſuræ ſaxorũ ſua capitula proferunt in ſeptétriones. Itaq; his venis omnia triuũt, parum aut nihil iſtis, quæ capita ſua, vel quarum ſaxorũ cõmiſſurę capila proferũt in meridie aut occidente. Quamvis enim, inquiũt, interdũ in eis ceant ſcintillæ metalli puri adhæreſcétis ad lapides, aut ejuſdé inveniantur aſſæ, hæ tamen adeò paucæ ſunt, ut earum cauſa fodere tales venas operę ṕ- ũ nõ ſit: quare metallici, ſi ſpe ipſis injecta de copia metallorũ, ducti, in fodié- o perſeveraverint, ſemper operã & oleũ perdunt : etenim ejus generis venæ,

quod folis radii ex eis materiam metallicam eliciant, parum metalli gignunt.
Re autem verà neq; experimentum confentit metallicis, qui ita de venis cen-
fent, nec eorum ratio eft firma: fiquidem venas, quæ ex oriente pertinent in
occidentem per devexum montis, quod inclinat ad meridiem, quæq; capita
proferunt in eandem meridiem non minus effe gravidas metallis, quàm eas,
quibus primas in bonitate ifti metallici dare folent: proximis annis declaravit
Alberthami vena Laurentiana, quam etiam noftri donum divinum appellât,
permultum enim argenti puri ex ipfa effoderunt. Et nuper Annebergi vena,
nomine ipfius cœleftium exercitûs nuncupata, planû fecit multo argento, venas quæ ex feptentrionibus fe tendût ad meridiem, quæq; capita proferût in
occidentem, nihilo minus effe divites metallorum, quâ eas quæ capita proferunt in orientem. At calores à fole nequeunt ex ejufmodi venis extrahere materiâ metallicâ: ut enim è fummâ terræ cute vapores eliciant, in ejus vifcera
ufq; nô penetrât: nam aer cuniculi, quê terra ad duos paffus folida tegit ac ve-
lat, æftate frigidus eft: hęc enim intermedia terra reprimit folis impetû: quam
rem cum notam habeant calidiffimarum regionû incolæ atq; habitatores interdiù in fpeluncis jacent, quæ eos à nimio folis ardore defendunt: quinetiam
tantû abeft ut fol è profûdo terræ materiâ metallicâ eliciat, ut ne exiccare quidem pofsit plerofq; locos venis abundâtes, propterea quòd veftiti arboribus
fint & umbrofi. Porrò alii quidê metallici ex omnis generis metalli venis, eas,
quas dixi, eligût: alii verò improbât ærarias, jam dictis contrario modo fe habentes: quibus etiâ ipfis nihil rationis videtur effe. Nam quæ caufa effe poffet
cur fol ex venis ærariis materiam æris nô eliciat? ut ex argentariis, argenti, ex
aurariis, auri? Præterea quidâ metallici, quorû è numero fuit Calbus, fluvios
& rivos auriferos inter fe diftinguunt. Fluvius, inquiût, aut rivus arenularû &
granorû auri maximè eft ferax, qui ab oriente manat & fluit in occidentê: atq;
alluit radices montiû qui funt in feptentrionibus fiti. Planitiê verò campeftrê
habet in meridie aut occidente. Secundas aût tenet fluvius vel rivus, qui contrario curfu ab occidente manans, orientem petit: qui habet in feptentrionibus montes, in meridie planitiem campeftrem. Tertias vero deferunt fluvio
vel rivo, qui à feptentrionib. manat in meridiem & alluit radices montiû qui
funt in oriente fiti. At omniû minime ajunt auri feracem effe fluviû vel rivû,
qui côtrario curfu à meridie manâs, feptentriones petit: & alluit radices mô-
tium qui in occidéte fiti funt. Poftremò fluvii vel rivi, qui ab oriêtis folis partibus manant in obeuntis partes, aut qui à feptentrionum partibus manant in
meridiei partes, quò propius ad jam laudatos accedût, eò funt auri feraciores:
quò longius ab eis difcedunt, eò funt minus auri feraces. Sic ifti fentiût de fluviis & rivis. Quia verò aurum non gignitur in fluviis & rivis, ut lib. De fubter-
raneorû ortu & caufis. 5. difputavimus côtra Albertû, fed à venis & fibris abre-
ptum confidit in amniû rivorûmve arenis, qualemcunq; tandem curfum te-
nuerit fluvius aut rivus, in eo aurum inveniri poffe rationi eft côfentaneum,
cui experimentû etiâ non repugnat. Attamê aurû in venis & fibris, quæ funt
fub alveo fluvii vel rivi, ut in cæteris gigni & inveniri non negamus.

De re Metallica Libri III. FINIS.

# GEORGII AGRICO-
## LAE DE RE METALLICA
### LIBER QVARTUS.

ERTIVS liber explanavit varias & multiplices venarum & fibrarum differentias. Quartus hic areas fodinarum & rationem dimetiendi explicabit, atq; ad officia metallica deflectet. Itaq; metallicus, si vena, quam
aperuit, ipsi cordi est, primò quoq; tempore adit ad
magistrum metallicorum & petit, ut ei det jus fodinæ.
Hujus enim est proprium officium atq; munus fodinas addicere. Itaq; primò illi, ut venæ inventori, caput
fodinarum addicit, cæteris pro ut ex ordine quisq; petit, reliquas fodinas.
Modus autem areæ fodinarum mensura passus comprehenditur, qui metallicis est sex pedum: atq; mensura quidam est utriusq; manus extensæ unà cum
latitudine pectoris: sed aliæ gentes aliam ei longitudinem tribuunt: nam
Græcis qui ὀργιάι nominant, est sex pedum, Romanis quinq;. Hæc autem
mensura metallicis usitata ex Græcorum consuetudine videri potest defluxif-
se ad Germanos. Verùm pes metallicus propius accedit ad longitudinem pedis Græci: nam eo tribus tantummodo digiti item Græci, quartis partibus
longior est, sed æque ac Romanis dividitur in suas duodecim uncias. Passus
autem multiplicatus in unum, duo, tria, pluraue demensa procedit: at demensum quoquo versus passuum est septem. Sed area fodinarum plerumq; quadrata est aut longa: quadratæ omnia latera sunt paria: ergo duorum numeri
in se multiplicati summam passuum quadratorum conficiunt, verbi causa: demensi forma est undiq; passuum septem. Hunc numerum in se multiplicato;
& fiunt passus XLIX.

*Quadratæ areæ sive demensi forma:*

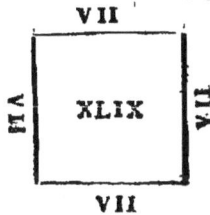

VII

VI — XLIX — VI

VII

Longæ verò areæ latera longitudinis sunt paria: similiter latitudinis: ergo unius lateris longitudinis numerus, si multiplicatus fuerit cum alterius lateris latitudinis numero, ea summa passuum quadratorum, quæ ex multipli-
catione fit, areæ est longæ: exempli causa: demensi duplicati forma passus
habet longitudinis XIIII. latitudinis VII. qui duo numeri in se multiplicati
efficiunt passus XCVIII:

c 4

*Longa areæ sive demensi duplicati forma.*

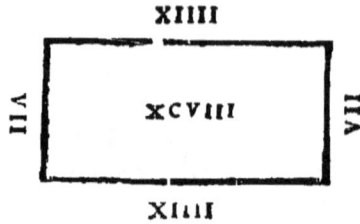

XIIII

VII    XCVIII    VII

XIIII

Quoniam verò areæ fodinarum in formis differunt pro venarum varietate, res ipsa postulat, ut copiosius disseram de eis, earumq; dimensionibus. Si igitur vena profunda fuerit, area capitis fodinarum constat ex tribus demensis duplicatis, id est, passus complectitur longitudinis XLII. latitudinis VII. quibus numeris in se multiplicatis fiunt passus CCXCIIII. atq; his terminis magister metallicorum circumscribit jus domini capitis fodinarum.

*Areæ capitis fodinarum forma.*

XLII

IIV    CCXCIIII    VII

XLII

Sed alterius cujusq; fodinæ area ex utra capitis fodinarum parte erit, & quota, id est, an proxima capiti, vel secúda, vel tertia, vel alia deinceps, componitur ex duob. demensis duplicatis. Passus igitur habet longitudinis XXVIII. latitudinis VII. passus autem longitudinis cum passibus latitudinis multiplicando efficiemus passus CXCVI. quos suo cóplexu recipit area : & his terminis magister metallicorum definit jus domini vel societatis cujusq; fodinæ.

*Areæ fodinarum forma.*

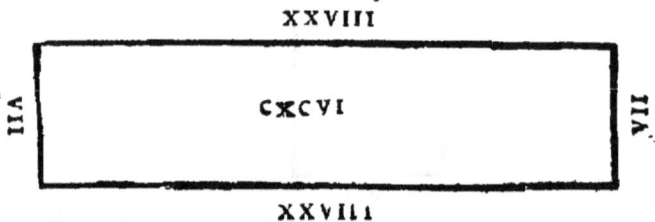

XXVIII

IIV    CXCVI    VII

XXVIII

Verùm, venæ partem, quæ primò inventa foditur, caput fodinarum appellamus, quod ab eo & reliquæ fodinæ procedant, ut nervi à capite, & magister metallicorum ordiatur dimensionem : hac autem de causa capiti assignat aream capaciorem quàm aliis fodinis, ut primò venæ inventori meritá gratiá referat, & ceteros metallicos excitet ad studium querendarum venarum. Sed quia fodinarum areæ sæpenumero pertinent usq; ad torrentem, aut rivum, aut amnem, ultima si absolvi non potest, subcisivum vocatur. Quod si demensum duplicatum fuerit, ejus jus magister metallicorum dat illi qui primo petiit : sin demensum simplex vel paulo plus, ad ipsum in proximas utrinq;

trinq; fodinas diftribuit: moris verò eft metallicorum, ut ultra flumen primus habeat in venæ parte adverfa aream novi capitis fodinarum, quòd adverfum nominant: alii verò tantummodo aream fodinæ. Quondam unaquæq; area capitis fodinarum conftabat ex tribus demenfis duplicatis & uno
fimplici, id eft, paffus habebat longitudinis XLIX.latitudinis VII. Itaq; has
duas fummas in fe multiplicato, & fient paffus quadrati CCCXLIII. quæ
fumma efficit aream veteris capitis fodinarum.

*Areæ veteris capitis fodinarum forma.*

XLIX

CCCXLIII                                      VII

XLIX

    Veteris verò cujusq; fodinæ area demenfi fimplicis formam habebat, id
eft, paffus longitudinis & latitudivis VII. eratq; quadratâ: quam refpicien-
tes metallici vel hodie latitudinem cujufq; areæ, quæ eft fodinis venæ profundæ, quadratum nominant. Hîc autem folennis ritus dimetiendæ venæ
olim fuit: Quamprimum foffor reperiebat metallum, eam rem magiftro me
tallicorum & decumano indicabat, qui vel ipfi de oppido exibant in montes,
vel eò mittebant fidei bonæ viros, ad minimum duos, ut confpicerent venam metallis gravidam. Itaq; fi ipfam dignam dimenfionis putáffent, magifter metallicorum rurfus ftato die egreffus, primùm venæ illius inventorem
fic interrogabat de vena & fodina : quæ tua vena eft? quæ fodina metallo
fœcunda? tunc ipfe digitum ad venam fuam fodinamq; intendens, eas com-
monftrabat: mox jubebat eum accedere ad fuculam machinæ tractoriæ, &
imponere capiti duos dextræ digitos, claraq; voce jurare hoc jusjurandum.
Juro per Deum divosq; omnes, & teftor eofdem, hanc venam meam effe: atq;
adeò fi mea non eft, neq; hoc meum caput, neq; hæc mea manus pofthac fuû
officium faciat. Deinde magifter metallicorum orfus à media fuculæ parte,
metiebatur venam funiculo, dabatque venæ inventori demenfum, primò
dimidium, tum tria integra: poftea unum regi vel principi, alterum ejus uxo-
ri, tertium magiftro equitum, quartum pincernæ: quintum cubiculario, fextum fibiipfi: fimiliter orfus ab altera fuculæ parte dimetiebatur venam. Sic
verò primus venæ inventor nancifcebatur caput fodinárum, id eft, feptem
demenfa fimplicia: at rex vel princeps & ejus uxor ac infignes ifti aulici, ma-
gifterque metallicorum, finguli bina demenfa, five duas areas veteres: quæ
caufa eft cur in Mifena Fribergi unius venæ tam multi tamq; inter fe conjuncti putei folent inveniri, quos partim vetuftas obruit: veruntamen fi magifter metallicorum jàm antè in alterutra putei parte alteri inventori & his
quos modò nominavi, conftituiffet arearum terminos, quotquot areas in ea
dare non potuit, in altera duplicabat : fin in utraq; putei parte jam antè terminis definiviffet jus arearum, liberâ tantummodo venæ parte dimetiebatur;
quomodo interdum illud accidit, ut aliqui ex his, quos nominavimus, nullas

areas

areas adipifcerentur.Hodie cú ritus ille folennis fervetur,ratio venę dimetiē-
dæ,& juris dandi eft commutata. Siquidem, ut fupra explicavi,area capiti
fodinarum côftat ex tribus demenfis duplicatis,cujufq; verò alterius fodinæ
ex duobus: & magifter metallicorum uniuscujufque fodinæ jus dat ei qui primò petiit. Rex verò vel princeps, quia omne metallum vectigale eft,ipfi ex
parte plerunq; decuma,ea contentus eft. Verùm cujusq; areæ,five vetus five
nova fuerit,dimidia latitudinis pars femper eft in fundamento venæ profundæ, dimidia in tecto. Quinetiam fi vena rectà defcendit in terram,tota area
fimiliter rectà defcendit : fin vena fuerit devexa, tota quoq; area devexa erit,
cujus latitudinis jus areæ dominus quatenus vena defcendit in profundum
terræ,perpetuò retinet. Porrò magifter metallicorum rogatus,uni domino
vel focietati dat jus,non modò capitis fodinarum aut fodinæ alicujus, fed capitis etiam fodinarum & proximæ fodinæ, aut duarum fodinarum conjun-
ctarum. Hactenus de formis arearum venæ profundæ,earumq; dimenfioni-
bus, nunc venio ad venam dilatatam : cujus areas non uno modo loci cir-
cumfcriptio metitur. Nam alicubi magifter metallicorum eis formas dat fi-
millimas formis arearum venæ profundæ : quo fané modo area capitis quidem fodinarum conftat ex tribus demenfis duplicatis,alterius verò cujufque
fodinæ ex duobus, ut fupra fufius explicavi.Veruntamen tunc dimetitur fodinarum areas funiculo non tantùm ab area capitis fodinarum fronte & à
tergo, ut facere affolet cum formas arearum dat dominus venæ profundæ,
fed etiam à lateribus: atq; ifto modo formantur areæ cum in valle torrens
aliàve vis fic aperuit venam dilatatam,ut in utroq; devexo montis,aut collis,
aut campi appareat:alicubi verò magifter metallicorū areæ capitis fodinarū
latitudinem duplicat,efficiturq; paffuum XIIII. alterius autem cujufq; fodinæ fimplex manet,id eft paffuum VII. at longitudinē nullis terminis definit.
Aliubi area capitis fodinarum conftat quidem ex tribus demenfis duplicatis,
fed paffus latitudinis habet XIIII.longitudinis verò XXI.

*Areæ capitis fodinarum forma.*

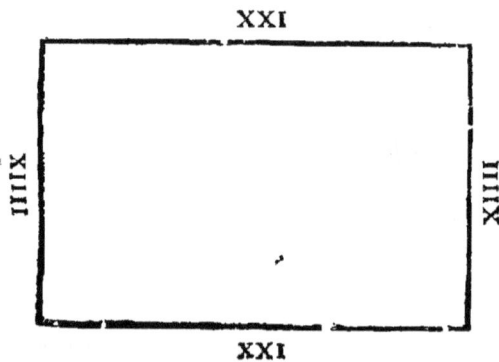

Similiter area alterius cujufq; fodinæ,componitur ex duobus demenfis fic
duplicatis,ut paffus latitudinis habeat XIIII.& totidem longitudinis.

Areæ

*Area alterius cujufq; fodinæ forma.*

**XIIII**

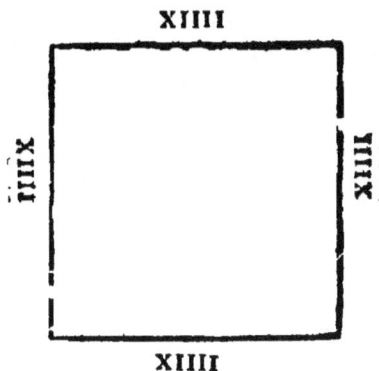

**XIIII**

Aliubi quæq; area, five capitis fodinarum fuerit, five alterius fodinæ comprehendit paffus latitudinis XLII. & totidem longitudinis.

**XLII**

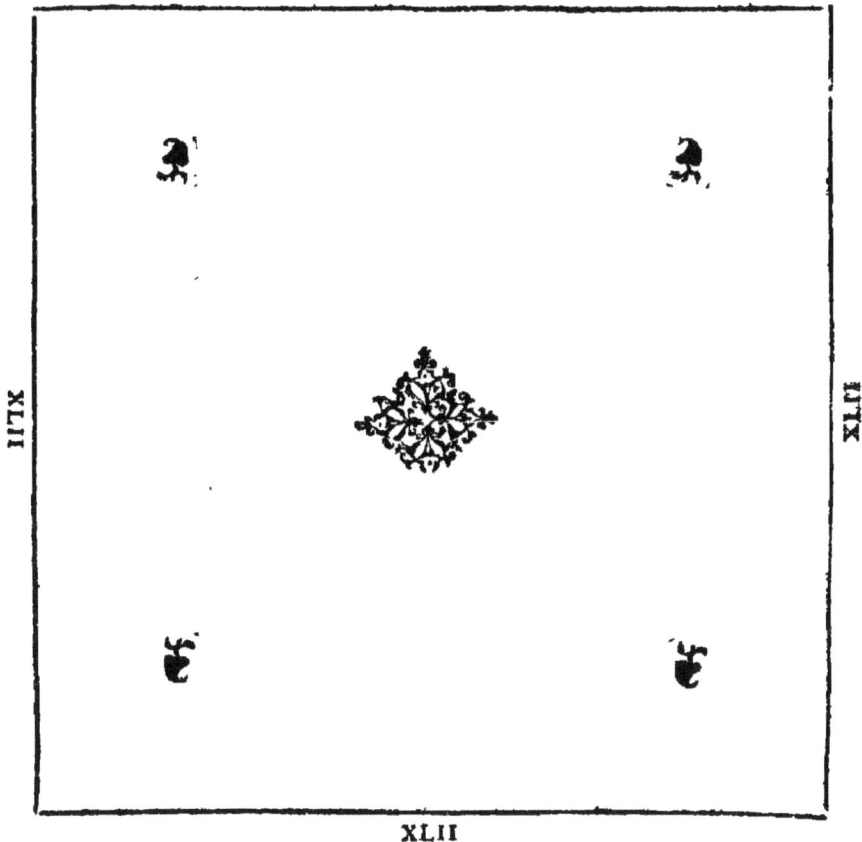

**XLII**

Aliubi deniq; magiſter metallicorum, dat ejus domino aut focietati totum aliquem

aliquem locum rivis & valleculis terminisq; definitum. Quæq; autem area
cujus tandem formæ fuerit, rectâ descendit in imam terræ sedem, quare ejus
do minu; habet jus partis omnium venarum dilatatarū, quæ sub prima sunt,
non aliter ac dominus areæ venæ profundæ jus habet tantæ partis aliarum
omnium venarum profundarum, quanta intra areæ terminos est : etenim ut
ubicunq; una inventa vena profunda est, non procul invenitur alia, ita ubicunq; una invenitur vena dilatata, sub ea plures sunt. Postremo venam quoque cumulatam magistri metallicorum multifariam partiuntur in areas: etenim aliubi area capitis constat ex tribus demensis sic duplicatis, ut passus habeat latitudinis XIIII. longitudinis XXI. quæq; verò alia sodina componitur ex duobus demensis duplicatis, formamque habet quadratam, id est, passus latitudinis XIIII. & totidem longitudinis. Aliubi verò area capitis sodi-
narum constat ex tribus demensis simplicibus, estq; latitudo ejus passuum
VII. longitudo XXI. qui duo numeri in se multiplicati conficiunt passus qua-
dratos CXLVII.

*Areæ capitis fodinarum forma.*

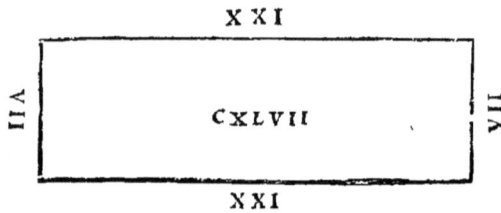

Quæq; verò alia fodina componitur ex uno demenso duplicato : Aliubi
areæ capitis fodinarum datur demensi duplicati forma, cuiq; verò aliæ fodinæ demensi simplicis. Aliubi deniq; jus totius alicujus loci, rivulis, valleculis, aliisque terminis definiti, tribuitur uni domino aut societati. Quinetiam
omnis area venæ cumulatæ aut dilatatæ rectâ descendit in imum terræ. Verùm area cujusq; fodinæ ideo terminis describitur, ne lis oriatur inter vicina-
rum fodinarum dominos: termini autem quondam metallicis fuerunt solùm
saxa : atq; ex eo nomen invenerunt : nam saxum terminale nunc etiam termi-
nus appellatur: hodie verò stipites acervi vel querni vel picei, annulis ferreis supernè muniti ne mutilentur, ad saxa terminalia affiguntur, ut sint magis
insignes. Eodem modo quondam agros saxis aut stipitibus terminalibus de-
scriptos fuisse non libri modo De limitibus agrorum scripti, sed etiam poeta-
rum carmina testantur. Atq; arearum secundum venas, quæ fodiuntur, diversas, hæ sunt formæ. Cuniculi verò duplices sunt: uni nullum jus possessionis habent, alteri habent aliquod jus possessionis: nam cum metallicus in
uno aliquo loco præ uliginis abundantia venam aperire non potest, ab ipsius parte declivi orsus usq; ad eum terminum, ubi vena sit quærenda, ducit
fossam patentem latius & summa parte apertam, atq; in altitudinem tripeda-
neam depressam, per quam aqua defluit, ut locus siccatus sit aptus ad fossiones. Quod si non satis ea fossa patenti siccatur, aut puteus, quem jam primùm
cœpit fodere, laborat multitudine aquarum, adit ad magistrum metallicorum
& petit ut ei det jus cuniculi : quo dato cuniculum agit in cujus canales omnis

aqua

aqua derivetur, ut fiat locus aut puteus idoneus ad fofsionem. Quia verò à
fummo terræ corio ufque ad folum hujus generis cuniculi non funt feptem
paffus, nihil juris habet, præter hoc unum quod domini fodinarum, in quorum areis dominus cuniculi effodit aurum vel argentum, ipfi folvant pecuniam, quam impendit in areas, cùm per eas cuniculum ageret. Verùm fupra
os cuniculi & infra ipfum altitudine paffuum trium & dimidii nemini licitû
eft alterum cuniculum inchoare hac de cauffa, quòd ejus generis cuniculus
in alterum, qui integrum poffefsionis jus habet, mutari foleat, cùm jam altitudine feptem paffuum, vel decem, prout in quoque loco vetus confuetudo legis vim obtinet, areas fodinarum ficcet. Itaque alterum genus cuniculi primû
hoc jus habet: quicquid metalli ejus dominus vel focietas invenit in areis fodinarum, per quas agitur, id totum altitudine paffus & quartæ ejus partis i-
pfius eft. Superioribus autem proximis feculis cuniculi dominus erat in pof-
fefsione omnis metalli, quod foffor ftans in folo cuniculi attingebat bacillo,
cujus manubrium non effet longius ufitato ac trito. Sed hodie domino cuniculi certa altitudo & latitudo præfcribitur, ne fi manubrium bacilli fiat longius quàm par fit, domini fodinarum damnum faciant. Deinde unaquæq; fodina metallis quæ effodiuntur gravida, quam cuniculus ficcat, cuique fuppeditat auram, vectigalis eft domino cuniculi ex parte nona. Quòd fi plures
ejus generis cuniculi in unam aream metallis fœcundam aguntur, omnesque
eam ficcant & fuppeditant auram, de metallo, quod quidem fupra folum cujufque cuniculi effoditur, ejus domino datur nona: quod infra folum cujufque cuniculi foditur, femper proximè fequentis cuniculi domino. At fi inferior cuniculus nondum ficcat puteum areæ illius, eique non fuppeditet auram, de metallo etiam, quod infra folum fuperioris foditur; ipfius domino
datur nona: nec etiam ullus cuniculus alterum privat jure nonæ partis, nifi inferior à cujus folo ufq; ad folum fuperioris fint feptem paffus vel decem, prout rex vel princeps dedit legem. Tum totius pecuniæ, quam cuniculi dominus impendit in aream, per quam agit cuniculum, quartam partem dominus
areæ folvit: quod ni fecerit, ei licitum non eft canalibus uti. Poftremò quaf-
cunq; venas invenit dominus, cujus impendiis agitur cuniculus, quarum jus
nulli antè datum eft, ei petenti magifter metallicorum dat jus capitis fodinarum tantùm, vel capitis fodinarum pariter pariterque proximæ fodinæ: fed
confuetudo vetus dat libertatem cuniculi agêdi quaquaverfus in perpetuam
longitudinem. Præterea hodie ei, qui primo inchoat cuniculum, petenti nô
modò datur jus cuniculi, fed capitis etiam fodinarum, & interdum proximæ quoque fodinæ. Quondam verò dominus cuniculi tantum loci pôfsi-
debat, quantum fagitta, quam mitteret arcus, pervolaret: atque in eo armenta
pafcere ipfi licitum erat: aut vetus confuetudo fufcepit, ut, fi multarum alicujus venæ arearum putei propter multitudinê aquarum non foderentur, magifter metallicorum acturo cuniculum jus magnæ areæ daret. Cùm autê jam
egiffet cuniculum ufque ad veteres puteos, metallumque inveniffet, redibat
ad magiftrum, & petebat ut terminis circumfcriberet & definiret jus areæ.
Itaque is unà cum aliquod oppidi civibus, in quorum locum nunc jurati fuc-
cefferunt, in montem exibat, & faxis terminalibus definiebat aream magnam,

f

quæ conſtabat ex ſeptem demenſis duplicatis, id eſt, paſſus habebat longitudinis X C V I I I. latitudinis ſeptem: qui duo numeri in ſe multiplicati efficiunt
paſſus D C L X X X V I.

*Area magna.*
X C V I I I

DCLXXXVI

VII

X C V I I I

Priſtinus autem hic mos uterque immutatus eſt, novoq́; utimur. Dixi de
cuniculis, nunc dicam de herciſcundis fodinis ac cuniculis. Uni autem domino licitum eſt poſsidere & ſodere unam integram fodinæ aream, duas, tres,
pluresʼve: ſimiliter unum integrum cuniculum, aut plures, modò juſsis legum
metallicarum & decretis magiſtri metallicorum obtemperet: qui quia ſolus
facit impenſas in fodinas, ſi fuerint metallis fœcundæ, ſolus ex eis fructum capit: attamen cum multæ magnæq́; impenſæ faciendæ ſunt in fodinam, is cui
magiſter metallicorum primò dedit ius ipſius, plerumq́; alios ſibi aſciſcit, qui
cum eo ſocietatem coeant, & ex parte impendant ſumptus, lucrumq́ue aut damnum faciant ex fodina. Quanquam autem areæ fodinarum & cuniculorum
individuæ manent, tamen propter impenſam & fructum quæque fodina aut
cuniculus, tanquam aliquod totum in partes dividi dicitur: quæ diviſio multiplex eſt: nam fodina, quod etiam de cuniculo intelligendum eſt, aut dividitur in duas dimidias partes, tanquam as in duos ſemiſſes: quo modo duo domini in eam æqualem faciunt ſumptum, & ex ea æqualem fructum capiunt:
nam uterque poſsidet ſemiſſem: aut diſtribuitur in quatuor partes: quo pacto quatuor ejus poſſeſſores eſſe poſſunt, ut quiſque poſsideat quadrantem:
ſed etiam duo, ut unus tres quadrantes poſsideat, alter unum tantum: tres
quoq́;, ut primus duos quadrantes poſsideat, ſecundus itemq́; tertius unum:
aut in octo partes: quomodo octo domini eſſe poſſunt, ut quiſque poſſeſſor
ſit ſeſcunciæ: ſed etiam duo, ut unus ſextantem & ſemunciam poſsideat, alter
ſeſcunciam: tres quoque ut unus dodrantem poſsideat, ſecundus itemq́ue
tertius ſeſcunciam, vel ut unus poſsideat ſeptuncem & ſemunciam, ſecundus
quadrantem, tertius ſeſcunciam: vel ut primus ſemiſſem poſsideat, ſecundus
trientem & ſemunciam, tertius ſeſcunciam: vel ut primus ſimiliter ſemiſſem
poſsideat, ſecundus itemq́ue tertius quadrantem: vel ut primus itemq́; ſecundus trientem & ſemunciam poſsideat, tertius quadrantem: ſic de ſequentibus
partitionibus judicandum. Etenim ex varietate poſsidendi multas paucasve
partes, ſemper diverſus dominorum numerus oritur: aut fodina dividitur in
ſedecim partes, quarum quæq́; eſt ſemuncia & ſicilicus: aut in triginta duas,
quarum unaquæq́; eſt ſicilicus & dimidia ſextula aut ſcrupúlum: aut in ſexaginta quatuor, quarum ſingulæ ſunt ſextula & ſimplium: aut denique in centum viginti octo, quarum quælibet eſt dimidia ſextula & ſimplium. Itaq́; fer-

rariam

raria fodina aut individua manet,aut in duas partes dividitur,aut in quatuor,
perrarò in plures : quod accidit propter bonitatem venarum. At fodina
plumbi nigri, cinerii, candidi, itemque æris ; argenti etiam vivi præterea dividitur in octo partes, aut in fedecim, aut in triginta duas, rarò in fexaginta
quatuor: ultra quem numerum in Mifena Fribergi partitio fodinæ argentariæ quondam non eft progreffa. Sed patrum memoria metallici fodinam ar-
gentariam, itemque cuniculum Snebergi primò diviferunt in centum viginti
octo partes: quarum centum viginti fex funt dominorum fodinæ vel cuniculi, una reip. unaque facrorum. At in valle Joachimica tantummodo centum &
viginti duæ funt dominorum fodinæ vel cuniculi: quatuor proprietarii, una
reip. fimiliter una facrorū: nuper quibufdam in locis ad has addita pars egen-
tifsimorum hominū, quæ eft centefima vicefima nona. Soli autem domini
fodinarum dant fymbola. Proprietarius verò, quod ad quatuor iftas partes
attinet, non dat fymbola, fed ex fylvis gratuitò fuppeditat fodinarum dominis
lignorum copiam, ad fubftructiones, machinas, ædificia, excoctiones: neque
hi qui præfunt reipub. & facris, & egentibus dant fymbola, fed publica opera
& ædes facras extruunt & reficiunt, atque egentifsimos alunt eo fructu pecuniarum, quem capiunt ex fodinis. Porrò noftra ætate pars centefima vicefima octava cœpit dividi in duas partes, in quatuor, in octo: quinetiam in tres,
in fex, in duodecim, inque alias minores: quod ipfum partibus evenire folet,
cùm ex duabus fodinis una fit; tum enim qui ante erat dominus dimidiæ partis, fit quartæ dominus: qui verò quartæ, octavæ: qui tertiæ, fextæ: qui fextæ, duodecimæ. Quoniam verò fodinam noftri vocant fympofium, id eft cō-
potationem, pecuniam quam domini contribuunt, fymbolū five collectam
nominare confuevimus. Nam ut qui ineunt fympofium, fymbola dant, ita
qui fibi fofsionis quæftus proponunt magnos atque uberes, ad eam pecuniam
conferre folent: verùm præfecti fodinarum, annuo tempore plerumque quater dominis indicunt fymbola, quoties etiam accepti expenfique rationem reddunt: attamen in Mifena Fribergi vetus fuit confuetudo, ut iidem præfecti
fingulis hebdomadis exigerent collectam à dominis, fingulisque in eofdem
diftribuerent fructus fodinarū; fed ea confuetudo ab hinc annos prope quindecim fic immutata eft, ut utrumque ter fiat fingulis annis: magna autem vel
parva fymbola indicuntur pro numero mercenariorum, quorum indiget fodina cuniculus've: tum etiam qui multas pofsidet partes, multa dat fymbola.
Verùm, ut plerumque quater fingulis annis domini pecuniam contribuunt, fic
quater in eos diftribuuntur fructus fodinarum, modò magni, tum autē parvi;
prout plus minus've auri, aut argenti, aut reliquorum metallorū fuerit effoffum: certè ex Georgio fodinâ Snebergianâ foffores tam multū argenti quarta
anni parte eruerunt, ut in fingulas centefimas vicefimas octavas partes diftri-
buerentur panes argentei, qui valerent mille & centum aureos nummos Rhe-
nanos: ex Annebergi fodina, quæ cœleftium exercitus appellatur, numi un-
ciales octingenti: ex vallis Joachimicæ metallo, quod ftella nuncupatur, tre-
centi: ex Aberthami capite fodinarum, quod Laurentianum vocatur, ducenti
viginti quinque. Quò autē quis pluriū partiū fuerit dominus, eò plus fructuum
capit. Jam dicam, quomodo domini jus fodinæ, aut cuniculi, aut partiū amit-

tunt, aut poſſunt obtinere. Quondam ſi quis dominos teſtibus convincere poterat in tres operas continentes non miſiſſe foſſores, eos jure fodinæ privabat magiſter metallicorum, & ejus jus accuſatori petenti dabat. Quanquam autem metallici eam conſuetudinem hodie ſervant, veteres tamen fodinæ domini, qui dederunt ſymbola, inviti & recuſantes jus partium non amittunt. Præterea quondam ſi aqua non exanclata ex altiori alicujus fodinæ puteo per venam aut fibram fundebatur in alterius fodinæ puteum, & labori erat impedimento, tum domini fodinæ damnum facientis adibant ad magiſtrum metallorum, & conquerebantur de damno, qui ad puteos mittebat duumviros juratos: hi ſi ita ſe rem habere comperiſſent, jus fodinæ damnum dantis, dominis damnum facientibus dabatur. Sed mos iſte quibuſdam in locis eſt immutatus. Nam magiſter metallicorum, ſi id ipſum de duobus puteis compertum habet, dominos putei damnum dantis jubet ſumptum ex parte ſuppeditare dominis putei facientis damnum. Quòd ſi non fecerint, tum eos privat jure fodinæ. Contrà domini jus fodinæ obtinent, ſi foſſores miſerint in operas, & aquam ex puteis exâclaverint. At alicujus cuniculi jus domini quondam obtinebant, primùm ſi in ejus ſolo canales locarent, & expurgarent plenos cœni & arenæ, ut aqua ſine omni impeditione efflueret, atque reficerent eos canales qui vitium fecerant: deinde, ſi puteos vel foramina, quæ ſuppeditarent ſpiritum foſſoribus, facerent, & reſtituerent ea quæ corruerant: tum ſi tres foſſores cuniculum agerent. Contrà verò domini, qui non curarent, ut hæc tria fierent, jus cuniculi amittebant: maximè autem ſi per octiduum nullus foſſor eum ageret. Ubi igitur quis dominos cuniculi teſtibus côvincere poterat id cômiſiſſe, rem deferebat ad magiſtrum metallicorum: qui poſtquam de oppido exiſſet in cuniculum, & côſideraſſet canales & ſpiritales machinas, aliaque omnia, atque ita ſeſe rem habere comperiſſet, jurejurando fidem indicis ſtringebat & interrogabat: Cujus nunc eſt cuniculus? reſpondebat index, regis vel principis. Itaq; primo petenti magiſter metallicorum dedit jus cuniculi: dura iſta ratione domini quondam jus cuniculi amittebant: quæ nunc non paulò eſt mitior: ſiquidem domini ſtatim jus cuniculi non amittunt, propterea quòd canales non expurgârint, & non refecerint puteos vel foramina ſpiritalia, quæ vitium fecerunt, ſed id præfectum facere jubet magiſter metallicorum. Quòd ſi dicto audiens non fuerit, eum præfectura fodinæ mulctat: quinetiam ſatis eſt unum foſſorem agere cuniculum. Præterea ſi dominus cuniculi ſigno in ſaxum inciſo pangit terminos, & cuniculû agere deſiſtit, uſq; eò jus ipſius obtinere poteſt, modò expurgentur canales & reficiantur foramina ſpiritalia. Verùm aliis dominis licitû eſt à termino conſtituto ordiri & cuniculum ultrà agere: ſi veteribus cuniculi dominis dederit tantam pecuniam, quantam ipſis in ſingulos tres menſes dandam eſſe magiſter metallicorum decreverit. Reſtat etiam de partibus fodinarum & cuniculorû: quibus ſi quis quondâ donabatur, ſemelq; dediſſet ſymbola, donatori ſtandum erat promiſſis: quæ conſuetudo hodie vim legis obtinet. Quòd ſi donator ſymbola data eſſe negaret, donatus verò partibus, diceret ſe ſymbola dediſſe aliis dominis, teſtibus convincere poſſe, cauſſa in judicium deducta, dominorum teſtimonium plus valebat, q̃ donatoris jusjurandum. Hodie donatus par-

tus partibus scripto, quod præfectus fodinæ vel cuniculi unicuiq; dare solet,
testificatur se symbola dedisse. Si verò nullam pecuniam côtribuisset,non necesse erat donatorem stare promissis: quondam autem singulis hebdomadis,
ut suprà dixi,domini contribuebant pecuniã,nunc singulis annis quater dantur symbola. Hodie igitur si quis menstruo spatio non postulaverit donatoie
de partibus donatis,jus postulandi amittit.Sed cùm jam scriba partes donatas
aut emptas retulisset in codicem, propter pecuniam non contributam, quam
præfectus fodinæ vel cuniculi à domino aut ejus vicario non exegisset, nemo
ex dominis jus partium amittebat, sed si præfecto exigenti pecuniam, eam nô
daret dominus aut ejus vicarius, rem deferebat ad magistrum metallicorum,
is jubebat dominum aut ejus vicarium contribuere pecuniam. Quod si tum
etiam tribus hebdomadis continentibus non côtribueret, jus partium primo
petenti dabat: quæ consuetudo hodie est immutata:etenim si domini symbola, quæ ipsis præfectus fodinæ vel cuniculi indixit, menstruo spacio non dederint, stato die eorũ nomina magna voce pronunciata eximũtur de dômi-
norum numero: præsente magistro metallicorum,juratis,scribâ fodinarum,
itemq; partium:quorum uterq; eos refert in proscriptos. Attamẽ si triduo,ad
summum quatriduo, dederint symbola præfecto fodinæ vel cuniculi,& scri-
bæ partium pecuniam,quæ solet dari,numeraverint:eorum partes eximit de
proscriptarum numero:postea non restituuntur in integrum,nisi reliqui domini consenserint: qua parte côsuetudo nunc trita est à veteri diversa : nã hodie si domini partium paulò plus dimidiæ fodinæ de proscriptis restituendis
consenserint,reliquis,velint,nolint,est côsentiendum: quondam nisi res esset
assensione dominorũ centum partium côprobata, proscripti nô restituebant
in integrum. Sed ratio contendendi de partibus quondam hæc fuit.Is qui vo-
cabat alterum in jus, & intendebat ei litem partium, si partes erãt veteris fodinæ per triduum singulis diebus semel : si capitis fodinarum,per octiduum ter
possessorem accusabat apud magistrum metallicorum,sive domi esset,sive in
foro,sive apud fodinas. Quod si eum in his locis non invenisset, eundem possessorem partium accusare apud familiam magistri metallicorum ratum atq;
firmum erat. Cùm autem tertiò accusationem faceret, publicum signatorem
secũ adducebat,quem magister interrogabat: meruĩ'ne argentũ? qui respon-
debat,meruisti:mox magister jus partiũ dabat accusatori,accusator verò magistro usitatam numerabat pecuniam.Actis his rebus,si iste,cui magister ade-
merat partes, habitaret in urbe,unũ ex dominis fodinæ vel capitis fodinarũ,
mittebat ad eum qui factũ illud ipsi indicaret:sin alibi habitaret, in foro vel a-
pud fodinam, multis metallicis audientibus, palàm & maxima voce prædica-
batur. Hodie reo de pecuniis debitis aut partibus donatis dies statuitur; quod
ipsi, si præsens est, famulus significat: sin absens,literæ ad eum missæ: nec ulli
partium jus adimitur sesquimensis spacio. Hæc hactenus. Nunc, anteaquam
abeam ad rationes,quas in laborando habere convenit, dicam de officio præfecti metallorũ,magistri metallicorum,juratorũ,scribæ fodinarũ,scribę partiũ,præfecti fodinæ vel cuniculi, præsidis fodinæ vel cuniculi,operariorum.
Verùm,præfecto metallorum,quẽ rex vel princeps dat vicariũ,omnes omniũ
generum,ætatũ,ordinum, hómines pariunt & obediunt. Is ómnia gubernat
& moderatur prudétiâ sua,imperãs ea,quæ utilitatis fructũ rei metallicę præ-

f 3

bent,prohibensq; côtraria. Idem mulctam arrogat & punit fontes: côtrover-
fias,quas magifter metallicorû non potuit tollere,dirimit: quòd fi ne ipfe quidem eas dirimere poteft,dominis, qui habét controverfiam de aliqua re,con-
cedit, ut jure contendant: quinetiam jura defcribit, mandat magiftratus, ab
eis abire jubet, decernit ftipendium his qui alicui muneri atq; officio prefunt.
Adeft præfens,cû præfecti fodinarum quadripartitâ accepti expenfiq; rationem reddunt,omninoq; gerit perfonâ regis vel principis,ejusq; dignitatê fuftinet. Athenienfes quidê Thucydidem, nobilem illum hiftoricum præfece-
runt Thafiorum metallis. Proximâ autem à metalloru præfecto poteftatem
habet magifter metallicorum: fiquidê tenet imperium in omnes metallicos,
paucis exceptis, decumano fcilicet,diftributore, purgatore argenti, monetariorum magiftro,ipfisq; monetariis. Itaq; homines fraudulétos vel negligentes & diffolutos, aut in carcerê conjicit, aut orbat muneribus quæ exequútur,
aut pecuniâ mulctat : de qua mulcta pars ftipédii datur his qui cum poteftate
funt: tum ubi domini fodinarum venerint in côtroverfiam de finibus,eam,ut
arbiter, dirimit: aut fi tollere non poteft, jus unâ cum juratis dicit, à quibus
tamé ad præfectum metalloru licet appellare. At edicta fua effert in album,&
proponit tabulâ in publico. Præterea ejus officium eft jus fodinaru petentib°
dare,atq; id ipfum confirmare : fodinas dimetiri, earumq; conftituere terminos: cavere ne fofsiones fiant inutiles. Quædam autê ex his muneribus ftatis
diebus exequitur: nam die Mercurii juratis prefentibus jus fodinarum datum
confirmat,controverfias de limitibus dirimit,jus dicit. Lunæ, Martis, Jovis,
Veneris diebus obequitat fodinis: atq; in nônullis defcendens quid faciundû
fit docet: aut limites in côtroverfia pofitos côfiderat. Die verò Saturni omnes
fodinarum præfecti & præfides ipfi reddunt rationem pecuniæ,quam præce-
denti hebdomada impenderunt in fodinas: quâ fcriba fodinarum in codicem
expenfi refert. Quondam autem unius regni unus erat magifter metallicorû,
qui creare folebat omnes judices,atq; tenebat autoritaté atq; imperium in eos.
Habebat enim quodq; metalliû fuum judicem,ut hodie ejus loco,nomine folû
mutato magiftrû metallicorum. Sed ad veterem iftû magiftrum metallicorû
res controverfæ deferebantur, qui in Mifena Fribergi habitabat : unde Fri-
bergiis in hodiernum ufq; diem poteftas juris dicendi manet, cùm ad eos domini fodinarum inter fe litigantes appellaverint. Verùm vetus metallicorum
magifter teftis effe poterat,omnium reru,quæ fe præfente in quibufvis metallis actæ effent : Judex verò, quemadmodû hodiernus quifq; metallicorû magifter, earum tantû quæ in fuo metallo effent actæ. Cuiq; autê magiftro metallicorum eft fcriba,qui petenti jus fodinæ fcribit fchedulâ fignificantê diem
& horâ juris dati,nomê etiâ petentis,& locum fodinæ. Præterea fingulis quatuor anni temporibus fchedas, quibus fignificatur quantum fymboli præfecto cujufq; fodinæ fit numerandum, in foribus figit : quas fchedas, quia communiter cum fcriba fodinarum facit,commune cum eo habet precium,quod
fingularûm fodinarum præfecti perfolvunt. Jam ad juratos venio, qui viri
funt experientes rei metallicæ,& bonæ fidei; eorum autê numerus eft pro fodinarum multitudine vel paucitate.Si igitur decem fuerint,quinq; erunt col-
legii decemviralis paria: totidemq; partes,in quas univerfæ fodinæ,tanquam
corpus quoddam funt divifæ: quodq; autem par fingulis diebus,quibus ope-

rarii

rarii laborant, alicujus partis, cujus procurationi præficitur, fodinas solet invisere: quo sane modo plerumque fit, ut quatuordecim dierum spacio invisat omnes. Contemplantur vero, & considerant singula, & cum præside cujusque fodinæ deliberant & consultant de fossionibus, de machinis, de substructionibus, deque aliis omnibus. Passus etiam aliquot venæ fodiendos interdum operariis, una cum præside fodinæ locant magno vel parvo precio, prout saxa dura molliáve fuerint, itemque venæ. Attamen, si redemptoribus insperata nec opinata durities occursat, atque iccirco difficilius & tardius perficiunt opus, ipsis precium majus constituto pendunt: sin mollities propter aquam labore suscepto facilius & citius perfunguntur, aliquid de precio detrahunt. Præterea jurati, si manifesto negligentiam aut fraudem præsidis alicujus vel operarii deprehendunt, eos primo de officiis & muneribus exequendis monent, aut objurgant. Deinde, si diligentiores & meliores facti non fuerint, rem deferunt ad magistrum metallicorum, qui sua autoritate fretus, eos orbat officiis & muneribus; aut si flagitium commiserint, in carcerem conjicit. Postremo magister metallicorum absentibus juratis, quia ei consiliarii & adjutores dati sunt, neque jus alicujus fodinæ confirmat, neque fodinas dimetitur, earumque terminos constituit: neque controversias de limitibus dirimit: neque jus dicit: nec denique ullam accepti expensíque rationem audit. Jam scriba fodinarum fodinas singulas refert in codices, in unum novas, in alterum veteres renovatas. Id autem hoc modo fit. Primo signat nomen ejus, qui petiit jus fodinæ: deinde quo die, quáve hora id petierit: tum venam, & locum in quo sita fuerit: mox qua conditione jus sit datum: postremo, quo die magister metallicorum eam confirmarit. Quinetiam ei, cui fodinæ jus est confirmatum, scheda hæc omnia in se continens datur. Præterea cujusque fodinæ, cujus jus jam confirmatum fuit, dominos refert in alium codicem: item in alium intermissionem operarum, a magistro metallicorum alicui certis de caussis concessam: in alium pecuniam, quam una fodina alteri suppeditat ad exanclandas aquas, aut ad machinas fabricandas: in alium res a magistro metallicorum & juratis judicatas, & controversias ab eisdem, ut honorariis arbitris, diremptas. Hæc autem omnia in codices refert singulis hebdomadis die Mercurii. Quòd si ea die feriæ fuerint, idipsum proxima Jovis die facit. At singulis Saturni diebus refert in alium codicem summam expensi præcedentis hebdomadæ, cujus rationem cujusque fodinæ præfectus reddidit: summam autem trimestris expensi cujusque fodinæ præfecti suo tempore refert in singularem codicem: similiter in alium dominorum proscriptiones. Porro ne quis crimen falsi possit committere, omnes illi codices in cistam concluduntur duabus seris, quarum unius clavem scriba fodinarum habet: alterius magister metallicorum. Scriba vero partium cujusque fodinæ dominos, quos ipsi primus venæ inventor indicat, in codicem refert, & emptores partium semper in venditorum loco reponit: qua ratione fit, ut interdum domini viginti aut plures venerint in alicujus partis possessionem: nisi vero venditor præsens fuerit, vel literas ad scribam fodinarum miserit cum suo signo, tum maxime prætoris ejus oppidi, in quo habitat, obsignatas, alium in ipsius loco non reponit. Si enim parum providus fuerit, veterem do-

minum in integrum reftituere eum leges cogunt: novo autem fcribit fchedu-
lam,atq; ita dat poffefsionis teftimonium. Cùm autem quater annuo fpacio
trimeftris expenfi ratio redditur, novos dominos indicat præfecto cujufque
fodinæ,ut certior fiat, à quibus collectam exigere,& in quos fructus fodinæ
diftribuere debeat: quem ob laborem tantundem precii perfolvit ei fodinæ
præfectus: de cujus officio nunc dicam. Cujufque fodinæ non fœcundæ metallo præfectus fymbola dominis fcheda in foribus publici ædificii fixa indicit magna vel parva, prout magifter metallicorum & duumviri jurati de his
decreverunt: quæ,fi quis menfis fpacio non dederit, eum eximit è dominorū
numero, ejufq; partes reliquis dominis cōmunes facit. Itaq; quem præfectus
fodinæ fymboli non foluti nomine notaverit,eundem fcriba fodinarum fcri-
pto defignat,itemq; fcriba partium. Verùm præfectus fodinæ ex ea penfione
partim præfidi & operariis folvit mercedem , partim res ad fofsionē neceflarias, quàm minimo poteft fuo tempore coemit ferramenta, fcilicet clavos, ligna,afferes,vafa,funes ductarios,fevum. At præfecto fodinæ metallo fœcundæ decumanus fingulis hebdomadis tantam pecuniam dat, quanta fatis eft
vel ad tribuendàm mercedem laborum operariis, vel ad comparādas res, fof-
fioni neceflarias. Cujufq; præterea fodinæ præfectus, præfente ejufdē præfide, fingulis hebdomadis die Saturni magiftro metallicorum juratisq; expenfi rationem reddit: accepti verò, five pecunia fuerit à dominis contributa, five à decumano accepta,fimiliter trimeftris expenfi eifdem & præfecto metallorum, fcribæque fodinarum quater annuo tempore. Ut enim anni quatuor
funt tempora,Ver fcilicet, Æftas, Autumnus, Hyems, ita accepti expenfíque
rationes funt quadripàrtitæ. Primo autem menfe cujufque partis ratio redditur,tum pecuniæ,quam præfectus proxima anni parte impendit in fodinam,
tum fructus,quèm ex eadem eodem tempore cepit: verbi caufsâ , ratio quæ
redditur initio veris, eft omnis accepti expenfique fingularum hyberni temporis hebdomadarum in tabulas relati à fcriba fodinarum. Itaque præfectus
fodinæ fi pecuniam dominorum utiliter impendit in metallum, atque id fideliter curavit, omnes ei diligentis & boni viri laudem tribuunt: fi per rerum
ignorantiâ damnum dedit, plerumque orbatur munere : fi ipfius incuriâ &
negligentiâ domini damnum fecerunt, id refarciri magiftratus ipfum cogit:
fi deniq; fraudem aut furtum fecit,pecuniâ,vel vinculis,vel morte mulctatur
Quinetiam præfecti officium eft,& curare,ut fodinæ præfes preftò fit ad initium & finem operarum , utque utiliter fodiat venas, & faciat fubftructiones
neceflarias,itemq; machinas & canales : & aliquid demere de mercede operariorum, quos præfes negligentiæ notavit. Deinde, fi fodina fuerit dives metalli, curat ut ejus cafa claufa fit hifce diebus, quibus nihil laboris fufcipitur.
Quòd fi nobilis vena fuerit auri vel argenti, curat ut eam foffores mox in ci-
ftam transferant ex puteo vel cuniculo, aut in conclave proximi domicilii,in
quo præfes habitat ; ne improbis hominibus occafio furandi detur ; fed eam
procurationem habet communem cum præfide : quæ verò fequitur, propria ipfius eft. Cùm vena excoquitur, coram adeft, videtque ut excoctio diligenter & utiliter fiat. Quòd fi ex ea aurum vel argentum conflatur, cùm
in fecundis fornacibus excoctum fuerit , ejus pondus in tabulas refert, atque id ipfum portat ad decumanum: qui fimiliter ejus pondus in tabulis in-
fcribit

scribit & notat. Tum defertur ad purgatorem. Ubi verò relatum fuerit, tam
decumanus quàm ipse, iterum ejus pondus in tabulas refert: quid plura? dominorum bona non aliter ac sua curat. Leges autem metallicæ uni præfecto
permittunt, ut plurium fodinarum curationem suscipiat, attamen duarú tan-
tú auro vel argento fœcundarum. Veruntamen si plures sub eo metallum primò effundere ceperint, eas usque eò servat, quoad à magistro metallicorum
ab ipsarum procuratione amotus fuerit. Postremò, cujusq; fodinæ præfecto
magister metallicorum & duumviri jurati, cum cósensu dominorum certam
laborum mercedem constituunt. Sed de præfecti munere officioq; satis; núc
abeo ad præsidentem operariis fodinæ, qui ex eo nominatur præses. Quamvis nonulli eum custodem vocant. Is autem operas partitur in mercenarios,
diligenterque curat ut quisq; suum munus fideliter & utiliter exequatur: orbat etiam operarios propter inscientiam, aut negligentiam muneribus, a-
liosque in eorum locum surrogat, si duumviri jurati consenserint & præfectus fodinæ. Verùm faber lignarius sit oportet, ut possit puteos extruere, co-
lumnas collocare, & facere substructiones, quæ monté suffossum sustineant,
ne saxa tecti venarum non fulta à toto corpore montis resolvantur, ruinisque
opprimant operarios: fabricari & in cuniculos imponere canales, in quos a-
qua, ex venis, fibris, commissuris saxorum collecta, derivetur ut effluere possit. Præterea cognoscat venas & fibras, ut utiliter fodiat puteos, & materiam
effossam unam ab altera discernat, aut suos instituere possit, ut materias rectè
discernant: quinetiam habeat cognitam omnem lavandi rationem, ut lotores, quomodo terræ metallicæ aut arenæ sint lavandæ, docere possit. Fossoribus autem, cùm operas jam daturi sunt in metallis, dat ferramenta, & sevum
quidem ad certum pondus distribuit in lucernas: eosque, ut fodiant utiliter,
instituit, ut fideliter observat. Operis verò finitis, recipit sevum, quod reliquum fuit fossoribus: atque propter tot & tanta munera laboresque, nisi una
fodina unius præsidis fidei non cómittitur, imò interdum uni fodinæ duo vel
tres præsides dantur. Quoniam verò operarum mentione feci, quomodo sese
habeant, breviter explicabo. Diei & noctis horæ quatuor & viginti, divisæ
sunt in tres operas, quæque autem opera est septem horarú. Tres verò reliquæ horæ, inter operas interjectæ & tanquam mediæ sunt, quibus operarii
accedunt ad fodinas, aut ab eis discedunt. Prima opera incipitur quarta hora
matutina, & durat usque ad horam undecimam: secunda duodecimá inchoa-
tur, & perficitur septimá; quæ duæ operæ sunt diurnæ, in matutiná & pome-
ridianam divisæ: tertia nocturna est, quæ octavá hora vespertiná capit exordium, & tertiá finitur. Eam verò magistratus non concedit operariis, nisi necessitas flagitaverit. Tunc autem sive ex puteis extrahant aquam, sive fodiant
venam, ad nocturnas lucernas pervigilant: ne verò ex vigiliis aut ex lassitudi-
ne dormiant, cantu nec rudi prorsus nec injucundo, duros & longos labores
solantur. Verùm, uni fossori duas operas complere alibi non licet, quòd plerumque soleat aut somnum capere, in fodina defatigatus tantis laboribus: aut
tardius accedere ad operas: aut ab eis discedere ocyus, quàm par sit: alibi licet,
quod unius opere mercede, præsertim si annona ingravescat, vitam produce-
re non possit. Attamen magistratus operam extraordinariam non prohibet,

ubi

ubi unam tantummodò ordinariam concedit. Verùm, quando ad operas fit accedendum, fonitus magni tintinnabuli, campanam barbari vocant, operariis fignificat, quo reddito, vicatim hinc & hinc concurrunt ad fodinas. Similiter idem tintinnabuli fonitus præfidi fignificat, operam jam effe perfectam: eo igitur audito, putei tabulata pulfat, fignumq́ue evolandi dat operariis. Itaque proximi audientes fonitum, malleis pulfant faxa, pervenitq́; fonus ufque ad extremos. Quinetiam lucernæ, fi fevum ferè combuftum eas defecerit, indicio funt operam effe perfectam. Sed operarii die Saturni non laborãt: verùm mercantur ea, quæ ad ufus vitæ funt neceffaria: nec die folis aut feftis diebus anniverfariis laborare confueverunt, fed tum facris operam dant. Attamen operarii non ceffant, & nihil agunt, fi necefsitas flagitaverit: nam aliàs aquæ multitudo eos compellit ad labores, aliàs ruina, quæ impendet, aliàs aliud, atque tum feriis laborare, ne religioni quidem cõtrarium habetur. Porrò totum hoc genus operariorum durum eft, & ad labores natum. Sunt verò inprimis foffores, ingeftores, vectiarii, vectores, difcretores, lotores, excoctores: de quorum muneribus in fequentibus libris fuo loco dicam: nunc fatis eft, unum hoc adjicere, operarios, fi à præfide negligentiæ fuerint notati, magifter metallicorum, vel etiam ipfe præfes unà cum præfecto die Saturni orbat muneribus, aut parte mercedis mulctat: fin fraudis, in carcerem mittit. Domini tamen officinarum, in quibus metalla conflantur, & magifter excoctorum in fuos animadvertunt. Sed de repub. & officiis metallicorum fatis nunc dixi; reliqua in òpere, De jure & legibus metallicis infcripto, aperiam.

*De re Metallica Libri IIII.* Fɪɴɪs.

# GEORGII AGRICO-
## LAE DE RE METALLICA
### LIBER QUINTUS.

N proximo fuperiori libro expofui rationem venæ cujufque dimetiendæ & officia metallicorum, in hoc exponam præcepta venæ fimiliter cujufque fodiendæ, & artem menforum. Sed ea, quæ ad priorem partem pertinent, quia res & ordo hoc poftulat, priùs profequar. Itaque primò dicturus fum de fofsionibus venæ profundæ, de puteis, de cuniculis, de fofsis latentibus: deinde de fignis bonitatis quæ dant canales, quæ, materiæ fofsiles; quæ, faxa: deinde quo modo, & quibus ferramentis venæ & faxa qua ratione venarum duritiam vis ignium frangit, quibus machinis aqua ex puteis hauritur, quibus aura altissimis puteis & longissimis cuniculis inspiratur, nam alterius affluentia, alterius defectione impediuntur fossiones: deinde de duobus puteorum generibus, & de eorum atque cuniculi structura: tum ad extremum quo modo vena dilatata fodienda sit, quo cumulata, quo fibræ. Metallicus certè postquam venam profundam aperuit, inchoat putei fossionem, atque super eum statuit machinam tractoriam, itemq; putealem casam: ne imbres in puteum decidant, néve homines qui versant machinam, frigore obrigeant, aut ex pluviis trahant molestiam: quinetiam versantes machinam in ea ponunt cisia: fossores ferramenta aliaque recondunt. Juxta casam putealem ædificatur altera, quam habitat præses fodinæ, aliique mercenarii: & in quam materia metallica, & cæteræ res fossiles cógeruntur. Quamvis autem nonnulli unam tantummodo casam faciant, quia tamen interdum pueri, interdum reliquæ animantes incidunt in puteos, maxima metallicorum pars consulto seorsum unam ab altera collocat, aut eas saltem pariete disjungit. Verùm puteus est fossa plerumque longa duos passus, lata duas tertias passus partes, alta tredecim passus: attamen cuniculi gratia, qui prior actus fuit in montem, puteus in altitudinem passuum modò octo tantùm, nunc verò plus minúsve quatuordecim deprimitur. Rectus autem vel obliquus fieri solet, prout vena, quam metallici fodiendo persequuntur, recta fuerit vel obliqua. Sed cuniculus est fossa subterranea in longum acta, duplo ferè altior quàm latior, ut operarii & cæteri per eum permeare & transire possint, oneraque efferre. Altus verò solet esse passum unum & quartam ejus partem. Latus igitur circiter pedes tres & dodrantem: eum ferme duo fossores consueverunt agere: quorum alter altiorem partem effodit, alter humiliorem: atque ille præcedit, hic subsequitur: uterque sedet in asserculis ex fundamento arctius pertinentibus ad tectum: aut si vena mollis fuerit, interdum in palis, superius latis, inferius cuneatis, & in ipsam venam infixis. Metallici autem plures puteos tam obliquos quàm rectos fodiunt: atque utrorumque alii non pertingunt ad cuniculum: partim ad eum usque pertinent: ad quosdam cuniculus, cùm jam in eam altitudinem, in qua illo suffodiunt montem, depressi sint, nondum est actus.

*Tres*

*Tres putei recti: quorum*
*Primus nondum pertingit ad cuniculum* A.
*Secundus pertinet ad cuniculum* B.
*Ad tertium cuniculus nondum est actus* C.
*Cuniculus* D.

Puteus quidem si ad cuniculum usq; pertinet, bene se res habet, fossoresq;
& reliqui operarii laborem susceptum facilius sustinent: sin tam altus non est,
alterum vel utrumque ejus latus fodere & cavare convenit: ex quibus fossionibus item dominus aut præses fodinæ cognoscit venas & fibras, quæ vel
cum principali vena profunda, de qua nunc mihi sermo est institutus, junguntur, vel eam transversæ secant, vel eam oblique diffindunt: tum maximè

de materia metallica, ex qua vena conſtat. Ejuſmodi verò foſſæ latentes & occultæ Græco nomine etiam κρυπταὶ appellantur: quòd more cuniculi lógius
procedentes, intus in terra occultentur: veruntamen hoc genus foſſarum differt à cuniculo, quòd illud ipſum per ſe ſit cæcum, hic os habeat ſubdiale.

*Puteus* A. *Foſſa latens* B C. *Alter puteus* D. *Cuniculus* E. *Os cuniculi* F.

Dixi de puteis, de cuniculis, de fossis latentibus; nunc dicam de signis quæ dant canales, materiæ fossiles, fixa, atque ea signa, ut etiam multa alia quæ explicabo, magna ex parte venis dilatatis & cumulatis, cum profundis communia sunt. Cùm fibra venæ primariæ socia extat & eminet, qua parte se cum ea jungit, fodiendus est puteus. Cùm autem transversa, vel obliquè eam diffindens nobis apparet, si recta descenderit in profundum terræ, ea parte, qua secat venam profundam, secundus puteus fodiendus est: sin obliqua, duos trésve post passus, ut altior earum connexus perfodi possit: in quo maxima spes est inveniendæ materiæ, cujus gratia terram scrutamur. At si illa jam antè inventa fuerit, multò copiosior eo loco solet inveniri. Quòd si plures fibræ descenderint in terram, metallicus, ut iterum connexum perfodere possit, in medio earum loco puteum fodere debet, aut præstantioris fibræ rationem habere. Quoniam verò vena devexa non rarò prope rectam tenditur, eo loco puteum fodere oportet, quo fibra vel vena transversa utramque secat: aut vena vel fibra dilatata se trajicit: nam ibi plerumq; latent metalla. Similiter nobis bona spes effodiendi metalli ostenditur ea parte, qua vena devexa jungetur cum recta: quocirca metallici tectum aut fundamentum venæ primariæ perfodiunt, & in eis quærunt venam, quæ infra aliquot passus cum principali jungetur. Quinetiam iidem metallici, si venam primariam nulla fibra vel vena transversa diviserit, quam fodiendo sequi possint, solida etiam tecti aut fundamenti saxa perfodiunt: quæ fossæ latentes item κρυπίαι nominantur, sive à cuniculo, sive ab alterius generis fossa latente perfossionis inchoandæ capiatur exordium. Sunt etiam metallici in aliqua spe, cùm vena transversa primariam tantummodò secat. Si præterea vena, quæ principalem obliquè diffindit, nusquam ultra eam apparuerit, id venæ principalis latus, in quod ipsa vergit, sive dextrum sive sinistrum sit, cavare oportet, ut certum scire possimus an illam rapuerit. Quòd si post sex passus non extiterit, alterum ejusdem venæ principalis latus fodere convenit, ut plane cognoscamus an illam in priorem partem transtulerit: nam domini venæ principalis sæpè non minus utiliter fossionem instituere possunt ea parte, qua vena principalem diffindens rursus apparet, quàm qua primò eam secat. Domini verò venæ diffindentis ea rursus inventa, jus suum quodam modo amissum, recuperant. Vulgus autem metallicorum fibras probat, quæ ex Septentrionibus procedentes, se cum vena principali jungunt: contra improbant eas, quæ prodeunt ex Meridie, dicitque has multum nocere venæ principali, illas prodesse: sed equidem neutras prætermitti à metallicis & negligi debere censeo: atque, ut libro tertio ostendi, experimentum non consentire his, qui sic de venis censent, ita nunc etiam supponerem exempla uniuscujusq; fibræ à vulgò rejectæ, quibus ejus bonitatem probarem, nisi scirem ea posteritati parum aut nihil prodesse posse. Verùm si nullæ fibræ vel venæ fossoribus apparuerint in tecto vel in fundamento venæ principalis, nec alioqui multa materia præstans reliquæ coagmentata fuerit, operæprecium non est, alterius putei fodiendi laborem suscipere: nec ibi puteus fodiendus est, ubi vena dividitur in partes duas vel tres, nisi satis signi sit eas partes paulò post inter se conjungi & consociari posse: quin etiam malum signum est, venam metallo divitem huc &

illuc fe torquere & flectere: nam nifi rurfus, ut primò cœpit, recta vel devexa
defcenderit in terram, amplius metallum non fundit: atque tametfi rurfus ita
defcenderit, tamen fæpenumero infœcunda manet. Fibræ quoque fubdiales
gravidæ metallis perfœpe foffores fallunt: etenim infra eas nihil metalli inveniunt. Atq; etiã cõmiffuræ faxorũ inverfæ in malis numerantur fignis. Solidas autê venas omnes, fi dederint clara bonitatis indicia, metallici excindunt:
fimiliter cavernofas, præfertim cũ auᵗ venæ priufquã cavernæ in eorum con-
fpectum venerint, metallorum fuerint fœcundæ: aut cavernæ fuerint paucæ
& parvæ. At vacuas venas, per quas aquæ manant, fi non detulerint vel eru-
ctaverint metallorum ramenta, non fodiunt: rarò verò etiam vacuas, quæ carent aquis, quod plerunq; folũ pyriten omnis metalli expertem, aut fubtilem
materiam nigrã & mollem, quæ lanugini fimilis eft, in fe cõtineant. Sed fibras
metalli divites fodiunt, vel ejus expertes interdum venarũ, quæ prope venæ
principalis tectum aut fundamentũ funt, inquirendarum gratia. Atq; fibrarũ
& venarum hæc ferè ratio eft: nunc videamus materiam metallicã, quæ reperitur in canalibus venæ profundæ, dilatatæ, cumulatæ: & in his omnibus vel
cohærens & continuata, vel difperfa & per eas fufa, vel ventris figura extube-
rãs, vel etiã in venis aut fibris à vena principali ortis, quafi in ramis fparfa. Sed
hæ venæ & fibræ funt breviffimæ: nam poft parvũ fpacium nufquam p̄rorfus
apparent. Materia autê metallica fi pauca nobis occurrit, indiciũ eft: fin multa,
non indicium, fed id ipfum cujus gratiâ fcrutamur terram. Verùm cũ foffori,
qui venam aperuit, mox fe oftéderit metallũ purum aliáve res fofsilis: aut metalli materia dives, vel pauperis magna ubêrtas & copia extiterit, abjecta omni
cunctatione ibidem fodiet puteum. Quod fi in alterutro latere, ipfi apparuerit
materia copiofior aut melior, ad id declinabit fofsionê. Purum autê fæpe invenitur aurum, argentũ, æs, argentũ vivum: minus fẽpe ferᵗũ & plumbum cinereum: vix unquã plumbum candidũ & nigrum. Attamen lapilli nigri & cæteri non multũ à plumbo candido & puro, quod ex eis conflatur, diftant: atq;
optimus lapis plumbarius, ex quo plumbum nigrũ conficitur, parũ ab eo metallo differt. Deinde fi auri materia nobis cenfenda fuerit, poft aurum purum
inprimis rude, five in luteo viride fit, five luteum, five purpureũ, five nigrum,
five foris rubrũ, intus aurei coloris, in divitis numero ponendũ eft, quod aurum pondere fuperet lapidem vel terram: tum omnis vena auri, cujus centum
libræ in fe plus quàm tres uncias auri continent: quanquam enim pauca auri
portio ineft in terris vel lapidibus, tamen precio exæquat reliqua metalla magni ponderis. Cæteræ verò venæ auri omnes in loco pauperis materiæ haberi
debent, quòd terra vel lapis nimiũ præponderet auro: fed quæ vena comprehendit argéti portionem majorê quàm auri, ea rarò dives effe folet. Terra aũt
five ficca fuerit, five uda, non rarò abundat auro: fed in ficca plerunq; plus ineft auri fi aliquã habuerit fpeciem excoctæ in fornacibus, aut bracteolis ma-
gnitidi fimilibus non caruerit: hi quoq; fucci cõcreti aurũ in fe continere folent cæruleum, chryfocolla, auripigmentũ, fandaraca: quin idem aurum purũ
vel rude, modò multũ, modò paucum filicis, lapidis fifsilis, marmoris glareæ
inhæret: atque etiam lapidis, qui facilè igni liquefcit, maximè fecundi generis:
qui nonnunquam ita cavernofus eft, ut exefus effe videatur: in pyritis deniq;
                                                                    ineft

inest aurum: etsi rarò multũ. At cũm post argentũ purum de cæteris ejus metalli venis decernitur, in divitis materiæ numero habetur ea, cujus centum libræ plus quàm tres argenti libras in se continent: qualis est quæ constat ex argento rudi sive ei plumbi color fuerit, sive ruber, sive albus, sive niger, sive cinereus, sive purpureus, sive luteus, sive jecoris, sive denique alterius rei : talis etiam interdum est vena silicis, lapidis fissilis, marmoris, si multùm argentum purum vel rude ad eam adhæserit: sed in pauperis materię numero reponitur vena, in cujus centum libris summũ tres argenti libræ insunt: quæ plerunque copiosior esse solet, quòd ei natura loco bonitatis copiã largiatur. Talis autem vena cùm ex omnibus terris, lapidibus, mistis constat, exceptis argenti rudis generibus: tum maximè è pyrite, cadmia metallica fossili, lapide plumbario, stibio, aliisq̃. Verùm in reliquis metallorum generibus, etsi dives quædã materia reperitur, tamẽ nisi ipsorum venæ fuerint copiosæ, eas foderè perrarò operæprecium est. At Indi aliæq̃ nonnullę gentes, gemarũm causâ reconditas terræ venas scrutari solent: sed eas sæpiùs perspicuitas vel potius nitor ipsis, cùm fodiunt metalla, prodit. Marmorum verò venas, cùm se sua spõte ostenderint, fodiendo persequimur: idem facimus cùm saxa vel cæmenta nobis occurrerint. Qui autem propriè vocantur lapides, tametsi suas interdum venas habeant, tamẽ plerunq̃ reperiuntur in metallis aut lapicidinis: ut magnes in ferrariis: smiris, in argentariis: lapis Judaicus, trochites & assimiles, in lapicidinis: quos fossores dominorũ jussu ex saxorum cõmissuris solent colligere. Nec terrarum insigniũ fossionem negligit metallicus, seu inventæ fuerint in aurariis, seu in argẽtariis, seu in ærariis aliisq̃: nec reliqui fossores si vel repertæ fuerint in lapicidinis, vel in propriis venis. Earum verò bonitatis significationem sapor dare solet. Nec deniq̃ metallicus omittit curare succos concretos in venis tam metallicis quàm propriis inventos: sed eos colligit & cõportat: verùm de his plura non dicam, quòd omnem materiam metallicam & fossilem in libris, De natura fossiliũ inscriptis, uberius explicavi: sed redeo ad signa. Si terra lutosa nobis occurrerit, in qua sunt ramenta metalli alicujus puri vel rudis, optimũ per ea metallicis dat vena signum. Metallicã enim materiã, à qua ramenta abrepta sunt, adesse necesse est: sin eadem occursaverit omnis metallicæ materiæ prorsus expers, sed pinguis & coloris candidi, viridis, cærulei & similium, à suscepto labore non est discedendum: fossores modò cætera signa habeant ex venis & fibris, de quibus jam dixi: & ex saxis, de quibus paulò post dicturus sum. At si aliqua terra sicca fodienti obvia fuerit, quæ metallum purum vel rude in se cõtinet, bonum signũ est: si lutea, vel rubra, vel nigra, vel alia quædã insignis, quæ caret metallo, non malũ, & chrysocolla, aut cæruleum, aut ærugo, aut auripigmentũ, aut sandaraca invẽta in bonis signis habetur. Quin ubi scaturigo subterranea erũctat metallũ, institutas fossiones persequi debemus: nam significat id à reliquis massis, tanquam particulam aliquam à corpore, fuisse abreptam. Similiter tenuissimæ alicujus metalli bracteæ ad lapidem vel ad saxum adhærescentes, in bonis numerãtur signis. Porrò venæ, quæ mox constant partim ex silice, partim ex terris lutosis vel siccis, si cùm fibris permistæ unà cum eis in terræ profundũm descenderint, bonã spes est metallum inventum iri. Quòd si fibræ postea non apparuerint, & vel

pauca materia metallica occurrerit,non eſt à foſsione deſiſtendum,donec nihil ejus reliquum fuerit. Sed ſilex fuſcus,aut niger,aut cornu,vel jecoris colore,plerunq; bonū indicium eſt:candidus aliàs bonū,aliàs nullū. At marmoris
glareæ in venæ profundo apparentes,ſi non multū infra evanuerint,ſignum
bonum non ſunt:nam venæ non fuerunt propriæ,ſed alicujus fibræ.Quæ verò genera lapidum facilè igni liqueſcunt,etiamſi translucent,in mediis ſignis
numerandi ſunt:etenim ſi alia ſigna bona affuerint,ex bonis ſunt:ſi non affuerint,nullam bonitatis ſignificationem dant.Simili modo de gemmis judicare
debemus. Quinetiam venæ,quæ ad tectum & fundamentū habent ſilicè cornu coloris vel marmor,in medio autē eorum terrā lutoſam,in aliqua ſpe ſunt:
ſimiliter quæ ad tectum & fundamentū habent terram ferrugineā; in medio
autē eorum terras pingues & tenaces: pari modo quæ ad tectū & fundamentū
habent eam , quam vocamus armaturā , in medio verò eorū terrā nigram vel
ambuſtæ ſimilē. Sed auri ſingulare indiciū eſt auripigmentum,argēti,plum-
bum cinereū & ſtibium,æris,ærugo,melāteria,ſory,chalcitis,miſy,atramen-
tum ſutorium: plumbi candidi,imò purorū & magnorum lapillorū nigrorū,
ex quibus id ipſum conficitur,res foſsilis ſpumæ argenti ſimilis:ferri,ferrugo:
at auri & æris cōmune indicium eſt chryſocolla & cæruleū : argenti & plumbi nigri, plumbago foſsilis.  Quanquā autē plumbum cinereum metallici tectū argenti rectè nomināt, & atramenti ſutorii ac melanteriẹ eisq; cognatorū
cōmunis parens ſit pyrites æroſus, tamen hæc interdum propria habent metalla,ut etiam auripigmentum & ſtibium. Ut autem quædā venarum materiẹ
metallicis bonum dant ſignū,ita ſaxa quoq;, per quæ venarū canales vagātur,
etenim arenarium in locis metallicis repertum,in bonis ſignis habetur,maxi-
mè ſi ex tenuioribus partib. cōſtiterit: ſimiliter ſaxū fiſsile coloris ſubcærulei
& ſubnigri:atq; etiā calcarium,quicunq; tandē color ei inſederit: ſed venæ argenti bonū indicium eſt alterius generis ſaxum,cui minutiſsimi lapilli nigri,
ex quib. plumbum candidum cōflatur , immiſti ſunt, præſertim cùm tota intervenia ex tali ſaxo facta ſint. Plerumq; pſectò ſaxum nobile , cum fibra precioſa cōjunctum,canales venæ,metalli fœcundæ,cōplexu ſuo cōtinet. Quod
ſi rectà in profundum terræ deſcēderit,illa bonitas ei fodinæ eſt,in qua ipſum
ſtatim videtur : ſin obliquè ,etiam aliis proximi s,quomodo metallicus, geo-
metriæ nō ignarus,de reliquarum fodinarum altitudine,in qua canalis venæ
metalli divitis per ſaxū illud vagetur,ratiocinari poteſt. Hæc hactenus: nūnc
venio ad laborandi rationem,quæ varia & multiplex eſt:ſiquidem aliter vena
putris foditur, aliter dura , aliter durior , aliter durſsima. Simili modo aliter
ſaxum tecti molle & fragile,aliter durum, aliter durius, aut duriſsimum. Venam autem putrem eam voco,quæ conſtat ex terris, atq; etiam ſuccis concretis mollibus:duram,quæ ex metallica materia & lapidibus mediocriter duris,
quales plerunq; ſunt qui facilè igni liqueſcunt primi & ſecundi generis,plum-
barius,& ſimiles:duriorē,quæ ex jam dictis,ſed cōjunctis cum ſilicum generibus, vel lapidibus, qui facilè igni liqueſcunt,tertii generis: vel pyrite,vel cadmia,vel marmoribus præduris:duriſsimam,quæ ex his duris lapidibus & miſtis,ſi tota aliqua venæ ipſius parte fuſæ fuerint. Sed tectum & fundamentum
venæ durum eſt, quod habet ſaxa, quibus raræ fibræ vel cōmiſſuræ ſunt : du-

rius,

rius, quibus rariores: durisimum, quibus rarisimæ aut nullæ: cùm enim hæ
deficiunt, faxa ferè carent aquis, quæ molliunt ipfa. Attamê durisimum tecti
vel fundamenti faxum rarò tam durum eft, quàm vena durior. Venam autem
putrem foffores folo ligone excavant. Sed cùm metallum nondum apparuerit, venâ à faxo tecti nõ difcernunt: cùm verò jam fuerit inventum, providen-
tifsimè laborant. Saxum ef im tecti prius feparatim à vena excindunt, pofterius venam putrem quidem ligone de fundamento dejiciunt in alvos fuppo-
fitos, ne aliquid metalli in folum decidat : duram verò primis ferramentis,
quæ proprio nomine fic appellantur, malleo percufsis à fundamento avel-
lunt: iifdem durum tecti faxum excindunt. Nam ejus faxum fæpius excindi-
tur, rarius fundamenti: & tunc quidem cùm id fuerit patiens ferri, faxum verò
tecti ferro non poterit perfindi, nec idem igni frangere licitum fuerit: at du-
riorem venam tractabilem ferro, itemque tecti faxum durius & durisimum,
validioribus ferramentis, nempe quartis eorum, quæ proprio vocabulo fic
nominantur, folent aggredi: quod fi hæc eis in promptu non fuerint, duobus
tribus've ferramentis primis utuntur propius conjunctis. Durisimam verò
venam metalli fœcundam, fed quodammodo impatientem ferri, fi licentiam
ipfis largiti fuerint domini proximarum fodinarum, igni frangunt: fin eam
non dederint, faxis tecti vel fundamêti, fi minus dura fuerint, excifis primùm
paulò fupra venam trabes, in formas tecti vel fundamenti inclufas, ponunt:
deinde à fronte & fuperiori parte, ubi vena parvulis rimis fatifcere videtur, altero eorum, quæ propriè ferramenta dicuntur, fiffuras adigunt: tum in fingulas fiffuras imponunt quaternas laminas, & retrorfus ut illæ continean-
tur arctius, fi necefle fuerit, totidem bracteas. Poftea fingulos cuneos binis
laminis interponunt, eofque malleis per vices impingunt & infligunt: quo fanè modo vena acuto fonitu tinnit: fed cùm jam tecti vel fundamenti faxis ab-
rumpi cœpit, fragor auditur. Is quamprimùm crebrefcit, repentè avolant foffores: verùm ingens fragor auditur, cùm vena perrupta & fracta decidit. Atq;
hac ratione dejiciunt venæ partem centumpondia, plus minus've centum
pendentem. Quòd fi foffores aliter exciderint venam durisimam metalli
divitem, remanent quafi turbines quidam, qui vix unquam poftea excindi
poffunt. At iidem nodum venæ durisimæ, quæ caret metallis, fi ad eum ad-
movere ignem non licuerit, ambiunt flectendo fofsionem ad dextram vel ad
finiftram: nam cuneis ferreis fine magna impenfa perfindi non poteft. Interea verò dum operarii fufceptum laborandi munus perficiunt, vifcera terræ plerunque perfonant dulci cantu, quo durisimum & periculis plenifsi-
mum folantur laborem. Itaque faxorum duritiam ignis, ut jam dixi, rumpit;
cujus rei non fimplex eft ratio. Etenim fi vena, in his inclufa, per fe propter
eandem duritiam vel anguftiam excindi non poteft, atque foffa latens aut cuniculus fuerit humilis, una lignorum aridorum ftrues appofita incenditur,
fin altus, duæ: quarum altera fuper alteram ponitur, utraque ardet ufque dum
eam totam ignis confumpferit: cujus vis hoc modo plerunque non magnam
venæ partem refolvit, fed tantummodo quafdam cruftas. Cùm autem faxum
tecti vel fundamenti ferro tractari poteft, vena tam dura eft, ut eodem tractari non pofsit, illud cavatur. Hæc five ante, five fupra, five infra foffam laten-

tem, vel cuniculum fuerit, igni frangitur, sed non uno modo. Nam si cavum
fuerit latum, in ipsum multa ligna imponuntur ut imponi possunt, sin angustum, pauca. Altero major ignium vis venam magis à saxis fundamenti, vel
etiam interdum tecti separat: altero minor, minus veruntamen, quia tunc
ignis ardor coercetur, reprimiturque saxorum fragmentis, quæ lignis in cavum angusto positis præponuntur, venam iterū à saxis resolvere potest. Si
præterea cavum fuerit humile, una tantummodo lignorū strues in ipsum, imponitur, sin altum duæ, & quidem altera super alteram, quo modo inferior
accensa, superiorem accendit: & ignis ab aura in venam perlatus, eam separat
à saxis, quæ ipsa quanquam sunt durissima, sæpè sic emollit, ut omnium maximè fiant fragilia: qua parte Hannibal dux Pœnorum, metallicos Hispania-
rum imitatus, duritiem Alpium aceto & igni fregit. Quinetiam si vena fuerit admodum lata, qualis plumbi candidi esse solet, fossores cavant venulas,
inque ea cava quoque imponunt arida ligna, & eis crebrius interponunt ligna, quibus utrinque sunt tenuissimæ bracteæ, flabellorum quorundam instar crispatæ, quæ facilè ignem concipiunt, & conceptum cum aliis lignis,
quæ carent eis, communicant.

*Ligna acc nsa* A. *Ligna quibus utrinque sunt tenuissimæ bracteæ*
*crispatæ* B. *Cuniculus* C.

Interea verò dum venæ & faxa,quo ufta halitum virofum expirant, & putei vel cuniculi fumũ ex fefe emittunt, foffores & cæteri operarii non defcendunt in fodinas,ne virus eorum valetudinem perturbet, aut ipfos prorfus in-
terimat: ut de malis metallicorum dicturus,fufiùs explicabo. Sed cùm vene-
nofus halitus & fumus,per venam aut fibram permeare aut tranfire poteft in
proximas fodinas, quibus duræ venæ vel faxa non funt,ne ftrangulent operarios, magifter metallicorum nemini concedit, ut in puteis vel cuniculis
igni frangat venas aut faxa. Venæ autem partes vel ejus faxorumque cruftas,
quas vis ignis à reliquo faxi corpore feparavit, fi in fuperiori parte fuerint,
foffores contis detrudunt, aut ubi adhuc aliquam habent duritiam,bacilla
ferrea rimis impingunt,atque ita eas dejiciunt: fin in lateribus,malleis percutiunt. Quæ fic fractæ decidunt: aut fi etiam aliqua remanferit durities,
eas ferramentis abrumpunt. Seorfum autem faxum & terra,feorfum metallum & materia metallica in vafa ingeruntur & trahuntur fub dium aut ad
proximum cuniculum: fi putei non fuerint alti,machinâ quam verfant homines: fin alti, eâ quam circumagunt equi. Verùm fæpe aquarum multitudo, interdum aer immobilis manens fofsionibus impedimento eft: quocirca
hæ res peræquè ac fofsiones metallicis maximæ curæ funt, aut effe debent.
Aquas autem venæ & fibræ, potifsimum fofsilibus vacuæ,infundunt in puteos & cuniculos. Aer verò manet immobilis,etiam tam in cuniculo,quam
in puteo: in puteo quidem profundo,fi folitarius fuerit,hoc eft,fi nec ad eum
cuniculus pertineat, neque cum alio puteo fit foffa latente conjunctus: in cuniculo verò fi longius in montem actus fuerit, nec ullus puteus adeo fuerit
depreffus, ut eum attingat. In neutris enim aeris motiones & commutatio-
nes fieri poffunt: qua de cauffa halitus fiunt graves & nebulæ fimiles,ac fi-
tum,teftudinis, vel fubterraneæ alicujus cellæ ,multos annos undique con-
clufæ inftar, redolentes: quocirca foffores in his diu laborem,& fi fodina abundaverit argento vel auro, non fuftinent: aut fi fuftinuerint, anhelitum liberè trahere nequeunt, & capitis dolores habent: quod magis accidit fi labo-
raverint in ipfis multi,multasque lucernas, quæ tunc languidum lumen eis
præbent, adhibuerint. Halitus nanque quos tam lucernæ quàm homines expirant, alios halitus graviores efficiunt. Sed aqua mediocris diverfi generis
machinis, quas verfant,tractant've homines, exhauritur ex puteis. Si verò
tanta tamque multa in unum puteum confluxerit, ut magis impediat fofsiones,alter foditur puteus, qui aliquot paffus à priori diftet: quomodo in eorum altero labor & opus perficitur fine impedimento: in alterum, qui magis depreffus loco lacunæ erit,derivatur aqua: quæ vel iifdem machinis,vel
ea quam circumagunt equi, extrahitur in canales cuniculi proximi, aut cafæ,ut per eos effluat. Sed ubi in unum fodinæ puteum altius effoffum aqua
omnis omnium proximarum fodinarum,non modò illius venæ,in qua puteus foditur,fed aliarum etiam venarum confluit,tunc neceffe eft,ut ampla
fiat lacuna , quæ colligat aquas : ex qua lacuna rurfus exanclantur machinis per fiftulas trahentibus , vel quibus funt bulgæ : de quibus in fequenti libro uberius dicam. Aquæ verò, quæ ex venis & fibris atque faxorum
commiffuris in cuniculos influunt, in eorum canales deduc⁓ ⁓r. At au-

⁓ m poram potissimum machinæ spiritales puteis admodum profundis & cuniculis longiùs in montem actis inspirant : ut sequenti libro , qui etiam has exponet machinas , explicabo. Aer autem exterior se sua sponte fundit in cava terræ , atque cùm per ea penetrare potest , rursus evolat foràs : sed diversa ratione hoc fieri solet. Etenim vernis & æstivis diebus in altiorem puteum influit , & per cuniculum vel fossam latentem permeat , ac ex humiliori effluit : similiter iisdem diebus in altiorem cuniculum infunditur , & interjecto puteo defluit in humiliorem cuniculum , atque ex eo emanat. Autumnali verò & hyberno tempore contrà in cuniculum vel puteum humiliorem intrat , & ex altiori exit : verùm ea fluxionum aeris mutatio in temperatis regionibus & locis fit in initio veris & in fine autumni : in frigidis autem in fine veris , & in initio autumni : sed aer utroque tempore , anteaquam cursum suum illum consuetum constanter teneat , plerumque quatuordecim dierum spatio crebras habet mutationes , modò in altiorem puteum vel cuniculum influens , modò in humiliorem. Sed de his satis : nunc ad reliqua pergamus. Puteorum duo sunt genera , unum altitudine jam descripta , cujusmodi putei multi solent esse in una fodina : præsertim si cuniculi ad eam pertineant , & gravida sit metallo. Tunc enim cùm ad primum cuniculum primo puteo perventum fuerit , alii duo fodiuntur putei : imò verò , si aquarum multitudo fossiones impedierit , interdum tres : ut unus lacunæ loco sit , in reliquis duobus perficiatur munus fodiendi susceptum : idem fit in secundo cuniculo & in tertio , vel etiam in quarto , si tot in montem fuerint acti. At alterum genus puteorum est admodum altum : utpote ad passus sexaginta , vel octoginta , vel centum : qui putei continenter rectà descendunt in profundum terræ , unoq; sune ductario ex fodina extrahuntur saxa excisa & venæ metallicæ : qua de causa eos metallici rectos appellant : super hos puteos statuuntur machinæ , quibus aquæ exhauriuntur : & quidem sub dio ea plerunque , quam equi circumagunt , in cuniculis verò cæteræ , quas vis aquarum versat : tales autem putei fodiuntur tunc , cùm vena fuerit dives metalli. Sed putei qualescunque diverso modo substruuntur : si enim vena fuerit dura , atque etiam saxum tecti & fundamenti , non opus habent multis substructionibus , sed tigna per intervalla collocantur : quorum altera capita in tecti formas , in saxis incisas , includuntur : altera in fundamenti formas , atque ad tigilla his propius fundamentum superposita asseres & scalæ affiguntur : sed asseres & qui utrinq; puteum à vena , & qui reliquam ejus partem ab ea , in qua sunt scalæ , distinguunt , ad tigna affiguntur : illi autem venam coercent , ne ejus glebæ , aquis resolutæ , decidant in puteum , & ex utraque parte fossores & reliquos operarios ex altera etiam per scalas descendentes vel ascendentes terreant , aut lædant , aut dejiciant. Hi verò glebas saxorum , quæ dum extrahuntur , è vasis vel corbibus excidunt , iisdem de causis à scalis excludunt & arcent. Atque præterea faciunt , ut difficilis & arduus descensus & ascensus , minus terribiles esse videantur , minus sint periculosi. Sin vena fuerit putris saxumque tecti & fundamenti molle , crebriore structurâ indigent : quamobrem contignationes quadrangulæ conjunctæ continuatæque collocantur , quarum duplex ratio est. Vel enim tignorum , quæ ex tecto ad fundamentum pertinent , capita

pita

pita quadrangula in formas item quadrangulas tignorum, quæ ad tectum & fundamentum funt, includuntur: vel altera fuperius, altera inferius excifa funt, atque illa in hæc imponuntur: earum contignationum grave onus, tigna robufta per intervalla pofita, fuftinent: quæ item in formas fundamenti & tecti, fed devexa, funt inclufa: & quidem penitius. Ut autem tales contignationes maneant immobiles, extimi diffectæ arboris afferes vel cunei lignei inter ipfas & venæ latera atque ejus tectum & fundamentum injiciuntur & impelluntur: ac quod inane eft, terrâ glareâque completur. Si verò faxa tecti & fundamenti modò fuerint dura, modò mollia, fimiliter vena, nullæ contignationes fiunt, fed tigna per intervalla collocantur: ac ubi faxa fuerint mollia & vena putris, ab eorum tergo fabri locant afferes, inter quos & montem infertiunt terram & glaream: ut eodem modo id, quod fuerit vacuum, expleant. At cùm puteus admodum profundus, five rectus five devexus, contignationibus fulcitur, tunc quia interdum funt malè materiatæ & ruinæ impendunt, majoris firmitudinis caufsâ intra eas collocantur tria vel quatuor paria tignorum longifsimorum & robuftifsimorum, cujufque autem paris alterum ad eam partem, quæ eft tectum verfus: alterum è regione ad eam, quæ eft fundamentum verfus. Ne verò unum in alterum incidat, firmaque & ftabilia fint, crebris tignis tranfverfariis fuftinentur: fed ut hæc firmius in illis includantur, ea ipfa longifsima media eorum parte excifa funt. Quinetiam qualifcunqʒ putei fuerit ftructura, tigilla quædam tignis fuperponunt, ad quæ affigunt afferes, qui fcalas à reliqua parte diftinguunt atque disjungunt. Quòd fi puteus admodum altus fuerit rectus, ad latus fcalarum afferes tignis imponuntur, & ad ea affiguntur, ut afcendentes, atque etiam defcendentes, in fcandendo defatigati in ipfis fedentes vel ftantes pofsint requiefcere. Ne verò etiam ingeftoribus à faxis, quæ cùm ex tam alto puteo extrahuntur, rurfus incidunt, fit periculum, paulò fupra infimam ejus partem tigilla rudia fic continuata trabibus fuperponuntur, ut totum putei fpacium, eo excepto, in quo funt fcalæ, occupent. Attamen etiam foramen eft ftructuræ propè fundamentum, quod iccirco patet ad omnem reliquam putei partem ab infima, ut vafa, rebus fofsilibus completa, per id machinis ex puteo extrahi, vacua rurfus in eundem immitti pofsint: itaque ingeftores & reliqui operarii, fub hac ftructura quafi latentes, tutifsimè in puteo funt.

*Tigna per intervalla pofita* A.
*Tigilla* B.
*Tigna longifsima* C.
*Tigna tranfverfaria* D.

At in unius venæ fodinas cuniculus agitur modò unus, modò duo, nunc
verò tres plurésve: & quidem alter altero semper altiore loco.  Sed si vena solida & dura fuerit, itemque saxa tecti & fundamenti, nulla cuniculi pars eget
ullis fulturis: præter eam quæ ad os existit, quod ibi nondum sint solida sa-

xa, fin autem putris, fimiliter faxa tecti & fundamenti mollia, cuniculo fir-
mis & crebris opus eft fubftructionibus: quæ hoc modo fiunt. Primùm duo
tigna, quorum utrunque teres fit, in folo cuniculi, paululum effoflo, infixa ftatuuntur erecta: ea funt mediocriter crafla, & tam altá ut verticem cuniculi ferè tangant capitibus, in quadrati figuram excifis: deinde fuperius ipfis imponitur tigillum teres, in cujus formas includuntur capita tignorum: inferius contra alterius tigilli capita, pari modo in quadrati figuram excifa includuntur in formas tignorum erectorum: ad quodque autem fpacium paflus
unius & dimidii fimilis fit fubftructio. Unamquamque verò metallici appellant oftiolum, quòd patens quidam fit aditus: & certè cùm necefsitas hoc poftulat, fores ad cujufque oftioli tigna appenduntur, ut claudi pofsit: tum arbores difiectæ, vel extimi earum afieres, & quidem ejus longitudinis, ut ex u-
no oftiolo pertineant ad alterum, imponuntur fuperioribus tigillis, & injiciuntur lateribus: ne pars ex reliquo montis corpore decidens fua mole impediat tranfitum, aut ingredientes vel egredientes opprimat: ut præterea tigna
maneant immota, inter ipfa & latera cuniculi adiguntur paxilli lignei. Poftremò, fi faxorum terrarúmve glebæ evehuntur cifiis, afieres inter fe conjuncti tigillis inferioribus imponuntur: fi capfis patentibus, duo tigna dodrantem crafla & lata: quæ, qua parte conjunguntur, cavari folent, ut in eo
cavo, quafi in quadam certa via, ferrei capfarum clavi promoveri pofsint:
quibus fanè clavis cavetur, ne capfæ à trita via, hoc eft, à cavo ad dextram vel
finiftram aberrent: quinetiam fub iifdem tigillis inferioribus collocantur canales, per quos aqua effluit.

*Tigna erecta* A.  *Tigilla fuperiora* B.  *Tigilla inferiora* C.
*Fores* D.  *Arbores difiectæ* E.  *Canalis* F.

Fossas autem latentes æquè ac cuniculos substruunt metallici: attamen tigillis inferioribus non indigent, nec canalibus: longius enim neque glebæ saxorum vehuntur, nec aqua fluit. Verùm actis jam cuniculis, aut etiam fossis
latentibus, si venæ superior pars erit gravida metallis, ut interdum ad multos
passus esse solet, in earum vertice iterum atq; iterum latentes aguntur usq; ad
eam venæ partem, quæ non est metallis foecunda: quarum fossarum substructiones ita se habent. Tigna admodum robusta per intervalla in formas tecti
& fundamenti includuntur: atque ipsis alia tigna, quorum quodque est teres,
utpote rude, continenter superponuntur: quæ ut onera sustinere possint, sesquipedem crassa esse solent. Itaque cùm materia metallica fuerit effossa, alioq;
loco foditur vena, glebæ saxorum, præsertim si non sine magna difficultate
extrahi possint, in ejusmodi fossas substructas invehuntur: parcuntque labori tractores, & dimidias impensas domini lucrantur. Atque eorum quidem,
quæ ad puteorum, cuniculorum, fossarū latentium structuram pertinēt, hæc
ferè ratio est. Quæ autem hactenus scripsi, partim propria sunt venæ profundæ, partim cōmunia omnium venarum: eorum verò quæ sequuntur, quædā
venis dilatatis peculiaria sunt, cumulatis quædam: sed priùs dicam quo modo
dilatatæ sint excavandæ. Qua torrétes, aut rivi, aut amnes, cùm inundaverint,
alluentes declivem montis vel collis partem, venas dilatatas detexerint, agen-
dus est cuniculus primò rectus & angustus, deinde latus: nã vena ferè omnis
excindenda est: qui cuniculus ubi longius fuerit actus, in montem vel collem
puteus foditur, qui & auram præbeat, & per quem interdum materia metallica, terræ, saxa minoribus impensis extrahuntur, quàm per longissima cuniculi spacia evehi possint: atque etiam in iisdem locis, ad quos nondum pertinet cuniculus, metallici fodiunt puteos, ut venam dilatatam, quam intra terram subesse conjiciunt, fossionibus patefacere possint: quomodo terrena cute detracta, perfodiunt saxa, modò unius generis & coloris: modò unius generis, sed diversi coloris: modò diversorum generum, sed unius coloris: nunc
verò diversorum generum & colorum. Tam autē singulorum quàm univer-
sorum saxorum altitudo incerta est. Nam universa in quibusdam locis alta
sunt viginti passus, in aliis amplius quinquaginta: singula verò alibi semipedem, alibi pedem unum vel duos aut plures, alibi passum unū, duos, tres, plurésve. Verbi gratiâ, in locis, qui sunt ad radices Meliboci montis, plura coloris diversi saxa tegunt æris venam dilatatam. Etenim cùm terreno corio nu-
dati fuerint, primò saxum occurrit, quod est rubrum, sed obscurum, & altum
ad passus viginti, vel triginta, vel etiam quinque & triginta. Deinde alterum
item rubrum, sed coloris diluti: id ad duos passus altum esse solet: sub hoc subjecta est argilla cinerea, alta ferè passum: quæ etiamsi metallica non sit, vena
est. Tum sequitur tertium saxum, quod cinereum est, & circiter tres passus altum: sub quo latet cineris vena, cujus altitudo ad quinque passus. Is cinis cum
saxo ejusdē coloris permistus est: cui subjunctū saxum, quartum numero, fuscum, pedē altum. Huic verò quintū pallidi vel sublutei coloris, altū duos pedes: cui subest sextū, item fuscum, sed asperū & altū tres pedes. Postea occurrit
septimū similiter fuscū, sed proximo nigrius & altū duos pedes: quod sequitur
octavū cinereum, asperū, altum pedem: id, ut etiā alia, nonnunq̄ fibræ lapidis,

qui

qui facilé igni liquefcit, fecundi generis diftinguunt: fub quo eft aliud faxum
cinereum, leve, altú quinq; pedes: cui ,pximum diluti coloris cinereum, altum
pedem: fub quo fubjectú eft undecimum: quod ipfum quoq; fufcum eft & feptimo fimilimú, atq; altum duos pedes: fub eo rurfus duodecimum fubcãdidi
coloris, molle, etiã altum duos pedes: ejus onus fuftinet decimumtertiú cinereum & altum pedem, cujus rurfus decimú quartum fubatrum & altum femi-
pedé: id excipit faxum côfequens atrum, altum item femipedem, quod rurfus
decimum fextú magis atrum, cujus quoq; altitudo eadem, fub quo tandé latet
lapis ærofus, niger ille & fifsilis, ac q interdum tenuifsimis, ut aliàs fcripfi, py-
rité aurei coloris bracteis, quafi fcintillis adhærentib. & difcurrentibus, varias
animantium fpecies exprimit. Dum auté venam dilatatá metallicá effodiunt
lógé lateq; agunt cuniculum humilem: atq; in eo, fi res & ipfa loci natura con-
cefferit, alterum fodiunt puteum gratiâ perfcrutãdi num fub vena, primò inventa, fit altera. Etenim interdum fub ea funt duæ, tres, plurésve iifdé metallis
gravidæ: quas fimiliter longé lateq; excavant. Dilatatas auté venas plerumq;
accubantes effodiunt: ne verò veftes terant, & humeros finiftros lædat, ad eos
plerunq; folent afferculos modicos alligare: quocirca ejufmodi foffores, quia
neceffe eft eos, ut pofsint uti ferramentis, colla in finiftrum latus inflectere, ea
nó rarò gerunt intorta. Hæ auté venæ nónunquam etiam ipfæ fcinduntur in
partes, quæ quo loco rurfus coeunt, ibi plerunq; uberior & pręftátior invenitur materia: idem fit ubi fibræ, quib. omnino non carét, cum eis côjunguntur,
aut ipfas tranfverfæ fecant, vel oblique diffindunt. Verùm, ne mons aut collis
hoc modo laté fuffoffus, fua mole fubfidat, vel nativæ quædam fulturæ & fornices relinquuntur, quibus, ut fundamêto, nixus fubfiftat: vel aliquę fabricantur fubftructiones, quæ eum fuftineant. Quinetiam res effoffas, quæ metallorum expertes funt, mox alveis fubtrahunt, & retro fundentes loca cava rurfus
iifdem complent. Porrò venæ cumulatæ fodiuntur ratione aliquantum difsimili: cùm em in fumma tellure metallum aliquod efflorefcit, primò unus puteus foditur. Deinde, fi operæprecium fuerit, circa ipfum multi alii fodiuntur
putei, & cuniculi in monte aguntur. Si verò torrens vel aqua fontana metalli
ramenta rapuerit é tali cumulo, cuniculus primò materiæ inquirendæ gratiâ
agitur in môtem vel in collem. Deinde eâ inventâ, puteus foditur, rectaq; deprimitur: quoniam verò totus mons, magis verò collis fuffoditur, quòd totus
conftet é materia metallica, néceffe eft nativas fulturas & fornices relinquere
aut eum fubftruere. Sed cùm interdum vena fit admodum dura, igni frangitur: unde fit ut fulturis, quæ molles fiunt, diffolutis, vel fubftructionibus combuftis, mons magna mole in fe cadat, vaftoque hiatu abforbeantur puteorum
ftructuræ: quocirca utile erit, aliquot puteos, ejufmodi ruinis non fubje-
ctos, circum cumulatam venam fodere, per quos res effoffæ extrahi pofsint,
& cùm fulturæ & fubftructiones adhuc integræ & folidæ fuerint, & poftea-
quam ignis calore labefactatæ conciderint, quinetiam, quia venam quæ con-
cidit, ipfam quoque igni frangere neceffe eft, in voragine novi fodiendi funt
putei, per quos fumus eluctari pofsit. Qua præterea parte fibræ intercurrunt,
plerunque fructus uberior ex fofsione capitur, quæ in plumbi candidi metallis lapillos nigros, interdum magnitudine nucis juglandis in fe continentā

Sed ſi talis vena in loco reperta fuerit campeſtri, ut non raró ferri reperiri ſolet, putei fodiuntur multi, quòd altè fodi non poſsint,in quibus ſuſceptum la-
borãdi munus perficitur : nec enim cuniculum in ejuſmodi campum foſſores
agere queunt. Reſtant fibræ,in quibus ſolis interdum reperitur aurum ad fluvios & rivos in locis humidis: quæ ſi corio terræ ſublato multæ repertæ fuerint,ex terris quodam modo coctis & aduſtis conſtantes, quales nónunquam
in luti fodinis cernere licet,aliqua ſpes eſt ex eis aurum cõfici poſſe:præſertim
cùm plures conjunguntur. Ipſe autem cónexus perfodiendus eſt,& longè lateq; quærenda materia: nam alti putei in iſtis etiam locis fodi non poſſunt.
Abſolvi unam hujus libri partem,venio ad alteram,in qua tractabo artē men-
ſorum. Solida autem montium corpora metallici iccirco dimetiuntur,ut domini ſuis rationib. proſpicere poſsint , & eorũ foſſores in alienas poſſeſsiones
non invadant. Etenim menſor aut metitur ſpacium nondum integrè perfoſſum , quod intereſt vel inter os cuniculi atq; puteũ ad eam altitudinē depreſ-
ſum: vel inter os putei & cuniculũ uſq; ad eum locum,qui eſt ſub puteo,actũ:
vel inter utrunq;,ſi neq; cuniculus tam lõgus eſt ut ad puteum pertingat:neq;
puteus tam profundus ut ad cuniculum: ſed utrobiq; opus eſt foſsionibus,aut
intus in cuniculis & foſsis latentibus conſtituit arearum terminos, quemadmodum magiſter metallicorum ſupra terrã eaſdem areas finibus deſcribit: u-
trãq; ratio verſatur in dimenſione trianguli.Parvus autē dimetiendus eſt,atq;
ex eo exiſtimandum de majori. Maximè verò cavendum ne à vera menſura
quicpiã aberremus: nam ſi ab initio negligentiã in parvum rapiemur errorē,
is ad extremum magnos errores gignet. Quoniã autē omnes neq; putei,quòd
inter ſe differant,uno & eodem modo deprimuntur in profundũ terræ : neq;
montes devexi ſimili modo deſcendunt in vallem vel planiciem , multifor-
mes trianguli fiunt. Etenim ſi puteus fuerit rectus, exiſtit triãgulus cui rectus
eſt angulus,quem Græci ὀρθογώνιον nominant: atq; is pro montis declivis inæ-
qualitate habet vel latera duo æqualia, vel tria inæqualia : illum iidem Græci
vocant τρίγωνον ἰσοσκελές, hunc σκαληνὸν : nam tali triangulo tria latera æqualia
eſſe non poſſunt. Si verò puteus fuerit obliquus , & in una eademque deſo-
diatur vena, in qua agitur cuniculus, ſimiliter fit triangulus cui rectus eſt angulus: atque is rurſus ſecundum montis devexi inæquabilem varietatem habet latera vel duo æqualia, vel tria inæqualia. Quòd ſi cùm puteus fuerit obliquus,in altera ipſe fodiatur vena, in altera cuniculus agatur,tunc oritur triangulus, cui vel angulus eſt obtuſus,vel omnes anguli ſunt acuti: ſuperiorem
Græci appellant ἀμβλυγώνιον, poſteriorem ὀξυγώνιον : cui obtuſus eſt angulus,
nec is ipſe poteſt habere tria latera æqualia, ſed pro montis declivis diſsimili-
tudine item habet vel duo æqualia, vel tria inæqualia: cui verò anguli omnes
ſunt acuti,is ſecundùm montis devexi differentiam habet latera vel tria æ-
qualia, Græci τρίγωνον ἰσόπλευρον nuncupant: vel duo æqualia, vel tria inæqualia. Menſor autem , ut dixi, utitur arte ſua, cùm domini fodinarum ſcire cupiunt, quot paſſuum intervallum effodiendum reſtet , ſive in puteum agatur
cuniculus,nondumque ad eum pertineat: ſive putei foſſa nondum depreſſa
ſit in eam altitudinem , quam habet ſolum cuniculi, quod eſt ſub ipſam : ſive
eò neque cuniculus pertineat, neque putei foſſa ſit depreſſa: operæprecium

enim

enim est, metallicos scire quot passuum intervallum restet à cuniculis ad puteos, aut à puteis ad cuniculos, ut de impensis faciendis ratiocinari possint, & domini fodinæ metallis gravidæ properare fossionem putei & effossionem metalli, anteaquam cuniculus eò pertineat, suoque quodam jure partem metalli effodiat: contrà verò ut domini cuniculi similiter properent fossionem antea quàm puteus ad cuniculi altitudinem fuerit depressus, metallumque, quod jure eis debetur, effodiant. Sed mensor primò ad latera putei, si casæ tigna eam opportunitatem non habuerint, ut pertica transversa ipsis imponi possit, jugum statuit. Deinde funiculum religatū à pertica superiore, & pondere gravatum demittit in puteum: tum alterum funiculum à primi illius capite religatum per montem devexum ad usque solum oris cuniculi tendit, & in terram infigit: postea non longè à primo funiculo tertium, item pondere gravatum, ex eadem pertica demittit, ut quodam modo secet alterum funiculum obliquè descendentem. Mox ab ea parte, qua tertius funiculus secat alterum obliquè descendentem ad os cuniculi, orsus sursum versus metitur partem funiculi obliquè descendentis, quæ usque ad caput primi funiculi pertinet, eamque mensuram primam sibi notat. Dein iterum orsus ab ea parte, qua tertius funiculus dividit alterum, rectà primū versus metitur spacium, quod inter eam & oppositam primi funiculi partem interest, eóque modo figurat triangulum: quam mensuram secundam similiter sibi constituit: tum, si res hoc postulat, à primi funiculi angulo, quem secunda mensura fecit, sursum versus metitur usque ad ejus caput, ipsúmque hanc tertiam mensuram etiam sibi notat. Necesse autem est, si puteus fuerit rectus, vel obliquus, qui in eadem defoditur vena, in qua agitur cuniculus, primi funiculi mensuram, ad normam longitudine respondere tertii funiculi parti superiori, quæ attingit secundum funiculum: itaque quot mensuræ primæ inveniuntur in integro funiculo obliquè descendente, totidem secundæ indicant intervallum quod inter os cuniculi & puteum in eam altitudinem defossum interest: similiter totidem tertiæ intervallum, quod inter os putei & solum cuniculi est intermediū. Cùm autem in aliquo monte æquata planicies fuerit, tum mensor primò eam regulà metitur. Deinde juxta finem ejus planiciei constituit jugum, atqʒ partem montis declivem triangulo dijudicat, & ad passus, quibus ejus partis cuniculi longitudo definitur, passus longitudinis planiciei adjicit. Quoniam verò si mons declivis interdum assurrexerit, funiculus à puteo usque ad os cuniculi non potest descendere, aut contrà ab ore cuniculi usque ad puteum ascendere, ut eum non attingat, mensor ut justum triangulum constituat, montem metitur: atque deorsum versus priori funiculi parti supponit perticam longam passum unum, posteriori longam dimidium. Sursum verò versus contrà, priori perticam longam passum dimidium, posteriori longam integrum. Mox lineam rectam ad angulos adjicit, qua ei opus est ad constituendum triangulum.

Jugum A. Jugi pertica B. Puteus C. Primus funiculus D. Primi funiculi
pondus E. Secundus funiculus F. Idem in terram infixus G. Caput primi funiculi H. Os cuniculi I. Tertius funiculus K. Tertii funiculi pondus L. Mensura prima M. Mensura secunda N. Mensura tertia O. Triangulus P.

Ut verò hæc dimetiendi ratio explicatior & illuſtrior fiat, eam ſecundùm ſingulas trianguli ſpecies perſequar. Cùm puteus fuerit rectus vel obliquus, qui in eadem defodiatur vena, in qua agitur cuniculus, oritur, ut dixi, triangulus cui angulus eſt rectus. Is autem, ſi duo latera habuerit æqualia, quæ ut menſores numerant, ſecundum & tertium ſunt, menſura ſecunda & tertia erunt æquales: itaque etiam intervallum, quod eſt inter os cuniculi & ſolum putei, atque quod eſt inter os putei & ſolum cuniculi, erunt æqualia: verbi causâ. Si prima menſura fuerit longa pedes ſeptem, ſecunda itemq́; tertia pedes quinque, funiculus verò ſecundus centies & ſemel pedes ſeptem, id eſt paſſus centum decem & ſeptem, ac pedes quinque, intervallum certè utrumque ſeu jam totum perfoſſum fuerit, ſeu vix dum fodi cœptum, centies quinq́; pedes colliget, qui efficiunt paſſus tres & octoginta atq́; pedes duos. Licebit autem cuique menſuras, ex quibus conſtat parvus triangulus, conſtituere minores vel majores, ſi jugum vel trabs hoc poſtulaverit, quàm à me conſtitutæ ſunt. Puteus certè cùm fuerit rectus, omnino fit triangulus erectus: cùm obliquus, qui in eadem vena defodiatur in qua cuniculus agitur, in alterum latus inclinatus.

*Trianguli, cui angulus eſt rectus,*
*duo latera æqualia.*

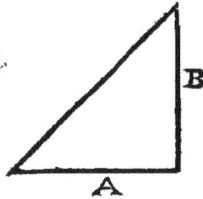

Si igitur cuniculus in montem actus fuerit longus paſſus ſexaginta, reſtat ſpacium montis perfodiendum longum tres & viginti paſſus ac duos pedes: nam quinque pedes ſecundæ menſuræ, quæ ſupra os putei eſt, quæq́; primæ menſuræ reſpondet, adnumerari non debent. Quòd ſi puteus ille in medio capitis fodinarum defoſſus fuerit, cuniculus longus paſſus ſexaginta, ubi mons tantummodo adhuc longitudine duorum paſſuum & totidem pedum excavatus fuerit, ad areæ ſubterraneæ principium pertinebit: ſin in medio alicujus ſimplicis fodinæ loco, ubi lōgitudine novem paſſuum & duorum pedum. Quoniam verò quiſq; cuniculus paſſus centū longus paſſum unum aſſurgit, aut ſaltem aſſurgere debet, quod ad putei altitudinem attinet, paſſus præterea unus ſemper de ea eſt adimendus: quod ad cuniculi lōgitudinem, adjiciendus unus: pari proportione, quia cuniculus longus paſſus quinquaginta, paſſu dimidio fit altior, paſſus dimidius de putei altitudine eſt detrahendus, & ad cuniculi longitudinē addendus: ſimiliter ſi cuniculus centum vel quinquaginta paſsib. brevior aut lōgior fuerit, ea quoq; portio de alterius altitudine eſt ſubtrahenda, ad alterius longitudinē apponenda. Qua de cauſa hîc ad longitudinem ſpacii perfodiendi adjiciendus eſt paſſus dimidius & paulo plus: ut reſtēt

h  4

tres & viginti paſſus, quinq; pedes, duo palmi, digitus unus & dimidius, quinta digiti unius pars: ſi etiam minutulæ menſuræ perſequendæ ſint, quas men
ſores non ſinę cauſa prætermittunt. Simili modo, ſi puteus eſt altus paſſus ſeptuaginta, ut ad ſolum cuniculi pertingat, deprimendus adhuc eſt in altitudinem paſſuum tredecim & pedum duorum, ſive potius paſſuum duodecim &
dimidii, pedis unius, digitorum duorum, quatuor quintarum digiti dimidii
partium. Etenim hîc quoque quinque pedes numerando percenſendi non
ſunt, quo hi ipſi perficiant tertiam menſuram, quæ eſt ſupra os putei: & de ejus
altitudine paſſus dimidius adimendus eſt, palmi duo, digitus unus & dimidius, quinta digiti dimidii pars.  Quòd ſi cuniculus in eum locum actus fuerit, ut ad ejus verticem puteus pertineat, deprimendus adhuc eſt in altitudinem paſſuum undecim, pedum duorum & dimidii, palmi unius, digitorum
duorum, quatuor quintarum digiti dimidii partium.  Si verò fit talis triangulus, cui tria latera ſunt inæqualia, tunc intervalla æqualia eſſe non poſſunt:
exempli gratiâ. Si prima menſura fuerit longa octo pedes, ſecunda ſex, tertia
quinque, funiculus autem ſecundus (ut ab exemplo jam poſito lõgiùs non recedam) centies & ſemel octo pedes, hoc eſt paſſus centum triginta quatuor &
pedes quatuor, intervallum quidem, quod eſt inter os cuniculi & ſolum putei, longitudine implebit centies ſex pedes, id eſt paſſus centum : intervallum
verò, quod eſt inter os putei & ſolum cuniculi, centies quinque pedes, hoc eſt
paſſus tres & octoginta atque pedes duos.

*Trianguli, cui angulus eſt rectus, tria*
*latera inæqualia.*

Itaque ſi cuniculus fuerit longus paſſus quinque & octoginta, reliqua eſt
pars montis perfodienda longa paſſus quindecim. Atq; hîc etiam juſta men
ſura de putei altitudine detrahi, & ad cuniculi longitudinem adjici debet: de
qua, quia quiſque in arithmeticis paulùm exercitatus id facere poteſt, poſthac
non monebo. Sed ſi puteus fuerit altus paſſus ſeptem & ſexaginta, ut ſolum
cuniculi attingat, eſſodienda eſt montis pars alta paſſus ſedecim, pedes duos.
Atq; menſor ejuſmodi ratiõe in demetiendo monte habet, ſi vel una eadéq;
vena putei & cuniculi fuerit ſive recta ſive obliqua, vel utraq;. i. tã putei principalis quàm cuniculi tranſverſa deſcēderit rectà in profundũ terrę: & hæc ea
parte qua foditur, ſecuerit illam. Si verò vena principalis deſcenderit obliquè,
tranſverſa autem rectà, tunc oritur triangulus cui vel angulus eſt obtuſus, vel
omnes tres anguli ſunt acuti, ſi triangulus habuerit unũ angulũ obtuſum, atq;
duo

duo latera æqualia,quæ iterum sunt secundum & tertium,rursus mensura secunda & tertia erunt æquales: intervallum igitur utrunque erit æquale, ut si
prima mensura fuerit longa pedes novem, secunda itemq́ue tertia quinque,
funiculus verò secúdus centies & semel pedes novem, hoc est, passus centum
quinquaginta unum & dimidium, intervallum utrumq; centies pedes quinque colliget,id est,passus tres & octoginta atq; pedes duos. Quum autem primus puteus fuerit obliquus, plerunq; non est altus: sed plures solent esse, &
quidem omnes obliqui,ac alter semper alteri succedere.

*Trianguli, cui angulus est obtusus, duo latera æqualia A. B.*

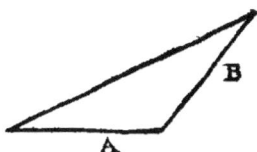

Ergo si cuniculus fuerit longus passus septem & septuaginta, sex passuum
& duorum pedum longitudine perfossa ad medium putei solum pertinebit.
Verùm si omnes tales putei obliqui fuerint alti passus sex & septuaginta,ut ultimus solũ cuniculi attingat septem passuum & duorum pedum, altitudo de-
fodienda restat. Si verò sit triangulus qui angulum habet obtusum, sed
tria latera inæqualia,tunc iterum intervalla paria esse non possunt, verbi gratiâ. Si prima mensura fuerit longa pedes sex,secunda tres,tertia quatuor,funi-
culus autem secundus centies & semel sex pedes,hoc est,passus centum & u-
num,intervallum quidem, quod est inter os cuniculi & solum postremi putei longitudine implebit centies pedes tres, sive passus quinquaginta. Sed ei,
quod est inter os primi putei & solum cuniculi,erit altitudo centies quatuor
pedum,sive sex & sexaginta passuum & quatuor pedum.

*Trianguli, cui angulus est obtusus, tria*
*latera inæqualia.*

Si igitur cuniculus fuerit longus passus quatuor & quadraginta,reliquá
est montis pars, quę perfodienda sit longa sex passus.Si verò putei fuerint alti
passus octo & quinquaginta, octo passuũ & quatuor pedũ altitudine effossa,
novissimus solum cuniculi continget. At si ortus fuerit triangulus,qui habet
omnes angulos acutos & tria latera æqualia,tunc necessariò mensura secunda
& tertia

& tertia erunt æquales,itemque intervalla jam sæpius dicta: veluti si quæque
menfura fuerit longa fex pedes,funiculus autem fecundus centies & femel fex
pedes, id eft,paffus centum & unum,intervallum certè utrumq; colliget centum paffus.

*Trianguli, cui omnes anguli funt acuti,tria latera æqualia.*

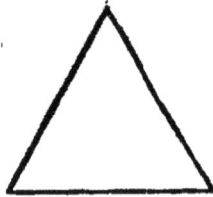

Itaque fi cuniculus fuerit longus nonaginta paffus, decem paffuum longitudine perfoffa medium ultimi putei folum tanget. Sed fi putei fuerint alti
paffus quinq; & nonaginta, fcrobe in quinque paffuum altitudine defoffa po-
ftremus ad folum cuniculi pertinebit. Si verò fit triangulus,qui omnes angulos habet acutos,fed duo tantùm latera æqualia,quæ funt primum & tertium,
tunc menfura fecunda & tertia non funt æquales: quare nec intervalla æqualia effe poffunt: exempli caufsâ: Si prima menfura fuerit lôga pedes fex,fecun-
da quatuor, tertia iterum fex, funiculus autem fecundus centies, & femel fex
pedes, hoc eft paffus centum & unum, intervallum quidem quod eft inter os
cuniculi & folum novifsimi putei, longitudine implebit fex & fexaginta paffus atque quatuor pedes. At intervallum, quod eft inter os primi putei & folum cuniculi,erit altum paffus centum.

*Trianguli, cui omnes anguli funt acuti, duo latera æqualia*
*A B. Latus inæquale C.*

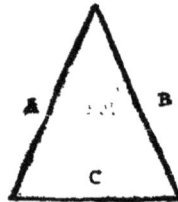

Ergo fi cuniculus fuerit longus paffus fexaginta, reftat montis pars quæ
perfodi debet, longa paffus fex & pedes quatuor. Verùm fi putei fuerint alti
paffus feptem & nonaginta, trium paffuum altitudine effoffa, ultimus folum
cuniculi attinget. Sin ortus fuerit triangulus, qui omnes angulos habet acutos,fed tria latera inæqualia,tunc rurfus intervalla paria effe nô poffunt:verbi
caufâ: Si prima menfura fuerit longa pedes feptem, fecunda quatuor, tertia
fex, funiculus verò fecundus centies & femel pedes feptem, id eft, paffus centum decem & feptem atque pedes quatuor, intervallum quod eft inter os cuniculi & folum poftremi putei colliget pedes quadringentos, five paffus fex
& fexaginta. Intervalli autem, quod eft inter os primi putei & folum cuniculi, altitudo erit paffuum centum.

*Triangu-*

*Trianguli, cui omnes anguli sunt acuti, tria latera inæqualia.*

Si igitur cuniculus fuerit longus passus quinquaginta, sedecim passuum &
quatuor pedum longitudine perfossa, mediū novissimi putei solum continget. Sed si putei tunc alti fuerint passus duos & nonaginta, octo passuum alt i-
tudine defossa, ultimus puteus ad solum cuniculi pertinebit. Atq; mensor quidem hanc rationem in dimetiendo monte habet: si vena principalis obliqua
descenderit in profundū terrę, transversa verò rectà. Quòd si utraq; fuerit obliqua, mensor eadē dimetiendi ratione utitur: vel montem declivem seorsum
à puteo devexo metitur. Porrò si vena transversa, in qua agitur cuniculus, ea
parte qua foditur puteus, principalem non secuerit, tunc in altero puteo, in
quo vena transversa dividit principalem, dimetiendi initium ordiri oportet.
Quòd si nullus ibi fuerit puteus, ubi crudaria transversa crudariam principalem secat, deinde dimetienda est terra subdialis, quæ est inter utrumque puteum, vel inter puteum & locū, ubi crudaria crudariam dividit. At quidam
mensores etsi tribus funiculis utuntur, tamen solam cuniculi lōgitudinem ex
ea dimetiendi ratione discūt: putei verò altitudinem ex altera: cùm scilicet funiculis in æquata montis, vel vallis, vel campi planitie extentis denuo metiuntur. Sed quidam ista ratione non dimetiuntur profunditatē putei & longitudinē cuniculi, verùm utuntur tantūmodò duob. funiculis & hemicyclio, atq;
pertica passum dimidiū longa. Unum quidem funiculū à pertica superiore religatum, & pondere gravatū, ut alii, demittunt in puteum: alterum verò ab illius capite religatum per montem devexum usq; ad solum oris cuniculi tendunt, & in terram infigūt. Deinde ad superiorem alterius hujus funiculi partem, inferius applicant latam hemicyclii partem: id constat ex semicirculo ce-
rà oppleto, & sex lineis semicircularibus: à semicirculo aūt cerato per primā
lineam semicircularem usque ad secundam procedunt lineæ rectæ, quæ medium intervallum inter reliquas lineas rectas interjectum significant. Sed oēs
quæcunque ab eodem semicirculo cerato usque ad quartam lineam, sive ultra
eam procedant sive non, respondent perticæ lineis, quę minori spacio inter se
distant: quæ ultra eam progrediuntur, his, quæ majori. Atque antecedentes
illæ rursus medium intervallū inter has interjectū designāt. Quę verò à quinta etiam ad sextam cōmeant, nihil pręterea indicant: ut nec dimidia dimetiens
quicquam, cùm jam à sexta linea recta ad integram dimetientem procedit: itáque hemicyclio ad funiculum applicato, si ligula ejus sextam lineam rectam,
quæ est inter secundam & tertiam lineam semicircularem indicaverit, mensor numerat sex perticæ lineas, minori spacio inter se distantes: cujus perticæ partis si tot mensuræ de altero funiculo ademptæ fuerint, quot dimi-
dios passus ipse longus est, relinquitur mensura, quæ longitudinem cuniculi
sub

ſub puteum agendi,oſtendit: ſin ligulam ſignificare acceperit eandem lineàm
ſextam, ſed quæ ita procefsit, ut inter quartam & quintam lineam ſemicircu-
larem media ſit,numerat ſex perticæ lineas majori ſpacio inter ſe diſtantes: cujus perticæ partis ſi tot menſuræ, item de altero funiculo detractæ fuerint,
quot integros paſſus ipſe longus eſt,reliqua eſt menſura quæ nobis ſimiliter
longitudinem cuniculi, ſub puteum agendi,declarat.

*Hemiciclii ſemicirculus ceratus* A. *Lineæ ſemicirculares* B. *Lineæ rectæ* C.
*Linea dimetiens dimidia* D. *Linea dimetiens integra* E. *Ligula* F.

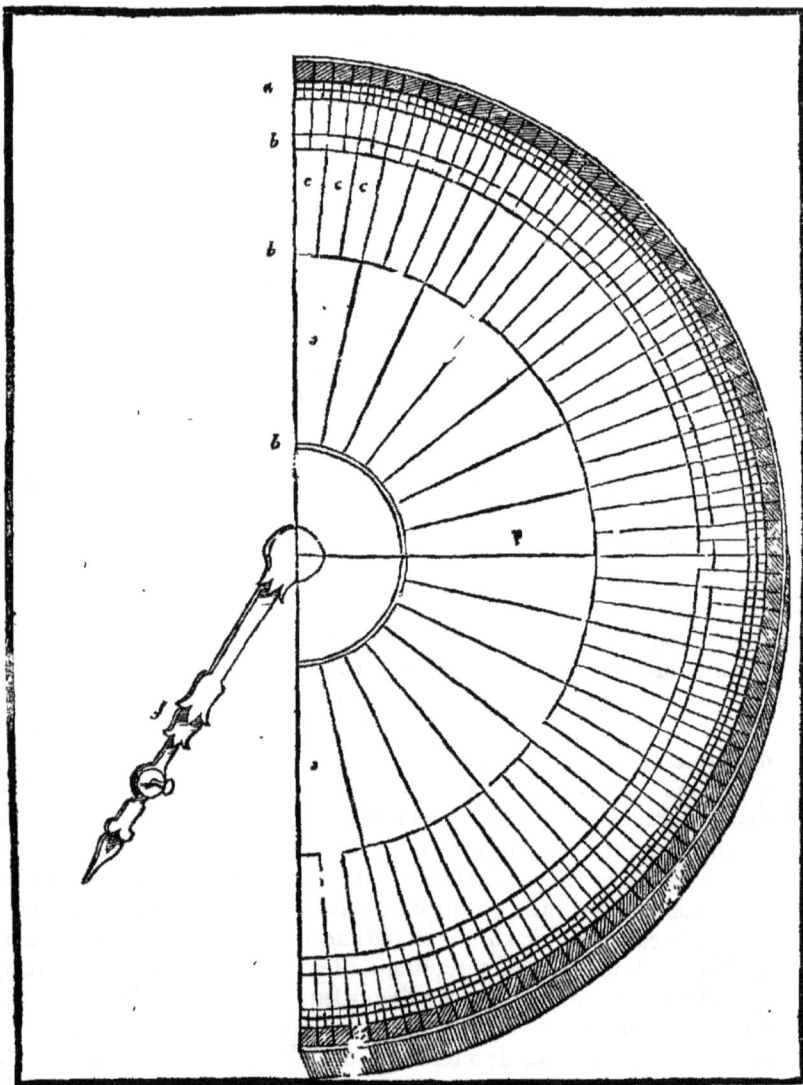

*Perticæ lineæ minori spacio inter se distantes* A.
*Perticæ lineæ majori spacio inter se distantes* B.

Tam autem hi mensores quàm proximi prius funiculis canabinis utuntur:
mox eos alteris, ex philyris tiliæ factis, quòd hi nihil, illi multum remittant,
metiuntur. Atque hos in æquatam planiciem extendunt. Primò quidem alterum per devexam montis partem descendentem obliquè. Deinde funiculum
secundum, cui longitudo est cuniculi, sub puteum agendi, rectà collocant, ut
altero capite primi funiculi caput inferius attingat: tum tertium funiculum
item rectà locant: & quidem sic, ut superiori suo capite superius primi funiculi caput contingat, inferiori alterum secundi funiculi, fiatq; triangulus. Hujus autem tertii funiculi altitudinem ad instrumenti, cui index est, parté, tanquam ad perpendiculum respondentem, exigunt: cujus funiculi longitudo
putei altitudinem demonstrat.

*Funiculi extenti.* *Primus sive alter funiculus* A.
*Secundus* B. *Tertius* C. *Triangulus* D.

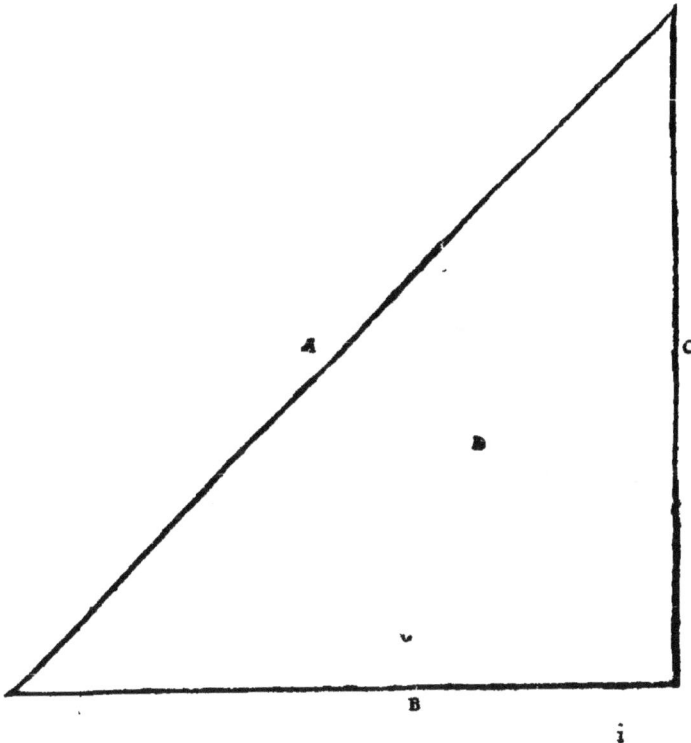

Quidam verò menfores, ut ratio altitudinis putei dimetiendæ certior fit, quinque funiculis extentis utuntur: primo obliquè defcendente, duobus, fe- cundo fcilicet & tértio, quibus eft cuniculi longitudo, duobus, quibus putei altitudo: quo fanè modo conftituunt quadrangulum, in duos triangulos æ- quales divifum: qui magis ad veritatem dirigit.

*Funiculi extenti Primus A.   Secundus B.   Tertius B.*
*Quartus C.   Quintus C.   Quadrangulus D.*

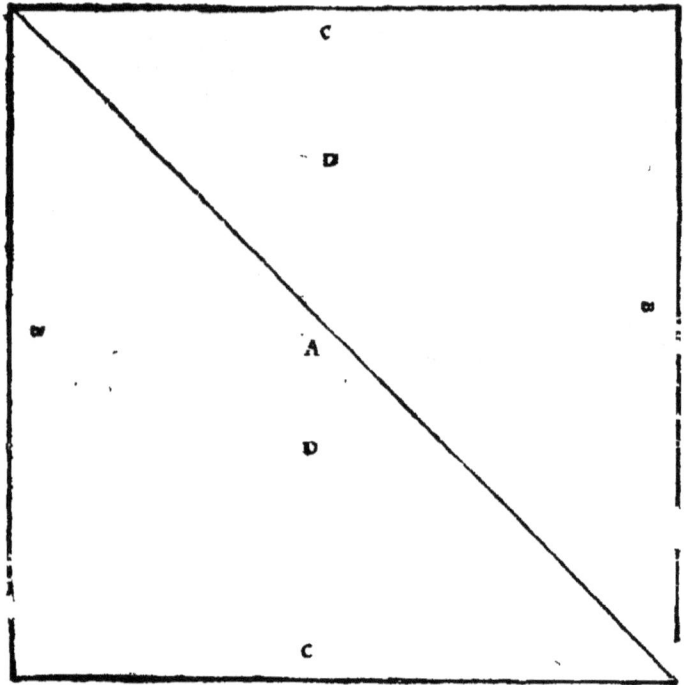

Atque hæ rationes altitudinis putei & longitudinis cuniculi, dimetiendæ tunc veræ funt, cùm vena atque fic etiam puteus vel putei uno eodemque te- nore rectà vel obliquè ufque ad cuniculum defcendit:fimiliter cùm cuniculus rectà ad puteum pertingit: at cùm uterque modò in hanc, modò in illam par- tem fe flectit, fi neutrius fpacium fuerit perfoffum: nemo omniū mortalium tam acri eft ingenio, ut quantum de recto curriculo deflectant, animo pofsit cernere: fin totum alterutrius,de alterius quidem longitudine, de alterius ve- rò altitudine facilius poffumus exiftimare: itaque locus cuniculi, qui eft fub puteo jam primùm fodi cœpto, ex dimetiendo fic difcitur. Ad os cuniculi pri- mò figitur typus, itemque ad puteum, qui fodi cœpit, aut ad locum in quo fo- dietur puteus.  Tripus autem fit ex tribus palis in terram infixis, & afferculo quadrangulo, fuper quem inftrumentum, partes mundi indicans, ftatuitur, in palos impofito & ad ipfos affixo. Deinde ab inferiori tripode rectà in ter- ram demittitur funiculus pondere gravatus: juxta quem funiculū iterum palus in

lus in terra defigitur: ad quem alter funiculus alligatus & affixus rectà ducitur in cuniculum ufque ad eum finem, dum nullum fundamenti vel tecti venæ angulum attingat: poftea à funiculo, ex inferiori tripode pendente, funiculus tertius, item affixus rectà furfum verfus per declivem montis partem
ducitur ufque ad palum tripodis fuperioris, atque ad eum alligatur & affigitur: ut autem altitudinis dimenfio certior fit, unum & idem latus funiculi, ex
inferiori tripode pendentis, contingat tertius ifte funiculus, quod fecundus,
in cuniculum ductus, contingit: his omnibus ritè factis, menfor cùm jam funiculus, rectà in cuniculum ductus, angulum five fundamenti five tecti tactu-
rus eft, in folum cuniculi collocat afferem, & fuper eum ftatuit orbem, vel inftrumentum, quod indicem habet, ei peculiare: id circulis ceratis differt ab
altero, cui item index, libro tertio à nobis defcripto. Ad utrumque autem, tanquam ad regulam & normam, decernit utrum funiculi extenti rectà tendant
ad extremam cuniculi partem, an modò rectà tendant, modò ad fundamentum vel tectum declinent: utrumq; inftrumentum in partes divifum eft: fed
quòd habet indicem, quem regit magnes, in quatuor & viginti: orbis verò
in fedecim. Etenim primò in quatuor principales, quarum quæquè rurfus in
quatuor: utrique funt circuli cerati, verùm ei, quod habet indicem, feptem: alteri, tantùm quinque. Hos circulos ceratos menfor five hoc five illo utatur
inftrumento, pungit, ipfis punctis ordine notans partes, in quas funiculi diverfis modis extenduntur. Sed orbis præterea foramen habet, ex ejus extima
parte circulari ad punctum ufque pertinens: in quod cochleam ferream, ad
quam fecundum funiculum alligat, immittit, & verfando in afferem infigit:
ut etiam orbis maneat immobilis. Ne verò funiculus fecundus & deinceps a-
lii extenti, de cochlea detrahantur, cavit ferro gravi, in cujus foramine cochleæ caput includit: at alterum inftrumentum, cui index eft, quia caret foramine, tantummodo ad cochleam apponit.

*Inftrumenti, cui index eft, feptem circuli cerati*
A B C D E F G.

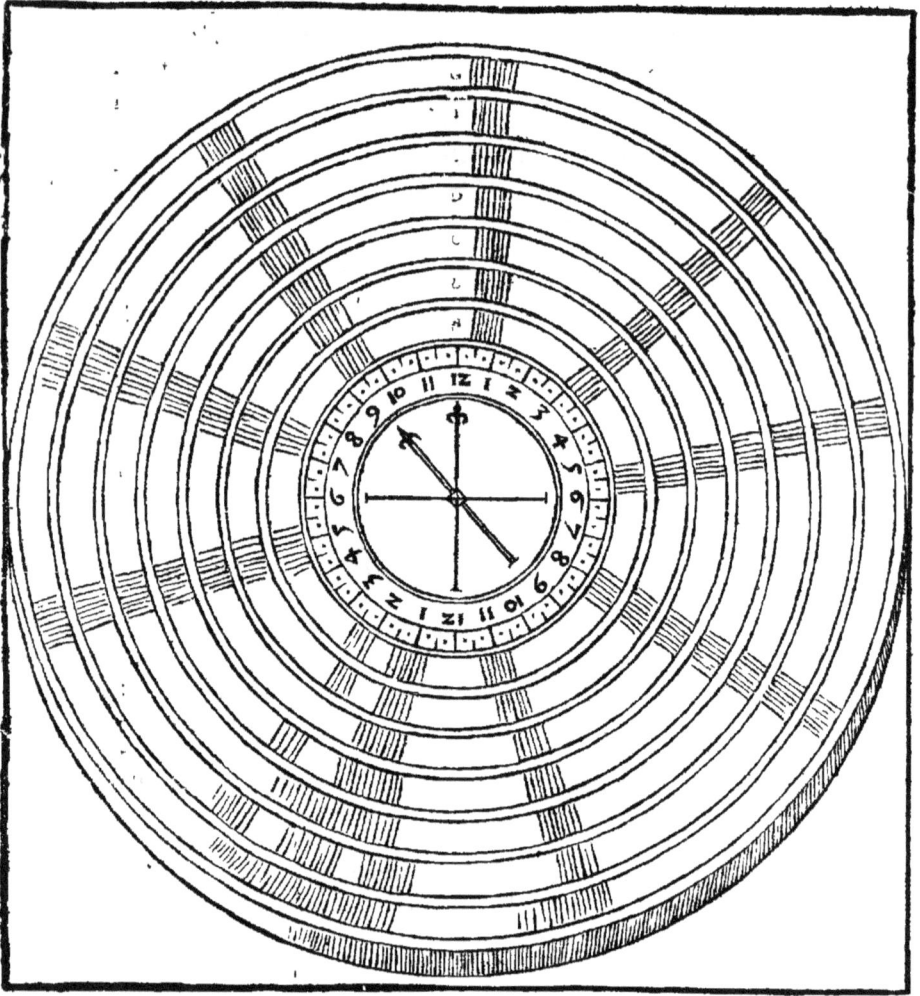

Híc inferatur pagina, picturam Orbis quinque circulorum
ceratorum continens.

Ut autem inftrumentum in priorem vel pofteriorem partem non inclinet, atque ita nec menfura in majorem quàm par fit, longitudinem excrefcat,
fuper ipfum libellam ftativam collocat: cujus ligula, fi inftrumentum in neutram partem propéderit, nullos numeros, fed eorum principium demóftrat.

*Libella*

*Libella stativa A.   Ejus ligula B.   Libella & ligula C.*

Sed cùm jam menfor fingulis cuniculi angulis diligenter obfervatis tantam ejus partem dimenfus fuerit, quantam dimetiri debuit, fub dio in æquata planicie, rurfus fingulis angulis non minori diligentia obfervatis, eodem
modo dimetitur: atque primo ad quenque angulum, prout trianguli ratio &
ars hoc poftulant, rectum funiculum, tanquam lineam, adjicit. Deinde funiculum, per devexam montis partem afcendentem, fic oblique extendit, ut inferiori capite prius hujus recti funiculi caput attingat: tum tertium funiculum fimiliter rectà, & quidem fic, ut fuperiori fuo capite fuperius fecundi funiculi caput contingat, inferiori pofterius primi funiculi. Tertii autem funiculi longitudo altitudinem putei, ut fuprà dixi, demonftrat fimul & partem
cuniculi, ad quam putei foffa depreffa pertinget. Si verò ad cuniculum puteus unus vel plures per intermedias foffas latentes & puteos pertinuerint,
menfor à proximo, qui fub dio eft, orfus, brevius & citius altitudinem fodiendi putei dimetitur, quàm fi ordiatur ab ore cuniculi. Primò autem intervallum fubdiale, quod eft inter puteum effoffum & effodiendum, metitur:
tum omnium puteorum, quos metiri oportet, obliquitatem, & omnium fof-
farum latentium, quibus quodam modo conjunguntur, longitudinem ufq;
ad cuniculum. Poftremò cuniculi partem, atque his omnibus ritè factis, altitudinem putei & locum cuniculi, ad quem puteus pertinebit, demôftrat. Sed
interdum ibi puteus rectus admodum altus fodiendus eft, ubi prius eft obliquus: & quidem iccirco, ut onera machinis directò furfum fublevari & extrahi pofsint: fub dio certè ea, quam verfant equi: intra terram eadem & iis,
quas impetus aquarum circumagit: itaque talem puteum, fi neceffe fuerit fodere, menfor primò cochleam ferream verfando in fuperiorem veteris putei
partem infigit: atque ab eâ funiculum demittit ufque ad primum angulum,
ubi rurfus infigit cochleam, rurfusque demittit funiculum ufq; ad fecundum
angulum. Id autem iterum ac fæpius facit, & quidem ufque eò dum funiculus
ad imum puteum pertineat. Deinde ad quamque funiculi partem inferius ap-
plicat hemicyclium, & femicirculum ceratum prope quamque lineam, quam
ligula demonftrat, pungit, & numero, ne perturbetur ordo, fignat: tum fingulas funiculi partes altero funiculo, ex philyris tiliæ facto, dimetitur: poftea cùm ex puteo rediit, fecernit fe ab aliis, & puncta ex hemicyclii femicirculo cerato transfert in aliquem orbis circulum, item ceratum. Poftremò funiculis in æquata planicie extentis angulos, ut trianguli ratio hoc poftulat,
metitur: ac docet, qua parte fundamenti, qua tecti faxa excindenda fint, ut puteus rectà defcendat. Quòd fi menfor fodinæ dominis oftendere debeat locum foffæ latentis vel cuniculi, in quo puteus etiam furfus verfus fodiendus
fit, ut citius perforetur, ab inferiore foffa latente vel cuniculo dimetiendi initium facit fpacio ferè unius anguli ultra eum locum, ad quem putei foffa depreffa pertinget: ubi eam foffam latentem vel cuniculi partem ufque ad priorem puteum, qui ab ipfa ad fuperiorem pertinet, dimenfus fuerit, ejus quoque putei obliquitatem hemicyclio vel orbe ad funiculum applicato metitur.
Deinde fimiliter fuperiorem foffam latentem & obliquitatem putei, qui in ea
foditur, & furfum verfus perforandus fit: tum iterum in æquata planicie funiculis omnibus extentis, & quidem ultimo, fic ut ad primum funiculum

per-

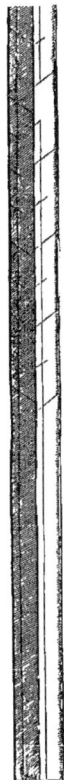

Ponatur fol.100.
Orbis quinq; circuli cerati A.B.
C.D.E. Ejusdem foramen F.
Cochlea G.
Ferrum perforatum H.

Hæ tres longæ superficies secundum longitudinem conglutinatæ, constituunt perticam, quæ ponatur fol.97. post versa.

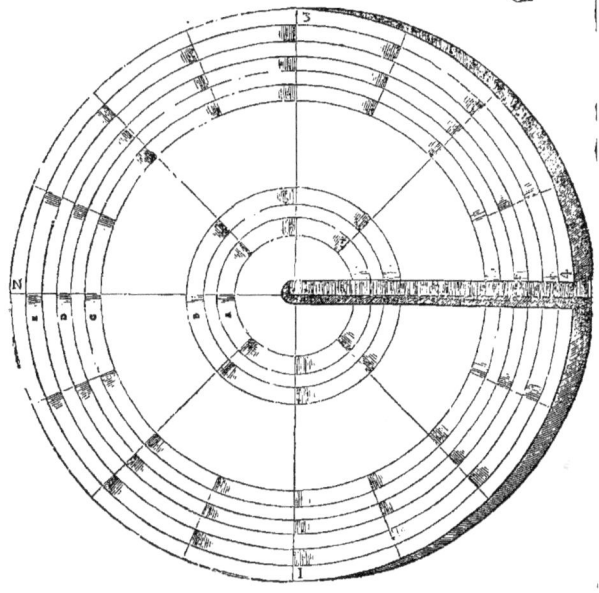

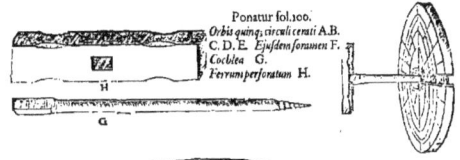

pertingat, metitur: atque ex ea dimensione cognoscit quo loco fossæ latentis
vel cuniculi sursum versus fodiendum sit, & quot venæ fodiendæ passus re-
stent, ut puteus perfodi possit. Dixi de priori dimetiendi ratione, nunc dicam
de altera. Cùm una vena propius ad alterã accedit, & earum diversi sunt pos-
sessores, qui nuper venerût in possessionem sive cuniculum, vel fossam latentem agant, sive puteum fodiant, in veterùm dominorum quadratum nullo
jure invadunt, aut invadere videntùr: quocirca hi plerumque jus suum repe-
tunt, aut persequuntur judicio. Sed mensor vel ipse controversiam inter dominos dirimit, vel arte sua judices instruit ad decernendum, ut alter ab alterius metallo manus abstineat. Itaque primò utriusque partis fodinas metitur
funiculis canabinis & ex philyris tiliæ factis: & ad eos orbe, vel instrumento,
cui index est, applicato punctis notat partes, in quas extenduntur. Deinde funiculos in æquatã planicie extendit: tum ab ea parte, cujus domini sunt in an-
tiqua quadrati possessione orsus alteram versus, seu in venæ tecto seu in fundamento fuerit, transversarium funiculum rectà secundùm sextã instrumenti, cui index est, partem tendit spacio passuum trium & dimidii: atque veteribus dominis suum tribuit. Quod si utrumque unius venæ latus in duobus cuniculis vel fossis latentibus adversis fodiatur, mensor prius expendit inferiorem cuniculum vel fossam latentem, posterius superiorem, & cõsiderat quantum uterque paulatim altior factus sit: utrinque autem viri robusti funiculos
extentos sic manu comprehendunt & tenent, ut nihil remittant: utrinque
mensor perticas, longas passum dimidium, funiculis suppõnit: & posteriori
quidem parte bacillû breve, quoties eo sibi opus est, perticæ: sed quidam ad
perticas funiculos, ut minus vacillent, alligant. Libram verò mensor, ut certius utrinque expendere possit, ad medium funiculum appendit: atque ex ea
re cognoscit, utrum alter cuniculus magis quàm alter, similiter altera fossa latens magis quàm altera assurrexerit. Deinde utrinque obliquitatem puteorum metitur, ut utrinque eorum rectitudinem habere possit. Tum facilè per-
spicit quot passuum spacium perfodiendum restet. Cuniculus autem quisque,
ut dixi, centum passuum spacio altior uno passu fieri debet.

*Libræ penſilis ligula* **A.**

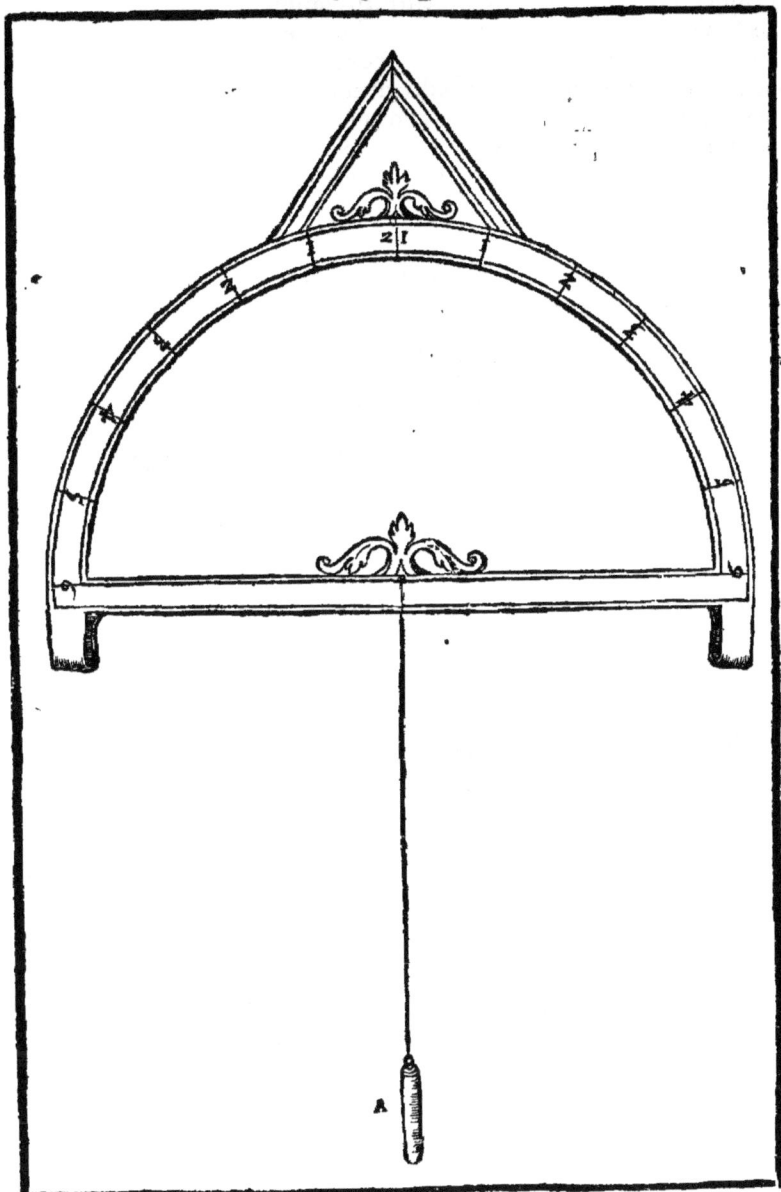

At menſores Alpini cùm cuniculos, in altiſsimos montes actos, metiri ſolent, utuntur etiam perticis, paſſum dimidium longis, ſed quæ ex tribus partibus, quibus ſunt cochleæ conſtant, ut eas breviores facere poſsint: utuntur funiculo, ex philyris tiliæ facto, ad quem alligatæ ſunt ſchœdæ, numerum paſſuum indicantes: utunt inſtruméto, cui index eſt, ipſis peculiari: circulis enim
ceratis

ceratis caret: verùm eorum loco in manibus habent chartam, in qua ſcribunt quamque inſtrumenti, in poſteriorem perticam impoſiti partem, quam ligula, & funiculus extentus, per ejus tria foramina penetrans, demonſtrant, & numeros paſſuum notant: eadem ligula indicat, utrum funiculus in priorem vel poſteriorem partem inclinet. Penſilis autem, ut in libra, nõ eſt, ſed ad inſtrumentum affixa, in eo quaſi jacet: ſed cuniculos iccirco metiuntur, ut ſcire poſſint quot paſsibus facti ſint altiores: quot paſſus inferior à ſuperiori diſtet: quot paſſuum intervallum, nondum perfoſſum, ſit inter foſſores, qui adverſi cavant unam eandemque venam vel fibram tranſverſam, aut duas, quarum altera in alteram vergit.

*Inſtrumenti index* A. *Ejus ligula* B. *Ligulæ foramina* C D E.

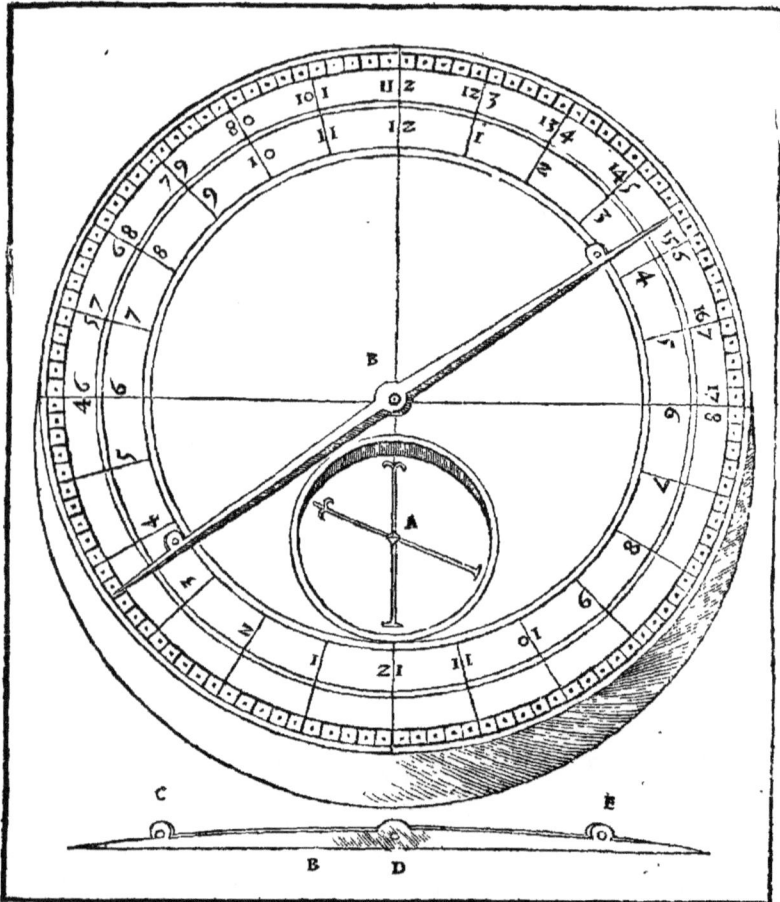

Sed redeo ad noſtras fodinas. Si menſor intus in cuniculis, vel foſsis latentibus voluerit arearum terminos conſtituere & pangere ſigno in ſaxũ inciſo, quemad-

quemadmodum magiſter metallicorũ ſupra terram eaſdē finib.definivit, tũc
primò locũ cuniculi vel foſſæ latentis,q eſt ſub ſtipite terminali,ex dimetiendo,eo quē ſuprà explicavi modo,diſcit: ultra eum locum, in cujus ſaxũ exiſtimat ſignum eſſe incidendum,funiculũ extendens. Deinde iiſdem funiculis in
æquata planitie extentis ab ea ſupremi parte , quæ ſtipitem terminalem deſi-
gnat,orſus infimũ verſus rectà ſecundũ ſextã inſtrumenti,cui index eſt, partē
tendit tranſverſarium: tum infimi funiculi parte, quæ eſt ultra eam, ad quam
tranſverſarius pertinet,ablata demonſtrat quo loco ſignum terminale & hæreditarium ſit in ſaxũ cuniculi vel foſſæ latentis incidendũ. Inciditur aũt id p-
ſentib.duumviris juratis,utriuſq; fodinæ præfecto & præſide. Ut enim magiſter metallicorũ, iiſdem præſentibus, ſtipites terminales in terram infigit,ita
menſor ſigni cauſſa plagam infligit ſaxis, quæ ipſa etiã iccirco terminalia nominantur. Si verò in puteo venæ, nuper fodi cœptæ, terminos areæ pangat,
primo ejus putei obliquitatē inſtrumento,cui eſt index,vel alio ad funiculum
applicato, metitur & punctis notat. Deinde omnes foſſas latētes uſq; ad eam,
in cujus ſaxis ſigna terminalia ſunt incidenda: ejus verò foſſæ latentis ſingulos
angulos dimetitur: tũ funiculis in planicie extentis ſimiliter tranſverſarim,ut
dixi,tendit,& ſigna in ſaxis incidit. Quod ſi ſaxum terminale & hereditarium
etiam in foſſa latente, quæ ſub hac eſt,incidendũ fuerit, menſor ab hoc ſigno
orſus,ſingulos angulos notans metitur: & in inferiore foſſa latēte,funiculum
tendit ultra eum locum,in cujus ſaxo exiſtimat ſignum eſſe incidendum:mox
funiculos,ut ſæpius dixi,in planicie extēdit.Etſi verò vena ſe in inferiore foſſa
latente aliter ac in ſuperiore,in qua primũ ſignum terminale in ſaxo eſt inci-
ſum,tendit, tamen in inferiore ſignum rectà in ſaxo incidendum eſt. Etenim
ſi ſignum inferius ſecundũ ſuperius inciderit,obliquum fiet: quo modo inju-
rioſe alteri fodinæ aliquid de poſſeſsione detrahitur,alteri datur. Si præterea
acciderit, ut ſignum hæreditarium in angulo ſit incidendũ , menſor ab eo orſus paſſũm unum priorem fodinam verſus metitur, alterum poſteriorē ver-
ſus:atq; ex his efficit triangulum,eumq; mediũ tranſverſario funiculo dividēs
ad illum ſaxum terminale in ſaxo incidit. Poſtremò menſor interdum rei in
veritatis lucem proferendæ gratia, areæ terminum pangit in his locis, in quibus jam antè multa ſigna terminalia in ſaxis ſunt inciſa. Tũc verò à ſtipite terminali, ſub dio in terram infixo,orſus primò uſq; ad proximam fodinam metitur: deinde dimetitur unum & alterũ puteum : tum ſtipitem terminalem in
æquata planicie figit:& ab eo initium faciens,iiſdem funiculis extētis ſimiliter
metitur: atq; iterum ſtipitē,qui ipſi eum dimetiendi finē ſignificet, in terrã infigit : poſtea ſub terra ab eo loco,in quo deſitũ eſt,rurſus incipit metiri tot puteos & foſſas latentes,quot meminiſſe poteſt. Mox redit in planiciem: & iterũ
à ſecundo ſtipite orſus metitur: atq; id facit uſq; ad foſſam latentem,in qua ſignum terminale in ſaxo eſt incidendum : ad extremũ à ſtipite terminali, primum in terra fixo,orſus tranſverſarium funiculum rectà intendit verſus ultimum, qui infimæ foſſæ latentis longitudinem demonſtrat: & qua parte eum
attingit,ea verè judicans ſignum hæreditarium in ſaxo incidit.

*De re Metallica Libri V.* FINIS.

GEOR-

# GEORGII AGRICO-
## LAE DE RE METALLICA
### LIBER SEXTUS.

I X I de venarum fofsionibus, de puteorum ſtructuris, de cuniculorum, foſſarum latentium, cavernarum ſub-ſtructionibus, de arte menſoris: nunc dicam primò de ferramentis, quibus venæ ſaxaque excinduntur: deinde de vaſis in quæ conjiciuntur glebæ terrarum, ſaxorum, metallorum, aliarumque rerum foſsilium, ut vel extrahi, vel evehi, vel efferri poſsint: atque etiam de vaſis aquariis & canalibus: tum de diverſi generis machinis: poſtremò de malis metallicorum, quæ omnia dum deſcribentur accuratius, iterum multæ laborandi rationes explicabuntur. Ferramenta autem ſunt ea, quæ proprio nomine metallici ſic appellant, cunei præterea, laminę, bracteæ, mallei, bacilla, conti, ligones, verricula, batilla. Sed eorum, quæ proprio nomine ferramenta ſunt, quatuor exiſtunt formæ, quæ ferè non figurâ, ſed longitudine vel craſsitudine inter ſe differunt: etenim omnium pars ſumma eſt lata & quadrangula, ut malleo percuti poſsit: ima in mucronem deſinit, ut ſaxorum & venarum duriciam acie diffindat: omnia quoque præter quartum ſunt perforata. Primum quidem, quo foſſores quotidie utuntur, lōgum eſt dodrantem: latum, ſeſquidigitum: craſſum, digitum. In ſecundo eſt eadem quæ in primo latitudo, itemque craſsitudo, ſed longum eſt duos dodrantes, quo foſſores duriſsimas quaſque venas ſic findunt, ut rimis fatiſcant. Tertium eandem quam ſecundùm longitudinem aſſumit, verùm paulò latius & craſsius eſt: quo fodiunt ſolum eorum puteorum, qui paulatim colligunt aquas. Quartum ferè longum eſt palmos tres & digitum unum: craſſum, digitos duos: ſuprema parte latum digitos tres, media palmum, ima, ut cætera cuſpidatum. Hoc venas duriores excindunt. Verùm primi ferramenti foramen à ſumma parte diſtat palmum: ſecundi & tertii, digitos ſeptem. Quodque verò circa foramen hinc illincque extuberat, in id indunt manubrium ligneum: quod altera manu tenent, cùm ferramentum, ad ſaxa applicatum, malleo feriunt. Hæc ferramenta majora vel minora, prout res hoc poſtulat, fabricari ſolent. Omnia retuſa fabri ferrarii rurſus, quoad fieri poteſt, acuunt. At cuneus plerunque longus eſt palmos tres & digitos duos: latus, digitos ſex: ſumma parte ad palmi altitudinem craſſus digitos tres, deinde paulatim tenuior, ut ima fiat acut⁹. Sed lamina alta & lata eſt digitos ſex: ſumma parte craſſa digitos duos, ima ſeſquidigitum. In bractea verò eſt eadem, quæ in lamina altitudo & latitudo, ſed admodum tenuis eſt. His omnibus, ut proximo libro explicavi, utuntur cùm venas duriſsimas excindunt. Atq; etiā cunei, laminæ, bracteæ, modò majores, modò minores ſolent confici.

*Ferra-*

*Ferramentum primum* A.   *Secundum* B.   *Tertium* C.
*Quartum* D.   *Cuneus* E.   *Lamina* F.   *Bractea* G.
*Manubrium ligneum* H.   *Manubrium in primo ferra-*
*mento inclusum* I.

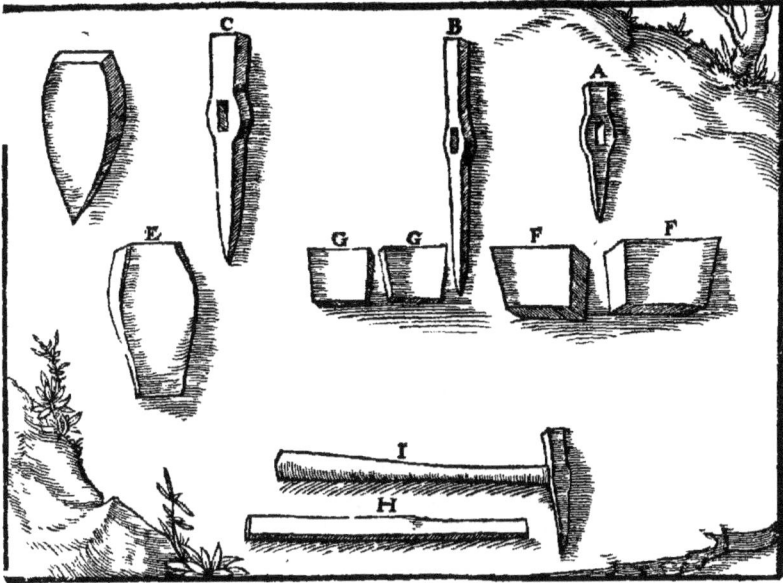

Mallei quoque duplices sunt: minores, quorum manubria fossores una manu tenent: majores, quorum utraque: in illis, quod ad magnitudinem & usum pertinet, triplex est differentia: minimo, tanquam levissimo, percutiunt secundum ferramentum: medio, primum: maximo, tertium: atque is latus & crassus est digitos duos. In majoribus vero bipartita est varietas: parvis quartum ferramentum feriunt, magnis cuneos in fissuras impingunt: illi lati & crassi sunt tres digitos, hi quinque, & longi pedem. Omnes autem media parte, in qua est foramen manubrii capax, extuberant: sed majoribus manubria sunt imbecilliora, ut operarii mallei pondere inclinatiore vehementius ferire possint.

*Malleorum minorum Minimus* A.   *Medius* B.
*Maximus* C.   *Malleorum majorum Parvus* D.
*Magnus* E.   *Manubrium ligneum* F.
*Manubrium in minimo malleo inclusum* G.

Bacillum

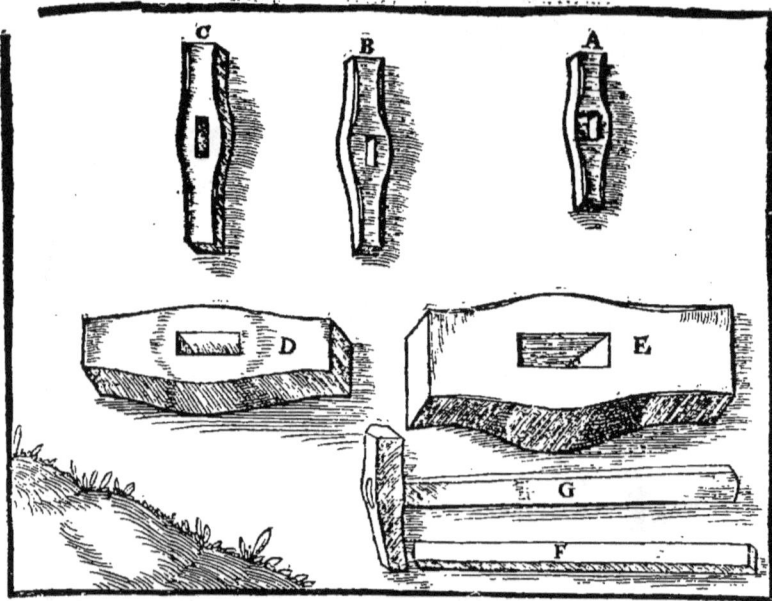

Bacillum ferreum item duplex eſt: utrumq; ima parte acutum, ſed alterum teres, quò puteum, aqua plenum, cùm ad eum pertinet cuniculus, perforant: alterum latum; quò dè cauernis in ſolum djiciunt ſaxa ignis vi mollita, quæ conto detrudi non poſſunt. Eſt autem contus metallicorum, ut nautarum, pertica oblonga in capite ferrum habens.

*Bacillum teres* A. *Bacillum latum* B. *Contus* C.

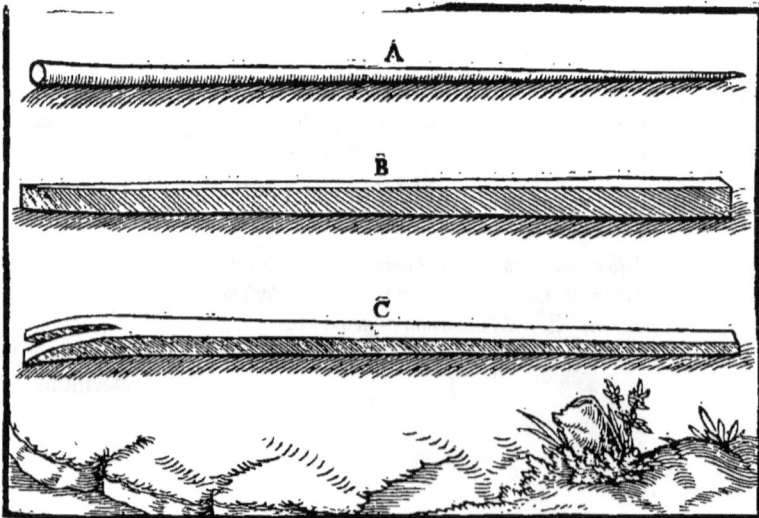

Sed ligo metallicus differt à ruſtico: nam hic ima parte latus & acutus eſt:

k

ille cuſpidatus : eo cavatur vena non dura,qualis eſſe ſolet terrena. Similiter
rutrum & batillum nihil diſtant à vulgaribus. Altero converrunt terras &
glareas, altera eaſdem injiciunt in vaſa.

*Ligo* A.    *Rutrum* B.    *Batillum* C.

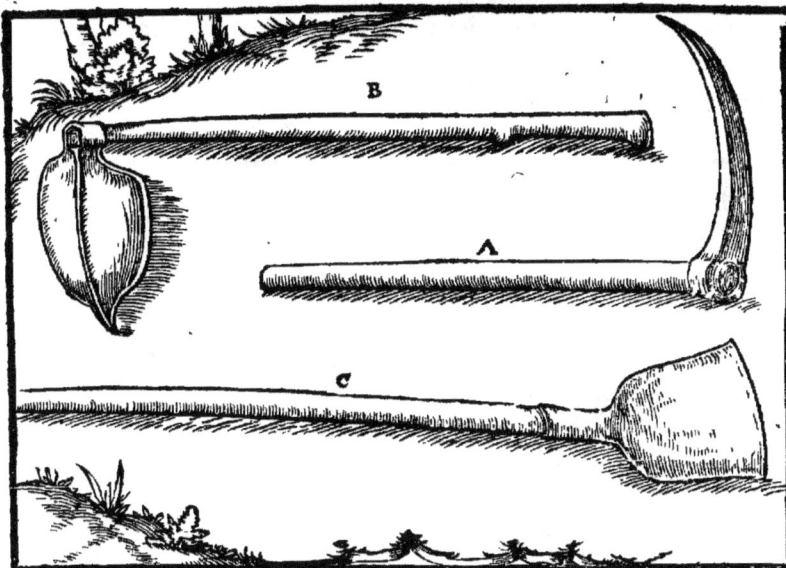

Terræ autem & ſaxa & res metallicæ,aliæq; foſsiles ligone cavatæ vel ferramentis exciſæ,in vaſis,aut corbibus,aut ſaccis è puteis extrahuntur:ciſiis vel
capſis patentibus evehuntur è cuniculis:ex utriſq; alveis efferuntur.Vaſa ſunt
duplicia : quæ non materia,non figura differunt, ſed magnitudine : minora
ferè tantum capiunt,quantũ metreta: majora plerunq; ſextuplo ſunt capacio-
ra: neutris enim certa eſt capacitas,ſed ſæpius varia. Vtraq; conficiuntur ex
aſſeribus & duobus circulis ferreis , quorũ altero ſuperius,altero inferius vinciuntur : nam colurni & querni aſſerib.puteorum illiſi facilè rumpuntur,fer-
rei durant.Majorib. ut aſſeres ſunt craſsiores & latiores,ita etiã circuli utriſq;
ut plus firmitatis &roboris habeant , octona bacilla ferrea ſunt , aliquantum
lata : quorum quaterna ex ſuperiori circulo deorſum procedunt:quaterna eis
quaſi obvia ex inferiori ſurſum : utrorumq; fundum tam interius quàm ex-
trinſecus duobus vel tribus bacillis itè ferreis,& ex una inferioris circuli parte
ad alteram pertinẽtibus,munitur.Sed eorum quę extra ſunt,alterum ad id affigitur tranſverſum : utraq; habens binas ferreas anſas,quæ ſuperius extãt atq;
eminent:utraq; ſemicirculũ ferreum, cujus inferior pars incluſa in anſis recta
eſt,ut expeditius moveri poſsit:utraq; multo altiora quàm latiora ſunt,utriſq;
ſumma pars eſt latior,ut res effoſſę facilius in ea infundi,& rurſus ex eis effundi poſsint. In minora fermè pueri,in majora viri terras è ſolo putei trahunt
rutro,reliquas res foſsiles batillo in ea injiciunt,vel manibus ingerunt : ex
qua re ingeſtores ſunt nominati: mox ſemicirculo ferreo funis ductarii un-
cũ implicant:tũ machinis extrahuntur:minora quidẽ,quod ipſis levius onus
ſit im-

fit impofitum,ea quàm verfant homines:majora,quòd gravius,ea quàm equi
circumagunt. Quidam verò in vaforum locum fubftituunt corbes,quæ tantundem capiant,aut, quod leviores quàm vafa fint,etiam plus. Quidam. faccis,ex taurinis tergoribus factis,pro vafis utuntur : quorum femicirculos ferreos unco prehendit funis ductarius: eorum plerunq; tres rebus effoſsis pleni
fimul extrahuntur,tres demittuntur,tres à pueris implentur : hi Snebergi ufi-
tati funt,illæ Fribergi.

*Vas minus* A. *Vas majus* B. *Aſſeres* C. *Circuli ferrei* D. *Bacilla ferrea* E. *Bacilla ferrea*
*fundi* F. *Anſæ* G. *Semicirculus ferreus* H. *Vncus funis ductarii* I. *Corbis* K. *Sacci* L.

Quod autem nunc cisium appellamus, vehiculum est unam habens rotam, non duas, ut id quòd equi trahunt: ipsum rebus fossilibus refertum, ex cuniculis vel casis ab operario evehitur: sed hoc modo formatur. Asseres duo longi circiter quinq; pedes, alti unum, lati duos digitos eliguntur: quorum partes primæ futuræ ad unius pedis longitudinem, postremæ ad duûm pedum inferius excinduntur, mediæ remanent integræ. Deinde primæ excavantur, ut in earum foraminibus circularibus axiculi capita circumagi possint. Mediæ verò bis perforantur & prope imum, ut capitula duarum trabecularum, in quas imponuntur asseres, recipiant: & in medio, ut capitula duorum asserum trâsversariorum: atq; clavi, in his capitibus foràs eminentibus infixi, totam firmant compagem. Ex postremis asserum longorum partibus fiunt manubria: quorum capitula inferius sunt reflexa, ut firmius manibus teneri possint. Sed rotula, quia unica, neq; modiolum habet, neq; circum axiculum versatur, verùm cum ipso circumvertitur: à curvaturis enim, quas ἀψίδας Græci vocant, duo radii transversarii, in eas inclusi, per medium axiculum penetrant in oppositas curvaturas. Axiculus autem quadrâgulus est, exceptis capitibus, quorum utrumq; teres ut in foramine volvi possit: hoc cisium terris & saxis plenû operarius evehit, inane revehit. Est præterea metallicis alterum cisium hoc grandius, quo hi, qui terram, cum lapillis nigris permistam, lavant, rivis in canales deductis, utuntur. Ejus autem prior asser transversarius altior est, ut terra ingesta non decidat.

*Cisium minus* A.   *Asseres ejus longi* B.   *Asseres transversarii* C.   *Rotula* D.   *Cisium grandius* E.   *Ejus prior asser transversarius* F.

Capfa autem patens dimidio capacior eſt quàm ciſium:longa ferè pedes quatuor, lata & alta circiter pedes duos & dimidiū: ſed quia ei figura eſt quadrangula, tribus laminis quadrangulis vincitur ferreis: & præter eos undiq; bacillis ferreis munitur: ad ipſius fundum duo axiculi ferrei ſunt affixi, circū quorum capitula utrinq; orbiculi lignei verſantur: qui, ne ex axiculis immobilibus decidant, parvis clavis ferreis cavetur: ut magno illo obtuſo ad idem fundum affixo, ne à trita via, hoc eſt, cavo trabium aberrent. Eam capſam vector ipſius partem poſteriorèm manibus tenens & protrudens, evehit onuſtã rebus foſſilibus, vacuam revehit. Quoniam verò cùm movetur, ſonum efficit, qui nonnullis viſus canum latratui ſimilis, canem vocarunt. Hac capſa utuntur ſi quando ex longiſſimis cuniculis onera evehunt, & quòd moveatur facilius, & quòd gravius onus ipſi poſſit imponi.

*Capſæ quadranguli ferrei* A. *Ejus bacilla ferrea* B. *Axiculus*
*ferreus* C. *Orbiculi lignei* D. *Parvi clavi ferrei* E.
*Magnus clavus ferreus obtuſus* F. *Capſa eadem inverſa* G.

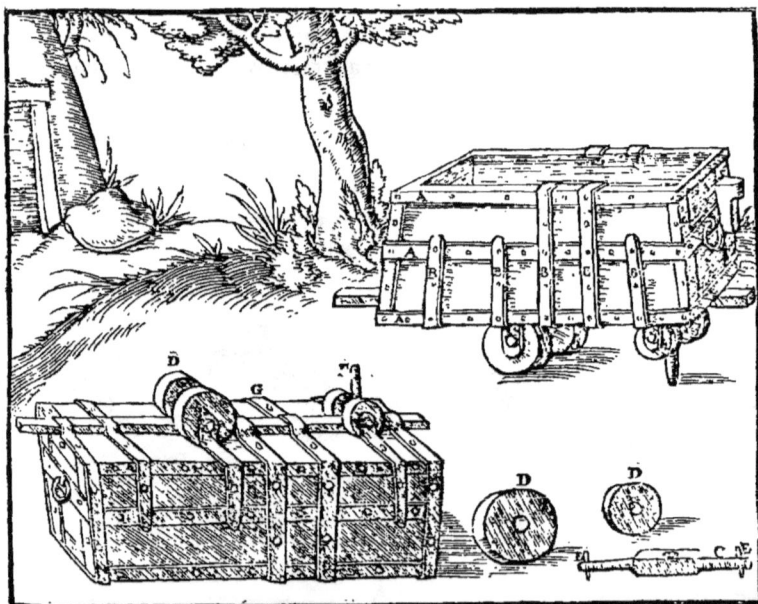

Sed alveos cavant ex ſingulis arborum truncis: quorum minores longi ſunt plerumq; duos pedes, lati unum: hos metallo refertos, præſertim cùm multum non effoditur, è puteis & cuniculis, vel humeris egerunt, vel funiculis, ex collis pendentibus, devinctos efferunt. Veteres quicquid effoſſum erat humeris egreſſiſſe Plinius autor eſt. Verùm ea ratio onerum exportandorum, quia plures homines magis laboribus defatigat, & multa pecunia in operas erogatur, ſpreta à noſtris & repudiata. Majorum autem alveorum lõgitudo eſt ad tres pedes, latitudo palmipedalis: in quibus terras metallicas experimenti potifsimùm gratia lavant.

*Alveus minor* A.    *Funiculus* B.    *Alveus major* C.

At aquaria vafa differunt ufu, quem habent, & materia, ex qua formantur.  Nam quibufdam aqua è puteis haufta infunditur in alia, ut fitulis: quædam aquarum plena machinis extrahuntur, ut moduli & bulgæ. Alia funt lignea, ficuti fitulæ & moduli: alia fcortea, veluti bulgæ. Moduli autem aqua-
rii æque ac vafa, in quæ res aridæ ingeruntur, duplices funt, minores & ma-
jóres: fed hi moduli diftant à vafis fumma parte, quam habent anguftiorem:
& quidem iccirco ne, cùm ex puteis, maximè multum devexis, trahuntur &
illiduntur afferibus, aquæ effundantur.  In hos modulos aquas fitulis infundunt, quæ funt lignea vàfcula, non ut moduli in fummo angufta, neq; vin-
cta circulis ferreis, fed colurnis, quod neutrum necefsitas flagitet: atq;
hic etiam moduli minores extrahuntur ea machina, quam
verfant homines: majores ea quam equi
circumagunt.

*Modulus*

*Modulus minor* A.　*Modulus major* B.　*Situla* C.

Sed bulgas noſtri nominant maximos illos utres aquarios,qui conſtant
ex taurinis tergoribus duobus, vel duobus & dimidio : ex his bulgis tritis
& uſitatis primo excidunt pili,atq; glabræ & candidæ fiunt. Poſt id temporis rumpuntur. Quod ſi parum,in partem ruptam bacilli teretis & ſtriati particula immittitur , ac in ipſius ſtrias bulga rupta undiq; illigata ſuitur: ſin
multum,eam reſarciunt particula tergoris taurini. Bulgæ autem unco catenæ ductariæ implicatæ & demiſſæ merſantur in aquis , & quàm primum
eas hauſerint,machina maxima extrahuntur:duplices verò ſunt:alteræ
per ſe hauriunt aquas : in alteras ba tillo lignee agitatæ
quodammodo infunduntur.

*Bulga per ſe hauriens aquas* A.　*Bulga in quam*
*aquæ pala agitatæ infunduntur* B.

k 4　　Aquas

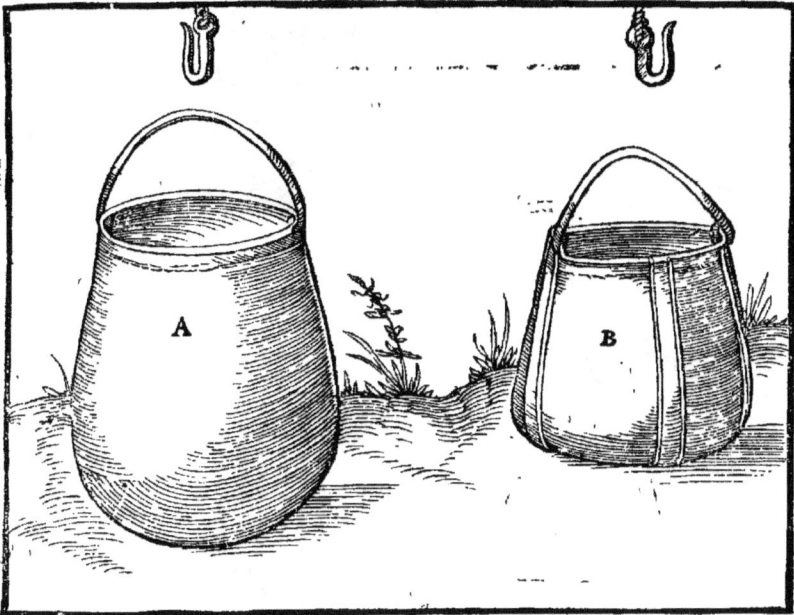

Aquas autem, ex puteis extractas, excipiunt canales, vel infundibula, per
quæ transmittuntur in canales: similiter aquæ è lateribus cuniculorum efflu-
entes in canales derivantur. Hi constant ex binis trabibus excavatis, & arctè
conjunctis, ut aquas profluentes possint continere: ex ore cuniculi usq; ad
extremam ejus partem pertinent asseribus contecti, ne terra vel saxum in eos
incidens, aquarum cursum impediat. Quòd si multus limus paulatim in ipsis
subsederit asseribus sublatis purgantur, ne, quod etiam tunc eis accidit, ob-
struantur & obturentur. Quòs autem canales metallici extra terram infun-
dibulis, quæ sunt ad casas puteorum, subjiciunt, eos plerunq; cavant
ex singulis arboribus. Infundibula verò ferè conficiuntur
ex quatuor asseribus, sic inferius excisis & conjunctis, ut summa infundibulorum
pars fiat latior, angu-
stior ima.


*Canalis* A.    *Infundibulum* B.

Quæ

Quæ ſint ferramenta metallicorum,quæ vaſa ſatis oſtendi:nunc machinas exponam,hæ triplices ſunt,tractoriæ ſcilicet,ſpiritales,ſcanſoriæ. Tractoriis onera ex puteis extrahuntur. Spiritales aerem conceptum ex ore ſuo inflant in cuniculos vel puteos: quod ni fiat in nonnulliṡ foſſores laborare ſine magna ſpirandi difficultate non poſſunt. Scanſoriæ ſunt ſcalæ,quarũ gradibus metallici deſcendunt in puteos: & ex eis rurſus aſcendunt. Tractoriarum variæ & diverſæ ſunt formæ: & quædam ex ipſis multùm artificioſę:&,niſi ego fallor,veteribus incognitæ : quæ iccirco inventæ ſunt, ut & aquæ trahi poſſint ex terræ profundo,ad quod nulli cuniculi pertinent: & res foſſiles ex puteis,quos item nulli contingunt cuniculi,vel longiſsimi. Quoniam verò puteorum non eadem eſt altitudo,in iſtius generis machinis magna varietas exiſtit : ſed earum,quibus onera ſicca ex puteis extrahuntur, formæ quinq; potiſsimũ ſunt vſitatæ,quarũ prima ſic conficitur.Tigna duo,quàm puteus,paulò longiora,collocantur: alterum in fronte putei,alterũ in tergo. Eorum partes extremæ habent foramina,in quæ pali, ad imum cuneatiores , immiſsi altius in terram adiguntur,ut maneant immobilia. Habent præterea formas,in quibus incluſa ſunt capita duorum tignorum tranſverſariorum : quorum uſnum dextrum putei latus occupat: alterum tantum abeſt à ſiniſtro,ut inter iſpſa locus ſit aptus ad ſcalas affingendas : in horum tignorum tranſverſariorũ formis,quæ in media eorum ſunt parte,ſtipites vel aſſeres craſsi infiguntur, & configuntur clavis ferreis: in quorum ſtipitum vel aſſerum cava,craſsis laminis ferrata conjiciuntur ſuculæ capita : utrumq; autem caput, exſtipitis aut aſſeris cavo foràs eminens,eſt incluſum in forma alterius capitis,ligni lõgi ſeſquipedẽ,lati palmum,craſsi tres digitos : ſed utrũq; ejus caput latũ eſt digitos ſeptem : in alterũ verò incluſus eſt vectis,teres item longus ſeſquipedẽ.

circa

circa verò fuculam funis ductarius involvitur, & ejus media pars ad ipfam religatur: at utraq; ejufdem anfa habet uncum ferreum, qui vafis femicirculo implicatur: itaq; vectibus coacta fucula, dum volvitur, femper alterum vas onere plenum ex puteo extrahitur, in eundem demittitur vacuum. Cogunt autem fuculam viri duo robufti, uterq; prope fe cifium habens, in quod, cùm vas ei propius fuerit extractum, exonerret. Duo verò vafa plerunq; implent cifium. Quare ubi quatuor extracta fuerint, uterq; fuum cifium ex cafa evehit & evertit: ita fit, ut fi putei fodiantur profundi, collis affurgat circa machinæ cafam. Quod fi vena metallorum fœcunda non fuerit, terras faxaq; difcrimine remoto profundunt: fi fœcunda, feorfim exonerata fervant, tundunt, lavant. At cùm vafa aquaria extrahunt, ea evertentes aquam per infundibula tranfmittunt in canalem, per quem effluit.

*Tignum in fronte putei collocatum* A.  *Tignum in tergo putei collocatum* B.
*Pali cuneati* C.  *Tigna tranfverfaria* D.  *Stipites uel afferes craffi* E.
*Lamina ferrea* F.  *Sucula* G.  *Ejus capita* H.  *Lignum* I. *Vectis* K.
*Funis ductarius* L.  *Ejus uncus* M.  *Vas* N.  *Ejus femicirculus* O.

Altera machina, qua metallici, cùm putei funt altiores, utuntur, à prima differt rota, quam præter vectes habet: eam, fi pondus altè non extrahitur, unus vectiarius verfat, rota in alterius locum fuccedente: fin altius, tres, rota in quarti locum fubftituta. Etenim fucula femel mota rotæ volubilitate juvatur,

vatur, ut multò facilius circumagi pofsit: ad quam rotam aliquot interdum maſſulæ plumbeæ appenduntur, vel in aſſerculis, ad eam affixis, includuntur, ut cùm verſatur pondere depreſſa ad motum propenſior fiat. Quidam eadem de cauſa duo, vel tria, vel quatuor bacilla ferrea includunt in ſucula, eorumque capita maſſulis plumbeis aggravant: ſed iſta rota differt à rota currus, & ea, quàm fluminis impetus verſat. Etenim caret pinnis, quæ rotæ, quàm vertit flumen, ſunt: caret modiolo, qui eſt currus rotæ. Ejus autem loco habet ſuculam craſſam: in cujus formis inferiorum radiorum capita ſunt incluſa, ut ſuperiora in curvaturarum formis: cùm tres vectiarii hanc machinam torquent in orbem, tunc ad alterum ſuculæ caput quatuor vectes recti ſunt in eo incluſi: ad alterum unicus ille in metallis uſitatus, qui è duobus membris conſtat: quorum teres, quod ſtratum eminet, manibus prehenditur: quadrangulum, quod rectà aſſurgit, duas habet formas, in inferiore membrum teres includitur, in ſuperiore ſuculæ caput. Hunc vectem unus circumagit, illos duo: quorum alter eos trahit, alter trudit. Omnes verò vectiarios, quamcunq; machinam verſant, viros eſſe robuſtos neceſſe eſt, ut tam magnum laborem ſuſtinere poſsint.

*Sucula* A. *Vectes recti* B. *Vectis uſitatus* C.
*Rotæ radii* D. *Ejuſdem curvaturæ* E.

Tertia

Tertia machina minus fatigat operarios,cùm onera majora fublevet. Etfi verò tardius, ut omnes aliæ machinæ, quibus tympana funt,tamen altius: nempe ad pedes centum & octoginta : quæ fic fe habet,axis ftatuti codaces ferrei verfantur in duobus catillis ferreis:quorum inferior eft inclufus in trûco in terra locato,fuperior in trabe: axis ille inferiore parte habet orbem, ex crafsis afferibus coagmentatis & compactis factum:fuperiore tympanum dentatum:id axis ftrati tympanum quod ex fufis conftat, circumagit: circa hunc axem,cujus codaces verfantur item in ferreis tignorum catillis,ductarius funus eft involutus : operarii dúo manibus quidem,ne cadant,prehendentes & tenentes perticam,ad duo tigna ftatuta affixam, pedibus verò tabellas retrò trudentes machinam circumagunt: quoties autem vas unum,rebus effofsis plenum,extraxerunt & fubverterunt,toties contrarie machinam verfantes alterum extrahunt.

*Axis ftatutus* A. *Truncus* B. *Trabs* C. *Orbis* D. *Tympanum dentatum* E. *Axis ftratus* F. *Tympanum quod ex fufis conftat* G. *Funis ductarius* H. *Pertica* I. *Tigna ftatuta* K. *Orbis tabellæ* L.

Quarta machina fublevat onera fefcuplo majora, quàm duæ machinæ primò explicatæ: quæ ita fit. Tigna ad fedecim, longa pedes quadraginta, crafla

crassa & lata pedem, fibulis in summo conjuncta, in imo divaricata eriguntur : eorum singulorum inferiora capita, in singulorum tignorum in solo
stratorum formis includuntur : tigna, quæ humi jacent, longa sunt pedes
quinq;, lata sesquipedem, crassa pedem. Quodq; autem tignum erectum cum
tigno humi strato connectitur tertio quodam tigno oblique descendente:
cujus caput superius includitur in forma tigni erecti:inferius in forma tigni
humi jacentis. Ejusmodi vero tignum longum est pedes quatuor, crassum &
latum pedem : quomodo fit area rotuda, cujus linea dimetiens habet ad quinquaginta pedes : in ejus areæ medio crater altus ad decem pedes foditur, & fi-
stuca spissatur, aut, ut satis habeat firmitatis, contiguis tigillis, per quæ penetrant pali, stabilitur : eorum enim conjunctione terra crateris continetur ut
decidere non possit. In imo crateris tignum sternitur, longum pedes tres uel
quatuor, crassum & latum sesquipedem : id, ut immobile maneat, in tigillis
contiguis est inclusum. In ejus medio ferreus est catillus, acie temperatus, in
quo ferreus axis codax versatur: simili modo tignum, quòd in summo sub fibula, in formis duorum tignorum erectorum est inclusum, habet catillum
ferreum, in quo alter ipsius axis codax ferreus vovitur: nam quisq; axis metallicus, ut quæq; semel, si res ita ferat, dicam, duos ferreos habet codaces, tanquam
clauos, in medio capitum, ad circinum rotundatorum infixos: eorum pars,
quæ in axis caput infigitur tam lata est, quàm ipsum caput, & crassa digitum :
quæ extat teres & crassa palmum, aut crassior, si res hoc postulat. Capita etiam cujusque axis metallici circulo ferreo cinguntur & vinciuntur, ut eò firmius codaces continere possint. Axis autem hujus machinæ, exceptis capitibus, quadrangulus est & longus pedes quadraginta, crassus & latus sesquipedem : in cujus axis formis quæ sunt supra caput inferius, quatuor tignorum
oblique ascendentium capita inclusa fibulantur: eorundem capita superiora sustinent duo tigna transversaria duplicata, item in eorum formis inclusa. Tigna vero oblique ascendentia, sunt longa pedes decem & octo, crassa
palmos tres, lata quinq;. At transversaria duplicata sic ad axem affixa sunt &
inter se clavis ligneis conjuncta, ut non separentur: ea autem longa sunt pedes quatuor & viginti. Deinde tympanum est, quòd constat ex tribus rotis :
quarum media tam à suprema quàm ab infima distat pedibus septem. Eis
quatuor sunt radii, quos totidem tigilla oblique ascendentia sustinent: quorum capita inferiora circum axem fibula conjunguntur: singulorum autem
radiorum, alterum caput in forma axis, alterum in forma curvaturæ inclusum est. Ex curvaturis infimæ rotæ, ad curvaturas mediæ undiq; pertinent
fusi: similiter ex curvaturis mediæ, ad curvaturas supremæ: quibus fusis duo
ductarii funes involvuntur: alter inter infimam rotam & mediam, alter inter
mediam & supremam. Hoc ædificium, in metę figuram, excepta ea parte quadrangula, quæ spectat ad puteum formatum, totum scandulis contegitur. Tu
duplicis ordinis sunt tigna transversaria vtrinq; statutis inclusa: utraq; longa sunt pedes decem & octo: sed statuta crassa & lata pedem, transversaria tres
palmos. Statuta numero sunt sedecim, transversaria octo, super quæ collocantur duæ trabes latæ pedem, crassæ tres palmos, excavatæ ad semipedis
latitudinem, ad quinq; digitorum altitudinem: & altera quidem locatur su-

per superiora tigna transversaria, altera super inferiora: utraq; tam longa est,
ut ferè ex machinæ tympano usq; ad puteum pertineat. Vtriq; prope idem
tympanum axiculus ligneus est teres & crassus digitos sex, cujus capitula, la-
mellis ferrata, versantur in armillis ferreis: utriq; sunt orbiculi lignei, qui
unà cum axiculis suis ferreis volvuntur in earundem trabium foraminibus:
atq; hi orbiculi circumcirca sunt excavati, ut funis ductarius ex ipsis excidere
nō possit: itaq; uterq; funis per suum axiculum suosq; orbiculos extensus versatur: utriusq; uncus ferreus vasis semicirculo injicitur: utriq; præterea capiti
alterius inferioris tigni duplicati, quod est in axe inclusum, est tigillum longum pedes quatuor: id quasi ex duplicato pendet: cui inferius tignum curtum est inclusum, in quo auriga sedet: quodq; ferreum habet clavum, qui recipit catenam, atq; ea rursus stateram. Quo modo fieri potest ut duo equi
hanc machinam modò hac, modò illac trahant: vicissimq; vas alterum onere plenum ex puteo extrahatur, alterum vacuum in eundem demittatur. Si
verò puteus fuerit profundus, quatuor equi machinam circumagunt. Vasi
autem extracto, sive siccæ, sive humidæ res effundendæ fuerint, operarius harpagonem injicit, ipsumq; subvertit: is ex catena,
cui tres vel quatuor annuli sunt, ad trabem
affixa, dependet.

*Tigna erecta* A.   *Tigna humi strata* B.   *Tigna oblique descendentia* C.   *Area* D.   *Tignum in imo crateris stratum* E.   *Axis* F.   *Tigna transversaria duplicata* G.
*Tympanum* H.   *Ductarii funes* I.   *Vas* K.   *Tigillum ex
duplicato pendens* L.   *Tignum curtum* M.
*Catena* N.   *Statera* O.   *Harpago* P.

Quinta

Quinta similis est partim machinæ maximæ, partim tertiæ, quæ ab equis
versatâ pilis aquas haurit: quarum utranq; paulò pòst exponam. Etenim si-

I 2

cuti tertia & ab equis verſatur, & duos habet axes: ſtatutum ſcilicet, circum quem, in terræ cavernam penetrantem, ſimiliter inferius eſt tympanum dentatum: atq; ſtratum, circum quem tympanum quòd ex fuſis conſtat. Vt verò machina maxima duo habet tympana circum axem ſtratum, prorſus illius tympanis ſimilia, ſed minora, quod vaſa ex puteo ducentos & quadraginta tantummodò pedes alto trahere poſsit: quorum alterum ex orbibus, ad quos affixa ſunt tigna compoſitum eſt: alterum, quod exiſtit prope tympanum, quòd ex fuſis conſtat, altum eſt undiq; circum axem pedes duos, craſſum unum: huic harpago impingitur: qui ipſum retinens machinam, cùm res id poſtulaverit, ſiſtit. Toties verò poſtulat, quoties vel ſacci è corio ſaxorum fragmentis aut terris pleni, extracti evertuntur, vel aquæ ex vaſis, item extractis effunduntur: nam hæc machina non onera modò ſicca levat, ſed etiam humida, perinde ac aliæ quatuor machinæ jam nunc à me deſcriptæ: quinetiam hac in puteum demittuntur tigna, ad ejus catenam ductariam alligata. Sed harpago craſſus pedem, longus ſemipedem extat è tigno, catena appenſo ex altero capite tigni, quòd verſatur circum axiculum ferreum, quem continent chelæ tigni ſtatuti. Ex altero verò mobilis illius tigni capite iterum catena appenſum eſt tignum longum, & ex eo rurſus catena alterum tignum breve: cui, cùm machina ſiſtenda fuerit, operarius inſidet, atq; ſic ipſum deprimit. Mox ei injicit aſſerem vel tigillum, quòd ſubter duo tigna pertinens, ab eis ne attolli poſsit retinetur: quo modo harpago ſublevatus, tympanumq; amplexus tam validè prehendit, ut ſæpe ex ipſo ſcintillæ exiliant. Habet autem tignum dependens, ad quod harpago eſt affixus aliquot foramina, in quibus catena includitur, ut ipſe quemadmodum covenit ſublevari poſsit. Supra tympanum eſt tabulatum, ne id aqua deſtillans madefaciat. Nam ſi madefactum fuerit, harpago machinam minus retinebit. Iuxta verò alterum tympanum eſt palus, ex quo dependet catena, in cujus annulo poſtremo incluſus eſt alter harpago, hoc eſt uncinatum ferrum, longum pedes tres. Is annulo, ad fundum tam vaſis quàm ſacci affixo, injectus illud retinet ùt aqua effundi poſsit, hunc ut ſaxorum fragmenta everti.

*Tympanum dentatum, quod eſt ad axem ſtatutum* A.    *Axis ſtratus* B.
*Tympanum quod ex fuſis conſtat* C.    *Tympanum propè id ipſum* D.
*Tympanum quod ex orbibus conſtat* E.    *Harpago* F.
*Tignum mobile* G.    *Tignum breve* H.    *Alter Harpago* I.

Venas

ftrates ipfas in capfam,trahæ,quam equus trahit,impofitâ, conjicientes hyeme de montibus,qui non admodum alti funt, devehunt. Carni verò iifdem
temporibus hybernis eas in faccos, è corio factos,ingerunt: quorum duos
vel tres imponunt parvæ trahæ, quæ priore parte altior eft, pofteriore hu-
milior:quibus faccis animofus vector non fine vitæ periculo infidens trahan-
de monte in vallem decurrentem bacillo,quod gerit in manu,regit. Eam e-
nim vel nimis celeriter decurrentem oppofito fiftit: vel aliò,quàm quo debet,deflectentem eodem in viam reducit. At Norici quidam,hyeme eafdem
in faccos, è fetofis pellibus fuillis confectos,colligunt, & de altifsimis montibus,quos equi,muli,afini nequeunt fcandere,detrahunt. Eorum verò faccos
vacuos robufti canes clitellarii, his rebus affuefacti,ferunt in montes: venarum plenos & loris conftrictos atque ad funem alligatos homo, eum in bra-
chium vel pectus involvens,per nives detrahit ufq; ad eum locum,in quem
equi, muli,afini clitellarii afcendere poffunt: ubi venæ, è faccis fuillis erectæ,
injiciuntur in alios faccos, è lineo panno bilice vel trilice factos: qui jumentorum clitellis impofiti deferuntur in officinas,in quibus venæ vel lavantur,
vel excoquuntur.

*Traha cui impofita eft capfa* A.    *Traha cui impofiti funt facci* B.   *Bacillum* C.
*Canes clitellarii* D.    *Sacci fuilli ad funem alligati* E.

Si verò equi, muli, asini clitellarii montes scandere possunt, eorum clitellis primò sacci linei venis repleti imponuntur: quos angustis montium uiis, quæ nec plaustra nec trahas recipiunt, in valles, rupibus altis & difficilibus aditu subjectas deferunt. At in rupibus, in quas jumenta scandere non possunt, declives collocantur longæ capsæ patentes ex asseribus factæ, & tabellis transversis, ne concidant, distinctæ. In has venæ cisiis, quibus unica est rota, advectas conjiciunt: easq; in planiciem devolutas, & vel in saccos lineos collectas jumenta clitellis deferunt, vel in trahas aut plaustra conjectas devehunt. Cùm autem aurigæ venas de arduis montium clivis devehunt, birotis utuntur cisiis, quæ à tergo trahunt duos arborum truncos in terram demissos: hi sua gravitate renitentes pronum gravium cisiorum, quæ in capsis venas continent, decursum impediunt: qui ni essent aurigæ sæpius catenas rotis implicare cogerentur. Sed cùm iidem aurigæ venas de montibus, qui carent istiusmodi clivis, devehunt, plaustris, quorum capsæ duplo sunt longiores quàm cisiorum, utuntur: utrarumq; asseres ita coagmentati sunt, ut cùm venæ rursus ab aurigis de plaustris excutiendæ sunt, levari & dissolvi possint. Nam eos tantummodo repagula coercent. Aurigæ verò venarum plaustra triginta vel sexaginta de dominis conducunt devehenda: quorum singulorum numerum præses officinæ in bacillo signat. Sed quædam venæ, potissimum autem plumbi candidi, è fodinis extractæ in octo partes vel novem, si domini fodinæ dominis cuniculi dant nonas, distribui solent: id rarius fit modulis, sæpius capsis: quæ ex tignis contiguis, & qua ad cavum convertuntur planis, sunt confectæ. Dominus verò quisq; eam partem, quæ ei sortitò obtigit, avehendam, lavandam, excoquendam curat.

*Equi clitellarii* A. *Capsa longa in rupe declivis locata* B.
*Ejus tabellæ* C. *Cisium cui unica est rota* D. *Cisium birotum* E.
*Trunci arborum* F. *Plaustrum* G. *Vena de plaustro excutitur* H. *Repagula* I. *Præses officinæ plaustrorum numerum in bacillo signans* K. *Capsæ in quas venæ distribuendæ injiciuntur* L.

In vaſa, quæ quinq; hæ machinæ trahut, pueri vel viri terras & ſaxorū fragmenta batillis injiciunt, vel manibus eadē iiſdem ingerunt: unde ingeſtores
ſunt nominati: eædem verò machinæ non ſicca modo, ut dixi, levant onera,
　　　　　　　　　　　　　　　　　　　　　　　　ſed etiam

fed etiam humida five aquas. Verùm priufquam exponam varia & diverfa
genera machinarum, quibus metallici aquas folùm exantlare folent, dicam
quo modo res graves, quod genus funt axes, catenæ ferreæ, fiftulæ, ligna
grandia, in puteos rectos & profundos demittendæ funt. Machina erigitur,
cujus fucula, utrinq; quatuor vectes rectos habens, in tignis ftatutis includitur, & circa eam ductarius involvitur funis, ejufq; caput alterum ad eandem
affigitur, alterum alligatur ad res illas graves: quæ rectà fenfim operariis re-
nitentibus demittuntur: atq;, fi in aliqua putei parte fubftiterint, paululùm
retrahuntur. Cùm verò eædem funt gravifsimæ, tunc fecundù hanc machinam altera ei prorfus afsimilis erigitur, ut & oneri robore pares fint, & id i-
pfum fenfim demitti pofsit: quinetiam interdum iifdem de caufis trochlea
funiculis ad trabem religatur: per cujus orbiculos ductarius funis traductus
defcendit & afcendit.

*Sucula* A. *Vectes recti* B. *Tigna ftatuta* C *Funis* D. *Trochlea* E. *Ligna demittẽda* F.

Aquæ autem ex puteis aut extrahuntur, aut hauriuntur. Extrahútur verò
in vafa vel utres aquarios infufæ: hos potifsimùm trahit machina, cujus rota
duplices habet pinnas: illa quinq; machinç jam explicatæ: quanq̃ quarta in
quibufdam locis etiã utres mediocres trahit: at hauriútur fitulis vel orbiculis,
quib. foramina funt, vel pilis. Cùm aút paucæ funt, aut extrahuntur in vafis:
aut hau-

aut hauriuntur fitulis vel orbiculis: cùm multæ, vel extrahuntur in utribus,
vel hauriuntur pilis. Sed primò machinas fitulis aquas exantlantes in mediũ
proferã, quarũ tres funt fpecies: prima fic fe habet. Loculamentũ quadrangu-
lũ totũ conftat ex cancellis ferreis, altũ pedes duos & dimidium: longũ item
pedes duos & dimidiũ, ac infuper fextantem & quartã digiti parté: latũ quadrantem & femunciam: in quo funt tres axiculi ferrei ftrati, qui in catillis vel
latis circulis ferreis acie temperatis verfantur: atq; quatuor ferrea tympana:
quorũ duo ex fufis conftant, totidẽ funt dentata. Circũ axiculũ infimum extra
loculamentum eft rotula lignea, ut propenfior ad motũ fiat: intra loculamentũ minus prioris generis tympanũ, quod ex octo fufis, fextanté & femunciam
longis, conftat: circũ alterum axiculũ é loculamento nó eminentem, ac iccirco tantummodo lõgum pedes duos & dimidium, unciã, atq; tertiã digiti partem, eft altera parte minus tympanũ dentatũ, quod habet octo & quadraginta dentes: altera majus prioris generis tympanũ, quod ex duodecim fufis, qua-
draté longis, conftat. Circũ aũt tertiũ axiculũ, craffum unciã & tertiã ejus partem, eft majus tympanũ dentatũm ex eo undiq; pedem affurgens: quod habet
duos & feptuaginta dentes: utriufq; vero tympani dentibus funt cochleæ: qua
rũ ftriges in tympanorum ftrias aguntur, & contra earũ ftriç in eorundẽ ftriges, ut in fractorum locum alii reponi pofsint.    Tam autem dentes quàm fufi
funt acie temperati: at fupremus axiculus ex loculamento extans ita artificio-
sé eft inclufus in forma alterius axiculi, ut unus effe videatur: is per receptaculum, ex tignis cõpofitum, quod eft circũ puteũ penetrans, in unci ferrei, in
craffo trunco querno inclufi, orbiculo, ex mera ferri acie facto, verfatur: circũ
eum axiculum eft tale tympanũ, quale habét machinç pilis aquas haurientes:
cui fimiliter funt fibulæ ter curvatæ: quib. quia ferreæ catenæ ductariæ annuli inhærent, tam magnũ onus eam retrahere nõ poteft: qui annuli nó ficuti
cætei arũ catenarũ annuli funt integri, fed quifq; fuperiore parte utrinq; curvatus fequenté recipit: quocirca duplicis catenæ fpeciem gerit: qua vero alter
alterum recipit, fitulæ, ex laminis ferreis vel æreis factæ, femicongiales
ad eos loris alligantur: quare fi annuli fuerint centũ, totidẽ erunt fitulæ aquas
efferentes: earũ aũt ora extant, & operculis tecta funt, ne aquas effundant cùm
putei fuerint declives.    Nam cùm recti fuerint, fitulæ operculis necefse non
habent. Itaq; vectiarius infimi axiculi, caput in vectis forma includens eum fimul cum tympano verfat: cujus fufi convertunt alterius axiculi tympanum
dentatũ. Quoniam vero unã cum ipfo circumagunt id, quod ex fufis conftat,
hi rurfus fupremi axiculi tympanũ dentatum verfant atq; alterum, cui fibulæ
funt infixæ: quomodo catena fimul cum vacuis fitulis demittitur juxta venæ
fundamentum, per annulum paululum compreffum in lacunam, ufq; ad imũ
libramentum: cujus tympani axiculus ferreus utrinq; in crafsi ferri catillo
verfatur: in quo tympano catena involuta fitulis aquas haurit: quas plenas
juxta venæ tectũ extracta pervehit fuper axiculi fupremi tympanũ, ac femper
tres fimul inverfas aquã effundere cogit in labrũ ex quo effluit in cuniculi canalem. Verũtamen talis machina minus eft utilis, quòd, cùm fine magno impendio conftrui non pofsit, paucas aquas efferat: & quidem tardius, ut etiam
cæteræ machinæ quibus plura funt tympana.

*Locula-*

*Loculamentum* A. *Axiculus infimus* B. *Rotula* C. *Tympanum quod exfusis constat minus* D. *Axiculus alter* E. *Tympanū dentatum minus* F. *Tympanū quod ex fusis constat majus* G. *Axiculus supremus* H. *Tympanū dentatū majus* I. *Catillus* K. *Circulus latus* L. *Receptaculum* M. *Truncus quernus* N. *Vncus ferreus* O. *Orbiculus* P. *Tympanum superius* Q. *Fibulæ* R. *Catena* S. *Annuli* T. *Sutulæ* V. *Vectis* X. *Libramentum sive tympanum inferius* Y.

Altera iſtius generis machina,paucis verbis à Vitruvio deſcripta, cōgiales
ſitulas citius eſſert. Atq; propterea ad aquas ex puteis, in quos multæ continenter influunt,hauriendas utilior eſt quàm prima : ea ferreo loculamento
tympanisque carens,habet circum axem ligneum rotam, quæ à calcantibus
verſatur. Axis autem diu,quòd careat tympano, durare non poteſt: cæteris
primæ ſimilis eſt,niſi quod duplicem habeat catenam ab illa diverſam. Fibulas autem in hujus machinæ axem, ut in aliarum tympanum inſigere debet,
quos alii ſimplices,alii ter curvatas efficiunt,ſed utriſq; quatuor cuſpides.

*Rota quæ à calcantibus verſatur* A. *Axis* B. *Catena duplex* C.
*Annulus duplicis catenæ* D. *Situlæ* E. *Fibula ſimplex* F.
*Fibula ter curvata* G.

Tertia, quæ longè præſtat duabus jam expoſitis,fabricatur,cùm rivus ad
fodinam deduci poteſt: cujus impetus pinnas percutiens circumagit rotam,
quam habet loco rotæ à calcantibus verſatæ: quòd ad axem attinet, ſimilis
eſt ſecundæ: quòd ad tympanum,quod eſt circum axem,catenam,libramen-
tû primæ.Situlas verò habet multò capaciores,quàm etiam ſecunda.Sed quia
ſitulæ citò frangi ſolent,metallici ratò his machinis utuntur : maluntq; paucas aquas quinq; primis machinis extrahere,vel ſiphonibus exantlare,mul-
tas vel pilis per fiſtulas haurire,vel in utribus item extrahere.

*Rota cujus pinnas impetus rivi percurrit* A. *Axis* B. *Ejus tympanum in quod fibulæ sunt infixæ* C. *Catena* D. *Annulus* E. *Situlæ* F. *Libramentum* G.

Verùm de primo machinarum genere fatis: nunc alterum, hoc eft, fiphones aquam ſpiritu tractam orbiculis haurientes exponam: quorum ſeptem
funt formæ: quæ licet ſtructura inter ſe differát, tamen eundem vtilitatis fructum metallicis præbent: quanquam alia aliâ majorem. Primus ſypho ſic fit.
Super lacunam ſtatuitur contignatio: ad quam fiftula una vel duæ, quarum
altera in altera incluſa eſt, in lacunæ fundum immiſſæ fibulis ferreis cuſpidatis, & utrinque directò deorſum verſus actis aſſiguntur, ut immotæ maneant:
inferioris autem fiftulæ inferior pars incluſa eſt in trunco, alto ad duos pedes: is fiftulæ inſtar perforatus ſtat in fundo lacunæ: ſed inferius ejus foramen ligno tereti occluditur: idem truncus circumcirca habet foramina, per
quæ aqua in ipſum manat. In ſuperiore verò ejus parte excavata, ſi una fiftula fuerit, pyxis ferrea, vel ærea, vel orichalcea, palmum alta, ſed fundo carens,
includitur: quam foricula rotunda tam arctè claudit, ut aqua ſurſum ſpiritu
ducta relabi non poſsit: ſin duæ fiftulæ fuerint, qua conjunguntur, pyxis in
inferiore includitur, ſuperioris apertura vel ſiphunculus ad cuniculi canales
pertingit. Itaque operarius impiger ad labores, in contignationis tabulato

m

ſtans, pilum in fiſtulam demiſſum intrudit ac retrahit: ad ejus pili ſummum
eſt vectis, imum eſt calceo indutum: ſic vocatur corium turbinis ferè figura:
nam iſto modo ſutum eſt, ut inferiore parte, qua ad pilum, in ipſo incluſum,
affigitur, anguſtum ſit: ſuperiore, qua haurit aquam, pateat. Vel orbiculus
ferreus, digitum craſſus, aut ligneus, ſex digitos craſſus, uterque longè calceo
præſtans, ad imum pili, quod per eam penetrat, clavo ferreo trajecto affixus
eſt, aut in eadem, in cochleæ figuram formata, incluſus: qui orbiculus ſuperius circumcirca corio tectus, quinq; aut ſex foramina habet, vel rotunda vel
longiuſcula, quæ univerſa ſtellæ ſpeciem exprimere videntur. Habet etiam
eandem, quam fiſtulæ foramen, latitudinem, ut tantummodo in eam demitti & rurſus attolli poſsit. Cùm autem operarius pilum ſurſum verſus trahit,
aquam orbiculi foraminibus, cujus corium tunc deprimit, hauſtam, ducit ad
aperturam vel ſiphunculum per quem effluit: foricula verò pyxidis aperitur,
ut aqua, quæ in truncum influxit, ſpiritu ducta denuo aſcendat in fiſtulam:
cùm idem operarius pilum intrudit, foricula clauditur, ut orbiculus iterum
aquam haurire poſsit.

*Lacuna* A. *Fiſtulæ* B. *Contignatio* C. *Truncus* D. *Foramina
trunci* E. *Foricula* F. *Siphunculus* G. *Pilum* H. *Ejus
vectis* I. *Calceus* K. *Orbiculus habens foramina rotunda* L.
*Orbiculus habens foramina longiuſcula* M. *Corium* N. *Hic te-
rebrat ſtipites & ex eis fiſtulas facit* O. *Terebra, cui cochlea eſt* P.
*Terebra latior* Q.

Alterius

Alterius siphonis pilum facilius cõmotum directo, deorsum fertur, & sursum refertur: qui sic fit. Tigna duo super lacunam collocantur: alterum prope

dextrum ejus latus, alterum propè ſiniſtrum. Ad hoc fiſtulæ fibulis ferreis affiguntur: ad illud vel ſtipes chelas habens perforatas, vel tignum ſuperius excavatum, ut pro chelis ſit. Axiculus autem ferreus per tigni cujuſdam ſtatuti
latius & rotundum foramen, quod in ejus medio eſt, penetrans in chelarum
foraminibus ſic includitur, ut ipſe quidem maneat immobilis, tignum verò
circa eum verſetur intra chelas: in cujus tigni altero capite ſuperius pili caput
eſt incluſum, ferreoq; clavo transfixum: in altero vectis item ſuperius caput.
Inferiori verò manubrium eſt, ut eò firmius manibus teneri poſsit. Itaq; cùm
operarius vectem ſurſum trudit, pilum in fiſtulam impellit: cùm retrahit vectem, ex fiſtula pilum extrahit: atque ita pilum iterum aquam, orbiculi foraminibus hauſtam, ducit ad ſiphunculum, per quem effluit in canalem. Hic autem ſipho, ut etiam ſequens, quod ad pilum, orbiculum, truncum, pyxidem,
foriculam pertinet, eodem modo, quo primus, ſe habet.

*Tignum ſtatutum* A. *Axiculus* B. *Tignum quod circa axiculum*
*verſatur* C. *Pilum* D. *Vectis* E. *Annulus, quo duæ fiſtulæ*
　*conjungi ſolent* F.

Tertius ſipho jam dicti nonnihil diſsimilis eſt. Loco enim ſtipitis duo ſta-
tuuntur tigna circa ſummum perforata: in quibus foraminibus axis capita
　　　　　　　　　　　　　　　　　　　　　　　　　　　　vertun-

vertuntur. In medio ejus axis duo tigilla funt inclufa: in quorum alterius capite infixum eft pilum: ad alterius verò caput affixum eft tignum grave, fed
curtum, ut protrufum inter duo illa tigna ftatuta moveri, atq; quafi ire & redire pofsit. Id tignum cùm protrudit operarius, pilum ex fiftula extrahitur:
cum fua vi redit, intruditur: quo modo aquam, quam fiftula concipit, pilum
orbiculi foraminibus hauftam exprimit per fiphunculum in canalem. Sunt
qui vectem in locum tigni curti fupponunt: verùm hic fipho, ut etiam proximus fuperior, minus quàm cæteri, in metallis eft ufitatus.

*Tigna ftatuta* A.   *Axis* B.   *Tigilla* C.   *Pilum* D.
*Tignum curtum* E.   *Canalis* F.   *Hic deducit aquam è*
*canali effluentem, ne in foffas actas influat* G.

Quarta fiphonum fpecies fimplex non eft, fed duplex: ea fic fe habet. Sex-
angu us truncus faginus, longus pedes quinque, latus duos & dimidium,
crafius fefquipedem in duas partes fecatur: quæ fecundum, ferreum axiculum, in eis collocandum diftribuuntur, & tam altè & latè excavantur, ut in
ipfis verfari pofsit: cujus axiculi pars, quæ in trunco includitur, tota teres eft,

ejúsque extrema,quæ pro codace eſt,recta exiſtit. Deinde altitudine pedis reſidet,rursúsque recta procedit,qua pilum teres ex eo dependet. Poſtea tam aſſurgit altè quàm reſedit,iterúmque paululùm rectà procedit. Deinde altitudine pedis aſſurgens rurſus rectà procedit,qua alterum pilum teres ex eo ſuſ-
penſum eſt. Poſtea tam reſidet altè quàm aſſurrexit: tum ejus altera pars, quæ
item pro codace eſt, recta exiſtit: quæ, quia ex trunco extat, ne aqua, in eum
tracta, erumpat duabus bracteolis ferreis orbiculi figura,cum quibus duo coria ejuſdem figuræ & magnitudinis ſunt conjuncta,cavetur:quorum alter intra truncum , alter extra, circum axiculum eſt. Poſtremò ſequitur pars ejus
quadrangula duo habens foramina , in quibus duo bacilla ferrea includuntur, eorúmque capita maſſulis plumbeis aggravantur, ut axiculus ad motum
fiat propenſior. Qui,poſtquam ejus caput in forma vectis fuerit incluſum,fa-
cilè circumagi poteſt. Superior autem trunci pars eſt humilior: inferior, altior ; illa in medio ſemel fiſtulæ modo, cujus foramen ſimplicem habeat latitudinem,rectà deorſum perforatur: hæc bis, nempe ad utrumque latus,item
rectà deorſum duarum fiſtularum modo, quarum foramina duplicem habeant latitudinem: quæ trunci pars imponitur duabus fiſtulis,in eum ſuperiore parte incluſis, inferiore in truncos, in lacuna ſtatutos, quibus foramina
ſunt . per quæ aquæ in eos influunt, penetrantibus. Deinde ferreus axiculus
in trunci cavo locatur, duobus pilis ferreis, quæ ex ipſo dependent, per ejus
foramina demiſsis in fiſtulas altitudine pedis: utrique pilo inferius eſt cochlea, quæ craſſam laminam ferream, in orbiculi figuram formatam & foraminibus plenam,atque corium,quod eam tegit,continet,ut fiſtula alteram pyxidem,cui eſt rotunda foricula eam claudens. Tum ſuperior trunci pars ſuper
inferiorem ex omni parte congruenter aptata imponitur: & qua conjunguntur latis & craſsis laminis ferreis cinguntur , parvis cuneis latis , item ferreis
adactis coercentur, fibulis vinciuntur,in ea ſuperiore trunci parte fiſtula includitur : quam altera excipit, eámque rurſus tertia, atque deinceps alia aliam
uſque dum ſuprema ad cuniculi canalem pertingat. Itaque cùm vectiarius
axiculum verſat, pila viciſsim laminis hauriunt aquas. Quod quia celeriter
fit,& duarum fiſtularum,ſupra quas truncus eſt ſtatutus,foramina duplo majora ſunt quàm foramen ſupra truncum ſtatutæ,nec altè pila hauriunt aquas,
inferiorum impetus continenter ſuperiores aſcendere, & ex ſupremæ fiſtulæ
apertura in cuniculi canalem effluere cogit. Quoniam verò truncus ligneus
rimis fathiſcere ſolet ,ſatius eſt eum ex plumbo, vel ære, vel orichalco conflato conficere.

Truncus A.    Trunci pars inferior B.    Ejuſdem pars ſuperior C.
Fibulæ D.    Fiſtulæ ſub trunco E.    Fiſtula ſuper truncum ſtatuta F.
Axiculus ferreus G.    Pila H.    Eorum laminæ orbiculi figura I.
Coria K.    Foramina axis L.    Bacilla , quorum capita maſſulis
plumbeis ſunt aggravata M.    Vectis N.

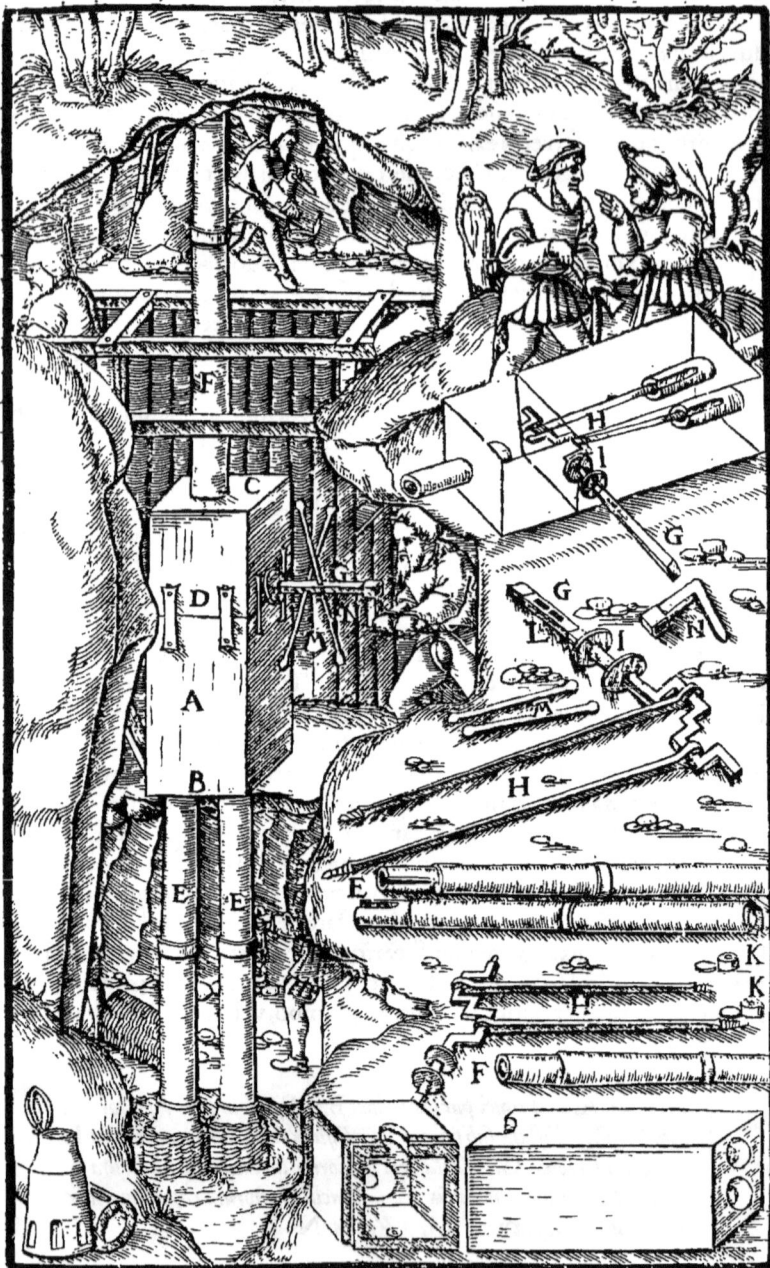

Quinta fiphonum fpecies minus fimplex eft: nam conftat ex duobus vel tribus fiphonibus, quorum pila attollit machina, quam verfant homines; etenim cuique pilo eft dens, quem fuculæ bini dentes viciſsim tollunt. Eam duo viri robufti, vel quatuor, cogunt. Sed cùm pila decidunt in fiftulas, eorum orbiculi hauriunt aquas: cùm attolluntur, eafdem aquas exprimunt per fiftulas. Cujufq; autem pili fuperior pars, quæ in foraminibus tignorū tranſverfariorum continetur, quadrangula eft, & craffa atque lata femipedem: reliqua, quæ in fiftulas incidit, & ex alio ligno facta eft, tota teres. Horum trium fiphonum quiſq; ex duabus continentibus fiftulis, ad tigna putei affixis, componitur. Verùm hæc machina altius aquas haurit, utpote ad pedes quatuor & viginti. Si foramina fiftularum magna funt, duo tantummodo fiphones fiunt; fi parvæ, tres: ut utroque modo machina oneri par effe poſsit. Idem de cæteris machinis earumque fiftulis fentiendum eft. Quoniam verò hi fiphones ex duabus fiftulis conftant, pyxis ferrea, ut etiam prius dixi, cui eft foricula ferrea, non includitur in trunco, fed in fiftula inferiore, & quidem ea parte, qua ad fuperiorem adnectitur: atque ita pili pars teres fuperioris tantummodo fiftulæ longitudinem habet. Sed hanc rem mox planius explicabo.

*Pili dens* A. *Suculæ dentes* B. *Pili pars fuperior quadrangula* C. *Ejufdem pars inferior teres* D. *Tigna tranſver-
faria* E. *Fiftulæ* F. *Ejus apertura* G. *Canalis* H.

Sexta

Sexta siphonum forma prorsus eadem esset quæ quinta, nisi pro sucula
axem haberet, eamq; non homines versarent, sed rota, quam aquarum impetus, ejus pinnas percutiens circumagit: qui quia longe superat vires huma-
nas hæc machina aquas ex puteo amplius centum pedes alto orbiculis per si-

ftulas haurit. Infima autē non modò hujus fiphonis, fed etiā aliorum, infimæ
fiftulæ pars, ne refegmina lignorū, vel aliud quiddā, in fe trahens forbeat, plerunq; includi folet in corbe crafsis viminibus contexta, & in lacuna pofita.

*Rota* A. *Axis* B. *Truncus cui infiftit infima fiftula* C. *Corbis circundans truncum* D.

Septima siphonum species ab hinc annis decem inventa, cùm omniū maximè artificiosa & durabilis & utilis sit, sine magno impendio confici potest, ea constat ex pluribus siphonibus: qui simul, ut proximi, in puteum non descendunt, sed alter alteri quodammodo subjicitur: etenim si tres fuerint,ut esse solent, ultimus exorbet aquas putei, & eas in primum lacusculum effundit: secundus ex eo rursus exhaustas in secundum transfundit: tertius in cuniculi canalem: pila horum siphonum omnium rota pedes quindecim alta attollit pariter pariterque dejicit: quam ejus pinnæ, ab impetu rivi, in montem deducti, percussæ, cogunt versari: rotæ radii in axe, longo pedes sex, crasso pedem, inclusi sunt: cujus utrunq; caput circulo ferreo cingitur: sed in alterum quidem infixus est codax, in alterum verò ferrum,ut codacis posterior pars, crassum digitum & tam latum quàm ipsum caput est: quod tamen teres & circiter digitos tres crassum primò longitudine pedis recta extat, quatenus obtinet locum codacis: mox curvatum & quasi lunatis obliquatum cornibus altitudine pedis assurgit: deinde rursus pedem recta eminet; quo modo sit, ut hæc pars recta, cùm in orbem volvitur, vicissim fiat pedem altior & humilior quàm illa. Ex hac posteriore ferri teretis parte pendet primum pilum latum: ipsa enim in superius istius pili caput perforatum, ut clavus ferreus primarum chelarum in inferius infigitur. Ne verò pilum ex ea excidat,ut facilè excidere potest, &,cùm necessitas id postulat,eximi solet, quod ejus foramen latius sit quàm ferri pars, utrinque clavo ferreo, in ipsam infixo, coercetur;ne ii atterant, caput pili bracteis ferreis vel coriis intermediis cavetur: tale pilū primum longum est circiter pedes duodecim ,reliqua verò duo pedes sex & viginti. Sed quodque latum est palmum,crassum digitos tres:utraq; cujusque pars lata tecta & munita est laminis ferreis; quæ côchleis item ferreis continentur,ut pars,quæ vitium fecerit, refici possit. At chelæ in axiculum inclusæ sunt teretem,longum sesquipedem,crassum palmos duos: is utrinque cingitur circulo ferreo , ne codaces ferrei, qui in tignorū armillis ferreis versantur,ex eo excidant: ex quo axiculo utràque chelarum pars lignea eminet longa pedes duos, lata & crassa digitos sex. Altera ab altera distat palmos tres: utriusque rursus pars tam interior quàm exterior etiam laminis est ferrata. In chelas verò clavi duo ferrei teretes & crassi digitos duos sic infixi sunt, ut immobiles maneant. Eorum posterior per primi pili lati inferius & secundi superius caput perforatum & immobile penetrat. Prior autem similiter immobilis per ferreum primi pili teretis caput item immobile & deflexum. Istiusmodi pilum quodque longum est pedes tredecim, crassum digitos tres , & in priorem cujusque siphonis fistulam descendit tam profundè, ut ejus orbiculus foriculam pyxidis ferè attingat. Quod cùm decidit in fistulam, aquæ, per orbiculi foramina penetrantes,corium attollunt: cùm sublevatur,eædem corium, quod ipsas fert, deprimunt. Foricula verò pyxidem, ut foris januam, claudit. At fistulæ conjunguntur duobus circulis ferreis , palmum latis,altero interius,altero extrinsecus. Sed interiore utrinque acuto,ut in utramq; fistulam penetrare & eas continere possit. Quanq̃ nunc fistulæ carent interiore circulo,sed habent commissuras,quibus junguntur. Etenim superioris inferius caput continet, inferioris caput superius: utrunq; enim ad altitudinem

septem

septem digitorum excisum est: verùm illud interius, hoc extrinsecus, ut alterum in alterum inire possit, cùm pilum incidit in priorem fistulam, foricula illa clauditur: cùm extrahitur, aperitur: ut aquæ pateat foramen. Unusquisq; autem istiusmodi siphonum constat ex duabus fistulis: quarum utraque longa est pedes duodecim: utriusque foramen latum est digitos septem. Inferior in putei lacuna vel in lacusculo collocatur, ejusque foramen inferius obstruitur ligno tereti: supra quod fistulæ circumcirca sex sunt foramina, per quæ aqua in eam influit. At superioris fistulæ pars superior aperturam habet altam pedem, latam palmum, per quam aqua effluit in lacusculum vel in canalem: quisque lacusculus longus est pedes duos, latus & altus unum. Quot verò sunt siphones, tot sunt axiculi, tot chelæ, tot utriusque generis pila. Sed si tres fuerint siphones, duo tantummodo lacusculi sunt, quòd lacuna putei & canalis cuniculi in duorum locum succedant. Hæc autem machina sic aquas ex puteo haurit: rota versata primum pilum attollit, id sublevat primas chelas, atque ita etiam secundum pilum latum & primum teres. Deinde secundum latum secundas chelas, & sic tertium pilum latum & secundum teres: tum tertium pilum latum tertias chelas & tertium pilum teres. Nam ex harum chelarum clavo ferreo nullum pilum latum pendet, quod nulla in re ultimo siphoni usui esse possit. Contrà verò cùm primum latum decidit, quæque chelæ delabuntur, quodque pilum latum, quodque teres. Atque ista ratione uno eodemque tempore aqua in lacusculos infunditur, & ex eisdem exhauritur: ex lacuna verò putei solum exhauritur, in canalem cuniculi tantum infunditur. Quinetiam circum axem longiorem duæ rotæ fieri possunt, si rivus tantam aquarum copiam suppeditaverit, quanta eas versare possit: atque ex utriusque ferri teretis parte posteriore unum vel duo pila lata appendi possunt: quorum quodque trium syphonum pila commoveat. Postremò necesse est puteos, è quibus aquæ fistulis hauriuntur, esse rectos. Nam omnes siphones, ut etiam aliæ machinæ tractoriæ, quibus fistulæ sunt, aquas minus altè hauriunt, si fistulæ obliquè in obliquis puteis locantur, quàm si rectà in rectis statuantur.

*Puteus* A. *Ultimus sipho* B. *Lacusculus primus* C. *Secundus sipho* D. *Lacusculus secundus* E. *Tertius sipho* F. *Canalis* G. *Ferrum in axe inclusum* H. *Primum pilum latum* I. *Secundum pilum latum* K. *Tertium pilum latum* L. *Primum pilum teres* M. *Secundum pilum teres* N. *Tertium pilum teres* O. *Axiculi* P. *Chelæ* Q.

Verùm

Verùm fi rivus tantam aquarum copiam, quanta machinam proximè
explicatam verfare poteft, non fuppeditat, quod vel natura loci fit, vel æftivo

n

tempore,quo diuturnæ ficcitates fuerint, accidit, machina conftruitur, cui
tam humilis & levis fit rota,ut eam tantuli rivi aqua circumagere pofsit: eadem in canalem decidens ab eo delabitur in inferioris machinæ rotam altam
& gravem,quæ fiphonibus è profundo puteo aquas haurit. Quia verò tam
exigui rivi aqua alteram rotam fola verfare nequit,ejus axis initio vectibus
à duobus operariis circumagitur,fed quamprimum aquas fiphonibus hauftas in lacum effuderit, eas fuperior machina fuo fiphone haurit, & in alterum canalem effundit, ex quo etiam influunt inferioris machinæ rotam,
ejusq; pinnas percutiunt. Tam autem hæ aquæ,quàm rivi,canalibus iftis declivibus,in altiorem illam & graviorem inferioris machinæ,quæ duobus vel
tribus fiphonibus aquas ex profundiore putei parte haurit,rotam reductæ,
eam poffunt convertere.

Machinæ fuperioris rota   **A.**    Ejus fipho   **B.**    Ejufdem canalis   **C.**
Machinæ inferioris rota   **D.**    Ejus fiphones   **E.**    Alter canalis   **F.**

Si verò rivus tantam aquarum copiam fuppeditat,quanta ftatim rotam altam & gravem verfare poteft,tum ad alterum axis caput fit tympanum dentatum, id verfatum circumagit alterius axis tympanum, quod ex fufis conftat,ei fubjectum: ad utrumq; eiufdem axis inferioris caput fit ferrum teres,&
quafi lunatis obliquatum cornibus,in iftiufmodi machinis ufitatum.Hęc autem quod utrinq; fiphonum ordines habeat,permultas aquas haurit.

*Axi*

*Axis superior* A.   *Rota cujus pinnas rivi impetus percutit* B.   *Tympanum dentatum* C.   *Alter axis* D.   *Tympanum quod ex fusis conflat* E.   *Ferrum teres & curvatum* F.   *Siphonum ordines* G.

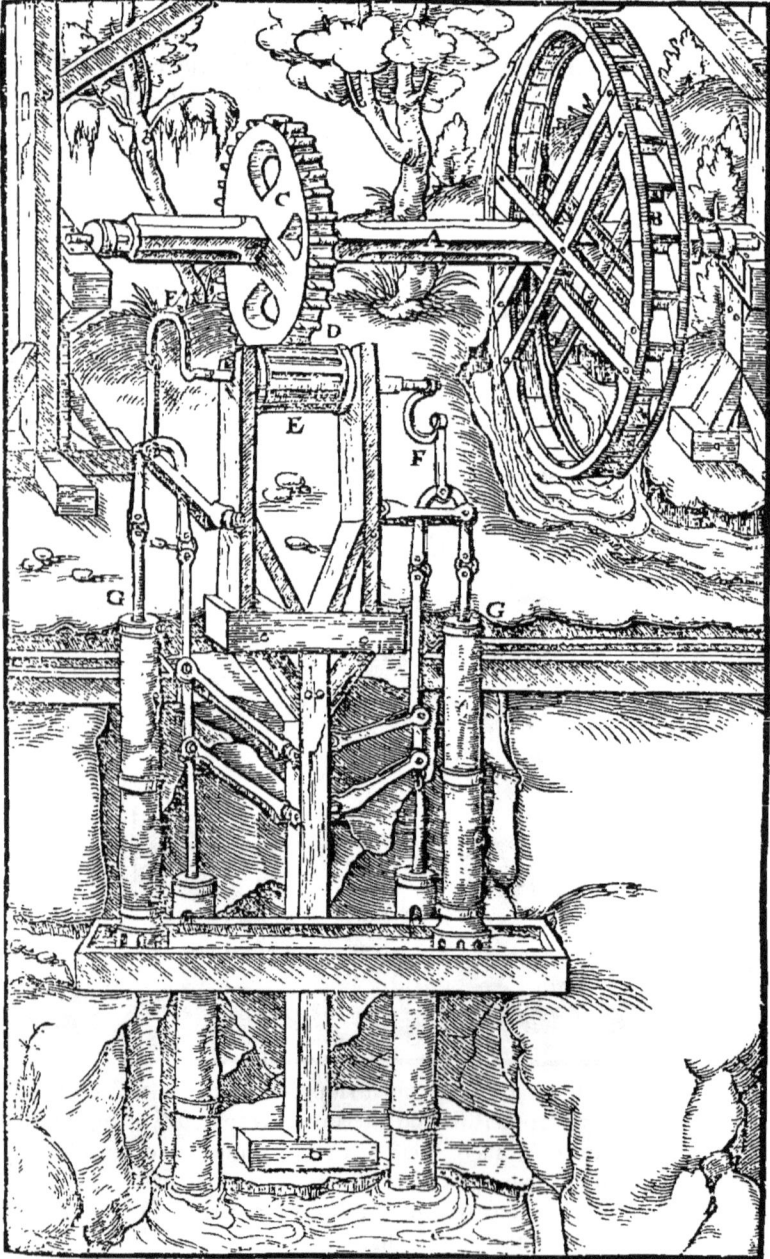

At machinarum,quæ pilis aquas hauriunt,item fexfunt formæ nobis notæ : quarum prima fic fe habet. Sub fummo terræ corio vel cuniculo foditur
caverna,ac undiq; robuftis tignis & afferibus fubftruitur, ne ruinis vel homines opprimantur vel machina frangatur. In ea caverna fubftructa collocatur rota , in axi angulato inclufa. Axis autem codaces ferrei in dimidiatis
catillis item ferreis verfantur : qui in tignis admodum robuftis inclufi funt.
Rota verò plerunq; alta eft pedes quatuor & viginti,rarò triginta,nihil dif-
fimilis ad molendum frumentum fabricatæ : nifi quod paulò fit anguftior :
axi ab altera parte tympanum eft,in medio circumcirca excavatum , in quod
multæ fibulæ ferreæ quater curvatæ funt infixæ: in quib. quia annuli inhærent,catena ductaria per fiftulas extrahitur ex lacuna, rurfusq; in eandem demittitur per tigna excavata ufque ad imum libramentum : orbis eft ferreus
circum axiculum ferreum : cujus uterq; codax in crafsi ferri,ad tignum affixi,
catillo verfatur : in quo tympano catena involuta aquas pilis hauftas per fiftulas effert. Quæq; fiftula quinq; ferreis circulis palmum latis & digitum
crafsis cingitur : qui æqualia ejus fpacia dividunt & muniunt, eorum primus
ei communis eft cum fiftula antecedente in qua includitur : ultimus cum có-
fequente,quæ in ea includitur : quæq; fiftula,excepta prima,fumma parte extrinfecus circumcirca longitudine digitorum feptem,crafsitudine trium excavata eft,ut in eam quæ antecedit,inferi pofsit : quæq;, excepta ultima, ima
parte interius circumcirca pari longitudine,fed crafsitudine palmi, refecta
eft ut eam quæ fequitur recipere pofsit : quæq; ferreis fibulis ad putei tigna
affigitur,ut immobilis maneat. Per has continentes fiftulas aquæ pilis catenæ ductariæ,ex lacuna extrahuntur ufq; ad cuniculum : ubi per fupremæ fiftulæ aperturam exprimuntur in canalem per quem effluunt. Pilæ verò quæ
ducunt aquam,implicantur annulis ferreis catenæ ductariæ : diftatq; una ab
altera pedibus fex: conftant ex caudæ equinæ pilis corio infutis , ne ferreis
tympani fibulis evellantur : tantæ funt ut utraq; manu capi pofsint. Si autem
hæc machina fub fummo terræ corio fuerit collocata,rivus, qui ejus circumagit rotam,per fubdiales canales deducitur : fi fub cuniculo,per fubterraneos.
Itaque rotæ pinnæ, ab impetu fluminis percuffæ,progredientes verfant rotam : atq; una cum ea tympanum:quo modo catena ductaria extracta pilis per
fiftulas exprimit aquas. Hujus machinæ rota fi alta fuerit pedes quatuor &
viginti ex puteo,alto pedes ducentos & decem,extrahit aquas : fi pedes triginta , ex puteo alto pedes ducentos & quadraginta. Sed huic opus eft rivo cui
major vis aquarum fit.

*Rota* A. *Axis* B. *Codaces* C. *Armillæ* D. *Tympanum* E.
*Anfæ ferreæ* F. *Catena ductaria* G. *Tigna* H. *Pilæ* I. *Fi-*
*ftulæ* K. *Canales rivi* L.

Altera

Altera machina duo habet tympana, duos fiftularum ordines, duas catenas ductarias, quæ pilis aquas exprimunt. Cætera proximis prorfus funt fi-

milia. Hæc machina tum conſtrui ſolet, cùm nimis multæ aquæ in lacunam
confluxerunt: atq; has duas machinas vis aquarum verſat, omninoq́; aquæ
trahunt aquas. Hoc verò eſt indicium accretionis & diminutionis aquarum,
quas in ſe continet lacuna ſubterranea, ſive eas aquas hæc altera machina pilis
hauſtas per fiſtulas efferat, ſive prima, ſive tertia, alia ve. E trabis, quæ eſt ſupra puteum tam altum quàm profunda eſt lacuna, altera parte lapis, aſſer altera, uterq; uno fune appenſus. Sed hic tamen ferreo filo, quod pendet ab altero
ejus capite, demittitur: & quidem lapis uſq; ad oris putei latus, aſſer verò rectà per puteum in lacunam, cujus aquis innatat. Is aſſer tam gravis eſt, ut filũ
ferreum, quod ipſius fibulam ferream hamulo prehendit, unà cum fune deorſum, lapidem ſurſum trahere poſsit: itaq; quo magis aqua decreſcit, eò magis aſſer deorſum fertur, lapis ſurſum: quo verò magis accreſcit, eò magis cõtrà aſſer ſurſum fertur, lapis deorſum. Hic cùm ferè trabem contingit, quia ſignum dat aquas ex lacuna pilis per fiſtulas eſſe exhauſtas, machinæ præfectus rivi canales occludit, rotamq́; ſiſtit: cùm ferme terram, quæ eſt ad oris
putei latus, attingit, quia ſignificat lacunam eſſe aquis, quæ in eam rurſus confluxerunt, repletam (aquæ enim attollunt aſſerem, atq; ita lapis & funem &
filum ferreum retrahit)idem præfectus canales recludit: quare aquæ rivi iterum percutientes rotæ pinnas verſant machinam. Quoniam verò operarii
plerunq; anniverſariis diebus feſtis non laborant, & profeſtis non ſemper
prope machinam, atq; ea, ſi res hoc poſtulat, continenter trahit aquas, tintinabuli ſonus aſsiduè auditus, declarat machinam hanc æquè ac primam integram & nulla re impeditam verſari: id ex axiculo ligneo, quem continent
trabes, quæ ſunt ſupra puteum, funiculo appenſum eſt. Alter verò funiculus
lõgus, cujus ſuperius caput ad axiculum religatum eſt, demittitur in puteum:
inferiori ejus capiti alligatum eſt lignum: quod quoties axis manus percutiunt, toties tintinabulum commotum ſonitum reddit. Tertia autem iſtius
generis machina tunc utuntur metallici, cùm nullus rivus, qui verſet rotam,
deduci poteſt: cujus hæc eſt fabrica. Cavernam primò fodiunt: quam etiam
robuſtis tignis & aſſeribus conſtruunt, ne latera ruinas edant, quę labefactent
machinam & homines lædant. At ſuperiorem cavernæ partem contegunt
tignis: ut equi machinam trahentes per ea poſsint incedere. Deinde iterum tigna ad ſedecim, longa pedes quadraginta, lata & craſſa pedem unum, fibulis in ſummo conjuncta, in imo divaricata erigunt: eorumq́; ſingulorum inferiora capita in ſingulorum tignorum humi ſtratorum formis includunt, &
tertio quodam connectunt: quo modo rurſus fit area circuli ſpeciem habens,
cujus linea dimetiens ſit pedum quinquaginta. Per foramen, quod eſt in media area, deſcendit axis quadrangulus ſtatutus, longus pedes quinq; & quadraginta, craſſus & latus ſeſquipedem: cujus codax inferior volvitur in catillo tigni humi in caverna ſtrati, ſuperior in catillo tigni, quod in ſummo ſub
fibula in formis duorum tignorum erectorum eſt incluſum. Catillus inferior diſtat ab altero cavernæ latere, item ab ejuſdem fronte & à tergo pedes
XVII. axi ad pedem ſupra inferius caput eſt rota dentata: cujus linea dimetiens habet pedes XII. Ea rota conſtat ex quatuor radiis & octo curvaturis.
Radii ſunt longi pedes XV. craſsi & lati dodrantem: quorum alterum caput

inclu-

inclufum eft in axe,alterum in formis duorum curvaturarum, qua parte cō-
junguntur. Hæ curvaturæ craffæ funt dodrantem, latæ pedem : ex quibus
furfum verfus eminent & extant dentes recti,alti dodrantem,lati femipedem;
crafsi digitos fex : qui verfant tympanum alterius axis ftrati,id conftat ex duodecim fufis,longis pedes tres,latis & crafsis digitos fex : quod circumactum
volvit axem,circum quem eft tympanum,habens fibulas ferreas quater curvatas : in quibus annuli catenæ ductariæ, quæ pilis per fiftulas haurit aquam,
inhærent. Hujus axis ftrati codaces ferrei in armillis, quæ in medio trabium
funt inclufæ, verfantur. Supra loculamentum rotæ in axis ftatuti formis capita duorum tignorum oblique afcendentium inclufa fibulantur.Eorundem
verò capita fuperiora fuftinent tigna tranfverfaria duplicata,item in ejus formis inclufa. In altero autem tigni tranfverfarii capite inclufum eft tigillum,
quod quafi ex duplicato pendet : cui fimiliter inferius tignum curtum eft inclufum. Id verò habet ferreum clavum, qui recipit catenam, atq; ea rurfus
ftateram.Hanc machinam,quæ extrahit aquas ex puteo, alto pedes ducentos
& quadraginta,duo & triginta equi circumagunt : atq; eorum octo quatuor
horis,deinde hi quiefcunt duodecim horis,& totidem in eorum locum fuccedunt. Talis autem machina ad radices Meliboci montis & in vicinis locis eft
ufitata. Quin, fi res hoc poftulat,plures ejufmodi machinæ unius venæ fodiendæ gratia,fed alia alio in loco profundiore folent conftrui : ut in Carpato
monte Schemnicii tres : quarum infima ex infima lacuna trahit aquas ad primos canales,per quos in fecundam lacunam influunt: media ex fecundã lacu-
ra ad fecundos canales,è quibus in tertiam lacunam defluunt: fuprema ex terra ad cuniculi canales,per quos effluunt. Ejufmodi tres machinas circumagunt equi fex & nonaginta : qui per puteum declivem & cochleæ inftar cõ-
tortum gradibus defcendunt ad machinas : quarum infima in loco profundo
eft collocata: qui diftat à fubdiali terræ corio ad pedes fexcentos & fexaginta.

*Axis ftatutus* A. *Rota dentata* B. *Dentes* C. *Axis*
*ftratus* D. *Tympanum,quod conftat ex fufis* E. *Alte-*
*rum tympanum* F. *Catena ductaria* G. *Pilæ* H.

h 4

Ex eodem genere est quarta machinæ species,quæ ita fit. Duo tigna statuuntur,in quorum foraminib. suculæ capita volvuntur: eam duo vel quatuor ro-

tuor robuſti viri circumagunt : unus enim vel duo trahunt vectes,unus vel
duo eoſdem trudunt,atq; ita illos juvant. Viciſsim autem alii duo vel quatuor in eorum locū ſuccedunt. Sucula iſtius machinæ,non aliter ac ſtratus
aliarum machinarū axis,habet tympanum,in cujus item fibulis ferreis annuli
catenæ ductariæ inhærentes aquas pilis per fiſtulas hauriunt,altitudine pedū
octo & quadraginta. Altius enim eas extrahere non poſſunt humanæ vires,
quòd labor ille maximus nō homines modo,ſed etiam equos defatiget. Nam
ſola aqua rotam,cui eſt ejuſmodi tympanum, continenter poteſt impellere:
plures etiam iſtius generis machinæ,ut proximæ,unius venæ fodiendæ gratia, ſed alia alio in loco profundiore ſolent conſtrui.

*Sucul.:* A. *Tympanum* B. *Catena ductaria* C. *Pilæ* D. *Fibulæ* E.

Quinta machina partim tertiæ ſimilis eſt,partim quartæ. Nam à viris robuſtis ut hæc circumagitur:ut illa duos habet axes,quanq̃ utrunq̃; ſtratum,
& tria tympana utriuſq; axis codaces ſic in tignorum armillis incluſi ſunt, ut
exilire nequeant. Inferiori aūt axi altera parte ſunt vectes,altera tympanū dē-
tatum : ſuperiori altera tympanum quod ex fuſis conſtat,altera id,in quo fibulæ ferreæ ſunt infixæ:quibus annuli catenæ ductariæ ſimiliter inhærentes aquas pilis per fiſtulas eadem altitudine hauriunt. Hanc machinam vo-
lubilem duo virorum paria viciſsim verſant: alterum ſtans laborat , alterum
ſeriatum

feriatum sedet: dum munus volvendi exercent, unus vectes trahit, alter trudit, tympana ad machinam facilius circumagendam adjuvant.

*Axes* A.     *Vectes* B.     *Tympanum dentatum* C.     *Tympanum ex fu-*
*sis constans* D.     *Tympanum in quo infixæ sunt fibulæ ferreæ* E.

Sextæ machinæ item duo sunt axes: inferior altera parte habet rotam, quæ
à duobus calcantibus versatur, altam pedes tres & viginti, latam quatuor,
ut alter juxta alterum stare possit: altera tympanum dentatum. Inferiori verò sunt duo tympana & una rota: alterum tympanum ex fusis constat, in altero infixæ sunt fibulæ ferreæ. Rota similis est ei, quam habet secunda machina, quæ terras & saxorum fragmenta potissimùm ex puteis extrahit. Calcantes autem ne cadant manibus prehendunt perticas, ad rotæ latera interius
affixas: quam cùm versant tympanum dentatum simul circumactum impellit alterum, quod ex fusis constat, quo modo rursus annuli catenæ ductariæ
tertii tympani fibulis inhærentes aquas pilis per fistulas hauriunt, altitudine
pedum sex & sexaginta.

*Axes* A.     *Rota quæ calcatur* B.     *Tympanum dentatum* C.
*Tympanum ex fusis constans* D.     *Tympanum, in quo infixæ*
*sunt fibulæ ferreæ* E.     *Altera rota* F.     *Pilæ* G.

                                                          Sed

Sed machina, omnium quę aquas trahunt maxima, sic construitur. Primò
castellum in caverna substructa collocatur, longum pedes XVIII. latũ & altũ
pedes

pedes XII.in quod rivus per subdiales canales aut cuniculum deducitur. Castello sunt duo ostia & totidem fores,habentes superiori parte vectes, quibus
levari in antis excavatis & rursus demitti possunt, ut illo modo ostia reseran-
tur,hoc claudantur.Sub ostiis sunt duo canales,ex asseribus facti: qui excipiūt
aquam e castello effluentem, eamq; in rotæ pinnas infundunt:quo impetu
percussæ versant rotam:brevior defert aquas, quæ percutiunt pinnas rotam
volvētes versus castellum:longior eas,quæ percutiūt pinnas rotā versantes in
contrariam partem. Rotæ autem theca sive loculamentum constat ex contignatione, ad quam etiam interius affixæ sunt tabulæ. Ipsa rota est alta pedes sex & triginta,atq; inclusa in axi. Habet verò duplices,ut jam dixi,pinnas:
quarum alteræ alteris situ sunt oppositæ, ut rota modo versus castellum versari posit,mod ò retrò contrario motu. Axis quadrangulus est & longus pedes XXXV. crassus & latus pedes duos: cui post rotam ad pedes sex sunt quatuor orbes alti & crasi pedem: quorum unusquisq; ab alio distat pedibus
quatuor. Ad hos affixa sunt clavis ferreis tot tigna,ut eos orbes omnes contegant. Vt autem continenter collocari posint,in summo sunt latiora,in imo
angustiora: atq; isto modo fit unum tympanum, circa quod versatur catena
ductaria,cujus capitibus implicati sunt unci bulgas prehendentes. Tale verò tympanum iccirco conficitur,ut axis integer maneat. Id enim cum usu deteritur facile reparari potest. Non longè præterea ab axis capite est alterum
tympanum altum undiq; circum axem pedes duos, latum unum,huic harpago,quoties res postulat,impactus machinam retinet : qui qualis sit supra
explicavi. Ad axem infundibuli loco est tabulatum aliquantum declive,ha-
bens in fronte venæ latitudinem quindecim pedum,& totidem in tergo:in
cujus utraq; parte palus est robustus,habens catenam ferream, cui grandis
est uncus. Hanc machinam quinq; homines gubernant: unus qui fores de-
mittens ostia castelli occludit, & eosdem ad superiorem partem trahens recludit. Atq; rector ille machinæ juxta castellum in loculamento pensili con-
sistit.Itaq; cum altera bulga jam ferè usq; ad tabulatum declive fuerit extracta,
claudit ostium ut rota sistatur. Effusa autem bulga reserat alterum ostium,
ut alteræ pinnæ ab impetu aquarum percussæ,rotam in partem contrariam
agant. Quod si mox ostium occludere non potest,& aquarum fluxionè continere,inclamat socium atq; eum jubet harpagonem sublevatum alteri tympano impingere,atq; sic rotam sistere. Duo verò vicissim effundunt bulgas:
quorum alter stat in ea tabulati parte, quæ est in fronte putei:alter in ea quæ
est in dorso. Itaq; si bulga jam ferè fuerit extracta,cujus rei signum dat annulus quidam catenæ ductariæ,qui in altera tabulati parte cōsistit: alterum harpagonem, hoc est, grande ferrum uncinatum uni catenæ ductariæ annulo
implicat, & partem catenæ subsequentem omnem usq; eò ad tabulatum trahit,dum bulga ab altero effundatur. Et quidem iccirco,ut catenæ ductariæ
pars,cum altera bulga vacua demissa suo pondere,reliquam ejusdem catenæ
partem de axe non detrahat,totaq; in puteum non incidat. Sed ejusdem laboris socius cernens bulgam aquis plenam fermè esse extractam,inclamat machinæ rectorem,eumq; jubet ostium castelli claudere, ut spacium effunden-
di habere posit. Bulga effusa rector machinæ,alterum castelli ostium primò
aliquan-

aliquantum recludit, ut ea catenæ ductariæ pars, cum bulga inani rurſus in puteum demittatur: deinde totum referat. Itaq; cùm jam pars catenæ ad tabulatum tracta rurſum circumvoluta, tympano etiam ipſa demiſſa fuerit in puteum, extrahit uncum alterius harpagonis grandem, qui eum annulo catenæ implicavit. At quintus juxta lacunam in foſſa quadam latente cóſiſtit: ne, ſi contingat ut annulo dirupto pars catenæ aut aliud quiddam decidat, lædatur: is batillo ligneo, & bulgam regit, & aquas in eam ingerit, ſi ſua ſponte ipſæ non hauſerit. Quoniam verò nunc in ſupremam cujuſq; bulgæ partem, inſuunt circulum ferreum, ut ſemper pateat, & in lacunam immiſſa per ſe ipſa hauriat aquas, non opus eſt ullo bulgarum gubernatore. Præterea quia his temporibus eorum, qui in tabulato cóſiſtunt, alter bulgam effundit, alter vectibus demiſsis oſtia caſtelli occludit, aut ſurſum tractis referat: idem uncum alterius harpagonis grandem, annulo catenæ ſolet injicere: quomodo tres tantum in hac machina regenda operas dant. Quinetiam quia interdum is, qui effundit bulgam, priorem harpagonem ſublevatum, alteri tympano imprimens rotam ſiſtit, duo omnem laborem ſibi ſumunt.

*Caſtellum* A. *Canalis* B. *Vectes* C D. *Canales ſub oſtiis* E F. *Pinnæ duplices* G H. *Axis* I. *Tympanum majus* K. *Catena ductaria* L. *Bulga* M. *Loculamentum penſile* N. *Rector machinæ* O. *Viri effundentes bulgas* P Q.

O

. Sed de machinis tractoriis satis: nunc dicam de spiritalib. Cùm puteus fuerit valde profundus ad quē nullus cuniculus, nulla´ve fossa latens ex altero puteo pertinet:aut cuniculus admodū lõgus, ad quē nullus puteus pertingit, tūc
aer, quòd extenuari nõ possit, fossorib.crassus ostunditur , atqʒ difficulter spi-
rant.

rant.Interdum etiam suffocantur: ardentes quoq; lucernæ extinguũtur.Itaq;
opus est machinis,quas etiam Grçci πνδυμαλικὰς,Latini spiritales appellarent :
etsi vocem non mittunt: nam ipse efficiunt ut fossores ex facili spirare & opus
institutum perficere possint.Earum tria sunt genera.Primum venti flatus ex-
ceptos in puteũ deducẽs in tres species dividitur: quarũ prima sic se habet.Su-
per puteum,ad quem nullus cuniculus pertinet,tria tigna,quam puteus paulò
longiora,collocantur:primum super ejus frontẽ,alterum super mediũ puteũ,
tertiũ sup ejusdẽ tergũ.Eorũ capita habẽt foramina , in qua pali, ad imũ cuneatiores,immissi altius,pariter ac primæ machinæ tigna , in terrã adigũtur ut
maneant immobilia.Quodq; illorum tignorum habet tres formas in quib.in-
clusa sunt tria tigna transversaria. quorum unũ dextrũ putei latus occupat:al-
terũ,sinistrũm: tertiũ,mediũ puteũ.Ad hoc & ad illud alterũ,quod etiam sup
medium puteũ collocatũ est,affiguntur asseres sic alternè coagmẽtati,ut semper antecedentis modicã cõmissuram sequens obtineat: quo sanè modo fiunt
quatuor anguli & totidem intermedia cava,quæ ventos undiq; flantes concipiunt. Ut verò ad superiora sublati non eluctentur,sed retrò ferantur, asseres
operculo,in orbis figuram formato,superius tecti sunt,inferius patent : quare
ventis necessitate quadam,putei quatuor istis foraminib.inspirantur.Attamẽ
id genus machinam operculo tegere non est in his locis,in quibus sic locari
potest,ut ventus per supremam ejus partem flatum inspiret.

*Tigna strata* A. *Pali cuneati* B. *Tigna transversaria* C. *Asseres* D. *Cava* E.
*Venti* F. *Operculum* G. *Puteus* H. *Machina carens operculo* I.

Secunda hujus generis machina venti flatus in puteum canali longo indu-
cit. Is ex quatuor asseribus toties conjunctis & coagmentatis, quoties
altitudo putei hoc postulat, in quadranguli figuram formatur: ejusq;
commissuræ terra pingui & glutinosa aquis madefacta oblinuntur: ejusdem
canalis os ex puteo vel extat,& quidem altitudine trium quatuor've pedum:
vel non extat: si extat,speciem infundibuli quadranguli præ se ferens,latius &
patentius quàm ipse canalis est,ut eò facilius flatum concipere possit: si nō extat,latius canali non est,sed ad id è regione venti spirantis asseres affiguntur,
qui flatum excipientes in ipsum ingerunt.

*Os canalis extans* A.     *Asseres ad canalis os,quod non extat affixi* B.

Tertia ex fistula vel fistulis & vase constat: etenim super supremam fistulā
statuitur vas ligneum,ligneis circulis cinctū,altū pedes quatuor,latū tres: cujus os quadrangulum, quod semper patet; venti flatum concipit,& eum vel
una fistula in canalem longum,vel plurib.in puteū deducit.Suprema fistulæ
pars inclusa est in orbe tam crasso,quàm vasis fundum est: paulò minus lato,
ut vas circum ipsum versari possit.Ex orbe tamen fistula extans includitur in
rotundo foramine,quod est in medio vasis fundo: qua parte ad fistulam affixus est axiculus statutus,qui per vas ferè mediū penetrans fertur in operculi,
fundo simillimi,foramē,inq; eo includitur,circū quē axiculū immobilē & fistulæ orbe vas mobile facillimè versatur à leni aura spirante,nedum à vēto,q
ejus alā gubernat: ea ex tenuibus tabellis cōstans,ad supremā vasis partem affixa est: & quidem è regione spiritalis oris: quod esse quadrangulum & semper pa-

per patere dixi. Etenim ventus, ex quacunq; mundi parte spiraverit , alam
propulsam rectà versus partem ei adversam extendit : quo modo vas os spiritale in ipsum ventum obvertit : quod ejus flatum concipit,eumq; fistula in
canalem longum,vel fistulis in puteum deducit.

*Vas ligneum* A.   *Circuli* B.   *Os spiritale* C.   *Fistula* D.   *Orbis* E.
*Axiculus* F.   *Foramen quod est in fundo vasis* G.   *Ala* H.

Alterum machinarum spiritalium genus ex flabellis constat, itemq; varium & multiplex est : nam flabella vel in sucula includuntur,vel in axe.   Si in
sucula,ea aut cavum tympanum, ex duabus rotis & pluribus tabulis inter se
coagmentatis compositum, in se continet, aut quadrangulum loculamen-
tum.Sed tympanum immobile,atq; à lateribus clausum,ibidem rotunda tantummodo habet foramina : & quidem tanta,ut sucula in eis versari possit : sed
habet præterea duo spiritalia foramina quadrangula : quorum superius concipit auram : inferius canalis longus excipit,quo eadem in puteum induci-
tur.   Suculæ autem capita utrinq; ex tympano eminentia chelæ stipitum,vel
tignorum cava crassis laminis ferrata sustinent : quorum alterum habet vectem , in altero quatuor infixæ sunt perticæ,quibus capita crassa & gravia
sunt,ut eorum pôdere sucula cum circumagitur depressa ad motum pronior
fiat : itaq; cùm operarius vecte versat suculam, flabella , quæ qualia sint,paulò
post dicam,foramine spiritali auram haurientes in alterum foramen, quod
excipit canalis longus,impellunt : quæ per eum penetrat in puteum.

Tympanum A.   Loculamentum B.   Foramen spiritale C.   Alterum foramen D.   Canalis longus E.   Sucula F.   Epus vectis G.   Pertica H.

Locula-

Loculamento prorſus eadem quæ tympano ſunt: ſed alterum altero longè præſtat. Etenim flabella tympanum ſic occupare poſſunt,ut ipſum undique ferè attingant,omnemq; auram conceptâ in canalem longum impellant:
loculamentum propter angulos ſic occupare non poſſunt: in quos quòd aura partim recedat,ipſum tam utile quàm tympanum eſſe non poteſt. Verùm
loculamentum non humi modo locatur,ſed etiam ſuper tigna, ſicuti mola,
quam verſant venti,ſtatuitur,habetq; ejus ſucula loco vectis etiã extra ipſum
quatuor alas molæ aliſ ſimiles. Hæ impetu ventorum percuſſæ ſuculam circumagunt: quo modo ejus flabella,quæ intra loculamentum ſunt, ventum,
foramine ſpiritali hauſtum,per canalem longũ puteo inſpirant. Quanquam
autem huic machinæ nullo opus eſt vectiario,cui merces perſolvatur, tamen
quia cùm cælum ſilet à ventis,ut ſæpè ſilet,non verſatur,minus quàm cæteræ
eſt ad ventulum puteo faciendum accommodata.

*Loculamentum humi locatum* A. *Ejus foramen ſpiritale* B.
*Ejuſdem ſucula habens flabella* C. *Vectis ſuculæ* D. *E-*
*juſdem perticæ* E. *Loculamentum ſupra tigna ſtatutum* F.
*Alæ quas ſucula habet extra loculamentum* G.

Si verò flabella includuntur in axe,ea plerunq; cavum tympanum, itẽ immobile capit: cui axi ex altera parte eſt tympanum, quod ex fuſis conſtat: id

inferioris axis tympanum dentatum circumagit, ipfum à rota, cujus pinnas
aquarum impetus percutit, verfatum : fi locus aquarum copiam fuppeditat,
hanc machinam fabricari utilifsimum eft,& quòd nullo egeat vectiario, cui
merces danda fit,& auram perpetuam puteo per longum canalem infpiret.

*Tympanum cavum* A. *Ejus foramen fpiritale* B. *Axis cui flabella*
*funt* C. *Ejus tympanum quod ex fufis conftat* D. *Axis inferior*
E. *Ejus tympanum dentatum* F. *Rota* G.

Flabellorum verò, quæ in formis fucule vel axis inclufa tympanum & loculamentum in fe continent, tria funt genera : unum fit ex tenuibus tabulis,
altis & latis, prout altitudo & latitudo tympani vel loculamenti poftulat : alterum ex tabulis æquè latis, fed humilibus, ad quas tenuia & longa populi vel
alterius arboris lentæ refegmina funt affixa: tertium ex tabulis proximis fimilibus, ad quas alæ anferum duplicatæ vel triplicatæ funt affixæ. Hoc minus
ufitatum eft quàm fecundum : quod rurfus minus quàm primum. Includuntur autem flabellorum tabulæ in quadrangulis fucule vel axis partibus.

*Primum flabellorum genus* A. *Secundum* B. *Tertium* C.
*Suculæ pars quagrangula* D. *Ejufdem rotunda* E. *Vectis* F.
Tertium

Tertium machinarum ſpiritalium genus, non minus quàm ſecundum varium & multiplex, conſtat ex follibus: quorum non flatu ſolum putei & cuniculi, canalibus longis vel fiſtulis inſpirantur, ſed etiam hauſtu à gravibus
& peſtilentibus halitibus purgantur. Hos diducti foraminibus ſpiritalibus
per canales hauriunt & in ſe alliciunt, illum compreſsi per nares in canales
vel fiſtulas inſpirant: eos verò vel homo comprimit, vel equus, vel impetus
aquæ. Si homo, ſuper canalem longum, ex puteo eminentem, ſic ponitur &
ad tigna affigitur inferius follis magni tabulatum, ut, cùm flatum per canalem inſpirare debet, ejus naris in ipſo includatur: cùm graves vel peſtilentes
halitus haurire, canalis os follis foramen ſpiritale undiq; comprehendat: ſed
cum ſuperiore follis tabulato vectis copulatus, per medii axiculi formam, in
qua ſic incluſus eſt, ut ea parte immobilis maneat, penetrans deſcendit. Axiculi autem codaces ferrei in foraminibus tignorum ſtatutorum verſantur.
Itaq; cùm operarius vectem deprimit, ſuperius follis tabulatum attollitur, ſimul & fores ſpiritalis foraminis ſpiritu rapti aperiuntur: quomodo follis, ſi
naris ejus in canali incluſa fuerit, aerem liberum in ſe allicit, ſin canalis os foramen ejus ſpiritale comprehenderit, graves vel peſtilentes halitus ex puteo, centum & viginti etiam pedes alto, trahit & canali haurit. Cùm verò lapis in ſuperius tabulatum impoſitus, id deprimit fores ſpiritalis foraminis clauduntur, & follis priore modo aerem ſalubrem per narem canali
inſpirat;

inspirat : altero graves vel pestilentes halitus conceptos per eandem narem exspirat. Quoniam verò tunc aura salubris majore putei parte intrat, fossores, quod ea fruantur, laborem sustinere possunt: nam putei minor quædam pars, quæ in æstuarii loco est, ab altera majore tabulis continentibus, & ex summo putei ad imum usq; pertinentibus, distinguenda est: per quam canalis longus, sed angustus, ferè ad imas putei fauces descendit.

*Putei pars minor* A.    *Canalis quadrangulus* B.
*Follis* C.    *Putei pars major* D.

Ubi verò nullus puteus in eam altitudinem fuerit depressus, ut cuniculum, longius in montem actum, attingat, fabricetur talis machina, quam item operarius trahat : juxta cuniculi canales, per quos aqua effluit, fistulæ ligneæ collocentur arctius connexæ, ut flatum continere possint. Hæ ab ore cuniculi usq; ad ultimam ejus partem pertineat : ad quos os exstat, follis sic collocatus, ut flatum conceptû per narem fistulis, vel canali longo, inspirare possit. Quia enim alius flatus alium semper impellit, in cuniculum penetrans, aëris mutationes facit : quare fossores instituta perficere possunt.

*Cuniculus* A.    *Fistulæ* B.    *Naris duplicati follis* C.

Sin halitus graves follibus è cuniculis hauriendi fuerint, plerumq; tres duplicati vel triplicati, naribus carentes & priore parte clausi, in sedilibus collocantur : quos operarius non aliter pedibus calcando comprimit, ac eos qui
in templis sunt ad organa, quæ varios & dulces sonos edunt. Follium autem
quisq; graves istos halitus inferioris tabulati foramine spiritali per canalem
longum tractos, foramine tabulati superioris expirat vel in aerem liberum,
vel in aliquem puteum, vel in fossam quampiam latentem. Hoc foramen foriculam habet, quam flatus noxius toties aperit, quoties exit. Quoniam verò aerem follibus tractum alius continenter subsequitur, non gravis modo
extrahitur ex cuniculo mille & ducentos pedes longo, aut etiam longiore,
sed salubris naturaliter ipsum consequens, in eundem parte ejus aperta, quæ
extra canalem illum longum est, trahitur. Quo modo cùm aeris mutationes
fiant, fossores laborem susceptum sustinere possunt : quod genus machinæ
ni essent inventæ, metallici necesse haberent duos cuniculos in montem agere, & post pedes summùm ducentos semper puteum ex superiore cuniculo
ad inferiorem pertinentem fodere, ut aer, qui in illum influxit, in hunc puteis descendens fossoribus salutaris esse possit : quod sine magno impendio
perficere non possent. At duas machinas supradictis assimiles follibus equi
versant : quarum altera ad axem habet ligneum orbem, circumcirca gradibus di-

bus diſtinctum,quos equus in clauſtris,ſimilibus his, in quæ equi ſolis ferreis
calceandi induci ſolent,incluſus continenter,pedibus calcans orbem ſimul cũ
axe circumagit : cujus dentes longi deprimunt tigilla folles comprimentia.
Quale verò ſi organum quod eos rurſus diducit, & qualia ſunt ipſorum ſedi-
lia libro nono planius explicabo.  Follis autem quiſq; ſi graves halitus ex cuniculo trahit , eos ſuperioris tabulati foramine expirat : ſint ex puteo , eodem
vel nare.  Orbi præterea eſt rotundum foramen,quod,cùm machina ſiſtenda eſt,trude trajicitur.  Altera verò machina duos habet axes, ſtatutum equus
verſat:ejus autem tympanum dentatum circumagit axis ſtrati tympanum,
quod ex fuſis conſtat.  Cæteris machina ſimilis eſt proximæ : hic etiam follium nares in canalibus longis collocatæ, flatum in puteum vel cuniculum
inſpirant.

*Machina primo deſcripta* A.   *Operarius iſte pedibus calcans*
*folles comprimit* B.   *Folles naribus carentes* C.   *Foramen*
*quo graves halitus ſive flatus expirant* D.   *Canales longi* E.
*Cuniculus* F.   *Machina ſecundo deſcripta* G.   *Orbis li-*
*gneus* H.   *Ejus gradus* I.   *Clauſtra* K.   *Ejuſdem or-*
*bis foramen* L.   *Trudes* M.   *Machina tertio deſcripta* N.
*Axis ſtatutus* O.   *Ejus tympanum dentatum* P.   *Axis*
*ſtratus* Q.   *Ejus tympanum, quod ex fuſis conſtat* R.

Ut autem

Ut autem hæc proxima machina graviorem aerem putei & cuniculi emendare poteſt, ita etiam vetus ratio eventilandi aſsiduo linteorum jactatu, quam

explicavit Plinius. Aer enim non tantùm ipſa putei altitudine, cujus rei illi
mentionem facit, fit gravior, ſed etiam cuniculi longitudine.

Cuniculus A.　　Linteum B.

At metallicorum machinæ ſcanſoriæ ſunt ſcalæ, ad alterum putei latus af-
fixæ:hæ pertinent vel ad cuniculum, vel ad ſolum putei: earum fabricam non
neceſſe habeo tradere quòd omnibus in locis ſint uſitatæ, & non tam artem,
cùm conficiuntur, requirant, quàm diligentiam cùm affiguntur. Verùm metallici non ſolùm ſcalarum gradibus deſcendunt in fodinas, ſed etiam inſidentes in bacillo vel in crate, ad funem ductarium religata, in eas demittuntur
tribus machinis tractoriis quas primò deſcripſi. Cùm præterea putei valdè
devexi fuerint, foſſores aliiq́ue operarii inſidentes in corio, circum lumbos
dependéte, quaſi devehuntur nó aliter ac pueri tempore hyberno, cùm in aliquo colle aqua conglaciaverit frigoribus. Attamen, ne decidant altero bra-
chio, circundant funem extentum, qui ſuperius ad tignum, quod ad os putei
collocatur, religatus eſt: inferius ad palum, in ejus ſolo defixum. His tribus
modis metallici deſcendunt in puteos:quibus annumerari poteſt quartus, qui
eſt, cùm homines & equi per puteum, ut dixi, declivem & cochleç inſtar con-
tortùm, gradibus in ſaxo inciſis deſcendunt ad machinas ſubterraneas, atque
rurſus aſcendunt.

Deſcen-

*Descendens scalis in puteos A.   Insidens in bacillo B.   Insidens in corio C.   Descendens gradibus in saxo incisis D.*

Restat de malis & morbis metallicorum, ac de modis quibus sibi ab ipsis cavere possunt : nam semper majorem rationem valetudinis sustentandæ, quàm lucri faciendi habere convenit, ut liberè muneribus corporis fungi possimus. Eorum autem malorum alia affligút artus, alia lædunt pulmones, partim oculos, quædam denique homines interimunt. Aqua, in quibus puteis, inest multa & frigidior, crura vitiare solet : etenim frigus est inimicú nervis. Sed fossores ad eam rem satis altos perones sibi comparent, qui crura tueantur ab aquarum frigore : cui consilio qùi non paruerit, is magno afficietur incommodo valetudinis, præsertim cùm vixerit ad senectutem. Contra verò aliquæ fodinæ adeo siccæ sunt , ut prorsus aquâ careant : quæ ariditas majus etiam malum dat operariis : siquidem pulvis, qui cietur & agitatur fossionibus, penetrans in asperam usque arteriam & pulmones, parit difficultatem anhelitus, & vitium, quod ἄσθμα Græci nominant. Quod si vim corrodendi habuerit, pulmones exulcerat, & tabem ingignit in corporibus : hinc in metallis Carpati montis invětæ sunt mulieres, quæ septem viris nupserunt, quos omnes dira illa tabes immatura morte affecit. Aldebergi certè in Misena in fodinis reperitur pompholyx nigra, quæ usque ad ossa exedit vulnera, & ulcera. Ferrum quoque corrodit : atque ob id clavi earum casarum omnes sunt lignei. Quin etiam cadmiæ quoddam genus est, quod operariorum pedes, aquis madidos, itemque manus exedit, pulmones & oculos lædit. Fodientes igitur sibi non modò perones comparent, sed chirothecas etiam ad cubitum usque altas : & vesicas laxas illigent faciei. Per has enim pulvis neque trahetur ad arteriam & pulmones, nec in oculos involabit : non dissimiliter apud Romanos sibi cavebant minii confectores, ne pulverem ejus lethalem haurirent. Tum difficultatem anhelitus parit aer immobilis, manēs tam in puteo quàm in cuniculo : cui malo remedia sunt machinæ spiritales, quas paulò antè exposui. Sed est aliud malum magis pestiferum, quodque homini mox affert necem : in quibus puteis, vel fossis latentibus, vel cuniculis duricies saxorum igni frangitur, in his aer inficitur veneno : siquidem venæ & venulæ commissuræque saxorum exhalant subtile quoddam virus, ignis vi expressum in rebus metallicis aliisque fossilibus : quod ipsum cum fumo sublevatur, non aliter ac pompholyx, quæ in officinis, in quibus venæ metallicæ excoquuntur, ad superiorem parietis partem adhærescit : id si ex terra evolare nequiverit, sed deciderit in lacunas, atq; eis innataverit, periculum conflare solet. Etenim si quando aqua jactu lapidis aut alterius rei commota fuerit, rursus ex ipsis lacunis evolat, itaque spiritu ductum homines inficit : sed idem magis efficit fumus igni nondum extincto. Corpora autem animantium isto veneno infecta, plerunque continuò turgescunt, & omnem motum ac sensum amittunt, sineque dolore intereunt. Homines etiam ex puteis scalarum gradibus ascendentes, ubi virus incrementum sumpserit, rursus in eos decidunt : quia manus non faciunt suum officium, globosæque & rotundæ ipsis videntur esse, itemque pedes. Aut si bonâ fortunâ parumper læsi ex his malis evaserint, pallidi sunt, & similes mortuorum. Itaque tunc nemo in eam ipsam fodinam vel in proximas descendat : aut si fuerit in eis, ascendat ocyus. Providi certè solertesq; fossores die Veneris ad vesperam incendunt struem lignorum : nec ante

diem

diem Lunæ rursus in puteos descendunt, aut ingrediuntur in cuniculos. Interea vis illa fumi virosi evanescit. Est etiam ubi ratio cum Orco habetur: nam quidam loci metallici, licet rari sint, sua sponte virus gignunt, pestilentemque auram exhalant: sicut etiam quædam venarum cavernæ, sed hæ sæpius graves halitus in se continent. Ad Planam Boemiæ oppidum sunt nonnulli specus, qui quibusdam anni temporibus halitum ex acidulis emittunt lucernas restinguentem, & fossores, diutius in eis morantes, necantem. Plinius quoque scriptum reliquit: Depressis puteis, sulfurata vel aluminosa occurrentia, putearios necant, experimentū hujus periculi, demissa ardens lucerna si extinguatur: tunc secundū puteum dextra ac sinistra fodiuntur æstuaria, quæ graviorem illum halitum recipiant. Verùm Planæ construunt folles, qui graves istos halitus haurientes huic malo medentur, de quibus suprà dixi. Quinetiam interdum operarii de scalis in puteos delapsi, brachia, crura, cervices frangunt, aut decidentes in lacunas suffocantur: plerunq; verò in causa est negligentia præsidis: cujus est proprium munus & scalas ita vehementer ad tigna affigere, ut non abrumpantur, & lacunas, ad quas putei pertinent, ita firmè asseribus contegere, ne ipsis motis, homines decidant in aquas: quocirca præses diligenter suum munus exequatur: tum janua casæ non vergat in aquilonem, ne tempore hyberno scalæ frigoribus congelent: nam id ubi factum fuerit, manus frigore rigentes, vel lubricæ, suum tenendi officium facere non possunt: ipsi etiam homines sint providi, ne, si nihil horum fuerit, suâ cadant incuriâ. Concidunt præterea montes, eaque ruinâ oppressi homines intereunt. Certè cùm quondam Goselariæ Ramesbergum desedisset, ruinis tot homines sunt oppressi, ut uno die circiter quadringentas fœminas viris orbatas esse, annales loquantur: & ab hinc annis undecim Aldebergi suffossi montis pars resoluta resedit, & sex fossores improvisò oppressit: absorbuit etiam casam atque unâ matrem cum filiolo. Id autem plerunque his accidit montibus, quibus venæ sunt cumulatæ. Itaque fossores relinquant fornices crebros montibus sustinendis, aut substructiones faciant. Saxum quoque abruptum articulos atterit: quod ne fiat, metallici structuris necessariis puteos, cuniculos, fossas latentes fulcire debent. At in nostris fodinis non est solifuga, quam Sardinia gignit. Animal est, ut Solinus scribit, perexiguum, simileque araneis formâ: solifuga dicta, quòd diem fugiat. In metallis argentariis plurima est: occultim reptat, & per imprudentiam supersedentibus pestem facit. Sed, ut idem ait, fontes calidi & salubres aliquot locis effervescunt, qui abolent à solifugis insertum venenum. Sed in quibusdam fodinis nostris, quanquam perpaucis, est alia pestis & pernicies: dæmones scilicet aspectu truci: de quibus dixi in libro De subterraneis animantibus inscripto: quod genus dæmonum precibus & jejuniis pellitur ac fugatur. Quædam autem ex his malis atque aliæ quædam res causa sunt, cur putei amplius fodi non soleant. Itaque prima & potissima causa est, quòd non sint fœcundi metallorum, aut si ad aliquod passus fœcundi fuerint, quòd in profundo sint steriles. Secunda affluentis aquæ multitudo: quam neque metallici possunt derivare in cuniculos, quia tam altè in montes agi non possint: neque machinis extrahere, quòd putei sint admodum profundi: aut si possent eam extra-

here machinis, quòd ipſis non utantur: nimirum quòd impenſæ ſint majores
quàm pauperioris venæ fructus. Tertia eſt aer gravis,quem interdum domini non arte, non ſumptu emendare & corrigere poſſunt: quam ob cauſam
foſsio non puteorum tantùm,ſed etiam cuniculorum deſeritur. Quarta virus in ſingulari loco genitum, ſi id funditùs tollere, vel levius facere in noſtra
poteſtate non fuerit: ea de re ſpecus ad Planam, Laurentius dictus, non fodi
ſolebat, cùm argento non careret. Quinta dæmon truculentus & homicida:
etenim ab eo, ſi expelli non poſsit, nemo non fugit. Sexta,ſubſtructiones ſi
labefactatæ conciderint: eas enim ruina montis ſequi ſolet. Subſtructiones
autem tunc ſolùm reſtituuntur, cùm vena admodum dives metalli fuerit.
Septima, motus bellici: propter quos, niſi certò conſtet foſſores deſeruiſſe
puteos & cuniculos,reficiendi non ſunt. Non enim credamus, majores noſtros tam inertes & ignavos fuiſſe, ut foſsiones, quæ potuerint fieri cum fructu,reliquerint.Noſtris profectò temporib.non pauci metallici,cùm anilibus
fabulis perſuaſi,refeciſſent puteos deſertos,operam & oleum perdiderunt: ne
igitur poſteritas acta agat, ex re ejus erit in tabulas referre, quam ob cauſam
cujuſq; putei vel cuniculi foſsio relicta ſit. Id quod quondam Fribergi factum
eſſe conſtat puteis deſertis propter copiam & affluentiam aquarum.

*De re Metallica Libri VI. FINIS.*

# GEORGII AGRICO-
## LAE DE RE METALLICA
### LIBER SEPTIMUS.

EXTUS liber deſcripſit ferramenta, vaſa, machinas,
hic venarum experiendarum rationes deſcribet: eas e-
nim effoſſas, ut utiliter excoqui, & ex ipſis à recremento
purgatis,metalla pura confici poſsint,operæprecium eſt
prius experiri. Sed talis experimenti quanquam men-
tio facta eſt à ſcriptoribus,tamen nemo ex illis præcepta
ejus memoriæ tradidit: quocirca mirum non eſt, ſi æ-
tate poſteriores nihil de eo ſcripſerint. Metallici certè
ex iſtius generis experimento cognoſcunt de venis, utrum aliquod quod-
piam metallum, an nullum in ſe contineant: aut, ſi ipſæ nobis indicia unius
metalli vel plurium oſtenderint,multum an paucum in eis inſit: qua ratione
etiam unius venæ partes metalli participes,ab his, quæ ejus expertes ſunt, ſeparari poſſunt. Atque illæ rurſus,in quibus multum eſt ab his in quibus paucum. Niſi enim hoc antea, quàm ex venis conflentur metalla, diligenter factum fuerit, non ſine magno dominorum detrimento excoquentur. Nam
partes

partes venarum, quæ non facilè igni liquescunt, metalla ad se rapiunt, vel ea
consumunt. Hoc modo cum fumo evolant, altero cum recremento & cadmia commiscentur: quo domini operam perdunt, quam posuerunt in fornac-
cibus atq; catinis præparandis, & eos novas impensas in ejusmodi recrementa & cæteras res facere necesse est. Verùm metalla jam excocta experiri sole-
mus, ut exploratum habere possimus, quota argenti portio insit in centumpondio æris vel plumbi: aut quotam auri particulam libra argenti in se contineat. Et contrà, quotam æris vel plumbi portionem habeat argenti centumpondium: aut quota argenti particula sit in auri libra: atque ex ea re conjicere
licet, utiliter possit, nec ne, metallum preciosum à vili secerni: quin etiam tale experimentum docet, utrum nummi boni sint, an adulterini, manifestoque
deprehendit argentum, si ejus plus quàm fuerit justum, monetarii miscuerint
auro: aut æs, si ejus plus, quàm fas sit, iidem temperaverint cum auro vel argento: quorum omnium rationem quàm potero, diligentissimè explicabo.
Venarum autem experimentum, quod solis metallicis utile est, ab excoctione
differt sola materiæ paucitate: etenim coquendo paucam discimus, utrum excoctio multæ nobis lucrum dabit in damnum, nisi enim metallici studio in-
cumberent in eam experiendi rationem, qua utútur, ex venis, ut jam dixi, metalla interdum cum detrimento, interdum sine ullo emolumento excoque-
rent: nam experiri venas impensis admodum exiguis, excoquere tantummodo magnis possumus. Simili autem modo fiunt. Primùm enim ut venas experimur in fornacula, sic easdem excoquimus in fornace. Deinde utrobique
non ligna, sed carbones incenduntur: tum ut in catillo fictili, cùm venas experimur, metalla quæ in ipsis insunt, si aurum, argentum, æs, plumbum fuerint,
justissimè miscentur, ita in primis fornacibus, cùm eædem excoquuntur, permisceri solent. Præterea ut hi, qui venas explorant igni, metallum vel liquidum effundentes, vel frigefactum fracto catillo terreno purgant à recrementis, ita excoctores quàmprimum metallum è fornace defluxerit in catinum,
frigidam infundentes, ab eo rutris auferunt recrementa. Postremò ut in catillo cinereo aurum vel argentum à plumbo separatur, ita quoque in secundis fornacibus. Sed artificem experiendæ venæ vel metalli necesse est paratum, & instructum rebus necessariis ad experimentum venire: atque fores
conclavis, in quo statuta est fornacula, claudere, ne quis intempestivè acce-
dens, mentem ejus, in operas intentam, perturbet: libram præterea in suo loculamento collocare, ut ea, cùm ipse massulas metallorum ponderat, flatu
ventorum huc & illuc agitari non possit: is enim arti est impedimento. Verùm res singulas, ad experimentum necessarias, describam exorsus à fornaculis: quarum alia ab alia differt figurâ, materiâ, loco in quo collocatur: figurâ
quidem, quòd sit teres vel quadrangula. Atque hæc magis est ad venas experiendas accommodata.

*Fornacula teres.*

P 4

*Fornacula quadrangula.*

Materiâ verò differunt fornaculæ, quòd alia fit latericia, alia ferrea, quædam fictilis. Latericia extruitur in camini foco, alto pedes tres & dimidium: ferrea in eodem collocatur, similíter fictilis. Sed latericia est alta cubitum, intus lata pedem, lóga pedé & duos digitos: cùm è foco assurrexerit ad quinq; digitos, quę laterum crudorum crassitudo esse solet, super lateres locatur bractea ferrea, luto superius oblita, ne propter vim ignium detrimétum accipiat. In fronte fornaculæ supra bracteam est os, altum palmum, latum quinque
digitos,

digitos,fuperiori parte rotundum.At bractea habet tria foramina,in utroque
latere unum,tertium in pofteriori ejus parte, quae lata funt digitū, longa tres
digitos: per ea tum cinis ex carbonibus candentibus decidit, tum fpirat flatus
penetrans in cameram, quae fub ipfa bractea eft: itaque is flatus ignem excitat. Quam ob rem haec fornacula, quam metallici propter ufum ab experien-
do appellant, apud chymiftas ex vento nomen invenit: verùm bracteae fer-
reae pars, quae é fornacula extat & eminet, longa efle folet dodrantem, lata
palmium. In ea carbunculi locati, expedite in fornaculam per ipfius os forcipe imponuntur, rurfusque, fi res hoc poftulat, ex fornacula exempti in eadem reponuntur.

*Bracteae foramina* A.     *Ejufdem pars quae extat è fornacula* B.

Ferrea autem fornacula conftat ex quatuor bacillis ferreis,altis fefqui-
dem, inferius parumper divaricatis & latis,ut firmius ftare pofsint: ex quo
duobus prior fornaculae pars, ex duobus pofterior efficitur: cum iftis bacil-
utriufq; partis conglutinata & conferruminata funt bacilla ferrea tranfve-
ria,numero tria: prima ubi ad altitudinē palmi affurrexerunt: fecunda ubi ad
altitudinem pedis:tertia in fumma eorum parte. Recta quidem bacilla ea parte perforata funt, qua cum ipfis conglutinantur tranfverfaria,ut à lateribus in
ea includi pofsint alia bacilla ferrea fimiliter utrinq; tria numero. Itaq; duodecim funt bacilla tranfverfaria,quae tres efficiunt ordines,imparib.interval-
lis diftinctos:etenim ab uno bacillo recto ad alterū in infimo ordine,eft intervallum unius pedis & quinq; digitorum. At in medio inter priora q dē bacilla
& pofteriora eft fpacium trium palmorū & unius digiti. Laterū verò bacillā
inter fe diftant tribus palmis & totidem digitis: fed in fupremo ordine,inter
priora quidem bacilla & pofteriora eft intervallum duorum palmorū ,inter
laterū verò bacilla trium,ut ifto modo fornacula in fuma parte fiat anguftior
quin

quin etiam ferreum bacillū, in oris fpeciem formatū, in infimo prioris partis
bacillo includitur: quòd os æquè ac latericiæ fornaculæ, altum eft palmum,
latum quinque digitos. Tum prius infimi ordinis bacillum tranfverfarium
ad utrumque oris latus perforatum eft, fimiliíque modo pofterius: per quæ
foramina penetrant duo bacilla ferrea, quæ cùm ipfa, tum quatuor infimi ordinis bacilla fuftinent bradteam ferream luto oblitam: cujus etiam pars é fornacula extat: inferiora quoque fornaculę latera ab infimo bacillorum ordine
ufque ad fupremum bradteis ferreis teguntur: quæ filis ferreis affiguntur ad
bacilla, lutoque oblinuntur, ut quàm diutifsimè vim ignium ferre pofsint. At
fidtilem fornaculam ex terra pingui & fpiffa & mediocri, quod ad mollitudinem & duriciem attinet, fingere convenit. Ea verò ferè eandem habet altitudinem quàm ferrea; ejusque pes conftat ex duabus tabulis fidtilibus, longis
pedem & tres palmos, latis pedem & palmum. Utriufque autem tabulæ partis prioris, utrunq; latus fic fenfim eft recifum ad palmi lōgitudinem, ut tantummodo latum fiat femipedem & digitum, quæ pars eminet é fornacula.
Sed tabulæ funt craffæ ferè fefquidigitum: fimiliter fidtiles parietes, qui ad digitum tranfverfum à margine ftatuuntur fuper inferiorem tabulam, quíque
fuperiorem eodem modo fuftinent. Sunt verò parietes alti tres digitos, habentes foramina quatuor, quę fingula alta funt circiter ternos digitos: fed po-
fterioris quidem partis & utriufque lateris lata funt quinque digitos: prioris
verò latum eft fefquipalmum, ut eò commodius in ipfum pedem, cùm concaluerit, imponi pofsint catilli cinerei nuper fadti, ibíque exiccari. Verùm u-
traquę tabula ideo exteriori parte filo ferreo, in eam impreffo, vincitur, ut minus frangatur: utraq; etiā non aliter ac bradtea ferrea, iccirco habet tria foramina longa tres digitos, lata digitū, ut cùm fuperior propter ignium vim, aut
propter aliam caufam vitium fecerit, inferior pede inverfo in ejus locum fuc-
cedat : ea foramina & cinis ex prunis, ut dixi, decidit, & fornaculæ infpiratur penetrans in cameram per parietum foramina. Ipfa verò fornacula
quę angula eft: inferiori ejus parte intus lata palmos tres & digitum unum,
lo palmos tres & totidem digitos: fuperiori lata palmos duos & digitos
tri ut etiam ipfa fiat anguftior: Alta autem eft pedem. Pofterior etiam ejus
pa inferius in medio excifa eft in modum femicirculi, qui fit femidigitū al-
pari modo latus utrunque: atq; non fecus ac fornacula in priori ejus par-
bet os fuperius rotundum, altum palmum, latum palmum & digitū: cujus fores fenefrati etiam ex terra funt, habentq; anfam. Quin operculum fornaculæ ex terra fadtum fuam habet anfam, filóque ferreo vincitur: tum ipfius
fornaculæ exteriorem partem utranque & latus utrunq; fila ferrea vinciunt:
ex quibus imprefsis triangulorum formæ folent effici. Fornaculæ autem latericiæ manent ac fixæ funt, fidtiles verò & ferreæ ex uno loco portātur ad alterum: atq; latericiæ citius parari poffunt, ferreæ magis durant, fidtiles non a-
ptiores. Metallici prætereà faciunt fornaculas temporarias hoc modo. Lateres tres fupra focum ftatuunt, utrinq; unum, tertium à tergo: pars prior patet flatui: his lateribus imponunt bradteam ferream: cui rurfus tres lateres,
qui carbones arceant & contineant. Sed loco fornacula alia ab alia differt,
quòd quædam in altiori collocetur, quædam in humiliori. Ea verò locatur
in altio-

in altiori,per cujus os,qui venas vel metalla experitur,catillum forcipe imponit: in humiliori, per cujus partem superius patentem: quo sanè modo fornaculæ loco artifici est circulus ferreus: etenim super focum camini ponitur, &
inferius oblinitur luto,ne flatus follis sub ipso exeat. Quod si fieret tardius,ve-
na excoqueretur, & æs liquesceret in catino triangulari,qui in eum forcipe
imponitur,& rursus eximitur. Circulus autem altus est palmos duos, crassus
semidigitum: ejus spacium interius plerunque latum est pedem & palmum:
qua parte flatus follis in ipsum penetrat, excisus est. Sed follis est duplicatus,
qualem habere solent aurifices, aliquando etiam fabri ferrarii: cùi in medio
est asser,in quo inest foramen spiritale,latum quinq; digitos, longum septem,
suo asserculo tectum, quod è regione est foraminis spiritalis infimi asseris. E-
jus verò eadem est latitudo & longitudo. Sed follis longus est,excepto capite,
tres pedes: latus postrema parte,ubi quodammodo rotundatur,pedem & palmum: ad caput, tres palmos. Ipsum autem caput etiam longum est tres palmos: latum verò ea parte, qua cum asseribus conjungitur, duos palmos & digitum. Postea paulatim fit angustius: naris,quæ unica; longa est pedem &
duos digitos: ea in foramine muri, crassi pedem & palmū, locata est, ut etiam
dimidia capitis pars,in quam naris includitur: circulum verò ferreum in foco statutum tantummodo attingit: nam extra murum non eminet. Corium
follis sui generis clavis ferreis infixum est asseribus: tum corio utrinque asseres junguntur cum capite,super quo est corium transversarium in asseris parte clavis,quibus lata sunt capitula, infixum , similiter alterum in parte capitis.
Medius autem follis asser situatus est in bacillo ferreo , ad quod clavis ferreis
utrinque cuspidatis & utrinque directò deorsum versus actis affigitur , ut levari non possit. Bacillum verò ferreum in medio est duorum tignorum erectorum,per quæ penetrat. Superius etiam axiculus ligneus, habe●●●●laces
ferreos,in foraminibus eorundem tignorum volvitur : in cujus m●●●●rma
inclusus est vectis,& clavis ferreis affixus,ut non queat exilire. Long●●●tem
est quinque pedes & dimidium, cujus postremam partem prehendit a●●●us
ferreus bacilli ferrei, pertinentis ad caudam infimi asseris ipsius follis;●●●m
alter ejus annulus similiter prehendit. Itaque cùm artifex vectem depr●●
follis pars inferior levatur,flatumque in narem compellit: atque etiam sp●
tus, per foramen,quod spiritale dicitur,asseris medii penetrans sublevat su●
riorem follis partem, cujus asseri superpositum est plumbum tam grave●
eam follis partem rursus possit deprimere: quæ depressa, æquè ac inferio●
pars,per narem flatum expirat. Isto modo se habet follis duplicatus: qui fa-
bricatus est propter circulum ferreum,in quo catillus triangularis,in quo vena æris excoquitur, & æs liquescit, collocatur.

*Circulus ferreus* A.    *Follis duplicatus* B.
*Ejus naris* C.    *Vectis* D.

Dixi

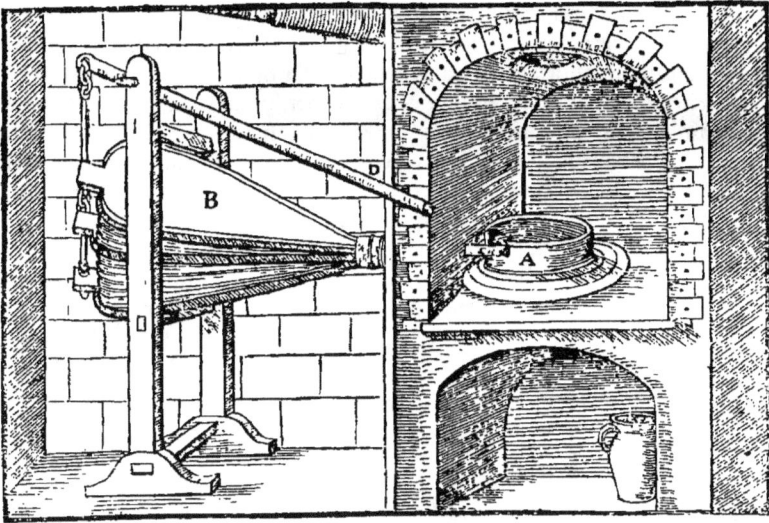

Dixi de fornaculis & circulo ferreo, nunc dicam de tegula & catillis. Tegula quidem eſt fictilis & imbricis inverſi figura. Tegit autê catillos, ne carbunculi, in eos incidentes, experimentum impediant. Lata eſt ſeſquipalmum : altitudine, quæ plerunque ſolet eſſe palmaris, reſpondet ori fornaculæ, longitudine ferè toti fornaculæ. Veruntamen priori tantum parte attingit os ejus,
alioqui undequaque à lateribus & poſteriori parte iccirco diſtat digitos tres,
ut carbones in medio loco, qui eſt inter ipſam & fornaculam, jacere poſſint.
Habet verò craſſitudinem ollæ fictilis bene craſſæ: ſed ſuperior ejus pars integra eſt, poſterior duas habet feneſtellas, & utrunq; latus duas vel tres, vel etiâ
quatuor, per quas calor penetrans in catillos venam excoquit : vel loco fene-
ſtellarum habet parva foramina: & poſteriori quidem parte decem, in utroq;
verò latere plura. Quinetiam poſterior pars ſub feneſtellis vel parvis foraminibus, ter exciſa eſt in modum ſemicirculi alti ſemidigitum: ſed latera, quater.
Poſterior autem tegulæ pars paulò minus alta eſſe ſolet quàm prior.

Tegulæ feneſtellæ latæ A. Anguſtæ B. Ejuſdem foramina poſterioris partis C.

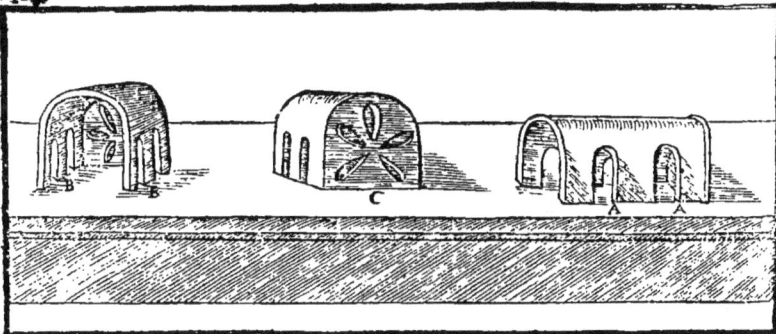

At ca-

At catilli materia, ex qua fiunt, inter se differunt. Sunt enim vel terreni, vel cinerei: atq; terreni, quos etiam fictiles appellamus, rursus in figura & magnitudine sunt dissimiles. Nam quidam in scutellæ figuram sunt formati, & mediocriter crassi, latiq; tres digitos & unciæ mensuralis capaces : in quibus vena cum additamentis mista coquitur: etenim ipsis utuntur, qui venas auri vel argenti experiri solent. Quidam verò sunt triangulares, aliisq; multò crassiores & capaciores : utpote quinq; vel sex, vel plurium unciarum : in quibus æs liquatur, ut fundi, dilatari, igni explorari possit. In iisdem vena etiam æris plerunq; excoquitur. Sed cinerei ex cinere formantur: his ut primis, scutellæ, cujus inferior pars admodum crassa, est figura: verùm minus capiunt: in quibus plumbum separatur ab argento, & experimentum perficitur.

*Catillus fictilis* A.   *Catillus triangularis* B.   *Catillus cinereus* C.

Quoniam verò cinereos catillos ipsi metallici côficiunt, de materia ex qua finguntur & de modo, quo efficiuntur, est dicendum. Alii eos ex simplici omnis generis cinere formant: qui boni non sunt, quod istiusmodi cinis aliquã pinguitudinem in se contineat : quamobrem tales catilli quando concaluerunt, facile rumpuntur. Alii faciunt eos item ex cinere, quiscunq; tandem fuerit, sed qui ante percolatus sit: qualis est in quem, lixivii faciendi gratia, aqua calida fuit infusa : atque is rursus in sole aut fornace siccatus cribro, è setis facto, purgatur : quamvis autem aqua calida pinguitudinem cineris eluerit, tamen catilli ex eo facti non sunt boni, quod ipse cinis cum minutis carbunculis arenulis, lapillis soleat esse permistus. Alii verò similiter eos ex quocunq; cinere efficiunt, sed primò in cinerem ipsum infundunt aquam, & purgamentum ei innatans auferunt.  Dein aquam, postquam pura facta fuerit, effundentes cinerem exiccant : tum cribrant, & ex eo catillos formât : qui bo-

q

boni quidem funt, non tamen optimi, quod is etiam cinis non careat minutis lapillis & arenulis. Verùm ut optimi catilli fieri pofsint, à cinere omne purgamentum auferatur: quod duplex eft, alterum leve, cujufmodi funt carbunculi & pinguitudines, atq; res aliæ aquis innatantes: alterum grave, quales
funt lapilli, arenulæ, & fi quæ aliæ res refident in fundo vafculi. Itaq; primo
aqua infundatur in cinerem & leve purgamentum auferatur. Deinde cinis
agitetur manibus, ut bene cum aqua mifceatur: quæ turbida & impura infundatur in alterum vafculum: quo modo remanent in priori vafculo lapilli &
arenulæ, ac fi quid aliud fuerit grave quæ rejiciuntur. Poftquam verò cinis
omnis in hoc altero vafculo refederit, quod ex aqua cognofcitur, fi pura facta guftatum non commoveat lixivii fapore, tunc aqua effundatur: cinis autem, qui remanfit in vafculo, in fole aut fornace ficcetur: atque is aptus eft ad
catillos: maximè fi fuerit faginus, aut ex aliis lignis, cui accretiones annuæ tenues funt. Qui verò ex vitium farmentis & lignis, quibus accretiones annuæ funt craffæ, factus fuerit, tam bonus non eft: etenim catilli ex eo formati,
quod fatis ficci non fint, in igni dividi & difrumpi folent ac abforbere metalla.
Quocirca fi faginus aut ejus fimilis non fuerit, in promptu globulos ex tali cinere, qui modo jam dicto fuerit purgatus, artifices faciunt, eosq; in fornace
piftoris vel figuli ponunt, ut ignefcant. Ignis enim quicquid pingue fuerit &
humidum confumit, atq; tandem ex ipfis catillos formant. Omnis autem cinis quo vetuftior, eo melior eft: ficcitatem nanq; fummam ipfi effe neceffe eft:
qua de caufa cinis qui fit ex ofsibus, combuftis, præcipuè verò ex capitis animantium ofsibus, etiam idoneus eft ad catillos: tum qui fit ex cornibus cervo-
rum, & ex fpinis pifcium. Poftremò aliqui capiunt cinerem, qui fit ex fcobe
corii combufta: nam coriaris & alutarii corium, à pilis purgatum radunt &
difcobinant. Nonnulli verò malunt uti compofitionibus, quarum hæc lau-
datur, quæ habet cineris ex ofsibus animantium vel ex fpinis pifcium partem
unã & dimidiã: cineris fagini partem unã, cineris fcobis corii combuftæ partè dimidiam: ex hac enim miftura fiunt boni catilli, fed multò meliores conficiuntur ex paribus portionibus cineris fcobis corii combuftæ, cineris ofsium
capitis ovilli vel vitulini, cineris cornu cervini: at omnium optimi formantur
ex folius cornu cervini ufti pulvere: nam is propter vehementem ficcitatem
metalla minime combibit. Veruntamen noftrates metallici plerunq; eos efficiunt ex cinere fagino: quem modo jam dicto paratum primò confpergunt
zytho vel aqua, ut cohærere pofsit, & in mortariolo tundüt. Deinde cineribus,
qui funt ex calvariis quadrupedum, aut ex pifcium fpinis, infperfis iterum tü-
dunt: quo autem magis tunduntur, eo meliores fiunt. Quidam verò lateres
terunt, & eum pulverem cribratum infpergunt cineri fagino: nam iftiufmodi pulveres non finunt molybdænam corrodentem catillos, aurum vel argétum forbere. Alii ut idem caveant catillos formatos ovi albumine humectat,
& iterum in fole ficcatos tundunt, maximè fi venam vel æs, quod ferrum in fe
continet, voluerint explorare. Nonnulli autem lacte bovino iterum atq; iterum madefaciunt cineres, eosq; exiccant, & in mortariolo tundunt, atq; formant catillos. At in officinis, in quibus argentum ab ære fecernitur, ex cineris
catini fecundæ fornacis, qui admodum ficcus eft, duabus partibus & una ofsiü
faciunt

faciunt catillos. Sed his etiam modis formati catilli locandi sunt in sole aut
in fornace. Deinde quocunq; modo formati siccis in locis diu servandi, quã-
to enim fuerint vetustiores, tantò sunt sicciores atq; meliores. Quinetiam nõ
figuli modo formãt catillos terrenos & triangulares, sed ipsi etiam metallici.
Conficiunt verò eos ex terra pingui, quæ spissa est & mediocris, quod ad duriciam & mollitudinem attinet. Miscent autem cum ea pulverem istius generis catillorum veterum fractorum, aut lateris usti & triti: itaq; terram sic cum
pulvere permistam formant pistillo, quam deinde exiccant: hi etiam catilli
quò vetustiores fuerint, eò sunt sicciores atq; meliores. At mortariola in quibus catilli formantur, duorum sunt generum, minora scilicet & majora. In
minoribus conficiuntur catilli cinerei, in quibus argentum vel aurum, quod
plumbum combibit, purgatur: in majoribus item cinerei, in quibus argentũ
ab ære & plumbo separatur. Vtraq; verò ex orichalco fiunt: atq; ima sui parte fundum non habent, ut catilli integri ex eis eximi possint. Pistilla quoq;
duplicia sunt, minora scilicet & majora: utraq; etiam orichalcea, è quibus inferius eminet tuber rotundum: atq; id tantummodò in mortariolum impressum format cavam catilli partem. Quæ verò ipsi contigua est, superficiei mor-
tarioli respondet.

*Mortariolum* A.   *Mortariolum in versum* B.   *Pistillum* C.
*Ejus tuber* D.   *Alterum pistillum* E.

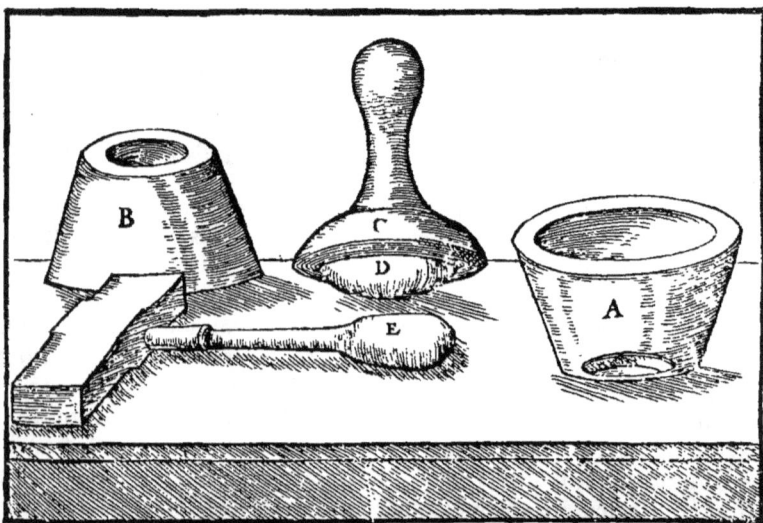

Hæc hactenus: nunc de venarum experiendarum præparatione dicam:
præparantur aũt vrendo, torrendo, tundendo, lavando: sed certum venæ põdus sumere necesse est, ut sciri possit quotam ejus partem istiusmodi præpa-
rationes consumpserint: verùm uritur durus lapis cum metallo permistus, ut
duricie deposita possit tundi & lavari. Durissimus verò priusquam uritur
aceto perfunditur, ut citius igni mollescat: sed lapis mollis primò frangendus
est malleo, & in mortario tundendus, atq; redigendus in pulverè: deinde la-

vandus : tum rursus siccandus. Si verò terra fuerit cum metallo mista, lavatur in alveo,atq; id quod resedit siccatum igni exploratur : etenim omnes res fossiles, quæ lavantur, rursus siccandæ sunt : at vena cujusq; metalli dives nó uritur,neq; tunditur,neq; lavatur,sed torretur tantum,ne istis præparādi modis aliquid metalli pereat. Succensis verò ignibus torretur in olla, quæ luto obstructa est,inclusa. Vilior autem vena etiam in foco uritur carboni imposita : non enim magnam metalli jacturam facimus,si quid ex ea perdamus. Verùm de omnibus his venarum præparandarum rationib. & paulo post & in sequenti libro uberius disputabo: nunc explicare decrevi ea quæ metallici additamenta solent nomināre,quod adjiciantur ad venas, non modo experiendas, sed etiam excoquendas : in quibus magna vis cernitur,sed non omnium eundem esse videmus effectum,& nonnullis est varia multiplexq; natura : nā quando cum venis permista coquuntur in fornacula vel in fornace,ex eis quædam,quia facile liquescūt, illas quodammodo liquant : alia quod aut valde calfaciant venas, aut penetrent in ipsas , igni sunt magno ad purgamenta à metallis separanda adjumento,& liquefactas cum plumbo cōmiscét, partim ab igni tuentur venas, quarum metallum vel ipse consumit,vel vnà cum fumo sublatum ex fornace evolat: quædam metalla cōmbibunt.In primo genere sunt plumbum , idem in globulos redactum,aut ignis vi in cineré resolutū, minium secundarium,ochra ex plumbo facta,spuma argenti,molybdena,lapis plumbarius,æs,idem ustum,ejus bracteg,ejusdem scobs elimata,recremētum auri,argenti,æris,plumbi,nitrum,ejus recrementum,halinitrum,alumé coctum,atramentum sutorium,sol tostus,idem liquefactus,lapides qui in ardentibus fornacibus facile liquescunt,arenæ ab eis resolutæ , tofus mollis , saxum quoddam fissile album. Sed plumbum,ejus cihis,minium secundarium, ochra,spuma argenti,utiliora sunt venis quæ facile liquescunt : molybdena iis,quæ difficile : lapis plumbarius iis,quæ difficilius. In secundo genere sunt ferri squamā,ejusdem recrementum , sal artificiosus, siccæ feces vini , aceti,aquarum quæ aurum ab argento secernunt : atq; hæ feces & sal artificiosus habent vim penetrandi in venas: & quidem permagnam feces vini,sed majorem aceti,maximam aquarū,quæ aurū ab argento secernunt. Ferri verò squamis & recrementis,quia tardius liquantur,venarū calefaciendarū vis est. In tertio genere sunt pyrites,panes ex eo conflati,nitrum,ejusdē recrementū,sal,ferrū, ejus squama,ejus scobs elimata,ejus recremētum,atramentum sutoriū,arenæ à lapidibus facile igni liquescentibus resolutæ , tofus. Sed in primis pyrites & panes ex eo conflati venarum sorbent metalla : atq; ipsa ab igni, consumptore eorum,tuentur. In quarto genere sunt plumbum & æs, atq; eis cognata. Itaq; dè additamentis liquet quædam esse nativa, alia in recrementorum numero,cætera à recrementis purgata. Certe quidem cùm venas experimur, exiguam additamentorum quoruncunq; portionem ad eas adjicere sine magno impendio possumus: cùm verò easdem excoquimus, grandem adjungere sine magno nequimus : quocirca consideremus impensam quanta sit, ne in venas excoquendas faciamus majorem , quàm ex metallis conflatis capiamus fructum. Color autem fumi quem emittunt venæ,batillis vel laminis ferreis candentibus impositæ, docet nos de additamentis, quibus ad eas

experi-

experiendas vel excoquendas præter plumbum nobis opus est.Etenim si fuerit purpureus,est optimus, & venæ plerunq; non indigent singularis alicujus additamenti,si cæruleus,ad eas adjici debet panis ex pyrite vel alio quodam lapide ærofo conflatus : si luteus,spuma argenti & sulfur : si ruber,vitri
recrementum & sal : si viridis,panis ex ærosis lapidibus conflatus, & spuma
argenti & vitri recrementum : si niger,sal liquefactus,vel ferri recrementum
& spuma argenti , atq; saxum calcarium candidum : si candidus,sulfur & ferrum quod vitio æruginis infestatur : si in viridi candidus,ferri recrementum.
& arenæ à lapidibus facile liquescentibus resolutæ : si media ejus pars lutea
fuerit & densa,extimæ verò virides,eædem arenæ & ferri recrementum.Ve-
rùm color fumi non modò nos docet de remediis,quæ cuique venæ sunt adhibenda,sed etiam ferè de succis concretis cum ea permistis, qui talem fumũ
emittunt: nam plerunq; cæruleus significat venam cæruleo esse infectam: luteus auripigmento : ruber,sandaraca : viridis, chrysocolla : niger, bitumine
nigro : candidus,candido : in viridi candidus, eodem eum chrysocolla per-
misto : cujus media pars est lutea & extimæ virides,sulfure.Quanquam terræ
aliæq; res fossiles cum metallis permistæ , interdum afsimilem fumum emittunt. Quod si venæ participes fuerint stibii,ad eas adjicitur ferri recrementum : si pyritæ,panis ex lapide ærofo conflatus, & arenæ à lapidibus facilè liquescentibus resolutæ: si venæ ferri,pyrites & sulfur : ut enim venæ cum sulfure permistæ additamentũ est ferri recrementum , ita contrà auri vel argenti venæ,ferri vena infectæ,à qua non facile separantur,sulfur : sed etiam arenę
à lapidibus facile liquescentibus resolutæ. Sal autem artificiosus ad venas experiendas aptus multis modis conficitur. Primò ex paribus portionibus
aridæ vini fecis, aceti,hominis urinæ simul decoctis,donec in salem vertan-
tur. Secundò item ex paribus portionibus cineris, quo infectores lanarum
utuntur,calcis,aridæ vini fecis purgatæ, salis liquati : etenim singulorum libra conjicitur in hominis urinæ libras viginti. Deinde omnia decocta ad tertias colatur : tum ad residuum salis non liquati libra adjicitur,& ejusdem unciæ quatuor,atq; lixivii libris octo superfusis simul in olla,argenti spuma intrinsecus obducta, coquuntur usq; dum exiccata sal fiant.Tertiò sic conficitur : sal non liquatus, & ferrum , quod rubigine infestatur,injicitur in vas:
quod hominis urina superfusa operculo tegitur , ac triginta diebus reponitur in loco tepido : postea ferrum urina lavatur & seponitur,reliqua verò tã-
diu coquuntur quoad in salem mutantur. Quartò,sal artificiosus hoc modo
fit.In lixivio ex calcis & cineris,quo infectores lanarum utuntur,paribus portionibus facto, pares portiones salis, saponis, aridæ vini albi fecis, halinitri
coquuntur,usq; ad eum finem,dum in salem abeant: is ramentum lotura collectum mistum , liquefacit. At halinitrum isto modo præparatur,ut ad venas
experiendas aptum sit: ipsum in ollam,argenti spuma intrinsecus obductam,
injicitur, & lixivium ex calce viva factum sæpius superfunditur & coquitur,
usq; dum ignis id consumat. Quod si halinitrum non inflammatur igni à
quo ipsum sal, ex lixivio, quod calcem combibit, ortus,tuetur, præparatum
est. Sed in primis laudantur sequentes compositiones, quæ omnem venam
excoquunt, quam ardor ignis difficulter dissolvit & diffundit: quarum una

conficitur ex tertii generis lapidibus, qui in ardentes fornaces conjecti facile
liquefcunt candidis & puris atq; comminutis : cum ejus enim pulveris femuncia permifcentur fpumæ argenti fulvæ, item comminutæ, unciæ duæ:
quæ miftura injicitur in catillum fictilem ejus capacem : ac fub tegulam ardentis fornaculæ collocatur. Cùm autem aquæ inftar fluxerit, quod ei horæ
dimidio fpacio accidit, ex fornacula exempta effunditur in aliquem lapidem:
ea temperatura, ubi refrixerit, viri fimilis effe apparebit : quæ rurfus comminuitur. Iftiufmodi verò pulvis qualicunq; venæ metallicæ, quæ, cùm eam
experimur, non facile liquefcit, infpergitur & recrementum exfudabit. Alii
in locum fpumæ argenti cinerem plumbi fubftituunt, qui fic conficitur. In
plumbum, in catino liquefactum, conjicitur fulfur : & mox quadam quafi cute tegitur: qua fublata rurfus injicitur fulfur, rurfusq; cutis nata detrahitur:
quod fæpius fit, & quidem, donec plumbum in pulverem refolutum fuerit.
Sed valens additamentum compofitum eft, quod conficitur ex halinitri præparati, falis liquati, recrementorum vitri, fecis vini aridæ, fingulorum uncia,
fpumæ argenti triente, vitri in pulverem triti beffe, hoc additamentum ad
venam, quæ par pondus habeat, adjectum eam liquefacit. Valentius verò
conftat ex paribus portionibus fecis albi vini ficcæ, falis communis, halinitri præparati, quæ tria fimul in olla, argenti fpuma intrinfecus obducta, torrentur ufq; dum pulvis inde fiat candidus : cum quo tantundem fpumæ argenti commifcetur. Hujus verò mifturæ pars unà cum duabus venæ experiendæ partibus permifcetur. Quo valentius fit ex nigri plumbi cinere, halinitro, auripigmento, ftibio, fece ficca aquarum, quibus aurifices aurum ab argento feparant: fed nigri plumbi cinis conficitur ex plumbi libra, & fulfuris
libra: plumbeo malleo percuffum dilatatur : atq; alterius bractea, alterius fulfur injicitur in catinum vel ollam, & fimul torrentur ufq; dum ignis fulfur
confumat & plumbum in cinerem vertat. Halinitri verò comminuti libra
cum auripigmenti item in pulverem triti libra commifcetur, & in patina ferrea coquuntur donec liquefcant: poftea effunduntur, & refrigerata iterum
in pulverem conteruntur. Stibii autem libra & fecis ficcæ bes alternatim injiciuntur in catinum, & coquuntur ufq; ad eum finem dum maffula inde fiat:
quæ fimiliter refolvitur in pulverem : hujus pulveris bes & plumbei cineris
libra, itemque pulveris ex halinitro & auripigmento facti libra permifcentur, & ex eis conficitur pulvis: cujus una pars ad duas venæ partes addita eam
liquefacit, & à recrementis purgat.     At valentiffimum eft quod habet fulfuris drachmas duas, & recrementi vitri totidem, ftibii, falis ex urina decocta
confecti, falis communis liquati, halinitri præparati, fpumæ argenti, atramé-
ti futorii, fecis vini ficcæ, falis ex anthyllidis cinere facti, ficcæ fecis aquarum
quibus aurum ab argento aurifices feparant, aluminis igne refoluti in pulverem fingulorum femunciam, camphoræ unà cum fulfure in pulverem triti
unciam : hujus mifturæ pars dimidia vel integra, prout hoc res ipfa poftulat,
cum parte una venæ & duabus plumbi partibus permifta injicitur in catillum
fictilem, & miftura pulvere vitri Venetiani comminuti confpergitur: quæ
cùm fefquihora, vel duabus horis cocta fuerit, maffula in fundo catilli refidebit, à qua mox plumbum feparatur.     Eft etiam additamentum quod fulfur,

auripi-

auripigmentum,fandaracam à venis metallicis feparat : id habet pares portiones recrementi ferri,tofi albi,falis. Sed poftquam tales fucci fuerint fecre-
ti, ipfæ venæ arida vini fece ad eas adjecta excoquuntur. Eft quod ab igni
tuetur ftibium,ne id confumat : & à ftibio metalla,quale eft quod conftat ex
paribus portionibus fulfuris, halinitri præparati, falis liquati,atramenti futorii fimul in urina vel lixivio coctorum, donec nullus odor affletur è fulfure: quod fit trium vel quatuor horarum fpacio. Eft præterea operæprecium
fubjicere aliquas alias mifturas. Accipito venæ ut convenit præparatæ partes duas,fcobis ferri elimatæ partem unam,falis item partem unam : atq; mifceto : deinde ea injicito in catillum fictilem,& in fornacula locato : ubi igni
refoluta confluxerint, maffula in fundo catilli refidebit. Vel accipito venæ
& ochræ plumbeæ pares portiones,atq; cum ipfis mifceto paucam ferri fco-
bem elimatam,& injicito in catillum : tum fuper ipfam miftura fpargito fco-
bem ferrei elimatam.Vel accipito venam in pulverem contritam,eamq; fpargito in catillum : deinde ei infpergito tantundem falis ter aut quater urina
madefacti & rurfus torrefacti: tum iterum atq; iterum venæ pulverem & falem : poftea catillum operculatum & oblitum imponito in carbones ardentes. Vel accipito venæ partem unam, globulorum plumbeorum partem u-
nam,vitri Venetiani partem dimidiam,recrementi vitri tantundem. Vel accipito venæ partem unam, globulorum plumbeorum partem unam, falis
partem dimidiam,aridæ vini ficcæ quartam unius partis,fecis aquarum,quæ
aurum ab argento fecernunt tantundem. Vel accipito pares portiones venæ præparatæ, & pulveris in quo item infunt pares portiones minutorum
plumbi globulorum,falis liquati,ftibii,recrementorum ferri. Vel accipito
pares portiones venæ,in qua ineft aurum,atramenti futorii , fecis vini ficcæ,
falis. Hactenus de additamentis. In fornaculam autem eo, quo dixi, modo
præparatam,primò tegulam imponito : deinde prunas fuper eam conjicito,
electosque carbunculos : nam ex minus bonis multum fit cineris,qui circum
tegulam collectus operationem ignis impedit : tum catillos fictiles forcipe
fub tegulam locato, & fub priorem ipfius partem ponito carbonem ardentem,ut catilli citius calefiant;quem,cùm plumbum injiciendum fuerit in eos,
vel vena,rurfus forcipe eximito.Poftquam autem catilli excandefcent igni,
primò per cannam ferream duos pedes longam & capacem digiti cinerem
vel carbunculum,fi quis in eos inciderit, fpiritu difflato & difpergito : quod
idem faciendum erit , fi cinis vel carbunculus in catillos cinereos inciderit:
deinde plumbeum globulum injicito forcipe:quod plumbum ubi in fumum
uerti,confumiq; cœperit, ad ipfum addito venam præparatam in charta in-
volutam. Multo autem artifici præftat eam involvere in chartam,ficq; imponere in catillos, quàm æneo cochleari in ipfos infundere. Cùm enim catilli fint parvi,fi cochleari ufus fuerit,non raro aliquam venæ partem diffundit. Charta verò cremata carbunculo forcipe prehenfo venam moveto , ut
plumbum eam combibat, cumq; ipfo metallum venæ mifceatur : quæ mi-
ftio cùm facta fuerit,tunc recrementum partim circum eam ad catillos adhærefcit,nigriq; annuli fpeciem quandam gerit : partim innatat plumbo cum
auro vel argento permifto : quod mox ab eo auferto.Plumbum autem omni-

no omni argento careat, quale eſt Villacenſe. Quod ſi ejuſmodi non fuerit
in promptu, ſeorſum plumbum eſt experiendum, ut certò ſciatur, quantam
argenti portionem in ſe contineat, utq; calculis ſubductis de vena rectè judi-
cetur: niſi enim tale plumbum fuerit, experimentum erit falſum & fallax.
Verùm globuli plumbei hoc modo formantur: forceps eſt ferrea longa circiter pedem unum: ejus chelæ continent ferrum diviſum, quod conjunctum
ovi figuram exprimit: utrunq; habet duas partes cavas, quod ferrum diviſum,
cùm compreſſum fuerit ſuperius, ex ipſo eminet infundibulum: in quo ſunt
duo foramina, quorum alterum ad unam partem cavam penetrat, alterum ad
alteram. Itaq; plumbum infuſum defluit per foramina, in partes cavas, effi-
ciunturq; una effuſione globuli duo.

*Forcipis chelæ* A. *Ferrum ovi figuram exprimens* B.
*Infundibulum* C.

Nec hoc in loco de diverſa quorundam artificum experiendi ratione reti-
cere debeo: qui primò in catillos injiciunt venam præparatam, eamque coquunt. Deinde addunt plumbum: quæ ratio mihi non probatur: etenim vena iſto modo ferruminari ſolet: quare poſtea commota non bene, aut admodum tardè cum plumbo miſcetur. Quod ſi catillis ejuſmodi fictilibus omne
fornaculæ ſpacium, quod contegit tegula, non compleatur (nam interdum
compleri ſolet, cùm ſcilicet multarum venarum, aut multarum unius venæ
partium una experimur) in vacua loca catillos cinereos ponito, ut interea i-
gneſcant. Quod etſi una hora plerunq; fit, tamen id ipſum minoribus citius,
majoribus tardius contingit: niſi verò catilli, anteaquam in eos injiciatur
metallum, cum plumbo permiſtum, igniti fuerint, ipſi ſolent ſæpe diſrumpi, plumbum ſemper contremiſcere, nonnunquam ex ipſis exilire. Si autem
catillus diſrumpatur, aut plumbum ex eo exiliat, aliam venæ partem experiri oportet: ſin plumbum contremiſcat, tunc catillus pruna lata ac tenui tegatur: quam cùm plumbum attigerit, reſilit: atq; ſic etiam miſtura tandè ipſum
exhalat. Quinetiam ſi in ſecunda excoctione plumbum, quod in miſtura ineſt, non conſumeretur, ſed ſtabile & fixum permanens tegeretur quadam
quaſi cute, ſignum eſt, quod non ſatis ardore ignis concaluerit. Aridum igitur lignum tedæ, vel arboris ei conſimilis, in miſturam imponio, inque manu teneto, ut cùm concaluerit, retrahere ab ea poſsis: tum curato, ut ſemper
calorem ſatis multum, eumq; æqualem habeat. Quod ſi calor miſturam non
rotun-

rotundaverit,ut fieri folet, ubi omnia recte fiunt,fed faciat longiufculam ut
caudata videatur,figno eft calorem ipfum,qua cauda eft, nimium effe: quare
catillum parvo unco ferreo, cujus manubrium item fit ferreum & longum
fefquipedem,circumagito,ut altera pars æquè calefcat ab igni.

*Parvus Uncus ferreus.*

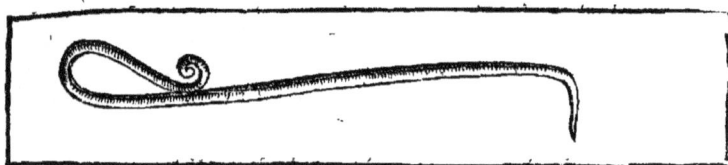

Præterea fi quando miftura fatis plumbi non habuerit, addito cum forcipe ferrea,vel cochleari æneo,cui manubrium prælongum eft, tantum ejus ,
quantum fatis eft. Ne verò miftura frigefcat,id ipfum antè concalefacito:fed
fatius eft primo tantum plumbum,quanto opus eft ad venam excoquendam,
addere, quàm poftea cùm dimidia excoctio perfecta fuerit: ne totum non
abeat in fumum,fed pars ejus fixa permaneat Porrò ubi calor ignis jam ferè
confumpferit plumbum, tunc aurum argentum've, váriis coloribus efflorefcit: at ubi totum fuerit confumptum, auri vel argenti refidet in catillo:
quam ftatim ex fornaculà eximito, maffulamq;, dum adhuc calet, ex eo extrahito,ne cinis ad eam adhærefcat : quod plerunq; fit , fi maffula , ubi jam refrixerit,ex eo extrahatur. Quod fi etiam tunc cinis ad eam adhæferit, cultro
non radito,ne aliquid pereat,atq; experimentum fiat falfum : fed forcipe ferrea comprimito,ut cinis difiliat ipfo preffu.Vtile deniq; eft duo,tria've unius
venæ experimenta facere eodem tempore,ut fi forte unum non fuccefferit,ex
altero aut faltem ex tertio certior fieri pofsis. At interea dum artifex venam
experitur,ne vehemens ignis calor oculos ejus lædat,quia fæpius introfpice-
re, accur ateq; confiderare omnia necesse eft,utile erit ei femper in promptu
habere tabellam ligneam fubtilem,latam duos palmos,habentem manubriū
quo teneatur , atq; per mediam latitudinem excifam, ut per eam quafi rimam
quandam pofsit cernere.

*Tabellæ manubrium* A. *Ejus rima* B.

Verùm

Verùm plumbum, quod venæ metallicæ argentum combibit, horæ partium trium de quatuor ſpacio ignis conſumit in catillo cinereo. Experimento autem perfecto ex fornacula eximitur tegula, rutroq; ferreo extrahitur cinis, non modò ex latericia & ferrea, ſed ex fictili etiam, ne eam deponere de pede opus ſit. At ex vena in catillum triangularem conjecta ſic conflatur maſſula, ex qua poſtea conficitur metallum. Primò in circulum ferreum imponuntur prunæ carbonesq; : deinde catillus triangularis, qui continet venam, atq; res quæ eam liquefacere atq; à recremento purgare poſſunt : tùm folle duplicato excitatur ignis, venaq; tam diu coquitur, uſq; dum maſſula in fundo catilli reſideat. Duplicem rationem venarum experiendarum eſſe demonſtravimus: unam qua in catillo fictili plumbum miſcetur cum vena, deinde in cinereo rurſus ab eo ſeparatur: alteram, qua excoquitur primò in catillo fictili triangulari, deinde in altero fictili cum plumbo permiſcetur, tù in cinereo rurſus ab eo ſeparatur. Nunc videamus utra cuiq; venæ magis côveniat: aut ſi neutra ei côveniat, quonam aliô, alio modo ipſam experiri poſſimus: ſed jure ordimur ab auri vena, quam utraq; ratione ſolemus experiri: etenim ſi illa dives fuerit, & nobis igni non repugnare videatur, ſed facilè liqueſcere, ejus centumpondium, minora pondera intelligimus, unà cum ſeſcuntia vel duabus uncjis plumbi, de majoribus ponderibus loquimur, miſtum conjicitur in catillum fictilem, & igni coquuntur uſq; eò dum bene permiſceatur: quia verò talis etiam vena interdum excoctioni repugnat, ad eam adjicito parum ſalis cômunis torrefacti aut artificioſi : id enim ipſum expugnabit, facietq; ne miſtura multum recrementum contrahat : ſæpius autem ea filo ferreo moveto, ut plumbum undiquaq; circumeat aurum, idq; abſorbeat & expuat purgamenta : quod ubi factum fuerit, miſturam eximito & à recrementis purgato : tum eam conjicito in catillum cinereum & coquito, uſq; eò, dum exhalet totum plumbum, auriq; maſſula reſideat in fundo: ſin auri vena igni non facile liqueſcere viſa fuerit, eam urito, & pueri impuberis urina, quæ ſalem combiberit, reſtinguito: quod iterum ac ſæpius facito: quò enim illa ſæpius uſſeris & reſtinxeris, eò facilius comminui poteſt, atq; citius igni liqueſcit, & quicquid habet recrementi, exſudat. Hujus venæ uſtæ, comminutæ, lavatç partem unam cum alicujus pulveris compoſiti, qui venas liquefacit, partibus tribus & plumbi partibus ſex commiſceto: atq; miſturam injicito in catillum triangularem: quem in circulum ferreum, ad quem follis duplicatus pertinet, imponito : atq; primùm lento igni coquito, deinde ſenſim acriori uſq; dum liqueſcat, & aquæ inſtar fluat. Quod ſi vena liquefacta non fuerit, ad eam pluſculum iſtiuſmodi additamenti, cum æqua ſpumæ argenti fulvæ portione permiſti, addito : & filo ferreo candente agitato uſq; ad eum finem dum omnis liqueſcat: tum ex circulo catillum eximito : & maſſulam, ubi refrixerit, decutito: quam purgatam prius in altero catillo fictili coquito, poſterius in cinereo. Aurù deniq;, quod in catilli fundo reſedit, extractù & refrigeratum coticulç atterito, ut cognoſcere poſsis quota in eo inſit argenti portio : aut venæ auri centum pondium minoris ponderis, in catillum triangularem conjicito, & ad eam addito recrementi vitri drachmam majoris ponderis. Quod ſi excoctioni repugnabit, adjicito fecis vini ſiccæ & uſtæ di-

ſtæ dimidiam drachmam. Quod ſi etiam tum repugnabit, tantundem fecis
aceti, aut aquarum, quę aurum ab argento fecernunt, etiam uſtæ, atq; maſſula in fundo catilli reſidebit : quam iterum coquito in altero catillo fictili, tertiò in cinereo. Sed utrum pyrites aurum in ſe contineat necne, anteaquam
in fornacula excoquatur, ſic cognoſcimus. Si ter crematus, ter acri aceto re-
ſtinctus, non fuerit fractus, nec ei color immutatus, auri particeps eſt : ſed a-
cetum, quo reſtinguitur, permiſtum ſit, vel cum hominis urina vel cum ſale,
qui in ipſum conjectus & ſæpius agitatus triduo reſolvitur : nec pyrites auro caret, qui cùm crematus coticulæ atteritur, eam eodē modo colorat, quò
cùm atterebatur crudus, colorabat. Nec auri expers eſt is, cujus ramentum lotura collectum igni coctum facilè liqueſcit, olet parum, pulchrum remanet :
ſed id ipſum cùm igni coquitur, in carbonem excavatum injicitur, & altero
carbone tegitur. Quinetiam venam auri, ſed potius ejus arenam & ramentū
lotura, vel pulverem alio modo collectum ſine igni experimur: nam ejus paulum aqua madefacti & igni ſic calfacti, ut odorem incipiat expirare, pars una,
argenti vivi partes duæ primò conjiciuntur in patinam ligneam, catini modo profundam: & commiſcentur: deinde cum pauca urina duarum horarum
ſpacio conteruntur : & quidem piſtillo ligneo, donec miſtura farinæ ex qua
ſubactæ inſtar craſſeſcat: & nec argentum vivum à ramento lotura collecto,
neq; ramentum lotura collectum ab argento vivo dinoſci poſsit. Tum aqua
calida vel ſaltem tepida, in patinam infuſa uſq; eo lavatur dum effundatur pura: deinde in eandem patinam infunditur frigida, ac mox argentum vivum,
quod aurum omne abſorbuit, à reliquo ramento lotura collecto ſecretū in
unum confluit : poſtea id ab auro hac ratione ſeparatur. Olla tegitur linteo,
filorum lini xylini contextu facto, vel aluta tenui : in cujus mediam partē manu depreſſam miſtura infunditur: poſt aluta complicata funiculo incerato li-
gatur, & argentum vivum per eam expreſſum patina excipit. Aurum verò,
quod in aluta reſedit, in catillum fictilem effunditur, atq; ardentibus carbonibus appoſitis purgatur. Alii ſpurciciam non eluunt aqua calida, ſed acri
lixivio & aceto: eos enim liquores in ollam infundunt, & in eandem ramentum lotura collectum cum argento vivo permiſtum conjiciunt: mox ollam
reponunt in loco tepido, poſt horas quatuor & viginti liquores cum ſpurci-
cia effundunt, & argentum vivum eo, quo dixi, modo ſeparant ab auro : deinde in urceum, in terra defoſſum, hominis urinam infundunt : & urceo imponunt ollam, cujus fundum habet foramen : inq; eam aurum injiciunt, & operculo tectam oblinunt : etiam quà cum urceo conjungitur : tum igni coquunt
donec rubeſcat olla. Refrigeratum poſtremò aurum, ſi æs in eo ineſt, cum
plumbo excoquunt in catillo cinereo, ut id ipſum æs ab eo ſeparari poſsit: ſin
argentum, ab eo aqua, quæ hæc duo ſecernit metalla, ſeparant. Quidam, cùm
aurum ſecernunt ab argento vivo, miſturam in alutam non infundunt, ſed
eam injiciunt in vas fictile cucurbitinum, quod in fornacula locatum carbonibus ardentibus ſenſim calfaciunt: mox operculi foramen bractea ferrea tegunt: quæ humore ſudat. Sed quamprimum amplius non ſudaverit, eam luto oblinunt : & ad breve tempus coquunt: poſt operculum de olla removent:
& argentum vivum, quod ad ipſum adhæret, pede leporino detergentes ad

eandem

eandem operam refervant: fed hac ratione argenti vivi plus,illa minus perit.
At vena argenti fi dives fuerit,quale eft argentum rude, fed fæpius fui colo-.
ris vel plumbei,rarius cinereum,nigrum,rubrum,purpureum,luteum,poft
quam purgatum & calefactum fuerit,ejus centumpondium, minus pondus
intelligo, in plumbi,in catillo cinereo liquefacti,unciam conjicitur & coquitur,ufq; eò, dum miftura exhalet plumbum: fin pauper vel mediocris, primò exiccari debet,deinde comminui, tum ad ejus centumpondium plumbi
uncia adjungi,& in catillo fictili coqui quoad liquefcat. Quæ fi mox ignis
calore liquata non fuerit, ei oportet paucum pulverem primi additamenti
compofiti infpergere: atq; fi tunc etiam liquata non fuerit,iterum atq; iterum
paucum,donec liquefcat & recrementum exfudet: ut verò id citius perficiatur pulvis infperfus agitetur filo ferreo : poftquam catillus è fornacula fuerit exemptus,temperatura infundatur in foramen lateris cocti: ubi cùm refrixerit à recremento purgata, injiciatur in catillum cinereum & coquatur,
ufq; dum ipfa omne plumbum exhalet. Argenti, quod in catillo remanet,
pondus indicat quotam argenti portionem vena in fe contineat. Sed æris
venam fine plumbo experimur: nam fi cum eo fuerit excocta, æs evolare folet & difsipari: itaq; talis vena certo pondere primo utitur & acri igni crematur circiter fex aut octo horas. Deinde cùm refrixerit,comminuitur & lavatur: tum ramentum lotura collectum rurfus crematur, comminuitur, lavatur, ficcatur, expenditur: portio, quam, dum cremaretur & lavaretur, per-
didit,revocatur ad calculos: quod ramentum lotura collectum pro pane, ex
vena æris conflato,habetur: hujus tria centumpondia cum fquamæ æris,ha-
linitri,vitri Venetiani fingulorum totidem centumpondiis commifta in catillum triangularem injicito, eumq; in circulum ferreum,qui eft in foco camini ante follem duplicatum collocatus,imponito: & carbone,ut ne quid in
venam excoquendam incidat,& citius liquefcat, tegito. Primò autem fpiri-
tum folle leniter efflato ut vena fenfim igni calefcat: deinde valenter: tum valentius,donec liquefcat,& quæ ad eam addita funt, ignis confumat, atq; ipfa,
quicquid habet recrementi,exfudet: poftea catillum extractum refrigerato,
ac eo tandem fracto invenies æs,quod expendito,ut fcire pofsis quotam rurfus venæ partem ignis confumpferit. Quidã venam femel tantummodo cremant,comminuunt,lavant: atq; iftiufmodi ramenti lotura collecti accipiunt
tria centumpondia,falis communis,fecis vini uftæ,recrementi vitri,fingulo-
rum centumpondium unum: & ea coquunt in catillo triangulari:qui,ubi refrixerit,invenitur maffula æris puri,fi vena ejus metalli dives fuerit: fin minus,maffula lapidea,cui æs eft immiftum: quæ rurfus crematur,tunditur, iterumq; excoquitur in altero catillo fictili,adjectis lapidibus facilè liquefcétib.
& halinitro: atq; refidet in fundo catilli æris puri maffula. Quod fi fcire volueris,quota in ipfo argenti portio infit,id ad ipfum adjecto plumbo excoquito in catillo cinereo: de quo experimento dicam poftea. Qui verò mox fcire
cupiunt,quotam argenti portionem vena æris in fe contineat,hi eam cremãt,
comminuunt,lavant,cum ramenti lotura collecti,centumpondio paucã fpumam argenti fulvam commifcent,mifturam injiciunt in catillum, quem fub
tegulam ardentis fornaculæ collocant, ad horæ dimidiæ fpacium : ubi cùm

propter

propter vim liquefcendi, quæ ineft in fpuma argenti, recrementum exfuda-
verit, eximunt: refrigeratam à recreméto purgant, rurfusq; eam cóminuunt:
cum ejus centumpondio fefcunciam globulorum plumbeorum mifcent: injiciunt in alterum catillum fictilem, quem fub tegulam ardentis fornaculæ
collocant, adjicientes ad mifturam paucum pulverem alicujus additamenti
compofiti, quod venas liquefacit: liquatam eximút, refrigeratam à recremento purgant. Poftremò eam coquunt in catillo cinereo, quoad ómne plumbú
exhalaverit, folumq; argentum remanferit. Nigri autem plumbi venam ifto
modo experiri convenit: lapidis plumbarii puri femunciam, & chryfocollæ,
quam boracem vocant, tantundem cóminuito, permifceto, in catillum fictilem injicito, carbonem ardentem in media ejus parte collocato: quamprimú
chryfocolla crepuerit, & lapis plumbarius liquefactus fuerit, quod cito eis accidit, carbonem à catillo amoveto: & in ipfius fundo plumbú refidebit: quod
expendito: & ejus portionem, quam ignis confumpfit, ad calculos revocato.
Si verò etiam fcire volueris, quota argenti particula in plumbo infit, id in catillo cinereo excoquito, ufq; dum omne plumbum exhalet. Vel venam plumbi qualemcunque urito, lavato, ramenti lotura collecti centumpondium &
pulveris compofiti, qui venas liquefacit, tria centumpondia commifta in catillum fictilem injicito, & in circulum ferreum collocato ut liquefcat: refrigeratum à recremento purgato: atque reliqua, ut dictum eft, perficito. Vel accipito venæ præparatæ uncias duas, æris ufti drachmas quinque, vitri aut recrementi ejus in pulverem redacti unciam unam, falis femunciam, & mifceto: atque mifturam in catillum triangularem conjicito, eumque lento igni
calefacito, ne difrumpatur. Ubi miftura liquefacta fuerit, ignem folle magis
excitato: deinde ex prunis eximito catillum, & finito refrigefcere in aere: aquâ
verò non perfundito, ne plumbi maffula nimio frigore commota, cum recrementis mifceatur: atque fic experimentum fiat falfum: poftquam autem catillus refrixerit, in ejus fundo invenies maffulam plumbeam. Vel accipito venæ
uncias duas, fpumæ argenti femunciam, vitri Venetiani drachmas duas, halinitri femunciam. Quòd fi vena difficulter excoquitur, ad eam adjicito fco-
bem ferri elimatam, quæ, quia valde calefacit, purgamenta facilè fecernit à
plumbo ac reliquis metallis. Quinetiam vena plumbi nigri, ut convenit, præparata conjicitur in catillum, & folùm ad eam adjiciuntur arenæ à lapide facilè liquefcente refolutæ, aut fcobs ferri elimata, & experimentum perficitur.
Venam verò plumbi candidi hac ratione experiri poteris: eam primò urito,
deinde comminuito, tum lavato: ramentum loturâ collectum rurfus urito,
cóminuito, lavato: ejus centumpondium unú & dimidium cum chryfocollg,
quam boracem nominant, centumpondio commifceto: ex miftura, aquis
madefacta, maffulam formato, poftea carbonem magnum & teretem perforato. Foramen autem altum fit palmum, fuperius latum digitos tres, inferius
anguftum: hoc, cùm collocatur carbo, inferiorem locum, illud fuperiorem
occupet. Collocetur verò in catinum fictilem, & undique ad eum apponantur carbones ardentes. Ubi verò carbo perforatus ignem conceperit, maffula in fuperius ejus foramen imponitur, & lato carbone ardente tegitur: atque
pluribus carbonibus circum eum appofitis folle acris ignis excitatur, donec

r

omne plumbum candidum ex inferiore carbonis foramine defluxerit in catinum. Vel accipito carbonem magnum,eumque excavato & luto oblinito,ne
vena candens exiliat. Præterea in media ejus parte facito foramen parvum:
magnum autem foramen carbunculis minutis completo: super quos venam
projicito: at in parvum foramen imponito ignem, & follis manualis narem,
ut ignem excitare posfis: verùm carbonem eum locato in fovea luto oblita,in
qua excoctione perfecta invenies masfulam plumbi candidi.At venam plumbi cinerei hoc modo experimur: ejus fragmenta in catillum fictilem injici-
mus,& sub tegulam ardentis fornaculæ collocamus: quamprimum calefacta
fuerint, stillant plumbo: quod in unam masfulam confluit. Venam verò argenti vivi sic experiri convenit: cum parte una fragmentorum ejus tres partes pulveris carbonum,& manipulum salis commisceto: misturam in catinû,
vel ollam vel urceum injicito, operculo tegito: luto oblinito: in carbones ardentes imponito,postquam ei insederit ustæ color, catinum extrahito:nam si
diutius ipsum coxeris, misturâ argentum vivum, unà cum fumo exhalat:
quod ipsum in fundo catini vel alterius vasis refrigerati invenitur. Aut venam ejus tritam injicito in vas fictile cucurbitinum, & id in fornaculam imponito,atque operculo, cui longa est naris, contegito: nari autem supponito
ampullam,quæ recipiat argentum vivum,quo ipsa stillat: sit verò aqua frigida in ampullam infusa, ut argentum vivum igni concalefactum continuò re-
frigeretur & confluat: nam argentum vivum vi ignis in sublime fertur, & per
operculi narem in ampullam defluit. Experimur etiam venam argenti vivi
eodem planè modo,quo eam excoquimus,quem suo loco explicabimus. Postremò, venam ferri experimur in camino fabri ferrarii: eadem uritur, comminuitur,lavatur,siccatur: magnes in ramentum loturâ collectum imponitur, qui scobem ferream ad se trahit: ea pennis detersa,catino excipitur: atque
magnes usque eò in ramentum loturâ collectum imponitur, & scobs detergi-
tur,dum restet, quam ad se alliciat. Ea autem simul cum halinitro coquitur
in catino donec liquescat,& ex ea ferrea masfulula confletur. Quod si magnes
citò, facileque scobem ad se traxerit, venam ferri divitem esse conjicimus: si
tardè, pauperem: si prorsus eam respuere visus fuerit,ferri paulum, aut nihil
in se continere. Sed de experimento venarum metallicarum satis; nunc dicam de metallorum experimento. Quod utile est tum monetariis & mercatoribus,qui metalla emunt & vendunt: tum metallicis, sed maximè dominis
& præfectis fodinarum: atque dominis & præfectis officinarum,in quibus
metalla excoquuntur, aut alterum ab altero separatur. Primò autem dicam
quomodo experiri conveniat, quotam preciosi metalli partem vile in se contineat: sed aurum & argentum habentur nunc preciosa, reliqua verò omnia
vilia. Quondam metalla vilia combusta sunt,ut preciosa pura haberi possent. Veteres etiam ustione indagarunt,quotam argenti portionem aurum
in se contineret: eoque modo omne argentum consumebatur, quæ non levis
jactura fuit; attamen Archimedes nobilis mathematicus,Hieroni regi grati-
ficaturus,invenit rationem idem deprehendendi non admodum promptam,
& quâ massa magna accuratius quàm parva explorari potest:quam in comen-
tariis exponam.Sed chymistarum sectatores ostenderunt rationé secernendi
argen-

argentum ab auro,qua neutrū perit. Aurum aūt,in quo ineſt argentū: vel argentum,in quo aurū,primò cōticulæ atteratur:deinde eidem acus auri vel argenti ſimillima: quo modo ex lineis productis cōgnoſcitur,quota argēti portio in auro inſit,quota auri in argento: mox ad argentū,quod eſt in auro,adji-
ciatur tanta ejuſdem portio , ut auri triplum ſit. Tum plumbum injiciatur in
catillū cinereum,& coquatur:paulò poſt in eundem injiciatur paucum æs:ut-
pote ejus ſemuncia, vel ſemuncia & ſicilicus minoris pōderis: ſi aurum vel ar-
gentūm aliquā æris particulā in ſe non contineat. Etenim catillus,cùm plumbum & æs deſunt, quæ conſumat, particulā auri & argenti ad ſe allicit & con-
bibit.Tandem auri trientem & argēti libram in eundē catinum injicere & coquere convenit:nam ſi aurum & argentū primò in catillum conjecta coquantur,is,ut jam dixi, particulam ejus conbibit,& aurum, cùm ab argento ſeparatum fuerit,purū non invenitur. Coquantur verò hęc metalla uſq; dum ipſum
plumbum & æs conſumantur : atq; iterū idem utriuſq; pondus eodem modo
coquatur in altero catillo cinereo: utraque maſſula malleo percuſſa dilatetur:
utraq; bracteola in fiſtulæ figuram formetur: utraque conjiciatur in parvam
ampullam vitream: quibus tertiæ aquę valentis,quā decimo libro deſcribam,
uncia & drachma majoris ponderis affundantur: lento igni calefiant,quo-
modo bullulæ figura margaritis aſsimiles ad fiſtulas adhæreſcere videntur.
Quo autem major rubor apparuerit, eò melior eſſe aqua judicatur. Sed poſtquam rubor evanuerit,buſlulæ candidæ margaritis non tantùm figura,ſed
etiam colore ſimiles eiſdem fiſtulis videntur inſidere:poſt breve tempus aqua
effundatur, & infundatur altera : cùm ea rurſus bullulas candidas ſex vel octo
excitaverit,effundatur & fiſtulæ eximāntur: atque quater aut quinquies aquā
fontanā laventur:magis verò coquantur ex eadē bulliente:nam colore clario-
re ſplendent:poſtea in auream phialā,quæ in manu teneatur,conjectæ ſenſim
leni ignis calore ſiccentur: mox phiala imponatur in carbones ardētes,& carbonibus tegatur,ac oris flatu modico inſpirentur:tunc flāmam cæruleā emit-
tent:ad extremū fiſtulæ appendant, quib.ſi par pōdus erit, artifex harū rerum
laborē fruſtra non ſuſcepit. Poſtremo ambæ in altera lance poſitæ ponderen-
tur. Unæ tantūmodo quaternæ ſiliquæ nō numerentur ,ppter argentū quod
remanet in auro,& ab eo ſeparari non poteſt. Ex fiſtularum autem pōduſculo
cognoſcimus pondus & auri & argenti quod in maſſa ineſt. Quod ſi quis artifex tantū argētum nō adjecerit ad aurū,ut ejus triplum ſit,ſed duplū vel ſeſter-
tiū,ei opus eſt valentiore aqua,ꝗ aurum ab argento ſecernat:qualis eſt quarta:
ſed utrum aqua, quā auro & argento adhibet, eis conveniat, an plus minúsve
quàm oportet valens ſit, ex effectu cognoſcitur : mediocris bullulas in fiſtulis
excitat, & ampullā atq; operculum eximio rubore inficere videtur : imbecil-
lior eadē exiguo rubore tingere,valētior fiſtulas diſrumpit. Ad argentum verò purū,in quo ineſt aliqua auri portio, nō adjiciatur aliud, cùm in catillo cinereo coquuntur priuſꝗ ſeparētur ,ſed præter plumbum ad beſſem ejus quadrans vel triens æris,minora pōdera intelligo. At ſi argentū etiā in ſe cōtineat
aliquā æris portiōne,& poſtꝗ cū plūbo fuerit excoctum appendat,& poſtquā
aurum ab eo fuerit ſecretū : altero modo cognoſcimus quantū æris in eo fuerit,altero quantum auri.Sed vilia metalla experimenti gratia etiā hodie cōbu-

runtur,quod tantulùm metallum perdere damnũ fit exiguum,at à magna vilis metalli maſſa metallum pretioſum ſemper ſecernitur,ut in eodẽ lib.10. un-
decimoq; exponam. Miſturã autem æris & argẽti hoc modo experimur. Artifex ex aliquot panib⁹ æris excindit portiones, ex parvis parvas,ex mediocribus mediocres,ex magnis magnas:veruntamen parvæ magnitudinẽ dimidiæ
nucis avellanæ æquant, magnæ dimidiæ caſtaneɡ molem non excedunt,me-
diocres mediocri modo ſe habẽt. Excindit verò portiones ex media inferiori
parte cujuſq; panis: qúas portiones ſimul cõjicit in catillum triangularem no-
vum & purũ,additq; ſchœdas quɡ põdus ſcriptum continẽt, quod habent oẽs
æris panes quanti tandem fuerint: verbi cauſa. Hæ portiones,ſic enim ſcribit,
exciſæ ſunt ex ære, quod pendit viginti centumpondia: itaque cùm ſcire vult,
quotã argenti partẽ unum ejuſmodi æris centumpondiũ in ſe cõtineat,primò
in circulum ferreùm prunas injicit:deinde ad eas addit carbones. Cùm verò i-
gnis jam vires habuerit, tunc ſchœda ex catillo exẽpta aſſervataq; eum catillũ
in igne imponit,quartaq; unius horɡ parte ſenſim calefacit donec excãdeſcat:
poſtea flatu follis duplicati dimidio horæ ſpacio excitat & auget ignem:tanto
enim tẽporis intervallo æs plumbi expers calefieri & liqueſcere aſſolet: quod
autẽ non caret plumbo,citius. Itaq; cùm ferè ad definiti tẽporis ſpacium infla-
verit follem,tunc forcipe removet prunas,& ligno in tenue ſciſſo,quod forcipe prehendit,æs movet. Quod ſi facilè movere non poteſt,ſignum eſt,ipſum
pr orſus liquefactum nõdum eſſe:id ſi intelligit,iterum in catillũ imponit car-
bonẽ magnum,prunasq; ante exemptas in eundem reponit,rurſusq; ad breve
tẽpus inflat follem. Ubi verò ɡs omne liquefactum fuerit,tunc ultrà follis flatu
non utitur:nam ſi eo uteretur, ignis partem æris cõſumeret, fieretq; quod reliquum eſſet ditius, q̃ panes è quibus eſt exciſum;qui non levis error eſt. Itaq;
quĩprimùm æs ſatis fuerit liquefactum, id ipſum fundit in canaliculum fer-
reum:qui magnus aut parvus ſolet eſſe,prout multum aut paucum æs in catillo experimenti gratiâ liquefit. Habet autem ſuum manubrium ſimiliter ferreum,quo capit ipſum cùm ɡs infuſum fuerit,ac immergit in aquam ſolii propè locati,ut æs refrigeretur:quod rurſus ad ignem exiccat,cuneoq; ferreo ejus
cuſpidem decutit. Portionem verò cuſpidi proximam ſuper incudɡ cudit, ef-
ficitque bracteam, quam diſcindit in particulas.

*Canaliculus ferreus* A.    *Ejus manubrium* B.

Alii æs liquefactum carbone tiliæ agitant: mox in ſcopas, ex betula factas
novas & puras fundunt:quib.ſuppoſitum eſt vas ligneum ſatis amplũ & aquæ
plenum:tunc diſſolvitur in globulos minutos,quãtuli ſunt ſemina canabis.A-
lii loco ſcoparum ſtramẽ ſumunt. Alii lapidẽ latum in vas imponunt, & tantã
aquam

aquã infundunt, quanta superat lapidem, atq; æs liquidum è catillo in lapidẽ
effundunt, ex quo dilapso globuli minuti fiunt. Alii æs liquefactum mox fundunt in aquã atq; agitant usq; eò dum dissolutum abeat in globulos: nisi verò
æs fundatur & ex eo efficiatur bractea, vel in globulos resolvatur, vel limetur,
ignium vi non facilè liquescit in catillo cinereo. Quod si liquefactum nõ fuerit, omnis labor frustra est susceptus. Eodem autem modo quo æs in globulos
argentum & plumbum resolvuntur, ut justissimè appendi possint. Sed redeo
ad æris experimentum. Cùm æs istis modis præparatũ fuerit, tunc ad quodq;
centumpondium minorũ ponderum, si fuerit æs quod plumbi & ferri expers
est, & quidẽ dives argẽti, adjicito plumbi sescunciã majorum ponderũ: si verò
æs plumbo non caruerit, unciã: si ferri particeps fuerit, duas uncias. Primò aũt
plumbum imponito in catillũ cinereum: deinde cũ fumare cœperit, adjicito
æs: quod unius horæ & quartę ejus partis spacio ignis cõsumere solet una cum
plumbo: id ubi factũ fuerit, argentum in fundo catilli cõspicies: citius tñ ignis
utrunq; cõsumit si in fornacula coquantur, quæ aura inspiratur: sed satius est
superiorem ejus partẽ dimidiam operculo tegere, & fores fenestratos nõ solũ
apponere ad ostiolum, verũ etiã fenestrã carbone vel lateris portiuncula claudere. Quod si tale æs fuerit, à quo difficulter argentum separatur, anteaquam
igni exploretur in catillo cinereo, plumbum primò injiciendũ est in catillum
fictilem: deinde æs adjiciendum cum modico sale torrefacto, ut & plumbum
cõbibat æs, & ęs purgetur à recremento, quo abundat. Verùm plumbũ candidum quod argentũ in se cõtinet, neq; ipsum in initio experimenti in catillum
cinereum injicere oportet, ne unã cum eo argentum, quod fieri solet, cõsumat
& in fumum vertat: sed posteaquã plumbum fumare cœperit in catillo fictili,
tunc id ad ipsum adjicito: quo modo nigrum plumbũ concipiet argentũ, candidum verò ebulliet, abibitq; in cinerem, qui ligno in tenue scisso removetur.
Idem fit si temperatura aliqua, in qua inest plumbum candidum, excoquitur.
Cùm verò plumbũ nigrum cõbiberit argentũ, quod erat in plumbo candido,
tunc demũ in catillo cinereo coquitur. At plumbum nigrum, cũ quo argentũ
est permistũ, primò in catino ferreo, sup fornaculã ardentè statuto, liquescat
sinito. Dein ut æs in canaliculum ferreum fundito, tum super incude malleo
percussum dilatato, & ex eo bracteã efficito: postremò in catillũ cinereum injicito, quod experimentũ dimidiæ horæ spacio potest perfici. Vehemens em
ignis calor ei obest: quare non est necesse neq; dimidiã fornaculæ partẽ operculo tegere, neq; ostiolum ejus occludere. At metalla mista signata, quæ mo-
netæ nominãtur, hoc modo experimur. Numos argenteos minòres ex acervi
infima & suprema parte, ejusq; laterib. exemptos primò bene purgato: deinde
in catillo triangulari liquefactos vel in globulos redigito, vel ex eis bracteas
efficito: Majores verò qui pendunt drachmã, sicilicum, semunciam, unciã dilatato: tum bessem minorẽ globulorum sumito, vel par bracteæ pondus, iteq;
alterum bessem; utrunq; verò separatim chartâ involvito, postea duas plumbi
particulas in duos catillos cinereos prius calefactos injicito: quantò autẽ mo-
neta fuerit preciosior, tantò minore plumbi portione ad experimẽtum nobis
opus est; quatò vilior, tantò majore: etenim si bes argenti tantũmodo semunciam vel unciã æris in se cõtinere dicitur, ad bessem minorem adjicimus plũbi
semunciam, si ex æquis argenti & æris partibus cõstiterit, unciam: sin in besse

æris folû femuncia vel uncia argéti ineſt,ſeſcuntiam. Sed quamprimũ plumbum fumare cœperit,in ſingulum catillum cinereum ſingulã chartam,in quã argentum ære temperatum eſt,involutũ imponito,os tegulæ carbonibus obſtruito; lento igni coquito,donec omne plumbum & æs conſumátur: nam a-cris ſuo calore argentũ cum aliqua plumbi particula cõpellit in catillum; quo modo experimentũ ſit fallax;tum maſſulas ex catillo extrahito,& à recremẽto purgato;ſi neutra libræ lancé,in quam imponitur,depreſſerit,ſed par utriuſq; fuerit pondus,experimentum nobis nullum attulit errorem;ſin altera depreſſerit lancem,plenum eſt erroris,quare id ipſum iterare oportet.Quod ſi bes in ſe contineat argenti puri uncias ſeptẽ, rex, vel princeps, vel civitas, quæ cudit monetã, adimit unciã, quam partim lucratur,partim impendit in fabros monetales, atque in æs quod ad argentum adjecit; qua de re copioſius dixi in libris De precio metallorum & monetis inſcriptis. Aureos autem nuõos variis modis experimur: etenim ſi æs cum auro permiſtum fuerit,eos eodem modo quo argenteos igni excoquimus; ſi argentum,ab eo aqua illa valentiſsima aurum ſecernit:ſin æs & argẽtum,prius adjecto plumbo excoquunt in catillo cinereo, donec ignis æs & plumbum cõſumat, poſterius autem ab argẽto ſecernitur. Reſtat de coticula,qua explorare aurum & argentum vetus eſt & uſitatum; quanquam enim experimentum quod igni perficitur,certius eſt,tamen quia ſæpe nobis deeſt fornacula,ſæpe tegula, ſæpe catilli, nec ulla mora interpõẽda eſt; coticulæ, quam ſemper in promptu habere poſſumus, aurum argẽtúmve atterimus: quid quod aureos nuõos igni excoquere ne utile quidẽ ſemper ſit? verum eligere oportet admodum nigrã,& ſulfuris expertem; quo enim nigrior fuerit, & ſulfuris magis expers,eò melior eſſe ſolet; de cujus natura alibi ſcripſi. Coticulæ autem primò atteritur aurum ſive argentoſum,ſi-ſive ærofum,ſive canalienſe,ſive igni excoctum fuerit;ſimiliter argẽtum. Deinde una aliqua acus,quam ejus eſſe ſimillimã ex colore cõjicimus; quæ ſi nos fallit defectu, acus altera colorẽ habens magis ſaturum coticulæ atteritur;ſin exceſſu, tertia quæ dilutiorẽ habet colorem, ea nanq;nobis indicat quota argenti,vel æris,vel argenti ſimul & ærisportio ſit in auro; aut quota æris in argento. Sunt enim quadruplices. Primæ ex auro & argento factæ,ſecundæ ex auro & ære,tertiæ ex auro & argento & ære,quartæ ex argento & ære.Primis tribus acuum generib⁹ potiſsimum aurum experimur,quarto argentum.Sed ejuſmodi acus ſic parantur. Pondera minora proportione reſpondent majoribus; utriſq; utuntur non modò metallici, ſed etiam monetarii ; verùm acus ſecundùm minora formantur , & unaquæq; pendit beſſem,quem noſtro vocabulo marcam nominant. Cùm autem bes,quo utuntur,qui cudunt aurum, diſtribuatur in quatuor & viginti binas ſextulas, quas Græco nomine nunc ceratia appellant; binæ verò ſextulæ quæq; in quatuor ſemiſextulas,quę grana vocant; ſemiſextula quæq; in tres quaternas ſiliquas, quas granula nuncupant, ſi acus fecerimus ad numerum quaternarũ ſiliquarum,ſient ducentæ octaginta octo:ſi ad numerum ſemiſextularũ ſive binorum ſcripulorum,ſex & nonaginta. Sed iſtis duob.modis numerus acuum nimis efficeretur magnus, & ex eis non paucæ propter exiguã auri portionem nihil nobis ſignificarent, eas igitur ad numerum binarum ſextularum facere convenit: quo ſane modo

acus

acus quatuor & viginti fiunt, quarum prima conficitur ex argenti tribus &
viginti duellis & auri una; binas autem sextulas veteres dixisse duellas, Fānius
autor est. Quæcunq; igitur virgula argentea coticulæ attrita eam ita ut hæc
acus colorat, ipsa unam auri duellam in se continet: sic secundùm auri portionem, aut, cùm jam aurum pondere superat argentum, secundum argenti portionem de reliquis acubus est judicandum. Secunda acus fit ex duabus & viginti duellis argenti, & ex duabus auri. Tertia ex una & viginti duellis argenti, & ex tribus auri. Quarta ex viginti duellis argenti, & ex quatuor auri. Quinta ex decem & novem duellis argenti, & ex quinq; auri. Sexta ex decem & octo
duellis argenti, & ex sex auri. Septima ex decem & septem duellis argenti, &
ex septem auri. Octava ex sedecim duellis argenti, & ex octo auri. Nona ex
quindecim duellis argenti, & ex novem auri. Decima ex quatuordecim duellis argenti, & ex decem auri. Undecima ex tredecim duellis argenti, & ex undecim auri. Duodecima ex duodecim duellis argenti, & ex totidem auri. Decimatertia ex undecim duellis argenti, & ex tredecim auri. Decimaquarta ex
decem duellis argenti, & ex quatuordecim auri. Decimaquinta ex novem
duellis argenti, & ex quindecim auri. Decimasexta ex octo duellis argenti, &
ex sedecim auri. Decimaseptima ex septem duellis argenti, & ex decem & septem auri. Decimaoctava ex sex duellis argenti, & ex decem & octo auri. Decimanona ex quinque duellis argenti, & ex decem & novem auri. Vicesima
ex quatuor duellis argenti, & ex viginti auri. Vicesimaprima ex tribus duellis
argenti, & ex una & viginti auri. Vicesimasecunda ex duabus duellis argenti,
& ex duabus & viginti auri. Vicesimatertia ex una duella argenti, & ex tribus
& viginti auri. Vicesimaquarta tota formatur ex auro puro.

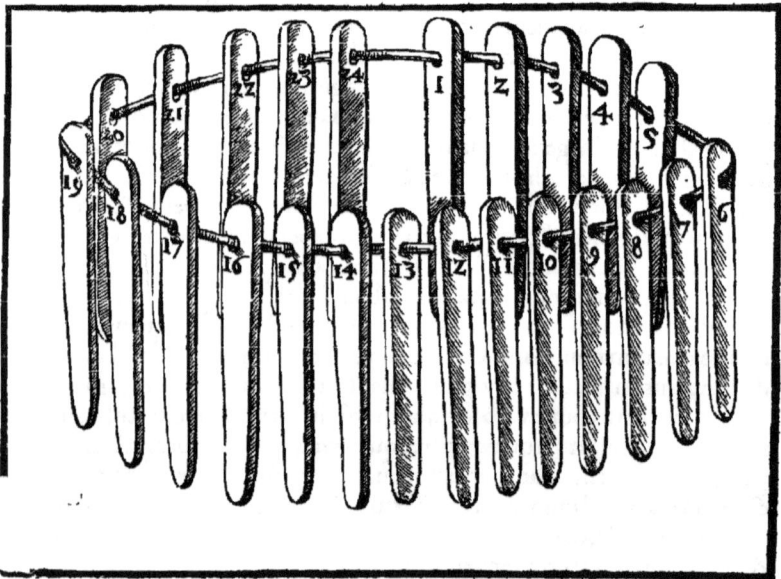

Itaq; primis undecim acubus coticulæ attritis experimur, quotâ auri por-
tioné virgulæ argenteæ in se contineant: reliquis autem tredecim non modò
quota argenti portio in virgulis aureis insit, sed etiâ quota in monetis. Quoniam verò quidá numi aurei constant ex auro & ære, tredecim ejus generis a-
cus formantur: quarum prima côficitur ex duodecim duellis auri & ex totidé
æris. Secunda ex tredecim duellis auri & ex undecim æris. Tertia ex quatuordecim duellis auri & ex decem æris. Quarta ex quindecim duellis auri, & ex
novem æris. Quinta ex sedecim duellis auri, & ex octo æris. Sexta ex decé &
septem duellis auri, & ex septem æris. Septima ex decem & octo duellis auri, &
ex sex æris. Octava ex decem & nové duellis auri & ex quinq; æris. Nona ex
viginti duellis auri, & ex quatuor æris. Decima ex una & viginti duellis auri,
& ex tribus æris. Undecima ex duabus & viginti duellis auri, & ex duabus æ-
ris. Duodecima ex tribus & viginti duellis auri & ex una æris. Decimatertia
ex auro puro. Sed hoc genus acuum non est multum usitatum, quod ejusmodi aurei númi rariores sint: maximè hi in quibus magna æris portio inest. At
tertium genus acuû, quæ constant ex auro & argéto & ære, magis est usitatú,
quòd tales aurei nummi sint vulgati. Sed quia cum auro pares vel impares argenti & æris portiones miscentur, duplices fiunt acus: si pares, prima formatur ex duodecim duellis auri & sex argenti ac totidem æris. Secunda ex tredecim duellis auri & quinq; duellis & una sextula argenti ac totidem duellis u-
naq; sextula æris. Tertia ex quatuordecim duellis auri & quinque argenti ac
totidem æris. Quarta ex quindecim auri, & quatuor duellis ac una sextula argenti, atq; totidem duellis unaq; sextula æris. Quinta ex sedecim duellis auri,
& quatuor argenti ac totidem æris. Sexta ex decem & septem duellis auri, &
tribus duellis atque una sextula argenti, ac totidem duellis unaque sextula æ-
ris. Septima ex decem & octo duellis auri, & tribus duellis argenti ac totidem
æris. Octava ex decem & novem duellis auri, & duabus duellis ac una sextula
argenti, atque totidem duellis unaque sextula æris. Nona ex viginti duellis
auri, & duabus argenti ac totidem æris. Decima ex una & viginti duellis auri, & ex una duella unaque sextula argenti, item ex una duella unaque sextula
æris. Undecima ex duabus & viginti duellis auri, & ex una duella argenti,
atque etiam una æris. Duodecima ex tribus & viginti duellis auri, & una sextula argenti unaque æris. Decimatertia ex auro puro. Alii ut duo scripu-
la argenti vel æris, quæ insunt in auri besse, deprehendere possint, acus quinque & viginti conficiunt: quarum prima constat ex duodecim duellis auri,
& sex argenti ac totidem æris. Secunda ex duodecim duellis unaque sextula auri, & quinque duellis unaque sextula & dimidia argenti, ac totidem duellis unaque sextula & dimidia æris; eadem proportione reliquæ acus formantur. At Romanos scripulari differentia dixisse Plinius autor est, quantum
auri esset in aliqua temperatura, quantum argenti vel æris. Utroq; autem modo acus, & de quibus dixi, & de quibus jam dicturus sum, confici possunt.
Si verò impares argenti & æris portiones cum auro permistæ fuerint, acus
septem & triginta fiunt, quarum prima formatur ex duodecim duellis auri,
novem argenti, tribus æris. Secunda iterum ex duodecim duellis auri, octo
argenti, quatuor æris. Tertia etiam ex duodecim duellis auri, septem argenti,

quinq;

quinq; eris.Quarta ex tredecim duellis auri,octo duellis & dimidia fextula argenti,duab⁹ duellis unaq; fextula & dimidia æris. Quinta ex tredecim duellis auri, fepté duellis & dimidia fextula atq; unis quaternis filiquis argenti,tribus duellis & una fextula,ac binis quaternis filiquis æris. Sexta ex tredecim duellis auri, fex duellis & dimidia fextula atq; binis quaternis duellis argenti, quatuor duellis unaq; fextula & unis duellis æris.Septima ex quatuordecim duellis auri,fepté duellis & una fextula argenti,duab.duellis unaq; fextula æris. Octava ex quatuordecim duellis auri,fex duellis & una fextula atq; binis quaternis filiquis argenti,trib. duellis & dimidia fextula ac unis quaternis filiquis æris. Nona ex quatuordecim duellis auri,quinq; duellis & fefquifextula ac unis quaternis filiquis argenti,quatuor duellis & binis quaternis filiquis æris. Decima ex quindecim duellis auri,fex duellis & fefquifextula argenti,duab.duellis & femifextula æris. Undecima ex quindecim duellis auri,fex argenti,tribus æris. Duodecima ex quindecim duellis auri, quinq; duellis & femifextula argenti,trib⁹ duellis atq; fefquifextula æris. Decimatertia ex fedecim duellis auri,fex argéti,duabus æris. Decimaquarta ex fedecim duellis auri,quinq; duellis & femifextula atq; unis quaternis filiquis argenti,duab.duellis & una fextula ac binis quaternis filiquis æris. Decimaquinta ex fedecim duellis auri, quatuor duellis & una fextula atq; binis quaternis filiquis argenti,tribus duellis & femifextula ac unis quaternis filiquis æris. Decimafexta ex decem & feptem duellis auri, quinq; duellis & femifextula argenti, una duella & fefquifextula æris. Decimafeptima ex decem & feptem duellis auri, quatuor duellis & una fextula atq; binis quaternis filiquis argenti, duabus duellis & femifextula ac unis quaternis filiquis æris. Decima octava ex decem & fepté duellis auri,quatuor duellis & unis quaternis filiquis argéti,duab. duellis & fefquifextula atq; binis quaternis filiquis æris. Decimanona ex XVIII. duellis auri,quatuor duellis & una fextula argenti, una duella unaq; fextula æris. Vicefima ex decé & octo duellis auri,quatuor argenti, duabus æris. Vicefima prima ex decé & octo duellis auri,tribus duellis & una fextula argéti, duabus duellis & una fextula æris. Vicefima fecunda ex XIX.duellis auri, tribus duellis & fefquifextula argenti,una duella & femifextula eris.Vicefima tertia ex XIX. duellis auri,tribus duellis & femifextula ac unis quaternis filiquis argenti, una duella & una fextula ac binis quaternis filiquis æris. Vicefima quarta ex XIX. duellis auri, duabus duellis & fefquifextula atq; binis quaternis filiquis argenti,duab.duellis & unis quaternis filiquis æris. Vicefima quinta ex viginti duellis auri,trib⁹ argenti,una æris. Vicefima fexta ex viginti duellis auri,duabus duellis & una fextula atque binis quaternis filiquis argenti,una duella & femifextula ac unis quaternis filiquis æris. Vicefima feptima ex XX. duellis auri, duabus duellis & femifextula ac unis quaternis filiquis argenti, una duella unaque fextula & binis quaternis filiquis æris. Vicefima octava ex XXI. duellis auri, duabus duellis & femifextula argenti, fefquifextula æris. Vicefima nona ex una & viginti duellis auri, duabus argenti,una æris. Tricefima ex una & viginti duellis auri, una duella & fefquifextula argenti, una duella & femifextula æris. Tricefima prima ex XXII. duellis auri,una duella unaque fextula argenti,una fextula æris. Tricefima fecunda ex duabus & viginti duellis auri, una duella,

& femi-

& femifextula ac unis quaternis filiquis argéti,una fextula atq; binis quaternis filiquis ęris. Tricefima tertia ex duabus & viginti duellis auri,una duella & binis quaternis filiquis argenti,fefquifextula ac unis quaternis filiquis æris. Tricefima quarta ex tribus & viginti duellis auri, fefquifextula argéti, femifextula æris. Tricefima quinta ex tribus & viginti duellis auri,una fextula atque binis quaternis filiquis argéti,femifextula & unis quaternis filiquis æris. Tricefima fexta ex trib.& viginti duellis auri,una fextula & unis quaternis filiquis argéti, femifextula & binis quaternis filiquis æris. Tricefima feptima ex auro puro. Cùm auté rarò inveniant aurei, qui ex beffe auri,in quo nó infunt quindecim duellę auri,fignantur,nonnulli tantùm octo & viginti acus efficiunt:atq; quidá à jam dictis diverfas,quod auri miftura cum argéto & ære interdum fit diverfa: earum acuum prima formatur ex quindecim duellis auri, fex duellis & una fextula atq; binis quaternis filiquis argenti, duabus duellis & femifextula ac unis quaternis filiquis æris. Secunda ex quindecim duellis auri,fex duellis & unis quaternis filiquis argenti, duabus duellis & fefquifextula ac binis quaternis filiquis æris. Tertia ex quindecim duellis auri,quinq; duellis & femifextula argéti,trib.duellis & fefquifextula æris. Quarta ex fedecim duellis auri,fex duellis & femifextula argenti,una duella & fefquifextula æris. Quinta ex fedecim duellis auri, quinq; duellis & una fextula atq; binis quaternis filiquis argenti,duabus duellis & femifextula ac unis quaternis filiquis æris. Sexta ex fedecim duellis auri,quatuor duellis & fefquifextula atq; binis quaternis filiquis argéti,tribus duellis & unis quaternis filiquis æris. Septima ex decem & fepté duellis auri,quinq; duellis & una fextula unisq; quaternis filiquis argenti, una duella & femifextula atq; binis quaternis filiquis æris. Octava ex decem & feptem duellis auri,quinq; duellis & unis quaternis filiquis argéti,una duella & fefquifextula & binis quaternis filiquis æris. Nona ex decem & feptem duellis auri,quatuor duellis & unà fextula ac unis quaternis filiquis argenti, duabus duellis & femifextula atq; binis quaternis filiquis æris. Decima ex decé & octo duellis auri,quatuor duellis & una fextula argenti,una duella unaq; fextula æris. Undecima ex decé & octo duellis auri,quatuor duellis argenti,duab.duellis æris. Duodecima ex XVIII.duellis auri,tribus duellis & una fextula argéti, duab.duellis & una fextulà æris. Decimatertia ex XIX.duellis auri,trib⁹ duellis & fefquifextula ac unis quaternis filiquis argenti,una duella atq; binis quaternis filiquis æris. Decimaquarta ex XIX.duellis auri,trib duellis & femifextula ac unis quaternis filiquis argenti,una duella unaq; fextula atq; binis quaternis filiquis æris. Decimaquinta ex XIX.duellis auri,duab. duellis & fefquifextula àc unis quaternis filiquis argenti, duabus duellis & binis quaternis filiquis æris. Decimà fexta ex viginti duellis auri, tribus argenti, una æris. Decima feptima ex viginti duellis auri, duabus duellis & una fextula argenti,una duella unaque fextula æris. Decima octava ex XX. duellis auri,duabus argenti & totidem æris. Decimanona ex XXI. duellis auri, duabus duellis & femifextula ac unis quaternis filiquis argenti, una fextula atque binis quaternis filiquis æris. Vicefima ex una & viginti duellis auri, una duella & fefquifextula ac unis quaternis filiquis argenti, una duella atque binis quaternis filiquis æris. Vicefima prima ex una & viginti duellis auri, una duella & una

una fextula atq; binis quaternis filiquis argenti,una duella & femifextula ac unis quaternis filiquis æris. Vicefima fecunda ex duabus & viginti duellis auri, una duella unaq; fextula,atq; binis quaternis filiquis argenti,femifextula ac unis quaternis filiquis æris. Vicefima tertia ex duabus & viginti duellis auri,una duella unaque fextula argenti,una fextula æris. Vicefima quarta ex duabus & viginti duellis auri,una duella & femifextula, ac unis quaternis filiquis argenti, una fextula atq; binis quaternis filiquis æris. Vicefima quinta ex tribus & viginti duellis auri, fefquifextula ac unis quaternis filiquis argenti, binis quaternis filiquis æris. Vicefimafexta ex tribus & viginti duellis auri,fefquifextula argenti, femifextula æris. Vicefima feptima ex tribus & viginti duellis auri, una fextula atque binis quaternis filiquis argenti, femifextula ac unis quaternis filiquis æris. Vicefima octava ex auro puro. Sequitur quartum genus acuum,quibus argenteos nummos, qui æs in fe continent, aut æreos, qui argentum, exploramus. Bes autem quo argentum ponderamus, diftribuitur dupliciter: vel enim duodecies in quinque drachmas & unum fcrupulum, quæ pondera vulgus numos nominat: quorum quodque rurfus partimur in quatuor & viginti quaternas filiquas, quas idem vulgus granula appellat: vel in fedecim femuncias, quas lothones nuncupant: quarum quæque rurfus dividitur aut in decem & octo quaternas filiquas, quas vocant granula, aut fedecim femuncias, quarum ut quæque diftribuitur in quatuor drachmas, ita quæque drachma in quatuor numos: fecundu utranq; befsis divifionem formantur acus: fecundu priorem ad numerum dimidioru nummu quatuor & viginti:fecundu alteram ad numerum dimidiaru femunciaru,hoc eft ficilicoru,una & triginta; nam fi conficerentur ad numeru minorum ponderu,iteru numerus acuum efficeretur nimis magnus, & ex eis non paucæ propter exiguam argenti vel æris portionem nihil fignificarent nobis:utrifq; tam virgulas quàm monetas, quæ ex argento & ære conftant, experimur. Alteræ fic fe habent. Prima efficitur ex tribus & viginti æris partibus, & una argenti parte: quare quæcunque virgula vel nummus coticulæ attritus ipfam ita colorat ut hæc acus,in ea ineft quarta & vigefima argenti portio:atq; ita quoque fecundu argenti portionè,cùm fuperat æs,judicandu eft. Secunda acus conficitur ex duabus & viginti æris partibus & duabus argenti. Tertia ex una & viginti æris partibus, & tribus argenti. Quarta ex viginti æris partibus & quatuor argenti.Quinta ex decem & novem æris partibus & quinq; argenti. Sexta ex decem & octo æris partibus & fex argenti. Septima ex decem & feptem æris partibus & feptem argenti. Octava ex fedecim æris partibus & octo argenti. Nona ex quindecim æris partibus & novem argenti. Decima ex quatuordecim æris partibus & decem argenti. Undecima ex tredecim æris partibus & undecim argenti. Duodecima ex duodecim æris partibus & totidem argenti. Decimatertia ex undecim æris partibus & tredecim argenti. Decimaquarta ex decem æris partibus & quatuordecim argenti.Decimaquinta ex novem æris partibus & quindecim argenti. Decima fexta ex octo æris partibus & fedecim argenti. Decima feptima ex fepte æris partib.& decem & fepte argenti. Decimaoctava ex fex æris partib.& dece & octo argenti. Decimanona ex quinq; æris partib.& decem & nove argenti. Vicefima ex quatuor æris

partibus

partibus & viginti argéti. Vicesima prima ex tribus æris partibus, & una & viginti argenti. Vicesimasecunda ex duabus æris partib.& duabus ac viginti ar-
genti.Vicesima tertia ex una æris parte ac trib.ac viginti argenti partibus. Vicesima quarta ex puro argento. Alteræ verò acus ita se habent.Prima conficitur ex quindecim semunciis æris,& una semúcia argéti. Secunda ex quatuordecim semúciis & sicilico æris, & semuncia atq; sicilico argéti. Tertia ex quatuordecim semunciis æris, & duabus argenti. Quarta ex tredecim semunciis
& sicilico æris,& duabus semunciis & sicilico argenti. Quinta ex tredecim semunciis æris & tribus argenti. Sexta ex duodecim semunciis & sicilico æ-
ris & tribus semunciis atque sicilico argenti. Septima ex duodecim semunciis æris & quatuor argenti. Octava ex undecim semunciis & sicilico æris
& quatuor semunciis atque sicilico argenti. Nona ex undecim semunciis æ-
ris & quinque argenti. Decima ex decem semunciis & sicilico æris, ac quinq;
semunciis atque sicilico argenti. Undecima ex decem semunciis æris & sex
argenti. Duodecima ex novem semunciis & sicilico æris, & sex semunciis
atque sicilico argenti. Decimatertia ex novem semunciis æris, & septem se-
múnciis argenti. Decimaquarta ex octo semunciis & sicilico æris, & septem
semunciis & sicilico argenti. Decimaquinta ex octo semunciis æris, & totidem argenti. Decimasexta ex septem semunciis & sicilico æris, ac octo se-
múnciis & sicilico argenti. Decimaseptima ex septem semunciis æris,& novem argenti. Decimaoctava ex sex semunciis & sicilico æris, & novem se-
munciis atque sicilico argenti. Decimanona ex sex semunciis æris, & decem
argenti. Vicesima ex quinque semunciis & sicilico æris, ac decem semunciis
atque sicilico argenti.Vicesimaprima ex quinque semunciis æris,& undecim
argenti. Vicesima secunda ex quatuor semunciis & sicilico æris, ac undecim
semunciis & sicilico argenti. Vicesima tertia ex quatuor semunciis æris, &
duodecim argenti. Vicesima quarta ex tribus semunciis & sicilico æris, ac
duodecim semunciis & sicilico argenti. Vicesimaquinta ex tribus semunciis æris, & tredecim argenti. Vicesima sexta ex duabus semunciis & sicilico
æris, ac tredecim semunciis & sicilico argenti. Vicesima septima ex duabus
semunciis æris, & quatuordecim argenti. Vicesima octava ex una semuncia & sicilico æris, & quatuordecim semunciis atque sicilico argenti. Vicesima nona ex una semuncia æris, & quindecim semunciis argenti. Tricesima
ex sicilico æris & quindecim semunciis atque sicilico argenti. Tricesima prima ex argento puro. Hæc hactenus. Pluribus fortasse verbis quàm optimarum artium studiosi desiderent, tamen ad harum rerum cognitionem necessariis: nunc de ponderibus dicam, quorum sæpe mentionem feci: ea duplicia
sunt metallicis, majora scilicet & minora. Centumpondium est primum &
maximum pondus, nimirum centum librarum, atque ob id centenarium dictum. Dimidium centumpondium secundum: & quidem quinquaginta librarum. Quarta centumpondii pars, quæ est quinq; & viginti librarum, est
tertium pódus: quartum sedecim librarum: quintum, octo: sextum, quatuor:
septimum, duarum: octavum, libræ unius. Hæc verò libra est sedecim unciarum: cujus dimidia pars nempe selibra, quam nostri Marcam nominant, est
unciarum octo: sive, ut ipsi dividunt, semunciarum sedecim: quæ selibra est

nonum

nonum pondus. At decimum eſt ſemunciarum octo: undecimum, quatuor:
duodecimum, duarum, decimumtèrtium, unius ſemunciæ: decimumquar-
tum, ſicilici: decimumquintum, unius drachmæ: decimumſextum, dimidiæ
drachmæ. Ita diſtribuuntur majora pondera. Minora verò ſunt portiones
factæ ex argento vel orichalco, vel ære: quarum prima & maximâ plerunque
pendit drachmam unam: quâto enim minora fuerint, tanto utiliora ſunt: minus enim & venæ, vel metalli experiendi, & plumbi nobis opus eſt. Ea autem
portio nominatur centumpondium, reſpondétque majori librarum numero: quas itê centum pendit. Secunda eſt librarum quinquaginta: tertia, quinque & viginti: quarta, ſedecim: quinta, octo: ſexta, quatuor: ſeptima, duarum,
octava, unius libræ: nona, ſelibræ: decima, octo ſemunciarû: undecima, quatuor: duodecima, duarum: decimatertia, unius: decima quarta, ſicilici: quæ
eſt ultima. Nam portiones, quæ reſpondent drachmæ, & dimidiæ drachmæ,
non ſint uſitatæ. In his autem portionibus ponderum minorum, omnibus
numeri librarum & ſemunciarum ſunt inſcripti. At metallici quidam ærarii
minora, ut etiam majora, pondera aliter diſtribuunt in partes: etenim eorum
maximum pondus pendit libras centum & duodecim, quæ prima particula
eſt: ſecunda, quatuor & ſexaginta: tertia, duas & triginta: quarta, ſedecim:
quinta, octo: ſexta, quatuor: ſeptima duas: octava, unam: nona, ſelibram, ſive
ſemuncias ſedecim: decima, ſemuncias octo: undecima, quatuor: duodecima, duas: decimatertia, unam.

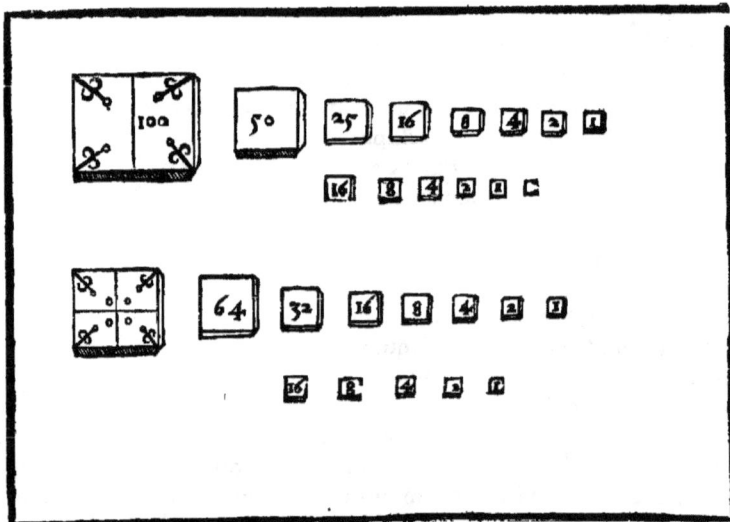

Verùm minorem ſelibram, quam noſtri, ut ſæpe dixi, appellant marcam,
Romani beſſem nominarêt, æquè ac majorem monetarii, qui cudunt aurum,
partiuntur in quatuor & viginti binas ſextulas: ſingulas binas ſextulas in
quatuor ſemiſextulas: ſingulas ſemiſextulas in tres quaternas ſiliquas. Singulas præterea quaternas ſiliquas quidam in quatuor ſiliquas: ſed plerique o-

mittentes ſemiſextulas, mox binas ſextulas dividunt in duodecim quaternas
ſiliquas, nec has partiuntur in quatuor ſiliquas. Itaque prima & maxima particula, quæ bes eſt, pendit quatuor & viginti binas ſextulas; ſecunda, duodecim; tertia, ſex; quarta, tres; quinta, duas; ſexta, ſingulas ſive quatuor ſemiſextulas; ſeptima, duas ſemiſextulas; octava, unam, ſive tres quaternas ſiliquas;
nona, duas; decima, unam. Quinetiam monetarii, qui ſignant argentum, beſſem minorem ſimiliter atq; majorem partiuntur: noſtri quidē in ſemuncias
ſedecim, ſemunciam verò in decem & octo quaternas ſiliquas. Ipſis autē particulæ ſunt decem, quibus in alterā libræ lancem impoſitis, ponderant argentum, quod, cùm igni experiuntur miſturam, ſupereſt ære jam cōſumpto: quarum prima eſt bes, & pendit ſemuncias ſedecim; ſecunda, octo; tertia, quatuor; quarta duas; quinta unam, ſive decem & octo quaternas ſiliquas; ſexta,
novem quaternas ſiliquas; ſeptima, ſex; octava, tres; nona, duas; decima, u-
nam. At Norebergii monetarii, qui cudunt argentum, beſſem etiam dividunt in ſemuncias ſedecim, ſed ſemunciam in quatuor drachmas, drachmam
in quatuor nummulos, quibus ſunt novem particulæ, quarum prima pendit
ſemuncias ſedecim; ſecunda, octo; tertia, quatuor; quarta, duas; quinta, unam.
Beſſem enim non aliter ac noſtri diſtribuunt: ſed quia ſemunciam partiuntur
in quatuor drachmas, ſexta particula pendit duas drachmas; ſeptima, unum,
ſive nummulos quatuor; octava, nummulos duos; nona unum. Verùm A-
grippinenſes & Antuerpiani dividunt beſſem in duodecim quinas drachmas
& ſingula ſcripula, quæ pondera nummos appellant. Quodque verò rurſus
diſtribuunt in quatuor & viginti quaternas ſiliquas, quas nominant grana:
eis autem ſunt decem particulæ, quarum prima eſt bes, & pendit duodecim
nummos; ſecunda, ſex; tertia, tres; quarta duos; quinta unum ſive quatuor &
viginti quaternas ſiliquas; ſexta, duodecim quaternas ſiliquas; ſeptima, ſex;
octava, tres; nona, duas; decima, unas. Itaque his æquè ac noſtris bes dividitur in quaternas ſiliquas ducentas octoginta octo: Norebergiis verò in nummulos ducentos quinquaginta ſex. Poſtremò Veneti beſſem partiuntur in
uncias octo: unciam, in quatuor ſicilicos: ſicilicum, in ſiliquas ſex & triginta:
ta: qui duodecim particulas facere poſſunt, quibus utantur, ſi quando miſtu-
ras argenti & æris experiri velint: quarum prima erit bes, & pendet uncias
octo: ſecunda, quatuor: tertia, duas: quarta, unam, ſive ſicilicos quatuor:
quinta, ſicilicos duos: ſexta, ſicilicum unum: ſeptima, ſiliquas decem & octo:
octava, novem: nona, ſex: decima, tres: undecima, duas: duodecima, unam.
Quoniam verò Veneti diſtribuunt beſſem in ſiliquas mille centum quinquaginta duas, & quaternæ ſiliquæ ducentæ octoginta octo, in quot noſtri
dividunt beſſem, efficiunt totidem ſiliquas, utrique idem ſentiunt: etſi Veneti beſſem minutius concidunt. Atque ponderum tam majorum quàm minorum, quibus metallici utuntur, hæc ferè ratio eſt: itemque minorum, quibus
monetarii & mercatores cùm metalla & monetas experiri ſolent. Majores
verò beſſes, quos adhibent cùm magnas earundem rerum maſſas ponderant, explicavi libro De reſtituendis menſuris & ponderibus inſcripto, &
ſecundo De precio metallorum & monetis. Tres autem minores libræ
ſunt, quibus venas, metalla, additamenta ponderamus: prima, qua plumbum
& addi-

& additamenta,ea inter minores iftas libras eft maxima, & octo majoris ponderis unciis in ejus alteram lancem, & totidem in alteram impofitis vitium
non facit. Secunda fubtilior eft,qua ponderamus venas experiendas vel metallum: ea centumpondium minoris ponderis bene ferre poteft in altera lance,atq;in altera venam vel metallum tam grave quàm tantulum centumpondium eft. Tertia eft fubtilifsima,qua ponderamus maffulam auri vel argenti,
quæ experimento perfecto in catilli cinerei fundo refedit. Quod fi quis fecunda libra ponderabit plumbum, vel tertia venam, multum eis nocebit. Quod
autem metalli pondus minus ex venæ vel metalli mifti centumpondio minore conficitur,idem metalli pondus majus ex venæ vel metalli mifti centumpondio majore conflatur.

*Prima libra minor* A. *Secunda* B.
*Tertia in loculamento pofita* C.

*De re Metallica Libri VII.* FINIS.

# GEORGII AGRICO=
## LAE DE RE METALLICA
### LIBER OCTAVUS.

QUEMADMODUM venas experimenti gratia tractare conveniat, superiore libro explicavi, nunc aggrederer ad majus opus, id ipsum scilicet, quod nobis parit metalla, nisi prius venarum præparandarum rationes essent exponendæ: cùm enim natura metalla plerunque procreare soleat impura & mista cum terris & succis concretis, & lapidibus, necesse est eas res fossiles, plerasque à venis metallicis anteaquam excoquantur, quoad fieri potest, separare. Itaque quibus modis venæ discernantur, tundantur malleis, urantur, tundantur pilis, molantur in farinam, cribrentur, laventur, torreantur, crementur, nunc dicam, exordiarque à prima laborandi ratione. Periti metallici cùm venas fodiunt, mox in ipsis puteis aut cuniculis materiâ metallicam discernunt à terris, succis concretis, lapidibus: preciosamq́; in alveis, vilem in vasis reponunt. Quod si fossor aliquis rerum metallicarum imperitus non fecerit, aut peritus etiam necessitate, cui parendum fuit, coactus facere non potuerit, quamprimum id quod effossum est, ex fodina fuerit extractum, omne lustrari debet, venæque pars metalli dives discerni ab ejus parte metalli experte, sive terra sive succus côcretus, sive lapis fuerit. Nam venam inutilem simul cum utili excoquere damnosum est: siquidem impensæ pereunt, quod ex terris & lapidibus conflentur, recrementa tantummodo inania & inutilia: ex succis concretis quidam impediant metallorum excoctionem, & damnum dent. At saxa, quæ sunt ad venam divitem, etiam ipsa, ne quid metalli pereat, sunt tundenda, comminuenda, lavanda. Verùm si fossores vel ignari, vel incauti venas, dum eas cavarent, cum terris & saxis commiscuerunt, munus metalli rudis secernendi, vel venæ præstantis, non viri modò suscipiunt, sed etiam pueri vel mulieres: eam verò misturam in abacum longum, cui totos ferè dies assident, injiciunt, & ab ea metallum separant: separatum in alveos colligunt: collectum in vasa injiciunt: quæ in officinam, in qua venæ excoqui solent, invehuntur.

*Abacus longus* A.    *Alvei* B.    *Vasa* C.

Sed

. Sed metallorum, quæ pura vel rudia sunt effossa, quod genus sunt argentum purum, aut rude plumbei vel cinerei coloris, massas præsides fodinarum
lapidi superimpositas, malleis quadrangulis & crassis percutientes dilatant:
quas laminas deinde vel trunco impositas, ferreis cuneis malleo percussis, secant in partes; vel ferramento, forficis simili concidunt: ejus altera chela, in
trunco immobili infixa, longa est pedes tres; altera, quæ metallum cor.cidit,
sex. Eas autem metalli partes posthæc excoctores in catillis ferreis calfactas,
in secundis fornacibus excoquunt.

Metalli massa A.   Malleus B.   Cuneus C.
Truncus D.   Ferramentum forfici simile E.

Etſi verò foſſores in puteis aut cuniculis res foſſiles diſcreverunt, tamen
venæ metallicæ ex ipſis extractæ aut evectæ, malleis in partes frangendæ
ſunt, vel minutim contundendæ, comminuendæq; , ut iſto etiam modo præ-
ſtantiores & meliores partes à vilioribus & deterioribus diſcerni poſsint:
quod in venis excoquendis plurimum valet: etenim ſi diſcrimine remoto venæ excoquantur, precioſa non raro magnum detrimentum accipit, priuſquam vilis igni liqueſcat, aut una alteram conſumit; quod ne fiat, partim hac
diligentia, partim additamentis poſſumus cavere: ſed ſi vena metalli alicujus
vilis fuerit, ejus extractæ vel evectæ, meliorem partem conjicere oportet in
unum aliquem locum, deteriorem verò itemque ſaxa abjicere. Diſcretores
autem cuique abaco durum & latum lapidem imponunt. Abaci plerunq; longi & lati quatuor pedes, conſtant ex aſſeribus inter ſe coagmentatis; ad quorum latera & tergum aſſeres, ex eis circiter pedem eminentes, affixi ſunt:
frons, cui ſecretor aſsidet, patet. Eorum verò alii venæ auri vel argenti, divitis
maſſam lapidi ſuperimpoſitam, & malleo lato, ſed non craſſo, percuſſam, modò in partes frangunt, & in unum vas conjiciunt; modò frangunt, & præſtan-
tes à vilioribus diſcernentes, unde nomen invenerunt, eas ſeparatim in diverſa vaſa injiciunt & colligunt. Alii verò venæ minus auri vel argenti divitis
maſſam item lapidi ſuperimpoſitam, malleoque lato & craſſo percuſſam minutim contundunt: ac, cùm multa fuerit comminuta, collectam in unum vas

inji-

injiciunt. Vaſorum duplex genus eſt; alterum altius, & in medio paulo amplius quàm in infimo vel ſummo; alterum humilius. Quod cùm in imo amplius ſit, continuo ſurſus verſus aliquanto eſt anguſtius; illud ſuperius operculo tegitur, hoc non tegitur; ſed bacillum ferreum per ejus anſas penetrans,
utrinque recurvatur: quod manibus, cùm vas deportandum eſt, prehenditur.
Diſcretores autem in primis aſsiduos eſſe oportet.

*Abacus* A. *Aſſeres eminentes* B. *Malleus* C. *Malleus quadrangulus* D. *Vas altius* E. *Vas humilius* F. *Bacillum ferreum* G.

Alter modus venas tundendi malleis, hic eſt: magnæ venæ duræ fragmenta contunduntur anteaquam urantur. Operariorum certè, qui Goſelariæ iſto
modo magnis malleis tundunt pyritas, pedes ſunt corticibus quaſi ocreis ar-
mati, manus chirothecis prælongis: ne glareæ de fragmentis deſilientes eos
ſaucient.

*Pyritæ* A. *Cortices* B. *Chirothecæ* C. *Malleus* D.

f 4

At in magnæ Germaniæ regione, quæ Weſtofalia dicitur, & in Germaniæ
inferioris regione quæ Eifalia nominatur, operarii contrà venarum prius u-
ſtarum fragmenta in rotundam aream, lapidibus duriſsimis arctè ſtratam,
conjecta terunt ferramentis, quæ figurâ ferè malleis ſimilia ſunt, uſui tribulis:
nam longa pedem, lata palmum, craſſa digitum, in medio ſicut mallei habent
foramen, in quo includitur manubrium ligneum non admodum craſſum,
ſed longum ad pedes tres & dimidium, ut operarii ejus pondere inclinatiore
vehementius venarum fragmenta percutere poſsint; lata verò ferramenti
parte percutientes ea conterunt; quo modo etiam tribulis, quanquam ea lignea & teretia ſunt, atque ad perticas appenſa, frumenta in area teruntur. Venas autem comminutas ſcopis converrentes in officinam invehunt, in qua lavantur in areâ curtâ; ad cujus caput lotor ſtans, rutro ligneo ſurſum verſus
trahit aquam; quæ rurſus delapſa, id, quod leve eſt, rapit in ſubjectum canalem, quam lavandi rationem paulo poſt planius explicabo.

Area lapidibus ſtrata  A.    Venarum fragmenta B.
Area venarum fragmentis referta C.
Ferramentum D. Ejus manubrium E. Scopæ F.
Area curta  G.    Rutrum ligneum H.

At dua-

At duabus de caufis venæ uruntur: vel enim ut ex duris molles & fragiles
factę facilius aut tundi malleis pilis've, aut mox excoqui pofsint:vel ut res pingues comburantur fulfur fcilicet, bitumen, auripigmentū, fandaraca: fed fulfur fæpius in venis metallicis ineft,& plerunq; plus quàm cętera nocet metallis omnibus,excepto auro: verùm maximè nocet ferro,minus plumbo candido quàm vel cinereo,vel nigro,vel argento,vel æri. Quoniam verò rarifsimè
invenitur aurum,in quo non fit argentum,etiam venæ auri fulfur in fe continentes, urendæ funt priufquam excoquantur: etenim fulfur in cinerem refolvit metallum in vehementifsimo fornacum igni, atq; ex eo recrementum
efficit; idem agit bitumen: imò interdum argentum confumit; quod in cadmia bituminofa licet videre. Sed nunc ad urendi modos venio,& primò quidem ad eum, qui omnib. venis cōmunis eft. Terra tantúmodo effoffa fit area
quadrangula fatis magna & à frōte aperta: fuper quam ligna cōtinenter com-
ponuntur,& fuper ea alia ligna tranfverfa item continenter locátur: quocirca
hanc lignorū ftruem noftri cratem appellant: id verò iteratur ufq; dū ftrues
illa cubitū unum vel duo fiat alta:tū fuper eam imponuntur venarū qualium-
cunq; malleis cōminutarum fragmenta; primò maxima, deinde mediocria,
poftremò minima; ficq; coagmentatio clementer affurgens metæ forma fi-
guratur. Ne verò difsipeꞇ ejufdem venæ arenula aquis madida ipfi illinitur,&
batillis

batillis tunditur. Quidam, fi talis arenula eis defuerit, pyram puluere, à carbonibus refoluto, non aliter ac carbonarii tegunt. At Goſelariæ compofitio-
ni, in metæ figuram formatæ, atramentum ſutorium rubrum, quo deſtillat
pyrites uſtus, aquis madefactum illinunt. Alibi autem ſemel vena uritur: alibi bis, alibi ter, prout ipſius duriciesid poſtulat. Goſelariæ quidem cùm pyrites tertiò uritur, is, qui in ſummo pyræ eſt collocatus, exudat, ut alias ſcripſi,
quiddam ſubviride, aridum, aſperum, tenue: quod ignis non aliter ac amian-
tum non facilè comburit. Quinetiam perſæpe aqua immittitur in venam u-
ſtam & adhuc calentem, hac de cauſa, ut magis molleſcat & friabilis fiat. Nam
cùm vis ignium ejus humorem exiccavit, aqua calentem facilius diſſolvit: cujus rei maximum indicium ſunt ſaxa calcaria uſta.

*Areæ* A.   *Ligna* B.   *Vena* C.   *Metæ figura* D.   *Canalis* E.

Sed terra item effoſſa fiant areæ multò ampliores, & ad normam quadratæ: à quarum lateribus atque tergo muri ducantur, ut ignis ardorem magis
contineant: à fronte verò ſimiliter patere debent. In his ſeparatim vena
plumbi candidi uratur hoc modo. Primò ligna circiter duodecim pedes
longa in area locentur, quater viciſsim, recta & tranſverſa. Deinde majora
                                                                    venæ

venæ fragmenta eis superinjiciantur: quibus rursus minora quæ etiam ad eo‑
rum latera apponantur: quin ejusdem venæ arenulæ ipsis quoque illinantur
& batillis tundantur, ne prius quàm usta fuerint, decidant: tum ligna incen‑
dantur.

*Pyra accensa* A. *Pyra quæ extruitur* B. *Vena* C.
*Ligna* D. *Eorundem strues* E.

Plumbi verò nigri vena, si ustionis indigebit, in aream conjiciatur prorsus
assimilem, sed declivem, eíque ligna superimponantur: à fronte etiam ad ve‑
nam, ne decidat, arbor apponatur. Vena sic usta quodammodo liquescit, &
recrementis fit similis. In Tauriscis autè pyrites, in quo aliquid auri, sulfuris,
atramenti sutorii inest, postquam ultimum ex eo aqua cocto confectum fuit,
in fornacem furni figura ferè similem, in quam ligna sunt imposita, conjici‑
tur, ut, cùm uritur, id quod utile, cum fumo non evolet, sed ad fornacis testu‑
dinem adhærescat: quo modo sæpe etiam sulfur de duobus ejusdem testudi‑
nis foraminibus, per quæ fumus eluctatur, stiriarum instar pendet.

*Pyra, qæ ex vena plumbi & lignis ei superimpositis constat, accensa* A.
*Operarius venam in alteram aream conjicit* B. *Fornax furni similis* C.
*Foramina per quæ fumus eluctatur* D.

Si verò

Si verò pyrites vel cadmia, vel alia vena metalli particeps plusculum sulfuris vel bituminis in se cōtineat, sic urenda est, ut neutrum pereat:itaq; in ferreā laminam foraminum plenam cōjecta,carbonibusq; superinjectis urit. Eam laminam sustinēt tres muri, duo à lateribus, tertius à tergo. Sub ipsa ollæ, in qbᵘ aqua inest, collocantur, in quā vapor sulfurosus vel bituminosus defertur; inq; ea pinguitudo, si sulfur fuerit, plerunq; lutea: si bitumen, picis instar nigra supernatans concrescit; quæ ni eliceretur, metallo, dum excoqueret vena, mültum noceret. Ab ea verò sic separata aliquem utilitatis fructum hominib. prębet, maximè sulfurca. Ex vapore autem, qui non in aquam, sed in solum defertur, sulfur vel bitumen fit pompholygis simile, & tam leve, ut difflari spiritu possit. Alii utuntur fornace concamerata, & è fronte patente, atq; in duas cameras distincta. Inferiorem murus, in ejus medio ductus, in duas partes æquales dividit, in quibus ollæ, similiter aquam in se cōtinentes, collocantur. Superior verò rursus in tres partes est distributa; quarum media, non latior medio muro, cujus suprema pars est, semp patet: in ea enim ligna imponuntur; aliis duabus sunt ferreæ fores, quæ lignis accensis clauduntur, ut non minus quàm testudo ignis ardorem contineant: in illarum bacillis ferreis, quæ pro pavimento habent, collocantur ollæ fundo carentes: cujus loco cancelli, ex ferreis filis facti, in quanq; imponuntur, per quorum foramina sulfurosi vel bituminosi vapores à vena usta manant in ollas inferiores. Superiorum autem ollarum singulæ centumpondium venæ capiunt; qua repletæ, operculis teguntur, lutoq; oblinuntur.                                            L.ami-

*Lamina ferrea foraminum plena* A. *Muri* B. *Lamina cui vena injecta* C.
*Carbones venæ superinjecti ardentes* D. *Olla* E. *Fornax* F. *Superioris*
*cameræ pars media* G. *Aliæ duæ partes* H. *Inferioris cameræ partes* I.
*Murus medius* K. *Ollæ quæ vena replentur* L. *Earuin opercula* M. *Cancelli* N.

t

Eislebii quoq; & in finitimis locis cùm urunt lapides fissiles bituminis non
expertes, ex quibus æs conflatur, non utuntur strue lignorum, sed fascibus virgultorum : quondam id genus lapides ex puteis extractos, mox super fasces
virgultorum substratos injiciebant, eisq; accensis urebant. Nunc eosdem primò in unum acervum convehunt: deinde ad quoddam tempus ita jacent, ut
aer & imber eos aliquo modo molles efficiant: tum prope acervum sternunt
fasces virgultorum : atq; in ipsos invehunt proximos lapides: postea rursus in
vacuo loco, à quo primi lapides ablati sunt, fasces virgultorum ponunt: & lapides primis proxime adjunctos eis injiciunt : quod faciunt usque ad eum finem dum lapides omnes fuerint in fasces virgultorum conjecti, fiatq; tumu-
lus : postremò incendunt fasces virgultorum : verùm non ea parte, qua flat
ventus, sed opposita, ne ignis vi venti concitatus ante consumat fasces virgultorum quàm lapides urantur & molles fiant: quo sanè modo lapides etiam
fascibus vicini ignem concipiunt, eúmq; communicant cum proximis: atq;
hi iterum cum finitimis: ardetq; sic pyra sæpenumero dies triginta plures ve
continuos. Lapis autem iste ærosus fissilis copiosius, ut aliàs dixi, exudat illud,
cui natura est similis amianto.

*Acervus lapidum ærosorum* A.  *Pyra accensa* B.
*Lapides invehens in fasces virgultorum* C.

At venæ

At venæ pilis præferratis iccirco tunduntur, ut metallum à lapidibus &
tecti saxis discerni possit. Machinæ, qua id ipsum perficitur, species, quarto
machinarum, quibus metallici utuntur, generi subjecta, hoc modo fabricatur: truncus quernus longus pedes sex, latus & altus duos & palmum humi
locatur: in cujus medio capsa est longa pedes duos & digitos sex, alta pedem
& sex digitos: ejus frons patet, quæ ostium appellari potest: ejusdem fundum
tegitur solea ferrea, crassa palmum, lata palmos duos & totidem digitos: cujus utrunq; latus cuneatum in truncum adigitur. Prior verò & posterior e-
jus pars eidem trunco affiguntur clavis ferreis: ad latei a capsæ super truncu
statuuntur duo tigna, quorum superiora capita aliquantum recisa in formis
trabium domicilii includuntur: à capsa pedibus duobus & dimidio, duo tigna transversa continenter conjunguntur: quorum capita intrinsecus paru
recisa jacent in formis exterioribus istorum tignorum statutorum: atq; ibi
cum ipsis terebrantur, perq; foramen hoc rotundum penetrat clavus ferreus:
cujus alterum caput duo habet cornua: alterum perforatum est, quod cuneo
trajecto sic coercetur, ut tigna arctius constringat: quinetiam ex cornibus alterum versus vergit, alterum deorsum: at super ea tigna transversa ad spaciu
pedum trium & dimidii, iterum duo ejusmodi tigna transversa simili modo
conjunguntur. Tignis autem transversis sunt foramina quadrangula, in quæ
pila præferrata immittuntur: ea longe inter se non distant, & arctius in illis
continentur. Habet verò quodq; pilum retrò dentem, quem inferius sevo li-
nire oportet, ut eò facilius attolli possit: eum autem axis angulati bini dentes longi & superiore parte in rotundo lati vicissim attollunt, ut pilum decidens in capsam capite ferreo, saxa in eam conjecta contundat & comminuat.
Sed axis rotam habet pinnatam, quam aquæ impetus impellit: verùm capsæ
ostio pro foribus asser est: qui in antis trunci excavatis & levari potest, ut
ostio reserato operarius arenam, in quam saxa contrita sunt, itemq; sabulum
& glareas batillo eximat: & demitti, ut ostio clauso alia saxa injecta rursus pilis præferratis tundantur: sed, si truncus quernus in promptu non fuerit, duo
tigna humi locantur, & inter se fibulis ferreis conjungantur: quorum utrunque longum sit pedes sex, latum pedem, altum sesquipedem: quæ altitudo
capsæ esse debet: ea fit priore tigno latitudine dodrantis, & longitudine duorum pedum & trientis ac semunciæ prorsus exciso: in cujus solo effosso locetur saxum durissimum, crassum pedem, latum dodrantem: ad id, si quod cavum remanet, ipsum terra vel arenula copleatur, eaq; tundatur: solum quod
est ante capsam asseribus tegatur: saxum perfractum auferatur, & in ejus locum aliud reponatur: licet etiam capsam minorem & trium tantummodo pilorum facere capacem.

*Capsa* A. *Tigna statuta* B. *Tigna transversa* C. *Pila* D.
*Eorum capita* E. *Axis* F. *Dens pili* G. *Dentes axis* H.

Pila autem efficiuntur ex tigillis novem pedes longis, quadrangulis, undiquaq; latis semipedem: cujusq; caput ferreum ita se habet. Inferior ejus
pars longa est tres palmos, superior totidem: inferioris partis media pars lata
& crassa est palmum, longa duos palmos: infima extuberat ut fiat lata quinq;
digitos, crassa totidem, longa duos: suprema etiam ipsa extuberat: fitq; lata &
crassa sesquipalmum, longa duos digitos: superius ubi includitur in pilo perforata: simili modo pilum ipsum terebratum est: atq; per utriusq; foramen
penetrat cuneus ferreus latus: qui continet caput ne de pilo decidat. Ut vero
pilú continenter venarú fragmenta vel saxa túdens nó frangatur, inter ipsum
& supremá partis inferioris parté ponitur lamina ex ferro quadrangula, crassa
digitú, lata digitos septé, alta sex Qui verò tria pila faciút, ut pleriq; faciunt, ea
multo majora faciunt: etenim cum quadrangula existant, undiq; lata sunt tres
palmos: cujusq; autem caput ferreum ita se habet: totum longum est pedes
duos & palmum: inferius sexangulum: ubi latum & crassum existit digitos septem. Inferior ejus pars, quæ ex pilo extat, longa est pedem & palmos duos:
superior, quæ in eo includitur, palmos tres: inferiore ejus parte lata & crassa
palmum. Deinde paulatim fit angustior & tenuior, ut superiore parte maneat lata digitos tres & dimidium, crassa duos: ubi anguli quodam modo reci-
si sunt: eaq; parte perforatum est. Foramen verò longum digitos tres, latum
unum,

unum,diſtat à ſuprema parte acuta digito. Quidam ſuperiorem capitis partem,quæ in pilo inferius exciſo includitur uncinatam & ſtriatam faciunt,ut
uncis in pilum infixis & cuneis in ſtrias adactis in ipſo prorſus immobilis
maneat: præſertim cum duabus præterea quadrangulis laminis ferreis cingantur. Axem verò alii ad circinum diſtribuunt in ſex partes,alii in novem:
ſed ſatius eſt eum in duodecim partiri,ut viciſsim una pars plana dentem in ſe
contineat,altera eo careat.

*Pilum alterum* A. *Pilum inferius exciſum* B. *Caput pili* C. *Alterum
caput uncinatum & ſtriatum* D. *Lamina ferrea quadrangula* E. *Cuneus*
F. *Dens pili* G. *Axis angulatus* H. *Dens axis* I. *Circinus* K.

Rota verò ne hyeme vel altę nives vel glacies,vel tempeſtates ejus curſum,
& converſionem impediant, in quadrangula contignatione prorſus includitur. Tigna autem,qua inter ſe coagmentantur, undiq; obturantur muſco:
unum tamen contignatio foramen habet:per quod canalis deferens aquam
penetrat: quæ in rotæ pinnas decidens eam verſat:rurſusq; in inferiore canale ſub cõtignatione effluit.Rotæ autem radii nõ rarò in medio axe lõgo includuntur: cujus dentes utrinq; pila attollunt,quæ vel utraq; venas ſiccas aut
udas tundunt,vel altera ſiccas,udas altera, pro ut res hoc aut illud poſtulat:

quin etiam alteris levatis & clavis ferreis in eorum & primi tigni tranſverſi foramina infixis, altera tantummodo venas tundunt.

*Contignatio* A. *hæc cum ſuperiore etiam parte non ſit aperta, hic patet, ut rota videri poſsit.* *Rota* B. *Axis* C. *Pila* D.

At glareas ſaxorum vel lapidum, & ſabulum atq; arenas è capſa hujus machinæ exemptas & cumulatas, aut è tumulo, qui eſt prope fodinam, raſtro et utas operarius injiciat in capſam ſuperius & è fronte patentem, longam pedes tres, latam ferè ſeſquipedem: cujus latera declivia ſunt & formata ex aſſeribus : ſed fundum filis ferreis inſtar retis contextum ſit, & ad duo bacilla ferrea, quæ ad utriuſq; lateris aſſerem affixa ſunt, item filis ferreis alligatum. Hoc ejus fundum foramina habet, per quæ glareæ nucis avellanæ magnitudine penetrare non poſſunt: quæ ſunt majores quàm ut penetrent, eas operarius reportat, rurſuſq; pilis ſubjicit: eas verò quæ penetrarunt, & ſabulum atque arenas in vas magnum colligit & ad loturam reſervat : cùm autem laborandi munus exequitur, capſam duobus funiculis de trabe ſuſpendit. Hæc capſa cribrum quadrangulum rectè nominari poteſt, ut etiam id genus aliæ quæ ſequuntur.

*Capſa rectè in ſolo locata* A. *Ejus fundum quod ex filis ferreis conſtat* B. *Capſa inverſa* C. *Bacilla ferrea* D. *Capſa de*

*trab*

trabe suspensa, cujus fundi pars supina conspicitur  E.   Capsa dé
trabe suspensa, cujus fundi pars prona conspicitur  F.

Alii utuntur cribro, cujus vas ligneum duobus ferreis circulis cingitur:
fundū,nó aliter ac capsæ,ferreis filis instar retis cōtexitur: id imponunt duobus asserculis sic affixis ad stipitem,in terra defixum, ut alter alteri trāsversus
superpositus sit. Quanquam quidam stipitem terræ non infigunt, sed eum
super solum statuentes,usq; dum ejus,quod cribrum transmisit,acervus fiat:
cui illam infigunt: in hoc cribrum operarius glareas,lapillos,sabulum,arenas
tumulo erutas,batillo ferreo injicit: & ejus ansas manibus tenens, ipsum agitando succutit: ut eo motu per fundum arena,sabulum,lapilli,minutæ glareç
decidant.  Alii non usurpant cribrum, sed capsam patentem: cujus fundum
item filis ferreis contextum est: eam in tigillo transverso, in duobus tignis
statutis incluso, locatam ducunt & reducunt.

    Cribrum A.   Asserculi B.  Stipes C.   Cribri fundum D.   Capsa ·
patens E.   Tigillum transversum F.   Tigna statuta G.

Alii utuntur cribro,cui vas æneum eſt,utrinq; habens anſam æneam quadrangulam : per quas anſas pertica penetrat : cujus alterum caput,quod ex altera anſa eminet ad dodrantem,cùm operarius in funiculum de trabe ſuſpen-
ſum impoſuerit, perticam ſæpius, & quidem viciſsim, à ſe abſtrahit,& ad ſe
retrahit : quo motu per cribri fundum res minutæ decidút: ſed ut perticæ caput in funem facile imponi poſsit , ipſe inferius bacillo longo duos palmos
diducitur: etenim duplicatus deſcendit: quod utrunq; ejus caput ad trabem
ſit religatum. Attamen pars funiculi poſt bacillum dependet longa ſemipedem. Quinetiam magna capſa in hac re eſt uſitata : cujus fundum vel ex aſſere foraminum pleno conficitur , vel filis ferreis,ut cæterarum capſarum con-
texitur: ex mediis aſſeribus, qui ad ejus latera ſunt, ſemicirculus ferreus extat: ad quem funiculus,ex tigno vel trabe ſuſpenſus, alligatur, ut capſa trahi
& in omnes partes inclinari poſsit: ei utrinq; duo ſunt manubria, ciſii manubriis non diſsimilia: quæ duo operarii prehendentes capſam ultrò,citroque
tractam & retractam agitant: hac Germani,qui in Carpato monte habitant,
potiſsimum utuntur: iſtis autem tribus capſis & duobus cribris minutæ res
à majuſculis iccirco diſcernuntur, ut earum quæ tranſmiſſæ ſimul lavandæ
ſunt,æquales fiant portiones: nam fundum tam capſarum quàm cribrorum
foramina habet,quæ glareas nucis avellanæ magnitudine non tranſmittunt:
in fundo remanentes metallici ſiccas,ſi metallo non carent,ſub pila ſubjiciút:
ſed

fed glareæ majufculæ à minutis non difcernuntur his modis, priufquam viri
vel adolefcentes ab eis, & lapillis, & fabulo, & arenis, & terris in tumulo è fodina egefto fitis, faxorum fragmenta raftris quinq; dentibus fepararint.

Capfa A.     Semicirculus B.     Funiculus C.     Tignum D.
Manubria E.     Raftrum quinquedens F.     Cribrum G.
Ejus anfæ H.     Pertica I.     Funiculus K.     Trabs L.

Neufolæ verò, quod metallum eft in Carpato, tumulos è fodinis, dum æ-
ris venæ, quæ funt in jugis & cacuminibus montium cavarentur, egeftos o-
perarius alter difcernit, alter terras, arenas, fabulum, lapillos, glareas, atq; etiã
venas pauperiores, ne impenfæ in non tritam & interdum ferè præcipitem viam, atque longam & difficilem vecturam faciendæ fint, cifio advehit:
& idipfum invertens eas in capfam longam patentem, & tabellis tranfverfis diftentam, & ad rupem præcipitem affixam injicit: quæ pedum ferè centum & quinquaginta altitudine delabuntur in capfam brevem, cujus fundum ex ærea lamina craffa & foraminum plena conftat: ea capfa habet duo
manubria, quibus attrahitur & retruditur: fuperius etiã duòs arcus, ex bacillis colurnis factos, quib. uncus ferreus funis ex arboris ramo vel trabe, quæ
ex tigno ftatuto eminet, fufpenfi injicitur: hanc capfam difcretor aliquoties
attrahit, & ad arborem vel tignum valide appellit: quo modo res minutæ
per ejus

per ejus foramina penetrātes altera capſa longa decidunt in alteram brevem, cujus fundum foramina habet anguſtiora: quam ſecundus diſcretor, item ad arborem vel tignum valide appellit : iterumq́; minutiores tertia capſa excepta delabuntur in tertiam capſam brevem, cujus fundum anguſtiſsima habet foramina, q̃ capſam tertius diſcretor, ſimiliter ad arborē vel tignum valide appellit, ac tertio res minutulæ per foramina incidunt in abacūm. Dum autem operarius ciſio advehit aliam tumuli partem diſcernendam, quiſq; interea diſcretor unco ex arcubus extracto ſuam capſam aufert, eamque invertens, glareas vel ſabulum, quod in ejus fundo remanſit, coacervat. Minutulas verò res, in abacum delapſas, primus lotor, nam totidem ſunt, quot diſcretores, deverrit, & cribro, cujus foramina ſunt anguſtiora quàm tertiǣ capſæ brevis foramina, exceptas lavat in vaſe, aquis ferè pleno. Quod cùm fuerit eò, quod cribrum tranſmiſit, refertum, turbinem extrahit, ut aqua effluat: mox id, quod in vaſe reſedit, batillo conjicit in abacum ſecundi lotoris: qui ipſum lavat in cribro, cui anguſtiora ſunt foramina: quod etiam tunc in vas decidit, idem eximit & in tertii lotoris abacum injicit: qui id ipſum lavat in cribro, cui anguſtiſsima ſunt foramina. Æris autem ramenta, quæ in ultimo vaſe reſederunt, exempta excoquuntur: id verò, quod quiſq; lotor radio abſtulit, in area linteis extenſis contecta lavatur. Quin etiam Aldebergi, quod plumbi candidi metallum eſt, in montibus Bohemiæ finitimis, diſcretores talibus capſis brevibus ex trabe ſuſpenſis utuntur: quæ tamen paulò ampliores ſunt, & priore parte patent: qua glareæ, quas non tranſmiſerunt, earum ad tignum appulſu ſtatim excuti poſſunt.

*Operarius ciſio glareas advehens* A. *Prima capſa longa* B. *Prima capſa brevis* C. *Ejus manubria* D. *Ejuſdem arcus* E. *Funis* F. *Trabs* G. *Tignum* H. *Secunda capſa longa* I. *Secunda capſa brevis* K. *Tertia capſa longa* L. *Tertia capſa brevis* M. *Abacus primus* N. *Cribrum primum* O. *Vas primum* P. *Secundus abacus* Q. *Secundum cribrum* R. *Secundum vas* S. *Tertius abacus* T. *Tertium cribrum* V. *Tertium vas* X. *Turbo* Y.

At ſi

At si vena metalli dives fuerit, terrę, arenæ, sabulum, glareę saxorum, ex tecto excisorum, rutro vel rastro è tumulo erutæ, & batillo in cribrú amplú vel
in cor-

in corbem conjectæ, lavantur in vafe aquarum ferè pleno. Cribrum plerunq;
latum eft cubitum, altum femipedem : ejus fundum tantula habet foramina,
ut per ea glareæ eruo non majores decidant. Filis verò ferreis rectis & tranfverfis, quæ ubi fe contingunt claviculæ ferreæ complectuntur, contextum
circulo ferreo, duobusq; bacillis tranfverfis item ferreis innititur : reliquam
cribri partem, è tabulis in vafis figuram formatam, duo circuli ferrei cingunt:
veruntamen nonnulli id ipfum colurnis aut quernis circulis vinciunt : fed
tunc tribus. Habet autem utrinq; anfam : quas materiam metallicam lava-
turus manibus tenet: in hoc cribrum adolefcens res lavandas conjicit: mulier
ipfum viciſsim ad dextram & finiftram verfans fuccutit : quo modo terras,
arenas, glareas minores tranfmittit: majores in eo remanent : quæ ejectæ &
coacervatæ fubjiciuntur pilis. Limus verò cum arenis, fabulo, glareis aqua
exantlata ex vafe batillo ferreo ejicitur : & in canali, de quo paulò poft dicam,
lavatur.

Cribrum A.   Ejus anfæ B.   Vas C.   Fundum cribri filis ferreis contextum D.   Circulus E.   Bacilla F.   Circuli G.   Mulier verfat cribrum H.   Adolefcens ei fuppeditat materiam lavandam I.   Vir batillo materiam, quam cribrum tranfmifit, ex vafe ejicit. K.

Sed Bohemi utuntur corbe viminibus contexta, fefquipedem lata, femipedem

pedem alta: cui duæ funt anſæ,quibus prehenſam agitant & ſuccutiunt in vaſe vel parva lacuna aquis ferè plena: quod ex ea in vas vel lacunam decidit,ex-
emptum lavant in lance: quæ poſteriore parte altior eſt,priore humilior &
plana: ex qua,cum anſis,quas item duas habet,prehenſam agitant in aqua, id,
quod leve eſt,effluit: quod grave & metallicum,in ejus fundo reſidet.

*Corbis* A.    *Ejus anſæ* B.    *Lanx* C.    *Ejus poſterior*
*pars* D.    *Ejuſdem pars prior* E.    *Ejuſdem anſæ* F.

At auri vena malleis contuſa vel pilis comminuta,atq; etiam plumbi cãdidi molitur in farinam. Prima mola, quam aquarum impetus circumagit,ſic
ſe habet: axis ad circinum rotundatur,aut angulatus efficitur: cujus codaces
ferrei verſantur in dimidiatis catillis ferreis, qui in tignis incluſi ſunt: is verò
axis impellitur rota, cujus pinnas,ad frontem affixas, percutit fluminis impetus. In eodem axe incluſum eſt tympanum dentatum: cujus dentes in latere fixi ſunt: hi impellunt alterum tympanum, quod ex fuſis materiæ duriſſimæ conſtat. Hoc autem tympanum eſt circum axem ferreum,habentem ìn
imo codacem, qui in tigni cujuſdam catillo ferreo verſatur: in ſummo ſub-
ſcudem ferream quæ molam continet, itaq; cùm alterius tympani dentes alterius fuſos impellunt,molæ fit circinatio: cui machina impendês per infun-

u

dibulum ſuppeditat venā: quæ in farinam molita ex lignea bractea rotundata effunditur in canalem, & ex eo in officinæ ſolum delapſa accumulatur: inde avecta reſervatur ad loturam: quoniam verò hæc molendi ratio poſtulat,
ut mola modò attollatur, modò demittatur, duæ trabes, quæ trudibus attolli & demitti poſſunt, tignum, in cujus catillo ferreo axis ferrei codax verſatur,
ſuſtinent.

    *Axis* A.    *Rota* B.    *Tympanum dentatum* C.    *Tympanum quod*
*ex fuſis conſtat* D.    *Axis ferreus* E.    *Mola* F.    *Infundibulum* G.
*Lignea bractea rotundata* H.    *Canalis* I.

   Molæ præterea tres ſunt in auri venis, in primis verò lapidibus liqueſcentibus ejus metalli non expertibus molendis uſitatæ: quas omnes non aquarum impetus, ſed hominum vires, etſi duas etiam jumentorum, circumagūt.
Prima verſatilis à proxime deſcripta tantummodo differt rota: quæ clauſa
verſatur ab hominibus ipſam calcantibus, aut ab introductis equis, vel aſi-
nis, vel etiam robuſtis capris: quorum jumentorum oculi linteis illigantur.
Secunda tam truſatilis quàm verſalis à ſuperioribus duabus differt altero
axe ſtatuto, qui ei pro ſtrato eſt. Axis ille ad inferius caput habet vel orbem,
quem operarii duo tabellas ejus pedibus retro trudentes circumagunt, quan-
                                                     quam

quam non rarò unus eum laborem sustinet:vel ex eo extat temo,quem equus
aut asinus,unde asinaria dicta,circumagit.Axis autem circumacti tympanum
dentatum , quod est ad superius ejus caput,versat id,quod ex fusis constat,&
unà cum eo molam. Tertia versatilis est : nam non trusa manibus, sed circumacta versatur: inter quam & cæteras magnum est discrimen: etenim inferior lapis molaris superius formam habet,ut molam , quæ versatur circum
ferreum axiculum continere possit. Is in media molaris forma inclusus per
molam penetrat. Operarius autem ferreum vectem statutum, qui est ad superiorem lapidem molarem,qui propriè mola dicitur,manu prehendens circumagit: mola media est perforata: in quod foramen vena conjecta delabitur in inferiorem lapidem molarem,ibiq; molitur in farinam: quæ sensim ex
ejus foramine decidit : & variis modis,quos postea exponam, lavatur, priusquam cum argento vivo permisceatur.

*Prima mola* A. *Rota à capris versata* B. *Secunda mola* C.
*Orbis axis statuti* D. *Ejus tympanum dentatum* E. *Tertia mola* F. *Inferioris lapidis molaris forma* G. *Ejusdem axiculus statutus* H. *Ejusdem foramen* I. *Superioris lapidis molaris vectis* K. *Ejusdem foramen* L.

Attamen quidam fabricantur machinam, quæ una auri venam uno eodemq; tempore tundat, molat, lavando purget, cum argento vivo permiſceat
aurum

aurum. Machinæ unica est rota, quam rivi impetus ejus pinnas percutiens versat: axi ab altero rotæ latere existunt longi dentes: qui pila attollunt, venamq; siccam contundunt: mox in rotundum molæ receptaculum injecta, & sensim per ejus foramen illapsa molitur in farinam. Inferior lapis molaris est quadrangulus, sed formam habet rotundam,in qua mola rotunda versatur: atq; foramen,ex quo farina in primum vas delabitur. Verùm axiculi ferrei subscus in mola, codax in trabis catillo includitur: cujus axiculi tympanum,quod ex fusis côstat,à tympano axis dentato circumactum molam versat.Ut verò farina continenter incidit in primum vas,ita etiam aqua:quæ rursus ex eo effluit in secundum, quod humilius est: & ex secundo in tertium, quod humilimum: ex tertio plerunq; in lacusculum ex una arbore cavatum: in unoquoq; autem vase inest argentum vivum, unicuiq; asserculus est impositus & ad ipsum affixus: per cujus medii foramen penetrat axiculus statutus: is ne altius quàm oportet,in vas descendat,qua asserculum attingit, extuberat: ad ejus inferius caput duæ tabellæ inter se trâsversæ affiguntur, quas tertia decussat: superiori codax est in trabis catillo inclusus: at circum quenq; axiculum est parvum tympanum, quod ex fusis constat: quorû quodq; versatur à parvo tympano dentato,quod est circum axiculum stratum, cujus alterum caput in magno axe strato inclusum est: alterum in tigni cujusdam cavo crassis laminis ferrato: itaq; tabellæ,quarum ternæ in singulis vasis in orbem torquentur,farinam cum aqua permistam agitantes,etiam minutula auri ramenta ab ea separant: quæ delapsa argentum vivum in se trahit atq; purgat.Sordes verò aqua rapit: argentum vivum in alutam, vel linteum lini xylini contextu factum infunditur: quæ cùm, ut aliàs scripsi,comprimitur, argentum vivum per eam defluit in ollam subjectam: aurum in ea remanet purum. Alii in locum vasorum tres canales latos substituunt: quorum quisq; habet axiculum angulatum: in quo senæ tabellæ angustæ inclusæ sunt, & ad eas totidem tabellæ latiores transversæ affixæ: quas aqua immissa percutiens circumagit: hę farinam cum aqua permistam agitantes, metallum ab ea secernunt: veruntamen si farina,in qua auri ramenta insunt, purgatur,prior lavandi ratio hac longe præstat,quod ea argentum vivum,quod in vasis continetur,statim ad se alliciat: si farina,in qua lapilli nigri, ex quibus conflatur plumbum candidum, insunt,minimè est aspernanda.Quanquam rami abiegni convoluti, & in canales, in quibus talis farina de mola per canaliculum in eos delapsa lavatur,impositi utiliores sunt:nam lapilli vel ab eis retinentur, vel,si aqua ipsos rapit,de eis decidunt & subsidunt.

Machinæ rota A. Axis B. Pila C. Molæ receptaculum D. Ejus foramen per medium penetrans E. Inferior lapis molaris F. Ejus forma rotunda G. Ejusdem foramen H. Axiculus ferreus I. Ejus subscus K. Trabs L. Axiculi ferrei tympanum quod ex fusis constat M. Axis tympanû dentatum N. Vasa O. Asserculi P. Axiculi statuti Q: Eorundem pars extuberans R. Eorundem tabellæ S. Eorundem tympana quæ ex fusis cōstat T. Axiculus stratus in axe inclusus V. Ejus tympana dentata X. Tres canales Y. Eorum axiculi Z. Tabellæ rectæ AA. Tabellæ transversæ BB.

At septem lavandi rationes sunt plurium metallorum venis communes:
lavantur enim vel in canali simplici, vel in canali tabellis diſtincto, vel in canali de-

nali devexo, vel in amplo acu, vel in area curta, vel in area linteis extensis contecta, vel in cribro angusto. Cæteræ verò lavandi rationes aut alicujus metalli propriæ sunt, aut um ratione pilis tundendi venas udas conjunctæ. Canalis autem simplex ic se habet: primò caput altius est quàm canalis, longum pedes tres, latum sequipedem: quod constat ex asseribus super tigna impositis & ad ea affix3: ejus latus utrunq; habet tigillum in asseres immissum: quod aquam in il per fistulam vel canaliculum influentem arcet, cogitq; rectà defluere. Eius verò medium aliquanto depressius est, ut in eo glareæ saxorum & majucula metallorum ramenta subsidere possint: ad altitudinem dodrantis sio capite est canalis depressus in terram, longus pedes duodecim, latus & altis sesquipedem: cujus fundum & utrunq; latus est ex asseribus factum, ne erra sorbeat metallorum ramenta, aut aquis madefacta incidat in canalen, ejusdem infima pars obstruitur tabella humiliore quàm canalis est: cum hoc canali recto committitur alter canalis transversus, longus pedes sex, latus & altus sesquipedem, atq; similiter asserum munitione septus: infima parte occluditur tabella, sed etiam humiliore, ut aqua defluere possit: quam tertius canalis excipit, & extra domicilium deducit. In illo canale simplici lavatur materia metallica, quam quinq; cribra ampla transmiserunt in officinæ solum: ipsam enim avectam & coacervatam lotor injicit in caput canalis, & aqua in ipsum per fistulam & canaliculum immissa, eam, quæ in medium caput defluxit & resedit, agitat rutro ligneo: sic posthac appellabimus instrumentum confectum è pertica, in tabellam, longam pedem & latam palmum, infixa: qua agitatione aqua fit turbida, rapitq; limum & arenam, atq; minutula metallorum ramenta in subjectum canalem: majuscula verò cum glareis remanent in capite: quæ ablata adolescentes in abacum ampli lacus aut in aream curtam conjiciunt, eaq; à glareis discernunt: postquam canalis limo & arenis refertus fuerit, lotor fistulam, per quam aqua influit in caput, occludit. Mox ea, quam continet canalis, effluit: quod quam primum factum fuerit, limum & arenas, cum minutulis metallorum ramentis permistas, batillo ejicit, & eas in area linteis extensis contecta lavat: quinetiam canali nondum repleto persæpe adolescentes eas in alveum injectas, in eandem aream inferunt & lavant. In capite hujus canalis etiam farina metallica lavatur, sed maxime ea, in qua lapilli nigri insunt, quo modo in canalem abiegnus ramus convolutus imponitur, sicuti quoq;, cùm venæ udæ pilis tunduntur, in magnos canales imponi solet. Lapilli autem majusculi, qui in suprema canalis parte resident, separatim lavantur in canali devexo: separatim in eodem mediocres, qui in media subsidunt: separatim limus, cum minutulis lapillis mistus, qui post ramum in infima canalis parte subsidit, in area linteis extensis contecta.

*Caput canalis* A. *Fistula* B. *Canalis* C. *Tabella* D.
*Canalis transversus* E. *Batillum* F. *Rutrum* G.

u 4

Ab hoc alter canalis differt pluribus tabulis, quibus in eum impositis quasi quibusdam gradibus distinguitur. Imponuntur verò si longus pedes duodecim fuerit, quatuor: si novem, tres: quanto quæq; capiti proximior, tanto altior: quanto ab eo remotior, tanto humilior. Itaq; cùm suprema fuerit alta pedem & palmū, secunda esse solet alta pedē & digitos tres, tertia pedem &
digitos duos, infima pedē & digitum. In hoc canali potissimū lavatur materia
metallica, quam cribrum amplum transmisit in vas quod aquam cōtinet: quę
materia usq; ad eum finē batillo ferreo conjicitur in canalis caput, & aqua in
ipsum immissa rutro ligneo agitatur, dū canalis plenus fuerit: tum tabellis à
lotore exemptis aqua colatur. Deinde materia metallica, quæ in ejus receptaculis residet, rursus lavatur vel in area curta, vel in area linteis extensis contecta, vel in cribro angusto: sed quia curta cum hoc canale & superiore plerūq;
conjungitur, fistula aquam primo in canalem transversum infundit: ex quo
per unum canaliculum defluit in canalem, per alterum in aream.

*Fistula* A.  *Canalis transversus* B.  *Canaliculi* C.  *Caput
canalis* D.  *Rutrum ligneum* E.  *Tabellæ* F.  *Area curta* G.

Canalis

Canalis verò deuexus, quod ad afferes attinet, reliquis duobus difsimilis
non eſt: ejus etiam, ut aliorum, caput primò terra completur, pilisq; tūditur:
deinde aſſere tegitur: tū rurſus, qua oportet, terra injecta iterū tūditur, ut nulla rima remaneat, per quā aqua cum rametis metallorū miſta in ipſum penetrare poſsit: rectà enim defluere debet in canalem deuexum, longum ad pedes
octo, latū ad ſeſquipedē: cum eo cōmittitur canalis tranſuerſus: atq; is ad lacū,
qui extra domiciliū eſt, pertinet. Adoleſcens aūt batillo vel trulla metallorum
ramenta impura, vel lapillos nigros impuros de aceruo ſumit, eosq; in canalis
caput injicit, vel eidē illinit. Lotor verò eadem in canali agitat rutro ligneo:
quo modo limus cum aquis permiſtus defluit in cānalē tranſuerſum, ramēta
metallorum vel lapilli nigri in canali deuexo reſident: ſed quia interdū ramēta vel lapilli ſimul cū limo defluūt in cānalē trāſuerſum, eum alter poſt ſpaciū
ferè ſex pedū aſſere claudit, & limū ſæpe batillo agitat, ut etiā is cum āquis miſtus effluat in lacum, remaneantq; in canali ramenta tantummodo vel lapilli:
Schlacchevaldi & Irbereſdorſi lapilli nigri in iſtiuſmodi canali lauantur ſemel aut bis: Aldebergi ter quater've: Gairi ſæpe ſepties: nam Schlacchevaldi
& Irbereſdorſi vena, in qua ſunt lapilli nigri ſatis magni, ſub pila ſubjicitur:
Aldebergi, in qua multo minores: Gairi etiam ſaxorum fragmenta, in quibus
vix exiguī lapilli interdum conſpici poſſunt: hanc lauandi ratiōe metallici,
qui tractant venas plumbi cādidi, primò excogitarūt: quæ deinde ex plumba-
riis officinis in argentarias aliasq; defluxit. Certior. n. hæc lauandi ratio eſt q̄
cribris etiā anguſtis. Prope hunc canalē area, linteis extēſis contecta eſſe ſolet.

*Area*

Nunc duo canales devexi fimili modo facti plerunq; conjunguntur: caput
quidem à capite diftat pedes tres : Canalis verò à canali quatuor : fed unus canalis tranfverfus fub utroque devexo eft : unus etiam adolefcens metallorum
raméta vel lapillos nigros cum limo miftos, ex cumulo injicit batillo in utrúq;
caput. Duo auté funt lotores: quorú alter alterius canalis lateri dextro, alter
alterius finiftro infidens, laborandi munus exequitur : uterq; utitur tali in-
ftruméto: in catillo alterius tigni, duo. n. funt utriq; canali, & in trabis, quę eft
in domicilio, dimidiata armilla ferrea volvitur pertica teres, longa pedes novem, craffa palmum: in ea furfum verfus inclufum eft lignum teres, longú palmos tres & totidé digitos craffum: cui affixa eft tabella alta pedes duos, lata digitos 5. in cujus foramine verfatur alterum caputaxiculi, in quo inclufum eft
rutelli manubriú: alterú verò ejufdé axiculi caput volvitur in alterius tabellæ
foramine, quę ité affixa eft ad lignú teres, quod ęque ac prius longú eft palmos
tres & totidé digitos craffum: quo pro manubrio lotor utitur: rutellú autéfa-
ctum eft ex pertica longa pedes tres: cui præfixa eft tabella longa pedé, lata digitos fex, craffa fefquidigitú: lotor altera manu afsidue movet manubriú hujus inftrumenti, atq; fic rutellú in canalis capite agitat metallorú ramenta vel
lapillos nigros cum limo permiftos, qui cómoti defluút in canalé: altera tenet
alterú rutellú, cui manubriú dimidio brevius eft: eo ramenta vel lapillos, qui
in fupma canalis parte refederút, continéter agitat: quo modo limus cú aquis
miftus defluit in canalé tranfverfum : & ex eo in lacú, qui extra domiciliú eft.

Superior canalis transversus A. Canaliculi B. Capita canalium C. Canales D.
Inferior canalis transversus E. Lacus F. Catillus qui est in tigno G. Dimidiata
armilla ferrea ad trabē affixa H. Pertica I. Ejus rutellū K. Alterum rutellū L.

Quinetiam priufquam area curta effet inuenta, & cribrum anguftum, metallorum venæ, inprimis verò plumbi candidi, ficcæ pilis tufæ lavabantur in
amplo lacu, ex una vel duabus arborib. cavato: ad cujus caput erat abacus, in
quem vena comminuta conjiciebatur: quam lotor rutro ligneo, cui longum
erat manubrium, detrahebat in lacum, & aqua in eum immiffa, venam eodem
rutro agitabat.

Lacus A.    Abacus B.    Rutrum ligneum C.

Area autem curta eft fuperiore parte, qua per canaliculum in eam aqua defluit, angufta: nempe lata tantummodo pedes duos: inferiore latior, pedes
fcilicet tres & totidem palmos: ad latera verò lôga pedes fex, affixæ funt tabellæ altæ palmos duos: cæteris fimplicis canalis capiti fimilis eft, nifi quod in
medio non eft depreffa: fub hac eft canalis tranfverfus tabella humiliore clau-
fus: in hac area non venæ modo agitatæ rutro ligneo lavantur, fed adolefcentes etiam metallorum ramenta, in eam conjecta, fecernunt à faxorum glareis,
& in vafa colligunt: ea metallici nûnc rarò utuntur: adolefcentium enim negligentia fæpius deprehenfa, in caufa eft, cur in ejus locum fuccefferit cribrum
anguftum: quin limus, qui in canali refedit, fi vena dives fuerit, fublatus in cribro angufto, vel in area linteis extenfis contecta lavatur.

Area A.    Canaliculus B.    Tranfverfus C.    Rutrum ligneum D.

Verùm

Verùm area linteis extensis contexta sic se habet. Tigna duo, longa pedes
decem & octo, lata semipedem, crassa tres palmos declivia collocantur : quorum pars prona dimidia est excisa, ut asserum capita in ea poni possint: etenim
asseribus longis pedes tres & transversis, continenterq; positis teguntur : dimidia est integra & altior quàm asseres palmum , ut aqua delapsa non effluat
ex lateribus, sed rectà defluat: quinetiam areæ caput altius reliquo corpore devexum est, ut aqua delabi possit: ipsa area tota sex linteis extensis & radio æ-
quatis contegitur: quorum primũ tenet infimũ locũ, in quo secundũ sic collocatur, ut ipsum paululũ tegat: in secũdo similiter tertiũ locatur, & deinceps
alia in aliis: si.n.contrario modo collocata fuerint, aqua defluens metallorum
ramenta, vel lapillos nigros rapit sub ipsa, & labor inutilis suscipitur: linteis ita
extẽsis adolescentes vel viri , metallorum ramenta vel lapillos nigros cũ limo
mistos, cõjiciũt in canalis caput, canaliculoq; recluso aquã in idipsum immit-
tunt : tum rutris ligneis agitant metallorũ ramenta, vel lapillos, usq; dũ aqua-
rũ vis omnes inferat in lintea: deinde iisdẽ rutris ligneis leniter verrũt lintea,
donec limus in lacum vel in canalem trãsversum defluat. Quàm primum autẽ
nullus aut paucus in linteis insederit , sed tantummodo metallorum ramenta, vel lapilli nigri, tunc ea auferunt, lavantq; in vase prope posito, in quod incidunt : redeuntq; subinde ad eundem laborem.   Postremò aquam ex vase

effundunt,& metallorum ramenta vel lapillos nigros colligunt: quinetiam ſi
vel ramenta vel lapilli de linteis delapſi,in lacu aut canali traſverſo reſederint,
limum iterum lavant.

*Tigna* A. *Lintea* B. *Caput areæ* C. *Canaliculus* D.
*Lacus* E. *Rutra lignea* F. *Vaſa* G.

Aliqui lintea nec auferunt, nec in vaſis lavant, ſed ipſis utrinq; tabellas an-
guſtas atq; non multum craſſas ſuperimponunt,& eas ad tigna clavis affigút:
ſimiliq́ue modo materiam metallicam rutris ligneis agitantes lavant : quamprimum autem iterum nullus aut paucus limus in linteis inſederit, ſed tantummodo metallorum ramenta vel lapilli nigri, tum alterum tignum erigunt, ut tota area in altero inſiſtat,& aquam, ſitulis ex lacuſculo hauſtam,af-
fundunt : quo modo id quod ad lintea adhæreſcit, decidit in canalem ſubjectum,ex una arbore cavatum,& in terra effoſſa locatum : cujus cavum ſuperiore parte latum eſt pedem, inferiore minus latum, quod rotundatum ſit:in
ejuſdem canalis medio includunt tabellam, ut majuſcula metallorum ramenta, vel majuſculi lapilli in priore parte,in quam inciderunt,remaneant,minu-
tula ra-

tula ramenta vel lapilli in posteriore: nam aqua ex una in alteram influit, &
tandem per ejus foramen defluit in lacum. Majuscula autem metallorum ramenta, vel lapillos nigros ex canali ejectos, denuo lavant in canali devexo: minutula vero ramenta vel lapillos, rursus in hac area linteis extensis contecta:
quæ isto modo, quòd affixa maneant, diutius durant: & ferè duplum opus ab
uno lotore tam cito perficitur, quàm altero simplum à duobus.

*Area A. Aquam linteis affundens B. Situla C. Alterius*
*generis situla D. Ramenta vel lapillos ex canali ejiciens E.*

Cribrum etiam angustum nuper in usu metallico esse cœpit: in hoc materia metallica conjicitur, cribraturq́; in vase aqua ferè pleno: succutiturq́; cribrum: quo succussu, id quod est infra ervi magnitudinem, transmittit in vas,
reliquum in ejus fundo remanet: hoc duplex est: metallicum, quod inferiorem locum obtinet: saxeum & terrenum, quod superiorem: grave enim semper descendit, leve vis aquarum sursum fert, quòd aufertur radio, qui tabella tenuis est ferè semicirculi figura, longa dodrantem, alta semipedem: sed leve priusquam aufertur, radio decussari solet, ut eò citius aqua penetrare pos-

fit. Poftea iterum alia materia in cribrum conjicitur & fuccutitur. Ubi verò
multa metallorum ramenta in cribro refederint , in alveum aliquem propè
pofitum ejiciuntur. At quia cùm limo non folùm auri vel argenti ramenta,
fed etiam arenæ,pyritæ,cadmiæ,galenæ,lapidum liquefcentium, aliorumq;
decidunt in vas,nec eas aqua,quod graves fint,à ramentis metallicis feparare
poteft, iterum limus ille miftus lavatur,abjiciturq; quod inutile eft. Ne autem eam arenam mox cribrum rurfus tranfmittat , lotor ei fubfternit lapillos
aut glareas. Quoniam verò fi cribrum non rectè fuccufferit,fed inclinaverit
ad latus,lapilli vel glareæ ex una parte amoventur,ac iterum tam metallica
materia quàm inanis decidit in vas , laborq; fruftrà fufcipitur, anguftius etiã
cribrum fecerunt metallici noftrates,quod ne inertes quidem lotores poteft
fallere: ad quam loturam eis nihil opus eft fundo ex lapillis fubftratis facto:
qua lavandi ratione limus cùm minutulis metallorum ramétis dècidit in vas:
majufcula in cribro refident: quæ inanis arena contegit : ea radio aufertur:
ramenta collecta fimul cum aliis excoquuntur : limus cum minutulis ramentis miftus tertio lavatur in cribro anguftifsimo, cujus fundum fetis eft
contextum : id quod radio eft ablatum,fi vena metalli dives fuerit, in area linteis extenfis contecta lavatur:
fi pauper,abjicitur.

*Cribrum anguftum* A.　*Radius* B.　*Cribrum anguftius* C.　*Cribrum anguftifsimum* D.

Perfolvi

Persolui lauandi rationes plurium metallorum venis communes, venio
nunc ad alteram venarum tundendarum rationem: nam de hac prius, quàm

de iis lavandi rationibus,quæ cujufq; metalli venis propriæ funt, dicere convenit. Cùm anno M. D. XII. Georgius illuſtris Saxonum Dux in Miſena
jus omnium tumulorum è fodinis egeſtorum dediſſet nobili & prudenti viro Sigiſmũdo Malthicio,patri Ioannis Epiſcopi Miſeni & Henrici:Is Dippol-
deſvaldi & Aldebergi,quibus in locis fodiuntur lapilli nigri, ex quibus plumbum candidum conficitur,rejectis pilis ſiccis, cribris amplis, mola, invenit
machinam, quæ venas udas pilis præferratis tunderet.Venas autem udas vocamus aquis,quæ in capſam influunt,madefactas: quo modo etiam interdum
pila uda nominamus,item aquis madida: contrà pila ſicca vel venas ſiccas appellamus nullis aquis,dum pilis tunduntur,madefactas : ſed redeamus ad no-
ſtrum propoſitum. Hæc machina non multum diſsimilis eſt ei, quæ venas
ſiccas pilis præferratis tundit : horum tamẽ pilorum capita dimidio ſunt majora quàm illorum : nec capſa,quæ,ex trunco querno vel fagino confecta, in
ſpacio,quod eſt inter tigna ſtatuta locatur , è fronte patet,ſed ex altero latere:
ea longa eſt pedes tres,lata dodrantem,alta pedem & digitos ſex : ſi carèt fundo,ſimiliter ſtatuitur ſuper ſaxum durum atq; planum , in terra paululum effoſſa poſitum : & qua conjunguntur undiq; muſco ac linteolis rallis obturantur : ſin habet fundum , ſolea ferrea , longa pedes tres , lata dodrantem,craſſa
palmum in ea locatur,qua patet ad ipſam ferrea lamina foraminum plena affigitur,ut inter eam & caput proximi pili ſpacium duorum digitorum ſit : atque tantundem inter laminam & tignum ſtatutum, in cujus foramine poſitus eſt canalis parvus & longiuſculus:per quem argenti vena minutim contuſa cum aqua defluit in lacum : id,quod in canali remanſit,batillo ligneo ejicitur in proximum ſolum:aſſeribus tectum : quod in lacu ſubſedit,batillo ferreo ſeparatim in ſolum pleriq; faciunt duos canales,ut dum operarius unum,
eò,quod reſedit,refertum,exinanit,interea aliud in altero reſideat: ad alterum
capſæ latus,quod eſt prope rotam,quæ machinam verſat , aqua per canaliculum in eam influit: qua etiam operarius venam contundendam injicit in capſam,ne fragmenta,ſi in pila fuerint conjecta,ipſis ſint impedimento:atq; hac
ratione vena argenti vel auri minutim pilis tunditur.

Capſa A.   Latus capſæ patens B.   Saxum C.   Solea ferrea D.
Lamina E.   Canalis F.   Batillum ligneum G.   Lacus H.
Batillum ferreum I.   Ejus quod ſubſedit acervus K.   Vena con-
tundenda L.   Canaliculus M.

Cùm

Cùm verò plúbi candidi vena iſtiuſmodi pilis præferratis tunditur, ut prima tûdi cœpit, tum canalis, qui pertinet ad laminã foraminû plenam, deſert a-
quã, cũ lapillis nigris & arenula permiſtã, in canalê tranſverſum: ex quo mox

X   4

per canaliculū,qui per cóclavis partē penetrat, defluit in alterū magnū canalem subjectū.Nã iccirco duo sunt,ut dū lotor alterum lapillis nigris & arenis
refertū,effundit,in alterū eædem res influant: uterqʒ longus est pedes duodecim,altus cubitū,latus sesquipedem: lapilli nigi i,qui in suprema canalis parte
resident,majusculi,ut sunt,nominantur: hi sæpius batillo cómoventur, ut lapilli mediocres & limus cū minutulis permistus, defluant : sed lapilli mediocres plerūqʒ residēt in media ejusdē canalis parte, eosqʒ abiegnus ramus convolutus retinet : limus verò, qui cū aqua defluit, inter ramū & tabellam quæ
claudit canalē,hoc est,in ultima canalis parte,cōsistit. Seorsum aūt ab aliis nigri lapilli majusculi batillo ejiciuntur é canali,seorsum mediocres,seorsum limus. Etenim separatim in area linteis extensis contecta & in canali devexo lavantur,& torrentur,& excoquuntur : exceptis lapillis, qui in media canalis
parte resederunt. Hi.n.etsi semper separatim lavantur in area linteis extensis
contecta,tamé si magnitudine feré exæquaverint eos lapillos, qui in suprema
canalis parte resederunt,simul cū eis in canali devexo lavantur,simul torrentur,simul excoquūtur : sed limus unà cū aliis,neqʒ in area linteis extensis cōte-
cta,neqʒ in canali devexo lavatur,sed separatim : atqʒ lapilli,ex eo confecti , seorsum etiam torrētur & excoquūtur.Duos aūt canales magnos excipit transversus: atqʒ eum rursus rectus in lacum,qui est extra conclave, exonerans.

*Canalis ad laminã pertinens A. Canalis trãsversus B. Canaliculus C. Canales magni D.*
*Batillũ E.Ramus cõvolutus F.Tabellæ claudētes canales G.Alter canalis trãsversus H*

Verùm

Verùm hæc lavandi ratio nuper non parum eſt immutata: nã canalis, qui
excipit aquã cũ lapillis nigris & arenulis permiſtã, quæ per laminæ foramina
effluit, ad nullum canalé tranſverſum, qui eſt extra cõclave, pertinet, ſed rectà
per ejus parietem penetrãt in lacuſculum: id autem, quod in canali recto extra
conclave ſubſedit, adoleſcens tridenti raſtro radit, quomodo lapilli majuſculi reſident in fundo: quos lotor batillo ligneo ejicit: in conclave importat: in
canalem devexum conjectos, rutro ligneo agitat & lavat: quinetiam lapillos,
quos aqua rapuit iñ canalem devexò ſubjectum, uſq; eò reſumptos lavat, dum
puri fiant: reliqui verò lapilli cum arena miſta influunt in lacuſculũ, qui eſt in
cõelavi. Is aũt exonẽrat in duos illos canales magnos: in quorũ ſuperiore parte lapilli mediocres cum majuſculis permiſti reſident, in inferiore minutuli:
ſed utriq; impũri: quare illi ſeparatim ejecti bis lavãtur, prius in canali ſimplicis aſsimili, poſterius in canali devexo. Hi item bis, prius in area linteis extenſis contecta, poſterius in canali devexo. Canalis ſimplicis aſsimilis ab eo differt
capite: quod hic totum habet declive, alter in medio depreſsũm. Hic præterea
habet axiculũ ligneũ, qui in foraminibus duorũ craſsorũ aſlerũ, ad latera canalis affixorũ verſatur: ut adoleſcẽs batillũ, quo lapillos facit puros, in eũ poſſit imponere: quod ni faceret nimiũ iſtis laborib. defatigaretur: in quos ſtans
totos dies inſumit: ſed canales magni, ſimplicis aſsimilis, devexus, area linteis
extenſis contecta, propterea cõſtruuntur in cõclavi, cui fornax eſt, calorem per fictilia vel tabulas ferreas, ex quib. cõſtat, effundẽs, ut etiam hyeme,
ſi flumina prorſus non conglaciaverint, lotores ſuum munus exequi poſsint.

*Canalis primus A. Raſtrũ tridẽs B. Lacuſculus C. Canales magni D. Canalis ſimplicis aſ-*
*ſimilis E. Axiculus F. Aſſeres G. Eorũ foramina H. Batillum I. Conclave K. Fornax L.*

In area autem linteis extensis côtecta lapilli minutuli cum limo misti, qui subsederunt in infima parte magnorum canalium & canalis simplicis assimilis & devexi lavantur: ejus lintea in lacu ex una arbore cavato, & duabus tabellis,ut tres capsæ fiant, distincto abluuntur: & primum quidem & secundum in prima,tertium & quartum in secunda,quintum & sextum in tertia. Sed quia in istis lapillis minutulis aliquæ lapidis saxi marmoris arenulæ inesse solent,eos magister in canali devexo puros facit,scopis supremam eorum partem leniter verrens , non æqualibus ductibus, sed modò rectis, modò transversis: quo modo aqua arenulas, quòd sint leviores, per canalem rapit in lacum: lapillos,quòd graviores, in canali relinquit. Canalibus autem omnibus tam intra quàm extra conclave subjiciuntur vel lacus, vel canales transversi,in quos exonerant: ut aqua perpaucos lapillos minutulos in flumé deferre possit. Sed lacus magnus,qui est extra conclave, plerunq; conficitur ex contignationibus quadratis: atq; longus,& latus,& altus est pedes octo:in quo cùm multus limus,cum minutulis lapillis nigris mistus, subsederit, primò aqua turbine extracto emittitur: deinde limus ejectus lavatur extra domicilium in area linteis extensis contecta : tum in canali devexo,qui est in conclavi: quibus modis minutissimi lapilli fiunt puri.

*Canalis ad laminam capsæ pertinens* A.  *Rastrum tridens* B.  *Lacusculus* C.  *Lintea* D.  *Canalis devexus* E.  *Scopæ* F.

Sed limus

Sed limus, cum minutulis lapillis commiſtus, qui nec in magno lacu, nec in
canali tranſverſo, qui extra domicilium eſt ſub linteis, ſubſedit, is effluit in rivum vel

vum vel fluvium, atq; in ejus alveo refidet. Ut verò etiam lapillorum parté metallici capere pofsint, plures in alveo rivi vel fluvii faciunt extructiones
fimilimas his, quæ conficiuntur fupra moletrinas, ut impetus aquarum deflectant ad foffas, in quibus curfu fuo ad rotas profluunt. Ad alterum autem
cujufq; extructionis latus, eft area ad quinq; vel fex, vel fepté pedum altitudinem depreffa, & quaquaverfus, fi loci natura ita feret, pedes habens amplius
fexaginta: itaq; cùm aqua rivi vel fluvii autumno & hyeme inundaverit terram, tunc fores extructionum clauduntur : quo modo vis aquarum limum
cum lapillis permiftum, rapit in areas: qui vere & æftate fimiliter lavatur in
area linteis extenfis contecta, & in canali devexo: colligunturq; lapilli nigri,
fed minutuli. At cùm alveus rivi vel fluvii à domiciliis, in quibus lavantur lapilli nigri, jam cœperint diftare quatuor millibus paffuum, metallici tales extructiones non faciunt, fed in pratis fepes obliquas, & ante fingulas ejufdem
longitudinis foffam, ut limus cum lapillis nigris miftus, rivi vel fluvii inun-
dationibus raptus in his fubfideat, ad illas adhærefcat : qui collectus item in
area & canali lavatur, ut lapilli nigri ab eo feparentur: certe quidem tales areas
& fepes plurimas, quæ iftius generis limum excipiunt, in Mifena fub Alde-
bergo videre licet, ad Mogelicium fluvium illum femper fubrubrum, cùm
faxa, cum lapillis nigris permifta, tunduntur pilis.

*Fluvius* A.  *Extructio* B.  *Fores* C.  *Area* D.  *Pratum* E.  *Sepes* F.  *Foffa* G.

Sed redeo ad machinas. Quidam folent id genus quatuor uno in loco con-
ftruere: duas fcilicet in fuperiore ejus parte, & totidem in inferiore: quo modo necefle eft rivum deductum altius defluere in fuperiores rotas, quod axes
verfent, quorum dentes graviora pila attollunt. Machinarum enim fuperio-
rum pila fere duplo longiora quàm inferiorum pila effe oportet: & quidem
propterea, quòd omnes capfæ in eadem planicie collocentur: qua de caufa
etiam ea pila dentes habent fub parte fuperiore, non ut inferiora fupra inferiorem. Aquas autem ex duabus fuperioribus rotis defluentes, duo canales lati excipiunt, ex quibus præcipitant in duas inferiores rotas. Quia verò iftiufmodi machinarum omnium pila fere contigua funt, ne capita ferrea fe con-
terant, q ua in eis includuntur, paululum refecantur. Ubi verò propter vallis
anguftias tot machinæ conftrui non poffunt, monte duobus in locis, quorum
alter altero fit altior, cavato & æquato duæ machinæ, quas unum domicilium
in fe continet, folent confici: aquam ex fuperiore rota defluentem item canalis latus excipit: ex quo fimiliter præcipitat in inferiorem. Verùm capfæ non
in una planicie locantur, fed utraque in fuæ machinæ propria: quocirca duobus operariis, qui venam in capfas injiciant opus eft. At cùm nullus rivus,
qui ex altiore loco præcipitet in fuperiorem rotæ partem, deduci poteft,
deducitur qui inferiorem verfet: ejus aquæ multæ in unum locum, ad ipfas
continendas aptum, colliguntur: ex quo foribus fublevatis emittuntur in
rotam, quæ in canali verfatur. Iftiufmodi autem rotæ pinnæ altiores funt,
& fupinæ furfum verfus extant: alterius verò humiliores, & pronæ deorfum
verfus vergunt.

*Prima machina* A. *Ejus pila* B. *Ejufdem capfa* C.
*Secunda machina* D. *Ejus pila* E. *Ejufdem capfa* F.
*Tertia machina* G. *Ejus pila* H. *Ejufdem capfa* I.
*Quarta machina* K. *Ejus pila* L. *Ejufdem capfa* M.

y

Quinetiam in Iuliis ac Rheticis Alpibus, ac in Carpato monte nunc ut-
ri, vel etiam argenti vena subjecta pilis, interdum amplius viginti ex ordi-
colloc.

collocatis, uda tunditur in longa capfa, cui duæ funt laminæ foraminum plenæ,per quę vena cõminuta fimul cum aqua defluit in fubjectum canalē tranfverfum: ex quo duobus canaliculis defertur in capita arearum linteis extenfis
contectarum: utrunq; ex craffo & lato affere, qui attolli & erigi poteft, & ad
quem utrinq; eminentes tabellæ funt affixæ,cõftat: in eo affere multa funt cava catillis, in quorum fingulis fingula ova mollia vel forbilia lócantur,& magnitudine æqualia & figurâ fimilia: quibus cavis deorfum verfus breves funt
receffus auri vel argenti ramenta recipientes: quibus cùm cava ferè plena fuerint, affer in âlterum latus erigitur, ut ramenta excidant in alveum grandem:
cava etiam aquis affufis eluuntur. Separatim autem hæc ramenta lavantur in
alveo,feparátim ea quæ in linteis refederunt: alveus ille lævis & altus duos digitos trâfverfos figura ferè naviculæ fimilis eft: nempe priore parte latus, pofteriore anguftus: in cujus medio canaliculus eft tranfverfus, in quo auri vel
argenti ramenta pura fubfidunt, arenæ quod leviores,ex eo excidunt.

*Pila* A. *Capfa* B. *Laminæ foraminum plenæ* C. *Canalis tranfverfus* D.
*Afferes cavis pleni* E. *Canaliculi* F. *Alveus in quem ramenta incidunt* G.
*Areæ linteis contectæ* H. *Alveus naviculæ ferè fimilis* I. *Lacus areis fubjecti* K.

In quibufdam prętereà Maraviæ locis auri vena,quæ ex lapidib.liquefcen-
tibus, cum quibus aurum permiftum eft,conftat,fubjecta pilis uda tunditur:

ominuta per canaliculum effluit in lacũ,ibi rutro ligneo agitatur,auri minutæ particulæ, quæ in ſupremo lacu reſident,in alveo nigro lavantur. Hactenus de machinis,quæ venas udas tundunt pilis præferratis,dixi:nunc lavandi
rationes quorundam metallorum venis quodámodo proprias exponam, orſus ab auro: venæ certè in quib.illius metalli particulæ inſunt, & arenæ rivorum vel fluviorum,in quib.ejuſdẽ ramenta,lavantur in areis aut in alveis:are-
næ præterea in lacu: ſed non uno modo lavantur in areis: nã hæ auri particulas vel ramenta aut tranſmittunt aut retinẽt: atq; tranſmittunt quidẽ,ſi habuerint foramina: retinẽt,ſi eis caruerint: verùm vel ipſa area habet foramina,vel
capſa in ejus locum ſubſtituta:ſi ipſa,auri particulas vel ramenta tranſmittit in
lacum:ſi capſa,in canalem longum,de quib.duabus lavandi rationibus primò
dicam.Area conficitur ex duobus aſſeribus inter ſe coagmentatis,longa pedes
duodecim,lata tres,foraminũ, quæ per ervum penetret,plena. Ne verò vena
vel arena,cui aurum eſt immiſtum, è lateribus excidat, ad ea tabellæ eminẽtes
affiguntur. Hæc area ſuper duo ſcabella imponitur:quorũ prius iccirco eſt altius poſteriore,ut glareæ & lapilli ex ipſa devolvi poſsint. Lotor autẽ in areæ
caput,quod altius eſt,venam vel arenam cõjicit,& canaliculo recluſo aquas in
eam immittit , mox rutro ligneo ipſam agitat: quomodo glareæ & lapilli per
aream devolvuntur in humum: auri particulæ vel ramenta ſimul cum arenis
per foramina in lacum areæ ſubjectũ decidunt, quæ collecta in alveo lavátur.

*Areæ caput* A. *Area* B. *Foramina* C. *Tabellæ* D. *Scabella* E.
*Rutrum* F. *Lacus* G. *Canaliculus* H. *Alveus* I.

Capſa verò,cui fundū eſt ex lamina foraminū plena,ſupremo canali,qui admodū longus eſt,ſed mediocriter latus,ſuperimponitur. In hanc capſam auri
materia lavanda cōjicitur,& aqua multa immittitur: glebis etiā, ſi vena lavaẽ,
batillo ferreo diſcuſsis, id qd'tenue eſt ex capſæ fundo decidit in canalē,quod
craſſum in eo remanet: id ipſum rutro ex ejus parte ferè media alterius lateris
patēte extrahiẽ.Quia verò aqua multa neceſſariò in capſā immittiẽ,ne delapſa
in canalē aliqua auri ramēta rapiat, is decē,vel,ſi dimidio longior fuerit,quin-
decim tabellis, quarū antecedēs quæꝗ ſequēte altior eſt, ex ordine in ipſū impoſitis diſtinguiẽ,& capſulæ fiunt eo quod capſa trāſmittit replendẹ:ſed q̄pri-
mū repletæ fuerint,& aqua pura defluere cœperit,canaliculus, per quē eādē a-
qua in capſam influit,occludiẽ,& ipſa aliò derivatur:mox infima tabella ex canali eximitur,& id quod ſubſedit cū reliqua aqua defluens excipitur alveo:de-
inceps alia atꝗ alia tabella extracta,quodꝗ ſeparatim alveo excipiẽ: quodꝗ e-
tiā ſeparatim in alveo lavatur,& purū efficiẽ : nā auri particulæ vel ramenta
majuſcula in ſuperiorib.capſulis,minutula in inferiorib⁹ reſident. Alveus aũt
ille humilis eſt & lævis, q̄ppe oleo vel alia re pingui imbutus,ut ad eū auri minutula ramēta nõ adhærescat: niger, nēpe fuligine infectus, ut aurū magis ſub
aſpectū cadat: utrinꝗ inferius in medio paulatim exciſus,ut manib. prehendi
& firmè teneri atꝗ agitari poſsit:qua ratione auri particulæ vel ramēta poſte-
riorēlocū occupaẽ: cùm ſi alvei poſterior pars altera manu cōcutiaẽ,ut cōcuti
ſolet,in priorè concedaẽ: hoc ſanè modo Maravi in primis auri venas lavant.

Cànalis A. Capſa B. Ejuſdē inverſæ fundū C. Ejuſdē pars patēs D. Rutrū ferreū E. Tabellæ F. Canaliculꝰ G. Alveꝰ quo excipitur id qd'ſubſedit H. Alveꝰ niger in quo lavaẽ I.

At auri ramenta retinent areæ vel tegumentis nudæ, vel tectæ: ſi nudæ, in
earum cavis reſident: ſi tectæ, tegumétis adhærefcunt. Cava fiunt variis modis: aut enim filis ferreis vel tabellis tranfverfis ad aream affixis, aut non penetrantibus foraminibus, vel rotundis in ipſa ejus've capite cavatis, vel quadrangulis, vel tranfverfis. Tegútur verò areæ pellibus aut pannis, aut cefpi-
tibus: quas ſingulas ordine perſequar. Ad aſſeris, longi pedes ſex, lati unum
& quadrantem, latera lotor item affigit eminentes tabellas, ne arena, in qua
auri ramenta inſunt, de eis delabatur. Deinde multa fila ferrea, digitū tranf-
verſum inter ſe diſtātia, decuſſat, & qua cōmittuntur aſſeri ſupino clavis ferreis affigit: tū caput altius facit; in hoc arenas lavandas conjicit, & anſas, quas
area ad caput habet, manibus prehendens eam aliquoties in flumine vel rivo
ducit & reducit; quo modo lapilli & glareæ per aream devolvuntur, arenæ,
cum auri ramentis miſtæ, in ejus cavis, quæ inter fila ſunt, remanent: quas ex-
cuſſas & in unum locū collectas in alveo lavat, atq; ſic auri ramenta facit pura.

*Aſſer* A.    *Tabellæ* B.    *Fila ferrea* C.    *Anſæ* D.

Alii, in quorum numero ſunt Luſitani, lateribus areæ itidem longæ circiter pedes ſex, latæ ſeſquipedem affigunt eminentes tabellas, ſed ſupinæ plures
tranfverfâs, digitum tranfverfum inter ſe diſtātes. Lotor autem vel ejus uxor,
aquàm in areæ caput immittit: arenam, in qua auri ramenta inſunt, in idem
injicit: defluentem rutro ligneo, quod tranſverſum locat in tabellis, agitat: id,

tat: id, quod in cavis, quæ funt inter tabellas, fubfidet, ligneo bacillo cufpidato
fæpius eruit: quo modó auri ramenta in eis refident: arenas & alias res inutî-
les aqua rapit in vas areæ fubjectum. Ipfa verò ramenta minuto batillo ligneo
ejicit in ligneam lancem, ad pedem & quadrantem latam: eamque in rivo curfum verfus ducendo & reducendo, auri ramenta facit pura: etenim arenarum
reliquiæ ex lance effluunt, ramenta in medio ejus cavo fimili catillo refident:
quidam utuntur lance conchârum inftar ftriata, fed quâ parte aquæ effluunt,
plana: veruntamen ea planicies, quâ ftriges in ipfam exonerant, anguftior eft:
latior, quâ defluit aqua.

*Caput areæ* A. *Tabellæ tranfverfæ* B. *Rutrum ligneum* C. *Bacillum*
*cufpidatum* D. *Lanx* E. *Eius medium cavum* F. *Lanx ftriata* G.

Sed cava rotunda fimul cum canaliculis in ipfo areæ corpore inciduntur,
vel eidem inuruntur: id compofitum ex tribus afferibus longis pedes decem,
latum eft ad pedes quatuor: ejus tamen infimum, per quod aqua effunditur,
anguftius eft. Hæc area, fimiliter habens tabellas ad latera affixas, plena eft i-
ftiufmodi cavis rotundis & canaliculis ad eam pertinentibus: & quidé duobus
ad unum, ut aqua cú arenis mifta, per fuperiorê canaliculû in cavû influat: per
inferiorem, poftquam arenæ partim fubfederint, rurfus ex ipfo effluant aquæ:
area duob. fcabellis in rivo vel flumine, aut in eorum ripa locatis imponitur:

quorum item prius est altius posteriore, ut glareæ & lapilli per aream devolvi possint. Lotor autem arenas in ejus caput injicit batillo,& canali recluso a-
quam immittit:quæ ramenta cum paucis arenis desert in cava,glareas verò &
lapillos cum cæteris arenis in vas areæ subjectum:illa quàmprimũ cava referta fuerint,excutit,& in alveo lavat: has iterum atque iterum in hac area.

*Areæ caput* A. *Tabellæ* B. *Infimum areæ* C. *Cava* D. *Canaliculi* E.
*Scabella* F. *Batillum* G. *Vas subjectum* H. *Canalis* I.

Quidam in area, item ex tribus asseribus composita , & longa pedes octo,
plures canaliculos transversos & palmo inter se distantes incidunt: quorum
superior pars devexa est,ut auri ramenta,cùm lotor arenas batillo ligneo agitat, in eos illabi possint: inferior recta, ut eadem ex eis elabi non possint: qui
canaliculi quàmprimum ramentorum cum arenulis mistorum pleni fuerint,
area à scabellis ablata in caput, quod hic non aliud quàm suprema asserum,ex
quibus area constat, pars est , invertitur: quo modo ramenta retrorsum lapsa
in alterum vas incidunt:nam in alterum lapilli & glareę per aream devolvun-
tur:aliqui in vasorum locum alveos amplos areæ supponunt.Ramenta autem
impura,ut cæteri,in alveo parvo lavant.

*Canaliculi*

*Canaliculi tranſverſi* A.    *Vas areæ ſubjectum* B.    *Vas alterum* C.

Verùm Toringi rotunda cava, quibus digiti tranſverſi latitudo & altitudo eſt, ſimul cum canaliculis ex aliis ad alia pertinentibus in areæ capite incidunt: ipſam verò aream contegunt linteis: arena lavanda in caput conjicitur, & rutro ligneo agitatur: quo modo levia auri ramenta aqua rapit in lintea, gravia in cavis reſident, quibus cùm plena fuerint, caput ablatum in vas
invertitur, & ramenta collecta in alveo lavantur.  Aliqui utuntur area, ha-
bente quadrangula cava, quibus deorſum verſus breves ſunt receſſus auri ramenta recipientes. Aliis eſt area compoſita ex aſſeribus aſperis propter minutula reſegmina ad eos adhuc adhæreſcentia: quæ areæ ſunt loco tegumento-
rum, quibus nuda eſt. Ad ea cùm arena lavatur, auri ramenta non minus adhærent quàm vel ad lintea, vel ad pelles, vel ad pannos, vel ad ceſpites.  Lotor
autem aream ſurſum verſus ſcopis verrit: qui poſtquam tantam arenam lavit,
quantam lavare voluit, aquam copioſiorem, quæ ramenta eluat; in aream re-
mittit, eaque in vas areæ ſubjectum colligit, atque in alveo lavat. Ut aùtem
Toringi aream contegunt linteis, ita nonnulli pellibus taurinis vel equinis.
Hi arenam auri non expertem rutro ligneo ſurſum verſus agitant: qua ratione id, quod leve eſt, unà cum aqua defluit, auri ramenta inter pilos reſident:
pelles deinde lavantur in vaſe: poſtremò ramenta collecta in alveo.

*Area*

*Area linteis contecta A. Ejus caput cavis & canaliculis plenum B. Id ablatum lava-*
*tur in vase C. Area habens cava quadrangula D. Area ad cujus asseres minuta rese-*
*gmina adhærescunt E. Scopæ F. Pelles taurinæ G. Rutrum ligneum H.*

Quo

Quo sanè modo Colchi in fontium lacunis pelles animantium colloca-
runt: quas quia cùm multa auri ramenta eis adhæsissent, abstulerunt, aura-
tus Colchorum aries confictus est à poetis: similiter autem pellibus non solùm auri, sed etiam argenti ramenta & gemmas excipere rationibus metallicorum conducet.

*Fons* A.   *Pellis* B.   *Argonautæ* C.

Multi aream panno viridi, tam longo & lato quàm ipsa est, contegunt, &
eum clavis ferreis ita affigunt, ut hi facilè rursus extrahi possint, ille auferri:
qui cùm aureus propter ramenta quæ adhæserunt, esse apparuerit, in proprio lavatur vase: ramenta collecta in alveo: reliquæ res in vas devolutæ,
denuo in area.

*Caput areæ* A.   *Area* B.   *Pannus* C.   *Canaliculus* D.
*Vas areæ subjectum* E.   *Vas in quo pannus lavatur* F.

Quidam

Quidam in locum panni viridis fupponunt pannum fetis equinis arctè
contextum: cui plurimi funt noduli, leviter à contextu rafi. Quia verò hi extant & pannus eft afper, etiam minutula auri ramenta ad eum adhærent: quæ
item in vafe aquâ abluuntur.

*Pannus nodulis plenus extenfus* A.    *Noduli magis confpi-*
*cui* B.    *Vas in quo pannus laVatur* C.

Aliqui

Aliqui fabricantur arcam non diſsimilem linteis extenſis contectæ, minus
tamen longam. Linteorum autem loco ceſpites continenter collocant: arenam in areæ caput conjectam aqua immiſſa lavant: quo modo auri ramenta
reſident in ceſpitibus, limus & arena ſimul cum aqua deferuntur in lacum vel
canalem ſubjectum, qui munere perfecto recluditur; poſtquam omnis aqua
effluxit, arena & limus auferuntur, & iterum iſto modo lavantur. Ramenta
vero quæ ad ceſpites adhæſerunt, major aquarum vis, per canaliculum in a-
ream immiſſa defert in lacum vel canalem; ibi tandem collecta in alveo lavatur. Hanc auri lavandi rationem Plinius non ignoravit: ulex, inquit, ſiccatus
uritur, & cinis ejus lavatur ſubſtrato ceſpite herboſo, ut ſidat aurum.

*Areæ caput* A. *Canaliculus per quem aqua in areæ caput influit* B.
*Ceſpites* C. *Lacus areæ ſubjectus* D. *Vas in quo lavantur ceſpites* E.

Quinetiam arenæ cum auri ramentis permiſtæ lavantur in lacuſculo, vel in lacu, vel in alveo. Lacuſculus, ex poſteriore parte patens, aut ex arboris trunco quadrangulo cavatur, aut ex aſſere craſſo, ad quem tabellæ eminentes affiguntur, conficitur longus pedes tres, latus ſeſquipedem, altus digitos tres:ejus cavum in alvei altera parte anguſti figuram formatur: quam partem anguſtam ad caput convertit: ad quod habet duo manubria longa, quibus in rivo curſum verſus ducitur & reducitur: hoc modo lavatur arenula, ſive in ea fuerint auri ramenta, ſive lapilli nigri, ex quibus plumbum candidum conficitur.

*Lacuſculus* A.   *Cavum* B.   *Manubria* C.

Itali,

Itali, qui fe auri.colligendi gratia ad Germaniæ montes conferunt, rivorum arenas,cum auri ramentis & carbunculis,maximè Carchedoniis miftas,
lavant in longiufculo & humili lacu, ex una arbore cavato, intrinfecus & extrinfecus rotundato, ex altera parte patente, ex altera claufo, quem fic in rivi
alveo infodiunt, ut aqua in eum non incidat, fed leviter influat: arenam in i-
pfum conjectam agitant rutro ligneo item rotundato: ne verò ramenta vel
carbunculi fimul cum levi arena effluant, ejus apertam partem tabella fimiliter rotundata,fed humiliore,quàm lacus cavum eft, occludunt. Auri autem
ramenta vel carbunculos, qui unà cum pauca arena gravi in lacu refederunt,
in alveo lavant,& in utres colligunt,ac fecum afportant.

*Lacus* A. *Ejus pars patens* B. *Ejufdem pars claufa* C.
*Rivus* D. *Rutrum* E. *Tabella* F. *Uter* G.

Quidam id genus arenas in alveo lavant amplo: is in domicilio duobus funiculis ex trabe suspenditur, ut facilè agitari possit, inque eum arena conjicitur, & aqua infunditur. Deinde alveus agitatur, tum aqua limosa effunditur,
rursusque infunditur pura: quod iterum atque iterum fit. Quo modo auri ramenta in posteriori alvei parte resident, quod gravia sint: arenæ in priore,
quod leves. Hæ autem abjiciuntur, illa ad excoquendum reservantur. Redit
verò qui lavat subinde ad opus: verùm hac lavandi ratione metallici raro u-
tuntur, monetarii & aurifices sæpè, cùm lavant aurum, argentum, æs. Sed eorum alveus tres tantummodo habet ansas: quarum unam, cùm alveum agitant, manibus prehendunt: in reliquas duas unicus funiculus includitur: quo
ille suspenditur de trabe, vel de stipite, quem sustinent chelæ duorum stipitum statutorum & in terra defixorum. At metallici in alveo parvo experimenti gratia frequenter lavant venas. Is autem, cùm agitatur, in manibus tenetur, & sæpe altera manu concutitur: alioqui hæc lavandi ratio ab illa non
differt.

*Alveus amplus* A. *Funiculi* B. *Trabs* C. *Alveus alter*
*amplus quo monetarii utuntur* D. *Alveus parvus* E.

Dixi

Dixi de variis arenę,in qua auri raméta infunt,lavãdæ rationibus: nunc dicã de materiæ permiſtæ cum lapillis nigris,ex quib.plumbum candidũ conficitur,lavãdæ rationib. quarũ octo funt uſitatæ,atꝗ ex his duæ nuper inventę.
Talis autē materia metallica plerũꝗ à venis & fibris impetu aquarum abrepta
longè lateꝗ reperitur: etſi interdũ venæ dilatatæ ex eadem conſtãt: illã materiã foſſores ligonib.latis eruunt,hanc cuſpidatis effodiunt:ſed anatis ı oſtro ſi-
milibˢ excindunt lapillorũ expertem,quę non raro in id genus venis reperiri
ſolet.Verùm in locis,qui eam cõtinent,ſi abundaverint aquis,& valleſtres aut
molliter devexi & cõcavi fuerint,ut rivi in eos deduci poſsint,lotores æſtivis
diebus primò foſsã agunt longã & declivem,ut aquę permanãtes rapidè ſcı ēē.
Deinde materiã metallicã foſsâ actâ detectã unã cum cute,quæ alta eſt pedes
plus minus ſex,&coagmentata conſtat ex muſco,ex radicib.herbarũ,fruticũ,
arborũ,ex terra,utrinꝗ ligonib.latis fodiunt,&in aquas,quæ manãt per foſſam,dejiciunt. Tum arenæ & lapilli nigri,quod graves ſint,in fundo foſsæ re-
ſidẽt:muſcũ & radices,ꝗ leves,aquę ex foſsã defluentes rapiunt.Ne verò ſimul
rapiant lapillos nigros inſimũ foſsæ ceſpitib.& lapidibus obſtruitur: at ipſi lotores,quorũ pedes teguntur altis peronibus ex corio,non tamē crudo,factis,
ſtant in foſsã,& radices arborum,fruticum,herbarum,ligneis furcis ſepticor-
nib.ex ea ejiciunt,atꝗ lapillos nigros ad caput foſsæ repellunt. Poſtquã ſpacio
quatuor hebdomadarum in hac re cõſumpſerint multũ operæ & laboris,iſto
modo tollunt lapillos nigros, arenã cũ ipſis miſtã identidẽ ex foſsã batillis ferreis ſublatam huc & ılluc in aquis agitant,uſꝗ dum arena ex eis defluat & decidat in foſsam,ſoli lapilli nigri reſtent: quos omnes collectos rurſus in lacu-

sculo sursum versus batillo ligneo agitatos & conversos lavant, ut arena reliqua ab eis secernatur. Postea semper ad eundem laborem redeunt, donec eos materia metallica deficiat, vel rivi in fossas agendas deduci non possint.

*Rivus* A. *Fossa* B. *Ligo* C. *Cespites* D. *Furca septicornis* E. *Batillum ferreum* F. *Lacusculus* G. *Alter lacusculus ei subiectus* H. *Batillum parvum ligneum* I.

Lacuſculus autẽ iſte ex unius arboris trunco cavatur,cujus pars cava longa
eſt pedes v. alta dodrantem, lata digitos vi. Isut declivis ſit,collocatur, eique
ſubjicitur vas, quod abiegnos ramos convolutos in ſe continet, vel alter lacuſculus, cujus pars cava longa eſt pedes tres, alta & lata pedem : in cujus fundo
minuti lapilli,qui ſimul cũ aqua effluxerunt,reſident. Quidã in lacuſculi locũ
ſupponunt canalẽ quadrangulum,in quo ſimiliter ligneo batillo parvo, lapillos ſurſum verſus agitatos & converſos lavant. Lacuſculo ſubjicitur canalis
trãſverſus: qui altera parte vel apertus exonerat in vas aut lacuſculũ, vel clau-
ſus & in medio perforatus in ſubjectam foſſam, quo modo aqua turbine ali-
quãtum extracto recta in eã decidit. Hæc verò foſſa qualis ſit,jã dicturus ſum.

*Lacuſculus* A. *Batillũ ligneum* B. *Vas* C. *Canalis* D. *Batillũ ligneum parvũ* E.
*Canalis tranſverſus* F. *Turbo* G. *Aqua decidens* H. *Foſſa* I. *Ciſio advehens mate-*
*riã lavã ſã* K. *Ligo ſimilis roſtro anatis,quo foſſor materiã lapillorũ experte excindit* L.

ſiin autẽ locus aquarum copiã non ſuppeditaverit,lotores foſſã agũt pedes
xx x. vel x x x vi. longã: cujus ſolum ſternũt ejuſdem longitudinis arborib.
inter ſe cõiugmentatis, & tabularũ modo planis ſupina parte factis. Ad utrũq;
etiã foſſæ latus, & ejus caput quatuor arbores collocant, & alias ſuper alias
imponũt; quæ omnes,quã ad cavũ cõverſæ ſunt,etiã planæ exiſtunt. Sed quia
arbores in lateribus.obliquẽ collocant, foſſæ ſupremũ fit quatuor pedes latũ,in-

fimum duos. E'canali verò aqua altè defluit prius in abiegnos ramos convolutos, ut rectà & ferè junctim decidere, suaq; gravitate glebas dissipare possit:
quanquã aliqui ramos canali nõ subjiciunt, sed in ejus foramé imponunt turbinem: qui, cũ canalem omnino non claudat, nec ex eo effluvium prorsus impedit, nec aquã longius sinit rapi, sed recta delabi cogit. Operarius autè materiã lavandã cisio advehit, & in fossam cõjicit: lotor in fossa ferè suprema stans,
glebas dissipat furca septicorni, eaq; radices arborũ, fruticum, herbarũ ex ipsa
ejicit, quo modo lapilli nigri sidũt: qui cũ multi fuerint collecti, quod plerunque fit postquã lotor diem in hunc laborè insumpferit, tum ad eos ne defluat,
arenam apponit, ac materia rursus in fossam supremã injecta idem lavãdi munus exequitur. In infima verò fossa stat adolescens, atq; ligone tenui & cuspidato in id, quod ibidem subsedit, infixo ipsum sublevat, ne lapilli aquâ rapti
devolvantur: quod fit, cùm id, quod subsedit, tam multum fuerit, ut etiam a-
biegnos ramos, quibus fossæ exitus obstruitur, contegant.

*Canalis* A. *Abiegni rami convoluti* B. *Arbores unius lateris tres: nam quarta,*
*quòd fossa tam altè materia jam lavata sit completa, videri non potest* C. *Arbo-*
*res capitis* D. *Cisium* E. *Furca septicornis* F. *Ligo* G.

Tertia istiusmodi materiæ lavandæ ratio sic se habet. Canales duo con-
struun-

ſtruuntur: quorum uterque longus eſt pedes duodecim, latus & altus ſeſquipedem. Ad eorum capita locatur lacuſculus, in quem aqua per canaliculum
influit: in alterum canalem adoleſcens venam, ſi pauper fuerit, multam: ſi dives, minus multam conjicit, inque eum aquam turbine vel ligno tereti extracto immittit: ac ipſam venam batillo ligneo agitat: quo modo lapilli cum gravi materia. permiſti ſubſidunt in canalis fundo, levem aqua rapit in canalem
ſubjectum, per quem influit in aream linteis extenſis contectam: in quibus lapilli minutuli, quos rapuit aqua, ſubſidunt & puri fiunt. In canalem quoque,
poſt ejus partem ſupremam imponit tabellam humilem, ut majuſculi lapilli
ibidem reſideant. Quàm primum autem canalis materia lavata fuerit reple-
tus, claudit os lacuſculi, & in altero canali idem lavandi munus exequitur. Canalis verò repleti latera malleo ligneo, poſtquam aqua turbine extracto defluxit in lacuſculum ei ſubjectum, percutit, ut id, quod ad ipſa adhæret, decidat. Quod autem in ipſo ſubſedit, id batillo ligneo, cui manubrium eſt curtú,
ejicit: qui etiam in iſtius generis canali recrementa argenti tuſa pilis lavantur, atque ſtannum & particula panis, ex pyrite conflati, ſidunt.

*Canales* A. *Lacuſculus* B. *Canaliculus* C. *Lignum teres* D. *Batillum li-*
*gneum* E. *Malleus ligneus* F. *Batillum ligneum cui manubrium curtum* G.
*Turbo in canali defixus* H. *Lacuſculus ei ſubjectus* I.

Materia talis infuper uda lavatur in cribro, cujus fundum eft ferreis filis
contextum: atque hæc quarta lavâdi ratio eft. Cribrum autem in aquâ, quam
vas in fe continet, immiffum conquaffatur: cujus vafis fundum tam magnum
habet foramen, ut tantum aquæ, cùm eo, quod cribrum tranfmittit, permifte,
continenter ex ipfo effluere pofsit, quantum influit: id, quod in canali fubfe-
dit, adolefcens vel ferreo raftro tridéti eruit, vel rutro ligneo verrit: quo modo aqua magnam tam arenæ, quâ limi partem rapit: lapilli nigri vel metallorum ramenta refident in canali, quæ poftea in canali devexo lavantur.

Cribrum A. Vas B. Aqua ex ejus fundo effluens C.
Canalis D. Raftrum tridens E. Rutrum ligneum F.

Hæ veteres materiæ, quæ nigros lapillos in fe continet, lavandæ rationes
funt, fequuntur duæ novæ. Si lapilli nigri, cum terra vel arena cómifti, in devexa montis vel collis parte reperiuntur, aut in cámpi planicie, quæ vel rivis
caret, vel in quam rivus deduci non poteft, iftâ lavandi ratione metallici nuper uti cœperunt etiam hybernis menfibus: capfa patens ex afferibus conficitur longa circiter pedes fex: lata tres: alta duos & palmum: in cujus parte
                                                                    pofte-

posteriore intus ad altitudinem pedis unius & semissis infigitur lamina ferrea
longa & lata pedes tres, ac foraminum, per quæ lapilli, majores quàm ervi semina, penetrare & decidere possint, plenissima. Capsæ autem subjicitur canalis, ex una arbore cavatus, longus circiter pedes quatuor & viginti, altus &
latus dodrantem; quem plerunque tres tabellæ, in eum impositæ, intervallis
distinguunt, quarum alia altior est: sed turbidas ex ipso defluentes, rursus excipit lacus. At materia metallica interdum sub terræ cute altius reperiri non
solet, interdum verò tam altè, ut & cuniculos agere & puteos fodere necesse
sit; ea cisiis ad capsam advehitur: cùm jam lavaturi sunt, canaliculum collocant, per quem tantum aquæ, quantum ad loturam satis est, in laminam ferream influit; in quam mox adolescens materiam metallicam batillo ferreo
conjicit, ac massulas eodem huc & illuc agitans dissipat: tum aqua & arena
per laminæ foramina penetrantes decidunt in capsam. Quòd verò crassum
est, in lamina restat, id eodem batillo in cisium injicit. Interea alter adolescens
minor natu arenam sub lamina rutro ligneo, ferè tam lato quàm capsa est, crebro trudit, & in supremam capsam pellit: quod leve est, aqua defert in subjectum canalem, quanquam paucos etiam lapillos nigros; hunc laborem adolescentes continenter sustinent, quoad quatuor cisia; vel, si materia dives lapillorum nigrorum fuerit, tria rebus crassis & inanibus repleverint, quæ devehunt & projiciunt: tum præses laboris assere, in quo ante laminam sito adolescens stabat, sublato arenam cum lapillis permistam crebro sursum & deorsum rutro trudit, & eodem arenam, quæ, quod levior sit quàm lapilli, superiorem locum tenet, de eis detrahit ut appareant; quos rutro in priorem capsæ
partem tractos batillo evertit, ut etiam tunc, quod leve est, defluere possit.
Mox omnes coacervatos ex capsa ejicit & aufert. Hæc dum præses agit, alter
adolescens interea arenam cum lapillis nigris mistam, quæ ex capsa defluens
in canali resedit, rutro ferreo agitat, & retro ad supremam canalis partem trudit: quæ, quòd plurimos lapillos nigros in se contineat, rursus in laminam
conjecta lavatur: at ea quæ in infima canalis parte resedit, separatim ejecta cu-
mulatur, & in canali devexo lavatur: quæ verò in lacu, in area linteis extensis
contecta. Omnis hic labor fructuosus æstivis diebus sæpius, nempe decies
aut undecies iteratur. Sed lapilli nigri, quos præses ex capsa ejicit, deinde in
cribro angusto lavantur, postremò in lacusculo, ubi tandem omnis arena ab
eis separatur. Quinetiam omnibus his rationibus materiæ mistæ cum ramentis aliorum metallorum, sive ea fuerint à venis & fibris abrepta, sive in venis
dilatatis ad rivos & fluvios orta, lavari possunt.

*Capsa* A. *Lamina* B. *Canalis* C. *Tabellæ* D.
*Lacus* E. *Canaliculus* F. *Batillum* G. *Rastrum* H.

Hac

Hac etiam recentior & utilior eſt ſexta talis materiæ lavandæ ratio: duæ
conficiuntur capſæ: in quarum utranq; aqua per canaliculum influit, è canali
transverſo,

transuerso, in quem fistula vel canaliculus eam deferens exonerat, deducta: materiæ batillis ferreis à duobus adolescentibus agitatæ & concussæ pars, quæ per ferreas laminas foraminum plenas, vel ferreos cacellos penetrans decidit, ex capsa in obliquis canalibus defluit in alterum canalem transuersum, & ex eo in aream longam pedes septem, latam duos & dimidium: in qua rutro ligneo à præside rursus agitatur, ut pura fiat: id autem, quod cum aqua delapsum in subiecto canali transuerso, vel in recto, qui ipsum excipit, subsedit, tertius adolescens rastro bidenti radit: quo modo lapilli sidunt, arenam inanem aqua rapit in rivum. Utilior vero hæc lavandi ratio est: nam quatuor homines munus in duabus capsis lavandi exequi possunt, cùm proxima geminata sex requirat: duos enim adolescentes, qui materiã lavandam in laminas iniiciant, & batillis ferreis agitent: duos item, qui arenam cum lapillis nigris mistam sub lamina rutris ligneis crebro trudant, & in supremam capsæ partem pellant: duos præsides, qui lapillos nigros eò, quo dixi, mòdo puros faciant. Verùm laminæ foraminum plenæ loco nunc in capsis infigunt cancellos, qui ex ferreis filis tam crassis, quàm secalis calamus est, constant: ne verò depressi pondere sinuosi fiant, eos tria bacilla ferrea, quæ ipsis transuersa substernuntur, sustinent: ne batillis ferreis, quibus agitatur materia lavanda, atterantur, eis quinq; vel sex bacilla ferrea superimponuntur recta, & ad capsam affiguntur, ut batilla potius ea quàm cancellos atterant: qui ea de causa diutius quàm laminæ durant: ipsi certe integri manent, atq; etiam in bacillorum attritorum locum alia facile reponi possunt.

*Canaliculus* A. *Canalis transuersus* B. *Alii duo canaliculi* C. *Capsæ* D. *Lamina* E. *Cancelli* F. *Batilla* G. *Alter canalis transuersus* H. *Area* I. *Rutrum ligneum* K. *Tertius canalis transuersus* L. *Canalis rectus* M. *Rastrum tridens* N.

A

Septima lavandi ratione lotores utuntur, cùm mons eo loco, quo in se cōtinet lapillos nigros, vel auri aliorum've metallorū ramenta, rivo caret. Tunc
enim lotores, in declivi, quæ ei subjicitur, parte fossas sæpius plures quàm
quinquaginta agunt, vel totidem lacus faciunt, longos pedes sex, latos tres, altos dodrantem: quorum alius ab alio non ita longo intervallo distet: itaque
his temporibus, quibus torrens ex magnis & diuturnis imbribus ortus fertur
per montem, lotorum alii in sylva materiam metallicam ligonibus latis fodiunt & in torrentem trahunt: alii torrentem in fossas vel lacus derivant: alii
radices arborum, fruticum, herbarum ex fossis vel lacubus, ligneis furcis
septicornibus ejiciunt. Postquam verò torrens delapsus est, lapillos nigros,
vel metallorum ramenta, quæ in fossis aut lacubus impura resederunt, batillo
exemptos faciunt puros.

Lacus  A.    Torrens  B.    Furca septicornis  C.    Batillum  D.

Octava

Octava ratio proximæ non multum difsimilis, etiam in regionibus; quas
Lufitani in fua poteftate & ditione tenent,eft ufitata.  In montium charadris
& devexis atq; concavis locis ex ordine plures foffas profundas agunt: in
quas aquæ vel ex nivibus folis calore liquefactis & delapfis , vel ex imbribus
collectæ fimul cum terris & arenis rapiunt, apud alios lapillos nigros, apud
Lufitanos auri ramenta à venis fibrisq; refoluta: quæ quàmprimum aquæ
torrentis omnes defluxerint,lotores ex fofsis ejiciunt batillis ferreis,& lavant
in area tritâ.

Montis charadra A.    Foffæ B.    Torrens C.    Area Lufitanorum D.

A  2

At Poloni in canali longo pedes decem, lato tres: alto unum & quadranté, lavant impuram plumbi nigri venam dilatatam: etenim cum terra feré lutea est permista, quam argilla tegit uda & arenosa. Itaq; ea prius, vena posterius effoditur, quam ad rivum vel flumen advectam, & in canalem, in quem aqua canaliculo immittitur, conjectam lotor inferiori canalis parte insistens eruit rutro angusto & ferme cuspidato: cujus ligneum manubrium ad pedes decem longum est: eam denuo semel aut bis eodem modo lavatam facit puram: deinde sole siccatam in æneum cribrum injicit: atq; minutulam, quam transmittit, à majuscula separat: quarum hæc in crate, illa in fornace excoquitur.

*Canalis A. Canaliculus B. Rutrum C. Cribrum D.*

Atq;

Atq; tot funt iftius generis lavandi rationes: torrendi verò una potifsimùm ufitata, duæ cremandi: lapilli nigri ignis ardore torrentur: & quidem
in fornace fimillima furno. Torrentur autem fi cæruleus color ipfis infederit: vel pyrites, & lapis ex quo ferrū conficitur,cum eis fuerint permifti. Etenim cærulei non tofti plùmbum confumunt: pyrites & alter lapis nifi in iftiufmodi fornace in fumum evanefcant, plumbum candidum, ex lapillis nigris confectum, maculofum fit. Lapilli verò injiciuntur vel in pofteriorem
fornacis partem, vel in alterum ejus latus: illo modo ligna ponuntur ante eos,
hoc prope: fic tamen ut neq; titiones neq; carbones in ipfos lapillos incidant,
aut eos attingant. Accenfa ligna gubernantur rutabulo, quod ligneum eft:
lapilli modo agitantur raftro bidenti,modo rurfus æquantur rutro:quorum
utrunq; ferreum eft. Minutuli autem lapilli minus quàm mediocres:atq; hi
rurfus minus quàm majufculi torreri debent.Quoniam verò,dum fic torrentur lapilli,non raro quædam materia confluit,lapilli tofti iterum in canali devexo lavandi funt. Eo enim modo materia quæ confluxit impetu aquæ,de-
fertur in canalem tranfverfum: ubi collecta molitur: ac rurfus in
ejufdem canalis area lavatur: qua,ratione id quod
metallicum eft ab eo,quod caret
metallo,feparatur.

A

A. panes ex pyrite vel cadmia vel aliis lapidibus ærosis conflati cremantur in foveis quadrangulis & ex priore, ut superiore, parte patentibus atq; apertis: quæ foveæ plerunq; longæ sunt pedes duodecim, latæ, octo: altæ, tres. Sed panes ex pyrite conflati ferè bis cremantur: ex cadmia, semel: atq; hi prius in limum, aceto madefactum, involvuntur, ne ignis eos unà cum bitumine, vel sulfure, vel auripigmento, vel sandaraca, nimis côsumat: illi primò lento igni, deinde acri cremantur. In utrosq; verò integra nocte sequéti immittitur aqua ut, si in eis insit alumé, aut atramentum sutorium, aut halinitrum metallis nociturum, quanquam raro nocere solet, id eluat: & ipsos faciat molles. Reliqui verò succi concreti ferè omnes, cum istiusmodi panes vel venç excoquuntur, metallis nocent. Panes autem cremandi lignis, cratis figura collocatis, imponuntur: atq; ea lignorum strues incenditur.

Sed

Sed panes ex lapide fisili ærofo excocto confecti, primo projiciuntur in terram ut difrumpantur, deinde fafcibus virgultorum fubjectis imponuntur fornacibus: tum his accenfis cremantur plerunq; fepties, raro novie: quod dum fit, fi fuerint bituminofi, tunc etiam bitumen ardet & redolet. Hæ fornaces ftructuram habent fimilem ftructuræ fornacum, in quibus venæ excoquuntur, nifi quod ex priore parte pateant: altæ vero funt pedes fex: latæ, quatuor: quod genus fornaces tres uni, in qua conflantur panes, fufficiunt. Primò autem in prima fornace cremantur: deinde cùm refrigerati fuerint, translati in fecundam rurfus cremantur: tum deportantur in tertiam: poftea reportantur in primam: confervaturq; is ordo ufque dum fepties vel novies crementur.

Panes A. Fafces virgultorum B. Fornaces C.

*De re Metallica Libri VIII.* F i n i s.

GEORGII

# GEORGII AGRICO-
## LAE DE RE METALLICA
### LIBER NONUS.

CRIPSI de diverſo venarum præparandarum opiſi-
cio, nunc ſcribam de varia earundem excoquendarum
ratione. Quanquam enim qui venas urunt, & torrent
& cremant, aliquid detrahunt de his, quæ cum metallis miſtá vel compoſita eſſe ſolent : multum, qui tundunt pilis : plurimum, qui lavant, cribrant, diſcernunt,
omne tamen id quod metallorum ſpeciem ab oculis removet, ac efficit informe quiddam & rude adimere nó
poſſunt : quocirca neceſſario inventa eſt excoctio, qua terræ, ſucci concreti,
lapides ſic ſeparantur à metallis, ut ſuus cuiq; color inſideat, ut purum fiat, ut
multis in rebus homini magno uſui ſit. Cùm aũt excoctio ſit eorum, quæ, anteaquam venæ excoquerentur, cum metallis erant permiſta, ſecretio, quodq;
metallum igni quodammodo perficitur. Verùm quia venæ metallicæ multù
inter ſe differunt, primò metallis, quæ in ſe continent : deinde cujuſq; metalli
copia vel inopia, quæ eis eſt : tum hac re, quod aliæ citò igni liqueſcant, aliæ
tarde, earum excoquendarum plures rationes ſunt : quarum una ut excoctores ex iiſdem venis plus metalli quàm alia conficerét, eos aſsiduos rerum uſus
docuit. Etſi verò pluribus interdum excoquendi rationibus ex iiſdem venis
par metalli pondus conſtare poſſunt, tamen majori ſumptu opus eſt ad unam
quàm ad aliam. Atq; venæ quidem vel in fornace vel extra coquuntur. Si in
fornace, aut ejus ore ad tempus clauſo, aut ſemper patente : ſi extra fornacem,
vel in ollis, vel in canalibus. Sed ut res fiat dilucidior, ſingula perſequar, exor-
ſus à domicilio & fornacibus. Murus, qui ſecundus futurus eſt, latere vel ſaxo
ducatur craſſus pedes duos & totidem palmos, ut ad onus ferendum ſit idoneus : altus pedes quindecim : longus pro numero fornacum extruendarum:
quarum in uno domicilio eſſe ſolent plerunq; ſex, raro plures, ſæpius minus
multæ. Earum verò tres parietes, poſteriorem dico, qui eſt ad murum, & u-
triuſq; lateris, eſſe factos ex nativis lapidib. ſatius eſt quàm ex coctis. Nam
lateres cum excoctor, vel qui ſuccedit vicarius ejus muneri, decutit cadmias,
quæ interea, dum excoquerentur venæ, ad parietes adhæſerunt, citò faciunt
vitium & franguntur. At nativi quidam lapides injuriis ignium reſiſtunt,
& ad longum tempus durant : maxime verò hi ipſi, qui molles ſunt & fibrarum expertes : contrà duri & quibus multæ ſunt fibræ, igni diſsiliunt & diſsi-
pantur : qua de cauſa fornaces, ex eis factæ, facile ab ignibus labefactantur,
& cùm decutiuntur cadmiæ, confringuntur. Prior autem paries conficiatur
ex coctis lapidibus, & inferiore parte habeat os latum palmos tres, altum ſeſquipedem, cùm jam focus fuerit paratus. Poſteriori verò parieti ſit foramen
ſurſum verſus ad cubiti altitudinem, anteaquam focus fuerit præparatus : id

longum

longum sit tres palmos: in quod & foramem muri, longum pedem, nam tergum muri fornicem habeat, imponatur fistula ferrea vel ænea, in qua nares
follium collocentur: sed totus paries prior ideo non sit altior quinq; pedibus,
ut in fornacem commode vena conjici possit una cum his, quibus magistro
ad eam excoquédam opus est: at utriusq; lateris paries altus existat pedes sex,
posterior septem, crassus palmos tres: quæq; fornacum intus lata sit quinque
palmos, longa sex & digitum Latitudinem autem nunc metimur intervallo,
quod est inter utriusq; lateris parietes interjectum: longitudinem eo, quod est
inter priorem parietem & posteriorem. Suprema vero cujusq; fornacis pars
aliquanto plus se dilatet. Sint etiam muro aliquot ostia: si sex fuerint fornaces, duo: unum inter secundam & tertiam fornacem, alterum inter quartam
& quintam: ea lata sint cubitum, alta pedes sex: ut excoctores eis egredientes
& regredientes offensiunculam non accipiant. Quinetiam ad dextrum latus primæ fornacis ostium esse necesse est, similiter ad sinistrum ultimæ, si
murus longius fuerit nec ne fuerit ductus. Longius vero tum ducitur, cum
officina secundarum fornacum, aut aliud ædificium cum hac primarum fornacum officina conjungitur, solumq; pariete separatur. Excoctor autem &
qui in prima fornace munus perficit, & qui in ultima, contemplaturus folles,
aliud ve facturus, ad finé muri egreditur suo ostio: quisq; vero alius sibi cum
altero communi: verum fornaces iccirco inter se distant pedibus sex, ut excoctores, eorumq; ministri vim caloris facilius sustinere possint. Quoniam
vero quæq; interius est lata quinq; palmos, alia ab alia distat pedibus sex, primæ fornacis dextro lateri est spacium quatuor pedum & trium palmorum,
atq; tantundem sinistro ultimæ, si sex fuerint fornaces in una officina, necesse
est ut murus longus sit pedes duos & quinquaginta: nam interior tot fornacum latitudo efficit pedes septem & semissem: intervalla, quæ sunt ab unius
fornacis cava parte ad alterius fornacis partem cavam, pedes triginta: spacium alterius lateris primæ & ultimæ fornacis pedes novem, & palmos duos,
crassitudo duorum murorum transversorum pedes quinque: quarum mensurarum summa efficit pedes duos & quinquaginta. Tum extra unamquanque fornacem sit fovea quæ repleta pulvere, de quo postea dicturus sum, fistucatione spissetur: atque eo modo fiat catinus, qui metallum ex fornace defluens excipiat.

*Fornaces A.　Catini B.*

Sub

Sub quoq; autem catino & foco fornacis ad altitudinem cubiti sit transÍ-
versùm & latens humoris receptaculum, longum pedes tres, latum palmòs
tres,

tres, altum cubitum, ex faxis vel lateribus factum, faxis tantum tectum : quod
ni esset atq; ita se haberet, vis ignium humorem ex terra eliceret, tam ad focu
cujusq; fornacis quàm ad catinum, eosq; madidos inflaret : inflati vitium facerent,& metallum partim absorberent, partim misceretur cum recrementis:
quo modo conflatura magnu damnum contraheret : ex unoquoq; præterea
humoris receptaculo canalis structilis æquè ac ipsum altus, sed latus digitos
sex, per murum, ad quem est fornax extructa, ad alterum ejus latus, sive prius sive posterius penetret & ascendat, qua patens halitum, in quem
humor est conversus, expiret de tubo vel fistula ænea aut ferrea : quæ ratio
receptaculi conficiendi canalisq; longe optima est : aliis quidem est canalis
priori similis humoris verò receptaculum dissimile: nam transversum sub catino non latet, sed rectum, atq; longum est pedes duos & palmum : latum pedem & palmos tres, altum pedem & palmum: quę ratio receptaculi conficiendi sic à nobis nõ improbatur, ut eorum qui receptaculu vacans canali struut:
hoc verò iccirco improbatur, quod ab ipso foramen non pateat ad aerem, per
quod halitus solutè & liberè penetrent.

*Fornaces* A.   *Catinus* B.   *Ostium* C.   *Latens humoris rece-*
*ptaculum* D.   *Saxum quo tegitur* E.   *Canalis structilis* F.   *Sa-*
*xum quo tegitur* G.   *Tubus halitum expirans* H.

A' tergo autem secundi muri ad pedes quindecim ducatur primus murus
altus pedes tredecim. In utroq; collocentur trabes latæ & craffæ pedem, longæ pedes decem & nouem atq; palmum. Hæ inter se distent tribus pedibus.
Cùm autem secundus murus duobus pedibus altior sit primo , in ejus tergo
facienda sunt cava, alta pedes duos, lata pedem, longa pedem & palmum : in
quibus cavis, quasi in quibusdam formis, altera trabium capita locentur : at
in ejusmodi capitum formis includantur capita totidem tignorum statutorum : quæ alta sint pedes quatuor & viginti, lata & craffa palmos tres : ex quorum capitibus superioribus rursus totidem tigna pertineant ad capita tignq-
rum, quæ muro primo superposita sunt. Horum autem superiora capita in
formis tignorum statutorum , inferiora in formis trabium muro primo su-
perpositarum includantur : atq; hæc tigna sustineant tectum , quod è tegulis
coctilibus constet. Singula etiam id genus tigna singulis tignis fulciantur :
singulis transversariis conjungantur cùm statutis : ad quæ statuta , quà sunt
fornaces , affigantur afferculi crebri crassi circiter digitos duos, lati palmum:
quibus & cratibus, inter tigna interpositis lutum illinatur, ut & tignis & cratibus ab incendio non sit periculum. Atq; hoc sanè modo se habeat posterior officinæ pars : quæ in se continet folles, eorum sedilia,
machinam , quæ folles comprimit, organum, quod
eosdem diducit : de quibus omnibus
paulò post dicam.

B

A' fronte verò fornacum ducatur tertius murus longus, itemq́; quartus:
uterque ſit pedes novem altus : æquè verò longus & craſſus ac alii duo: ſed
quartus

quartus diſtet à tertio pedes novem,tertius à ſecundo pedibus uno & viginti
atq; ſemipede : à quo ſecundo ad pedes duodecim tigna quatuor ſaxis ſubſtra-
tis erigantur,alta pedes ſeptem & dimidium , lata & craſſa cubitum : quorum
capita includantur in formis immiſſæ trabis,latæ cubitum,craſſæ pedem:quę
duobus pedibus & totidem palmis longior ſit ſpacio , quod eſt inter ſecudum
&quintū murū tranſverſum,ut ejus capita muris traſverſis ſuperponi poſsint.
Quòd ſi una trabs tam longa in promptu non fuerit , in ejus locum ſubſtituā-
tur duæ : quia verò ea longitudo eſt , & tigna ſtatuta paribus diſtinguenda
ſunt intervallis,neceſſe eſt ut aliud ab alio & extimum utrunq; à muro tranſverſo abſit pedes novem,palmum unum,digitos duos, & duas digiti quintas.
In hac trabe longa & muro tertio ac quarto collocentur trabes duodecim, lō-
gæ pedes quatuor & viginti , latæ pedem,craſſæ palmos tres : quæ inter ſe di-
ſtent pedibus tribus, palmo uno,digitis duobus : in quarum formis , quà locatæ ſunt in trabe longa,includantur capita totidem tignorum oblique erectorum in adverſa illa,quæ recta ſuper ſecundum murum ſtatuta ſunt. Attamen obliquorum capita ſtatutorum capita non attingat,ſed ab eis pedes duos
abſint,ut per eam partem camini patentem fornaces fumum emittant. Ne
verò obliqua incidant in recta partim caveatur bacillis ferreis,quæ ex ſingulis ad ſingula eis oppoſita pertineant : partim tignis , quanquam raris , quæ
item à nonnullis obliquis ad recta,quæ ex eorum regione ſunt, pertingant,&
ipſis dent ſtabilitatem : quibus & obliquis, quà ſpectant tigna recta,tum affigantur crebri aſſerculi,craſsi circiter digitos duos , lati palmum, ac inter ſe
diſtantes palmum,tum lutum illinatur,ne concipiant igne.At in trabium ſu-
pradictarum formis,quà quarto muro ſuperpoſitæ ſunt , includātur inferiora capita totidē tignorū oblique erectorum in priora obliqua: cum quorum
capitibus ſic committantur & copulentur,ut ex eis dilabi non poſsint: quinetiam firmentur ſubſtructionibus, quæ fiant ex tignis tranſverſis & obliquis.
Atq; tigna illa etiā ſuſtineant tectū. Hoc modo ſe habeat prior officinæ pars,
in tres rurſus partes diſtributa : quarum prima, lata pedes duodecim, eſt ſub
camino,qui conſtat ex duobus parietibus, recto & obliquo : altera,totidem
pedes lata,recipit venam excoquendam,additamenta,carbones, aliaq; quibus
opus eſt excoctoribus : tertia lata pedes novem, continet duo conclavia paribus intervallis diſtincta,in quorum altero eſt fornacula, in altero concludi-
tur metallum in ſecundis fornacibus excoquendum. Itaq; neceſſe eſt huic officinæ eſſe præter quatuor muros longos ſeptem, qui inter illos ſint,tranſ-
verſos:quorum primus à ſuperiore capite primi muri longi,perducatur ad ſuperius caput ſecundi muri longi : ſecundus ab hoc capite procedat ad caput
tertii muri longi : tertius rurſus ab hoc capite tranſiens per medium ſpacium
perveniat ad caput quarti muri longi. Quartus verò ex inferiore capite primi
muri longi,ducatur ad inferius caput ſecundi muri longi : quintus ex hoc capite ad caput tertii muri longi pertineat:ſextus rurſus ab hoc capite tendat ad
caput quarti muri longi : at ſeptimus ſpacium, quod eſt inter tertiū & quartum murum longum,in duas partes diducat.

*Muri longi quatuor : Primus* A. *Secundus* B. *Tertius* C. *Quar-*
*tus* D. *Muri tranſverſi ſeptem : Primus* E. *Secundus* F. *Ter-*
*tius* G. *Quartus* H. *Quintus* I. *Sextus* K. *Septimus ſive medius* L.

E    F    G

6

12

A    B    C    D    18

L    24

30

36

H    I    K    42

48

52

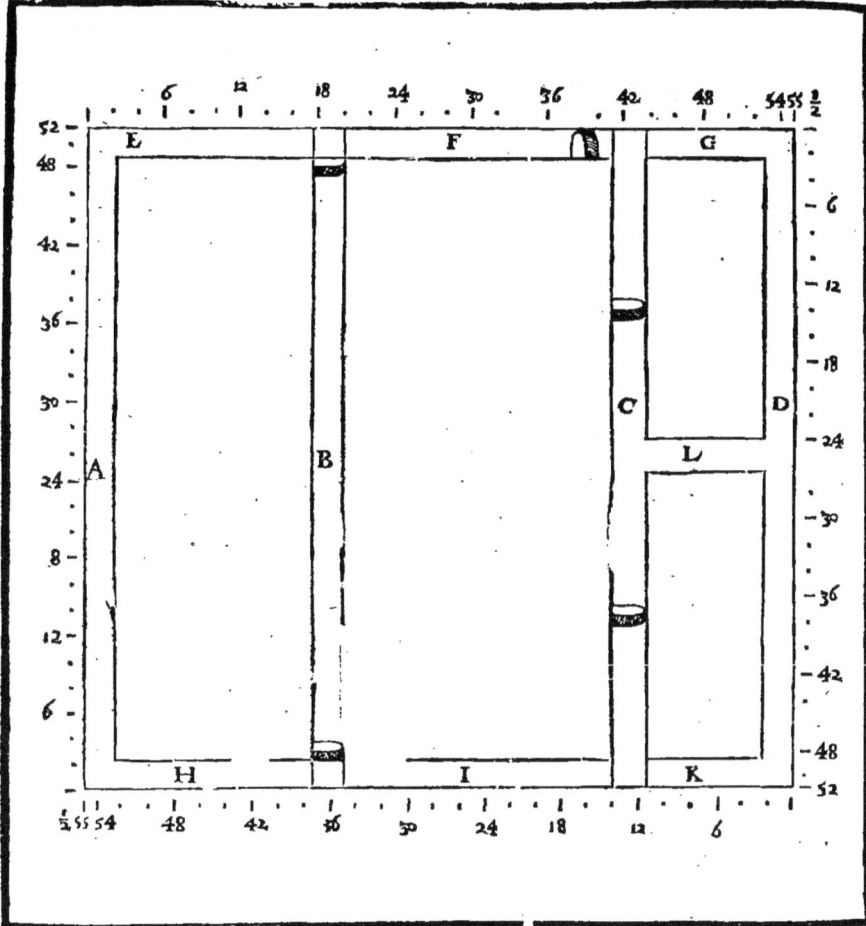

Sed redeo ad posteriorem domicilii partem,in qua,ut dixi,sunt folles,eo-
rum sedilia,machina quæ folles comprimit, organum quod eosdem diducit. Quisque autem follis ex corpore & capite constat: corpus verò compositum est ex duobus tabulatis, duobus arcubus, duobus coriis : sed superius
tabulatum crassum est palmum , longum quinque pedes & tres palmos, latum posteriore parte, ubi utrunq; ejus latus parum arcuatur, pedes duos &
dimidium: priore, ex qua caput attingit,cubitum. Etenim totum follis corpus caput versus angustatur: quod autem nunc tabulatum appellamus, constat ex duabus tabulis abiegnis coagmentatis & conglutinatis, atque ex duabus tabellis tiliaceis, quæ tabularum latera cingunt, & latæ sunt posteriore
parte digitos septem, priore, ex qua caput follis attingunt, sesquidigitum:
quæ tabellæ cum tabulis iccirco conglutinantur, ut eis ferrei clavi,in corium
& ipsas adacti, minus noceant. Attamen quidam nullis tabellis cingunt tabulas, sed his solis,& quidem admodum crassis utuntur. Superius illud tabulatum

bulatum habet foramen & caudam.Foramen abeſt ab ea parte,ex qua tabulatum attingit caput follis,pedem & tres palmos.Eſt verò in medio tabulati lógum digitos ſex,latum quatuor: at ejus operculum longum & latum eſt palmos duos & digitum,craſſum digitos tres,ex cujus poſteriore parte ideo particula ſuperius exciſa eſt,ut manu teneri queat: item ex priore & lateribus ſuperius,ut in tabellis latis palmum, craſsis digitos tres ſimili modo exciſis,ſed
inferius,verſari poſsit. Nam operculum obdu&um claudit foramen,redu-
&um aperit: verùm excoctor foramen tunc paululum, ut flatus per ipſum
exeat ex folle,aperit cùm in metu eſt propter corium, quod diſrumpi ſolet
ubi ſollis vehementius & crebrius fuerit inflatus: claudit verò idem cùm corio rupto flatus diſsipatur : veruntamen alii ſuperius tabulatum bis, ter've
perforant: in quibus foraminibus rotundis,quæ ipſi locò quadranguli foraminis ſunt: turbines includunt,eosq;,cùm res poſtulaverit,rurſus extrahunt.
Sed cauda lignum eſt longum palmos ſeptem,vel etiam lógius, ut extare poſſit: cujus dimidia pars lata palmos duos & craſſa palmum cum ultima hujus
tabulati parte conglutinatur & ad eam affigitur clavis ligneis,glutino oblitis:
dimidia è tabulato extat & eminet teres atq; craſſa digitos ſeptem. Cum cauda præterea & tabulato conglutinatur tabula longa pedes duos, lata totidem
palmos, craſſa palmum : quinetiam cum ejuſdem tabulati parte inferiore
conglutinatur altera tabula etiam longa pedes duos: quæ diſtat ab ultima
tabulati parte tribus palmis:atq; hæ duæ tabulæ propterea cum tabulato có-
glutinantur,& ad ipſum clavis ligneis glutino oblitis affiguntur,ut vim didu-
cendi & comprimendi ſuſtinere poſsit. Inferius autem tabulatum æquè ac
ſuperius conglutinatum eſt ex duabus tabulis abiegnis, & duabus tabellis tiliaceis: æquè etiam latum & craſſum eſt,ſed longius cubito : etenim capitis
pars eſt,ut paulò poſt dicam. Habet hoc inferius tabulatum foramen ſpiritale & annulum ferreum : foramen abeſt ab ultima ejus parte circiter cubitum.
Eſt verò in medio latitudinis ejuſdem tabulati, longum pedem & latum tres
palmos:quod æqualiter dividit columella: quæ pars eſt tabulati ex ipſo non
exciſa, ſimiliter longa palmum,ſed lata tertiam digiti partem. At foraminis
operculum longum eſt pedem & digitos tres, latum palmos tres & totidem
digitos. Conſtat autem ex tabella ſubtili & pelle caprina eam tegente: cujus
pars piloſa ſpectat terram,ad ſuperiorem hujus tabellæ partem minutis clavis
ferreis eſt affixa pars corii duplicati & lati palmú,tam longi quàm lata eſt ta-
bella.Altera verò corii pars,quæ poſt tabellam eſt,æquè ac tabulatum bis eſt
perforata: quæ duo foramina diſtant inter ſe digitis ſeptem: per ea penetrans
lorum extra inferiorem tabulati partem conne&itur: ſicq; tabella cum ſuperiore tabulati parte copulata,de eo non decidit:atq; hoc modo ſe habet operculum & foramen ſpiritale. Quod cùm follis diducitur, aperiri ſolet, cum
comprimitur,claudi. Verùm annulus ferreus,paululum compreſſus,longus
eſt palmos duos,latus palmum: qui poſt foramen ſpiritale circiter ſpacium
pedaneum ad inferiorem tabulati partem fibula ferrea affigitur.Diſtat verò à
poſteriore follis parte ad palmos tres: in annulum iſtum per tranſverſam tabulam,quæ follium ſedilis pars eſt,penetrantem peſſulus ligneus adigitur,ut
inferius follis tabulatum permaneat immobile: quanq̃ ſunt qui annulo reje-

&to duabus cochleis ferreis, quasi clavis quibusdam, id ipsum ad tabulam affigunt. At arcus uterque inter duo tabulata collocatur,& æquè longus est
ac superius tabulatum: uterq; conficitur è quatuor tabellis tiliaceis, crassis digitos tres: quarum duæ longæ posteriore parte latæ sunt digitos septem, prio-
ore duos & dimidium:tertia,quæ posterior,est lata palmos duos: ejus utrumque caput, paulo crassius digito, in formis tabellarum longarum includitur,
ibiq; pariter perforatu,ligneisq; clavis glutino oblitis & in foramina infixis,
cum ipsis tabellis longis conjungitur & conglutinatur : quinetiam utrunque
ejus caput unà cum tabellæ longæ capite arcuatur: atq; ex eo nomen invenit.
Quarta autem tabella, quæ abest ad cubitum à capite follis, distendit duas
longas tabellas: cujus capitula,in formis tabellarum longarum inclusa, cum
eis conjunguntur & conglutinantur: longa verò est, exceptis capitulis, pedem, lata palmum & digitos duos. Sunt præterea aliæ duæ parvulæ tabellæ,cum capite follis & inferiore tabulato conglutinatæ, & ad eadem clavis
ligneis,glutino etiam oblitis,affixæ, quæ longæ sunt palmos tres & digitos
duos, altæ palmum, crassæ digitum: earum dimidia pars paululum resecta
est. Hæ tabellæ capita longarum tabellarum arcent à foramine capitis follis,
quæ ni essent, eadem capita tanto & tam crebro motu intro compulsa fran-
gerentur.Corium autem est bubulum vel equinum:sed bubulum longe multumq; præstat equino: utrunq; verò,duo enim sunt, posteriore follis parte,
qua conjunguntur,latum est pedes tres & dimidium: sed ad utrunq; tabulatum,& ad utrunq; arcum longo loro singulis subjecto affiguntur ferreis clavis cornutis,qui longi sunt digitos quinq; : eorum autem cornu utrunq; longum est digitos duos & dimidium,latum semidigitum. Verùm ad tabulata
tam crebris clavis affiguntur coria, ut unius clavi cornu alterius cornu ferè
attingat: sed ad arcus dissimiliter. Nam ad posteriorem arcus tabellam tantummodo duobus clavis affiguntur: ad longam utranq; quatuor: quo sanè
modo fit,ut ad unum arcum decem clavis affigâtur: atq; totidem ad alterum:
quinetiam interdum,cùm excoctor metum habet ne vehemens motus follis ab arcubus corium divellat ac distrahat,extra id ad longas eorum tabellas
alterius generis clavis affigit tabellas abiegnas: quales ad posteriores arcuum
tabellas affigere non potest,quod paululum sint arcuatæ.Quidam corium ad
tabulata & arcus clavis ferreis non affigunt, sed cochleis ferreis, in tabellas
corio superpositas simul adactis. Etsi verò hæc corii affigendi ratio minus
quàm altera est usitata,tamen dubium non est,quin ei,commoditate antecel-
lat. Postremò follis caput,æquè ac reliquum ejus corpus,constat ex duobus
tabulatis,& præterea ex nare. Superius tabulatum longum est cubitum,cras-
sum sesquipalmum: at inferius pars est inferioris totius corporis tabulati : similiter verò atq; superius longum,sed crassum palmum & digitum: ex quibus duobus conglutinatis efficitur caput,in quo perforato naris includitur :
sed caput posteriore parte,ex qua reliquum corpus attingit, latum est cubitum. Cùm verò processerit ad tres palmos,angustius factum est digitis duo-
bus:postea tantum resecatur,ut priore parte fiat teres,& crassum palmos duos
ac totidem digitos:ubi circulo ferreo,tres digitos lato,cingitur.Naris autem
est fistula ex bractea ferrea facta: cujus prior pars cava, digitos tres lata est:
poste-

posterior, quæ in capite includitur, alta palmum, lata palmos duos. Magis enim ac magis dilatatur: maxime verò posteriore parte, ut ibi flatus copiosus in eam penetrare possit. Tota autem longa est pedes tres. At caput cum superiore tabulato connectitur hoc modo. Bractea ferrea, lata palmum, longa sesquipalmum, primò affigitur ad alterum capitis latus: distatq; ab ejus extremitate ad tres digitos. Ex hac bractea extat pars curvata, longa digitos tres, lata duos. Simili modo altera alterius lateris bractea se habet. Deinde ex earum regione ad superius tabulatum affiguntur aliæ duæ bracteæ ferreæ, distantq; à laterum extremitate ad digitos duos: quarum utraq; lata est sex digitos, longa septem: utriusq; etiam pars media resecatur paulo plus tribus digitis, quod ad longitudinem attinet: duobus, quod ad latitudinem, ut curvatæ parti bracteæ capitis, ei respondenti, in hac cava parte sit locus: utrinq; verò ex utraq; bractea extat pars curvata, lôga digitos tres, lata duos. Ferreus igitur axiculus in has curvatas bractearum partes infigitur, ut circa eû superius follis tabulatum quodammodo vertatur. Axiculus verò lôgus est sex digitos, paulo crassior digito: sed ex tabulato superiore, ubi ad ipsum bracteæ affigitur, aliqua particula excisa est: quomodo fit, ut axiculus de bracteis jam affixis decidere non possit Affigitur aût utraq; ad tabulatum quatuor clavis ferreis, quorum capitula sunt ad interiorem tabulati partem: acies verò, superius retusæ, etiâ in capitula quodammodo abeunt: utraq; bractea ad caput follis affigitur clavo, cui latum est capitulum, & duobus aliis, quorum capitula sunt ad exteriorem capitis partem: quinetiam in medio duarum tabulati bractearum remanet spacium latum palmos duos: quod similiter bractea ferrea, clavis minutis ad tabulatum affixa, tegitur: cui respondet altera bractea, quæ est inter duas bracteas ad caput affixas: lata verò est palmos duos & totidem digitos. Porrò corium commune est capiti cum aliqua reliqui corporis parte: nâ eo teguntur bracteæ, imò prior pars superioris tabulati & utriusq; arcus ac posterior capitis follis, ne flatus ea parte ex folle erumpat: latum autem est palmos tres & totidem digitos: tam verò longum, ut ab uno inferioris tabuli latere per dorsum superioris extensum pertingat: quod ipsum crebris clavis cornutis ad superius tabulatum ab una parte affigitur, ab altera ad follis caput: utrinq; etiam ad inferius tabulatum.

*Tabulatum superius* A. *Tabulatum inferius* B. *Duæ tabulæ ex quibus utrunq; cô-stat* C. *Utriusq; pars posterior arcuata* D. *Utriusq; pars prior angustata* E. *Tabellæ* F. *Superioris tabulati foramen* G. *Operculum* H. *Tabellæ* I. *Cauda* K. *Tabula exterior* L. *Tabula interior pingi non potest. Inferioris tabulati pars interior* M. *Capitis pars* N. *Foramen spiritale* O. *Columella* P. *Operculum* Q. *Corium* R. *Lorum* S. *Inferioris tabulati pars exterior* T. *Fibula* V. *Annulus* X. *Arcus* Y. *Tabellæ ejus longæ* Z. *Tabella posterior* AA. *Capitula arcuata* BB. *Tabella distendens longas* CC. *Tabellæ parvulæ* DD. *Corium* EE. *Clavus* FF. *Cornua* GG. *Cochlea* HH. *Lorum longum* II. *Caput* KK. *Tabulatum ejus inferius* LL. *Tabulatum superius* MM. *Naris* NN. *Integrum follis tabulatum inferius* OO. *Bracteæ duæ capitis exteriores* PP. *Earum curvata pars* QQ. *Bractea capitis media* RR. *Bracteæ duæ superioris tabulati exteriores* SS. *Ejusdem media* TT. *Axiculus* VV. *Follis integer* XX.

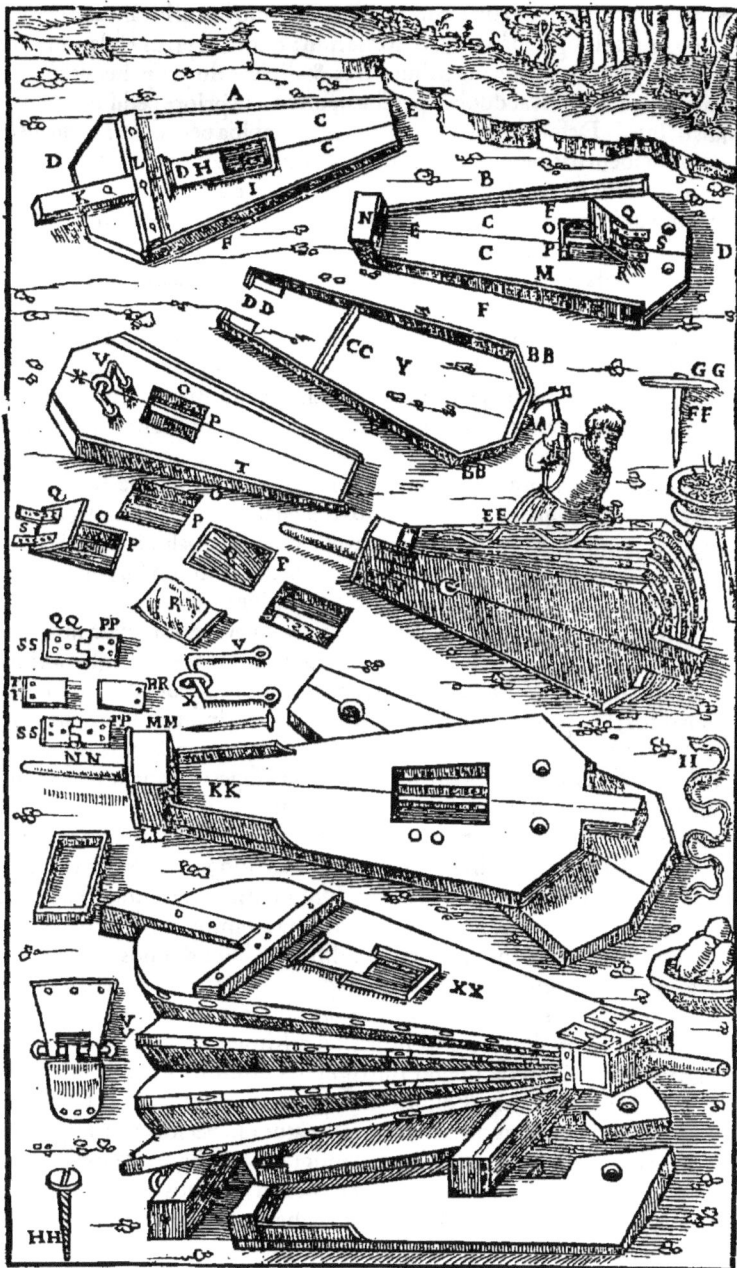

Sed tempus est jam de eorū sedilibus dicere:primo humi locantur duo tigna,
paulo minus longa quàm murus fornacum: quorum prius est latum & crassum tres palmos, posterius palmos tres & digitos duos : prius verò à tergo
muri fornacum distat duobus pedibus,posterius à priore pedibus sex & palmis tribus. Defodiuntur autem in terra,ut stabilia permaneant: quinetiam
aliqui,ut idem fiat,per utriusq; aliquot foramina paxillos cuneatos in terram
altius agunt. Deinde duodecim tigna eriguntur: quorum inferiora capita includuntur in formis tigni,quod est prope tergum muri fornacum locati: quæ
tigna longa sunt,exceptis capitibus,pedes duos, lata palmos tres & totidem
digitos, crassa palmos duos. Sursum autem versus ad palmos duos perforata sunt: quorum foraminum altitudo est ad palmos tres,latitudo ad sesquipalmum: at intervallis paribus omnia tigna non distinguuntur. Etenim primū
à secundo abest pedes tres & digitos quinq; : pari modo tertium à quarto:
secundum verò à tertio pedes duos,palmum unum,digitos tres: reliquorum
etiam tignorum intervalla eodem modo pariter & impariter sunt distincta:
quorum ubiq; quaterna ad binas fornaces pertinent : sed eorundem tignorum capita superiora includuntur in formis trabis immissæ: quæ longa est
pedes duodecim,palmos duos,digitos tres: nam extat è primo tigno statuto
digitos quinque, & totidem è quarto : sed lata est palmos duos & totidem
digitos, crassa palmos duos. Quia verò earum trabium singulæ quaternos
folles sustentant,tria sint,necesse est. At è regione tignorum duodecim totidem eriguntur : quorum singulorum bina capita inferiora,nam ima quidem
parte,sed media,prorsus excisa sunt, includuntur in formis tigni posterioris
humi locati: ea verò longa sunt, exceptis capitibus, pedes duodecim & palmos duos, lata palmos quinque, crassa duos. Ab infima autem parte sursum
versus excisa sunt: quæ pars cava, alta est pedes quatuor & digitos quinque,la-
ta digitos sex: sed eorundem tignorum capita superiora includuntur in formis trabis ipsis impositæ: quæ arctè subjicitur trabibus à tergo muri fornacum,& in posteriore muro collocatis. Est verò lata palmos tres,crassa duos,
longa pedes tres & quadraginta. Quod si tam longa in promptu non fuerit,
duæ tres've in ejus locum substitui possunt,quæ junctæ eandem habeant longitudinem: sed ne hæc quidem tigna statuta omnia paribus intervallis distinguuntur, sed primum à secundo distat pedibus duobus, palmis tribus,
digito uno:atq; similiter tertium à quarto distat.Secundum verò à tertio pede uno & palmis tribus ac totidem digitis : quo modo etiam reliquorum
tignorum intervalla pariter & impariter distinguuntur.Cuique præterea tigno statuto quà spectat,oppositum tignum statutum forma est supra partem
capitis cavam ad pedem & digitum: inque quatuor statutorum formis unum
includitur tignum: quod etiam ipsum quatuor habet formas: itaq; formæ in
formis inclusæ faciunt,ut melius conjungi,clavisq; ligneis transfigi possint.
Id autem tignum longum est pedes tredecim, palmos tres,digitum unum :
nam extat è primo tigno palmos duos & digitos duos: atq; totidem palmos
& digitos è quarto : latum verò est palmos duos & totidem digitos, crassum
item palmos duos. Quia verò duodecim sunt statuta,tria sint ejusmodi tigna
necesse est : verùm in singulis id genus tignis & singulis trabibus, quæ minoribus

noribus ſtatutis ſunt impoſitæ, collocantur quatuor tigilla: quorum quodꝗ;
longum eſt pedes novem, latum palmos duos & digitos tres, craſſum palmos duos & digitum. Primum autē tigillum diſtat à ſecūdo pedibus quinꝗ;,
palmo uno, digito uno: & quidem tam priore quàm poſteriore parte: nam ibi
extra ſtatuta tigna locantur ſingula tigilla: pari ſpacio tertium diſtat à quarto: ſed ſecundum abeſt à tertio pedem & digitos tres: atꝗ; eodem modo reliqua octo tigilla intervallis diſtinguuntur: quintum enim à ſexto, & ſeptimū
ab octavo diſtat tanto ſpacio, quanto primum à ſecundo & tertium à quarto.
At ſextum à ſeptimo tanto ſpacio, quanto ſecundum à tertio. Bina autem tigilla ſuſtinent tabulam unam tranſverſam, longam pedes ſex, latam pedem,
craſſam palmum: quæ à duobus poſterioribus tignis ſtatutis diſtat pedibus
tribus & palmis duobus. Cùm verò tabulæ ſex numero ſint, in ſingulis collocantur bini folles: quorum inferius tabulatum ex eis extat palmum. Utriuſꝗ; verò tabulati annulus ferreus per ſuum tabulæ foramen deſcendit: atque
in eū adigitur peſſulus ligneus, ut ipſum, ſicuti ſuprà dixi, permaneat immo-
tum: at uterꝗ; follis procedit per ſui tigilli tergum in fiſtulam æneam, in qua
utriuſꝗ; naris collocatur capitibus eorum arctè conjunctis. Sed fiſtula lamina ænea vel ferrea eſt complicata, longa pedem & palmos duos ac totidem digitos, craſſa ſemidigitum, inferiore tamen ejus parte digitum: cujus prior cava pars eſt lata digitos tres, alta digitos duos & dimidium : nam prorſus teres
non eſt: poſterior verò lata eſt pedem, palmos duos, digitos tres. Lamina
autem ſuperiore parte, qua complicatur, omnino non conjungitur, ſed rima
manet lata ſemidigittum: quæ poſteriore parte ad tres digitos dilatatur. Hæc
fiſtula imponitur in fornacis foramen, quod in medio muro & fornice eſſe
dixi: ſed nares folium, in hac fiſtula collocatæ, diſtant à priore ejus parte ad
digitos quinque.

*Tignum prius humi ſtratum* A.    *Tignum poſterius in ſolo locatum* B.
*Priora tigna ſtatuta* C.    *Eorum foramina* D.    *Trabs immiſſa* E.
*Poſteriora tigna ſtatuta* F.    *Eorum foramina* G.    *Trabs immiſſa* H.
*Tignum in eorum ſtatutorum formis incluſum* I.    *Tigilla* K.    *Ta-
bulæ* L.    *Earum foramina* M.    *Fiſtula* N.    *Ejus poſterior
pars* O.    *Ejus prior pars* P.

At ti-

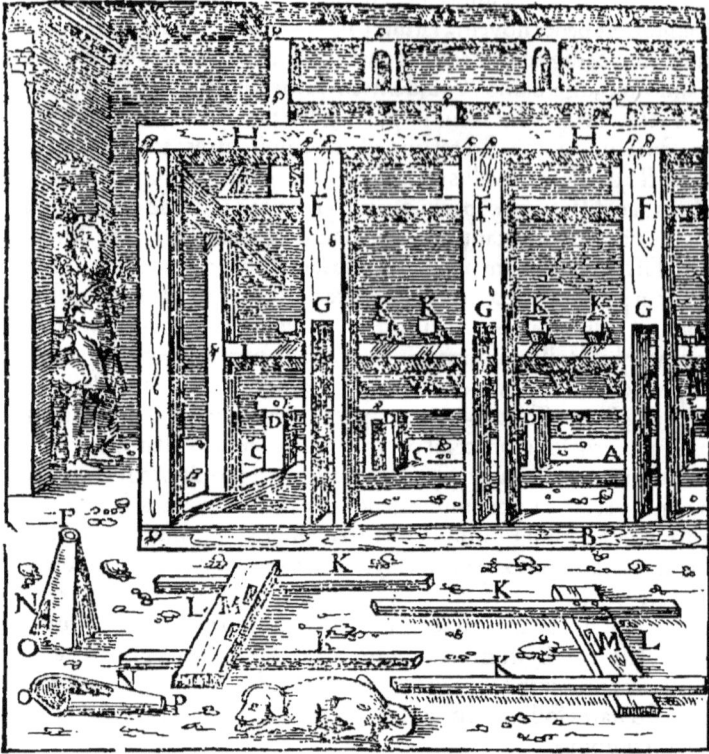

At tigilla quæ longis axis dentibus depreſſa folles comprimunt,tot ſunt numero quot ſoiles. Quodqʒ verò incluſum in binorum tignorum ſtatutorum foraminibus,longum eſt pedes octo & palmos tres, latum & craſſum palmum. Extat autem è priore tigno palmos duos & tantundem è poſteriore,ut ibi id ipſum bini axis dentes deprimere poſsint: qui non modo penetrant in poſterioris tigni ſtatuti foramen,ſed extra ad tres digitos extant. Per prioris præterea tigni ſtatuti foramen rotundum,quod ad ejus latera eſt ſurſum verſus ad palmos tres & totidem digitos,atque per foramen tigilli in ipſo incluſi penetrat axiculus ferreus: circa quem, quod volvatur,tigillum deprimi & attolli poteſt : quinetiam ipſe axiculus verſatur.Cujuſqʒ verò tigilli pars poſterior ad cubiti longitudinem palmo & digito latior eſt quàm reliqua, ibíque perforata : in quo foramine includitur vectis longus pedes ſex & palmos duos,latus tres digitos , craſſus ferè ſeſquidigitum,ſuperiore parte aliquantum curvus,ut ad follis caudam poſsit accedere. Verùm ſub tigillo per vectis foramen iccirco penetrat clavus,ut ipſe tigillum ſecum attollat. Vectis autem à ſuperiore parte deorſum verſus ad digitos ſex perforatus eſt: quod foramen longum eſt palmos duos,latius digito: in ipſum injicitur uncus inſtrumenti ferrei,quod craſſum eſt digitum : ſuperiore parte formatum in figuram annuli vel rotundi,vel quadranguli , cujus pars cava eſt, lata duos digitos:

gitos: inferiore uncinatum.Ejufmodi verò annulus altus & latus eft digitos
duos: at uncus altus eft digitos tres. Talis autem inftrumenti pars media inter
annulum & uncum longa eft palmos tres, & digitos duos. Sed in annulò hujus inftrumenti inclufa eft vel cauda follis, vel annulus magnus eam prehendens, qui craffus eft digitum: ejufdem fuperior cava pars lata eft palmos duos,
inferior digitos duos: alter annulus ferreus, priori non difsimilis, retro caudâ
follis prehendit: is anguftiorem partem furfum verfus habet: in qua inclufus
eft annellus alterius inftrumenti ferrei fimilis priori: cujus uncus ad fuperiora tendens prehendit funem religatum ab annulo ferreo prehendente caput
tigni, de quo mox dicturus fum.Uel contrà ferreus annulus caput tigni prehendit, in unco autem inclufus eft annellus alterius inftrumenti ferrei, cujus
annulus caudam follis cingit: quo modo carent fune. Porrò trabibus in duobus muris collocatis imponitur trabs à tignis fuperioribus ftatutis diftans pedibus quatuor & dimidio: quæ lata eft palmos duos, craffa fefquipalmum: in
cujus forma includitur inferius caput tigni ftatuti, longi exceptis capitibus
pedes fex & palmos duos, lati palmos tres, crafsi duos.Ejufmodi verò caput fuperius includitur in forma alterius tigni: quod arctè fubjicitur tignis, quæ ex
ftatutis ad obliqua pertinent.Id verò tignum latum eft palmos duos, craffum
unum. Tignum præterea ftatutum furfum verfus ad duos pedes perforatum
eft: quod foramen altum eft pedes duos, latum digitos fex. Per ejufdem tigni
foramen rotundû, quod ad ipfius latera eft furfum verfus ad tres pedes & palmû, atq; per foramen tigni, in ipfo inclufi, penetrat axiculus ferreus: circa quê,
quia verfatur tignû, deprimi & attolli poteft: quod longû eft pedes octo.Ejus
alterû caput fuperiore parte altius eft reliquo corpore ad tres digitos, fub qua
eminentia formâ habet latam digitos duos, altâ tres, in qua inclufus eft annulus ferreus, à quo funé religatum effe dixi. Is longus eft palmos quinq;. Superior ejus pars cava, eft lata palmos duos & totidem digitos, inferior palmum
& digitû: ejufdé tigni dimidia pars, de cujus capite jam feci mentionê, alta eft
palmos tres, craffa unum: extatq; è tigni ftatuti foramine, in quo inclufum eft,
tres pedes. Dimidia verò, cujus caput fpectat tergum muri fornacum, alta eft
pedé & palmum, craffa pedem: fupra quam partem ftatuta & affixa eft capfa
longa pedes tres & dimidium, lata pedem & palmum, alta femipedem. Ea verò variat: nam inferius aut anguftior eft, aut æquè ac fuperius lata: utraq; lapidibus & terra completur, ut ponderofa fiat. Hoc autem excoctori cavendû
& providendum eft, ne lapides crebro motu ex capfa excidant: quod ipfum
efficiet bacillo ferreo ex utraq; parte cuneato, fi id capfæ fuperinjectû utrinq;
in tignum egerit: lapides enim retinere poteft.Quidam capfe loco in tignum
infigunt bacilla quatuor, plura've, atq; inter ea lutum interjiciunt, ut quoties
res poftulaverit, toties ad pondus addere, vel de eo adimere pofsint.

*Tigillum quod axis dentibus depreffum follem comprimit* A. *Foramina tigno-*
*rum ftatutorum* B. *Veclis* C. *Ferreum inftrumentum cui annulus quadran-*
*gulus* D. *Ferreum inftrumentum cui annulus rotundus* E. *Cauda follis* F.
*Tignum ftatutum* G. *Tignum inclufum* H. *Capfa æqualiter lata* I. *Capfa*
*inferius angufta* K. *Bacilla tigno infixa* L.

Reftat

Reſtat de uſu, in quo eſt hoc organum. Tigillum ab axis dentibus depreſ-
ſum comprimit follem: is compreſſus flatum per narem emittit: rurſus verò
ipſius capſæ pondere levatus concipit flatum, qui per foramen ſpiritale in i-
pſum penetrat. Sed machina, cujus dentes tigilla deprimunt, ita ſe habet.
Primo fit axis, ad cujus alterum caput extra domicilium eſt rota, ad alterum
intra domicilium tympanum è fuſis conſtans: quod conficitur ex duobus orbibus duplicatis inter ſe diſtantibus pede, craſsis digitos quinq̄; altis circumcirca pedem & digitos duos. Duplicia autem ſunt: nam uterq̄; ex binis orbibus æquè craſsis compoſitus eſt: atq̄; clavis ligneis conglutinatus: quinetiam
interdum uterque ſuperius circumcirca laminis ferreis obductus eſt: fuſi verò ſunt numero triginta, longi pedem & palmos duos ac totidem digitos:
utrinq̄; in orbe includuntur: teretes ſunt & lati digitos tres. Diſtant etiam inter ſe totidem digitis. Atq̄; hoc ſanè modo ſe habet tympanum quod ex fuſis conſtat. Alterum verò dentatum eſt ad alterius axis caput: cujus orbis duplicatus craſſus eſt palmos duos & digitum: ejus orbis interior, qui compoſitus eſt ex quatuor curvaturis, craſſus eſt palmum: ubiq̄; latus palmos duos
& digitum.    Exterior verò, qui eodem modo, quo interior, factus eſt ex
quatuor curvaturis, craſſus eſt palmum & digitum: non æqualiter latus, ſed
ubi in eum includitur caput radii, latus eſt pedem & palmum, & digitum.

C

Deinde utrobiq; paulatim fit angustior, adeò ut angustussima ejus pars tantummodo lata fiat palmos duos & totidem digitos. Sed curvaturæ exteriores cum interioribus sic committuntur, ut quæq; exterior in medio interioris finiatur: & contrà quæq; interior in medio exterioris: quali compactione tympanum firmius fieri dubium non est. Curvaturæ præterea exteriores cum interioribus conglutinatur crebris clavis ligneis. Curvatura verò quæq;, si eam per tergum rotundum dimetimur, longa est pedes quatuor & palmos tres. Verùm radii sunt quatuor, lati palmos duos, crassi palmum & digitum, longi exceptis capitibus pedes duos & digitos tres: quorum alterum caput includitur in axe, ibiq; paxillis adactis firmatur: alterum in trianguli figuram formatum in curvaturæ exterioris, ipsi opposite, partem latiorem includitur: partim suam servans figuram tam altè quàm curvatura ascendit, ligneoq; clavo cum ipsa conjungitur & conglutinatur: qui clavus sub interiore orbe infigitur in radio: sed pars radii in trianguli figuram formata interior est, simplex exterior. At triangulus iste duo latera habet æqualia, erecta scilicet, quæ longa sunt palmum. Eis verò subjectum est inæquale, nam longum digitos quinque. Ad eandem figuram pars ex curvatura excisa est. Porro tympanum dentes habet numero sexaginta: quia enim necesse est tympanum, cui sunt fusi, bis verti anteaquam hoc ipsum semel vertatur, tot sint oportet: longi autem sunt pedem. Extant enim ex tympani orbe interiore palmum, ex exteriore digitos tres: at lati sunt palmum, crassi digitos duos & dimidium. Ut autem unus ab altero distet digitis tribus non aliter ac fusi, ipsa res postulat. Axis autem crassitudo secundum proportionem radiorum & curvaturarum debet confici. Quoniam verò bini ejus dentes singula deprimunt tigilla, ipsum dentes habere quatuor & viginti necesse est: quorum quisq; ex eo extet pedem & palmum ac digitum: figuram ferè habens semicirculi, cujus latior pars lata fit palmos tres & digitum: quæq; verò crassa palmum. Sed dentes distribuendi sunt secundum has quatuor axis partes, superiorem & inferiorem atq; duas quæ sunt à lateribus: itaq; axis habeat duodecim foramina: quorum primum ex superiore parte per eum penetret in inferiorem: secundum ex uno latere in alterum. Primum autem distet à secundo pedibus quatuor & palmis duobus. Eodem modo bina quæq; foramina, quæ sequuntur, se habeant, & iisdem intervallis distinguantur: cùm præterea dentes singuli singulis debeant esse oppositi, primus includitur in primi foraminis partem superiorem, secundus in ejusdem partem inferiorem, paxillisq; adactis firmantur ne ex eis excidant. Tertius verò includitur in secundi foraminis partem, quæ est à dextro latere. Quartus in ejusdem partem, quæ est à siniftro: pari modo alii dentes includuntur in sequentia foramina: qua ratione fit, ut dentes vicissim tigilla deprimant. Postremò ne hoc quidem omittendum, multis unum tantummodò esse axem, cui dentes simul & rota sint.

*Axis* A.   *Rota* B.   *Tympanum ex fusis constans* C.   *Alter axis* D.   *Tympanum dentatum* E.   *Ejus radii* F.   *Ejusdem curvaturæ* G.   *Ejusdem dentes* H.   *Axis dentes* I.

Hæc

Hæc hactenus pluribus verbis: quæ tamé non intempestive hoc loco per
secutus videri possum, quod sine his omnibus metallorum conflatura, ad
quam nunc aggrediar,fieri non possit.　Venarum autem auri,argenti,æris,
plumbi nigri,in fornacibus excoquendarum quatuor sunt rationes: una auri
vel argenti divitum,altera mediocrium, tertia pauperum,quarta earum,quæ
æs vel plumbum in se continent: sive preciosum metallum in eis insit,sive illo
careant.　Prima venarum excoctio perficitur in fornace, cujus os ad tempus
clausum est: reliquæ tres in fornacibus:quarum os semper patet.　Sed primò
dicam quomodo fornaces ad excoquendas venas sint præparandæ: & de prima excoquendi ratione. Pulvis quidem è quo focus & catinus confici solent,
fit ex carbonibus & terra: carbones pilis subjecti contunduntur in capsa: quæ
priore parte superius occluditur tabella,inferius ex ejus parte patente carbones in pulverem contriti excidunt.　Pila verò non sunt præferrata,sed lignea
prorsus. Attamen ima parte lato circulo ferreo cinguntur.

*Carbones* A.　*Capsa* B.　*Pila* C.

Pulvis autem in quem carbones funt contriti, vel ab iifdem refolutus conjicitur in cribrum, cujus fundum eft bracteis contextum ligneis: quod cribrum ducitur & reducitur, aut in duobus ligneis vel ferreis bacillis ad trianguli fimilitudinem fuper vas locatis, aut in fcamno excavato & pofito in officinæ folo: pulvis qui decidit in vas vel in officinæ folum, ad hanc temperatu-
ram utilis eft: carbunculi verò, qui in cribro remanferunt, ex eo effunduntur,
rurfusq; fubjiciuntur fub pila.

*Vas* A. *Bacilla* B. *Cribrum* C. *Scamnum excavatum* D.

Atter-

At terra effossa primò in sole exponitur ut siccescat: deinde batillo injicitur in cratem colurnis viminibus crassis, sed non contiguis, contextam &
obliquè erectam, & perticæ innixam: quo modo terra minuta & ejus glebulę
per cratis foramina penetrant, glebæ & lapides non penetrantes deorsum
feruntur in solum: terra, quæ per cratem penetravit, cisio biroto invehitur
in officinam, ibiq; cribratur. Cribrum autem, quod superiori non est dissimile, ducitur & reducitur in tabellis æqualiter capsæ longæ impositis: pulvis,
qui è cribro decidit in capsam, ad hanc compositionem aptus est. Glebas verò, quæ in eo remanserunt, alii abjiciunt, alii sub pila subjiciunt: talis pulvis
terrenus cum pulvere carbonum permiscendus & madefaciendus in foveam
quandam, ut diutius bonus permaneat, conjicitur: & asseribus, ut impurus
non fiat, contegitur.

Crates A.  Pertica B.  Batillum C.  Cisium birotum D.
Cribrum E.  Tabellæ F.  Capsa G.  Fovea contecta H.

C 3

Duas autem pulveris carbonum partes accipito, & unam pulveris terræ
contuſæ,eoſq; pulveres inter ſe raſtello bene miſceto: tum aquam inſundens
ita madefacito,ut in pilæ figuram nivis inſtar facilè formari poſsit. Talis quidem pulvis ſi levis fuerit,magis madeſiat aqua: ſi gravis, minus. Sed fornaci
novæ tantummodo lutum interius illinatur: cùm ut hiantium parietum cava, ſi quæ fuerint, compleantur, tum maxime ut id ſaxa tueatur ab injuria i-
gnium.At quia veteris fornacis,in qua vena excocta fuit,ſaxa cum,poſtquam
refrixit,miniſter cadmias,quæ ad parietes adhæſerunt,ferrea ſpatha decutit,
atque ferreo rutro & raſtro quinquedenti, franguntur, ipſius cava ſunt
primò fragmentis ſaxorum vel laterum complenda.    Faciat autem id i-
pſum manus in fornacem per ejus os immittens, aut ſcalis ad eandem appoſitis earum gradibus aſcendens per ſuperiorem partem patentem:quibus ſcalis ſuperius aſſeris pars ſit affixa,ut ad eam ſe applicare & reclinare poſsit: deinde iiſdem ſcalis uſus, parietibus lutum illinat ſpatha lignea pedes quatuor
longa, craſſa digitum, inferius ad altitudinem pedis lata palmum, vel etiam
latior: alioqui digitos duos & dimidium.  Hæc eadem lutum,parietibus fornacis interius illitum æquet.  Attamen æneæ fiſtulæ os ex luto non emineat;
ne materia circa id ferruminata impediat excoctionem.  Folles enim per eam
fornaci inſpirare non poſſunt.Tum idem miniſter paucum pulverem carbonum in

num in foveam injiciat,eumq; terreno pulvere confpergat: mox vafculo infundat aquam: fcopis undique foveam verrat: iifdem eandem aquam turbidam impellens in focum fornacis ipfum etiam verrat: deinde pulverem miftum & madefactum in fornacem injiciat:iterumq; fcalarum gradibus afcendens pilo in fornacem immiffo pulverem tundat,ut focus fiat folidus. Pilum
autem teres fit & longum palmos tres: inferius latum digitos quinque, fuperius tres & dimidium: Nam in metæ fuperius recifæ figuram formatum effe
debet: Manubrium pili teres longum fit pedes quinq;, craffum digitos duos
& dimidium. Pilum præterea fuperiore parte,qua in ipfo includitur manubrium,circulo ferreo duos digitos lato cingatur. Sunt qui ejus loco utuntur
duobus pilis teretibus tam inferius quàm fuperius latis digitos tres & dimidium: funt qui duabus fpathis ligneis,fed pila fpathis præftant. Simili modo
in foveam,quæ eft extra fornacem ,injiciat pulverem compofitum & madefactum, eumq; pilo tundat: in quam ferè completam rurfus conjiciat pulverem, atque eum furfum verfus fiftulam æneam pilo protrudat,ut ad digitum
fub ejus ore focus declivis defcendat in foveam catini: pofsitque metallum
defluere. Iteret autem eadem ufque dum fovea fuerit completa: quam mox
curvata lamina ferrea, longa palmos duos & totidem digitos, lata tres digitos, fuperius hebete, inferius acuta excindat, ut catinus fiat rotundus &
latus pedem, altus palmos duos, fi centumpondium plumbi continere debet: fin libras tantum feptuaginta,latus palmos tres,altus æque ac prior palmos duos. Foveam verò excifam rurfus tundat pilo æneo terete, altos digitos quinque,lato totidem: cui fit manubrium teres,curvatum, craffum fefquidigitum: aut altero pilo æneo, formato in figuram metæ fuperius recifæ: cui impofitus fit turbo inferius recifus,ut media pili pars manu prehendi
pofsit: quod altum fit digitos fex,inferiore parte latum digitos quinque,fupe-
riore quatuor : alii ejus loco ufurpant fpatham ligneam inferius latam palmos duos & dimidium,craffum unum. Catino præparato redeat ad fornacem, & oris utriq; lateri ac fuperiori ejus parti lutum fimplex illinat. In inferiorem verò ponat lutum,quod inferius intinxit in pulverem à carbonibus
refolutum: quo cavere poterit ne lutum,foci pulverem ad fe trahens,eum vi-
tiet: tum in os fornacis imponat bacillum rectum & teres, longum dodrantem, craffum digitos tres.Poftea ad lutum apponat carbonem ita longum &
latum, ut os totum occludat. Quod fi unus carbo tam magnus in prompt u
non fuerit,duos in ejus iocum fupponat.Ore fic obftructo tot carbones,quot
capit alveus bracteis ligneis contextus,injiciat in fornacem. Ne verò carbo,
quo occlufum eft os fornacis,tunc excidat,eum magifter manu teneat. Sint
autem carbones,qui in fornacem injiciutur,mediocres: magni enim follium
flatum impediunt,ne per fornacis os exire pofsit in catinum, eumq; calefacere. Tum idem magifter carboni ad os fornacis appofito lutum illinat,atq; bacillum ex ipfo extrahat: ficq; fornax eft præparata.At minifter rurfus tot carbones majores,quot alvei quatuor vel quinque capiunt, in fornacem injiciat, & eam totam compleat carbonibus: paucos etiam carbones conjiciat in
catinum,atque fuperinjiciat prunas ut calefiat. Ne verò ignis flamma per os
fornacis ingreffa carbones incendat, id ipfum luto oblinat, vel claudat ollæ

fragmento. Veruntamen aliqui vefperi non calefaciunt catinum, fed magnos carbones ad marginem ejus fic ponunt,ut alius alio nitatur: qui priorem
rationem fequuntur, mane verrunt catinum, purgantq̃; à carbunculis & cineribus: qui pofteriorem,mane titiones ardentes,quos cuftos officinæ para-
vit,carbonibus fuperinjiciunt.

*Fornax* A.   *Scalæ* B.   *Afferis pars ad eas affixa* C.   *Rutrum* D.
*Raftrum quinque dens* E.   *Spatha lignea* F.   *Scopæ* G.   *Pilum* H.   *Pila æqualiter lata* I.   *Duæ fpathæ ligneæ* K.   *Curvata lamina* L.   *Pilum æneum* M.   *Alterum pilum æneum* N.
*Spatha lata* O.   *Bacillum* P.   *Alveus bracteis ligneis contextus* Q.   *Vafa è corio facta duo, quibus aqua ad reftinguendum incendium, fi quo officina conflagrare cœperit, hauritur* R.   *Siphunculus orichalceus, quo eadem haufta exprimitur* S.   *Unci duo* T.
*Rutrum unum* V.   *Operarius terram ferreo inftrumento ver-
berans* X.

Quarta verò hora magifter exordiatur operam,primoq̃; carbúculum ardentem per fiftulam æneá inter nares folliũ immittat in fornacẽ:atq̃ follibus
ignem

ignem excitet : quo modo tam catinus quàm focus dimidiæ horæ fpacio fatis calefiunt : ac certe quidem fi præcedente die vena in eadem fornace fue-
 it excocta citius calefiunt : fi non fuerit excocta,tardius. Focus verò & catinus ni ante calefiant quàm injiciatur vena excoquenda, ipfi vitium faciunt,
metalla damnum. Nam fi pulvis, ex quo uterq; eft confectus,fuerit æftivo
tempore humidus, hyberno congelaverit, uterque ruptus unà cum metallis
& aliis tonitru inftar fonum fundens disfipatur non fine magno hominum
periculo. Deinde magifter injiciat in fornacem recrementa : quæ liquefacta
ex ore defluent in catinum : mox obftruat os luto,cum quo pulvis carbonum
eft permiftus : id autem manu apponat ad pilum ligneum teres, craffum digitos quinq;, altum palmos duos: cujus manubrium fit longum pedes tres.
Tum conto uncinato recrementa extrahat ex catino : & fi venam auri vel argenti divitem excocturus eft , plumbi centumpondium in ipfum imponat:
fin pauperem,dimidium : ad illam enim ei multo plumbo opus eft : ad hanc,
pauco. Mox plumbo fuperinjiciat titiones, ut liquefcat: poftea rite faciat o-
mnia & ordine quodam injiciat in fornacem,primo tantam panum ,ex pyrite conflatorum , portionem , quanta ad venam excoquendam opus eft : dè-
inde venæ,cum fpuma argenti & molybdæna atque lapidibus qui facile igni
liquefcunt fecundi generis miftæ tantum, quantum duo alvei capiunt: tum
tot carbones , quot recipit alveus bracteis ligneis contextus: poftremò re-
crementa:fornace jam dictis rebus repleta venam paulatim excoquat:fed eam
non nimis ad pofteriorem fornacis parietem adjiciat, ne circa nares follium
ferruminata fpiritui impedimento fit,ignisq; minus luculenter ardeat. Is certè in præftantium excoctorum numero femper habitus eft , qui quatuor elementa poteft temperare. Temperat autem qui venæ,quæ terræ particeps eft,
non plus quàm convenit,in fornacem injicit: qui aquam,quoties hanc res poftulat,infundit : qui flatus follium moderatur arte: qui in ignem,qua parte luculenter ardet,venam jacit. Magifter quidem aquam in utranq; fornacis partem paulatim infundens carbones madefaciat, ut ad eos adhærefcant tenu-
isfimæ venarum partes, quæ alioqui flatu follium , & vi ignium agitatæ &
fublatæ cum fumo evolarent. Sed quia diverfa venarum excoquendarum
natura eft,excoctores neceffe habent focum, nunc altum,nunc humilem parare,& fiftulam,in qua nares follium fitæ funt,interdum valde, interdum parum declivem ponere: atq; fornaci flatum follium modò lenem,modò vehementem infpirare. Etenim ad venas , quæ cito calefiunt & liquefcunt, excoctoribus opus eft humili foco,fiftula,quæ parum declivis fit pofita , flatu follium leni: contrà ad eas,quæ tardè calefiunt & liquefcunt alto foco, fiftula,
quæ multum declivis fit collocata,flatu follium vehemente: ad has etiam o-
pus ipfis eft fornace multum calfacta, & in qua prius recrementa funt recocta,vel panes ex pyrite conflati, vel lapides, qui facile igni liquefcunt, cocti:
quæ ni fiant venæ infidentes in foco fornacis, os obftruunt & quafi fuffo-
cant:quod etiam minutulæ particulæ metallicæ,quæ dum venæ lavarentur,
fubfederunt,facere folent. Magni præterea folles habeant latas nares: fi enim
anguftæ fuerint, multus & magnus flatus nimis arctè & acutè infpiratur
fornaci : unde materia liquefacta refrigeratur , & circa nares ferruminatur,

atque

atq; obſtruit os fornacis: qua re domini magnum damnum faciunt. Quod ſi vena cumuletur & non liqueſcat, excoctor ſcalis ad latus fornacis appoſi-tis aſcendens eam cuſpidato vel uncinato conto dividat: quo etiam in fiſtu-lam, in qua follium nares jacent, immiſſo deorſum verſus venam circa eam ferruminatam dimoveat. Poſt autem quartam horæ partem, cum jam plum-bum, quod miniſter in catinum poſuit, liquefactum fuerit, magiſter conto aperiat os fornacis: bacillum eſt ferreum, lógum pedes tres & dimidium, pri-ore parte cuſpidatum & parum curvatum, poſteriore cavum, ut manubrium ligneum in ipſum includi queat: quod longum eſt pedes tres: ita craſſum ut manu bene teneri poſsit. Tunc vero é fornace primo in catinum defluunt re-crementa: in quæ lapis cum metallo permiſtus, vel ad quem illud adhæret, mutatus eſt: itemq; terra & ſuccus concretus: deinde materia, ex pyrite con-flata, defluit: tum aurum vel argentum, quod plumbum liquidum, quod con-tinet catinus, combibit. Cùm autem ea, quæ effluxerunt, aliquandiu in catino ſteterint, ut unum ab alio ſeparari poſsit, tunc magiſter prius recrementa vel conto uncinato detrahat, vel furcilla ferrea tollat: quæ, quod leviſsima ſint, ſupernatant. Poſterius panes, ex pyrite conflatos, detrahit: qui, quod me-diocriter graves ſint, medium locum tenent. At miſturam auri vel argenti cum plumbo, quæ, quia graviſsima eſt, infimum locum obtinet, in catino re-linquat. Quoniam vero differentia eſt in recrementis, quod ſuprema paucum metallum in ſe contineant: media ejus plus: infima multum, quęq; ſeparatim ab aliis in aliquo loco reponat, ut ad ſingulos acervos, cum ea recocturus ſit, additamenta adjicere poſsit accommodata, & tantum plumbi pondus, quan-tum metallum, quod in recrementis ineſt, poſtulat, imponere. In recremen-tis autem recoctis ſi multum olent, aliquid metalli ineſt: ſi non olent, nihil quicquam: ſeparatim etiam panes, ex pyrite conflatos reponat: qui, quia pro-ximi fuerunt metallo, ejus pluſculum in ipſis quàm in recrementis ineſt: ex his autem omnibus panibus conficitur meta: nam latiſsimus quiſque ſemper in-ferius locatur. Sed contus uncinatus priore parte habet uncum, ex quo no-men invenit: cætera conto aſsimilis eſt. Mox magiſter rurſus claudat os for-nacis, eamq; rebus ſupra dictis compleat: iterumq; vena excocta os aperiat & recrementa, quæ defluxerunt in catinum, atq; panes ex pyrite conflatos, ex eo extrahat conto uncinato: eundem laborem iteret uſq; dum certa & defi-nita venæ pars fuerit excocta, & tempus operæ præterierit. Verùm ſi vena dives fuerit, opera perficitur octo horis: ſi pauper, longiore tempore. At-tamen ſi vena fuerit ditiſsima, quia ocyus quàm octo horis excoquitur, inter-dum altera opera cum prima conjungitur, ambæque perficiuntur decem ho-rarum ſpacio. Sed cùm vena omnis jam fuerit excocta ſpumæ argenti & mo-lybdænæ tantum, quantum capit alveus, in fornacem injiciat, ut metallum, quod alioqui in cadmiis remaneret, cum ipſis liquefactis effluat. At cùm po-ſtremo recrementa & panes ex pyrite conflatos ex catino extraxerit, tum ex eo plumbum cum auro vel argento permiſtum cochleari effundat in catil-los æneos vel ferreos, latos palmos tres, altos totidem digitos, ſed interius luto prius oblitos & calfaciendo rurſus ſiccatos, ne candens colliquefactos perrumpat. Cochlear vero ferreum ſit latum palmos duos: quod ad cætera

attinet

attinet aliis afsimile : quæ omnia iccirco tam longa bacilla habent ferrea, ne
ignis ligneum manubrium comburat. Porrò cùm jam ftannum fuerit ex
catino effufum, tum præfectus rationibus, & præfes fodinæ panes appendant. Magifter verò conto totum fornacis os perfringat : atque ex ea altero
conto uncinato & rutro ac raftro quinquedenti cadmias & carbones extrahat. Contus ille non difsimilis fit altero uncinato, fed major & latior. Rutri
verò manubrium longum fex pedes, ex dimidia parte ferreum exiftat, ex dimidia ligneum. Fornace autem refrigerata magifter cadmias ad parietes adhuc adhærentes decutiat fpatha quadrangula, longa digitos fex, lata palmum,
priore parte acuta : quæ teres manubrium habeat longum pedes quatuor, dimidia ex parte ferreum, ligneum ex dimidia. Atque hæc prima venarum ex
coquendarum ratio eft. Venæ autem auri & argenti divites, quia plerunque
ex inæqualibus partibus conftant, quorum aliæ ocyus, aliæ tardius liquantur, tribus potifsimum de caufis non poffunt alia ratione citius & commodius excoqui : quarum una eft : quoties os fornacis oppilatum conto aperitur, toties excoctor poteft confiderare utrum vena nimis lente vel cito liquefcat, an fparfim fervens non coeat in unum : primo modo vena tardius excoquitur non fine majore impendio : altero metallum, cum recrementis permiftum, ex fornace effluit in catinum, in quod recoquendum rurfus impenfa
facienda eft : tertio metallum ignis ardore confumitur. His verò incommo-
dis hęc remedia funt: fi vena lente liquefcit aut non coit, oportet aliquam portionem ad additamenti, quod venam liquefacit, pondus adjicere : fi nimis
cito liquefcit, aliquam de eo detrahere. Altera caufa eft : toties mifturam auri cum plumbo, vel argenti cum eodem, quod ftannum nominatur, experiri poffumus, quoties ea ex fornace, conto aperta, effluxerit, & in catino refederit : quod experimentum nos docet de miftura auro vel argento ne fit divitior facta, cùm os fornacis aut fecundo recluditur, aut tertio : an debilis &
viribus carens nullum amplius aurum vel argentum forbuerit. Etenim fi divitior facta fuerit, aliqua plumbi portione ad eam adjecta vires ejus refici debent : fi non, ex catino eft effundenda ut aliud plumbum recens imponi
pofsit. Tertia caufa de tribus eft : quandoquidem fornacum os, cum venæ
cæteris rationibus excoquuntur, femper patet, anteaquam auri vel argenti
divites, quæ ejufmodi funt ut diutius repugnent & refiftant ignis ardori, calefiant & liquentur, additamenta facilè liquefcentia ex fornacibus effluunt.
Sequitur igitur, ut aliqua talium venarum pars aut comburatur aut cadmia
commifceatur : quo modo interdum venarum maffulæ, prorfus non liquefactæ, in cadmia folent inveniri : contrà cùm eædem ore fornacis ad tempus
claufo excoquuntur, neceffe eft ipfas & additamenta fimul coqui & permifceri. Quanquam enim additamenta citius quàm venæ liquefcunt, tamen ea
liquefacta, quia funt in fornace conclufa, venam quæ non facile liquatur, li-
quefaciunt & cum plumbo permifcent. Id enim combibit aurum vel argentum, non aliter ac plumbum candidum vel nigrum, in catino liquefactum,
forbet aliud non liquefactum, cùm in ipfum conjectum fuerit. Si verò liquefactum non liquefacto fuperfunditur, id, quia undiq; defluit, fimiliter non
liquefacit. Ex his igitur omnibus fequitur venas auri vel argenti divites
in fornace,

in fornace, cujus os semper patet, tam utiliter excoqui non posse, quàm in ea, cujus os ad tempus iccirco clausum est ut interea vena cum additamentis liquatis coqui possit : atque postea ore aperto unà effluere in catinum, & cum plumbo ibi liquefacto permisceri, Hæc autem venarum excoquendarum ratio nostris & Boemis est usitata.

*Tres fornaces* A B C. *Ad primam stat excoctor & cochleari misturam ex catino effundit in catillos: Catinus* D. *Cochlear* E. *Catilli* F. *Pilum ligneum teres* G. *Ad alteram fornacem stat excoctor, & conto ejus os aperit: Contus* H. *Minister scalis, ad tertiam fornacé effractam appositis, pedibus insistens cadmias decutit: Scalæ* I. *Spatha* K. *Alter contus uncinatus* L. *Præses fodinæ panem, in quem ligonem infixit, appensurus ad libram portat* M. *Alter fodinæ præses cistam, in qua res suas conclusit, aperit* N.

Etsi

Etsi verò in reliquis tribus venarum excoquendarum rationibus quædam
est similitudo, quòd ora fornacum semper pateant, ut metalla liquefacta continenter effluere possint, tamen multum inter se differunt: nam os primæ al-

D

tius in fornace & angustius est quàm tertiæ: atquæ præterea occultum & latens: quod mox excipit catinus, altior quàm solum officinæ sesquipedem, ut ad lævam inferius fieri possit catinus; in quem, postquam recrementa, quæ fornax occulto ore eructavit, conto uncinato sublevata fuerint, ex superiore catino, cùm jam ferè plenus fuerit, aperto mistura auri vel argenti cum plumbo, & pyrites liquefactus, ex quo scisso conficiuntur panes, defluant: sed panes fracti rursus conjiciuntur in fornacem, ut omne metallum excoqui possit. Mistura verò in catillos ferreos effunditur: excoctor autem, præter plumbum eiq; cognata, utitur additamentis quæ cuiq; venæ conveniunt; de quibus libro septimo satis superque dixi. Ista metallorum conflatura venis, quæ facilè igni liquescunt, utilis est, quòd brevi tempore excoquantur: quæ difficulter, inutilis, quod lógo: cùm enim additamenta liquata in fornace non remaneant, alteris accommodata esse non potest: hac certè ratione cadmíæ atq; recrementa cõmodissimè, quòd citò liquescant, excoquuntur. Sed excoctorem industrium & experientem esse oportet, ac in primis providere, ne verç, cum additamentis permistæ, plus quàm fornaci conveniat, in eam infundat. Pulvis autem, ex quo hujus fornacis & sequentis focus & catini confici solent, plerunq; fit ex paribus pulveris carbonum & terræ, vel eorundem & cineris partibus: verum cùm hujus fornacis focus paratur, bacillum, quod ad superiorem usq; catinum pertinet, in ipsum imponitur:& quidem altius si vena excoquenda facilè liquescit:minus altè, si difficulter: tam autè catino quàm foco præparato bacillum retro tractum ex fornace eximitur, ut os pateat: per quod materia liquata continenter effluit in catinum: qui proximus fornaci sit, ut ipse magis caleat, mistura fiat purior. Quòd si vena excoquenda non facilè liquatur, focus fornacis neque nimium declivis fiat, ut & additamenta liquefacta non defluant in catinum priusquam vena excoquatur, & metallum non resideat in cadmia, quæ est in lateribus fornacis: nec unquam excoctor adeo tundat focum ut valde durus fiat: nec cõmittat, ut inferior oris pars tundendo dura fiat: etenim nec ipsa expirare potest, nec materia liquata liberè ex fornace effluere. Vena præterea, quæ non facilè liquescit, conjiciatur in posteriorem ferè fornacis partem, ut diutius excoquatur: quævis verò in eam partem, versus quam ignis luculenter ardet; qua ratione excoctor eum, quò velit, ducet. Sed utra tandem naris lucida fuerit, ea significat omnem venam, quæ est ad fornacis latus, in quo naris illa collocatur, conjecta, esse excoctam. Si verò vena facilè liquescit, tantum ejus, quantum capit alveus unus & alter, injiciatur in priorem fornacis partè, ut ignis hinc repulsus etiam venam circa nares follium ferruminatam excoquat. Hæc autem excoquendi ratio apud Rhetos perantiqua est, apud Boemos non ita sanè vetus.

*Fornaces duæ* A. B. *Catinus superior* C. *Catinus inferior* D. *Excoctor ad priorem fornacem stans uncinato conto recrementa detrahit: Contus uncinatus* E. *Recrementa* F. *Minister situlâ aquam hauriens, inq; candentia recrementa infundens ea restinguit* G. *Alveus bracteis ligneis contextus* H. *Rutrum usitatum* I. *Vena excoquenda* K. *Ad alteram fornacem magister stans, & catinum parans eum duobus pilis tundit: Pila* L. *Contus* M.

Altera

Altera venarū excoctio quodāmodo ē media inter eam quæ fit in fornace,cujus os ad tempus clauditur, & primā earum quæ fiūt in fornace, cujus os

femper eſt apertum: hac ratione excoquuntur venæ auri vel argenti nimis
neque divites neque pauperes, ſed mediocres, quæ facilé liqueſcunt, & quas
plumbum proclivius combibit: ea iccirco inventa eſt ut plurima venæ pars
una opera ſine multo labore, ſine magna impenſa excoqui, & mox cùm plumbo permiſceri poſsit. Fornax duos habet catinos, unum, cujus pars dimidia
eſt extra fornacem, dimidia intra eam, ut plumbum in ipſum injeſtum, quod
ejus pars contineatur in fornace, metalla venarum facilé liqueſcentium ſorbeat: alterum, ùt proxima, inferiorem, in quem miſtura & pyrites liquefaſtus
effluant: qui hac excoquendi ratione utuntur, auri vel argenti miſturam cum
plumbo, ſi res poſtulaverit, ſemel atque iterum ex catino effundunt, & aliud
plumbum vel ſpumam argenti in eum injiciunt: ipſi quoque ad hanc additamenta eadem, quæ proximi, adhibent. Hæc autem excoquendi ratio eſt in
uſu Norico.

*Fornaces duæ* A B. *Catinus ſuperior* C. *Inferior*
D. *Ad alteram fornacem ſtat magiſter, & furcilla*
*ferreâ detrahit recrementa: Furcilla* E. *Rutrum li-*
*gneum quo panes ex pyrite conflati detrahuntur* F.
*Catini ſuperioris dimidia pars conſpicitur in altera for-*
*nace aperta* G. *Dimidia extra fornacem eſt* H.
*Miniſter parat catinum, ſed à fornace ſeparatum ut vi-*
*deri poſsit* I. *Contus* K. *Pila lignea* L. *Scalæ* M.
*Cochlear* N.

At tertiæ

At tertiæ venarum excoctionis fornax, cujus os item patet, altior est & latior quàm aliarum fornacum, ut ejus etiam folles sunt grandiores: & quidem

iccirco ut major venarum pars in eam injici possit. Quòd si fodinæ excoctoribus venarum copiam suppeditent, eas in eadem fornace, si nec ipsa nec ejus
vel focus, vel catinus vitium fecerit, tribus diebus continuis interdiu & noctu
excoquunt: quocirca in istiusmodi fornacibus plerunque omnes cadmiarum
species reperiuntur. Etsi verò id genus fornaci catinus est catino fornacis o-
mnium primæ non dissimilis, præterquam quòd os habeat, tamen quia magnæ venæ moles continenter & in ea excoquitur, & liquefacta effluit, & recrementa sunt detrahenda, opus est altero catino, in quem ore prioris, cùm plenus fuerit, aperto materia liquida influat. Cùm autem aliquis excoctor in hoc
labore operam duodecim horarum spacio consumpserit, semper alius in ejus
locum succedit; hac ratione venæ æris & plumbi nigri, atque auri & argenti
pauperrimæ excoquuntur: nam reliquis tribus propter impensas, quæ sunt
in eas faciendæ, excoqui nequeunt: etenim tametsi venæ centumpondium
tantummodo auri drachmam unam vel duas, aut argenti semunciam vel unciam in se continet, tamen magna ejus pars continenter excoquitur sine caris
additamentis; qualia sunt plumbum, spuma argenti, molybdæna. Nam ad
hanc excoctionem nobis solo pyrite, in quo aliqua æris portio insit, vel qui
facilè igni liquescit, opus est: quinetiam panes inde conflati, si nullum amplius aurum vel argentum sorbuerint, rursus reficiuntur solo pyrite crudo.
Attamen si ex ejusmodi venis pauperibus cum pyrite tantummodo excoctis
materia, ex qua panes conflantur, confici non poterit, adjiciantur alia additamenta prius non excocta: utpote lapis plumbarius, lapides qui facilè igni liquescunt secundi generis, & arenæ ab eis resolutæ, saxum calcarium, totus
candidus, saxum fissile album, vena ferri, vel arida lutei coloris. Quanquam
autem hæc venas excoquendi ratio rudis, & nobis non magno usui esse videri
potest, tamen est artificiosa & utilis; ea enim magnum venarum pondus, in
quo auri & argenti & æris exigua portio inest, ad paucos panes, qui metallum
in se contineant, redigit: qui etsi primo cocti propter cruditatem habiles non
sunt secundæ coctioni, qua vel plumbum metalla preciosa, quæ in panibus insunt, combibit, vel ex eis æs conflatur, tamen ut ad eam apti fiant, sæpius, &
quidem interdum septies aut octies, ut proximo libro explicavi, cremantur.
Istiusmodi autem excoctores adeo acuti & solertes sunt, ut omne aurum vel
argentum, quod artifex venæ experiundæ in ea dixerit inesse, ex ipsa exco-
quendo eliciant: quod si, cùm quis primâ operâ panes ex vena conficit, ei auri
drachma vel argenti semuncia defuerit, eam secundâ ex recrementis elicit.
Atque hæc venarum excoquendarum ratio vetus est, & apud eos plerosque
omnes, qui aliis utuntur, pervulgata.

*Fornaces duæ* A B. *Os fornacis* C. *Catinus propior fornaci* D. *Ejus os* E.
*Alter catinus* F. *Ad alteram fornacem stat excoctor, gestans alveum bracteis ligneis contextum, carbonibus plenum* G. *Ad alteram fornacem stat
excoctor, & tertio conto uncinato materiam, quæ circa fornacis os ferruminatur, amovet: Contus uncinatus* H. *Acervus carbonum* I. *Cisium cui
est cista crassis viminibus contexta, qua dimetimur carbones* K. *Batillum
ferreum* L.

Quan-

Quanquam autem vena plumbi nigri in tertia fornace, cujus os semper patet, excoqui solet, tamen non pauci eam in propriis quibusdam fornacibus

excoquunt: quorum rationes breviter exponam. Carni venam iftius plumbi
primò urunt: deinde malleis teretibus,fed admodum latis,frangunt & cóminuunt: tum in duos humiles muros foci, qui eft in fornace, ex faxis,quæ injuriis ignium refiftunt, & ambufti in calcem non abeunt, facta & concamerata
imponunt ligna viridia, eisque arida fuperimponunt,atq; in ipfa venam conjiciunt; quæ lignis incenfis ftillat plumbo: quod defluit in fubjectum focum
declivem,is ex pulvere carbonum & terreno conftat: inque eo eft magnus catinus, cujus dimidia pars fubit fub fornacem, dimidia ex ea extat; in hunc influit plumbum, quod excoctor, recrementis & cæteris prius rutro detractis,
cochleari effundit in proximos catinos,ex quibus plumbeæ maffæ, poftquam
refrixerunt,extrahuntur. Fornacis autem tergo eft foramen quadrangulum,
ut ignis plus flatus concipere, utq; excoctor per id in fornacem ferpere, quoties res poftulat, pofsit. Saxones quoque, qui Gitelum incolunt, venam
plumbi in fornace,furno non difsimili,excoquentes ligna per foramen,quod
eft in tergo fornacis, imponunt: quæ cùm vehementer ardere cœperint,
plumbum ex vena deftillat in catinum, quem eo repletum excocto conto a-
perit: quo modo plumbum unà cum recrementis influit in alterum catinum
fubjectum,mox hæc detrahit. Poftremò plumbeam maffam refrigeratam ex
catino eximit. At Weftofali ad decem carbonum plauftra fic accumulant in
aliquo declivi montis loco, quò vallem attingit,ut cumulus fuperius fiat pla-
nus,cui ftramina ad trium vel quatuor digitorum crafsitudinem injiciunt:
quibus tantam venam plumbi puram, quantam cumulus ferre poteft, fuperinjiciunt. Deinde carbones, cùm flaverit ventus, accendunt; is urget ignem
ut venam excoquat: quomodo plumbum deftillans ex cumulo effluit in vallis planiciem, lataéque maffæ, fed non admodum craffæ, fiunt: in promptu
autem funt aliquot venæ plumbi centumpondia; quam, fi res bene procedit,
cumulo infpergunt: maffas illas latas, quòd impuræ fint, imponunt lignis a-
ridis, quæ fuftinent viridia catino magno impofita, eisque incenfis illas recoquunt. Poloni verò focis utuntur ex luto,quod lateres cingunt,factis altitudine pedum quatuor; hi utrinque funt declives. In fuperiore foci parte plana collocant magna ligna, eisque parva fuperimponunt luto inter ipfa interjecto: quibus tenuia lignorum refegmina fuperinjiciunt, atque eis rurfus venam plumbi puram, eamque lignis magnis contegunt; quibus incenfis vena
liquefcit & defluit in ligna inferiora: ea cùm ignis etiam confumpferit, materiam metallicam colligunt; ipfamque, fi res poftulaverit, iterum atque iterum ifto modo excoquunt: ex qua tandem lignis, quæ catino magno fu-
perimpofita funt, fuperinjecta conflantur maffæ plumbeæ. Recrementa verò unà cum ramentis loturâ collectis in tertia fornace, cujus os femper patet,
excoquuntur.

*Carnorum fornax* A. *Alter murus humilis* B. *Ligna* C. *Vena ftillans
plumbo* D. *Catinus magnus* E. *Alii catini* F. *Cochlear* G. *Plumbeæ
maffæ* H. *Tergi fornacis foramen quadrangulum* I. *Saxonum fornax* K.
*Foramen in tergo fornacis* L. *Ligna* M. *Catinus fuperior* N. *Catinus
inferior* O. *Weftofalorum excoquendi ratio* P. *Cumuli carbonum* Q.
*Stramina* R. *Maffa lata* S. *Catinus* T. *Polonorum focus* V.

Quin etiam

Quinetiam operæ precium est fornacum, maximé earum in quibus venæ
preciosæ excoquuntur, cameras, quæ crassiorem fumi partem, metallis non
caren=

carentem,concipiant & coerceant,conftruere: quo fanè modo duæ plerunq;
fornaces conjunguntur fub unam teftudinem: quam murus, ad quem illæ
funt extructæ, & quatuor pilæ fuftinent: fub qua venarum excoctores fuum
munus perficiunt: eadem teftudo habet duo foramina, per quæ fumus è fornacibus afcendit in latam illã cameram, quæ quò latior eft, eò plus fumi concipit. In hujus media fupra teftudinem parte eft foramen, altum palmos tres,
latum duos: id utriufq; fornacis fumum, ad cameræ latera afcendentem ufq;
ad ejus teftudinem, & cùm eluctari non pofsit rurfus defcendentem, excipit:
& per caminum, quem Græci καπνοδοχὼ, nomine ex re invento, appellant,
emittit: qui totus in muro inclufus habet aliquot bracteas ferreas, ad quas
materia metallica, cum fumo fublata, tenuior adhærefcit, ut crafsior, ex qua
fit cadmia, ad cameram, quæ non rarò in ftirias concrefcit: in altero cameræ
latere eft feneftra, in quam vitrea fpecularia funt impofita, ut lumen tranfmit-
tere, fumum coercere pofsit: in altero janua, quæ, cùm venæ in fornacibus excoquuntur, tota clauditur, ut nullus fumus exire pofsit: cùm fuligo & pompholyx abftergedæ funt, aut cadmia decutienda, aperitur, ut operarius afcendens per eam in cameram ingredi pofsit: ea verò fuligo cũ pompholyge permifta, bis fingulis annis undique abfterfa, & cadmia decufla per canalem longum, ex quatuor afferibus conjunctis in quadranguli figuram formatum, ne
avolet, dejicitur in folum officinæ, & aquis falfis afpergitur: rurfusq; cum vena & fpuma argenti excocta dominis emolumento eft. Tales autem cameræ,
quæ materiam metallicam cum fumo fublatam excipiunt, utiles funt, cùm ad
omnes venas metalli divites, tum maximè ad minutulas particulas metallicas, ex venis faxisque contufis & lavatis collectas: quòd hæ ipfæ ex igni fornacum foleant evolare.

*Fornaces* A.  *Teftudo* B.  *Pilæ* C.  *Camera* D.  *Foramen* E.
*Caminus* F.  *Feneftra* G.  *Janua* H.  *Canalis* I.

Expofui

Expoſui generatim quarundā venarū excoquendarū ratioñe: ñunc ſingu-
latim dicā de cujuſq; metalli venis quomodo excoquēdæ, vel ex ipſis metalla
cóficienda ſint, orſus ab auro: ejus arena & ramenta loturâ, vel pulvis alio modo col-

do collectus faepius excoqui non debet, fed aut cum argento vivo permifceri
& aqua tepida affufa omnis fpurcicia elui; quam rationem feptimo libro explicavi: aut in aquam, quae aurum fecernit ab argento, conjici, quae etiam ipfa
illud feparat à fpurcicia. Cernimus enim aurum in ampullam vitream delabi:
fed poftquam omnis aqua ex pulvere deftillarit, is non raro fulvus in ampul-
lae fundo refidet; qui faepius oleo, ex fece vini ficca confecto, madefactus ficcetur, & in catinum conjectus cum nitro factitio, quod chryfocollam nominamus, vel halinitro & fale excoquatur: aut idem pulvis cominutus in argentum liquefactu, quod ipfum combibit, injiciatur; à quo rurfus id aqua illa valens feparet. Sed auri venam excoquere oportet, vel extra fornacem in catino, vel in fornace; in illo parvā ejus portionem, in hac grandem: etenim auri
rudis, quicunq; color ei infederit, comminuti, fulfuris, falis fingulorum libra,
aeris triens, aridae vini fecis quadrans tribus horis lento igni coqui debent in
catino; deinde acriori ut liquefcant, miftura in argentum liquefactum injici.
Ejufdem auri rudis cominuti libra, & ftibii, item cominuti, felibra pmifcean-
tur; & in catinum cōjecta fimul cum fcobis aeris elimatae, eis fubjectae, femuncia coquantur ufque dum liquefcant; tum globulorum plumbeorum fextans
injiciatur in eundem catinum. Quàm primū vero miftura expirat odorem,
fcobs ferri elimata ad eam adjiciatur: vel, fi ea in promptu nō fuerit, ejus fquama; utraque enim frangit vires ftibii. Quod cùm ignis confumit non modò
unà cum eo, quae ipfius ftibii vis eft, aliqua auri particula, fed etiam argenti, fi
cum auro fuerit permiftum, confumitur: maffa ex catino fictili exempta & refrigerata in catino cinereo excoquatur, primò ufq; dum ftibium exhalet, deinde donec plumbum ab eo feparetur. Eodem modo pyrites, qui aurum in fe
continet, cōminutus coquatur: fed ipfe & ftibium par pondus habere debent;
verùm ex eo multis aliis modis aurum confici poteft. Nam comminuti pars
permifcetur cum aeris partibus fex, fulfuris parte una, falis parte dimidia, o-
mnibusq; in ollam injectis fuperfunditur vinum, quod è fecibus vini liquidis,
in ampulla excoctis, deftillavit. Olla operculata & luto oblita in loco calido
reponitur, ut miftura, vino madefacta, fex dierum fpacio ficcetur: deinde tribus horis igni leni coquitur, tum cum plumbo mifta acriori. Poftremò conjicitur in catinum cinereum, & aurum à plumbo feparatur. Aut ramenti ex
pyrite alióve lapide, ad quem aurum adhaeret, lotura collecti libra mifcetur
cum falis felibra, aridae vini fecis felibra, recrementorum vitri triente, recrementorum auri vel argenti fextante, aeris ficilico. Catinus, in quem haec conjecta funt, operculo tectus oblinitur luto, & imponitur in fornaculā quae modicis foraminibus flatu infpiratur; atq; coquitur donec ipfa rubefcat, & res in-
jectae cōmifceantur: quod ipfis quatuor vel quinq; horarum fpacio folet accidere. Miftura refrigerata rurfus teritur in pulverem, & ad eam fpumae argenti libra adjicitur, rurfusq; in altero catino coquitur ufque ad eum finem dum
liquefcat. Maffa exempta & à recrementis purgata, injicitur in catillum cinereum, atque aurum à plumbo feparatur. Aut pulvis qui habet talis ramenti metallici lotura collecti & praeparati, falis, halinitri, aridae vini fecis, recrementorum vitri fingulorum libram, coquitur donec liquefcat. Refrigeratus & comminutus lavatur: mox ad eum adjicitur argenti libra, fcobis aeris elimatae triens, fpumae argenti fextans: & iterum coquitur ufque dum
liquetur.

liquetur. Pòft maffa à recrementis purgata conjicitur in catinum, & aurum
atque argentum à plumbo feparantur: aurum deniq; ab argento aquâ illâ valenti fecernitur. Aut pulvis, qui conftat ex talis ramenti metallici lotura collecti & præparati libra, fcobis æris elimatæ quadrante, pulveris fecundi, qui
venas liquefacit, libris duabus, coquitur donec liquefcat. Miftura refrigerata denuò in pulverem refolvitur, torretur, lavatur: quo modo fit pulvis cæruleus; cujus & argenti & pulveris fecundi, qui venas liquefacit, fingulorum
libra, plumbi libræ tres, æris quadrans, fimul coquuntur donec liquefcant.
Deinde maffa, ut proxima, tractatur. Aut pulvis, qui fit ex talis ramenti metallici lotura collecti & præparati libra, halinitri felibra, falis quadrante coquitur ufque dum liquefcat. Miftura refrigerata denuò teritur in pulverem,
cujus libra argenti liquefacti libræ quatuor combibunt. Aut pulvis, qui conficitur ex id genus raméti libra, fulfuris libra, falis fefquilibra, falis ex arida vini fece facti triente, æris cum fulfure refoluti in pulverê triente, coquitur donec liquefcat. Poftea plumbo recoquitur, & aurum à reliquis metallis feparatur. Aut pulvis, qui habet id genus ramenti libram, falis libras duas, fulfuris
felibram, fpumæ argenti libram, coquitur & ex eo conflatur aurum. His & fimilibus modis ramentum aurum in fe continens, extra fornacem excoqui debet, fi vel paucum, vel valde dives erit. Si verò multum fuerit, aut pauper, in
fornace; magis verò vena quæ non teritur in pulverem: præfertim cùm ejus
copiam auraria fuppeditaverint. Sed ramentum auri particeps cum fpuma
argenti & molybdæna permiftum, adjecta ferri fquama excoquatur in fornace, cujus os ad tempus clauditur, aut in prima vel fecunda, cujus os femper
patet: quo modo mox ex auro & plumbo fit miftura, quæ in fecundas fornaces inferatur. At pyritæ vel cadmiæ, quæ aurum in fe continet, duæ partes uftæ conjiciantur in unam non uftam & fimul excoquantur in tertia fornace, cujus os femper patet, fiantq; ex eis panes: qui fæpius cremati recoquantur in fornace cujus os ad tempus clauditur, vel in aliis duabus, quarum os
femper patet: quo modo plumbum forbet aurum, five purum fuerit, five argentofum, five ærofum: quæ miftura etiam in fecundas fornaces inferatur.
Pyrites verò, vel alia auri vena cum multa materia, quæ igni confumpta è fornace evolat, permifta excoquatur cum lapide, ex quo conflatur ferrum, fi is
in promptu fuerit. Sex autem partes talis pyritæ, vel auri venæ in pulverem
refolutæ & cribratæ, quatuor lapidis, ex quo ferrum conflatur, item comminuti, tres calcis aquâ reftinctæ permifceantur, & aquâ madefiant; ad quas adjiciantur partes duæ & dimidia panis, qui aliquid æris in fe continet, & recrementorum pars una & dimidia: fed tot panum fragmenta, quot alveus capit,
injiciantur in fornacem; deinde res permiftæ & recrementa. Cùm verò jam
media catini pars liquoribus, qui è fornace defluxerunt, referta fuerit, tunc
primò recrementa detrahantur; deinde panes ex pyrite conflati: poftremò
miftura æris, & auri, & argenti, quæ in fundo refidet: fed panes leniter tofti
cum plumbo recoquantur, fiantque panes qui in alias officinas inferantur.
Miftura verò æris & auri ac argenti non torreatur, fed etiam ipfa cum pari
portione plumbi recoquatur, & quidem in catino, atque conficiantur panes
multo magis quàm jam dicti æris & auri divites. Verùm ut miftura auri &

E

argenti divitior fiat, ad ejus libras decem & octo adjiciantur, venæ crudæ ii.
bræ octo & quadraginta, lapidis, ex quo ferrum conflatur, libræ tres, panis
ex pyrite confecti, vel cum plumbo permisti dodrans, & simul coquantur in
catino donec liquescant: detractis recrementis & panibus, ex pyrite conflatis, mistura inferatur in alias fornaces. Sequitur argentum, cujus puri vel præstantissimi rudis effossæ massulæ non sunt excoquendæ in primis fornacibus, sed in catillis ferreis, ut suo loco dicam, calfactæ, & cùm in secundis fornacibus argentum à plumbo separatur in stannum liquefactum injectæ, pur-
gandæ: sed ejusdem tenuissimæ bracteæ, vel minutæ massulæ ad lapides aut
marmora aut saxa adhærescentes, item eædem massulæ cum terris permistæ,
aut non satis puræ, simul cum panibus, ex pyrite conflatis, & argenti recrementis, atque lapidibus, qui facilè igni liquescunt, secundi generis excoqui
debent in fornace, cujus os ad exiguum tempus clauditur: at glomis, qui totus è minutis argenti puri filis constat, & ejusdem rudisque virgulæ in olla, ne
evolent, inclusæ, ac in eandem fornacem conjectæ unà cum reliquis argenti
venis excoquendæ sunt. Quidam etiam rudis argenti massulas non satis puras in ollis vel catinis triangularibus, operculatis & luto oblitis, inclusas excoquunt: verùm eas ollas in fornacem non conjiciunt, sed collocant in fornacula, quæ flatu venti modicis foraminibus inspiratur: atque hi adjiciunt ad
argenti rudis partem unam spumæ argenti cominutæ partes tres, & totidem
molybdœnæ partes, lapidis plumbarii facilè liquescentis, partem dimidiam,
atque exiguam salis & squamæ ferri portionem. Stannum quidem, quod in
fundo vasis residet, ut aliud, in secundas fornaces infertur: recrementa verò
recoquuntur cum cæteris argenti recrementis. Sed ollæ vel catini, ad quos
stannum aut recrementum adhæserit, sub pila subjecti tunduntur & lavantur, atq; ramentum inde collectum unà cum recrementis excoquitur: quæ ratio argenti rudis excoquendi, si modicum fuerit, optima est; quòd ne minima
quidem argenti portio ex olla vel catino evolare & perire possit. Sed vena
plumbi cinerei & stibii ac molybdœna, si argentum in se continent, cum reliquis argenti venis excoquantur: similiter lapis plumbarius, si paucus fuerit, &
item pyrites. Si verò lapis plumbarius fuerit multus, sive magna, sive parva argenti portio in eo inest, separatim ab aliis excoquatur: quam rationem paulo
post explicabo: quia enim nigri plumbi, sicut etiam æris venæ, eis metallis ple-
rúnq; cómunes sunt cum argento, & nunc & postea de ipsis dicere multù refert; pari modo pyrites, si multus fuerit, seorsum excoquatur. Ex ejus tosti tribus partibus & crudi una, addito ramento, si quod lotura fuerit ex ipso confectum, & recrementis in tertia fornace, cujus os semper patet, panes conflentur, qui aquâ restincti crementur: atq; eorum partes plerunque quatuor cum
una pyritæ crudi parte rursus commistæ, in eadem fornace recoquantur: iterumque ex eis conflentur panes: ex quibus, si multa æris portio in eis fuerit,
crematis & recoctis statim æs conficiatur; sin exigua, crementur quidem, sed
recoquantur cum paucis recrementis mollibus: quo sanè modo plumbum,
quod est in catino liquefactum, sorbet argentum: ex materia verò pyritæ, quæ
supernatat, tertio conficiuntur panes, atque ex eis crematis & recoctis æs. Similiter ex cadmiæ, in qua inest argentum, ustæ tribus partibus permistis cum

pyritæ

pyritę crudi parte una & recrementis conflentur panes:qui cremati in eadem
fornace recoquantur : quo modo etiam plumbum, quod catinus in se continet, argentum combibit, quod stannum in secundas fornaces inferatur. Verùm crudi silices & lapides, qui facilè igni liquefcunt, tertii generis, ac cæteri,
in quibus pauca argenti portio inest, crudo pyritæ vel cadmiæ inspergi debent; tosti verò, crematis pyritæ vel cadmiæ panibus, quod separatim utiliter excoqui non possint: simili modo terræ, quę paucum argentum in se continent, iisdem inspergendæ sunt. Quod si pyrites & cadmia excoctorem de-
fecerint, tales lapides & terras excoquat cum spuma argenti, molybdæna, recrementis, lapidibus quī facilè igni liquefcunt. Sed ramentum, si lotura ex argento rudi fuerit ortum, excoquatur, vel cum spuma argenti & molybdæna
permiſtum, & prius uſtum donec liquatum fuerit:vel aquâ madefactum cum
panibus ex pyrite & cadmia conflatis: neutro modo delabitur ex fornace, aut
ex eadem evolat vi flatus follium & ignis agitatum. Sin ortum fuerit ex lapide plumbario, toſtum cum eo excoquatur: si ex pyrite, cum pyrite. At æs
purum sive proprius ei color insederit, sive chryſocolla vel cæruleo fuerit
tinctum, & rude plumbei coloris, aut fusci, aut nigri, excoquantur in fornace, cujus os vel ad exiguum tempus clauditur, vel semper patet: & tunc quidem in prima: in eo si magna argenti portio fuerit, majorem ipsius partem
plumbum in catinum injectũ & liquatum sorbet, reliqua simul cum ære venditur dominis officinę, in qua argentum ab ære secernitur: sin exigua, nullum
plumbum in catinum conjicitur, quod argentum combibat, sed id unà cum
ære domini jam cõmemorati mercantur; si nulla, æs statim perficitur. Quod
si tale æs in se continet aliquam rem fossilem non facilè liquescentem, sive pyrites fuerit, sive cadmia metallica fossilis, sive lapis, ex quo conflatur ferrum,
ad eam adjiciatur pyrites crudus facilè liquescens, & recrementa, atque ex eis
excoctis conflentur panes, ex quibus toties crematis, quoties res postulat, &
recoctis æs conficiatur. Attamen si aliqua argenti portio in panibus fuerit,
in quam plumbi impensa facienda sit, prius etiam id in catinum injectum &
liquefactum ipsam combibat. Æs verò rude minus syncerum, quale, cùm
plerunq; sit cinereum vel purpureum, nigricat & interdum partim cęruleum
est, hoc modo apud Rhetos excoquitur in prima fornace, cujus os semper patet. Primus excoctor(tres enim sunt) ad tantum æs rude, quantum recipiunt
vasa decem & octo, quorum quodque capax est modiorum Romanorum ferè septem, adjicit tantam plumbi recrementorum partem, quantam capiunt
cisia tria: tantam lapidis fissilis, quantam comprehendit cisium unum: tantam
lapidis facilè igni liquescentis, quantam pendit quintam centumpondii partem: aliquam præterea particulam ramenti lotura ex diphryge & cadmia collecti: quæ omnia duodecim horarum spacio excoquit, conficitque primarios
panes pendentes sex centumpódia : & misturam, cujus dimidia pars ex ære &
argento conſtat, pendentem dimidium centumpódium, atq; ea infimum catini locum occupat. In singulis autem panum centumpondiis inest argenti
selibra, & interdum præterea semuncia: in dimidio misturæ centumpondio
argenti bes vel dodrans, qua ratione singulis hebdomadis, si operarum dies
sex fuerint, efficit panum centumpondia sex & triginta : misturæ tria, in qui-

bus plerunque insunt argenti ferè quatuor & viginti libræ. Alter excoctor à
primariis panibus separat maximam argenti partem, quam plumbum sorbet:
etenim ad decem & octo centumpondia panum ex ære rudi conflatorum addit molybdænæ & spumæ argenti duodecim centumpondia: lapidis, ex quo
conflatur plumbum nigrum, tria: panum durorum, qui plus argenti in se
continent, quinque: panum æreorum fatiscentium, duo: addit insuper aliqua
recrementa, quæ cùm excoqueretur æs rude, supernatarunt, & particulam
ramenti ex cadmiis confecti: quæ omnia item duodecim horarum spacio excoquit, efficitq́; tot secundarios panes, quot pendunt decem & octo centumpondia: atq; misturam æris, & plumbi, & argenti, pendentem duodecim centumpondia: in quorum singulis inest argenti selibra: quam misturam, postquam conto uncinato detraxit panes, effundit in æneos vel ferreos catinos:
quo modo quatuor fiunt panes qui inferuntur in officinam, in qua argentum
ab ære secernitur: idem excoctor die sequenti ad secundariorum panum decem & octo centumpondia rursus adjicit molybdænæ & spumæ argenti duodecim centumpondia: lapidis, ex quo conflatur plumbum nigrum, tria: panum durorū, qui plus argenti in se continent, quinque: recrementa quæ, cùm
ipse excoqueret panes primarios, supernatarunt: ramentum loturâ ex cadmiis
quæ tunc fieri solent, confectum: quæ omnia similiter duodecim horarum
spacio excoquit; atque efficit tot tertiarios panes, quod pendunt tredecim
centumpondia: at misturam æris, & plumbi, & argenti, pendentem undecim centumpondia: quorum singula in se continent argenti trientem & semunciam: quam, ubi conto uncinato detraxit tertiarios panes, effundit in æ-
reos catinos: qua ratione iterum quatuor fiunt panes; qui, ut priores, inferuntur in officinam, in qua argentum ab ære secernitur: hoc modo secundus excoctor alternis diebus primarios panes, alternis secundarios excoquit. At tertius excoctor ad tot panes tertiarios, quot capiunt undecim cisia, addit panum durorum, in quibus minus argenti inest, tria cisia: & recrementa, quæ,
cùm ipse excoqueret secundarios panes, supernatarunt; & ramentum lotura ex cadmiis, quæ tunc fieri solent, confectum: ex quibus omnibus excoctis
efficit tot quartarios panes, quos duros nominant, quod pendunt viginti centumpondia, & tot panes duros, qui plus argenti in se continent, quot pendunt quindecim centumpondia; in quorum singulis inest argenti triens. Hos
panes secundus excoctor, ut dixi, adjicit ad primarios & secundarios panes
eùm eos recoquit: idem ex tot quartariis panibus ter crematis, quot recipiunt
undecim cisia, conficit ultimos panes, quorum centumpondium tantummodo semunciam argenti in se continet: & panum durorum, in quibus minus
argenti inest, quindecim centumpondia; in quorum singulis inest argenti
sextans. Hos panes tertius excoctor, ut dixi, addit ad panes tertiarios cùm
eos recoquit. Sed ex ultimis panibus ter crematis & recoctis conficitur æs
nigrum. At æs rude, ex quo conficitur æs purum, quod vel paucum argentum in se continet, vel non facilè liquescit, primò excoquatur in tertia fornace cujus os semper patet: atque ex eo fiant panes, qui septies cremati deinde
recoquantur, & ex eis confletur æs; cujus panes inferantur in alterius generis
fornacem, in qua sic tertiò coquantur, ut in æris parte inferiore plus argenti,
minus

minus in superiore remaneat, quam rationé liber undecimus explicabit. Pyrites autem, quia plerunque non modò æs, sed etiam argentum in se continet, quomodo excoquendus sit cùm de argenti venis scriberem, exposui. Sed si in eo argenti minimum fuerit, & æs, quod ex eo conflatur, non facilè tractari poterit, ratione, quam proximè explicavi, excoquatur. Postremò lapis fissilis ærosus, sive bitumen, sive sulfur in se contineat, ustus excoquatur cum lapidibus, qui facilè igni liquescunt, secundi generis, conficianturque panes, quibus recrementa supernatant. Ex panibus septies plerunque crematis & recoctis conflentur recrementa & duplices panes: quorum alteri ærei sunt, & infimum in catino locum occupant; atque hi venduntur dominis officinarum, in quibus argentum ab ære secernitur: alteri cum primariis panibus recoqui solent. Si verò lapis fissilis parvam æris portionem in se contineat, uratur, sub pila subjectus cóminuatur, lavetur, cribretur; ramentum inde confectum excoquatur, & ex eo fiant panes, ex quibus crematis æs conficiatur: verùm si ad lapidem fissilem chrysocolla, vel cæruleum, vel terra lutea aut nigra adhæserit, in quibus æs & argentum insunt, non lavetur, sed comminutus cum lapidibus, qui facilè igni liquescunt, secundi generis eodem modo excoquatur. At plumbi nigri vena sive molybdæna fuerit, sive pyrites, sive lapis, ex quo id conflatur, plerunque excoquitur in propriis fornacibus, de quibus supra dixi, sed non minus sæpe in tertia, cujus os semper patet. Focus & catinus conficiuntur ex pulvere, in quo parva quædam squamæ ferri portio inest: recrementa ferri potissimum talis venæ additamentum sunt, quorum utrunq; solertes excoctores utile arbitrantur, & è re dominorum esse; quòd ea ferro natura sit, ut nigrum plumbum in unum cogat. Si molybdæna vel lapis, ex quo id conflatur, excoquitur, mox è fornace in catinum effluit plumbum: quod recrementis detractis cochleari haustum effunditur: si verò pyrites, primò è fornace, ut Goselariæ videre licet, in catinum defluit liquor quidam candidus, argento inimicus & nocivus; id enim comburit: quocirca recrementis, quæ supernatant, detractis effunditur: vel induratus conto uncinato extrahitur; eundem liquorem parietes fornacis exudant: deinde ex fornace in catinum defluit stannum, hoc est mistura plumbi nigri cum argento; de quo stanno prius detrahuntur recrementa, non rarò, ut nónulli pyritæ sunt, candida, posterius pyritæ panes, si quos habet; in his aliqua æris portio solet inesse: sed quia perexigua & sylvæ carbonum copiam non suppeditat, æs ex ipsis non conflatur. Ex stanno autem in catillos ferreos infuso, item fiunt panes; qui, cùm in secunda fornace coquuntur, argentum separatur à plumbo; quod partim in spumam argenti, partim in molybdænam mutatur: ex quibus in prima fornace recoctis conficitur plumbum depauperatum: nam ejus centumpondium unam tantúmodo argenti drachmam in se cótinet; cùm anteaquam argentum ab eo separaretur in ejus centumpondio argenti plus minus unciæ tres inerant. Sed lapilli nigri & cæteri, ex quibus conficitur plumbum candidum, excoquantur in sui generis fornacibus: quæ angustiores quàm reliquæ fornaces esse debent, ut ignis parvus, quem postulat vena, parétur: sed altiores, ut angustiam sua altitudine compensent: & ferè eadem capacitas, quæ aliarum est fornacú, fiat; superius à fronte clausæ sint, ab altero latere pateant,

E 3

& ad ipfum gradus habeant: nam eos ad frontem propter catinos habere non
poffunt; quibus gradibus excoctores afcendentes lapillos in ipfas conjiciant:
cujufque fornacis fundum nullo pulvere, ex terra & carbonibus comminutis
facto, paretur, fed in ipfo officinae folo faxum arenarium non nimis durum
locetur; & quidem paululum declive, quod longum fit pedes duos & dodrantem, latum totidem pedes, craffum pedes duos: quanto enim craffius fuerit,
tanto diutius in igni durat. Circum id quadrangula fornax alta ad pedes octo
vel novem futura extruatur ex latis arenariis faxis vel ex iftis vilibus, quae natura de diverfa materia compofuit; interius undique aequabiliter luto oblina-
tur, ut pars cava fuperius fiat longa pedes duos, lata unum, deorfum vero
verfus paulo minus & longa & lata; fupra eam duo fint parietes, inter quos
fumus ex fornace afcendat in folarii pavimentum, atque tandem per anguftum tecti foramen eluctetur. Saxum autem arenarium iccirco in fundo fornacis declive locetur, ut plumbum ex lapillis conflatum per os fornacis in catinum defluere pofsit. Quoniam vero excoctoribus acri igni opus non eft,
nec neceffe habent follium nares in aeneam vel ferream fiftulam imponere,
fed tantum in muri foramen. Attamen folles pofteriore parte altius collocentur, ut naribus flatum recta verfus os fornacis expirent; ut vero non acrem,
nares latae fint: acrior enim ignis ex lapillis nigris plumbum conflare non folet, fed eos conficere & in cinerem mutare; prope gradus faxum ponatur excavatum, in quod conjiciantur lapilli nigri excoquendi; quorum quoties tot
in fornacem excoctor injiciet, quot batillum ferreum capere poteft, toties fuperinjiciat carbones; qui omnes prius in vas conjecti, & aquis abluti ab arenis atque lapillis, fi qui ad eos adhaeferint, purgentur; ne fimul cum lapillis nigris liquefcentes os obftruant, & plumbi liquidi ex fornace effluvium fiftant;
os fornacis femper pateat: ante quod fit catinus paulo femipede altior, longus dodrantes duos, latus unum. In eum luto oblitum ex ore influit plumbum; ad cujus catini alterum latus fit humilis murus; latior dodrante, longior pede, in quo pulvis carbonum jaceat: ad alterum, officinae folum declive,
ut eo comodius recrementa defluere & detrahi pofsint; quamprimum autem
plumbum ex ore fornacis in catinum defluere coeperit, excoctor partem pulveris à muro in eum detrahat, ut à calido recrementa feparentur; utq; eo contegatur, ne pars ipfius calore refoluta cum fumo evolet. Si vero poft detracta recrementa pulvis totum plumbum non conteget, ejus plufculum rutro
detrahat: idem faciat cùm os catini, quod conto reclufit ut plumbum in alterum catinum rotundum, item luto oblitum, effluere pofsit, rurfus luto vel puro, vel cum pulvere carbonum permifto, obftruet. Habeat etiam excoctor
in promptu fcopas, quibus verrat parietes, qui funt fupra fornacem: ad eos
enim & ad folarii pavimentum aliqui minutuli lapilli, ut excoctor diligens &
experiens fit, partim cum fumo adhaerefcere folent. Si quis vero harum rerum non fatis expertus, lapillos, qui plerunq; triplices funt, majufculi fcilicet,
mediocres, minutuli, fimul excoxerit, domini non exiguam plumbi jacturam
facient: etenim antea quàm majufculi vel mediocres liquefcunt, minutuli vel
exuruntur in fornace, vel ex eo evolantes non modo ad parietes adhaerefcunt,
fed etiam in folarii pavimentum decidunt: quos dominus officinae, venarum

dominis

dominis ſuo quodam jure abripit; qua de cauſa experientiſsimus quiſque excoctor alios ſeparatim ab aliis excoquit: & quidem minutulos in latiore fornace;mediocres,in media; majuſculos,in anguſtiore. Quinetiam cùm minutulos excoquit, leni follium flatu utitur; cùm mediocres, mediocri; cùm majuſculos,vehementi. Nam ſi primos excoquit, lento igni indiget; ſi alteros,
mediocri; ſi tértios,acri. Multò tamen minus acri quàm cùm vénas vel auri
vel argenti,vel æris excoqui. Cùm autem in hoc labore continenter tres dies
& noctes, ut fieri ſolet, excoctores operam conſumpſerint, lapillorum minu-
tulorum majus pondus conflare poſſunt, quòd citò liqueſcant; majuſculo-
rum minus, quòd tarde; mediocrium mediocre, quòd medio modo ſe habeant: qui tamen in fornace,modò latiore,modò mediocri,nunc verò anguſtiore non facta, lapillos omnes excoquunt, hi, ut magnum damnum non faciant, primò in eam minutulos injiciunt,deinde mediocres,tum majuſculos,
poſtremò non ſatis puros; atque,ut convenit,follium flatum immutant. Ne
verò lapilli prius ex magnis carbonibus, in fornacem injectis, devolvantur in
catinum quàm ex eis plumbum confletur, excoctor parvis utitur: atq; primò
tales carbones, aquâ madefactos, injicit in fornacem,deinde lapillos, tum iterum ac ſæpius viciſsim carbones & lapillos. Sed lapilli collecti ex materia,
quæ diebus æſtivis in foſſa,in quam immittitur rivus,lavatur, hybernis in laminam ferream foraminum plenam conjecta, excoquantur in fornace palmum latiore quàm ea eſt in qua minutuli lapilli, ex terra effoſsi, conflantur:
ſed ad eos excoquendos vehementiore flatu follium, & acriore igni opus eſt
quàm ad majuſculos excoquendos. Verùm quicunque lapilli coquuntur, ſi
prius plumbum ex fornace effluit,multum ex eis conficitur; ſi recreméta,pau-
cum. Cum ipſis enim permiſcetur: quod tunc accidere ſolet, cùm lapilli vel
minus puri,vel ferrugine, quæ ſatis cremata nõ fuit, infecti in fornacem conjecti fuerint,vel plures quàm oportet: tunc enim,quanquam puri ſunt & facilè liqueſcunt, ſimul cum recrementis, cum quibus miſcentur,aut effluunt,aut
in fornace adeò ſubſidunt, ut munere excoquendi neceſſariò intermiſſo re-
fringenda ſit. Quoties autem recrementa de plumbo per declive officinæ ſolum defluxerint, & rutro detracta fuerint, toties os catini aperiatur, & plumbum derivetur in alterum catinum: quod quamprimùm effluxerit, os luto
cum pulvere carbonum permiſto,rurſus obturetur. In hoc catino prunæ in-
ſint, ne plumbum mox effundendum refrigeſcat: ex eo, ſi tam impurum fuerit, ut opera inde formari non poſsint, effuſo conficiantur panes recoquendi
in foco, de quo paulò pòſt dicam: ſi purum, ſtatim æreæ laminæ craſſæ ſu-
perfundatur prius rectis lineis, deinde ſuper eas tranſverſis ut cancelli fiant:
quorum ſinguli ferro ſignatorio in eos impreſſo ſignentur, ſi plumbum ex
lapillis effoſsis conflatum fuerit, unum tantummodo ſignum,magiſtratus
ſcilicet imprimi ſolet: ſi ex lapillis ſola loturâ collectis, duo magiſtratus &
furca,qua lotores utuntur: tum ex id genus cancellis plerunque tribus ligneo
malleo compactis & coagmentatis formetur una maſſa. Recrementa verò
detracta, mox bacillo ferreo conjiciantur in lacuſculum ex una arbore cavatum,& agitata purgentur à carbonibus: tum exempta contundantur malleo
ferreo quadrangulo: deinde cum lapillis proximè coquendis recoquantur.

Sed quidam recrementa ter uda pilis subjecta tundunt,terq; recoquunt: quorum adhuc humidorum si magnus acervus fuerit coctus, ex eis paucū plumbum propterea conflatur, quòd mox liquefacta rursus ex fornace defluant in
catinum. Sed lutum & glareæ, quibus tales fornaces incrustantur, item cadmiæ, quia non rarò concipiunt lapillos prorsus non liquatos vel semiliqua-
tos, & plumbi guttas combibunt, pilis udis subjecta tundantur: quo modo lapilli prorsus non liquati per cancellos effluunt in canalem, & ut reliqui lapilli lavantur; semiliquati verò & plumbi guttæ ex capsa exemptæ primùm cribro, in quo non exigua earum portio remanet, laventur: deinde in area, linteis extensis contecta. At fuligo ad partem camini, quæ fumum emittit, adhærescens, quia etiam ipsa sæpius in se continet lapillos minutulos, qui cum
fumo ex fornace evolarunt, in area jam dicta, & alterius canalis lavetur: verùm plumbi guttæ & semiliquati lapilli, quos lutum & lapides, quibus incrustantur fornaces, combiberunt, atque reliquiæ plumbi, ex utroque catino exempti, simul cum lapillis excoquantur. Cùm autem lapilli nigri tribus diebus & totidem noctibus in fornace, sicuti suprà dixi parata, excocti fuerint,
nonnullæ particulæ saxorum, ex quibus fornax est extructa, igni labefactatæ decidunt: quare follibus sublatis fornax posteriore parte perfringatur, &
cadmia primò malleis decutiatur, deinde fornax interius tota eorundem saxorum glareis, ad id aptatis, & luto rursus æquabiliter incrustetur: saxum
etiam arenarium, in solo fornacis locatum, si fecerit vitium, eximatur, & in
ejus locum reponatur alterum: quod ei superest, excoctor acuto malleo rese-
cet atque aptet.

*Fornax* A. *Ejus os* B. *Catinus* C. *Ejus os* D. *Re-*
*crementa* E. *Rutrum* F. *Alter catinus* G. *Parie-*
*tes camini* H. *Scopæ* I. *Lamina ærea* K. *Cancel-*
*li* L. *Ferrum signatorium* M. *Malleus* N.

Alii

Alii ad murum extruunt duas fornaces, jam à me descriptis prorsus assimiles, & supra eas testudinem, quam murus & quatuor pilæ sustinent, per cujus
testudi-

teſtudinis foramina fumus è forñacibus aſcendit in latam cameram, ei, quam
ſuprà deſcripſi, ſimilem, niſi quòd in utroque latere habeat feneſtram, oſtio
careat. Excoctores enim fuliginem abſterſuri primò gradibus, qui ſunt ad latera fornacum aſcendunt, deinde ſcalis per teſtudinis foramina, quæ ſunt ſupra fornaces, in cameram, ubi fuliginem abſtergunt, converrunt, in alveos
colligunt: quos alius aliò deportandos & effundendos tradit: ea camera etiam
ab altera differt caminis, quos duos habet domi uſitatis non diſsimiles: hi fumum, qui per ſuperiorem partem concameratam eluctari non poteſt, refra-
ctum & repercuſſum excipiunt, & inanem plumbi tandem emittunt: nam
plumbum calore ignis reſolutum & in cinerem mutatum, atque lapilli minutuli cum fumo evolantes in camera remanent, aut ad laminas æreas, quæ ſunt
in camino adhærent.

Fornaces A. *Catinus propior fornaci* B. *Ejus os* C.
*Alter catinus* D. *Pilæ* E. *Camera* F. *Feneſtra* G.
*Camini* H. *Vas in quo carbones abluuntur* I.

Si plum-

Si plumbum candidum adeo fuerit impurum, ut, cum malleo percussum
ducitur, rimis fatiscat, statim ex eo cancelli non fiunt, sed panes, ut suprà dixi,
qui

qui in foco denuo cocti purgantur. Is constat ex saxis arenariis mediam ejus partem & catinum versus paululum declivibus, & quà conjunguntur luto ob-litis: in eo utrinque arida ligna vicissim recta & transversa collocantur, item in medio crassiora; quibus imponuntur plumbei panes quinque vel sex, qui centumpondia circiter sex universi pendunt: hi lignis incensis stillant plum-bo, quod continenter defluit in catinum, qui in officinae solo est: in cujus cati-ni fundo plumbum impurum subsidet, purum supernatat; utrunq; magister cochleari haurit: sed prius purum haurire potest, ex quo aereae laminae crassae superfuso efficit cancellos; posterius impurum, ex quo panem. Discrimen au-tem quod inter ea est dum & haurit & effundit, fluendi facilitate atque diffi-cultate dignoscit: cancellati centumpondium pluris, in panis figuram forma-ti, minoris venditur. Nam precium illius, precium hujus aureo nummo supe-rat, ex cancellis quinque, quòd aliis leviores sint, ligneo malleo compactis & coagmentatis formatur una massa, & ferro signatorio, in ipsam impresso, si-gnatur. Quidam nullum in officinae solo catinum, in quem defluat plumbú, faciunt, sed in ipso foco: ex quo magister carbonibus remotis plumbum hau-stum laminae aereae superfundit. Purgamenta verò, quae ad ligna & carbones adhaerent, collecta in fornace recoquuntur.

*Focus* A. *Catinus* B. *Ligna* C. *Panes* D. *Cochleare* E. *Aerea lamina* F. *Cancelli* G. *Ferrum signatorium* H. *Malleus ligneus* I. *Massa plumbi can-cellati* K. *Batillum* L.

Quidam verò Lufitani ex lapillis nigris plumbum candidum in parvis
fornacibus conflare folent. Utuntur autem follibus teretibus è corio factis:
quibus priore parte eft orbis ferreus, pofteriore ligneus: in illius foramine
naris eft inclufa, in hujus medio foramen fpiritale: fuperius autem manubrium vel anfa,qua follis teres diductus accipit auras,compreffus eafdem reddit: is inter orbes habet aliquot annulos ferreos, ad quos torium fic eft affixum,ut tales finus fiant, quales videntur in his laternis chartaceis,quæ com-
plicari poffunt. Cùm autem iftiufmodi folles flatum vehementem non expirent,atq; tardius diducantur & comprimantur, excoctor toto die paulo plus
quàm dimidium plumbi candidi centumpondium conflare poteft.

*Fornax* A. *Folles* B. *Orbis ferreus* C. *Naris* D. *Orbis*
*ligneus* E. *Foramen fpiritale* F. *Manubrium* G. *Anfa* H.
*Annuli* I. *Maffæ plumbi candidi* K.

At ferri vena,cui præcipua bonitas, excoquatur in fornace, quæ fecundæ
ferè fimilis fit: etenim focus exiftat altus pedes tres & dimidium,latus & longus ad pedes quinque : in cujus medio fit catinus altus pedem,latus fefquipe-
dem.Quanquam altior vel humilior,atq; latior vel anguftior effe poteft, pro
ut ex vena plus minus've ferri conficitur. Magiftro certa venæ ferri menfura detur,five ex ea ferrum multum five paucum conflare pofsit: is operam &

F

labore in hac re infumpturus primò in catinum conjiciat carbones, atq; ipfis
tàtam ferri venam cominutam & cum calce, aquis nondum reftincta, permiftam infpergat, quantam batillum ferreum capit. Tum iterum ac fæpius &
carbones injiciat, & eis venam infpergat: & quidem ufq; dum acervum clementer affurgentem conftruat: quem tandem carbonibus incenfis igni, follium, artificiofe in fiftula collocatorum, flatu ad ardendum excitato, excoquat: quod opus perficere poteft modò horis octo, modò decem, nunc verò duodecim. Ne autem ignis ardor ei faciem, ut folet, adurat, totam pileo tegat: cui tamen fint foramina per quæ cernere & fpirare pofsit: ad fornacem
fit pertica, qua quoties res poftulat, poftulat autem cùm folles nimis acrem
flatum infpirant, vel ipfe venam reliquam & carbones adjicit, aut recrementa detrahit, fores canalis, per quem aquæ defluunt in rotam, axem, qui folles
comprimit, moventem fiftat, vel verfari permittat: quo fanè modo ferrum
confluit, & maffa pendens duo tria've centumpondia, pro ut vena ferri fuerit
dives, poterit confici: mox magifter viam recrementorum conto aperiat: quæ
cùm tota defluxerint, maffam ferream refrigerari finat: poftea ipfe & miniftri trudibus ferreis commotam de fornace in terram dejiciant: eamq; marculis ligneis, quibus manubria fint tenuia, fed quinq; pedes longa, percutiant,
ut & recrementa, quæ adhuc ad eam adhærefcunt, decutiant, ac ipfam adu-
nent fimul & dilatent. Etenim fi ftatim incudi impofitam percutiet magnus
malleus ferreus, ab axis, quem verfat rota, dentibus fublatus, difsipetur: attamen non multo poft forcipibus fublata, & eidem malleo fubjecta acuto fer-
rò in partes quatuor, vel quinq; vel fex, prout magna fuerit aut parva, fecetur:
ex quibus in altero camini foco recoctis, & rurfus incudi impofitis fabri formant maffas quadrangulas, vomeres, canthos, fed in primis bacilla: quorum
quatuor, aut fex, aut octo pendunt quintam centumpondii partem: atque ex
his denuo varia inftrumenta confici folent. Ad quanque autem mallei per-
cufionem adolefcens cochliari aquam in candens ferrum, quod formant fabri, infundit: atq; hinc eft quod percufsiones tam magnum fonum edunt, ut
longe ab officina audiatur. Maffa autem de fornace, in qua ferri vena excoquitur, dejecta in catino remanere folet ferrum durum, & quod difficulter
ducitur: ex quo confici poffunt præferrata pilorum capita, & durifsima quæque opera.

*Focus* A. *Acervus* B. *Via recrementorum* C. *Maffa* D.
*Marcul. lignei* E. *Malleus* F. *Incus* G.

Sed

Sed ad ferri venam, quæ vel ærosa est, vel cocta, difficulter liquescit, majore opera & acriore igni nobis opus est : etenim ejus partes, in quibus metal-
F    2

lum ineſt,non modo à reliquis,quæ nullum in ſe continent metallum, oportet ſecernere,& pilis ſiccis frangere:ſed & urere,ut alia metalla atq; ſuccos no-
civos exhalent : & lavare,ut levia quæq; ab eis ſeparentur. Excoquántur verò
in fornace primæ aſsimili,verùm multo ampliore & altiore; ut multam venam,multosq; carbones continere poſsit: nam partim venæ fragmentis,quæ
majora nuce non ſint , partim carbonibus compleatur : quas res excoctores
gradibus,qui ſint ad alterum latus fornacis, áſcendentes injiciant. At ex tali
vena modò ſemel,modò bis cocta conflatur ferrum,quod idoneum eſt ut in
foco,fornacis ferrariæ recalfiat,& magno illo malleo ferreo ſubjectum dilatetur,atq; ferro acuto in partes ſecetur.

*Fornax* A. *Gradus* B. *Vena* C. *Carbones* D.

At ars

At ars hoc modo ferrum igni & additamétis perficit , & ex eo efficit aciem, quã Grçci ςόμωμα nominant. Eligatur ferrum, quod ad liquefcendum eft aptú

& præterea durum, atq; quod facile duci poteſt. Nam etſi ex venis, quæ ipſi
cum aliis metallis communes ſunt, conflatum liquefcat, tamen aut molle eſt
aut fragile. Tale verò candens primò in minutas particulas ſecetur, & cum
lapidibus liquefcentibus comminutis permifceatur: deinde in foco fornacis
ferra, iæ fiat catinus ex eodem pulvere madido, ex quo fiunt catini, qui ſunt
ante fornaces in quibus venæ auri vel argenti excoquuntur: cujus latitudo ſit
ad ſeſquipedem, altitudo ad pedem. Folles autem ſic collocentur, ut ventum
medio catino per narem inſpirent: tum catinus totus optimis carbonibus
compleatur & circumcirca ponantur ſaxorum fragmenta, quæ ferri particulæ & carbones ſuperfuſos coerceant: ſed quamprimum carbones omnes ar-
ſerint, & catinus excanduerit, folles ventum inſpirent, atq; magiſter ſenſim
infundat tantam ferri & lapidis liquefcentis miſturam, quanta ſibi infunden-
da videbitur: in quam, cùm liquefacta fuerit, mediam quatuor ferri maſſas,
quarum ſingulę pendāt libras triginta, imponat: & acri igni quinq; vel ſex horis coquat, & bacillo immiſſo ferrum liquatum ſæpius agitet, ut ejus tenuiſsi-
mam quanq; particulam maſſarum parva foramina combibant: quæ particulæ ſua vi conſumunt & dilatant craſſas maſſarum particulas: quæ molles &
fermento ſimiles fiunt. Poſtea magiſter miniſtro adjutus, maſſam unam forcipe extractam incudi imponat, ut malleus à rota viciſſim ſublatus & demiſ-
ſus ipſam dilatet: quam confeſtim adhuc calidam in aquam injiciat & temperet: temperatam rurſus incudi imponat, eamq; eodem malleo percuſſam
frangat: mox inſpiciens fragmenta conſideret, utrum aliqua ex parte ferrum
adhuc appareat, an totum quodammodo ſit denſatum & mutatum in aciem.
Deinde aliam atq; aliam maſſam forcipe prehenſam & extractam in partes
ſecet, tum miſturam recalfaciat, & ad eam addat recentis partem: quæ & in
locum illius, quam combiberunt maſſæ, ſuccedit, & vires ejus, quæ reliqua
fuit, refcit, & maſſarum particulas, rurſus in catinum impoſitas, facit purio-
res: quarum quanq; ut primum excalfacta fuerit, forcipe prehenſam malleo
ſubjiciat, & in bacilli figuram formet. Quod, cùm adhuc excandeſcit, in frigi-
diſſimam aquam profluentem, quæ prope ſit, injiciat: quomodo repente denſatum in meram aciem vertitur: quæ ferro eſt multo durior & candidior.

*Catinus* A. *Folles* B. *Forcipes* C. *Malleus* D. *Flumen* E.

Reliquo-

Reliquorum aut metalloru venæ in fornacibus non excoquuntur, sed argêti vivi, ut etia ftibii, in ollis: plumbi cinerei, in canalibus. Sed primò dicã de argêto

vivo : id in lacunis , in quas ex venis fibrisq; confluxit, repertum colligatur:
aceto saleq; purgetur: in linteum lino xylino contextum,vel in alutam infundatur : per quam complicatam & compressam argentum vivum penetrans
purum in ollam vel patinam subjectam delabitur. Vena verò argenti vivi in
ollis excoquitur binis vel singulis: si in binis , superiores figura non multum
dissimiles sunt vitreis ampullis,in quas urinæ , medicis inspectandæ , infundi solent: continuo tamen recta sursum versus angustiores. Inferiores verò
similes sunt catillis,in quibus viri vel mulieres caseos conficiunt: sed utræque
utrisq; majores.Inferiores usq; ad margines in terra vel arena,vel cinere defo-
dere oportet,in superiores venam in particulas fractam injicere , eaq; com-
pletas obturare musco,& inversas in ora inferiorum imponere, qua conjunguntur oblinire luto,ne argentú vivum,quod in eas confugit,exhalet. Quanquam sunt qui,propterea quod defossæ sint , nihil tale metuentes eas non oblinunt: quiq; glorientur se non minus argenti vivi pondus conficere quàm
eos qui ipsas oblinunt: veruntamen oblitę luto ab exhalando magis tutę sunt:
quo sane modo septingenta ollarum paria in solo vel foco collocentur, & undique mistura,quæ constat ex pulvere terræ comminutæ,& à carbonibus re-
soluto,circumfundantur,ut ex ea superiores palmum modo extent:ad utrumque foci latus saxa prius posita sint,eisq; superimposita tigna, quibus operarii
longa ligna injiciant trasversa.Etsi verò ligna non attingunt ollas,acris tamé
ignis ardor eas calfaciens argentum vivum caloris impatiens per muscum in
ollas inferiores defluere cogit. Nam si vena excoquitur in superioribus ollis,
de eis,quà datur exitus,fugit in inferiores : si contrà in inferioribus , fertur in
superiores,vel in opercula, quæ simul cum vasis cucurbitinis ollarum superiorum locum obtinent. Sed ollæ , ne vitium faciant, ex optima argilla fin-
gantur:si enim vitium fecerint,argentum vivum ex eis unà cum fumo evolat:
qui si magna dulcedine odoratum commoverit,id ipsum consumi significat.
Quoniam verò is dentes mobiles efficit, excoctores & cæteri astantes hujus
mali admoniti terga obvertunt in ventos , qui fumum in contrariam partem
pellunt. Etenim officina circa frontem atq; latera patere,& ventis exposita esse debet: tales autem ollæ,si ex ære caldario factæ fuerint , in longum tempus
in igni poterunt durare. Hæc ratio venæ argenti vivi excoquendæ plurimis
est usitata.

*Focus ardens* A. *Ligna* B. *Focus non ardens in quo ollæ sunt collocatæ* C. *Saxa* D. *Ollarum ordines* E. *Ollæ superiores* F.
*Ollæ inferiores* G.

Simili

Simili modo ſtibii vena, ſi reliquorum metallorum expers fuerit, excoquitur in ſuperioribus ollis: quæ duplo ſunt majores quàm inferiores. Sed
quantæ illæ fuerint, ex panibus cognoſcitur: quibus non omnibus in locis
idem eſt pondus:nam alibi conficiuntur pendentes ſex libras,alibi decem,ali-
bi viginti: cùm excoctor in eo labore operam conſumpſerit, ignem aqua reſtinguit: opercula de ollis removet: circum & ſuper eas terram, cum cinere
permiſtam,conjicit: panes,ubi refrigerati fuerint,ex ollis eximit. Altera verò venæ argenti vivi excoquendæ ratio hæc eſt. Ollæ ventroſæ in ſuperiorem
fornacis quadrangulæ partem patentem impoſitæ, vena comminuta complentur,atq; operculis, quibus ſingulis ejus tintinabuli,quod vulgus campanam nominat,figura eſt ac naris oblonga,teguntur & obliñuntur:ſingula vaſa fictilia,quæ parva ſunt,& in cucurbitæ figuram formata, binas nares recipiunt, itemq; obliñuntur: mox aridis lignis in inferiore fornacis parte collocatis, & accenſis vena coquitur, donec omne argentum vivum in operculum, quod ſuperioris ollæ loco eſt, feratur: id deinde ex naribus defluens,
vaſa fictilia cucurbitina recipiunt.

*Ollæ* A. *Opercula* B. *Naris* C. *Vaſa fictilia cucurbitina* D.

Alii

Alii conclave concameratum extruunt : cujus folum pavimentatum faciunt medium verfus concavum,& in muro ejufdem conclavis craffo fornaces,quarum ora,per quæ in eas ligna imponatur, exteriore ipfius muri parte
funt : fornacibus ollas fuperponunt,& eas vena comminuta complent: circa
verò ollas fic fornaces undiq; lateribus luto conglutinatis claudunt,ut nullus fumus eluctari pofsit : fed eum totum cujufq; fornacis os emittat. Deinde
inter teftudinem & pavimentum collocat arbores virides: tu oftiu claudunt,
& feneftellas fpecularibus obducunt, atq; fic undiq; mufco & limo obturant,
ut conclave nullum argentum vivum exhalare pofsit : poftea lignis accenfis venam coquunt: quæ tandem exudat argentum vivum : quod caloris impatiens,frigoris amans in arborum folia,quibus refrigeratoria vis eft , fertur.
Excoctor,cùm opus perfecit,ignem reftinguit,& omnibus refrigeratis oftiu
& feneftellas recludit,atq; colligit argentum: quod,quia grave,magnam partem fua fponte ex arboribus decidit: & in concavam foli partem confluit: attamen fi totum non deciderit arboribus commotis decidet.

Conclave A. Oftium B. Feneftellæ C. Ora fornacum D. Fornax qualis in conclavi E. Ollæ F.

Quarta

Quarta ratio venæ argenti vivi excoquendæ ita se habet. Olla major super tripodem statuta, completur vena comminuta : cui superfunditur arena vel cinis duos digitos crassus, & tunditur : mox hujus ollæ ori alterius ollæ minoris os imponitur, & luto obturatur, ne spiritum emittat : vena igni cocta exhalat argentum vivum: quod per arenam vel cinerem penetrans, fertur in ollam superiorem: ubi in guttas concrescens, recidit in arenam vel cinerem: quo lavato, argentum vivum colligitur.

*Olla major* A.  *Minor* B.  *Tripus* C.  *Vas in quo lavatur arena* D.

Quinta

Quinta ratio est quartæ non multum disimilis: etenim in locum ollarum ollæ, sive vasa item fictilia reponuntur: quorum fundum est angustum, os amplum: ea fere complentur vena comminuta: cui similiter superfunditur cinis duos digitos crassus & tunditur. Vasa verò teguntur operculis digitum crassis, & interius spuma argenti liquata obductis: quibus lapis gravis superponitur: vasa in fornace collocantur: in quibus vena cocta simili modo exhalat argentum vivum: quod fugiens calorem fertur in operculum: ubi congelatum recidit in cinerem: quo item lavato argentum vivum colligitur.

*Ollæ* A. *Opercula* B. *Lapides* C. *Fornax* D.

His

His quinq; rationibus argentum uivum confici poteſt:quarum nulla ſper-
nenda & repudianda eſt:veruntamen,ſi fodina magnam venæ copiam ſuppeditat,prima eſt expeditiſsima & utiliſsima : quod multa vena ſimul ſine
magno impendio excoqui poſsit. At plumbum cinereum ex ſui generis venis argenti expertibus,conflatur variis modis. Primò fovea in ſolo ſicco foditur,& pulvere carbonum injecto pilis tunditur:deinde carbonibus candentibus ſiccatur:mox foveæ ligna fagina lata & arida ſuperponuntur:atque
in ea plumbi cinerei vena conjicitur:quamprimum autem ligna incenſa aí ſerint,vena excalfacta ſtillat plumbo in foveam defluente:cujus panis refrigeratus ex ea eximitur:quoniam verò lignis igni aduſtis ſæpe carbones,inter-
dum recrementa decidunt in plumbum,quod fovea concepit,& ipſum faciunt impurum,rurſus liquefaciendum eſt in aliquo catino,ut panis purus fieri poſsit:quam rem nonnulli conſiderantes foveam in declivi loco fodiunt,
& ſub eo catinum,in quem plumbum ex fovea ſtatim effluens manet purum:
atq; inde cochliari hauſtum infundunt in ferreos catillos luto interius oblitos,& ex eo conficiunt panes. Talem autem foveam planis lapidibus ſternunt,eorumq; commiſſuris,ne liquidum plumbum ſorbeat,lutum cum pulvere,& carbonibus comminutis facto,permiſtum illinunt. Alii venam in
canales,è piceaſtris factos,& loco declivi poſitos,cùm lenis ventus flaverit,
injiciunt,& lignis parvis ſuperimpoſitis & incenſis coquunt:quo modo plú-
bum cinereum liquatum ex canalibus defluit in ſubjectam foveam. Recrementa verò,ſive lapides,croceo colore in eis,ut etiam in lignis latis foveæ ſu-

G

perpositis, remanent: qui ipfi quoq; divenduntur.

*Fovea cui ligna fuperpofita funt* A. *Catinus* B. *Cochliare* C. *Catinus fer-*
*reus* D. *Panes* E. *Inanis fovea lapidibus ftrata* F. *Canales* G. *Fo-*
*vex canalibus fubjectæ* H. *Ligna parva canalibus fuperpofita* I. *Ventus* K.

Alii venam in ferreis catillis excoquunt hoc modo. Arida, & quidem exigua,ligna in lateres circiter sesquipedem inter se distantes vicissim recta & transversa imponunt & incendunt: ad quae apponunt catillos ferreos luto interius oblitos, & vena fracta plenos. Itaq; cùm ventus acris ignis flammam perfert in catillos,tunc vena stillat plumbo: quod ut confluere possit, vena forcipe agitatur: quàm primum autem conjiciunt eam omne plumbum exudasse,catillos forcipe prehendentes auferunt,& plumbum in vacuos catillos effundunt: atq; sic ex multo unà confuso panes efficiunt. Alii venam, cum qua cadmia non est mista,excoquût in fornace ferrariae simillima:in cujus fovea catinum ex terra comminuta,& cum pulvere carbonum permista faciût: atque in eum conjiciunt venam fractam, vel ejus ramenta lotura collecta, ex quibus plus plumbi conficitur: si venam, eam unà cum carbonibus & parvis lignis aridis excoquunt: si ramenta,cum carbonibus tantum : utranq; verò materiam,leni folliû flatu. Catino est canaliculus,per quem liquidum plumbum defluit in catinum subjectum,atq; ex eo fit panis.

*Ligna* A. *Lateres* B. *Catilli* C. *Fornax* D. *Catinus* E.
*Canaliculus* F *Catinus subjectus* G.

Alii in tumulo,é fodinis egesto,& ventis exposito focum construunt, altum pedem, latum pedes tres,longum quatuor & dimidium : eumque qua-

tuor afferum complexu coercent & continêt,atq; totum luto craffo fuperius
obducunt: in hunc primo imponunt arida & parva piceaftri ligna , deinde
fuper ea venam fractam injiciunt: tum ei fuperimponunt ligna , &,quò fpirat
ventus,incendunt: quo modo vena ftillat plumbo: lignis igni confumptis cineres & carbones deverrunt. Guttas verò plumbi,quæ ceciderunt in focum
& jam frigore concreverunt,forcipe exemptas in alveum conjiciunt , atq; ex
liquatis in catino ferreo panem conficiunt.

*Focus in quo vena excoquitur* A. *Focus in quo plumbi guttæ jacent* B.
*Forceps* C. *Alveus* D. *Ventus* E.

Alii deniq; capfam longam pedes octo,latam quatuor,altam duos , totam
ferè arena complent & lateribus fternunt,atq; fic focum efficiunt. Capfa in
medio habet ligneum codacem,qui verfatur in forma duorum tignorum inter fe tranfverforum : ea funt dura,craffa,in terra defoffa,utrinq; perforata:in
quæ foramina pali cuneati adiguntur,ut tigna immobilia maneant: capfa circumagi & in ventum,ex quacunq; cœli parte flantem , obverti pofsit.In tali
foco locant ferream cratem,tam longam & latam quàm ipfe eft , altam verò
dodrantem : cui pedes fex funt, bacilla autem tranfverfa tam multa ut fermè contigua fint: crati ligna tedæ imponunt,& fuper ea venæ fragmenta: fuper quæ rurfus ligna tedæ,his accenfis venam excoquunt: cujus plumbum ci-
nereü, quo ftillat,quia minimè comburitur, hæc excoquédi ratio utilifsima
eft : nam

eſt : nam plumbum per cratem in focum deſtillat, reliquiæ ſimul cum carbonibus in ea remanent. Opere ſemel perfecto excoctores cratem pertica de foco deponentes evertunt, atq; reliquias accumulant. Scopis verò plumbum
cinereum converrentes in alveum colligunt : & ex eo, in catillis ferreis colli-
quefacto, panes conficiunt: quos, quamprimum refrixerint furca bicorni, cujus alterum cornu rurſus eſt bicorne, ſubvertunt, ut panes ex eis excidant: atq;
ſubinde ad eundem laborem redeunt.

*Capſa* A.   *Codax* B.   *Ligna inter ſe tranſverſa* C.   *Crates* D.
*Ejus pedes* E.   *Ligna ardentia* F.   *Pertica* G.   *Catillus in quo*
*plumbum cinereum colliquefit* H.   *Catilli* I.   *Panes* K.   *Furca* L.
*Scopæ* M.

*De re Metallica Libri* IX. F I N I S.

# GEORGII AGRICO-
## LAE DE RE METALLICA
### LIBER DECIMUS.

U O N I A M nono libro venarum excoquendarum &
metallorum conficiendorum rationem explicavi,
confequens eft ut explicem, quomodo metallum preciofum à vili, vel contrà vile à preciofo fecernatur:
fæpius enim duo metalla, rarius plura ex una eademque vena conflari folent. Naturaliter autem potiffi-
mum auri quædam portio ineft in argento & in ære:
argenti quædam in auro, in ære, in plumbo nigro, in
ferro : æris aliqua in auro, in argento, in plumbo nigro, in ferro:
plumbi nigri aliqua in argento: ferri denique quædam in ære. Sed ordiar ab auro:id ab argento,vel hoc etiam ab illo,feu natura,feu ars permifcue-
rit ea, feparatur aquavalenti,& pulvere, qui ferè ex iifdem rebus, ex quibus
aqua, conftat. Verùm, ùt hic etiam ordinem confervem, dicam primò de
compofitionibus rerum,ex quibus aqua illa conficitur: deinde de conficiendi ratione: tum de modo,quo aurum fecernitur ab argento,vel argentum ab
auro. In omnibus autem ferè compofitionibus ineft atramentum futorium
vel alumen,quod fola per fe, magis tamen cum halinitro conjuncta valeant
ad feparandum argentum ab auro; cùm cæteræ res, ut eis adjumento fint,fo-
læ fua vi, fuaq; natura ea metalla fecernere non poffunt: fed vix,multæ conjunctæ. Verùm cùm plures compofitiones exiftant, aliquas fubjiciam. In
prima quidem,cujus ufus communis eft & vulgaris, eft atramenti futorii libra & tantundem falis ac aquæ fontanæ triens. Secunda habet atramenti futorii libras duas,halinitri unam, tantum aquæ fontanæ, vel fluvialis pondus,
quantum atramenti futorii, dum ignis vi in pulverem refolveretur, periit.
Tertia conftat ex atramenti futorii libris quatuor, halinitri duabus & dimidia, aluminis felibra, aquæ fontanæ fefquilibra. Quarta ex atramenti futorii
libris duabus,halinitri totidem libris,aluminis quadrante,aquæ fontanæ do-
drante.Quinta ex halinitri libra,aluminis libris tribus, lateris comminuti felibra,aquæ fontanæ dodrante. Sexta ex atramenti futorii libris quatuor, halinitri tribus,aluminis una,lapidis, qui in fornaces ardentes conjectus facilè
igni liquefcit,tertii generis item una,aquæ fontanæ fefquilibra. Septima fit
ex atramenti futorii libris duabus,halinitri fefquilibra,aluminis felibra, lapidis,qui in fornaces ardentes conjectus facilè igni liquefcit, tertii generis libra,aquæ fontanæ dextante.Octava conficitur ex atramenti futorii libris duabus,halinitri totidem libris,aluminis fefquilibra,fecis aquarum,quæ aurum
ab argento fecernunt, libra: ad fingulas autem libras affunditur aquæ puti-
dæ fextans. In nona infunt laterum coctorum libræ duæ, atramenti futorii
una, halinitri item una,falis tantum,quantum manu comprehendi poteft,a-
quæ fontanæ dodrans.Decima fola caret atramento futorio & alumine: Habet
vero

verò halinitri libras tres, lapidis, qui in fornaces ardentes conjectus facilè ì-
gni liquescit tertii generis duas, æruginis,stibii,scobis ferri elimatæ, amianti,singulorum selibram,aquæ fontanæ libram & sextantem. Atramentum autem sutorium, ex quo hæ aquæ confici solent, omne prius resolvatur in pulverem hoc modo. Ipsum injiciatur in catinum fictilem interius spuma argenti obductum, & coquatur donec liquescat; tum filo æreo agitetur: postea refrigeratum teratur in pulverem: eodem modo halinitrum vi ignis liquatum
& refrigeratum conteratur in pulverem: quin alumen: quod tamen quidam
bracteæ ferreæ impositum urunt,ac in pulverem resoluunt. Quanquam autem omnes illæ aquæ auri etiam ramentum vel pulverem separât à spurcicia,
tamen sunt quædam compositiones,quæ singularem vim habent:earum prima constat ex æruginis libra,atramenti sutorii dodrante. Ad singulas verò libras affunditur aquæ fontanæ vel fluvialis sextans: de qua re, ad omnes compositiones pertinente,semel dixisse satis est. Altera compositio conficitur ex
auripigmenti facticii, atramenti sutorii calcis,aluminis, cineris qua lanarum
infectores utitur singulorum libra,æruginis quadrante,stibii selcuntia. Tertia ex atramenti sutorii libris tribus,halinitri una,amianti selibra, lateris cocti item selibra. Quarta ex halinitri libra,aluminis item libra,salis ammoniaci selibra. Fornax autem,in qua valens aqua conficitur, latericia sit & quadrã-
gula, longa quidem & lata pedes duos, alta totidem pedes & semissem præterea. Laminis verò ferreis,quas sustineant bacilla ferrea,tegatur. Hæ laminæ
superius luto obductg in medio eorum loco habeant tantum foramen rotundum, quantum capere possit catinum fictilem, in quo ampulla vitrea collocatur: & ab utroque ejus foraminis latere bina foramina spiritalia, quæ parva sint & similiter rotunda: infima fornacis pars, ubi ad altitudinem palmi
assurrexit,rursus laminas habeat ferreas, quas item bacilla ferrea sustineant,
ut ipsæ laminæ carbones ardentes: post à fronte media habeat os,ignis in fornacem injiciendi causa factum,altum atqʒ latum semipedem,atqʒ superius rotundum: sub quo sit os spiritale. In catinum autem fictilem, in foramen collocatum, injiciatur arena pura: cujus altitudo sit ad digitum transversum: in
quàm ampulla vitrea imponatur tam altè quàm est obducta luto. Etenim ejus
parti paulò plus quàm quartæ,& quidem infimæ lutum ferè liquidum octies
aut decies vix cultelli crassitudine illinitur, & toties rursus exiccatur, ut ejus
luti crassitudo sit ad pollicem transversum: ejusmodi lutum cum pilis & lino
xylino,vel floccis à panno abrasis,& sale, ne rimis fatiscat, permistum sit , &
bacillo ferreo sæpius verberatum. Tam autem multæ res, ex quibus compositio constat,in ampullam non concludantur ut prorsus plena fiat,ne non excoctæ ferantur ad operculum: id item vitreum cum ampulla linteolis, farina
triticea,ovi albumine & aqua madefacta,illitis arctissime conjungatur : & ea
parte eis lutum,quod careat sale,illinatur. Simili modo naris operculi cum altera ampulla vitrea,quæ aquam,qua ipsa stillat,recipit,linteolis conjungatur,
& ea parte luto obducatur. Attamen admodum tenuis clavus ferreus, vel
cuneolus ligneus,paulo crassior acu,inter utramqʒ figatur,ut quoties ad hanc
destillandi rationem artifici opus fuerit aura extrahi possit. Ea verò opus est
cùm halitus valentissimi nimis feruntur ad superiora. Quatuor etiam fora-

mina spiritalia,quæ superius,ut dixi,esse debent, ad latera magni foraminis,
in quo ampulla collocatur,luto occludantur. His autem omnibus rite factis
res in ampullam conjectæ usq; eò carbonibus ardentibus paulatim coquātur,
dum ipsæ vaporem exhalare cœperint,& ampulla sudore manare videatur.
Sed cùm jam ea propter humorem sublatum rubescit, & operculi naris aqua
stillat,summam operam dare oportet,ne una gutta cadat citius quam quinq;
horologii momenta præterierint,seu potius tot soni,cùm ejus tintinabulum
pulsatur,auditi fuerint,tardius quàm decem:etenim si citius ceciderit, vitra
rumpuntur:si tardius,susceptum munus certo, definitoq; tempore, hoc est,
quatuor & viginti horarum spacio, non perficitur : quorum alterum ne fiat
carbones partim ferramento vulsellæ simili extrahantur:alterum ut fieri possit, parvula & arida ligna querna carbonibus supraponantur : atq; res in ampullam conjectæ acriori igni coquantur : superioribus etiam foraminibus
spiritalibus,si res postulaverit,reclusis. Quamprimum autem destillaverint
guttæ ampulla vitrea,quæ eas recipit,linteo aquis madefacto tegatur,ut halitus valentissimos,qui sursum feruntur,repercutiat : sed cum rebus excoctis
ampulla,in quam conjectæ fuerunt,humore albescit, acriori igni coquatur,
usq; dum omnes guttæ destillaverint:posteaquam fornax refrigerata fuerit,
aqua coletur & infundatur in parvam vitream ampullam: atq; in eandem injiciatur dimidia argenti drachma:quod dissolutum aquam turbidam efficit
liquidam:quæ in ampullam,omnem reliquam aquam continentem, infundatur:& quamprimum feces in fundo resederint,aquis effusis auferantur: a-
quæ verò ad usum reserventur.

*Fornax* A. *Ejus foramen rotundum* B. *Foramina spiritalia* C.
*Os fornacis* D. *Os spiritale sub eo* E. *Catinus* F. *Ampulla* G.
*Operculum* H. *Ejus naris* I. *Altera ampulla* K. *Corbis in qua*
*hæc ,ne frangatur,collocari solet* L.

At aurum

At aurum ab argento hac ratione secernitur. Temperatura primum adjecto plumbo coquatur in catino cinereo usq; dum omne plumbum exhalet, atq; ejus bes aeris tantummodo drachmas quinq; aut summum sex, in se cõtineat: nam si plus aeris in ipsa fuerit, argentum ab auro separatum mox rursus cum eo conjungitur: tale argentum, in quo aurum inest, liquatum vel formetur in globulos bacillo inferius diffisso agitatum, vel in canaliculum ferreum infundatur, & ex refrigerato efficiatur tenuis bractea. Quoniam verò ratio faciendi globulos ex auro argentoso acriorem curam & diligentiam quàm ex aliis metallis desiderat, eam nunc paucis exponam: id primò conjiciendum est in catinum: qui deinde operculo tegendus & imponendus est in alterum catinum fictilem, modicum cinerem continentem: tum ita sunt in fornace collocandi, ut ignis, flatu follis, inspirari possit. Postea eis carbones circundandi sunt: hisq; ne cadant, lapides vel lateres: mox catino superiori carbones injiciendi sunt, & eis prunae superinjiciendae: quibus rursus carbones, ut catinus undiq; eis circundetur & contegatur: quem sinere oportet semihora, vel paulo longiore spacio carbonibus candentibus calefieri: & providere, ne deficientibus iisdem refrigescat: posthaec per follis narem flatus inspirandus est, ut aurum incipiat liquescere: mox versandum, & experimento rapto considerandum an liquatum sit. Si fuerit liquatum, additamento ad ipsum adjecto, catinum rursus confestim operculare convenit, ne id exhalet: &

let: & fimul coquere tantulo temporis fpacio,quantulo quis quindecim paſ-
fus ambulare poſsit:tum catillo forcipe prehenſo hauriendum eſt aurum,&
in vas oblongum, quod aquam frigidiſsimam contineat, ex alto infunden-
dum paulatim,ne globuli nimis craſsi fiant:quanto enim magis fuerint ina-
nes & tenues,minus rotundi, tanto magis ſunt idonei: qua de cauſa bacillo,
ab imo ad medium in quatuor partes ſciſſo,aqua ſæpius eſt cõmovenda. Sed
bractea ſecetur in particulas & injiciatur,ut etiam globuli argentei,in ampullam vitream; & tanta aqua eis affuſa,quanta & digiti altitudinem ſuperet argentum,ampulla tegatur veſica, vel linteo incerato ne exhalet; mox calefiat,
donec argentum diſſolvatur; cujus rei ſignum eſt aqua ebulliens.Reſidet autem in fundo aurum colore nigricans, argétum cum aqua permiſtum ſuper-
natat; quam alii effundunt in catinum æreum,& ei affundunt frigidam,quæ
argentum ſtatim congelat; id aqua effuſa exemptum ſiccant; ſiccatum coquût in catino fictili donec liqueſcat; liquatũ infundunt in canaliculũ ferreũ.
Aurum verò,quòd in ampulla remanſit,eluunt calida, colant, ſiccant, cum
pauca chryſocolla,quam boracem vocant,in catino coquunt; liquatum item
infundunt in canaliculum ferreum.Alii in ampullam, quæ continet aurum
& argentum,& aquam,quæ eam ſeparavit,calidam illius valentis duplam vel
triplam infundunt,& in eandem ampullam, vel in catinum, in quem omnia
effuſa fuerint,conjiciunt bracteolas plumbi nigri & æris; quo modo aurum
ad plumbum,argentum ad æs adhærefcit; atq; ſeorſum plumbum ab auro,
ſeorſum æs ab argento ſeparant in catino cinereo.Sed neutra ratio nobis probatur, quod aqua, aurum ab argento ſeparans, pereat, cùm rurſus uſui eſſe
poſsit. Itaq; ampulla vitrea interius in fundo in metulam aſſurgens, exterius
luto inferiore parte,ut ſupra dixi,obducatur, & in eam injiciatur argentum,
quod pendat Romanas libras tres & dimidiam: atque aqua, quæ alterum ab
altero ſecernat,infundatur & imponatur in arenam,quam catinus fictilis aut
capſa continet: leniq; igni primò calefiat.Ne verò exhalet aquam, ejus ſuperiori extremitati undiq; lutum illinatur,& tegatur operculo vitreo: cujus nari ſubjiciatur altera ampulla,quæ guttas deſtillãtes recipiat: ea ſimiliter in capſa,quæ contineat arenam,collocetur. Coctum autem rubeſcit: ſed cùm rubor amplius non apparuerit, ampulla ex catino vel capſa exempta moveatur: quo motu aqua incaleſcens iterum rubeſcit. Quod ſi bis aut ter factum
fuerit,anteaquam alia aqua affundatur,& opus citius perficitur,& aqua minus
multa conſumitur. Sed cum prima omnis deſtillaverit,in ampullam injiciatur tantum argentum,quantum prius: nam ſi tam multum ſemel fuerit injectum,aurum ab eo difficulter ſecernitur: atq; infundatur altera aqua, ſed ca-
lefacta:ut ipſa & ampulla pariter caleant,utq; hæc frigore non diſsiliat: quæ
quoque,ſi vento frigido affletur,diſsilire ſolet: deinde tertia aqua infundatur:
atque etiam,ſi res hoc poſtulaverit,quarta,hoc eſt aqua alia atq; alia infundatur, donec lateris cocti color auro inſederit. Artifici autem ſint in promptu
duæ aquæ, quarum una ſit altera valentior. Efficaciore primò utatur, deinde minus potente, poſtremò rurſus valentiore.Sed cùm jam fulvus color fuerit auro,aqua fontana affuſa ſubditis ignibus efferveſcat: quater eadem ab-
luatur: uſq; eò coquatur in catino dum liqueſcat: aquæ, quibus abluitur aurum, re-

rum, reponantur; in eis enim paululum argenti ineſt: qua de re in ampullam
infuſæ coquantur: ſed guttas prius deſtillantes altera ampulla recipiat, altera eas quæ poſterius excidunt; cùm ſcilicet operculum rubeſcere incœperit:
hæc aqua ad experiendum aurum utilis eſt, illa ad abluendum: prior etiam
rebus, ex quibus aqua illa valens conficitur, affundi poteſt. Verùm aqua cum
argento permiſta, quæ primò deſtillavit, in ampullam inferius latam infuſa
eodem modo coquatur, ut ab argento ſeparari poſsit: cujus ſuperiori extremitati item lutû illinatur, & tegatur operculo. Quod ſi aqua adeò multa fuerit ut feratur ad ſuperiora, vel injiciatur paſtillus unus & alter ex eis qui conſtant ex ſapone, in tenues particulas ſecto, & arida vini fece in pulverem contrita, atq; ſimul in olla leni igni coctis & commiſtis: vel argentum commo-
veatur virgula è corylo deſecta & inferius diffiſſa, utroq; moda aqua efferve-
ſcit & paulo poſt rurſus reſidet. Sed cùm jam halitus valentiſsimi apparent;
aqua olei ſpeciem offert, operculum rubeſcit: ne verò halitus expirent, ampulla & operculum ea parte, qua eorum oræ inter ſe cômittuntur, tuto prorſus obducantur, & aqua continenter acriore igni coquatur : tot demum carbones in fornacem imponantur, quot ardentes catinum attingant: ſed quàm
primum omnis aqua deſtillaverit, & ſolum argentum ignis calore ſiccatum,
in ampulla remanſerit, ea eximatur: decutiatur argentum : injiciatur in catinum fictilem: coquatur donec liqueſcat: filo férreo inferius recurvato extrahatur vitrum liquatum, ex argento conficiatur panis: at vitrum ex catino extractum teratur in pulverem : addatur ſpuma argéti, fex vini ſicca, vitri recrementum, halinitrum, & in catino fictili coquatur: maſſula, quæ reſidebit, in
catinû cinereum translata recoquatur. Sed ſi argentum non ſatis ignis calore
fuerit ſiccatum, id, quod ſuprema ampullæ pars continet, nigrum videtur:
quod liquatum, côburitur. Quocirca ampulla luto, quo eſt inferius obducta,
ablato reponatur in catinum, & recoquatur uſq; ad eum finem, dum nullus
nigror appareat. Quinetiam ſi priori aquæ altera, item cum argento permiſta, affundenda fuerit, affundatur priuſquam halitus valentiſsimi appareant;
aqua olei ſpeciem offerat, operculum rubeſcat: nam qui poſtea aquâ affude-
rit, damnum faciet: quod aqua ſoleat exilire, vitrum diſsilire. Quod ſi ampulla, dum aurum ab argento, aut ab hoc aqua ſecernitur, diſsiliat, & aquam vel
arena, vel lutum, vel lateres combibant, ſine ulla mora prunis ex fornace exemptis ignis reſtinguatur : arena & lateres comminuti conjiciantur in ahenum, & eis affundatur calida, atq; duodecim horarum ſpacio reponâtur: pòſt
aqua in linteum, lini xylini contextu factum, infuſa coletur : id, quia continet
argentum, ſolis vel ignis calore ſiccatum conjiciatur in catinum fictilem, &
coquatur, donec argentum liqueſcat : quod effundatur in canaliculum ferreum. Aqua verò colata infundatur in ampullam, & ab argento, cujus exigua
quædam portio in ea ineſt, ſeparetur: ſed arena cum ſpuma argenti, vitri re-
cremêto, arida vini fece, halinitro, ſale miſceatur, & in catino fictili coquatur:
quo modo maſſula in fundo reſidebit: quæ in catinum cinereum translata recoquatur, ut plumbum ab argento ſeparetur : ſed lutum adjecto plumbo,
coquatur in catino fictili, deinde recoquatur in cinereo. At argentum ſepara-
mus ab auro eadé ratione, qua id ipſû experimur: etenim primò iccirco atteritur

ritur coticulæ ut fciri pofsit quota argenti portio infit in eo. Deinde ad aurum argentofum adjicitur tantum argenti, cujus bes folum femunciam, vel femunciam & ficilicum æris in fe continet, quantum adjicere oportet: atque addito plumbo coquuntur in catino cinereo ufq; dum ipfum & æs exhalent: tum auri miftura cum argento dilatatur, & fiftulæ ex bracteis fiunt: quæ conjiciuntur in ampullam vitream, ac eis affunduntur aquæ valentes duæ vel tres: fiftulæ quæ fuperfunt, prorfus puræ exiftunt, unis tantummodo quaternis filiquis exceptis, quæ argenteæ funt: tantum enim argentum in unoquoque auri befle remanet.

*Ampullæ in catinis collocatæ* A. *Ampulla collocata inter bacilla ferrea recte ftatuta* B. *Ampullæ in arena, quam capfa cōtinet, collocatæ: quarum operculis exiftunt nares ex ipfis recta pertinentes in fubjectas ampullas* C. *Ampullæ item in arena, quam capfa continet collocatæ: quarum operculis exiftunt nares ex ipfis tranfverfæ pertinentes in fubjectas ampullas* D. *Alteræ ampullæ, aquam deftillantem recipientes, etiam in arena, quam capfæ inferiores continent, collocatæ* E. *Tripus ferreus, in quo ampulla, cum exigua auri particula ab argento non multo eftfeparanda, folet collocari* F. *Catinus* G.

Sed quia magna impenfa facienda eft in talem fecretionem illorum metallorum

lorum, qualem expoſui, & cum aqua valens conficitur, noctu manendum in
vigilia: atque omnino in hac re multa opera, ſummaq; cura ponenda, à viris
ſolertibus altera ſecernendi ratio invēta eſt minus ſumptuoſa, minus opero-
ſa minus, ſi incuria errorem attulerit, damnoſa. Ea verò dividitur tripartitò.
Etenim una ſulfure perficitur, altera ſtibio, tertia aliqua compoſitione, quæ
ex his aliisq; rebus conſtat. Primò autem argentum, in quo ineſt aliqua auri
portio, ſolum in catino liquefactum redigatur in globulos: quot verò globulorum libræ fuerint, totidem ſint ſulfuris, ignem non experti, ſextantes &
ſicilici: ſed id comminutum globulis madefactis inſpergatur: deinde conji-
ciàtur in ollam fictilem novam, quatuor ſextariorum capacem, aut in plures,
ſi globulorum copia extiterit. Olla repleta operculo item fictili tegatur & ob-
linatur, atq; imponatur in ignem circularem: qui ſeſquipedem ideo ab olla
undique diſtet, ut ſulfur argento tantum admiſceatur, non liquatum deſtillet:
tum aperiatur olla, globuliq; nigrore infecti eximantur: poſt in catinum fictilem injiciantur talium globulorum libre tres & triginta, ſi tot librarum capax fuerit. Quot autem libras globuli argentei, priuſquam eis inſpergeretur
ſulfur, pendebant, totidem æreorum globulorum ſextantes & ſicilici appendantur, ſi quæq; libra dodrantem argenti & quadrantem æris in ſe contineat: vel dodrantem & ſemunciam argenti, ſextaritem & ſemunciam æris. Si
verò dextantem argenti, & ſextantem æris, vel dextantem & ſemunciam argenti, ſeſcuntiam æris appendantur globulorum æreorum quadrantes: ſi deuncem argenti, unciam æris: ves deuncem & ſemunciam argenti, ſemunciam
æris appendantur totidem globulorum æreorum quadrantes & ſemunciæ
atq; ſicilici: ſi deniq; argentum purum fuerit, totidem globulorum æreorum
trientes & ſemunciæ appendantur: ſed dimidia eorum globulorum ęreorum
pars, mox adjiciatur ad globulos argēteos nigrore infectos. Catinum autem
ſtatim operculare & oblinire, & in fornacem, quæ foraminibus vento inſpi-
ratur, imponere convenit: quamprimum verò argentum liquefactum fuerit,
aperiatur catinus, & in eum injiciatur cochlear cumulatum reliquorum globulorum æreorum, itemq; cochlear cumulatum pulveris, qui habet pares
portiones ſpumæ argenti, globulorum plumbeorum, ſalis, recrementorum
vitri: atq; catinus rurſus operculo tegatur: qui globuli ærei cùm liquati fuerint, alii injiciantur cum pulvere, uſq; dum omnes injecti fuerint: tum de catino pauca miſtura, non tamen aurea maſſula quæ in ejus fundo reſidet, catillo hauſta effundatur, ipſiusq; drachma conjiciatur in quenq; catillum cinereum, qui plumbi liquefacti unciam in ſe continet: nam plures ſint: quomodo dimidia argenti drachma conficitur. Quàm primum autem plumbum
& æs ab argento ſeparata fuerint, ejus triens injiciatur in ampullam vitream,
& affundatur aqua valens: eo enim modo percipitur, an ſulfur aurum omne
ſecreverit ab argento necne. At ſi quis ſcire voluerit, quantula auri maſſula
in catini fundo reſideat, is filo ferreo craſſo cretam aquis madefactam illinat:
cum ea ſiccata fuerit, filum rectà demittat in catinum: quod tam alte, quàm
alta eſt auri maſſula, remanet cādidum: reliquam ejus partem miſtura nigrore inficit: quæ ad filum, ni cito retrahatur, adhæreſcit. Itaq; ſi extracto filo aurum viſum fuerit, ab argento ſatis eſſe ſecretum, miſtura effuſa auri maſſula

H

è catino eximatur,& ex ea in aliquo loco puro decutiatur miſtura: nam diſſi-
lire ſolet.Ipſà verò maſſula redigatur in globulos : atque hi quot libras auri
pendunt,totidem comminuti ſulfuris,itemĝ; globulorum ęreorum quadrā-
tes appendantur,& omnia ſimul conjiciantur in catinum fictilem,non in ollam: cùm jam liqueſcunt,ut aurum citius in catini fundo reſideat,adjiciatur
pulvis,de quo proxime dixi. Quanquam autē in tali miſtura æris & argenti,
minutiſsimę auri particulæ quaſi quædā ſcintillæ apparent,tamen,ſi omnes,
quæ in libra inſunt,nummulum ſimplū non pendunt,ſatis bene ſulfur ſecre-
vit aurum ab argento: ſi verò nummulū pendunt aut plus,miſtura rurſus injiciatur in catinum fictilem: ad quam ſulfur adjicere non convenit, ſed tantummodo paucum æs & pulverem : quo modo iterum auri maſſula reſidebit in fundo: quæ cum altera maſſula auri non divite conjungatur: ſed cùm
aurum ab argenti libris ſex & ſexaginta ſecernitur,argentiĝ; & æris, & ſulfuris miſtura fit,quæ pendit libras centum triginta duas, ad æs ſeparandum ab
argento nobis opus eſt plumbi libris plus minus quingentis: cum quibus miſtura in ſecundis fornacibus coquitur.Panes ex eis conflati in tertias fornaces
imponantur,ut plumbum, quod paululum argenti in ſe continet,ab ære ſeparatum rurſus uſui ſit: quinetiam catini & eorum opercula contundantur,
laventur,ſedimen unà cum ſpuma argenti & molybdæna coquatur. Qui autem iſta ratione omne argentum ab auro ſeparare volunt, hi unam auri,tres
argenti portiones relinquunt:miſturam in globulos redigunt: eos in ampullam conjiciunt: aqua valenti affuſa aurum ab argento ſecernunt : quam rationem libro ſeptimo explicavi. Quin etiam ſi ſulfur ex lixivio, quo conficitur ſal artificioſus,tam valido, ut ovum injectum ſupernatet, coctum uſque
dum fumum non emittat,&ardenti carboni impoſitum liqueſcat,conjiciatur
in argentum liquefactum,ab eo aurum ſecernit.

*Olla* A. *Ignis circularis* B. *Catinus* C. *Ejus operculum* D.
*Ollæ operculum* E. *Fornax* F. *Filum ferreum* G.

At ſtibio

At ſtibio ſic argentum ab auro ſeparetur. Si in beſſe auri fuerint argenti
ſeptem, vel ſex, vel quinq; binæ ſextulæ, ad unam auri partem adjiciantur tres
ſtibii partes: ſed ne ſtibium conſumat aurum in catino fictili igneſcente coquatur cum ære: quod ſi aurum aliquam æris portionem in ſe continet, ad
ſtibii beſſem adjiciatur æris ſicilicus: ſi nullam, ſemuncia: nam æs ſtibio ad
aurum ab argento ſeparandum eſt adjumento. Aurum autem primò injiciatur in catinum fictilem igneſcentem: atq; quàm primum liquatum in orbem
fertur ad ipſum paucum ſtibium adjiciatur ne exiliat: id liquefactum brevi
temporis ſpacio etiam in circum fertur: quod cùm factum fuerit omne reliquum ſtibium injicere convenit, catinum operculo tegere, miſturam coquere, donec quis iter longum paſſus quinque & triginta facere poſsit: mox effundatur in alterum catinum ferreum, ſuperius latum, inferius anguſtum, in
ferreo vel ligneo trunco collocatum, ſed prius calefactum, & ſevo vel cera illitum: atque is concutiatur: quo modo aurea maſſa in ipſius fundo reſidebit:
quæ catino refrigerato decutiatur, eademq; ratione adhuc quater coquatur:
ſed ſingulis vicibus minore ſtibii pondere ad aurum adjecto: ſitq; ultima ſtibium auri tátummodo duplum, aut paulo amplius. Tum aurea quidem maſſa in catino cinereo coquatur, ſtibium verò rurſus ter vel quater in fictili: ſingulis autem vicibus reſidebit aurea maſſula: ſed ſive tres ſive quatuor maſſu-

læ fuerint, conjunctæ coquantur in catino cinereo. Ad talis autem stibii libras duas & dimidiam adjiciantur aridæ vini fecis libræ duæ,& recrementorum vitri libra una,atq; coquantur in catino fictili: atq; etiam maffula reside-
bit in fundo:quæ in catino cinereo coquatur.Postremo stibium adjecto pauco plumbo, coquatur in catino cinereo,in quo cæteris omnibus igni consum-
ptis solum remanebit argentum. Quod si stibium priusquam in cinereo coquatur cum arida vini fece & recremento vitri in fictili coctum non fuerit,
partem argenti consumit,& cinerem atq; pulveres , ex quibus catinus factus
est,ad se allicit. Catinus autem,in quo aurum argento mistum coquitur cum
stibio,ut etiam cinereus,collocetur in fornace , qualis vel vento foraminibus
inspiratur,vel aurificum esse solet.

*Fornax quæ vento foraminibus inspiratur* A.   *Fornax aurificum* B.
*Catinus fictilis* C.   *Catinus ferreus* D.   *Truncus* E.

Ut autem aqua valens,si argentum,à quo aurum sulfur secrevit, in eam injiciatur,nobis ostendit utrum omne fuerit secretum, an aliqua hujus particula in illo restet,ita quædam rerum compositiones si alternis ipsæ, alternis aurum,à quo argentum stibio separatum fuit, in olla vel catino positæ coquantur,nobis declarant,omne separaverit necne separaverit : quinetiam iisdem
compo-

compositionibus utimur, cùm absq; stibio argentum vel æs, vel utrunque ab
auro illæso ingeniosè & admirabiliter secernimus. Sunt verò variæ: nam a-
lia constat ex pulveris latericii selibra, salis quadrâte, halinitri uncia, salis ammoniaci semuncia, salis fossilis item semuncia. Tales autem lateres vel istius
generis tegulas, ex quibus pulvis conficitur, ex terra pingui & arenæ, sabuli,
lapillorum experte ductos esse oportet, atq; modicè ustos, & admodum veteres: idq; perpetuum est. Alia compositio sit ex pulveris latericii besse, salis
fossilis triente, halinitri uncia, salis facticii semuncia: alia ex pulveris latericii
besse, salis facticii quadrante, halinitri sescuncia, salis ámmoniaci uncia, salis
fossilis semuncia. Quædam habet pulveris latericii libram, salis fossilis selibram, quibus nonnulli adjiciunt atramenti sutorii sextantem & sicilicum.
Quædam conficitur ex pulveris latericii selibra, salis fossilis triente, atramenti sutorii sescuncia, halinitri uncia. Quædam constat ex pulveris latericii besse, salis facticii triente, atramenti sutorii candidi sextante, æruginis semuncia
halinitri item semuncia. Aliqua sit ex pulveris latericii libra & triente, salis
fossilis besse, salis ammoniaci sextâte & semuncia, atramenti sutorii item sextante & semuncia, halinitri sextante. Aliqua deniq; habet pulveris latericii li-
brâ, salis facticii trientê, atramenti sutorii sescunciam. Atq; hæc cujusq; com-
positionis propria sunt: quæ verò sequuntur, cómuniter ad omnes pertinent.
Singulæ res primò separatim conterendæ sunt in pulverem: lateres quidem
super marmor vel saxum durum impositi ferramento, reliquæ in mortarium
pistillo: singulæ quoque seorsum cribrandæ: deinde universæ commiscen-
dæ: & aceto vel hominis urina, qua paucus sal ammoniacus, si compositio eû
non habuerit, resolutus sit, madefaciendæ. Quidam tamen aureos globulos
aut bracteolas eadem madefacere malunt: tum alternatim in ollis novis &
puris, & in quas nullâ unquam aqua in fusa fuit, collocari debent: in ima parte res compositæ, quæ mox ferramento æquandæ sunt: postea globuli vel
bracteolæ, quarum aliæ juxta alias ponendæ, ut illæ eas undiq; possint áttin-
gere: tum rursus res compositæ tantæ, quantæ manu comprehendi possunt,
aut amplius, si ollæ amplæ fuerint, injiciendæ sunt, & ferramento æquandæ,
atq; iisdem eodem modo globuli vel bracteolæ superponendæ. Hæc autem
iterare convenit, donec ollæ utrisq; compleantur: dein operculis tegere, &
qua inter se cómittuntur lutum artificiosum illinire: quod cùm siccatum fuerit ollas in fornacem imponere: ea tres cameras habeat, quarum infima sit alta
pedem: in hanc & aura per os ejus penetrat, & cinis decidit è lignis combu-
stis, quæ sustinent bacilla ferrea sic collocata, ut cratis figuram repræsentent.
Mediæ sit altitudo duorum pedum: per cujus os in eam immittuntur ligna:
quæ vel querna, vel roborea, vel ilignea, vel cerrea esse debent: ex his enim i-
gnis lentus & diuturnus, quali ad hanc rem nobis opus est. At suprema camera superius pateat, ut ollæ in eam demitti possint: quarum altitudinem ha-
bat: ejusdem fundum constet ex bacillis ferreis tam validis, ut ollarum pondus & vim ignis sustinere queant: tanto inter se spacio distantibus, ut hic bene
pænetrare, & ollas calefacere possit: quæ etiam ipsæ inferius sint angustæ, ut
igni in mediú inter eas intervallum recepto incalescant: superius amplæ, ut
conjunctæ eundê aliquantum arceant: quinetiâ fornax superius laterculis nó
admodú crassis vel tegulis & luto obturetur: relictis tantúmodo duobus vel

tribus spiramentis, per quæ fumus & flammæ eluctari possint. Auri aũt globuli vel bracteolæ & res compositæ alternis collocatæ,si fornax antea, quam
ollæ his plenæ in ea statuantur,duabus horis excalfacta fuerit, quatuor & viginti leni igni,& paulatim aucto coquendæ sunt: si non fuerit, sex & viginti:
veruntamen ignis sic auctibus crescat, ut auri particulæ & res, in quibus vis
argenti & æris ab auro separandi inest,non colliquescant: ne frustra suscipia-
tur labor,& sumptus impendatur:itaq; satis est tantum ignis esse caloré,quan-
to ollæ semper rubræ maneant.Post tot horas omnia ligna ardentia é fornace sunt extrahenda: ipsa fornax laterculis vel tegulis refractis superius aperié-
da, ollæ calentes forcipibus eximendæ : opercula removenda: tum si otium
datur,aurum sinere oportet per se refrigescere,minus enim damnum faciet:si
verò negotium ad eam rem tempus non concedit, aureæ particulæ singulæ
mox in vasculo ligneo aut aheno sunt urina vel aqua restinguendę sensim, ne
res compositæ,quæ argentum in se traxerunt,id exhalent.Sed aureæ particulæ & res compositæ ad eas adhærentes refrigeratæ aut restinctæ rutello sunt
versandæ,ut harum glebulæ comminui,illæ ab ipsis nudari possint : dein angusto cribro, cui suppositum sit ahenum,incernendæ sunt: quo modo compositæ res cum argento vel ære,vel utroq; permistæ é cribro decidunt in ahenum,auri globuli vel bracteolæ in eo remanent: quæ in vasculum projicien-
dæ sunt & iterum rutello versandæ,ut à rebus,quæ argentũ vel æs in se traxerunt,purgentur.Res verò ipsæ quæ de cribri foraminibus in ahenum delapsę
sunt,in alveo,super vase ligneo manibus agitato,lavandę sunt,ut minutæ auri
particulæ,quæ simul ex cribro deciderunt,ab eis separari possint : quæ rursus
in vasculo a qua calida lavandæ sunt,& ligno vel scopis versandę,ut res made-
factæ ab ipsis delabantur: postea omne aurũ denuo calida lavari,& setis suillis
colligatis purgari debet in aheno foraminum pleno, cui vasculũ sit subjectũ :
tum idem in orbem ferreum,cui item suppositũ sit vasculum,projicere oportet,atque calida lavare.    Ad extremum ipsum convenit cojicere in alveum,
& siccati globulum vel bracteolam coticulæ atterere una cum acu,& consi-
derare utrum purum an temperatũ sit:si nondum purum fuerit, globuli vel
bracteolæ cum rebus compositis, quæ argentum & æs in se trahunt, simili
modo alternatim collocatis coquantur iterum : imò verò toties,quoties ipsa
res hoc postulat.Sed novissime tot horis,quot ad eas expurgandas opus erũt:
& tum quidem una aliqua compositione ad globulos vel bracteolas adjecta
quæ careat rebus à metallis ortis:quales sunt ęrugo & atramentum sutoriũ:
si enim hæc fuerint in cõpositione aurum aliquam vilis metalli particulã solet
concipere,vel,si eo caruerint,ipsis infici. Quamobrem quidã nũquam talibus
compositionibus,in quibus ista sunt,utuntur:& recte sane illi: nam solus pul
vis latericius & sal,maxime fossilis,totum argentum & æs ex auro elicere &in
se trahere possunt.At monetarii non necesse habent aurum prorsus purum
efficere,sed coquere, donec talis temperatura sit,qualis esse debeat aureorum
nummũm quos cudunt.  Verùm cùm jam fulvus ille color auro insederit,&
omnino fuerit purum, aut tale quale præparant monetarii,cum ea chrysb-
colla,quam Mauri boracem nominant,vel cum sale confecto & lixivio , ex
cinere anthyllidis vel alterius herbæ salsæ facto, coquatur, & ex eo liquefacto bacilla fiant. Sed res compositæ,quæ in se traxerunt argentum, vel æs,

aqua

aqua effusa siccentur, ligno terantur: cum molybdæna & plumbo depaupe-
rato permistæ excoquantur in prima fornace: mistura argenti & plumbi, vel
argenti & æris & plumbi, quæ effluxit, denuo coquatur in secunda fornace,
ut plumbum & æs ab argento separentur: hoc postremo in ustrina perpurge-
tur: quo sanè modo argenti nulla, vel perexigua particula perit.

*Fornax* A.    *Olla* B.    *Operculum* C.    *Spiramenta* D.

Sunt præterea rerum, quæ aurum ab argento separant, aliæ quædam compositiones ex sulfure & stibio aliisq; confectæ: quarũ una constat ex atramenti sutorii ignis calore siccati & in pulverem resoluti semũcia, salis facticii purgati sextante, stibii triente, sulfuris igne non experti & præparati selibra, vitri
sicilico, halinitri item sicilico, salis ammoniaci drachma. Sulfur verò sic præparatur. Primò conteritur in pulverem: deinde sex horis ex acri aceto coquitur: tum effusum in vasculum aqua calida abluitur: postremò quod resedit in
vasculi fundo siccatur: at sal cõjectus in aquã fluviale, coquitur, ut purgetur,
& rursus exiccatur. Altera cõpositio habet sulfuris igne non experti libra unã,
salis purgati libras duas. Tertia fit ex sulfuris ignem non experti libra, salis fa-
ctitii purgati selibra, salis ammoniaci quadrante, minii é plumbo facti uncia.
Quarta conficitur ex salis facticii, sulfuris ignem non experti, aridæ vini fecis,
singulorum libra, chrysocollæ, quã Mauri boracem vocant, selibra. Quinta

habet pares portiones fulfuris ignem non experti, falis ammoniaci , halinitri,æruginis. Argentum autem,in quo ineſt aliqua auri portio, primò unà
cum plumbo liquefiat in catino fictili,atq; ſimul coquantur uſq; dum argentum exhalet plumbùm: ſi argenti fuerit libra,plumbi ſint drachmæ ſex:tum
argentum aſpergatur aliquo de iſtis pulveribus compoſitis,qui pêdat uncias
duas:dein agitetur : poſtea effundatur in alterum catinum prius calefactum
& ſevo illitum: isſq;concutiatur : cætera perficiantur ratione jam explicata.
Quinetiam aurum ab argenteis poculis,aliis ſq;vaſculis & operibus inauratis
integris manentibus ſeparatur pulvere, qui conſtat ex falis ammoniaci parte
ùna,ſulfuris dimidia:poculum,ſive aliud opus,inauratum oleo illinitur:ei inſpergitur pulvis: manu vel forcipe prehenſum admovetur igni, concutitur:
quo modo aurum decidit in aquam vaſis ſubjecti, poculum manet illæſum.
Separatur etiam aurum ab argenteis operibus inauratis argento vivo : id infundatur in catinum fictilem,& igni ſic calefiat ut digitus,in ipſum immiſſus,
calorem ſuſtinere poſsit: in eo argenteum opus inauratum collocetur: cùm
ad ipſum argentùm vivum adhæſerit exemptum imponatur in lancem : in
quam aùrum refrigeratum unà cum argento vivo decidit. Iterum verò & ſæpius idem argenteum opus inauratum in argento vivo calefacto collocetur:
idemſq; labor ſuſcipiatur uſq; ad eum finem dum nullum aurum appareat in
opere,cùm in ignem impoſitum fuerit,& ex eo argentum vivum, quod ad i-
pſum adhæſit,evolarit: mox artifex capiat pedem leporinû,atq;converrat argentum vivum aurum: quæ ſimul ex opere argenteo deciderunt in lancem :
eaſq; infundàt in linteum,lini xylini contextu factum,vel in alutam: per illum
vel hanc argentum vivum expreſſum altera lance excipiatur. Aurum verò
in linteo vel aluta remanebit: quod collectum in carbonem excavatum injiciat & coquat donec liqueſcat,& ex eo maſſula fiat : quam cum pauco ſtibio
coquat in catino fictili:eaſq; in alterum vaſculum infundat: quo modo aurû
in fundo reſidere,ſtibiùm tenere ſuperiorem locum videbit: tum eundem laborem ſumat: poſtremò aureas maſſulas in latere excavatum conjiciat,eum-
que in igni collocet: qua ratione aurum fit purum. Atq;his modis aurum ab
argento, vel contrà argentum ab auro ſecernitur : nunc exponam rationes,
quibus æs ab auro ſeparatur. Sal,quem vocamus artificioſum,conficitur ex
atramenti ſutorii,aluminis,halinitri,ſulfuris ignem non experti ſingulorum
libra, ſalis ammoniaci ſelibra: quæ res comminutæ coquantur ex lixivio facto ex cineris,quo lanarum infectores utuntur , parte una,calcis aqua non re-
ſtinctæ item parte una,cineris fagini partibus quatuor.Res autem ex hoc lixi-
viò coquantur uſq; dum totum conſumatur : mox ſiccentur & reponantur
in loco calido,ne in olleum vertantur:deinde cum eis comminutis plumbi,in
cinerem reſoluti,libra permiſceatur : atq; hujus pulveris compoſiti ſingulæ
ſeſcunciæ ſingulis æris,in catino calefacti,libris paulatim inſpergantur : ac filo ferreo multum & celeriter agitentur : catino refrigerato & confracto aurea maſſula reperitur.Altera ſecernendi ratio hæc eſt:ſulfuris ignem non experti libræ dug,ſalis facticii purgati quatuor comminuantur & commiſceantur : hujus pulveris ſextans & ſemuncia adjiciantur ad beſſem globulorum
confectorum ex plumbo,& ære,in quo ineſt aurum, plumbi duplo : ſimulſq;

coquan-

coquantur in catino fictili donec liquentur : quo refrigerato eximatur maffula,& à recremento purgetur : ex qua rurfus conficiantur globuli, ad quos,
fi pendunt trientem,pulveris jam dicti felibra addatur, alternatimque collocentur in catino : quem operculare & oblinire cóvenit : mox leni igni coquâtur donec globuli liquefcant : paulo poft catinus ex igni eximatur : ex refrigerato maffula extrahatur : ex qua purgata & denuo liquefacta tertio globuli fiant : ad quos,fi pendunt fextantem , pulveris femuncia & ficilicus adjiciantur,eodemq; modo coquantur,& in catini fundo aurea maffula refidebit.
Tertia ratio eft : in æris liquefacti libras fex , fubinde injiciantur fulfuris cera
involuti,vel cum ea permifti,particulæ,& comburantur : pendat verò fulfur
femunciam & ficilicum : deinde halinitri,in pulverem contriti,ficilicus unus
& dimidius projiciantur in idem æs,itemq; comburantur : tum denuo fulfuris cera involuti femuncia & ficilicus : poftea plumbi in cinerem refoluti ,&
cera involuti,vel minii,ex plumbo facti,ficilicus & dimidius : mox auferatur
æs , & ad auream maffulam adhuc cum ære pauco permiftum adjiciatur ftibium , quod maffulæ fit duplum : & fimul ufq; eò coquantur , dum eadem
exhalet ftibium : tum maffula & plumbum , quod fit maffulæ dimidium,co-
quantur in catino cinereo.Poftremò aurum ex eo eximatur,& hominis urina
reftinguatur : quod fi color nigricans ei infederit cum pauca chryfocolla,
quam Mauri boracem vocant : fi pallidus,cum ftibio recoctum,fulvum illum
trahet. Sunt qui æs liquefactum cochleari ferreo hauriunt & effundunt in
alterum catinum,qui foramen habet oblitum luto , cumq; imponunt in carbones ardentes, & injectis pulveribus jam dictis maffam filo ferreo celeriter
verfant : atq; hi aurum ab ære fecernunt : illud in catini fundo refidet, hoc fupernatat : mox forcipe ignito catini foramen aperiunt , & effluit æs. Aurum
verò,quod remanfit,cum ftibio recoquunt : id cùm exhalaverit,aurum tertiò
cum quarta plumbi parte coquût in catino cinereo , & hominis urina reftin-
guunt. Quarta ratio eft,æris libra & triens,atq; plumbi fextans liquefiunt &
effunduntur in alterum catinum , intrinfecus oblitum fevo vel gypfo : & ad
ea adjicitur pulvis,qui conftat ex fulfuris præparati,æruginis,halinitri fingulorum femuncia , falis cocti fefcuncia. Quinta , æris libra & globulorum
plumbeorum libræ duç,atq; falis artificiofi fefcuncia injiciuntur in catinum,
& primò coquâtur leni igni,deinde acriori.Sexta,æris bes,fulfuris,falis,ftibii,
fingulorum fextans fimul coquuntur.Septima,æris bes , fcobis ferri elimatæ,
falis,ftibii,recrementorum vitri fingulorum fextans unà coquuntur. Octa-
ua æris libra,fulfuris fefquilibra , æruginis felibra , falis purgati libra , fimul
coquuntur. Nona in æris liquefacti libram injicitur fulfuris ignem non experti & comminuti tantundem,& filo ferreo celeriter verfantur : miftura có-
teritur in pulverem : in quem argentum vivum infunditur : quod aurum ad
fe allicit & trahit.At æs inauratum aqua madefactum igni imponitur : igni-
tum frigida reftinguitur : aurum filis orichalceis colligatis abraditur. His fa-
ne rationibus aurum ab ære fecernitur : at idem,vel plumbû ab argento ratione,quam nûc exponã,feparatur.Officina verò,five domiciliû in quo id ipfum
fit , prope officinam , in qua venæ auri, vel argenti, vel miftæ excoquuntur,
cóftruatur : cujus murus medius fit longus pedes unum & viginti,altus quindecim :

decim: à quo primus, qui eſt ad flumen, diſtet pedibus quindecim,poſtre-
mus decem & novem: uterqʒ longus ſit pedes ſex & triginta, altus quatuordecim: ſed ex primi muri capite murus tranſverſus pertineat ad caput poſtremi muri: deinde poſt pedes quindecim ex eodem muro primò alter murus
tranſverſus ductus ſit ad caput muri medii.In hoc ſpacio, quod eſt inter duos iſtos muros tranſverſos,collocentur pila, quibus venæ & alia ad eas excoquendas neceſſaria frangantur: à primi quoqʒ muri poſteriore capite tertius murus tranſverſus perductus ſit ad alterum caput muri medii, & ab eodem ad caput muri poſtremi. Spacium autem, quod eſt inter ſecundum &
tertium murum tranſverſum,& inter poſtremum & medium murum longum,contineat ſecundam fornacem, in qua plumbum ſeparatur ab auro vel
argéto,cujus camini paries rectus ſtatuatur ſuper medium murum, obliquus
ſuper trabem, quæ ex ſecundo muro tranſverſo pertineat ad tertium : ea ita
locata ſit,ut pedibus tredecim diſtet à medio muro longo, quatuor à poſtremo: ipſa verò craſſa & lata ſit pedes duos: à terra ſurſum verſus ad trabem hâc
longam ſint pedes duodecim. Quinetiam ne paries obliquus incidat in rectum: caveatur partim crebris bacillis ferreis, partim raris tignis luto obductis,quæ utraqʒ è tignis parietis obliqui ad tigna recti pertineant. Poſtremò
tectum eodem modo ſe habeat,quo tectum officinæ,in qua venæ excoquuntur: ſed in ſpacio,quod eſt inter medium & primum murum longum, & inter primum & tertium murum tranſverſum ſint folles, machina,quæ eos deprimit,organum,quod eoſdem diducit. Unum etiam tympanum, quod eſt
ad axem rotæ, habens fuſos moveat tympanum dentatum axis, cujus dentes longi follium tigilla deprimunt,& tympanum dentatum axis, cujus dentes longi,pilorum dentes longos attollunt: ſed contrario modo: ut ſi dentes
deprimentes tigilla follium volvantur à ſeptentrione ad meridem : contrà
dentes longi attollentes pilorum dentes longos verſentur à meridie in ſepten-
trionem. Verùm plumbum ab auro vel argento ſecernitur in hac ſecunda
fornace: cujus ſtructura conſtat ex ſaxis quadrangulis, ex duobus muris interioribus, quorum alter alterum tranſverſus ſecat,ex orbe,ex operculo. Ipſe
verò catinus conficitur ex pulvere terreno & cinere: ſed primò de ſtructura
atqʒ adeò de ſaxis quadrangulis dicam: ea ſint alta pedes quatuor, & palmos
tres, craſſa pedem:ab imo ſurſum verſus ad pedes duos,& palmos tres,interio-
re & ſuprema parte ad palmum prorſus exciſa ſint. ut ſaxeus orbis in ipſis
jacere poſsit.Solent autem plerunqʒ eſſe numero quatuordecim : atqʒ lata exteriore parte pedem & palmum,interiore anguſtiora: quod interior circulus
multo ſit anguſtior exteriore. Quod ſi latiora fuerint, minus multa eſſe neceſſe eſt: ſi anguſtiora, plura. In terram fodiantur altitudine pedis & palmi:
ſuperius ſemper bina quæqʒ proxima fibula ferrea connectantur : cujus cuſpides in eorum foramina includantur, & in eadem plumbum liquidum in
fundatur: ſed ea ſtructura ſaxea habeat ſpiritalia foramina ſex à terra,ſurſum
verſus ad pedem: atque ita ab ima ſaxorum parte ad pedes duos & palmum :
quorum quodqʒ ſit inter bina ſaxa altum palmos duos, latum palmum & digitos tres.Unum ſit à dextro latere inter murum,qui murum principalem ab
igni tuetur,& canaliculum,per quem ſpuma argenti ex fornacis catino effluit.
Cætera

Cætera quinq; fint circumcirca paribus,quoad fieri poteft, intervallis diftin-
cta:per ea exit halitus,quem terra concalefacta expirat: quæ ni effent eùm catinus ad fe traheret,ac vitium faceret:hoc eft,talis cumulus fieret,qualis fieri
folet cùm talpa terram egerit: cinisq;fupernataret, atq; catinus ftannum ab-
forberet.Aliqui eadem de caufa pofteriorem ftructuræ partem prorfus patentem faciunt.At duo muri interiores conftruantur lateribus, latitudinem-
que habeant lateris: atq; alter alterum tranfverfus fecet: quibus etiã ipfis quatuor fint foramina fpiritalia: in quaq; parte unum: quæ circiter digitum fint
altiora & latiora aliis: in ea quatuor templa injiciatur tantum recrementorũ;
quantum capit cifium , eisq; fuperfundatur tantus pulvis, à carbonibus refolutus,quantum capit alveus major bracteis lignis contextus. Muri autem
extent è terra cubitum: quibus & faxorum quadrangulorum parti excifæ fuperponatur orbis è faxo formatus,craffus palmum & digitos tres: qui undiq;
pertingat ad faxa quadrangula. Quod fi rima aliqua fuerit,ea fragmentis faxorum vel laterum expleatur. Orbis autem priore parte declivis fit,ut canaliculus,per quem effluet fpuma argenti , confici pofsit : attamen orbis faxei
loco quidam ponunt tabulas æneas , ut miftura vel ftannum citius calefi-
at.Sed operculum , quod globi dimidiati figuram habens tegit catinum,con-
ftet ex ferreis circulis & bacillis,atq; operimento. Circuli numero fint tres,
lati circiter palmum,crafsi digitum: infimus à medio diftet pede:medius à fupremo pedibus duobus: fub eis fint bacilla ferrea decem & octo,ad ipfos clavis ferreis affixa: quæ bacilla eandem quam circuli latitudinem & crafsitudinem habeant : fed ita longa fint, ut curvata ab infimo circulo ad fupremum
pertingant:hoc eft,pedes duos & palmos tres: cùm alioqui altitudo operculi
fit tantummodo ad pedem & palmos tres: ad omnia operculi bacilla & circulos interius bracteæ ferreæ filis ferreis fint alligatæ. Operculum quoque habeat foramina quatuor: quorum poftremum , quod è regione fit canaliculi,
per quem fpuma argenti effluet,inferius latum fit pedes duos: fuperius , quia
clementer affurget,anguftius, nempe latum pedem & palmos tres atq; digitũ:
careat bacillo : nam id ex fuperiore circulo ad medium tantummodo, non e-
tiam ad infimum,pertineat.Alterum verò foramen,quod exiftat fuper canaliculo latum fit inferius pedes duos & dimidium, fuperius pedes duos & palmum : quod etiam careat bacillo.Etenim non bacillum modo non pertineat
ad infimum circulum,fed ipfe etiam infimus circulus ad eam partem nõ pertineat, ut magifter fpumam argenti ex catino pofsit extrahere. Ad murum
præterea,quo murus principalis munitur contra vim caloris , ubi folliũ nares fituantur,fint duo foramina lata palmos tres,alta circiter pedem: in quorum medio duo bacilla defcendant bractea interius contecta. Fiftulæ autem,
in quibus nares follium collocentur , ufq; ad ea foramina pertineant: quæ fiftulæ ex laminis ferreis complicatis factæ,lõgæ fint palmos 11. & digitos 111.
Earũ verò pars cava,fit lata digitos tres & dimidiũ,in quas duas fiftulas nares
folliũ fic cõdantur,ut ab earũ foriculis diftēt digitis trib.At operimentũ conficiatur ex circulo ferreo,lato digitos 11.q inferius fit,& ex tribus bacillis ferreis
incurvatis,quę ab una circuli parte ad alterã ei oppofitã pertingant.Aliud aũt
alii fuperpofitũ fit fuperiore parte,ibiq; per ea clavus ferreus infixus penetret:
fub quibus

ſu.b quibus item ſint braĉteæ clavis ad ea alligatæ. Poſtremò quæque braĉtea
habeat parva foramina,in quæ tamen digitus immitti poſsit,ut lutum , quod
interius illiniri debet,adhærere poſsit. Operculũ præterea habeat tres annulos ferreos incluſos in clavorum ferreorum foraminibus, quæ ſint in eorum
capitibus admodum latis. Hi clavi ea parte connectant bacilla cum circulo
medio : annulis verò injiciantur unci catenæ , qua operculum ſublevatur,
quod fit,cùm magiſter catinum præparat.

Saxa quadrangula A.  Saxeus orbis B.  Spiritalia foramina C.
Muri interiores D.  Catinus E.  Operculum F.  Circuli G.
Bacilla H.  Foramina operculi I.  Operimentum K.  Annuli L.
Fiſtulæ M.  Foriculæ N.  Catenæ O.

In fornacis autem orbem vel tabulas cneas & ſaxa injiciatur lutũ cum ſtramentis permiſtum,altum tres digitos: atq; tundatur pilo ligneo uſq; eo dum
ad digiti altitudinem deprimatur. Pilum verò ſit teres & altum palmos tres,
inferius latum duos,ſurſum verſus anguſtius: cujus manubrium longum ſit
pedes tres: quà in pilum includitur , circulo ferreo cingatur. Quinetiam ſaxis ſuperius illinatur lutum , etiam cum ſtraminibus miſtũ craſsitudine pal-
mi:in quod occumbat operculum.Hęc omnia quamprimum labefactata fuerint,reficiantur. Artifex,qui hoc ſeparandorum metallorum munus ſuſtinet,
laborem in duas duorum dierum operas diſtribuit: altero mane paucum primo ci-

mò cinerem infpergit luto, & aquam affundens fcopis verrit: deinde injicit cinerem cribratum, & aquâ fic madefactum, ut nivis inftar in pilæ figuram formari pofsit: cinis verò fit ex quo lixivium aqua percolatâ fuerit factû: nam alius, quia pinguis eft, denuo urendus effet, ut macer fieret. Eum autem cinerem manibus comprefsis æquat, catinumque medium verfus declivem facit: tum pilo jam defcripto ipfum tundit: poftea duobus pilis parvis, item ligneis, format canaliculum, per quem effluit fpuma argenti: una enim manu côprehendit unum, altera alterum; utrunque latum eft palmum, craffum digitos duos, altum pedem. Utriufque manubrium aliquâtum teres ad fefquidigitum minus quàm ipfum latum eft, fed longum pedes tres: tam verò pilum quàm manubrium ex uno ligno factum eft. Mox calceatus infcendit in càtinum, & eum undique pedibus calcat; quo modo fubfidit & fit declivis. Deinde iterum eundem tundit pilo magno; tum exuto dextri pedis calceo catini circulum eo defignat, & defignatum excindit laminâ ferreâ utrinque curvatâ, atq; longa palmos tres, lata totidem digitos; cui funt manubria lignea, alta palmum & digitos duos, craffa item digitos duos. Per ea penetrat utrinque pars laminæ ferreæ cufpidata & fuperius recurvata. Quidam parte ligneæ bracteæ, cribrum cingentis, laminæ loco utuntur. Ea verò lata eft tres digitos, utrinque ad extremum fic incifa, ut manibus teneri pofsit. Poftea tundit canaliculum per quem effluit fpuma argenti. Ne verò cinis delabatur, aperturam faxo, ad hanc formato, obftruit; ad quod apponit tabellam, cui rurfus ne decidat, trudem opponit: tum cineris alveum infundit, eumque pilo magno tundit; iterum deinde iterumque cinerem injicit, & eum pilo tundit. Canaliculo facto ficcum cinerem catino undiq; fuperinjicit cribro, ac eum manib⁹ complanat & atterit; tû madefacti cineris alveos tres in marginem catini circumcirca injicit, & operculum demittit. Mox infcendens in catinum, id undique cinere obftruit, ne miftura liquefacta effluat. Deinde operculi operimento fublato, in catinum carbones alveo injicit, prunas verò batillo ferreo: & has quidem etiam per foramina, quæ operculum in lateribus habet, easque eodem batillo adæquat, atq; tantum laborem & munus duarû horarum fpacio perficit: tum parvum truncum fuperponit laminæ ferreæ, quæ in terra pofita eft fub canaliculo: ea longa eft pedes tres & palmum, lata pófteriore parte pedem & palmos duos atque totidem digitos, priore palmos duos, & iterum totidem digitos: at trunco fuperponit faxum, ac ipfi laminam ferream afsimilem inferiori, in quam conjicit carbonum alveum bracteis ligneis côtextum: inq; eos tot prunas, quot batillo ferreo conjicere poteft, atque catinus unius horæ fpacio calefit: deinde conto uncinato, quo detrahit fpumam argenti, cômovet reliquias carbonum. Uncus autê lôgus palmum, & latus digitos tres, habet figuram duorû triangulorum; cujus manubrium ferreum longum eft pedes quatuor, ligneum verò, in ferreum inclufum, fex. Verùm aliqui fimplicem contum uncinatum ufurpant. Poft horæ ferè unius fpacium rurfus eodem conto uncinato commovet reliquias prunarum, & batillo eas, quæ in canaliculo jacent, in catinum injicit. Tum iterum poft horæ fpacium eodem conto commovet prunas: quas ni ita cômoveat, in catino aliquis nigror manet, atq; ea parte vitium facit, utpote nô fatis exiccatus: etenim minifter com-

I

movendo vertit prunas ut prorfus côburantur, beneq; calefiat catinus: quod
ipfum fit tribus horis: reliquis duabus iterum catinus quiefcit. Cùm autem
fonitus horæ undecimæ fuerit auditus, tunc cinerem, ex carbonibus factum,
fcopis verrit & de catino dejicit: mox afcendit fuper operculum, & linteum
tritum intingens in aquam, cum cinere permiftam, quam vafculum côtinet,
totum catinum eo madefacit, & verrit per foramen operculi manum immittens. Confumit autem interdum duo aquæ fic miftæ vafcula, quorum utrüq;
capit fextarios Romanos quinque: quod iccirco fit, ne catinus, cùm feparantur metalla, difrumpatur; tum corio cervino eundem terens, rimas oblinit.
Quinetiam ad finiftrum canaliculi latus collocat duo molybdænæ fragmenta, alterum alteri fuperponens; quæ aliqua ex parte liquefacta confidunt, &
obftaculo funt, ne fpuma argenti à flatu follium in orbem moveatur, fed ibi
fubfiftat; verùm expedit in loco molybdænæ ponere laterem: citius enim,
quòd is validius calefiat, oritur argenti fpuma. Catinus autem juxta mediam
ejus partem profundior fit palmis duobus & totidem digitis; ipfa verò media pars præterea digito. Sunt qui catino fic præparato illinunt albumen ovi
fpongiâ conceptum, & ex ea rurfus expreffum, quo refolutum fit thus in pulverem contritum. Quidam ei illinunt liquorem, qui conftat ex ovi albumine,
& ejus duplo fanguine taurino, vel medullâ; nonnulli eidem catino calcem
cribro fuperinjiciunt. Poftea magifter officinæ pôderat plumbum, cum quo
aurum vel argentum, vel utrunque eft permiftum, cujus interdum centumpondia centum imponuntur in catinum: fed frequenter fexaginta vel quinquaginta, vel minus multa; quo facto, tres ftraminum manipulos circumcirca infpergit catino, ne plumbum fua gravitate inæquabilem efficiat; mox per
canaliculum imponit aliquot plumbi mifti panes, & aliquot ad latera per foramen operculi poftremum: deinde per ejufdem operculi fuperius foramen
infcendens in catinum panes, quos ei minifter porrigit, circumcirca apponit
ad operculum: tum afcendens rurfus manibus immifsis per idem foramen
etiam aliquot panes imponit in catinum. Eos verò qui remanferunt, fecundo
die furcâ ferreâ lignis per poftremum operculi foramen fuperimponit. Panibus fic collocatis, carbonum alveum bracteis ligneis contextum per fuperius
operculi foramen injicit, ac imponit operimentû operculo, quorum junctu-
ram minifter luto illinit: ipfe magifter dimidium carbonum alveum per foramen, quod eft ad fiftulas narium, injicit in catinum, ac folles præparat, ut fequenti die mane fecundam operam inchoare pofsit. Tale autem laborandi
munus horæ unius fpacio perficit, duodecimâq; omnia funt præparata: quæ
horæ omnes collectæ, conficiunt fummam horarum octo.

*Artifex pilo tundit catinum* A. *Pilum majus* B. *Scopæ* C. *Duo pila minora* D.
*Lamina ferrea curvata* E. *Pars bracteæ ligneæ* F. *Cribrum* G. *Cinis* H. *Batillum ferreum* I. *Lamina ferrea* K. *Truncus* L. *Saxum* M. *Alveus bracteis lignis contextus* N. *Contus uncinatus* O. *Alter contus uncinatus* P. *Linteum tritum* Q. *Vafculum* R. *Corium cervinum* S. *Manipuli ftraminum* T. *Ligna* V.
*Panes plumbi mifti* X. *Furca* Y. *Alter artifex luto extrinfecus obducit fornacem,
qua ei operculum eft impofitum* Z. *Alveus cineribus refertus* AA. *Operculi operimentum* BB. *Minifter pedibus infiftens fcalis, carbones per fuperius operculi foramê
injicit*

injicit in catinum CC. *Ferramentum quo lutum verberatur* DD. *Lutum* EE. *Co-chleare quo artifex sive magister experimentum rapit* FF. *Rutrum quo plumbi cutis impura detrahitur* GG. *Cuneus ferreus quo argenti massa sublevatur* HH.

Sed jam tempus eſt ut ad ſecundam operam veniamus. Manè artifex primò accipiens batilla prunarum duo, ea injicit in catinū juxta fiſtulas narium
per foramen: deinde per idem foramen imponit ligna abiegna vel piceaſtri
parva, qualia ſolent ea eſſe, quibus piſces coquimus: tum machinæ depri-
mentis tigilla follium, fores attollit ut verſari poſsit; atque ita ſpacio unius horæ plumbum miſtum liqueſcit: quod cùm factum fuerit, quatuor ligna, longa pedes duodecim, per poſtremum operculi foramen imponit, & totidem
per canaliculum: quæ ligna, ne catinum vitient, premendo utrinq; ſuſtinent
ſcamna: ea ſunt tigna longa pedes tres, lata palmos duos & totidem digitos,
craſſa palmos duos; quibus utrinque ſunt duo pedes divaricati. Ad ſcamnum
præterea ante canaliculum locatum apponit laminam ferream, ne ſpuma argenti, cùm ipſam ex catino extrahit, ei in calceos inſiliat, pedesque & crura of-
fendat: quinetiam reliquos panes batillo vel furca ferrea lignis jam dictis imponit per poſtremum operculi foramen. At argentum rude purum, aut
plumbei coloris vel cinerei, vel rubri, vel denique alterius dilatatum & conci-
ſum atq; calefactum in catinis ferreis, tunc in liquidum plumbum, cui argentum immiſtum eſt, quod, ut ſæpius dixi, nominatur ſtannum, infunditur, ac
ſic quod impurum eſt, ab eo ſeparatur. Verùm cùm ligna oblonga priore
parte fuerint combuſta, tunc cuneos ferreos longos pedes quatuor, priore
parte latos digitos duos, deinde ſeſquidigitum latos & craſſos, magiſter malleo in ea impellit, atque ipſis promovet: jacent verò cunei in ſcamnis. At alii
cùm ſeparant metalla, duo ejuſmodi ligna imponūt in catinum per foramen,
quod eſt inter folles: totidem per poſtremum foramen, unum per canaliculum: ſed his majore lignorum numero, nempe ſexaginta, opus eſt, cùm illi lignis quadraginta operam perficere poſsint. Cùm verò plumbum duabus horis ita fuerit calefactum, tum id ipſum commovet conto uncinato, ut magis
calefiat. Quod ſi difficulter ſeparatur ab argento, in ſtannum liquefactum injicit æs & pulverem carbonum. Si verò miſtura auri argentoſi cum plumbo vel ſtannum ex vena contraxit impurum quiddam, in id injicit portiones, aut pares, vel ergo aridæ vini fecis & vitri Veneti, ſive ſalis ammoniaci,
vel vitri Veneti, & ſaponis item Veneti: aut impares, nempe aridæ vini fecis
duas, ferruginis unam. Sunt qui ſingulis compoſitionibus admiſcent halinitri particulam. Ad miſturæ autem centumpondium adjicitur pulveris bes,
aut libra, aut libra & triens, prout magis vel minus impura fuerit. Pulvis certè id, quod impurum eſt, ab ipſa miſtura ſeparat. Tunc verò plumbi, cum carbonibus permiſti, quaſi cutem quandam rutro per canaliculum extrahit: eam
plumbum cùm calefit, gignit, ſed ut minus multam gignat, conto frequenter
commovendum eſt: deinde ad horæ partis quartæ ſpacium catinus combibit
plumbum. Eo autem tempore, quo penetrat in ipſum, ſalit & bullit: tum magiſter cochleari ferreo haurit paucum plumbum, quod experitur atque ex eo
cognoſcit, quanta argenti portio in ea miſtura tota inſit. Cochleare verò latum eſt digitos quinque; ejus manubrii pars ferrea longa eſt pedes tres, lignea
totidem. Poſtea conto extrahit ſpumam argenti, quæ fit ex plumbo & ære,
ſi id quoque inerit in miſtura, uſtis: quare rectius ſpuma plumbi quàm argenti diceretur. Etenim vitium argenti tunc nullum eſt, ſed plumbum & æs ab
eo ſepa-

éo feparantur. Verùm plumbum magis etiam in alterius fornacis catino, in quo argentum perpurgatum fit purum. Quondam, Plinio autore, fub catini canaliculo alter erat catinus, defluebatque fpuma argenti ex fuperiore in inferiorem; ex quo veruculo fublata convolvebatur, ut eſſet modici ponderis: quocirca ex ea olim fiebant tubuli; nunc, quia non convolvitur veruculo, conficiuntur maſſæ.

*Fornax* A. *Ligna* B. *Spuma argenti* C. *Lamina* D.
*Magifter jejunus edit butyrum, ne venenum, quod catinus exhalat, ei noceat, peculiare enim illius remedium eſt* E.

Si periculum fuerit, ne miſtura fimul cum fpuma argenti effluat, magiſter in próptu habet lutum in cylindri, qui utrinq; acutus fit, figurâ formatum : id ad contum uncinatũ apponens miſturæ, ne effluat, opponit. At cùm jam fuus argento infidebit color, tum apparent maculæ lucentes, &, quafi quidam colores, albæ. Articulo temporis poſt prorfus fit candidum : mox miniſter demittit fores, ut canali clauſo rota non verfetur, & folles quiefcant. Sed magiſter aliquot aquæ vafcula infundit in argentum ut refrigefcat. Alii infundunt cervifiam ut albidius fiat : fed hoc nihil habet momenti, cùm argentum adhuc fit perpurgandum : poſtea ferramẽto, cui figura cunei data, panem argenteu:n attollit, quod longum eſt pedes tres, latum digitos duos. In ejus parté cavam

I 3

inclufum eft manubrium ligneum longũ circiter pedes quatuor. Extra
verò ex catino panē argenteum lapidi imponit, & altera ejus parte molli
nam, altera fpumam argenti malleo decutit. Tum orichalceis filis colli
& in aquam intinctis eum purgat. Cùm autem plumbum feparatur ab argẽ
to, plus argenti plerunq; reperitur, quàm cùm experimentum fieret: etenim, fi
ante in centumpondio inerant unciæ tres, & totidem drachmæ, inveniuntur
unciæ tres & dimidia. Sed molybdæna remanens in catino plerunq;, alta eft
palmum: qua fublata cinis reliquus rurfus cribratur; quod refidet in cribro,
quia molybdæna eft, ad molybdænam adjicitur. Cinis verò, qui decidit per
cribrum, eundem, quem prius, præbet ufum: quinetiam ex eo & pulvere of-
fium catilli fiunt cinerei. Poftremò ad parietem, ad quem fornax eft extructa,
pompholyx lutea adhæret: atque etiam ad operculi annulos, qui prope foramina funt: ea, poftquam multa adhæferit, abftergitur.

*Panis* A. *Lapis* B. *Malleus* C. *Fila orichalcea* D. *Vas
aquam continens* E. *Fornax ex qua panis exemptus eft, adhuc
fumans* F. *Bajulus panem ex officina deportans* G.

Sed grus, ut etiam hoc organum defcribam, quo operculum levatur, ita
fe habet. Primò eft ftatutus axis quadrangulus undique latus pedem, longus
pedes X I I. ejus codax inferior vertitur in catillo æneo, inclufo in alterum
tignum

tignum quernum: duo enim sunt sic transversa locata, ut unius forma, quæ in ejus parte media est, in alterius formam, quæ item in ejus parte media est, includatur, crucisq; speciem præbeant: quorum tignorum utrunq; longum est pedes tres, latum & crassum pedem. At superius axis caput teres est: nam sic excisum, ut latum sit palmos tres; id vertitur in dimidiata armilla, utrinque infixa in trabe, cui paries camini obliquus innititur. Ad axem verò affixum est loculamentum: etenim primò sursum versus ad cubiti altitudinem in forma axis inclusum est tigillum, longum, exceptis capitulis, cubitum & digitos tres, latum & crassum palmos duos: deinde iterum sursum versus ad altitudinem pedum quinque, alterum tigillum æquè longum, latum, crassum est inclusum in axe. Eorum autem duorū tigillorum altera capitula inclusa sunt in formis tigni statuti longi pedes sex & palmos tres, lati & crasi dodrantem: atque clavis ligneis transfixa: tum ab inferiore tigillo sursum versus ad trium palmorum altitudinem in axis formis, quæ sunt à lateribus, inclusa sunt iterum duo tigilla longa, exceptis capitulis, pedem & palmum, lata palmum & digitos tres, crassa palmum. Pari modo sub superiore tigillo sunt duo ejusdem magnitudinis tigilla: quinetiam in statuti tigni formis totidem tigilla inclusa sunt ejusdem, cujus proxima longitudinis, sed crassa digitos tres, lata palmum & digitos duos: & duo quidem inferiora supra inferius tigillum transversum, superiora verò è regione duorum superiorum tigillorum in axis lateribus inclusorum. Exterius autem ad tigilla asseres sunt affixi, sed pars loculamenti prior fores habet: atque etiam posterior, quorum cardines infixi sunt in asseribus, affixis ad tigilla in lateribus axis inclusa: tum inferiori tigillo transverso asseres sunt superpositi; à quibus sursus versus ad duorum palmorum altitudinem est axiculus ferreus quadrangulus, cujus latera sunt lata digitos duos: capitula, quorum utrunque teres, in armillis æneis aut ferreis volvuntur: earum altera est in axe, altera in tigno statuto inclusa. Circa verò axiculum utrinque est orbis ligneus, altus palmos tres & digitum, crassus palmum, superius bracteà ferreà tectus; hi duo orbes inter se distant palmis duobus & totidem digitis, habentque fusos quinque: qui crassi digitos duos & dimidium distant inter se digitis tribus: quo modo tympanum sui generis efficitur, quod ipsum à tigno statuto abest palmum & digitum: longius verò ab axe, nempe palmum & digitos tres. Deinde ab hoc axiculo sursum versus ad pedis & palmi altitudinem est alter axiculus ferreus quadrangulus, cujus quodque latus est latum digitos tres. Ipse æquè ac prior in armillis æneis vel ferreis versatur: circa eum est tympanum dentatum, duobus orbibus compactum, latum pedem & palmos tres, crassum palmum & digitos duos: cui in fronte sunt dentes tres & viginti, lati palmum, crasi digitos duos; extant è tympano palmum; distant inter se digitis tribus: atque etiam circa eundem axiculum versus tignum statutum ad duorum palmorum & totidem digitorum longitudinem est alter orbis æquè ac tympani orbis latus, sed crassus palmum. Is vertitur in tigno statuto ea parte exciso. Ex hoc orbe & tympani orbe fit alterum tympanum fusos habens item quinque. Ab hoc altero præterea axiculo sursum versus ad altitudinem cubiti est axiculus ligneus, cui ferrei sunt codaces, cujusque capitula circulis ferreis sunt cincta, ut codaces in eis firmi maneant;qui æquè ac axiculi ferrei volvuntur in armillis æreis vel ferreis. Hic axiculus diftat à fuperiore tigillo tranfverfo circiter cubitum , & prope tignum ftatutum habet tympanum dentatum , latum pedes duos & dimidiū, cui in fronte funt dentes feptem & viginti : at altera axiculi pars axem verfus braĉteis ferreis eft teĉta , nè à catena, quæ circa eam volvitur, exedatur. Ejus catenæ annulùs extremus inclufus eft in fibula ferrea , & in axiculum infixa: ipfa catenà ex loculamento exiens in orbiculo , qui eft inter roftri tigna , verfatur. Etenim à loculamento furfùm verfus ad pedis & palmi altitudinem eft gruis roftrum ; quod conftat ex duobus tignis inclufis in axe , longis pedes quindecim , latis palmos tres , crafsis duos: quæ à tergo axis eminent cubitum , ibiq́ue fibulantur ; ligneo præterea clavo ; qui per ipfa & axem penetrat, conneĉtuntur : is clavus altera parte capitulum habet latum , altera foramen, in quod infigitur paxillus ferreus , ut tigna cum axe arĉtè conftringat. Ea verò roftri tigna, fulciuntur & fuftinentur alteris duobus tignis longis pedes fex & palmos duos , latis & crafsis item palmos duos: quæ inferius inclufa funt in formis axis , fuperius ad tigna roftri , qua abfunt ab axe circiter pedes quatuor ; clavis ferreis affixa. Poft fuperiora horum tignorum capita verfus axem eft fibula ferrea, inferius in tigna roftri infixa, ut ea coerceat & conftringat. Utriufque tigni caput prius inclufum eft in lamina ferrea quadrangula , inter quas eft tertia lamina ferrea quadrangula interjeĉta : qua ratione fit, ut tigna roftri neque dilabi pofsint, nec alterum in alterum incidere : quæ tigna fuperiore parte braĉteis ferreis funt teĉta , ad pedum fex longitudinem, ut lingua in eis promoveri pofsit: quæ lignum eft ex oftrya vel alia quadam arbore dura faĉtum , longum cubitum , latum pedem , craffum palmos tres: ex quo utrinque ad altitudinem & latitudinem palmi , pars inferius excifa eft , ut reliqua inter duo roftri tigna ire & redire pofsit. Priore autem parte media excifum eft ad palmorum duorum & totidem digitorum longitudinem , ut orbiculus æneus , qui eft circa axiculum ferreum , in eo volvi pofsit. Habet præterea lingua prope angulos quatuor foramina , in quibus totidem orbiculi circumaĉti promoventur in roftri tignis: fed quia lingua, cùm trahitur & retrahitur , fonitum edit quodammodo fimilem latratui canum , apud nos ex eo nomen invenit. Veĉti quidem promovetur, catina retrahitur. Uncus eft ferreus , cujus annulus vertitur in fibula ferrea , in dextrum linguæ latus infixa: qui uncus includitur in unum aliquem ferreum clavum, qui dextro roftri tigno infixus eft. At à fronte axis orbiculus eft æneus, cujus axiculus ferreus inclufus eft in roftri tignis: in quo orbiculo catena, exiens ex loculamento , volvitur ; atque per dorfum linguæ excavatum penetrans ad orbiculum ejus æneum, in ipfo circumaĉto verfatur, deque eo defcendentis uncus implicatur annulò , in quo inclufi funt annuli fupremi trium catenarum longarum pedes fex, quæ penetrant per tres annulos ferreos, quos in foraminibus clavorum infixorum in medio operculi annulo effe dixi. Itaque cùm magifter operculum grue voluerit levare , tunc minifter in veĉte ferreo includit axiculum ferreum inferiorem , qui extat è tigno ftatuto palmum & digitos duos: eftq́ue ea parte axiculus etiam quadrangulus, latus fefquidigitum, craffus digitum. Pari modo veĉtis foramen, in quo includitur , quadrangulum eft lum est & longum digitos duos, latum paulo plus quàm digitum. Vectis autem semicirculus longus est pedem, palmos tres, digitos duos, latus totidem digitos, crassus digitum. Manubrium verò ejus rectum, & teres longum est palmos tres, crassum sesquidigitum. In axiculi capite foramen est, in quo clavus ferreus infigitur ne vectis excidat. Hic autem grus, qui quatuor habet tympana, duo quibus sunt fusi, & totidem dentata, facilius movetur quàm alii, quibus tantùm duo tympana sunt, alterum scilicet quod fusos habet, alterum dentatum. Multis autem simplex est organum: cujus axis statuti codaces eodem modo versantur, alter in catillo ferreo, alter in armilla. Ei axi transversum existit tignum, quod obliquum sustinet. Ad caput transversi validus annulus ferreus est affixus, ex quo alter annulus ferreus, in eo inclusus eminet: in quo validus vectis ligneus arctè rursus est inclusus, cujus caput cingit tertius annulus ferreus: ex quo dependet uncus ferreus, supremo catenæ operculi annuli injectus. Ad alterum verò vectis caput est catena: quæ cùm deprimitur, alteram vectis partem attollit, atque ipsa operculum: cùm relaxatur, eandem demittit simul cum operculo.

*Axis statutus* A. *Catillus* B. *Tigna querna* C. *Dimidiata armilla* D. *Trabs* E. *Loculamentum* F. *Tigilla* G. *Tignum statutum* H. *Tigilla quæ sunt à lateribus axis* I. *Tigilla quæ sunt à lateribus tigni statuti* K. *Tympana quæ ex fusis constant* L. *Tympana dentata* M. *Catena* N. *Orbiculus* O. *Rostri tigna* P. *Tigna quæ sustinent rostri tigna* Q. *Laminæ quadrangulæ* R. *Lingua* S. *Operculum fornacis* T. *Annulus* V. *Tres catenæ* X. *Vectis* Y. *Alterius organi axis statutus* Z. *Tignum transversum* AA. *Tignum obliquum* BB. *Tigni transversi annulus* CC. *Alter annulus* DD. *Vectis* EE. *Tertius annulus* FF. *Uncus* GG. *Catena operculi* HH. *Catena vectis* II.

At in

At in nonnullis locis, ut in Misena Fribergi, secunda fornax superius lateribus concamerata ferè similis est furno. Ea camera pedes quatuor alta habet fo-

bet foramina duo vel tria: quorum primum à fronte eſt altum ſeſquipedem,
latum pedem, ex quo effluit ſpuma argenti. Alterum, atque etiam tertium, ſi
tria fuerint, à lateribus ſunt alta ſeſquipedem, lata pedes duos & dimidium; ut
is, qui catinum parat, in fornacem poſsit irrepere: ſed baſis ejus circularis ex
cementis effecta, duas habet vias, halitum expirantes, altas pedes duos, latas u-
num: quæ ab una parte ad ei adverſam ductæ ac directæ ſic penetrant, ut altera alteram tranſverſa ſecare, & foramina quatuor eſſe videantur: eædem ſuperius tectæ ſunt ſaxis latis, ſed tantummodo palmum craſsis; in quæ & reliquam baſis partem interiorem, ex cementis effectam, ut etiam in prioris fornacis orbem, vel tabulas æneas & ſaxa injicitur lutum cum ſtramentis permiſtum, altum tres digitos. Tam autem id quàm cinerem injectum magiſter ſive miniſter, qui præparat catinum, genibus innixus tundit curtis pilis ligneis,
& marculis item ligneis.

*Fornacis camera A. Ejuſdem baſis* B. *Viæ* C. *Pi-*
*lum* D. *Marculus* E. *Artifex Romano more ex ar-*
*genti ſpuma trubulos conficit* F. *Canaliculus* G. *Ar-*
*genti ſpuma* H. *Catinus inferior* I. *Veruculum* K.
*Tubuli* L.

At Po-

At Polonis & Ungaris secunda fornax item superius lateribus concamerata fere furno similis est: inferius autem basim habet solidam, & halitus receptaculo

ceptaculo carentem. Sed ad ejus alterum latus est murus, inter quem & basim catini via receptaculi loco est: superius bacillis ferreis ex muro pertinentibus ad catinum, & duobus digitis inter se distantibus, tecta. In catinum præparatum primò stramina injiciunt, inque ea panes stanneos imponunt: in bacilla verò ligna, quæ accensa catinum calefaciant, & panes, octoginta modò centumpondia, modò centum pendentes, colliquefaciant. Deinde ignem leni follium flatu excitant: tum bacillis tam multa ligna superinjiciunt, ut tanta flamma fiat, quanta sola in catinum pertinens, plumbum ab argento separare possit. Sed argenti spuma detrahitur ex alterius lateris foramine tam amplo, ut magister per id in catinum serpere queat. At Maravi & Carni, qui perrarò plus quàm argenti bessem vel dextantem conficiunt, ab eo nec in fornace furno simili plumbum separant, nec in catino, qui tectus est operculo, sed qui vento expositus eo caret, in quem panes stanneos imponunt, ipsisque superimponunt arida ligna, quibus rursus crassa viridia. Lignis autem accensis, ignem primò follis flatu excitant.

*Fornax furno similis A. Via B. Bacilla ferrea C. Foramen per quod argenti spuma detrahitur D. Catinus operculo carens E. Ligna crassa F. Follis G.*

Dixi de ratione, qua plumbum ab auro vel argento separatur: nunc dicam

K

de ea, qua argentum perpurgatur: nam auri perpurgandi rationem ante explicavi. Argentum autem perpurgatur in uſtrina, cujus fornacis focum ſuſtinet teſtudo lateribus concamerata: ejus fornix, qui priore parte exiſtit, altus eſt pedes tres. Sed ipſe focus longus pedes quinque, latus quatuor: à lateribus & poſteriore parte muri ſunt integri: à priore verò alter fornix alteri ſuperpoſitus eſt: ſuper quem & murum caminus ſtatutus eſt. Focus foveam habet rotundam, latam cubitum, altam palmos duos: in quam injicitur cinis cribratus, & in eum teſta præparata ſic imponitur, ut cinis undiquæ æquè altus ac ipſa ſit. Teſta autem, quæ fictilis eſt, repletur pulvere, qui conſtat ex paribus portionibus oſsium in pulverem contritorum, & cineris ſumpti de catino, in quo plumbum ab auro vel argento ſeparatur: alii ad cinerem admiſcent laterem cóminutum; quo modo neuter pulvis argentum ad ſe allicit: pulvis compoſitus, & aquâ madefactus paucus injicitur in teſtam, & tunditur pilo ligneo terete, longo pedem, lato palmum & digitum: ex quo extant dentes numero ſex, craſsi digitum, lati & alti digitum & tertiam ejus partem, inter ſe diſtantes ferè digito. Hi ſex dentes circulum efficiunt, in cujus medio eſt ſeptimus dens teres æquè altus ac cæteri, ſed craſſus ſeſquidigitum. Pilum verò paulatim ab inferiore parte ſurſum verſus fit anguſtius, ut ultima manubrii pars teres ſit, craſſa tres digitos. Quidam utuntur terete pilo quod dentibus caret.

*Pilum cui dentes* A. *Pilum quod dentibus caret* B. *Alveus cinerum plenus* C. *Teſta præparata & aſſeribus impoſita* D. *Teſta vacua* E. *Ligna ſecanda* F. *Serra* G.

Deinde

Deinde iterum paucus pulvis madefactus injicitur in teſtam, & tunditur:
qui labor iteratur uſque dum teſta tota tali pulvere fuit completa: quam magiſter excindit cultello utrinque acuto, & utrinq; directo ſurſum verſus acto,
ut media pars cava ſit, lata palmum & digitum: quæ modò recta eſt, modò
curvata. Ipſe verò cultellus latus ſit ſeſquidigitum, utrinq; ſurſum verſus longus palmos duos, quæ manubria ad altitudinem palmi careant acie, vel in ligneis manubriis includantur. Magiſter autem una manu cultellum prehendens teſtę pulverem excindit, ut circumcirca craſſus maneat tres digitos: tum
ei pulverem oſsium ſiccum cribro ſuperinjicit, cujus fundum ſetis admodum
anguſtè collocatis eſt contextum. Poſtea globo ex ligno duriſsimo facto, &
craſſo ſex digitos, injecto teſtam utraq; manu cōmotam æquat, & denuo ſo-
lidam efficit, quinetiā altera manu globum agitat. Teſtæ autem diverſæ ſunt
capacitatis: earum enim præparatarum aliæ capiunt argenti libras plus minus quindecim, aliæ viginti, partim triginta, quædam quadraginta, alię quinquaginta. Sed quæque teſta ſic præparata in ſole ſiccatur, vel in loco calido &
tecto repoſita. Quanto autem fuerit ſiccior & antiquior, tanto eſt melior: o-
mnes verò, cùm argentum perpurgandum eſt, prunis injectis caleſiunt. Alii
loco teſtæ utuntur circulo ferreo, ſed utilior eſt teſta. Nam ſi pulvis vitium
fecerit, argentum in illa remanet, ex hoc fundi expertè dilabitur. Teſta præterea in focum facilius quàm circulus imponi poteſt, & minus multi pulveris
indiget: attamen, ne teſta dilabi poſsit, & argentum damnum facere, quidam
rectè eam circulo ferreo cingunt.

*Cultellus rectus cui lignea manubria ſunt* A. *Cultellus curvus,*
*cui item lignea manubria* B. *Cultellus curvus ligneis manubriis*
*carens* C. *Cribrum* D. *Globus* E. *Foris ferrea, quam magi-*
*ſter cùm perpurgat argentum, demittit, ne calor ignis oculos læ-*
*dat* F. *Ferramentum cui imponuntur ligna cùm argentum jam li-*
*quatum perpurgandum eſt* G. *Hujus altera pars penetrat in cir-*
*culum alterius ferramenti in fornacis muro incluſi* H. *Teſtæ in*
*quas prunæ ſunt injectæ* I.

K 2

Purgator autem in promptu habet cratem ferream,cui panes argenteos fuperimponit, eosq; prunis fubjectis calefacit, ut facilius frangi pofsint. Habet
item fellam orichalceam, latam & longam palmos duos,& digitos duos, ac in
ejus medio cavam: eam imponit trunco ex oftrya facto, atque panes argenteos in ipfa locatos ancipiti malleo percutit, & in partes dividit: qui malleus
longus eft pedem & digitos duos, latus palmum. Alii ufurpant tantummodo
truncum ligneum in medio cavatum. Panum verò fragmenta adhuc calida
forcipe prehenfa in alveum, foraminum plenum, injicit,eisque aquam affun-
dit, ut refrigerata in teftam fcitè imponere pofsit. Imponit verò ea, ut erecta
ftent,emineantque ex tefta interdum ad duorum palmorum altitudinem. Inter ipfa verò , ne unum in aliud incidat, carbunculos collocat: deinde injicit
in teftam prunas,mox carbonum duos alveos bracteis ligneis contextos; tum
folle ventum infpirat. Is duplicatus longus eft pedes quatuor,& palmos duos,
pofteriore parte latus pedes duos, & totidem palmos. Cætera fimilia funt ei,
quem libro VII.defcripfi. Ejus follis naris fita eft in fiftula ænea, longa pedem: cujus foramen priore parte prorfus teres, eft latius digito, pofteriore latû duos palmos. Follem quidê magifter,quòd ad hoc munus argêti ppurgan-
di acris ignis,atq; iccirco vehementis flatus indigeat,valde declivem ponit,ut
in mediam teftam five argentum liquefactum infpiret. Id effervefcens deprimit parvo trunco ad ferrei inftrumenti,cujus extima pars furfum verfus eminet,

net, affixo, & aqua madefacto. Liquescit verò argentum cùm fuerit circiter horam in testa coctum: quo liquato, carbones ardentes ex testa removet, atq; ei superponit duo ligna abiegna longa pedem & palmos tres, lata palmum & digitos duos, crassa superiore parte palmum, inferiore ad tres digitos. Inferiores autem partes conjungit; in quæ ligna rursus conjicit carbones: nam acri igni semper ipsi opus est ad purgandum argentum. Purgatur verò horis duabus vel tribus, prout fuerit purum vel impurum: hoc globulis æreis aut plumbeis in testam simul injectis efficit purius. Ut autem, dum argentum purgat, tantum ignis calorem sustinere possit, forem ferream, longam pedes tres, altam pedem, & palmos tres demittit. Hæc utrinq; inclusa est in bracteis ferreis: quam cùm operam in hac re consumpserit, batillo ferreo rursus attollit, ut ejus cultellus in ferrum uncinatum, quod est in fornice, incidens ipsam apertam teneat. Sed cùm argentum jam ferè fuerit purgatum, quam conjecturam de eo facit ex temporis spacio, tunc in ipsum infigit contum totú ferreum: qui aciem habet chalybeatam & teres est, atque longus pedes tres & dimidium, crassus digitum. Bracteam autem argenteam adhærentem ad contum orichalco impositam, malleo decutit: ac ex ejus colore conjicit an argentum satis purgatum sit necne. Si fuerit perpurgatum, albissimum est, & ejus bes, drachma excepta, purus exiftit. Quidam verò argentum hauriunt ferrei instrumenti cavo: sed cujusque bessis argenti sicilicus comburitur: interdum etiam, cùm valdè fuerit impurum, drachmæ tres vel semuncia. At purgator ignem gubernat, & argentum liquidum commovet instrumento ferreo, longo pedes novem, crasso digitum, priore parte primò ad latus dextrum curvato, deinde recurvato, ut efficiatur circulus, cujus cava pars ad palmum lata sit. Alii utuntur instrumento ferreo, cujus extima pars recta sursum versus extat. Quin idem ferreum habet instrumentum sive forcipem vulfellæ figurâ, quo carbones prehendit, & ipso manu compresso eos ponit ac reponit; id longum est pedes duos, latum sesquidigitum, crassum tertiam digiti partem.

*Crates* A. *Sella orichalcea* B. *Truncus* C. *Panis argenteus* D. *Malleus* E. *Truncus ligneus in medio cavatus* F. *Alveus foraminum plenus* G. *Truncus ad ferreum instrumentum affixus* H. *Ligna abiegna* I. *Contus ferreus* K. *Ferri instrumentum cavum* L. *Instrumentum, cui circulus, sequens pictura continet: Instrumentum cujus extima pars sursum versus extat* M. *Instrumentum vulfellæ figura* N.

K 3

Cùm autem argentum videtur ipſi eſſe perpurgatum, tunc batillo carbones ex teſta amovet: paulo pòſt aquam haurit cochleari æneo, cui manubriũ
ligneum eſt, longum pedes quatuor : quodque ex altera parte in fundi &
marginis medio habet parvum foramen, per quod ferè canabis ſemen penetrat. Hoc cochleare ter replet aquâ, ter ea per foramen tota effluens in argentum, paulatim ipſum reſtinguit: ſi enim repentè aquam multam in id infun-
deret, diſſiliret atque læderet aſtantes. Deinde artifici ferreus eſt contus cuſpidatus, longus pedes tres, cui manubrium ligneum totidem pedes longum:
hunc contum in teſtam infigit, ut eam commoveat. Idem efficit conto ferreo
uncinato, lato digitos duos, alto palmum: cujus pars ferrea item longa eſt tres
pedes, lignea, ſive manubrium, totidem. Tum teſtam ex foco amotam batillo vel furcâ ſubvertit: quo modo argentum dimidiati globi figura in ſolum
cadit: quod batillo rurſus ſublatum injicit in vas, in quo ineſt aqua: ubi adhuc magnum ſonitum reddit, vel panem argenteum furcâ ſublatũ ſuperim-
ponit, inſtrumento ferreo vulſellæ ſimili, in vas aquâ refertũ impoſito. Mox
refrigeratum rurſus ex vaſe, exprimens trunco, ex oſtrya facto ſuperponit,
& malleo percutit, ut, ſi pulvis in teſtam injectus, ad ipſum adhæſerit, de eo decidat. Purgat etiam argentum eodem inſtrumento, in vas aquæ plenum impoſito ſuperimpoſitũ, filis orichalceis colligatis, & in aquam intinctis: quem
laborem percutiendi & purgandi iterat, uſque dum omnino fuerit purum.

Poſtea

Poftea id imponit tripodi vel crati ferreæ. Tripus altus eſt palmum & digitos duos, latus ſeſquidigitum, cujus cava pars eſt lata palmos duos: cùm ſubjicit tripodi vel crati prunas, ut argentum aquâ madefactum rurſus exiccetur. Poſtremò præfectus rebus regis, vel principis, vel dominorum ipſum argentum imponit trunco, & cælo excindit duas particulas, unam inferiore parte, alteram ſuperiore: quas igni experitur, ut certè ſcire poſsit utrum argentum perpurgatum ſit nec'ne, & quo precio mercatoribus vendi debeat: mox ſigillum regis vel principis, vel dominorum in id imprimit, & prope ipſum ponderis numerum.

*Inſtrumentum cui circulus* A. *Cochleare* B. *Ejus foramen* C. *Contus cuſpidatus* D. *Furca* E. *Panis argenteus inſtrumento vulſellæ figurâ impoſitus* F. *Vas aquâ refertum* G. *Truncus cui panis impoſitus* H. *Malleus* I. *Argentum rurſus inſtrumento vulſellæ ſimili ſuperimpoſitum* K. *Alterum vas aquæ plenum* L. *Fila orichalcea* M. *Tripus* N. *Alter truncus* O. *Calum* P. *Fornacis catinus* Q. *Teſta adhuc fumans* R.

Sunt qui argentum in teſta, ſub tegula ferrea vel fictili collocata, perpurgant: iis item fornax eſt, in cujus foco locant teſtam, in qua inſunt argenti fragmenta, eiq; ſuperimponūt tegulam, à lateribus feneſtellas habentem, à fron-

te ponticulum: ad tegulæ latera lateres apponunt, quibus & tegulæ carbones
superinjiciunt; ponticulo titiones ardentes, ut argentum colliquescat. Fornaci est foris ferrea luto, qua spectat ignem, obducta, ne ei noceat: ea clausa
ignis ardorem continet: veruntamen fenestellam habet, ut artifices in testam
inspicere, & interdum ignem flatu follis excitare possint: qui quanquam tardius quàm cæteri argentum perpurgant, tamē utilius, quod minus detrimenti accipiat. Lenis enim ignis particulam ejus minorem, quam acris ille perpetuò follis flatu excitatus consumit: iidem rectè panem argenteum, si propter
magnitudinem difficulter asportari potest, cùm tegula fuerit sublata, ipse adhuc caleat, cuneo vel securi, in eo impressa, secant in duas vel tres partes: nam
qui refrigeratum dissecant, non rarò minutas aliquot particulas dissilientes
perdunt.

*Tegula A. Ejus fenestellæ B. Ejusdem ponticulus C.*
*Lateres D. Foris ferrea E. Ejus fenestella F. Follis G.*
*Securis H. Annulus ferreus quo quidam pro testa utun-*
*tur I. Pistillum quo cinis in annulum injectus tunditur K.*

*De re Metallica Libri X. FINIS.*

GEOR-

# GEORGII AGRICO-
## LAE DE RE METALLICA
### LIBER UNDECIMUS.

**D**IXI de modo, quo aurum ab argento fecernitur, quo contrà argentum ab auro, quo æs ab eodem, quo plumbum tam ab auro quàm ab argento, quo deniq; duo illa preciofa metalla perpurgantur: nunc dicam de ratione, qua argentum ab ære, qua idem à ferro feparari debeat. Officina autem, five domicilium neceffarium ad opportunitatem, & ufum eorum, qui argentum ab ære fecernunt, ita fe habeat. Primò quatuor muri longi ducantur: quorum primus, qui ad alveum fluminis exiftat, & fecundus longi fint pedes ducentos fexaginta quatuor: fed fecundus ubi longus fuerit pedes centum quinquaginta unum definat, & quafi intercifus poft pedes quatuor & viginti rurfus ufq; eò ducatur, dum primi longitudinem exæquet. Tertius autem longus fit pedes centum & viginti: qui ex pede aliorum murorum feptimo ex fexagefimo ufq; ad centefimum octogefimum fextum pertineat. Quarti verò longitudo fit pedum centum quinquaginta unius. At cujufq; muri, ut etiam duorum reliquorum & transverforum, de quibus pofthac dicam, altitudo fit pedum decem, crafsitudo duorum & totidem palmorum. Solus tamé fecundus murus longus propter fornaces, ad eum conftruendas, altus fit pedes quindecim: verùm primus murus longus à fecundo diftet pedibus quindecim, & totidem pedibus tertius à quarto: fed fecundus à tertio pedibus novem & triginta. Deinde muri transverfi ducantur: quorum primus à capite primi muri longi ad caput fecundi muri longi perducatur: fecundus verò à capite fecundi muri longi ad caput quarti: nam tertius murus longus eò non pertinet. Tum ex capite tertii muri longi ducantur duo muri: alter ad fecundi muri longi pedem feptimum & fexagefimum: alter ad eundem numero pedem quarti muri longi: fed à quarto muro transverfo ad decem pedes verfus fecundum murum transverfum, ex quarto muro longo ducatur quintus murus transverfus longus pedes viginti. Ac verò etiam ex eòdem quarto muro longo, qua diftat ab altera parte quarti muri transverfi pedibus triginta ducatur fextus murus transverfus ufque ad tergum tertii muri longi. Septimus verò murus transverfus à fecundo capite fecundi muri longi, ubi primò definit, perducatur ad tertium murum longum: & ab ejus tergo octavus ad inferius quarti muri longi caput: deinde à feptimo muro tranfverfo, qua diftat à fecundo muro longo pedibus decem & novem perducatur quintus murus longus: cujus longitudo fit pedum centum & novem: ex quo ad pedes quatuor & viginti ducatur nonus murus transverfus ad tertium caput fecundi muri longi: & ex ejufdem quinti muri longi capite inferiore ducatur decimus murus transverfus ad poftremum caput fecundi muri longi:

& ex

& ex eo undecimus ad inferius caput primi muri longi. Postremò ab hoc quinto muro longo versus tertium murum longum ad pedes quinque, item ex septimo muro transverso ducatur sextus murus longus: cujus longitudo sit quinque & triginta pedum: à cujus inferiore capite duodecimus murus transversus perducatur ad tertium murum longum: & decimustertius ab eodem ad quintum murum longum: at spacium, quod est inter septimum murum transversum & duodecimum, dividat in æquales partes decimusquartus murus transversus.

Muri longi sex: Primus A. Secundi prior pars B. Secundi posterior pars C. Tertius D. Quartus E. Quintus F. Sextus G. Muri transversi quatuordecim: Primus H. Secundus I. Tertius K. Quartus L. Quintus M. Sextus N. Septimus O. Octavus P. Nonus Q. Decimus R. Undecimus S. Duodecimus T. Decimustertius V. Decimusquartus X.

Atq;

12 24 36 48 60 60

264
252 -12
240 -24
228 -36
216 -48
204 -60
192 -72
180 -84
168 -96
156 -108
144 -12
132 -1,2
120 -144
108 -156
96 -168
84 -180
72 -192
60 -204
48 -216
36 228
24 -24
12 -252
-264

R    S
C
F
T  V
G
Q
X
P    O
A
D
N
B
L    K
M
E
I    H

60 60 48 36 24 12

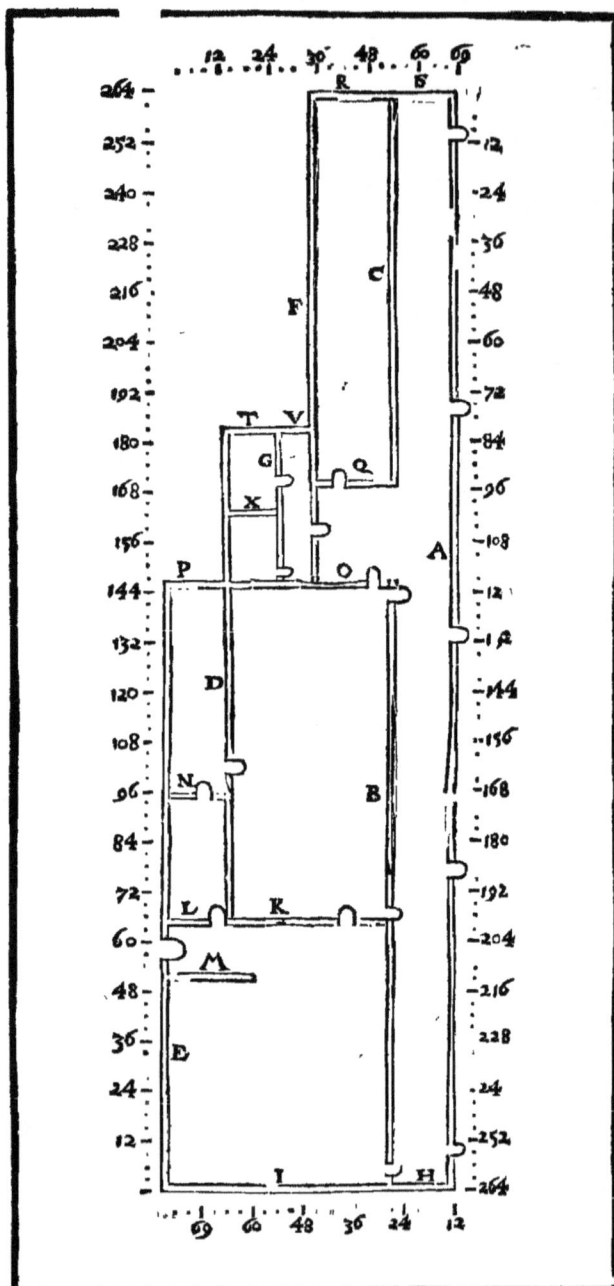

Atq; ſic ſe habeat muroru longitudo, altitudo, craſsitudo, poſitio: quorum
fornices, oſtia, foramina quamvis in initio, cùm muri ducuntur, facienda ſint,
magis

magis tamen poftea, quanta & qualia effe debeant, poterit intelligi: nunc de parietibus quibufdam & tectis dicam. Primò fuper fecundum murum longum ftatuatur paries omninò fimilis ei, cujus ftructuram libro nono explicavi, cùm defcriberem officinam, in cujus fornacibus venæ auri, argenti, æris excoquuntur: ex hoc pariete tectum, quòd conftet è tegulis coctilibus, ad primum murum longum pertineat:ea verò domicilii pars in fe contineat folles, machinas eos comprimentes, organa eofdem diducentia: deinde in medio fpacio, quod eft inter fecundum & tertium murum tranfverfum, fubftratis faxis erigatur tignum altum pedes octo, craffum & latum duos: quod diftet à fecundo muro longo pedibus tredecim. In hoc tigno ftatuto & fecundo muro tranfverfo, qui ea parte habeat foramen quadratum, altum & latum pedes duos, locetur trabs longa pedes quatuor & triginta atque palmum. Altera quoque trabs ejufdem longitudinis, latitudinis, crafsitudinis, collocetur in eodem tigno ftatuto, & tertio muro tranfverfo. Earum verò duarum trabium capita, quà coeunt, fibulis ferreis copulentur. Simili modo à tigno ftatuto verfus murum quartum ad decem pedes alterum tignum erigatur, & duæ trabes ipfi ac muris imponantur: quæ fimillimæ fint jam dictis. In his duabus trabibus & quarto muro longo locentur trabes numero decem & feptem, longæ pedes tres & quadraginta, atque palmos tres, latæ pedem, craffæ palmos tres: quarum prima fuperponatur fecundo muro tranfverfo, ultima continenter ad tertium & quartum murum tranfverfum, cæteræ in medio eorum fpacio. Diftet autem una ab altera pedibus tribus. In ipfarum formis, quæ funt in capitibus, quæ fpectant fecundum murum longum, includantur capita totidem tignorum oblique erectorum in adverfa illa, quæ recta fuper fecundum murum longum ftatuta funt: fiatque hoc modo alter camini paries obliquus, afsimilis ei, quem nono libro defcripfi. Ne verò hic incidat in parietem rectum, cavetur bacillis ferreis, fed raris: & quidem propterea quòd quatuor camini laterii, qui in hoc fpacio conftruentur, eum partim fuftineant: retrò ad pedes duodecim iterum in formis trabium, in duabus illis & quarto muro longo collocatarum, includantur capita totidem tignorum oblique erectorum in alia totidem tigna item oblique erecta, quorum capita inferiora quoq; includatur in formis trabium, qua in quarto muro longo collocatæ funt. Illorum verò tignorum obliquorum capita fuperiorà cum horum capitibus fuperioribus conjungantur. Sed cùm tigna obliqua primi ordinis à tignis fecundi ordinis abfint pedes duodecim, ut canalis in medio fpacio bene locari pofsit, inter bina quæque denuo bina oblique erigantur: quorum capita inferiora etiam includantur in formis trabium, in duabus illis trabibus & quarto muro longo collocatarum, diftentque inter fe cubito. Superius verò caput alterius longi pedes quindecim incumbat in tergum tigni primi ordinis alterius, longi pedes decem & octo, in tergum tigni fecundi ordinis, quod abeft longius. Ejufmodi autem mediis tignis obliquis tales fint fubftructiones: fuper alteram quâq; trabem in duabus illis trabibus & quarto muro longo collocatam ftatuatur tignum rectum: quod etiam ipfum, ut fatis habeat firmitatis, fulciatur obliquo tigno. His rectis imponatur trabs longa, in quam incumbant unius ordinis media tigna obliqua. Simili

mili modo alterius ordinis media tigna obliqua incumbant in trabem longam, quæ aliis rectis imponatur. Ab unáquaq; præterea trabe, in duabus illis & quarto muro longo collocata, sursum versus ad duos pedes ponatur
tignum transversum: quod ex medio tigno obliquo primi ordinis ad mediú
tignum obliquum secundi ordinis pertineat: quibus tignis transversis imponatur canalis ex una arbore cavatus: tum à cujusq; tigni medii primi ordinis tergo tignum, longum pedes sex, pertingat fere ad canalem: cujus tigni
caput inferius sustineat tigillum longum duos pedes. Id verò insistat in eodem tigno medio primi ordinis: similiter à cujusq; tigni medii secundi ordinis tergo tignum fere pertingat ad canalem, sed longum pedes septem: cujus
item caput inferius sustineat tigillum, quòd insistat in eodem tigno medio
secundi ordinis: itaq; suprema parte ad primi & secundi ordinis principalia
tigna obliqua affigantur asserculi longi, ad quos appendantur tegulæ cocti-
les: media, ad primi & secundi ordinis media tigna: infima, ad tigna, quæ à
tergo cujusq; tigni medii primi & secundi ordinis fere pertingunt ad canalem: attamen ad asserculos, ad hæc tigna affixos, inferiores affigantur scan-
dulæ abiegnæ in canalem penetrantes: minus enim imber maximus, vel nix
liquefacta permanat in domicilium. At interiores substructiones, quæ sustineant obliqua tigna secundi ordinis, & adversa tertii, quod insolentes non
sint, non necesse habeo explicare. In hac autem domicilii parte ad secundum
murum longum sint fornaces, in quibus panes ærei sathiscentes jam torrefacti coquuntur, ut denuo æris colorem & speciem habeant, sicuti re vera sunt
ærei: reliquum spacium occupent aliæ duæ fornaces: una, in qua calefiunt æ-
rei panes integri: altera, in qua ignis calore torrentur sathiscentes: & via, quę
à janua est ad fornaces. Tum in medio tertii & quinti muri transversi spacio,
similiter duo tigna substratis saxis erigantur: quorum utrunq; sit altum pedes octo, latum & crassum duos. Alterum à secundo muro longo distet pedibus tredecim, alterum totidem à tertio muro longo. Ipsa verò inter se distent pedibus item tredecim: his duobus tignis & tertio muro transverso superponantur duæ trabes longæ pedes unum & quadraginta ac palmum, latæ & crassæ pedes duos. Aliæ item duæ trabes ejusdem longitudinis, latitudinis, crassitudinis superponantur aliis duobus tignis statutis, & septimo muro transverso: capita binarum trabium, qua coeunt, fibulis ferreis copulentur. In eis autem trabibus rursus collocentur trabes una & viginti, longæ pedes tredecim, latæ pedem, crassæ palmos tres: quarum prima locetur in tertio muro transverso, ultima in septimo muro transverso, reliquæ in medio
eorum spacio: distetq; una ab altera pedibus tribus. In harum formis, qua spectant secundum murum longum, includantur capita totidem tignorum obliquè erectorum in adversa, quæ recta super secundum murum longum sunt
statuta: fiatq; hoc modo alter camini paries obliquus. At qua spectant tertium murum longum, in earundem trabium formis includantur capita totidem tignorum obliquè erectorum, in adversa tertii parietis obliqui tigna:
fiatq; hoc modo alter alterius camini paries obliquus. Ne verò hic incidat
in contrarium obliquum, ille in contrarium rectum, caveatur partim crebris
bacillis ferreis, ex nonnullis tignis ad eis opposita pertinentibus: partim ti-

gnis raris,quæ è tergo tignorum obliquorum ad tergum obliquorum, quæ
retro funt,pertinent:ea craffa & lata funt palmos duos,utrinq; perforata. U-
traq; tigna obliqua cingantur laminis ferreis , latis digitòs tres , crafsis femidigitum,quæ complexu fuo contineant capita tignorum, de quibus jam dixi: quæ copulationes ut firmæ fint:in cujufque capitis tignorum foramine
infigatur clavus ferreus utrinq; per laminam penetrans. Quia enim pondus
ponderi renititur, tigna utrinq; oblique erecta,in oppofita incidere non poffunt. Sed trabes & tigna media,quæ canales & tectum fuftinere debent, o-
mnino fe habeant, ut fupra dicta, nifi quod media obliqua fecundi ordinis
non fint longiora mediis primi ordinis:& quod tigna , quæ à tergo cujufq;
medii tigni obliqui,fecundi ordinis pertingent ferè ad canalem,non fint longiora tignis, quæ à tergo cujufq; medii tigni obliqui primi ordinis pertingent ferè ad canalem. In hac domicilii parte ad fecundum murum longû fint
fornaces,in quibus æs cum plumbo mifcetur , & recrementa recoquuntur.
Ad tertium verò murum longum fornaces,in quibus argentum & plumbum
ab ære fecernuntur. Medium fpacium occupent duæ machinæ, quarum altera panes ærei de catino levati in terra reponuntur : altera de terra in fecunda fornace. In tertio præterea & quarto muro longo collocentur trabes item
una & viginti, longæ pedes decem & octo , ac palmos tres: in quarum formis
quæ à tergo tertii muri longi funt ad duos pedes,includantur capita totidem
tignorum oblique erectorum , in adverfa tigna obliqua alterius obliqui parietis fecundi camini: fiatq; ifto modo tertius paries obliquus, aliis prorfus
affimilis. Totidem quoq; tignorum capita includantur in formis earundem
trabium,qua collocatæ funt in quarto muro longo: quæ tigna etiam ipfa obliquè erecta incumbant in terga proximorum,& fuftineant tectum,quod totum conftet è tegulis coctilibus, & fubftructiones habeant ufitatas. In hac
parte domicilii fint duo conclavia : in quorum priore concluduntur panes
ærei,in altero plumbei. Deinde in medio noni muri tranfverfi & decimi fpacio, quod ad latera habet fecundum & quintum murum longum, fubftratis
faxis iterum erigatur tignum altum pedes duodecim, latum & craffum duos:
id diftet à fecundo muro longo pedes tredecim, à quinto muro longo, fex.
Ei tigno ftatuto & nono muro tranfverfo fuperponatur trabs longa pedes tres & triginta,atq; palmos tres, lata & craffa palmos duos. Altera quoq;
trabs ejufdem longitudinis,latitudinis,crafsitudinis eidem tigno ftatuto , &
decimo muro tranfverfo fuperponatur:quarum duarum trabium capita,quà
coeunt,fibulis ferreis copulentur. In his trabibus & quinto muro longo collocentur trabes numero decem , longa pedes octo, & palmos tres: quarû prima locetur in nono muro tranfverfo,ultima in decimo , reliquæ in medio e-
orum fpacio. Alia ab alia abfit pedes tres: in ipfarum formis,quà fpectant fecundum murum longum,etiam includantur capita totidem tignorum obliquorum erectorum in adverfa, quæ fuper fecundum murum longum recta funt ftatuta: fiatq; rurfus hoc modo camini paries obliquus, cæteris o-
mnino fimilis : qui fuprema parte, qua fumus eluctatur, à recto diftet pedibus duobus. Totidem quoque tignorum capita includantur in earum trabium formis , qua collocatæ funt in quinto muro longo: quæ etiam oblique
erecta

erecta in terga proximorum incumbant,suſtineantq; tectum e tegulis coctilibus factum. In hac domicilii parte ad ſecūdum murum lōgum ſint quatuor
fornaces,in quibus plumbum ab argento ſeparatur:atq; machinæ, quibus earum opercula de catinis levantur : quinetiam domicilii pars,quę eſt inter primum murum longum,& partem ſecundi muri longi intercisam ,in qua eſt
pilum,quo panes ærei franguntur : & quatuor pila , quibus cadmiæ,quæ decutiuntur e parietibus fornacum,ſubjectæ franguntur & comminuuntur: atque lateres,ſuper quos panes ærei fathiſcentes ſtatuti torrefiunt, tectum habeat uſitatum : ut etiam ea quæ eſt inter ſeptimum murum tranſverſum ,&
duodecimum atq; decimumtertiū:ac cui à lateribus ſunt quintus murus longus,& ſextus & tertius.Quę domicilii pars diſtribuatur in duas partes:in quarum priore ſtatuatur fornacula,in qua artifex experiatur metalla, & pulverē
oſsium comminutorum unà cum aliis conſervet: in altera conficiatur pulvis,
ex quo foci & catini fornacum fiunt.Sed extra domicilium ad tergum quarti
muri longi prope oſtium officinæ ad ingredientis lævam ſit focus,in quo ex
magnis plumbi maſsis liquefactis fiant minores, ut facilius appendi poſsint.
Tam enim plumbeæ maſſæ quàm ærei panes debent primò præparari, ut appendi,& certo pondere in fornacibus coqui &commiſceri poſsint.Sed focus,
ut inde ordiar,in quo liquandæ ſunt maſſæ plumbeæ, longus ſit pedes ſex,la-
tus quinq; ab utroq; latere, munito ſaxis in terra partim defoſsis , ſed altiori-
bus quàm focus palmo.& interius luto oblitis,verſus mediam & priorem partem declivis, ut plumbum liquidum defluere, & in catinum effluere poſſit. Poſteriore ejus parte murus exiſtat , qui murum quartum longum
muniat contra vim ignis.Is,ex lateribus & luto factus,altus ſit pedes quatuor,
craſſus palmostres, inferius latus pedes quinq;,ſuperius tres & palmos duos.
Etenim paulatim fiat anguſtior: cui parti ſuperiori ſeptem lateres imponantur: quorum medii recta erigantur,extremi oblique: toti lutum craſſum illi-
natur.Ante focū ſit catinus: cujus fovea lata pedem & palmos tres,alta pedem,
ſenſim fiat anguſtior.Itaq; cùm maſſæ plūbeæ ſunt liquandæ, tunc operarius
primò ligna ſic imponat in focum, ut eorum caput alterum ſpectet murū, alterum catinum.Deinde,ab aliis operariis adjutus,maſſam trudibus in vehiculum promoveat,& ad gruem trahat. Vehiculum autem conſtet ex aſſeribus,
qui coagmentati ſunt lati pedes duos & dimidium , longi quinq;:id habeat
duos axiculos ferreos: circum quos utrinq; volvantur orbiculi ferrei,lati palmos duos,craſsi totidem digitos. Habeat temonem,& in eo incluſum funem,
quo pertrahatur ad gruem: qui prorſus ſimilis eſt eis,qui in ſecunda officinæ
parte ſunt,niſi quod roſtrum tam longum non habeat. Forceps,cujus chelæ
prehendent maſſam plumbeam, longa ſit pedes duos , & palmum ac digitos
duos. Ejus utraq; chela uncinata malleo percuſſa, maſſæ impingatur & inſi-
gatur: utrunq; manubrium ſuperiore parte ſit recurvum , alterum dextram
verſus, alterum ſiniſtram: in quorum utroq; infimi duarum catellarum annuli,tres verò eis ſint,includantur, ſupremi autem in magno annulo rotūdo:
in quo etiam includatur uncus catenæ, à roſtri orbiculo demiſſæ: grus vecti
verſatus maſſam ſublevat: roſtro ductus ad focum eam lignis imponit: deinde aliam atq; aliam maſſam operarii advehant, & ſimili modo in lignis foci

collocent. Etenim maſſæ quæ pendunt circiter centum & ſexaginta centumpondia ſimul in ea imponi & liquari ſolent.Tum operarius carbones in maſſas conjiciat: quæ omnia veſperi parentur:quare,ſi metuerit pluvias, ea tecto,
quod huc atque illuc portari poteſt,operiat. Id poſteriore parte duos habeat
pedes,ut pluviæ, quas excepit,é declivi defluat in aream : ſequenti die mane
prunas batillo in carbones conjiciat: quo modo maſſæ plumbeæ carbonibus
ſubinde adjectis liqueſcunt. Plumbum,quàm primum id ipſum conceperit
catinus,cochleari ferreo effundat in catillos æreos,qualibus ſecretor uti ſolet.
Quod ſi ſtatim refrigeratum non fuerit,tum aquam affundat &malleo cuſpidato,in ipſum infixo,extrahat: cujus mallei pars cuſpidata ſit , longa palmos
tres: teres,digitos duos. Sed catillis aquam lutoſam illinire oportet,ut ex eis
inverſis,& mallei parte terete,quæ lata eſt,percuſsis panes plumbei facilé excidant : qualis aqua ni catillis illinatur,periculum eſt, ne plumbum per colliquefactos penetret. Alii in ſiniſtram ſumunt lignum inferiore parte gravé,
eoq; catillum percutiunt : dextra veró mallei aciem in panem plumbeum infigunt,atq; ſic ipſum extrahunt. Mox operarius aliud plumbum in catillos
vacuos infundat: idq; faciat,donec munus plumbi liquandi perfecerit. Cùm
autem plumbum liquatur,quiddam ſpumæ argenti ſimile naſcitur : nec mirum, cùm ea quondam Puteolis ex ſolo plumbo, in ſecundis fornacibus acri
igni cocto, facta ſit,& nunc fieri poſsit. Iſti porró plumbei panes in conclave plumbarium invehantur.

*Focus* A. *Saxa in terra defoſſa* B. *Murus qui quartum murum*
*longum ab injuria ignis tuetur* C. *Catinus* D. *Maſſæ plumbeæ* E.
*Vehiculum* F. *Ejus orbiculi* G. *Grus* H. *Forceps* I.
*Ligna* K. *Catilli* L. *Cochlear* M. *Malleus* N. *Panes* O.

At panes

At panes ærei cisiis injecti invehantur in tertiam officinæ partem , ibíque
singuli massis superpositi & crebris pili præferrati ictibus sellæ impacti fran-

gantur: qualis machina fic fe habeat. Truncus quernus humi locetur longus pedes quinq;,latus & craffus tres: cujus capfa,in media ejus parte priore
patens,longa fit pedes duos & totidem palmos, lata pedes duos, alta palmos
tres & digitos duos: cujus pars extuberans fupina exiftat, lata jaceat in trunco. In eorum medio locetur fella ænea: cujus pars fenfim depreffa & lata palmum,ac digitos duos interjecta fit inter duas maffas plumbeas, altior utrinq;
lata palmum,ejufdem fubjecta. Itaque tota fella fit lata palmos tres & digitos
duos,longa pedem,craffa palmos duos. At fuper truncum utrinq; ad latus
capfæ ftatuatur tignum latum & craffum cubitum: eorum capita fuperiora
aliquantum recifa includantur in formis trabium domicilii: à trunco furfum
verfus ad pedes quatuor,& digitos duos, duo tigna tranfverfa continenter
conjungantur: quorum utrunq; latum & craffum fit palmos tres: eorum capita intrinfecus recifa includantur in formis exterioribus tignorum ftatutorum, unaq; cum eis terebrentur: in quæ foramina infigantur clavi ferrei,pri-
ore parte cornuti: quorum alterum cornu furfum verfus ad tignum ftatutum adigatur,alterum deorfum:pofteriore verò parte perforati,ut ferreis paxillis latis in foramina infixis,& adactis tigna tranfverfa coercere pofsint: ea
tigna in medio habeant foramen quadrangulum, quaquaverfus latum palmos tres & femidigitum: in quod pilum præferratum immittatur. Ab his tignis tranfverfis furfum verfus ad pedes tres,& palmos duos: iterum ejufmodi
duo tigna fint,habeantq; foramen quadrangulum in fe côtinens idem pilum:
quod quadrangulum fit,& longum pedes undecim, latum & craffum palmos
tres: Ejus ferri, longi pedem & palmum, caput longum & latum fit palmos
duos,craffum fuperius palmum &digitos duos,inferius totidem digitos:nam
paulatim fiat anguftius. Cauda verò longa palmos tres, lata & craffa,quà de
capite oritur,palmos duos: quò longius ab ipfo difcedet, eò etiam fiat angu-
ftius.Superiore parte includatur in pilo perforata, ut paxillus ferreus infigi
pofsit: tribus laminis ferreis quadrangulis vinciatur: quarum infima latum
palmum fit inter caput ferri & caput pili: media lata digitos tres deinceps caput pili cingat: à quo fuprema totidem digitos lata abfit digitos duos. Ab infima ferri parte furfum verfus ad pedes duos,& totidem digitos fit dens quadrangulus,è pilo pedem & palmum extans, craffus palmos duos: attamen,
cum à pilo difcefferit fex digitos,inferius ad duos digitos fiat tenuior: à dente furfum verfus ad palmos tres, pilum in medio habeat foramen rotundum:
in quod infigatur clavus ferreus, teres, longus pedes duos, latus fefquidigitum: in cùjus pofteriore parte cava inclufum fit manubrium ligneum longû
palmos duos & totidem digitos. Is clavus in inferiora tigna trâfverfa incumbens obftat,ne ipfum,cùm res hoc non poftulat,decidat. Axis autem, qui pilum attollit,utrinq; habeat binos dentes: qui inter fe diftent palmis duobus
& digitis tribus: qui ex eo extent pedem & palmum,ac digitos duos: qui per
eum penetrantes paxillis adactis firmentur: qui lati & crafsi fint palmum ac
digitos duos:quorum capita rotundata tegantur lamina ferrea æquè ac ipfa
lata, utrinq; pedem demiffa,clavis ferreis ad ea affixa: quæ capita habeant foramina rotunda: in quæ includatur axiculus ferreus per axiculum æneû pe-
netrans.Illi ab altera parte caput fit latum, ab altera foramen, in quod infigatur cla-

tur clavus ferreus, ne ipfe axiculus è dentibus excidat. Ænea præterea fiftula fit longa palmos duos, lata unum : per cujus foramen rotundum latum
digitos duos, ferreus axiculus penetret in ea inclufus. Nec æneus folùm volvatur circa ferreum, fed ipfe quoq; ferreus verfetur. Itaq; cùm axis volvitur,
axiculi ænei viciſsim levant dentem pili.    Quoniam verò axiculis ferreis &
æneis ex dentibus extractis, hic pili dens non attollitur, alterius organi pila
fine hoc fublevantur. Porrò unum idemq; tympanum, quod circa axem rotæ eſt, cuiq; fuſi ſunt, & hujus axis tympanum dentatum moveat, & alterius,
qui tigilla follium fequentis quartæ domicilii partis deprimit : fed contrario
motu. Nam tympanum axis, qui pila attollit, verſus feptentrionem circumagit : ejus, qui tigilla follium deprimit, verſus meridiem.

*Truncus* A.   *Tigna ſtatuta* B.   *Tigna tranſverſa* C.   *Pili caput* D.   *Ejus dens* E.   *Ejuſdem foramen* F.   *Clavus ferreus*
G.   *Maſſæ plumbeæ* H.   *Sella ænea* I.   *Axis* K.   *Dentes e-
jus* L.   *Axiculus ferreus* M.   *Fiſtula ænea* N.

Sed panes qui craſsiores ſunt, quàm ut ictibus pili præferrati cito frangi
poſsint, quales potiſsimum ſunt hi, qui in infimo catini loco refederunt, invehantur in primam officinæ partem : atq; ibi calefiant in fornace, quæ à fecundo muro longo diſtet pedibus octo & viginti : à fecundo tranſverfo duo-

decim: cujus tres parietes faxis quadrangulis, quibus fuperpofiti fint lateres,
extruantur. Pofterior altus exiftat pedes tres & palmum: quæ altitudo etiam
fit his,qui funt à lateribus.Eorum tamen uterq; priore parte , qua patet fornax,declivis,altus fit tantummodo pedes duos, & palmos tres: omnes verò
crafsi pedem & palmum: fuper hos parietes,ne ipfi minus crafsi, nimis grave
onus impofitum ferre non poffunt,ftatuantur quatuor tigna, lutoque oblinantur.　Ea fuftineant caminum affurgentem , & per tectum penetrantem:
cujus camini non modò cratibus, fed etiam tignis lutum craffum illinatur.
Focus autem fornacis quaquaverfus fit longus pedes fex, lateribus ftratus,de-
clivis. Panes ærei in hac fornace collocati calefiant hoc modo: in fornacem
primo continenter ponantur, tantummodo lapillis ovi magnitudine interpofitis,ut ignis calor in medium inter eos fpacium penetrare pofsit: quinetiã
qui in infimo catini loco refederût, in dimidium laterem eadem de caufa impofiti exaltentur.Ne verò ultimi,qui funt ad oftium fornacis, cadant, ad eos
laminæ ferreæ, vel panes ærei, cùm æs rurfus perficitur,ex catino primum
extracti apponantur: atq; ad hos panes ærei fathifcentes, aut faxa. Deinde in
panes injiciantur carbones: tum prunæ. Primò autem panes calefcant à leni
igni: mox ad eos adjiciantur plures carbones:interdum altitudine dodrantis.
Acriori certè igni nobis opus eft ad duros greos panes calefaciendos quàm ad
fragiles: panibus fatis calefactis, quod fpacio horarum ferè duarum fieri folet, ex oftio fornacis removeantur laminæ ferreæ, & panes ærei fathifcentes
vel faxa. Deinde pànes calefacti ordine extrahantur raftro bidenti , quali is,
qui panes fathifcentes torrefacit,utitur. Tum primus pani fathifcenti fuperponatur: & malleis à duobus operariis percutiatur donec difsiliat.　Quo verò quifq; panis magis calet,hoc frangitur citius: quo minus,hoc tardius:nam
ærei vafis inftar huc & illuc flectitur. Primò pane fracto fecundus in ejus
fragmentis collocetur & percutiatur, ufq; dum etiam ipfe diffifsus difsiliat:
fimili modo reliqui panes ex ordine frangantur. Verùm mallei fint longi
palmos tres,lati unum,ütrinq; acuti: eorum verò manubria lignea tres pedes
longa: fragmenta ærea,five panes frigidi pilo fuerint fracti,five calefacti malleis, in conclave ærarium invehantur.

*Paries pofterior* A.　*Parietes qui funt à lateribus* B.　*Tigna ftatuta* C.
*Caminus* D.　*Panes collocati* E.　*Laminæ ferreæ* F.　*Saxa* G.
*Raftrum bidens* H.　*Malleus* I.

At præfes

At præfes officinæ æs fecundum diverfas argenti portiones, quæ in ejus centumpondio infunt, cum plumbo temperet, fine quo argentum ab ære feparari non poteft. Si mediocris argenti portio inerit in ære, id quadrifariam temperet. Etenim fi in tribus quartis centumpondii æris partibus argenti felibra, vel felibra & ficilicus, vel felibra & femuncia, vel felibra & femuncia & ficilicus non fuerint, tum divitis plumbi, hoc eft ejus, à quo nondum argentum feparatum fit, dimidium centumpondium, vel totum, vel totum & dimidiū addat, ut in æris & plumbi miftura infit unum aliquod ex jā dictis argenti ponderibus: quæ prima tēperatùra eft: ad quā adjiciat tantū plumbi depauperati, vel fpumæ argenti pondus, quantū ad hâc rem fatis fit, ut ex his omnibus panis cōfletur, qui in fe contineat ferè duo plumbi cētumpondia. Quoniā verò ex fpumæ argenti libris centū & triginta plerúq; cōficiuntur plumbi tantūmodo centum libræ, pro cōplemento fpumæ argenti plus quam plumbi depauperati adjiciat. Sed quia quatuor iftiufmodi panes fimul collocantur in fornace, in qua argentum cum plumbo miftum ab ære fecernitur, in tot panibus erunt æris tria, plumbi octo centumpondia. Sed plumbum cùm fuerit ab ære fecretum, pendat fex centumpondia: in quorum fingulis argenti quadrans & ferè ficilicus infit. Ejufdem verò argenti feptunx, remaneat in æris panibus fathifcentibus, & in ea æris ac plumbi miftura, quam noftri fpinas, non tam quod non careat aculeis, quam quod vilis, nominant. Sin autem in

tem in tribus quartis centumpondii æris partibus non fuerit argenti septunx,
& semuncia, vel bes, tum plumbum dives tantum addat, ut æris & plumbi
misturæ alterum ex jam dictis argenti ponderibus insit: quæ secunda temperatura est: ad quam rursus adjiciat tantum plumbi depauperati, vel spumæ
argenti pondus, ut ex mistura conflari possit panis, qui plumbi duo centumpondia, & quartam centumpondii partem in se contineat: quo modo in quatuor istius generis panibus inerunt æris tria, plumbi novem centumpondia.
Plumbum, quod ex illis panibus destillat, centumpondia septem pendat: in
quorum singulis argenti quadrans, & paulo plus quam sicilicus insit: fere
septunx, remaneat in panibus fathiscentibus & spinis: liceat nobis vetus nomen, novæ rei impositum, terere. Si verò in tribus quartis centumpondii
æris partibus argenti dodrans, aut dodrans & semuncia non insunt, tum plu-
bum dives tam grave addat, ut æris & plumbi mistura alterum ex jam dictis
argenti ponderibus in se contineat: quæ tertia temperatura est: ad quam adjiciat tantum plumbi depauperati, vel spumæ argenti pondus, ut panis, ex
his omnibus conflatus, duo plumbi centumpondia, & tres quartas centumpondii partes in se contineat: quo modo in quatuor id genus panibus æris
tria, plumbi undecim centumpondia inerunt. Plumbum, quo hi panes in fornace recocti stillant, centumpondia fermè novem pendat: in quorum singulis argenti quadrans & plus quàm sicilicus infint: septunx in panibus fathiscentibus & spinis reliquus sit.    Si denique in tribus quartis centumpondii
æris partibus argenti dextans, aut dextans & semuncia non insunt, tum tantam divitis plumbi portionem addat, ut æris & plumbi mistura alterum ex
jam dictis argenti ponderibus in se contineat: quæ quarta temperatura est:
ad quam adjiciat tantum plumbi depauperati vel spumæ argenti pondus,
ut panis inde factus tria plumbi centumpondia in se contineat: quo modo in
quatuor istius generis panibus æris tria, plumbi duodecim centumpondia
inerunt. Plumbum, quod inde manat, centumpondia ferè decem pendat:
in quorum singulis argenti quadrans, & plus quàm semuncia insunt, aut septunx: in panibus fathiscentibus, & spinis, bes, vel septunx & semuncia reside-
ant. In secunda autem domicilii parte, cujus spacium est longum pedes octoginta, latum novem & triginta, ad secundum murum longum sint fornaces
quatuor, in quibus æs cum plumbo coctum permiscebitur: & sex, in quibus
recrementa recoquentur: harum pars cava lata sit pedem & palmos tres, longa pedes duos & digitos tres: illarum lata pedem & palmum, longa pedem
& palmos tres ac digitum. Parietibus sit altitudo fornacum, in quibus auri
vel argenti venæ excoquuntur. Cùm autem spacium definitum in duas partes
tignis statutis dividatur, prior habeat primo loco duas fornaces, in quibus
recrementa recoquentur: secundo duas, in quibus æs cum plumbo mis-
cebitur, tertio unam, in qua recrementa recoquentur. Posterior verò primo
loco unam, in qua recrementa recoquentur: secundo duas, in quibus æs
cum plubo commiscebitur: tertio duas, in quibus recrementa recoquentur:
unaquæq; ab alia distet pedibus sex. Primæ dextrum latus occupet pedes tres,
& palmos duos: ultimæ sinistrum pedes septem. Binæ fornaces habeant commune ostium altum pedes sex, latum cubitum: attamen prima habeat proprium, itemq; decima: cuiq; fornacum sit suus fornix in muri tergo: sua à fronte fo-

te fovea,quæ repleta pulvere composito fistucatione spissetur,ut catinus fiat:
& sub eo latens humoris receptaculum : ex quo canalis structilis per muri,
ad quem est fornax,tergum dextrorsum penetrans halitus expiret, suus deniq; catinus æreus ad dextrum frontis latus,in quem ex altero catino æs cum
plumbo mistum fundatur, ut panes æque graves confici possint. Hic catinus æreus sit crassus digitum, ejus cava pars lata pedes duos , alta digitos sex.
Post verò secundum murum longum sint follium paria decem, duæ machinæ eos comprimentes,viginti organa eosdem diducentia :: quæ omnia cujusmodi esse debeant,ex nono libro potest intelligi. Excoctor autem misturus
æs cum plumbo in fornacem,excalfactam primò majora æris fragmenta, in
manus sumpta,injiciat: deinde alveum carbonum: tum minora æris fragmé-
ta.Cùm verò æs liquatum cœperit ex ore fornacis defluere in catinum, tunc
in eandem injiciat spumam argenti,ac, ne ex fornace pars ejus evolat, carbones superinjiciat: postremò plumbum. Sed quamprimum æs & plumbum,
ex quibus mistis panis potest confici,in fornacem conjecerit, rursus injiciat
alveum carbonum,& mox æris fragmenta, ex quibus secundus panis conflari poterit,eis superinjiciat:mox æs & plumbum, quæ influxerûnt in catinum,rutro purget à recremento. Rutrum autem tale est asserculus, in quo
contus ferreus est infixus: asserculus ex alno vel salice factus, longus est digitos decem,latus sex,crassus sesquidigitum.Contus verò longus pedes tres :
sed ejus manubrium ligneum in eo inclusum , longum est pedes duos & di-
midium.Dum autem misturam purgat & cochleari effundit in catinum æ-
reum,interea æris fragmenta,ex quibus secundus panis fiet,liquantur. Quod
ubi cœperit defluere, rursus spumam argenti injiciat, & carbonibus superinjectis statim plumbum: quem laborem iteret,usq; dum panes triginta con-
fecerit:in quo operam & spacium horarum novem,aut summùm decem có-
sumet. Si panes plures quàm triginta conflaverit, cùm extraordinarios triginta confecerit,ei unius operæ precium persolvatur: verùm simul ut æris &
plumbi misturam in catinum æreum infuderit, aquam superiori catini parti
paulatim affundat : deinde ligno fisso & hiante prehendat uncum, & ejus partem rectam in panem adhuc liquidum immittat.Uncus ipse crassus sit sesquidigitum, ejus recta pars longa palmos duos , lata & crassa digitos duos : postea etiam pani aquam superfundat : quo refrigerato includat uncum catenæ ab orbiculo linguæ gruis demissæ , in annulo ferreo : cujus pars cava sit
lata sex digitos,ipse crassus ferè sesquidigitum: atq; eundem annulum in unco, cujus pars recta in panem immissa est: atq; sic panem de catino levatum
in suo loco reponat.Aes autem & plumbum , cùm ita recoquuntur, paucum
recrementum exudant,spuma argenti multum:quod non cohæret,sed sicuti
reliquiæ hordei, ex quo cervisia sit facta,dilabitur. Ad murum & parietem
ei superpositum pompholyx in candido cinerea adhærescit , ad latera fornacum spodos.

*Fornax in qua recrementa recoquuntur* A. *Fornax in quâ æs cum
plumbo miscetur* B. *Ostium* C. *Catinus qui est in terra* D.
*Catinus æreus* E. *Rutrum* F. *Uncus* G. *Lignum fissum* H.
*Gruis rostrum* I. *Uncus ejus catenæ* K.

Atq; hoc sanè modo plumbum misceatur cum ære, in quo mediocris argenti portio fuerit. Si verò magna in eo inerit, utpote libræ duæ, vel duæ &
bes in centumpondio, quod pendat libras centum triginta tres & trientem,
aut centum quadraginta sex & bessem, tunc præses officinæ ad talis æris centumpondium addat plumbi tria centumpondia: in quorum singulis sit argenti triens, vel triens & semuncia: quo modo tres fiant panes: in quibus æ-
ris tria, plumbi novem centumpondia inerunt. Plumbum, cùm fuerit ab æ-
re secretum, centumpondia septem pendat: in quorum singulis, si æris centumpondium duas argenti libras, plumbi trientem in se continebat, argenti libra & sextans, ac plus quàm semuncia inerunt: in panibus verò fathiscentibus & spinis remanebit triens. Sin autem æris centumpondium duas argenti libras & bessem, plumbi trientem & semunciam in se continebat, in singulis panibus argenti sesquilibra & semuncia, atq; plus quam sicilicus inerunt:
in panibus verò fathiscentibus triens & semuncia remanebunt. At si exi-
guá argentt portio in ære fuerit, ea ab ipso secerni utiliter non potest, priufquam in alia fornace ita sit recoctum, ut in ejus parte inferiore plus argenti,
minus in superiore remaneat. Ea fornax crudis lateribus concamerata similis est furno æque ac altera, in qua plumbum ab argento separatur, à nobis
proximò libro descripta. Ejus catinus eodem modo, quo iliius ex cinere conficitur, à fronte fornacis est os, ex quo æs recoctum in duos catinos, qui tribus
　　　　　　　　　　　　　　　　　　　　　　　　　　　　　　pedibus

pedibus alte funt à folo officinæ,derivatur : à finiftro verò latere iccirco foramen, ut ligna fagina,quibus ignis alitur,in eam imponi poſsint. Itaque five in æris centumpondio argenti fextans & femuncia fuerint, five quadrans,
five quadrans & femuncia,ejus octo & triginta centumpondia fimul in hac
fornace recoquuntur,uſq; dum in unoquoq; æris refidui centumpondio remaneat argenti triens & femuncia : verbi cauſa : Si in æris nondum recocti
centumpondio argenti quadrans & femuncia fuerint, octo & triginta ejuſdē
centumpondia,quæ fimul recoqui folent , undecim argenti libras & unciam
in fe continebunt. Quoniam verò à tanta æris maffa recocta quindecim cētumpondia , quibus de libris argenti quatuor ac triente & femuncia reftant
duæ libræ ac triens,auferuntur , tria & viginti centumpondia , in quibus infunt argenti libræ octo & dimidia atq; quadrans,remanent: quorum quodq;
argenti trientem,femunciam,drachmam,drachmę partem tertiam & vicefi-
mam in fe continet.Atq; à tali ære argentum fecernere fructuofum eft.Ut autem magiſter de numero centumpondiorum æris refidui certior fieri poſsit,
ab eo abſtractum ponderet:primo enim derivatur in catinum fornaci fubjectum,& ex eo panes fiunt : atq; in ære fic dividendo operam & fpacium horarum quatuordecim confumit: æs quidem refiduum , cùm ad ipfum certū
plumbi pondus,de qua temperatura mox dicam , adjectum fuerit , denuo cō-
quitur in prima fornace,ac conflantur panes , & ab ære argentum fecernitur.
Abſtractum verò etiam iterum coquitur in prima fornace : deinde in fecunda recoquitur,ut refiduum rubrum fiat : at tunc abſtractum etiam denuo coquitur in prima fornace,ac in fecunda recoquitur,ut inde conficiatur æs cal-
darium.Cùm autem æs vel fulvum,vel rubrum,vel caldarium , in fecūda fornace recoquitur , cujuſq; quadraginta centumpondia in ea collocantur : atq;
ex ipfis conficiuntur minimùm viginti,fummùm quinq; & triginta centumpondia. Quinetiam panum fathifcentium circiter duo & viginti centumpondia,& æris fulvi decem ,rubri octo fimul in hac fornace collocata recoquuntur,ut inde fiat æs perfectum

*Fornax* A. *Catinus fuperior* B. *Catinus inferior* C.
*Panes* D.

M

Itaq; tale æs refiduum trifariam mifcetur cum plumbo. Etenim primò æ-
ris quinq; centumpondii octavæ,& plumbi centumpondia duo &tres,quar-
tæ fumuntur:ex quibus, quia unus conflatur panis, ex æris centumpondiis
duobus & dimidio,atq; plumbi undecim conficiuntur quatuor panes. Quod
fi in fingulis æris centumpondiis fuerit argenti triens,in tot çris centumpondiis inerit dextans: ad quæ adjiciuntur plumbi,ex recrementis recocti , centumpondia quatuor: quorum quodq; in fe continet argenti ficilicum & drachmam: quæ pondera efficiunt fefcunciam: item plumbi depauperati feptem
centumpondia: in quorum unoquoq; fit drachma:quò modo in quatuor panibus ex ære & plumbo miftis argenti libra & ficilicus, ac drachma : atque fic
in fingulis plumbi,poftquam ab ære fuerit fecretum, centumpondiis argenti uncia & drachma : quàm mifturam appellamus ftanum pauper, quod paucum argentum in fe contineat. Quoniam verò quinq; id genus panes fimul
in fornace collocantur, ex eis conflantur ftanni pauperis centumpondia plerunq; novem & tres quartæ: in quorum fingulis argenti uncia & drachma
infunt, in univerfis verò deunx minus drachmæ quarta: fpinarum autem remanent centumpondia tria: in quorum fingulis argenti tres ficilici funt. At
panum fathifcentium centumpondia quatuor: quorum fingula in fe continent femunciam,& drachmæ quartam & dimidiam. Quod fi in æris refidui
centumpòdio præter argenti trientem fuerit femúcia,in quinq; panibus qui-
bufq;

bufq; infuper argenti fefcuncia & drachma dimidia inerunt. Deinde rurfus
ex ære refidui aliis centumpondiis duobus & dimidio, ac plumbi centumpódiis undecim conficiuntur quatuor panes. Quod fi in fingulis æris centumpondiis fuerit argenti triens, in tot vilioris metalli centumpódiis preciofioris
dextans ineft: ad quod æs adjiciuntur ftanni pauperis octo centumpondia:
quorum fingula argenti unciam & drachmam in fe continent, univerfa dodrantem: item plumbi depauperati centumpondia tria: in quorum fingulis
ineft drachma: quo modo quatuor id genus panes argenti libram, feptun-
cem, ficilicum, drachmam in fe continent: atque fic fingula plumbi, cùm ab
ære fuerit fecretum, centumpondia argenti fefcunciam & ficilicum: quam mifturam ftannum mediocre nominamus. Tum iterum ex æris refidui aliis cē-
tumpondiis duobus & dimidio, ac plumbi centumpondiis undecim conflantur quatuor panes. Quod fi in fingulis æris centumpondiis etiam fuerit
argenti triens, in tot vilioris metalli centumpondiis preciofioris dextans ineft: ad quod æs adjiciuntur ftanni mediocris novem centumpondia: quorū
fingula argenti fefcunciam & ficilicum in fe continent: univerfa libram, quadrantem, femunciam, ficilicum: item ftanni pauperis centumpondia duo: in
quorum utroq; argenti uncia & drachma infunt: quo modo quatuor id genus panes argenti libras duas & trientem in fe continēt: atq; fic fingula plumbi, cùm ab ære fuerit fecretum, centumpondia argenti fextantem & femunciam ac drachmam: quam mifturam ftannum dives appellamus: id infertur
in fecundas fornaces, in quibus plumbum ab argento feparatur. Quot rationibus æs pro diverfa argenti portione, quæ in eo ineft, cum plumbo mifceatur, utroq; in fornace liquefacto, & in catinum defluente, dixi: nunc dicā de
modo, quo plumbum unà cum argento rurfus ab ære fecernatur. Panes primo fic grue de terra levati in æneis fornacum laminis collocentur: uncus catenæ à roftro gruis demiffæ includatur in annulo forcipis, altera chela habē-
tis uncum: in cujùs forcipis utroq; manubrio annulus eft inclufus: atq; hi duo
annuli rurfus in tertio, in quo deinceps uncus cat_næ. At uncus chelæ malleo percuffus penetret in id ipfum panis foramen, in quod pes unci erat im-
miffus, cùm de catino æreo levaretur. Altera verò forcipis chela non uncinata panem comprimat, ne illius uncus ex eo excidat. Forceps autem longus fit
fefquipedem, annulus quifq; craffus fefquidigitum, pars ejus lata palmum &
digitos duos. Tales autem grues, quibus panes ex catinis æreis levati in terra reponuntur, & ex ea rurfus fublati collocantur in fornacibus, duo fint: u-
nus in medio fpacio, quod eft inter tertium murum tranfverfum, & duo tigna ftatuta: alter in medio fpacio, quod eft inter eadem tigna & feptimū murum tranfverfum. Utriufq; axis quadrangulus, latus & craffus pedes duos,
diftet à tertio muro longo pedibus decem & octo, à fecundo decem & novem. Utriufq; loculamento duo tympana fufficiant: alterum ex fufis conftet:
alterum fit dentatum: utriufq; roftrum ex axe extet pedes decem & feptem,
atq; palmos tres, & totidem digitos. Utriufque lingua fit longa pedes duos,
& totidem palmos, lata pedem & digitos duos, craffa ab utroque latere palmum & digitos duos: qua verò inter roftri tigna fertur, lata digitos tres,
craffa palmum: quinque habeat foramina, in quibus quinq; orbiculi orichal-

M 2

cei verfentur: quorum quatuor parvi fint,quintus cęteris multo major.Fora-
mina,in quibus parvi verfentur, longa fint palmos duos, aliquanto latiora
palmo: quod orbiculi crafsi fint palmū,fed lati palmum & digitos duos. Quatuor foramina fint prope quatuor lingux angulos , quintum in medio duorum priorum: à fronte tamen abfit duos palmos. Orbiculus cæteris major,
qui in eo foramine volvetur,latus fit palmos tres,crafsùs palmum,circumcir-
ca cavus,ut catena ferrea volvatur in ea parte cava.Eadem lingua duos habeat
axiculos: ad eorum alterum priores tres orbiculi fint affixi,ad alterum pofteriores duo. Duo promoveantur in uno roftri tigno: duo in altero: quintus,
cæteris major,inter hæc duo tigna. Qui verò carent gruibus panes in afferem triangularem imponunt: ad eum bacilla ferrea funt affixa,ut diutius durare pofsit. Eidem funt tres catenæ ferreæ fuperius in annulo ferreo incluſę.
Operarii duo perticam, per eundem annulum penetrantem humeris fufti-
nentes panem ad fornacem,in qua argentum feparatur,ab ære deportant.

*Grus* A. *Tympanium quod ex fufis conſtat* B. *Tympanum dentatum* C.
*Lingua ejusq;orbiculi* D. *Affer triangularis* E. *Panes* F. *Catena
gruis* G. *Ejus uncus* H. *Annulus* I. *Forceps* K.

At è regione fornacum,in quibus æs cum plumbo mifcetur, & recrementa recoquuntur,ad tertium murum longum fint item fornaceś decem,in quibus ar-

bus argentum cum plumbo permiftum ab ære fecernetur. Cùm autem hoc
fpacium fit longum pedes octoginta & palmos duos, atq; in ejus medio tertius murus longus habeat oftium latum pedes tres & palmos duos,ex utraque ipfius parte reliquæ erunt pedes octo & triginta,atq; palmi duo : cumq;
fornacum quæque occupet pedes quatuor & palmum,intervallum , quod
ab una ad aliam eft, latum fit pedem & palmos tres, latitudo quinque fornacum , & quatuor intervallorum ,efficiet pedes octo & viginti ac palmum,
reftant ergo pedes decem & palmus : quæ menfura fic dividatur, ut quinque
pedes & duo digiti fint à prima fornace ufque ad murum tranfverfum ; &
totidem pedes ac digiti,à quinta fornace ufque ad oftium. Simili modo in
altera fpacii parte ab oftio ad fextam fornacem fint quinque pedes & duo
digiti , & à decima fornace ufque ad feptimum murum tranfverfum, item
quinque pedes & duo digiti. Oftium verò fit altum pedes fex, & palmos duos: per id officinæ præfes & operarii ingredientur in conclave,in quo plumbum , cum argento permiftum,reponetur.Quæque fornacum habeat bafim,
focum,murum,parietes, catinum.Bafis conftet ex duabus foleis faxeis, quatuor faxis, quadrangulis, duabus laminis æneis. Soleæ fint faxa longa pedes quinq; & palmum , lata cubitum,craffa pedem & palmum : hæ in terra
defodiantur,ut extent palmum & digitos duos: diftentq; inter fe palmis ferè tribus : quod tamé fpacium pofteriore parte fit anguftius.At faxorum quadrangulorum quodq; longum fit pedes duos & totidem palmos , latum cubitum,craffum exteriore parte cubitum,interiore, qua fpectat focum,pedem
& palmum. Declivia enim formentur ut laminæ æreæ, quæ ipfis imponentur,declives locari pofsint : eorum enim duo in una folea collocentur: inque
ea fuperius foramina incidantur,& immifsis fibulis ferreis copulétur: plumbo etiam infufo.Verùm fic in foleis collocentur,ut ipfa à lateribus extent palmum,foleæ priore parte tantundem emineant: fi faxa quadrangula non fuerint in promptu,lateres in eorum locum fupponantur.Sed laminæ æreæ fint
longæ pedes quatuor & palmos duos ac totidem digitos , latæ cubitum, craffæ palmum : utraq; habeat particulam eminentem : altera priore parte,altera
pofteriore : quæ longa fit palmum & digitos tres , lata & craffa palmum. Hæ
laminæ fic imponantur faxis quadrangulis, ut ipfæ parte pofteriore abfint
à tertio muro longo tres digitos : faxa priore extent totidem digitos,à lateribus palmum atq; tres digitos : cùm laminæ conjunctæ fuerint,cava pars,quæ
eft inter particulas eminentes,& per quam ftannum, quo ftillant panes, de-
fluet, lata fit palmum & digitos tres, longa pedes quatuor. Laminæ verò vel
igni vel decuffu ftanni, quod ad eas ftiriarum figura adhærere folet, corru-
ptæ permutentur, dextra in locum finiftræ repofita, contraq; finiftra in locù
dextræ.Earum enim pars lævis,quæ dum æris fufura fierent, arenam conti-
git,effe debet fupina. Sed,quia,cùm laminarum permutatio facta fuerit,emi-
nentes particulæ,quæ tunc exteriorem locum tenent, à faxis extant,ne fecre-
tori fint impedimento,ex eis decutiatur aliquantulum. In utriufq; verò lo-
cùm fupponatur ferrum longum palmos tres,craffum utrinq; digitum, fed
palmum media ejus parte: quæ longa fit palmum & tres digitos. Pars cava,
quæ eft fub ipfis laminis, inter utriufq; lateris faxa quadrangula pofteriore

parte lata fit pedem, priore pedem & palmum: paulatim enim dilatetur. At focus, qui eft intra bafim, ftratus fit molybdæna, ex catino, in quo plumbum ab argento feparatur, fumpta. Poftrema parte, quæ fumma eft, tam altus, ut digitos tantummodo fex abfit à laminis: à qua æqualiter declivis ad imam, ut ftannum, quo ftillant panes, in catinum defluere pofsit. Sed murus ad tertium murum longum, ut eum ab injuria ignium tueatur, lateribus fuper laminas æreas ftatutis, & luto conglutinatis ducatur, altus pedes duos & palmum, ac digitos duos, craffus palmos duos, inferius latus pedes tres & palmum, atque digitos tres, nam utranq; laminam ibidem contegat: fuperius pedes tres, etenim utrinq; oblique affurgat. Ad utrunq; iftius muri latus, qua fub fumma ejus parte fuberit altitudine palmi & duorum digitorum, fit bacillum ferreum uncinatum, in foramine tertii muri longi inclufum: plumbo etiam infufo: ex quo muro extet palmos duos. Ipfum latum fit digitos duos, craffum digitum: habeat uncos duos: alterum ad latus, alterum parte poftrema, & quidem fuperiore: quorum uterq; fpectet murum: uterq; craffus fit digitum: uterq; includatur in ultimum aut fequentem aliquem annellum catellæ ferreæ, quæ conftet ex quatuor annellis: quorum quifq; longus fit palmum & digitum, craffus femidigium. Sed primus in foramine antecedentis bacilli ferrei includatur: in uno autem aliquo ex reliquis tribus annellis alteruter fequentis bacilli ferrei uncus. Bacilla vero duo antecedentia fint longa pedes tres & totidem palmos ac digitum, lata digitos duos, craffa unum. Utrunq; utriufq; caput habeat foramen: quorum pofterius teres fit, & latum digitum, in quo primus annellus, ut dixi, includendus eft: prius longum digitos duos, & dimidium, latum fefquidigitum. Etenim hoc bacilli caput latum fit digitos tres, cùm reliquum ejus corpus tantummodo digitos duos fit latum: pofterius caput digitos duos & dimidium. In priora bacillorum foramina repagulum ferreum infigatur, longum pedes tres & palmos duos, latum digitos duos, craffum unum. Id priore ejus parte quinq; parva foramina quadrangula, undiq; lata duas tertias digiti partes, habeat: quorum aliud ab alio diftet femidigito: fed primum à capite circiter digitum: in ea fecretor clavum ferreum infigat: fi fornacem anguftare voluerit, in poftremum: fi dilatare, in primum: fi mediocriter contrahere, in aliquod medium: eadem caufa eft, cur alteruter bacilli uncus, modò in ultimo catellæ annello, modò in tertio, nunc verò in fecundo includatur. Dilatatur autê fornax, cùm panes multi in ea collocantur: contrahitur, cùm pauci. Veruntamen plures quàm quinq; collocari neq; folent neq; poffunt: quinetiam panes tenues caufa funt cur paries introrfus ponatur: idem repagulum pofteriore parte utrinq; cornu ejufdem latitudinis & crafsitudinis, cujus ipfum eft, habeat: quod extet digitum. Ea cornua obftant, ne repagulum per foramen dextri bacilli penetret: in quo infixum etiam tunc manet, cùm ipfum ac bacilla, parietes fornacis complexu fuo non coercent & continent. Porrò parietes fornacis tres fint, duo à lateribus, unus à fronte: nam à tergo murus alter eft: qui à lateribus exiftunt, longi fint pedes tres, & totidem palmos ac digitos duos, alti pedes duos: prior verò longus pedes duos, & palmum, atque digitos tres, altus, æquè ac parietes à lateribus, pedes duos: quifq; conftet ex ferreis bacillis, pedibus, bracteis,

bracteis: iis, qui à lateribus exiſtunt, ſeptem ſint bacilla: quorum inferius &
ſuperius habeant longitudinem parietis: illud ſtatuta ſuſtineat, hoc eis imponatur. Statuta quinq; numero altitudinem habeant eandem quam parietes:
eorum media incluſa ſint in foraminibus inferioris & ſuperioris bacilli, extima ex uno eodemq; bacillo, ex quo inferius & ſuperius facta: quodq; latum
ſit digitos duos, craſſum unum. At paries prior quinq; habeat bacilla: inferius, quod item ſtatuta, ſed tria tantum, ſuſtineat: ſuperius, quod eis imponatur. Singulis autem parietibus bini ſint pedes, ad inferius bacillum utrinq;
affixi, longi palmos duos, lati unum, craſsi digitum. Sed bracteæ ferreæ ad
interiorem bacillorum partem filis ferreis alligentur, & lutum eis illinatur,
ut dilutius in igne durent, & incorruptæ permaneant. Sint præterea lateres
ferrei longi palmos tres, lati unum, craſsi ſeſquidigitum. Superiore parte aliquantum cavi, ut panes in eis ſtatui poſsint. Hi lateres in vas, in quo eſt terra
cum aquis miſta, intincti ſupponantur tantummodo panibus, qui fiunt ex
ære cum plumbo in fornacibus permiſto: nam in eis plus argenti ineſt, quàm
in aliis qui conficiuntur ex ſpinis vel cadmiis, vel recrementis recoctis. Singulis verò panibus bini lateres ſubjiciātur, ut ignis in exaltatos majorem vim
conferre poſsit: eorum alter in dextra lamina, alter in ſiniſtra collocetur. Poſtremò extra focum ſit catinus, latus pedem, altus palmos tres: is corruptus
ſolo luto, quod facile continet ſtannum, reficitur

*Soleæ* A. *Saxa quadrangula* B. *Laminæ* C. *Paries prior* D.
*Parietes qui ſunt à lateribus* E. *Repagulum* F. *Bacilla antece-*
*dentia* G. *Catenula* H. *Bacillum uncinatum* I. *Murus qui*
*ab injuria ignium tuetur tertium murum longum* K. *Tertius mu-*
*rus longus* L. *Pedes parietum* M. *Lateres* N. *Panes* O.
*Focus* P. *Catinus* Q.

**M 4**

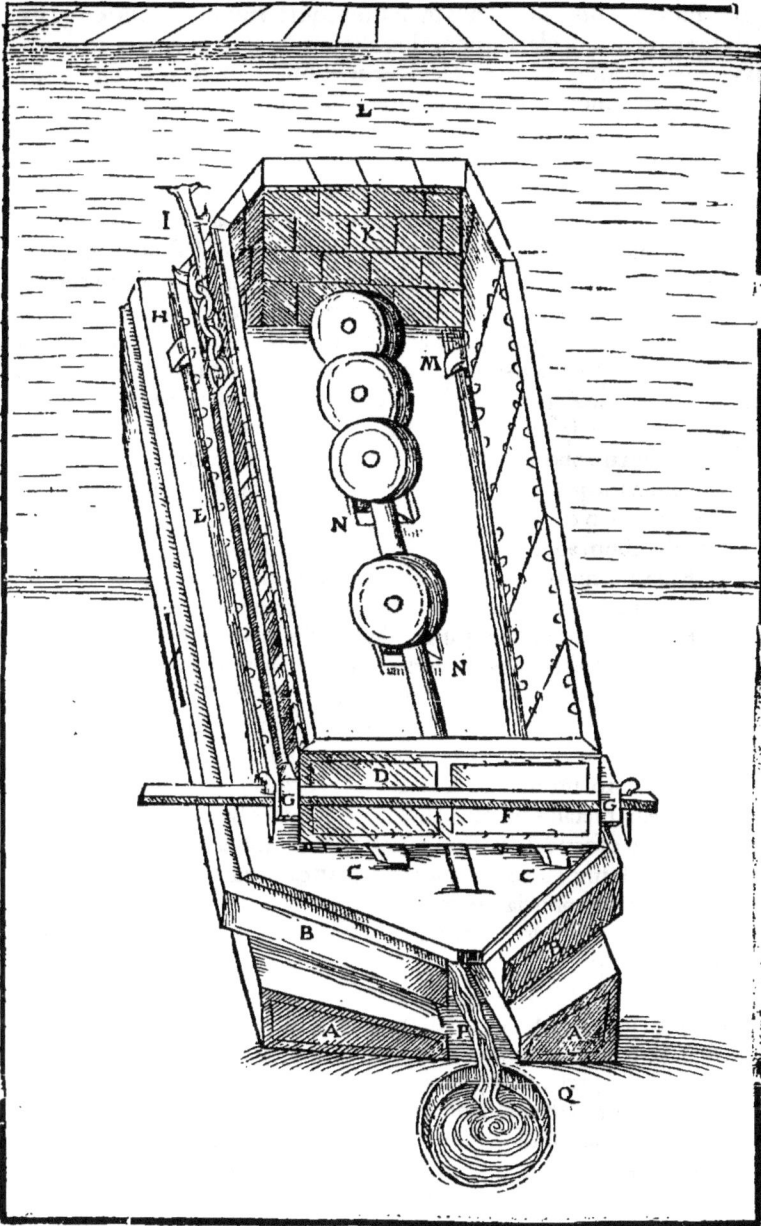

Sed panes quatuor numero in unius fornacis laminis collocentur, eisque
subjiciantur lateres ferrei. Quod si fuerint panes conflati, vel ex aere residuo,
vel ex spinis, vel ex cadmiis; vel ex recrementis, de quibus partim suprà scripsi, partim paulo pòst scribam, quinqꝫ numero, quod tam magni & graves nõ
sint,

sint, simul in æreis laminis collocentur, nec eis subjiciantur lateres. Verùm ne panis alius in alium, aut ultimus in murum, qui tertium murum longũ ab injuria ignis tuetur, incidat, carbones lõgi digitos sex interponãtur: mediisq; locis vacuis item longi & magni. Deinde parietibus appositis, & repagulo obdito fornax carbonibus parvis compleatur: tum tot carbones, quot capit alveus bracteis ligneis cõtextus, injiciantur in catinum: & superinjiciãtur prunæ: paulo post carbones ardentes batillo sublati in omnes fornacis partes dispergantur ut carbones, qui in ea sunt, æqualiter accendant. Qui verò remanserunt in catino, injiciantur in focum, ut etiam ipse calefiat: quo ni factũ fuerit stannum, quo stillant panes, foci frigore congelans nõ defluit in catinum. Incipiunt autẽ post quartã horę parte stillare stanno: quod, quà non coeunt laminæ, defluit in focũ: carbonibus longis cõbustis, si panes inclinant ad murum, conto uncinato erigantur: sin ad repagulũ, carbonibus suffulciantur. Si pręterea panis aliquis magis quàm cęteri subsidet, ad illum carbones addãtur, ad hos nõ addantur. Argentũ quidẽ unà cũ plumbo destillat: nam utrunq; citius quã æs liquescit: spinas, quæ nõ effluũt, sed resident in foco, crebrius conto uncinato versare oportet, ut etiã ipsæ stillent stanno, mox in catinum defluente: etenim id, quod in eis remanet, rursus excoquendum est in primis fornacibus: quod in catinũ defluit, statim cũ reliquo in secundas fornaces infertur, & plumbum ab argento separatur. Contus aũt uncinatus manubrium ferreum habeat, longũ pedes duos: in quo ligneũ inclusũ sit longum pedes quatuor. Stannum, quod effluxit in catinum, secretor cochleari æneo effundat in octo catillos æreos, latos palmos duos & digitos tres: quibus prius aqua lutosa illinatur, ut eò facilius ex eversis stannei panes excidant: verũ si eum catilli propterea deficiunt, quod stannũ nimis celeriter defluit in catinũ, tunc in ipsos aquã infundat, ut panes refrigerati citius ex eis elabantur: utq; mox rursus iisdẽ catillis uti possit: nisi enim talis necessitas urgeat secretorem, catillis vacuis aquã lutosam illinat. Cochleare aũt prorsus ejus est simile, cujus usus est ineffundẽdis metallis, quæ in primis fornacibus colliquefacta sunt. Sed cũ omne stannum è foco defluxerit in catinum, & in catillos æreos effusum fuerit, tunc primò spinæ rutro trahantur è foco in catinum: deinde ex catino in solum: tum batillo conjiciantur in cisium: quo avectæ coacerventur atq; recoquantur.   Rutrum verò sit longum palmos duos & totidem digitos, latum palmos duos & digitum, cumq; ejus posteriore parte conjunctũ sit manubriũ ferreũ longũ pedes tres: in quod inclusũ sit ligneũ totidẽ pedes longũ. Postquam stannum ab ęre fuerit secretũ, panes residuos appellamus fathiscentes, quod sic excocti sint, ut exucti esse videantur. Hi spatha sub ipsos acta subleventur, & forcipe prehensi cõjiciantur in cisium, atq; advehantur ad fornacẽ, in qua torrentur. Spatha quidem assimilis sit ejus, qua cadmiæ, quæ ad parietes primarum fornacum adhæserunt, decuti solent: forceps verò longus pedes duos & dimidium. Eadem spatha stiriæ decutiantur è laminis, ex quibus pendent: eadẽ ferrei lateres è panibus fathiscẽtibus, ad quos adhærent. Secretor autem opus diurnum perfecit, cùm à panibus majoribus quater quaternis, à minoribus quater quinis stannum secrevit: sin à pluribus, extraordinariæ operæ precium ipsi seorsim persolvatur

*Fornax*

*Fornax in qua opus secernendi perficitur* A. *Fornax in qua non perfici-*
*tur* B. *Catinus* C. *Catilli* D. *Panes* E. *Spinæ* F.

Atq;

Atq; argenti quidem, five plumbi cum argento permifti, quod ftannum appellamus, ab ære fecernendi hæc ratio eft. Stannum verò in fecundas fornaces infertur, in quibus plumbum ab argéto feparatur: de qua ratione, quod eam proximo libro pluribus verbis expofui, unum illud dicam. Apud nos abhinc aliquot annos ftanni tantummodo quatuor & quadraginta centumpondia, & æris unum fimul in fecundis fornacibus fuerunt cocta, nunc ftanni fex & quadraginta, æris unum & dimidium coquuntur: alibi verò ftanni plerunq; centum & viginti, æris fex: quo modo fpumæ argenti centumpondia plus minus centum & decem, molybdænæ triginta conflantur. Omnibus autem his modis argentum, quod ineft in ære injecto, cum reliquo argéto permifcetur, ipfum æs, æquè ac plumbum, partim in argenti fpumam, partim in molybdænam mutatur. Stannum, quod non liquefcit, è margine in catinum conto uncinato trahatur. At munus torrendi, in quatuor operas diftributum, quatuor perficiatur diebus. Primò, ut etiam cçteris tribus, magifter mane hora quarta ordiatur, & unà cum miniftro ftirias è panibus fathifcentibus decutiat, & hos advehat ad fornacem, illas avectas fpinis fuperinjiciat. Malleus verò longus fit palmos tres & totidem digitos, acuta ejus pars lata palmum, teres craffa digitos tres, manubrium ligneum longum quatuor pedes

*Panes* A.  *Malleu:* B.

Deinde

Deinde magifter pulverem terrenum conjiciat in vafculum, & eum cum aqua affufa permifceat: qua totum fornacis focum perfundat, eiq; digiti craf. fitûdine pulverem carbonum infpergat. Quod fi facere neglexerit, æs in viis infidens, ad laminas æreas adhæret, é quibus difficulter decutitur : aut ad la-teres, fi focus eis ftratus fuerit, qui ære ex eis decuffo facilé franguntur. Se-cundo die idem magifter lateres ordinibus decem difponat : quo modo du-odecim fiunt viæ. Primi autem duo laterum ordines fint inter primum for-nacis foramen, quod eft ad dextram, & fecundum: tres inter fecundum & ter-tium foramen : rurfus tres inter tertium & quartû : duo inter quartû & quin-tum. Lateres iftiufmodi fint longi pedem & palmum, lati palmos duos & digitum, crafsi palmum & digitos duos: feptem in latere craffo ex ordine col-locentur: fint enim feptuaginta numero. Mox tribus cujufq; ordinis priori bus lateribus imponat panes fathifcentes, & tot carbones magnos in eos con-jiciat, ut ad altitudinem digitorum quinq; affurgant : deinde fimiliter panes fathifcentes fuper alios lateres ftatuat , eisq; carbones fuperinjiciat, hoc mo-do feptuaginta panum centumpondia in foco fornacis collocantur. Si verò dimidia tot ponderum pars, aut paulo major fuerit torréda, cuiq; ordini late-res quatuor fufficiunt: attamen qui panes fathifcentes, ex ære refiduo confla-tos, torrent, hi centumpondia nonaginta, vel centum fimul in fornace collo-cant. Priore fornacis parte locus relinquatur fupremis panibus ex catino, in quos æs perficitur, exemptis: quos fuftinere panes fathifcétes fatius eft, quàm laminas ferreas. Etenim fi panes illi calore liquefacti ftillaverint ære, id cum fpinis in primas fornaces referri poteft : ferrum liquatum his in rebus nullo nobis eft ufui. Panibus iftiufmodi ante panes fathifcentes collocatis, torre-factor repagulum ferreum includat in muri interioribus foraminibus, quæ à foco furfum verfus funt ad palmos tres, & digitos duos : quorum finiftrum longius penetrat in murum, ut repagulum in ipfum immitti & retrahi pofsit: id teres fit longum pedes octo , craffum digitos duos. Ad dextrum latus habeat anfam item ferream, quæ à dextro capite abfit pedem : ejus pars cava fit, lata palmum, alta digitos duos, ipfa craffa digitum. Repagulum autem obftat, ne panes fathifcentibus oppofiti, unà cum eis decidant: id, cùm munus torrendi fuerit perfectum, torrefactor conto uncinato, in ipfius anfa inclu-fo, ut poftea dicam, extrahat. Sed, ut ea, quæ dixi, quæq; dicturus fum, intel-ligi pofsint, etiam de hac fornace, qualis effe debeat, præcipere oportet. A' quarto muro longo abfit pedes novem, & totidem à muro qui eft inter fe-cundum & quartum murum tranfverfum: conftet ex parietibus, fornicibus, camino, interiore muro, foco. Parietes duo fint à lateribus, longi pedes un-decim, palmos tres, digitos duos. Alti, qua fuftinent caminum, pedes octo & palmum: qua prior fornix eft, tantummodo pedes feptem: crafsi pedes du-os, palmos tres, digitos duos: conficiantur ex faxis vel lateribus : diftent in-ter fe pedibus octo, & palmo, atq; duobus digitis. Fornices quoq; duo fint: etenim fpacium etiam poftremum inter parietes ftatim à folo fornicatum fit, ut caminum fuftinere pofsit. Ejus fornicis fundamentum fit in parietibus: pars cava inferius eandem longitudinem habeat, quam fpacium, quod eft in-ter parietes, habet : fuprema parte fit alta pedes quinq; & palmum, ac duos
digitos

digitos. In hujus fornicis parte cáva, exiſtat murus ex lateribus calce conglutinatis factus: qui ſurſum verſus à ſolo pedem & palmos tres habeat quinque
foramina ſpiritalia , alta palmos duos & digitum , lata palmum & digitum :
quorum primum ſit ad dextrum murum interiorem, ultimum ad ſiniſtrum,
reliqua tria in medio eorum ſpacio: quinetiam ea foramina per murum inte-;
riorem, qui eſt ad fornicem, penetrent. In ejuſmodi foramina lateres dimidiati imponantur, ut fornax nimia aura nõ inſpiretur : & eximantur interdum,
ut is, qui panes æreos fathiſcentes torrefacit, in vias , quas vocant, inſpicere
poſsit, & contemplari, an recte torreantur. At prior fornix à poſteriore diſtet
pedibus tribus: & palmis duobus: cujus pars cava æquè longa ſit , ac poſterioris fornicis: ſed lata pedes ſex. Ipſe fornix eandem habeat altitudinẽ, quam
ibidem habent parietes. Fornicibus autem & parietibus caminus, ex lateribus calce conglutinatis factus, ſuperſtruatur, altus pedes ſex & triginta: is per
tectum penetret. Murus verò interior ad poſteriorem fornicem & utrunque
parietem appoſitus, ex quibus extat ad pedem, altus ſit pedes tres, & totidem
palmos, craſſus item palmos tres: ex lateribus luto conglutinatis confectus
undiq; luto craſſo illinatur , adeo ut id ipſi ſuperius illitum clementer aſſur-
gat ad altitudinem pedis. Murus hic quidam quaſi clypeus eſt aliorum murorum: eos enim tuetur ab ignis calore muros labefactante: qui non facilè refici poſſunt, cùm iſte levi opera reparari poſsit. Focus verò fiat ex luto, & tegatur vel laminis æneis, quales ſunt fornaci, in qua argentum ab ære ſecernitur, ſed quæ particulis eminentibus careant: vel lateribus, ſi domini in tabulas æneas impenſam facere noluerint. Horum latior pars ponatur declivis:
quo modo focus poſteriore parte tam altus ſit , ut uſque ad quinq; foramina
ſpiritalia pertingat: priore tam humilis, ut poſterior prioris fornicis pars cava ſit, alta pedes quatuor, & palmos tres, ac totidem digitos, prior pedes
quinq;, palmos tres, & totidem digitos. Quinetiam focus extra fornacem ad
pedes ſex tectus ſit lateribus. Prope hanc fornacem ad quartum murum longum, eſt lacus longus pedes tredecim & palmum, latus pedes quatuor, altus
pedem & palmos tres: aſſeribus undiq; munitus, ne terra in eum incidat: in
quem altera parte per fiſtulas aqua influit, altera eandem, ſi turbo fuerit ex-
tractus, terra ſorbet. In hujus lacus aquam conjiciuntur panes ærei, à quibus
argentum & plumbum ſunt ſeparata: prioris fornicis pars prior partim claudi ſolet fore ferrea, inferius lata ſex pedes & duos digitos, ſuperius aliquantum rotundata, altiſsima parte, quæ media eſt, alta pedes tres & palmos duos. Compoſita verò eſt ex ferreis bacillis & bracteis, ad ea filis item ferreis
affixis. Bacilla numero ſunt ſeptem, tria tranſverſa, quatuor ſtatuta: quorũ
quodq; latum eſt duos digitos, craſſum ſemidigitum : ſed infimum tranſverſum longum eſt pedes ſex, & duos palmos, medium eandem habet longitudinem, ſupremum incurvatum media parte altius eſt, atq; ſic longius aliis duobus. Statutorum aliud ab alio diſtat pedibus duobus: quorum utrunq; extremum altum eſt pedes duos, & totidem palmos, media verò , alta pedes tres
& palmos duos, ex ſupremo tranſverſo curvato extant, & foramina habent,
in quæ incluſi ſunt unci catellarum longarum duos pedes : quarum ſupremi
annelli incluſi in unum aliquem annellũ tertiæ catellæ: quæ extenſa tigilli

N

caput aliquantum excifum complectitur, & ei circumvolvitur, rurfusq; demiffæ uncus uni alicui ipfius annello injectus hæret. Tigillum autem longum pedes undecim, latum palmum & digitos duos, craffum palmum, circa ferreum axem, in proxima trabe infixum, volvitur. Pofteriore parte ferreum habet clavum: qui longus palmos tres & digitum per tigillum, qua fubit fub trabem, penetrat: & ex ipfa extat altera parte palmum & digitos duos, altera digitos tres, qua perforatus eft, ut annellus, in eo infixus, ipfi obftet, ne ex tigillo excidat: nam ea pars vix craffa eft digitum, cùm altera teres crafsior fit digito. Is clavus, cùm foris demittitur, fub trabem fubit, & facit, ut ibi retenta prorfus non decidat. Idem obftat, ne ferrea lamina quadrangula, quæ ante ipfum complectitur tigillum, & cui injectus eft annulus longi unci, de capite decidat. Catenæ autem ferreæ, longæ pedes fex, infimus annulus inclufus eft in annulo fibulæ utrinq; in dextrum fornacis parietem actæ, & plumbo, in foramina infufo, firmatæ. Uncus verò fuperius ex annulo pendens, in uno aliquo annulo, cùm foris attollitur, includi folet: cùm demittitur, & ex eo eximi, & in fupremum imponi.

*Parietes* A. *Fornix prior* B. *Fornix pofterior* C. *Murus in ejus parte cava* D. *Murus interior* E. *Foramina* F. *Caminus* G. *Focus* H. *Lacus* I. *Fiftula* K. *Turbo* L. *Foris ferrea* M. *Bacilla tranfverfa* N. *Bacilla ftatuta* O. *Bractea* P. *Bacillorum foramina* Q. *Catellæ* R. *Ordines laterum* S. *Repagulum* T. *Ejus anfa* V. *Tabulæ æneæ* X.

Tertia

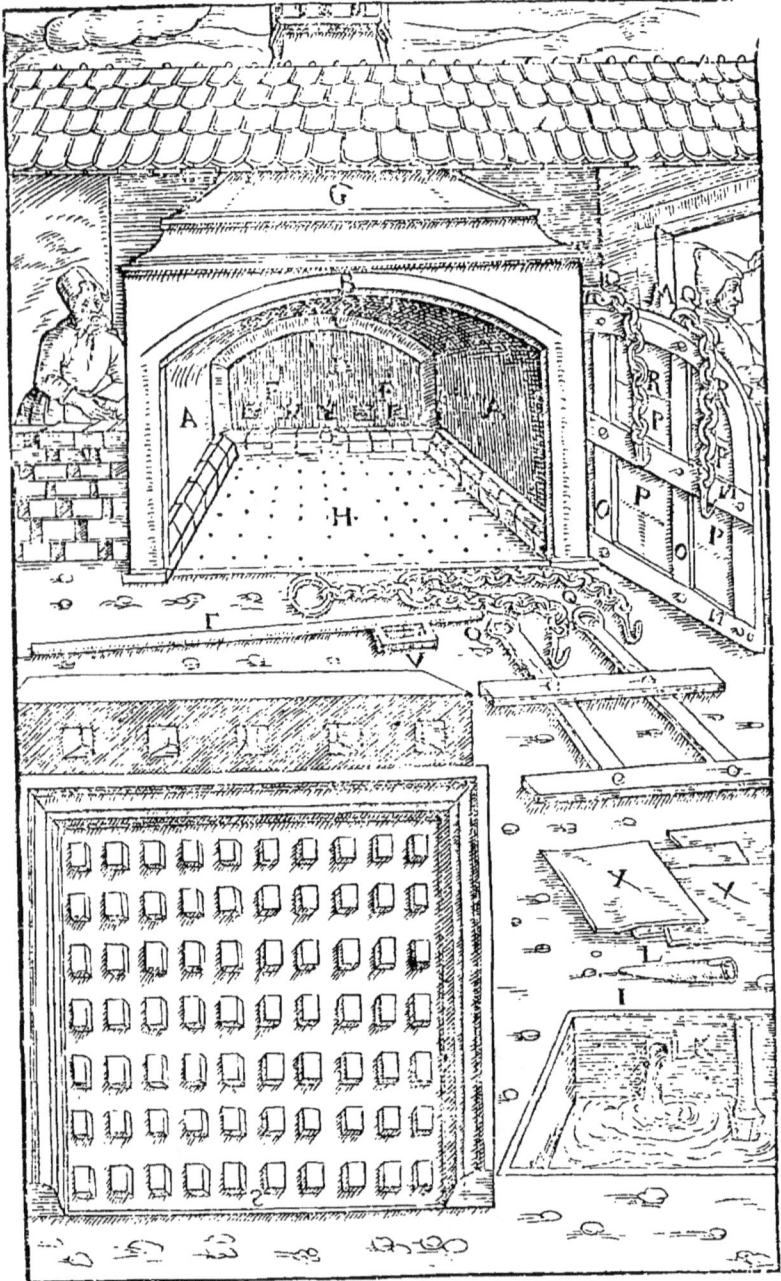

Tertio die magister aggrediatur opus principale perficere. Primo tot carbones, quod capit alveus, in solu, quod est ante focu, cójiciat, & prunis, ad eos
additis, accendat. Candentes carbonibus, in panes injectis, batillo ferreo su-

perinjiciat,æqualiterq; difpergat. Batillum lógum fit palmos tres & digitum,
latû palmos tres: ejus manubrium ferreû longum palmos duos, ligneû pedes
decem,ut ad pofteriorê fornacis parietê pertingat. Cum panes fathifcêtes jam
excandefcunt,quod eis,fi æs bonum & durû fuerit,fefquihoræ fpacio accidit:
fi malum & fragile,poft duas horas,tunc torrefactor ad ipfos addat carbones,
qua eos deficere videntur: quos carbones poftea per patês fpaciû,quod utrinque eft inter parietê & forê demiffam,in fornacem injiciat: id verò latû fit pedem & palmû.Forem aût demittat,cum recremêtis primû effluêtibus viâ conto aperit: quod fit,poftquâ horæ quinq; abierint: & iccirco quidem foris fub
fupremâ fornicis partê cavam ad pedes duos & totidê digitos demittitur, ut
magifter vim caloris fuftinere pofsit. Sed qua panes defident,ea carbones nô
funt adjiciendi,ne liquentur.Quod fi panes,ex malo & fragili ære conflati,cû
panibus,ex bono & duro ære confectis,torrêtur,fæpenumero æs adeo in viis
infidere folet, ut contus adactus in eas penetrare non pofsit. Is ferreus fit,&
longus pedes fex atq; palmos duos: in quo manubrium ligneum includatur
longum pedes quinq; Deinde rutro recrementa detrahat de foco ad dextrâ:
id ex bractea ferrea factum priore parte: latum fit pedem & palmû: mox paulatim anguftius fiat manubrium verfus. Altum verò exiftat palmos duos: e-
jus manubrium ferreû fit longû pedes duos,ligneû,in hoc inclufum,decem.

*Foris demiffi* A    *Contus* B.    *Panes fathifcentes* C.    *Lateres* D.    *Forceps* E.

Cùm autem panes fathiscentes fuerint torrefacti, magister forem eo, quo dixi modo, sublevet: repagulum quoq; conto uncinato, in ejus ansa incluso, ex dextri muri foramine trahat in foramen sinistri:atq; inde retractum reponat: tum contis uncinatis ipse & magister extrahant panes fathiscentibus oppositos: mox de lateribus detrahant panes fathiscentes. Uncus autem quisque sit altus palmos duos, latus totidem digitos, crassus unum: ejus manubriū ferreum sit longum pedes duos, ligneum undecim. Sunt etiam ipsis rastri bidentes, quibus torrefacti panes extracti trahantur ad latus sinistrū, ut forcipe prehendi possint: eorum dentes cuspidati existant, alti palmos duos, lati totidem digitos, crassi unum. Eorundem manubrii pars ferrea sit longa pedem, lignea pedes novem. Panes torrefactos, à magistro & ministris è foco exemptos, alii forcipibus prehédentes in lacum quadrangulum, aqua ferè plenum, injiciant: qui forceps longus sit pedes duos & palmos tres. Ejus manubrium utrunq; teres & digitos crassius, posteriore parte & latus rectà extet palmum & digitos duos: utraq; chela priore parte lata sit sesquidigitum & acuta, posteriore crassa digitum, deinde paulatim tenuior. Hę cùm coeunt, pars cava sit, lata palmos duos & totidem digitos. Panes autem torrefacti, qui stillant ære, statim in lacum injiciendi non sunt: quod dissiliant, & tonitru instar sonitum reddant: iisdem panes rursus ex lacu, duobus asseribus transversis, in quibus stent operarii, superinjectis ipsi, forcipibus mox eximantur: quanto enim citius ex eo fuerint exempti, tanto facilius ex ipsis æs, quod cinereum colorem contraxit, decutitur. Postremò magister spatha lateres adhuc calentes de foco parumper levet: ea longa sit palmum & digitos duos, inferius acuta, & lata palmum & digitum, superius palmum: qua manubrium versus fiat teres: cujus pars ferrea sit, longa pedes duos, lignea septem & semissem

*Foris sublata* A. *Contus uncinatus* B. *Rastrum bidens* C. *Forceps* D. *Lacus* E.

N 3

Quarto die magiſter primò extrahat ſpinas, quæ in viis ſubſederunt: hæ
magis divites ſunt argenti, quàm quæ confectæ ſunt, cùm ſtannum ab ære ſecerneretur. Etenim panes torrefacti ſtillant ære pauco, ſed reliquo ſtanno
ferè toto, ex quo ſpinæ conſtant: certe quidem cum æris torrefacti centupon-
dio argenti tantummodo ſemuncia remanere debeat, interdum drachmæ
tres remanent. Deinde torrefactor de lateribus metalla, quæ ad eos adhærèt,
malleo decutiat, ut recoquantur. Alii verò lateres ſub pila ſubjectos contun-
dant & lavent: æs & plumbum ſic etiam collecta recoquantur: magiſter, cùm
has res avectas, in ſuis locis repoſuerit, opus diurnum perfecit. At miniſtri panes torrefactos, proximo die ex lacu exemptos, truncis quernis impoſitos,
primò malleis teretibus percutiant, ut æs cinereum de ipſis decidat: deinde
eorundem parva foramina, in quibus idem æs ineſt, malleis cuſpidatis exca-
vent. Mallei teretes longi ſint palmos tres & digitum: quorum altera pars ſit
teres, & lata ac craſſa duos digitos: altera, quæ acuta ſit, lata digitos duos & dimidium. Mallei verò cuſpidati, cùm eandem habeant longitudinem, quam
teretes, altera parte ſint cuſpidati, altera acuti. Sed cuſpis ex quadrangula ſuperiore parte paulatim fiat tenuior. Hæc autem eſt natura æris, ut, cum torretur, colorem cinereum contrahat: quia verò tale æs in ſe continet argentum,
recoquatur in primis fornacibus.

*Lacus* A. *Aſſer* B. *Forceps* C. *Panes torrefacti ex lacu extra-*
*cti* D. *Truncus* E. *Malleus teres* F. *Malleus cuſpidatus* G.

Dera-

De ratione, qua panes ærei fathiscentes torrentur, satis dixi: nunc dicam
de modo, quo ex iisdem torrefactis rursus æs conficitur. Hi autem, ut æris
speciem quodammodo amissam recuperent, coquantur in fornacibus, quarū
quatuor sint ad secundum murum longum in ea domicilii parte, quæ est inter secundum & tertium murum transversum:cujus spacium longum est pedes tres & sexaginta, atq; palmos duos. Cùm verò quæq; fornacum occupet
pedes tredecim, utrunq; spacium, quorum alterum est ad dextrum latus primæ fornacis, alterū ad sinistrum quartæ, latum sit pedes & palmos tres, medium spacium, quod est inter secundam & tertiam fornacem, longum erit pedes sex. In cujusq; horum trium spaciorum medio sit ostium latum sesquipedem, altum pedes sex: quorum medium commune sit utriusq; fornacis magistro: quæq; fornax proprium caminum habeat: qui inter duos camini longi, supra descripti, parietes assurgens innitatur duobus fornicibus & muro
communi. Is sit in medio duarum fornacum longus pedes quinq;, altus decē,
crassus duos. Ante hūc murum sit pila communis duobus duarum fornacum
prioribus fornicibus, crassa pedes duos & totidem palmos, lata pedes tres
& dimidium. Itaq; fornicum prior ex hac pila communi pertineat ad alteram
pilam ei communem cum altero ejusdem fornacis fornice:is verò ex secundo
muro longo dextrorsum ad eandem pilam pertineat: quæ inferius crassa &
lata sit pedes duos, & totidem palmos. Sed prioris fornicis spacium vacuum

N 4.

fit longum pedes novem & palmum : altiore ejus parte altum pedes octo. Ejus verò, qui à latere dextro est , spacium fit longum pedes quinque & pal-mum, altitudo alteri æqualis : uterq; autem fornix æquè altus existat ac mu-rus communis. His certe fornicibus & muro communi, muri camini innixi oblique assurgentes sic contrahuntur ut suprema parte, qua fumus eluctatur, spacium fiat longum pedes octo, latum pedem & palmos tres. Quartus verò camini paries est rectus ille super secundum murum longum statutus. Ut au-tem murus medius communis est duabus fornacibus, ita murus superstructus duobus caminis : atq; hoc sanè modo se habeant alii camini. Ac primò quæq; fornax longa sit pedes sex, & palmos duos, lata pedes tres & palmos duos, altera cubitum. Cujusq; etiam pars posterior, ad secundum murum longum : prior, vacua. Primæ latus dextrum item vacuum & declive , ut recrementa detrahi possint : sinistrum ad murum communem, ubi murum, ex lateribus luto conglutinatis factum , habeat, qui murum communem ab injuria ignis tueatur atq; defendat : contrà secundæ fornacis latus sinistrum vacuum sit, dextrum ad murum communem : ubi etiam ipsi suus murus, qui igni tuta-mentum sit. Deinde cujusq; fornacis pars prior extruatur saxis quadrangulis, media terris compleatur : tum quæq; fornacum ad secundum murum longū, qua in ejus foramine & fornice, qui a tergo est, collocatur fistula grea, foveam habeat rotundam, latam pedes duos & totidem palmos, quæ à muro commu-ni absit pedes tres. Postremò sub cujusq; fornacis fovea ad altitudinem cubiti sit latens humoris receptaculū, aliis assimile : cujus canalis structilis penetrās in secundum murum longum declinet ad latus, dextrum quidem primæ for-nacis, sinistrum verò secundæ. Magister autem primò catinum, si ęs proximis diebus in eo fuit confectum, excindat spatha lata digitos tres, longa totidem palmos : cui manubrium ferreum sit longum pedes duos , crassum sesquidi-gitum : ligneum verò, in eo inclusum , teres , & longum pedes quinque, crassum ad digitos duos. Deinde altera spatha excisoria eundem catinum æ-quet : ipsa sit lata palmum, longa palmos duos. Ejus manubrium, partim fer-reum, partim ligneum, omnino simile priori. Tum pulverem terrenum & carbonum in eum injiciat, aquam affundat, scopis, quibus pertica est infixa, verrat. Mox in eundem catinum conjiciat pulverem compositum : qui ha-beat pulveris carbonum cribrati cisia duo, pulveris terreni item cribrati toti-dem cisia, arenæ fluviatilis, quam cribrum angustissimum transmisit, alveos sex. Is pulvis æquè ac ille, quo excoctores utuntur, aqua conspersus, priusquā cojiciatur in catinum, madefiat, ut manibus nivis instar in pilæ figuram for-mari possit. Injectum primò magister pugnis æquet atq; tundat : deinde du-obus pistillis ligneis : quorum utrunq; longum sit cubitum : utrunq; habeat utrinq; caput teres, sed alterum latum palmum, alterum tres digitos : utrunq; in medio sit angustius, ut manu teneri possit. Tum iterum in catinum conji-ciat pulverem madefactum , iterumq; eum pugnis æquet, ac iisdem & pistil-lis tundat : quinetiam ascendens & digitis insistens, marginem catini plantis æquet. Postea catino æquato, siccum pulverem carbonum inspergat, & ite-rum eundem pistillis tundat : sed prius angustioribus eorum capitibus , po-sterius latioribus. Deinde catinum percutiat marculo ligneo , longo pedes

duos :

duos: cujus utrunq; caput teres fit, & latum digitos tres: manubrium ligneum longum palmos duos, craffum fefquidigitum. Poftremò in catinum injiciat tantum cinerem purum & cribratum, quantus utraque manu comprehendi poteft: ac in eum infundat aquam: & fumpto panno lineo trito, eundem cinere madido oblinat. Catinus autem rotundus & declivis fiat: atq;, fi
æs ex optimis panibus torrefactis conficitur, latus pedes duos, altus unum: fin
ex aliis, latus cubitum, altus palmos duos. Magifter præterea habeat laminam
ferream utrinq; recurvatam, longam palmos duos, latam totidem digitos: ea
marginem catini, fi fuerit altior quàm par fit, amputet. At fiftulæ æneæ, quæ
declivis pofita ex muro eminet & extat palmos tres, fuperiori parti & utrique
ejus lateri, ne aduratur, lutum craffum illinat: inferiori, tenue: nam eam mar-
go catini ferè attingit: æs, cùm catinus ipfo liquefacto fuerit plenus, tangit:
quin muro, qui eft fupra fiftulam, ne vitium faciat, lutum illinat. Item alteri
parti laminæ ferreæ, longæ pedem & palmos tres, altæ pedem: quam propè
catinum ad latus foci declive fupra lapillos ftatuat, ut recrementa fub ipfa effluere pofsint. Alii laminæ non fupponunt lapillos, fed ex ea inferius excindunt particulam longam digitos tres, altam totidem. Verùm laminam, ne
decidat, bacillum ferreum muro, furfum verfus ad palmos duos & totidem
digitos, infixum teneat: id extet ex muro palmos tres.

*Fornacis focus* A. *Caminus* B. *Pila communis* C. *Altera co-
lumna* D. *Murus communis poft pilam communem eft, & videri
non poteft: Fornices* E. *Murus qui communem murum ab injuria
ignium tuetur* F. *Fovea* G. *Secundus murus longus* H. *Oftium* I.
*Spatha* K. *Altera fpatha* L. *Scopæ quibus pertica eft infixa* M.
*Piftilla* N. *Marculus ligneus* O. *Lamina* P. *Lapilli* Q.
*Bacillum ferreum* R.

Tum

Tum batillo ferreo, cui manubrium ligneum longius fex peɔibus, prunas in catinum injiciat, vel carbones, quos paucis prunis, ad eos adjeɔis, accendat: & prunis fuperponat panes torrefaɔos, qui, fi ex ære fuerint, cui prima bonitas, centum pondia tria, vel tria & dimidium pendant : fi ex ære, cui fecunda bonitas, duo & dimidium: fi ex eo, cui tertia, tantum duo. Qui verò æris, cui præcipua bonitas, centum pondia fex imponunt, hi catinum latiorem & altiorem faciunt. Sed infimus panis torrefaɔus à fiftula diftet duobus palmis, cæteri longius. Etenim cùm inferiores liquati fuerint, fuperiores delapfi propius ad fiftulam accedunt. Quod fi non delabuntur, batillo vel altera fpatha moveri debent.    Batillum autem longum fit pedem, latum palmos tres & digitos duos.    Ejus manubrii pars ferrea, longa palmos duos, lignea pedes novem.   Circum panes torrefaɔos carbones longi & magni locandi funt: in fiftula mediocres.  His omnibus ordine difpofitis ignis acrior flatu follium excitetur.  Cùm verò ære jam liquefcente carbones flammant, tunc magifter contum ferreum in medios infigat, ut ipfi flatum concipere, flamma eluɔari pofsit: qui contus cufpidatus longus fit pedes duos & dimidium. Ejus verò manubrium ligneum, quatuor. Panibus partim liquefaɔis magifter egreffus oftio per fiftulam æneam infpeɔet catinum : fi adverterit recrementa nimis ad os fiftulæ adhærere, flatumꝗ follium impedire, contum ferreum uncinatu in fiftulà inter nares folliù immittat, & eum circù os fiftulæ volvens

vens recrementa ab ipso removeat: qui uncus sit altus duos digitos. Ejus manubrii pars ferrea longa pedes tres, lignea totidem palmos. Atq; tunc tempus
est contum sub lamina infigere, ut recrementa effluere possint. Cum verò panes omnes liquefacti in catinum influxerint, tunc ex ære rapiat experimentũ
tertio conto terete, & prorsus ferreo, longo pedes tres, crasso digitum, haben-
te cuspidem chalybeatum, ne hiscens æs in se recipiat. Hunc contum altero
folle compresso per fistulam inter utriusque narem, quàm potest celerrime
immittat in catinum. Rapiat verò experimentum bis, ter, quaterve, imò usq;
dum intelligat æs perfecte coctum esse. Si æs bonum fuerit, facile ad contum
adhæret, tuncq; duobus tantummodo experimentis ipsi opus est: si bonum
non fuerit, pluribus. Etenim necesse habet id tandiu in catino coquere, usque
dum ipsi ad contum adhærenti orichalceus color insidere videatur. Atq; si
ejus bracteolæ æreæ pars tam superior quàm inferior facilè frangitur, æs perfecte coctum esse significat. Conti autem cuspidem in parva incude ferrea
locet, & de ea bracteolam malleo decutiat.

Contus cuspidatus A.　Bracteola ærea B.　Incus C.　Malleus D.

Quinetiam si æs non fuerit bonum, magister recrementa detrahat, bis,
terque, si res hoc postulaverit: primo, cùm aliqui panes fuerint liquefacti:
secundò

secundo cum omnes : tertio, cùm æs aliquandiu fuerit coctum. At si æs fuerit bonum,recrementa anteaquam opus perficiatur, detrahere necesse non
est: sed detracturus recrementa utriusq; follis tigillum deprimat, & super u-
trunq; statuat lignum longum cubitum, latum palmum, superiore parte dimidia excisum, ut sub ferreum clavum, posteriori ligno perforato infixum,
subire possit. Idem agat, cùm æs perfecte coctum fuerit. Tunc verò minister
laminam removeat forcipe,longo pedes quatuor, & palmos tres: cujus chelæ circiter pedem longæ sint: etenim earum pars recta palmos duos & tres
digitos, curvata palmum & digitum. Idem minister batillo ferreo majores
carbones conjiciat in foci partem, quæ est ad murum,qui alterum murum
ab injuria ignis tuetur,& eos coacervet, ac aquis affusis partim restinguat.
Verùm magister æs bacillo colurno,etiam in catinum immisso bis agitet:po-
stea recrementa detrahat rutro : quod constat ex spatha ferrea lata & acuta,
& alni ligno: spatha sit lata sesquidigitum, longa pedes tres: manubrium ligneum, in ejus parte cava inclusum,longum totidem pedes. At alni lignum,
in quod spatha est infixa, speciem quandam gerat rhombi, longum verò sit
palmos tres & digitum, latum palmum & digitos duos, crassum palmum.
Mox scopis sumptis cum pulvere carbonum, & carbunculis catinum totum
converrat, ne æs,priusquam ei conducat,refrigeretur: tum tertia spatha rese-
cet recrementa,quæ ad marginem catini adhæserunt: ea longa sit palmos duos,lata palmum & digitum.   Ejus manubrii pars ferrea,longa pedem & palmos tres,lignea sex pedes. Deinde iterum recrementa detrahat de catino:quæ
minister nunquam aqua affusa restinguat,ut alia recrementa restingui solet,
sed eis paucam aquam inspergat, & sinat refrigerari: si æs bullaverit, bullas
spatha deprimat: tum aqua muro & fistulæ affundat, ut tepida defluat in catinum. Etenim æs,si frigida in ipsum calidum statim fuerit infusa,dissipatur.
Certè si tunc lapillus,vel lutum,vel lignum, vel carbo madidus in id inciderit,catinus æs omne,magno cum sonitu,qualis est tonitru, evomit , & quicquid tetigerit,lædit,& incendit. Post hæc asserculum excidendo curvatum
ad priorem catini partem apponat.   Is longus sit pedes duos,latus palmum &
digitos duos, crassus digitum.  Mox æs, quod inest in catino, cuneo ferreo
in panes secare debet: is longus sit pedes tres,latus digitos duos, priore parte ad digitos duos chalybeatus : cujus manubrium ligneum item pedes tres
sit longum. Hunc autem cuneum asserculo curvato imponat,& in ære infixum agitando deprimat : quo modo in vacuum æris spacium aqua influit,
& panem à reliquo ejus corpore separat. Si æs satis perfecte coctum non fuerit, panes fiunt nimis crassi, & non facile ex catino eximi possunt: quenque
verò panem mox minister forcipe prehensum & sublatum in aquam, quam
contineat labrum,immergat:& hunc primum seorsim reponat, ut magister
eum statim recoquat:nam,quia aliquid recrementi ad eum adhæret,tam perfectus non est,quàm qui ipsum subsequitur.  Quin si æs non fuerit bonum,
duos priores panes reponat: tum iterum aquam muro, & fistulæ affundens
secundum panem excindat: quem minister item in aqua immersum, in officinæ solo reponat,eique reliquos omnes, eodem modo excisos, superimpo-
nat. Qui si æs fuerit bonum,erunt tredecim aut plures: si non fuerit, minus
                                                              multi:

multi: atque etiam fi æs fuerit bonum, unam operæ partem, nam in quatuor partes diftributa eft, duabus horis magifter perficit: fi mediocre, duabus & dimidia: fi vile, tribus. Alternis autem in uno catino, alternis in altero panes torrefactos recoquat: fed minifter quàm primum panes omnes, ex altero catino excifos, aquà reftinxerit, laminam ferream, quæ eft in priore fornace, forcipe reponat in fuo loco, & carbones batillo in catinum rejiciat: dum hoc fuum munus exequitur magifter, interea removeat ligna à tigillis follium, ut in aliis panibus recoquendis tertiam operæ partem confumat. Hoc prætereundum non eft: fi particula alicujus inftrumenti ferrei cafu in catinum inciderit, aut ab homine malevolo injecta fuerit, æs, anteaquam ferrum confumatur, confici non poteft: quo modo duplicatus labor in id infumitur. Ad extremum minifter carbones candentes omnes extinguat: & malleo lutum ficcatum ex ore fiftulæ æneæ decutiat. Is altera parte cufpidatus fit, altera teres. Manubrium habeat ligneum quinque pedes longum. Quoniam verò periculum eft, ne æs, fi pompholyx & fpodos, quæ adhæferunt ad murum & parietem ei fuppofitum, decidant in catinum, difsipetur, eas interdum abftergat: fed fingulis hebdomadis florem æris ex labro aquis effufis eximat: in id enim de panibus, cùm reftinguuntur, decidit. Porrò folles, quibus magifter ille utitur, ab aliis differunt magnitudine: nam eorum tabulata funt longa pedes feptem & femiffem, pofteriore parte lata pedes tres, priore, qua caput attingunt, pedem & palmos duos ac totidem digitos. Caput verò longum eft cubitum & digitum, pofteriore parte latum cubitum & palmum, deinde paulatim anguftius: follium nares conftringuntur catenâ ferreâ, quam coercet batillum craffum, cujus alterum caput penetrat in terram ad fecundi muri longi tergum: alterum fub tignum, quod prioribus tignis perforatis eft impofitum, fubit. Eædem nares fic collocantur in fiftula ænea, ut ad palmum unum abfint ab ore: quod latum effe debet digitos tres, ut flatus eo vehementius per anguftias eluctetur.

*Catinus* A. *Afferculus* B. *Cuneus* C. *Panes ex ære, cuneo divifo, facti* D. *Forceps* E. *Labrum* F.

O

Reſtat de ſpinis,de ære cinereo,de recrementis,de cadmiis. Panes ex ſpinis
cõficiantur hoc modo: ad tres centumpondii partes ſpinarũ, quæ de panibus,
ex ære

ex ære & plumbo conflatis, dum ſtannum ab ære ſecerneretur, ortæ ſunt: &
ad totidem ēentumpondii partes ſpinarum,quæ de panibus,ex ſemel recoctis
ſpinis conflatis eodem modo ortæ ſunt , addatur plumbi depauperati centumpondium; molybdænæ dimidium: ſin officina abundat ſpuma argenti,
ea in locum plumbi depauperati ſupponatur. Vel ad idem pondus primarum ſpinarum, & ad centumpondium dimidium ſpinarum, quæ de panibus,
ex bis recoctis ſpinis conflatis, ſimili modo ortæ ſunt, & ad quartam centumpondii partem ſpinarum ; quæ,dum panes fathiſcentes torrerétur,natæ ſunt,
adjiciatur ſeſquicentumpódium ſpumæ argenti & molybdænæ; utroq; modo ex tribus centumpondiis fit panis unus. Ejuſmodi verò panes, excoctor,
ſingulis diebus plùs minus quindecim conficiat: qui diligenter curet ut res
metallicæ, ex quibus antecedens panis conflatur, priùs rectè atque ordine effluant in catinum quàm aliæ,ex quibus inſequens conficitur. Quinque autem
panes ſimul in fornace,in qua ſtanum ſeparatur ab ære, collocentur, qui centumpondia ferè quatuordecim pendunt: nam recrementa,inde conflata,ple-
runq; centumpondium. In tot verò panibus argenti libra & uncie ſermè duæ
inſunt: at ſtannum,quo hi panes ſtillant, centumpondia ſeptem & dimidium
pendit, quorum quodq; argenti ſeſcunciam in ſe continet: ſed ſpinæ tria centumpondia, in quorum ſingulis argenti ferè uncia ineſt; panes fathiſcentes
centumpondia duo & quartam partem,que omnia argenti ſermè ſeſcunciam
in ſe continent. Attamen hæc pro ſpinarum varietatē multum variant: etenim in ſpinis, quæ de panibus, ex ære & plumbo conflatis, dum ſtannum ab
ære ſecerneretur, ortæ ſunt, & quæ de panibus fathiſcentibus dùm torrerentur, argenti unciæ ferè duæ inſunt; in cæteris uncia non integra. Sunt aliæ
præterea ſpinæ,de quibus paulò poſt dicam. Sed qui ex ære reſiduo, quod in
fornace ſimili furno, cùm ſuperior æris pars ab inferiore fuerit diviſa, remanet, in Carpatho monte panes conficiunt, hi ſpinas, quæ de panibus, cùm
ſtannum pauper vel mediocre ab ære ſecerneretur, ortæ ſunt: item eas, quæ
de panibus ex recoctis ſpinis, aut ſpuma argenti recocta conflatis,uno in loco coacervant: ſed eas,quæ de panibus ex molybdæna conflatis in loco, à primo ſeparato,locant: ſimiliter ex panibus fathiſcentibus,dum torrerentur,na-
tas ſeparatim locant. Ex his autem ſpinis ſic conficiunt panes. De primo acervo ſumunt quartam centumpondii partem; de altero tantundem, de tertio
centumpondium; ad quas ſpinas addunt ſpumæ argenti ſeſquicentumpon-
dium,& molybdænæ dimidium centumpondium, atque ex eis in prima fornace coctis panem conflare ſolent.Tales verò panes excoctores ſinguli ſingulis diebus conficiunt viginti. Hæc quoque hactenus,redeo ad noſtra. Æs cinereum, quod è panibus torrefactis, ut dixi, decutitur, abhinc aliquòt annis
inſperſum fuit ſpinis, quæ de panibus, ex ære & plumbo conflatis, ortæ fuerunt,quòd in ipſo æquè,ac in illis argenti unciæ duæ inſint:nunc verò ramento, ex cadmiis, aliisque rebus lotis collecto, inſpergitur. At incolæ Carpathi
montis æs iſtiuſmodi coquunt in fornacibus,in quibus recrementa, quæ,dum
æs rurſus conficeretur,ſunt conflata, recoquuntur. Quia verò id citò liqueſcit, & ex fornacibus defluit, ad ipſum coquendum opus eſt duobus excoctoribus; quorum alter coquat,alter panem craſſum mox ex catino eximat:

hi panes tantummodò torrentur, & ex torrefactis æs denuo conficitur. Sed
recremēta, sive mox rutro de metallis mistis detracta fuerint, sive cùm ad catinum cinereum digiti crassitudine adhæserint, & eum angustiorem secerint,
postea spathis execta, dies, noctesq; continenter recoquantur: quo modo panes duo vel tres conflantur: prout multa vel pauca recrementa, de mistura
æris & plumbi liquefacti detracta, recoquuntur. Talis autem panis ad tria
centumpondia pendere solet: in quorum singulis inest argenti semuncia.
Quinque verò panes simul in fornace, in qua stannum secernitur ab ære, collocentur: ex his fit plumbum, cujus centumpondium argenti semunciam in
se continet: panes fathiscentes apponantur ad reliquos panes fathiscentes vi-
liores, ex quorum utrisque æs luteum conficitur. Spinæ viles tunc ortæ cum
paucis recrementis vilioribus recoquantur; ramento, ex cadmiis, aliisque rebus facto, ipsis insperso: quo modo sex vel septem panes conflantur, quorum
quisque pendit ad duo centumpondia: eorum quinq; simul in fornace, in qua
stānum ab ære secernitur, collocentur: qui stillant plumbo, quod pendit tria
centumpondia, in quorum singulis inest argenti semuncia. Spinæ vilissimæ
tunc natæ tantummodò cum paucis recrementis recoqui debent: æs mistum
cum plumbo, quod è fornace defluit in catinū cinereum, cochleari effundatur in æreos catinos oblongos: hi panes cum vilibus panibus fathiscentibus
torrentur: Spinæ tunc ortæ, adjiciantur ad spinas viles, atq; ex ipsis eo modo,
quo dixi, conficiantur panes, sed ex panibus torrefactis efficiatur æs: cujus exigua quædam portio addatur ad optimos panes torrefactos, cùm ex ipsis æs
conficitur: ut æs vile unà cum bono permistum, sine detrimento, divendi
possit: recrementa secundò & tertiò, si fuerit utile, recoquantur; panes inde
facti torreantur: ex torrefactis conficiatur æs, quod æri bono immisceatur.
At recrementa, quæ detrahit magister, qui æs ex panibus torrefactis conficit,
cribrentur; quæ ex cribro decidunt in vas subjectum, laventur: quæ in eo remanent, in cisium effusa advehantur ad primas fornaces, & recoquantur unà
cum aliis recrementis; quibus etiam inspergatur ramentum quod ex istis vel
tunc natis cadmiis lavatis colligitur, æs quod è fornace defluit in catinum cinereum, etiam cochleari effundat in æreos catinos oblongos: quo modo conflantur panes novem vel decem; qui simul cum vilibus panibus fathiscentibus torreantur; ex torrefactis conficiatur æs luteum. Quinetiam cadmia, a-
pud nos vocata, fit ex recrementis, quæ detrahit magister qui æs ex panibus
torrefactis conficit, unà cum aliis vilibus recrementis recoctis. Etenim si panes ærei, ex talibus recrementis conflati, franguntur, fragmenta nominant
cadmiam, ex qua & ære luteo duobus modis fit æs caldarium: vel enim cadmiæ duæ portiones cùm una æris lutei in primis fornacibus colliquefactæ
permisceantur, vel contrà æris lutei duæ cum una cadmiæ: æs autem quod è
fornace defluit in catinum cinereum, cochleari effunditur in æreos catinos
oblongos ante calefactos, ut cadmia & æs luteum bene commisceantur: iisdem catinis, priusquam æs caldarium futurum in ipsos infundatur, pulvis
carbonum inspergatur, & eodem pulvere æs infusum superspargatur, ne cadmia & æs luteum, anteaquam bene misceantur, congelent: quenque panem ex
catino effusum minister à pulvere purget ligno: idem eum injiciat in labrum,

in qua

in qua calida infit:pulchrius enim fit æs caldarium,fi calida reftinguatur. Verùm quia fæpe mentionem feci de æreis catinis oblongis,quales effe debeant, paucis dicam. Longi fint pedem & palmum: eorum pars cava fuperius, latâ palmos tres & digitum,inferius rotundata.

*Fornax* A. *Catinus* B. *Catini oblongi* C.

Verùm ramentum duplex eft, preciofum & vile: illud fit aut ex cadmiis primarum fornacum ortis, cùm panes conflantur vel ex ære & plumbo, vel ex fpinis preciofis, vel ex recrementis melioribus, vel ex ramento præftantiore: aut ex purgamentis & lateribus fornacum, in quibus panes fathifcentes torrentur: quæ omnia quibus modis tundenda & lavanda fint, libro octavo explicavi. Vile verò ramentum conficitur ex cadmiis nâtis, cùm panes conflantur vel ex fpinis vilibus, vel ex recrementis deterioribus. Excoctor autem, qui ex ramento preciofo conficiet panes, ad tria ejus cifia fpumæ argenti & molybdænæ quatuor cifia, æris cinerei unum adjiciat: quo modo novem vel decem panes conflantur: quorum quinque fimul in fornace, in qua ftannum ab ære fecernitur, collocentur: centumpondium plumbi, quo ftillant hi panes, argenti unciam in fe continet: fpinæ feorfim locètur: quarum alveus cum fpinis preciofis recoquendis commifceatur. Panes fathifcentes unà cum aliis bonis panibus fathifcentibus torreantur. At fpinæ, quæ de plumbo, cùm

O 3

cùm in fecundis fornacibus feparatur ab argento, dètrahuntur, átque mólybi-
dæna, quæ in earundem fornacum media catini parte refidet, ac focus, qui vitium fecit & ftannum combibit, fimul cùm paucis recrementis in primis fornacibus coquantur: plumbum, five potius ftannum, quod é fornace dcflu-
xit in catinum, effundatur in catillos æreos, qualibus utitur fecretor. Talis
plumbi centumpondium argenti uncias quatuor, aut fi focus vitium fecerit,
plures in fe continet: cujus exigua portio addátur ad æs & plumbum, cùm
ex eis conficiuntur panes. Si enim magna adjiceretur, temperatura ditior,
quàm par fit, fieret; qua de caufa folertes officinæ præfides fpinas cum aliis
fpinis preciofis permifcent: molybdænam, quæ in media catini parte refedit, & focum, qui ftannum combibit, cùm alia molybdæna, quæ in catino refedit. Attamé aliquot panes iftiufmodi divites unà cum reliquis panibus ftan-
neis, quos fecretor confecit, rurfus in fecundas fornaces inferri poffunt. Sed
incolæ Carpathi montis, fi abundaverint particulis æris tufi, aut plumbo ex
recrementis confecto, vel in fornace, in qua panes fathifcentes torrentur, collecto, aut fpuma argenti, eâ variis modis temperant. Prima temperatura habet plumbi ex fpinis conflati centumpondia duo, fpumæ argenti, fpinarum
ex molybdæna confectarum: plumbi in fornace, in qua panes fathifcentes
torrentur collecti, æris minuti fingulorum dimidium centumpondium: ex
quibus cônflatur panis, quo modo excoctores, cùm debitam operam in coquendo confumpferint, panes id genus quadraginta conficiunt. Altera temperatura habet fpumæ argenti centumpondia duo, plumbi depauperati, vel
ex recrementis conflati unum & quartam partem, plumbi ex fpinis confecti
dimidium centumpondium, æris minuti tantundem. Tertia fpumæ argenti centumpondia tria, plumbi depauperati, plumbi ex fpinis confecti, æris mi-
nutè contufi fingulorum dimidium centumpondium; utroq; modo conflatur panis. Excoctores cùm munus coquendi perfecerint, panes triginta con-
fecerunt. Rationem autem, qua apud Rhetos panes fiunt, à quibus item ftannum feparatur, libro nono explicavi. At argentum hoc modo à ferro fecernatur: fcobis ferri elimatæ & ftibii pares portiones conjiciantur in catinum fictilem, qui operculatus & oblitus imponatur in fornacem, quæ aurá
infpiratur: his liquefactis & rurfus refrigeratis, catinus frangatur. Maffula,
quæ in ejus fundo refidet, exempta, in pulverem conteratur: ad quem plumbi tantundem addatur: in altero catino fictili cocta permifceantur: ad ultimum, maffula injiciatur in catinum cinereum, & plumbum ab argento feparetur. Atque tot & tam variæ funt rationes, quibus metallum à metallo fecernitur. Modus verò, quibus eadem mifcentur, partim in libro
de natura foffilium octavo expofui, partim aliàs exponam: nunc ad reliqua pergam.

*De re Metallica Libri* XI. F I N I s.

GEOR-

# GEORGII AGRICO-
## LAE DE RE METALLICA
### LIBER DUODECIMUS.

**R** ÆCEPTA argenti discernendi ab ære, libro proximo tradidi, superest ea pars, quæ ad succos concretos
pertinet: quæ, cùm aliena à re metallica videri possit,
quid causæ sit cur ab ea separari non debeat, libro secundo explicavi. Succi autem concreti conficiuntur
vel ex aquis, quas natura, aut ars, succis infecit, vel ex i-
psis succis liquidis, vel ex lapidibus mistis. Initiò solertes homines cùm viderent aquas quorundam lacuum,
naturâ succi plenas, Solis ardoribus siccatas conspissari, atque ex eis fieri succos concretos, verisimile est eos aquas assimiles aliis in locis infudisse vel cor-
rivasse in areas, ad aliquam altitudinem depressas, ut ipsas etiam solis calores
condensarent. Deinde, quia viderent, ista ratione succos concretos tantummodò æstate confici posse, nec tamen in omnibus regionibus, sed in calidis &
temperatis solùm, in quibus æstivo tempore rarò pluit, eas quoque in vasis i-
gne subjecto coquere ad spissitudinê cœpisse: quo modo omnibus anni temporibus in omnibus regionibus, etiam frigidissimis ex aquis succosis, sive natura, sive ars eas infecerit, coctis succi concreti confici possunt. Postea cùm
quosdam lapides ustos stillare succis viderent, eos in ollis coxisse, ut etiam sic
aliquos succos concretos efficerent. Sed quot & quibus rationibus, eorum
quilq; confici possit, operæprecium est cognoscere. Itaq; ordiar à sale: qui sit
aut ex aqua, quæ vel naturaliter salsa est, vel talis hominum operis effecta: aut
ex diluto salso, aut ex lixivio item salso. Atque aqua quidem naturaliter salsa,
aut in salinis à solis ardore, aut in cortinis vel ollis, vel fossis, ab ignis calore
conspissata vertitur in salem. Quæ verò arte salsa est, igne densata in eundem
salem mutatur. Salinæ autem, si loci ratio ita fert, ac ipsa res hoc postulat, fodiendæ sunt multæ: nec tamen plures quàm utile sit. Tantum enim salem conficere debemus, quantum possumus divendere. Sit verò earum altitudo mo-
dica & planicies æquata, ut omnes aquæ solis caloribus siccentur in salê: quinetiam areæ salinariæ, ne combibant aquas, sale primùm facto crustentur.
Vetus hoc est & multis in locis usitatum, aquas marinas infundere in salinas,
sive in easdê derivare: non minus vetus sed minus usitatum aquas puteales in
salinas ingerere: quod Babylone factû esse autor est Plinius: & in Cappadocia
non modo puteales, ingestas esse, sed etiam fontanas. Certe in calidis regionib.
omnes aquæ salsæ, lacustres quoq;, in tales salinas ductæ, vel fusæ, vel ingestę,
& solis ardoribus siccatæ in salem converti possunt. Dum autem aquæ salsæ,
quas continent salinæ, sole coquuntur, si magni & crebri imbres effluxerint,
spissitati sunt impedimento: si rari, sal saporem graviorem côtrahit: ut etiam,
cû salinæ alia aqua dulci rigantur. Sed sal ex aqua marina hoc modo côficitur:

qua parte mare ad litus stagnaverit, & ampla fuerit ac æquata campi planicies, in quam marini fluctus non infunduntur, ea vel tria, vel quatuor, vel
quinque, vel sex, incilia fiunt, lata pedes sex, alta duodecim, longa sexcentos:
vel longiora, si planicies illa se extendit in longius spacium, eorum unum ab
altero distat ad pedes ducentos. Rursus inter ea fiunt tria incilia transversa;
quin fossa principalis sic agitur, ut aquas e stagno haustas, infundere possit in
incilia, atque hæc in salinas, quibus inter incilia planicies plena est. Salinæ
autem sunt areæ ad modicam altitudinem depressæ: circa quas terræ, ex eis,
cùm deprimerentur, effossæ, vel cùm purgarentur, extractæ, aggerantur: atque etiam inter areas fiunt aggeres pedem alti, qui retinent aquas in eas im-
missas. Incilia habent ora, per quæ aquas primæ quæque areæ recipiunt. A-
reæ quoque habent ora, per quæ aquæ rursus ex aliis in alias permanant. Præ-
cipitur autem libramento, ut aquæ ex area in aream influere, & eam replere
possint. His omnibus rectè & ordine factis, septo recluso aperitur os stagni,
quòd aquas marinas cum aqua pluvia, vel fluviali permistas continet: ac o-
mnia incilia complentur. Deinde aperitur os primæ cujusque areæ, quæ reliquas talibus aquis replet: hæ cùm sale, in quem densantur, totas areas incru-
staverint, ipsæ denuò ab omnibus rebus terrenis purgantur; tum rursus prima quæque area incili proxima repletur istiusmodi aquis: quæ relinquuntur, donec plurimis earum partibus tenuibus, ardore solis in halitum conver-
sis & dissipatis aliquantum crassescant; mox aperto ore ex ea emittuntur in secundam: ubi cùm certo temporis spacio manserint, ejus quoque os aperitur,
ut in tertiam aream influant, in qua tandem totæ spissantur in salem. Areæ
verò iterum atque iterum, sale exempto, marinis aquis complentur. Verùm
sal rastris ligneis corradetur, batillis ejicitur.

*Mare* A. *Stagnum* B. *Septum* C. *Incilia* D.
*Salinæ* E. *Rastrum* F. *Batillum* G.

At

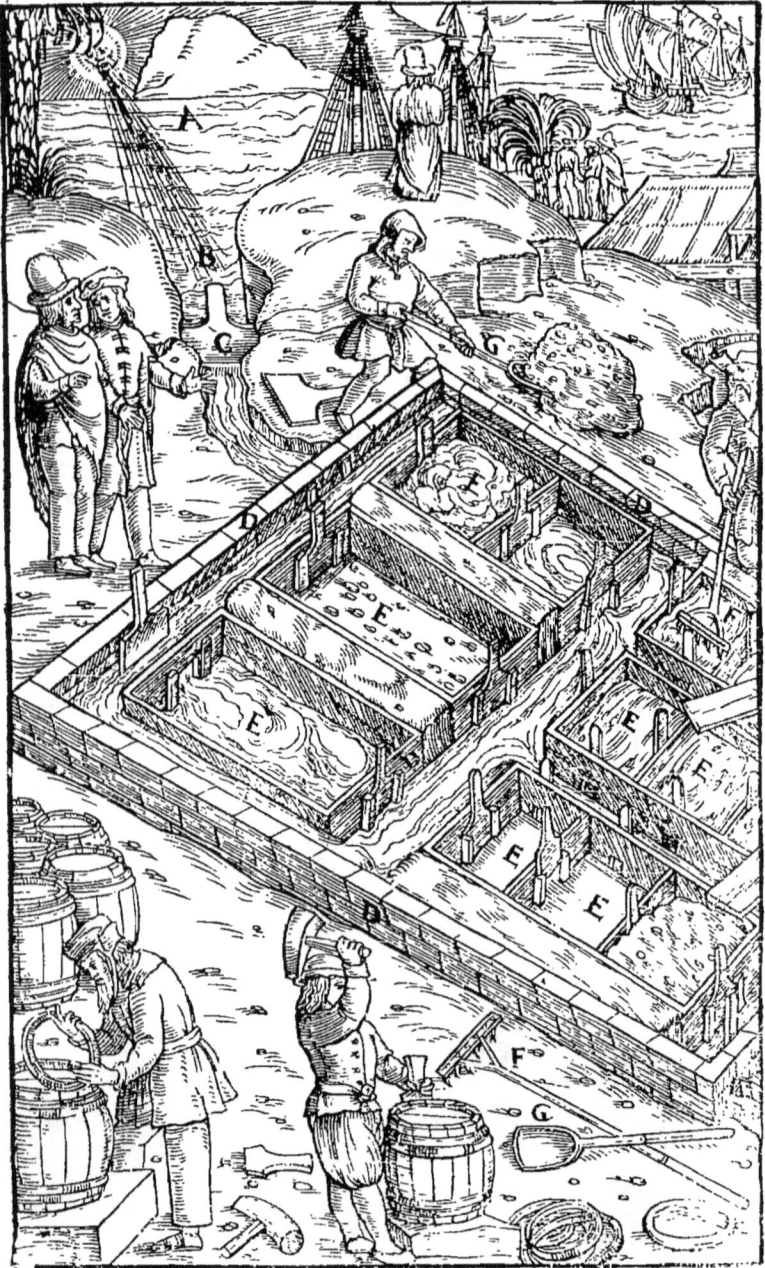

At aqua ſalſa coquitur in cortinis, quæ ſunt in caſis prope puteos, ex quibus hauritur: cuiq; caſæ nomen alicujus animalis, aut alterius rei ſolet imponi, &

ni, & ad eam tabella picta illius effigiem exprimens affigi. Cujufque cafæ parietes, vel ex terra fornacei funt, vel craticii craffo luto illiti: quanquam etiam lapidei aut latericii fieri poffunt, qui funt in lateribus alti plerunque funt pedes fedecim: itaque fi tectum in altitudinem pedum quatuor & viginti affurgit, eos, qui in fronte & tergo exiftunt, altos effe quadraginta pedes oportet, ut etiam interiorem parietem intermedium. Tectum autem conftat ex tabulis longis pedes quatuor, latis unum, crafsis digitos duos: ad quas inferius, qua longis & anguftis afferculis, ad tigna in imo divaricata, & in fummo conjuncta affixis, imponuntur, ftramina luto illita, & ad digiti crafsitudinem coagmentata apponuntur: fuperius verò eis item ftramina luto illita, & ad fefquipedis crafsitudinem coagmentata fuperimponuntur, ut cafæ ab incendio periculum non fit, & ab imbribus tuta effe, atque calorem ad maffas falis ficcandas neceffarium continere pofsit. Quæque autem cafa in tres partes eft diftributa, in quarum prima ligna vel ftramina collocantur: in media, inter quam & primam paries cōmunis exiftit, focus eft, fuper quem imponitur cortina; ad cujus dextram eft cupa, in quam falfa, in cafam à bajulis afportata, infunditur: ad finiftram fcamnum, in quo falis maffæ plus minus triginta reponuntur. Sed triplo plerunque plures in poftrema cafæ parte; quæ, ex luto & cinere facta, octo pedibus altior eft quàm folum: quam altitudinem etiã fcamnum habet: nam magifter & miniftri, cùm falis maffas de cortina deportant, ex illa in hoc eunt. In eam verò ad cortinæ dextram afcendunt, non gradibus, fed terra clivuli inftar aggerata. In fummo poftremi parietis funt duæ feneftellæ, & tertia ibidem in tecto, per quas fumus eluctatur: eum tam pofteriore quàm priore foci parte emiffum excipit operculum, fub quo progreffus ad feneftellas afcendit. Hoc operculum conftat ex afferibus, quorum aliud alio paululum eft impofitum: eos autem duæ trabes parvæ fuftinent, quas trabes cafæ: intermedius paries è regione foci januam habet patentem, altam pedes octo, latam quatuor, per quam lenis aura, quæ fumum in poftremam partem agat, infpiratur. Ejufdem altitudinis & latitudinis januam habet primus paries in altero latere: utraque igitur tanta eft, ut per eam ligna vel ftramina, atque falfæ importari, falis maffæ exportari pofsint. Sed hæc, cùm ventus flaverit, nec coctioni impedimento fit, claudenda eft: quinetiam in primi iftius parietis feneftras vitrea fpecularia funt impofita, ut ventum excludant, lumen tranfmittant.

*Cafæ* A. *Earum tabellæ pictæ* B. *Earundem, Prima pars* C. *Media* D. *Poftrema* E. *Duæ feneftellæ in poftremo pariete* F. *Tertia feneftella in tecto* G. *Puteus* H. *Alterius generis puteus* I. *Modulus* K. *Pertica* L. *Bajulorum furcæ in quas defatigati perticam imponunt* M.

Focum

Focum plerunq; conftruunt lapidibus falfis, & terris cum fale miftis, atque
falfa madefactis, quales muri valde durefcunt igni: longú verò faciunt pedes
octo

octo & dimidium, latum septem & dodrantem, altum, si ligna cremantur, ferè quatuor, si stramina, sex. Tum autem bacillum ferreum, ad quatuor pedes longum, in foramine ferrei pedis, qui in medii oris, lati pedes tres, solo
insistit, includunt; & in ipsum intus procedens stramina injiciunt: at unamquanque cortinam ex ferri vel plumbi nigri laminis, longis pedes tres, & totidem latis, minus duobus digitis quadrangulam conficiunt, longam pedes
octo, latam septem, altam semipedem; quæ laminæ iccirco non admodum
crassæ sunt, ut aqua citius igni calescat, & decoquatur: quò verò salsior fuerit, eò breviore tempore densatur in salem. Hanc cortinam, qua laminæ clavis confixæ compinguntur, maltha, quæ habet taurinum jecur, taurinumque
sanguinem & cinerem, oblinunt, ne salsa effluat, aut exudet. Ad utruñque foci medii latus bina tigilla quadrangula ad tres pedes longa, ad semipedē lata
& crassa sic defodiunt in terra, ut alterum ab altero distet pede; utrunq; sesqui-
pedē altius quàm cortina assurgat: quibus, postquam cortina fuerit in foci
muris locata, immittuntur dúo tigilla ejusdem latitudinis & crassitudinis, sed
longa pedes quatuor: quæ, ne decidant, curta tigilla excavata continent. Illis autem longis tres perticas, longas pedes tres, latas digitos tres, crassos duos
transversas imponunt, quarum alia ab alia distat pede. Singulis autem ternos
bacillorum ferreorum uncos injiciunt, binos extra tigilla, singulos in eorum
medio. Hæc bacilla pedem longa utrinque sunt uncinata: alter uncus dextram, alter sinistram spectat; inferiorem quenque injiciunt fibulis, quæ u-
trinque clavis fundo cortinæ affixæ in medio curvatæ eminent. Sunt præterea duæ perticæ longæ pedes sex, latæ palmum, crassæ digitos tres; quæ
priori tigillo subditæ in posteriore jacent: utriusque posteriori capiti injiciunt uncum bacilli ferrei, longi pedes duos, & digitos tres, cujus caput inferius retortum cortinam sustinet: nam ejus posterior pars duobus posterioribus foci angulis non insistit, sed ab eis abest ferè bessem, ut flamma, & fumus
eluctari possint: quæ posterior foci pars semipedem crassa, semipede altior
est quàm cortina: quam crassitudinem & altitudinem etiam habet paries inter hunc & tertiam casæ partem medius & utrique contiguus, ut hæc, ex terra & cinere factus, non ut ille lapidibus salsis ductus; sed cortina prioribus
duobus foci angulis, ejusque lateribus insistit: quæ, ne flamma ex foco exiliat,
cinere obturant. Si salsæ situla infusa in omnes cortinæ angulos influit, rectè
est super focum imposita.

*Focus* A. *Os foci* B. *Cortina* C. *Tigilla in terra defossa* D.
*Tigilla eis immissa* E. *Perticæ breviores* F. *Minora bacilla
ferrea uncinata* G. *Fibulæ* H. *Perticæ longiores* I. *Majora
bacilla ferrea uncinata* K.

Verùm

Verùm situla ad decem sextarios Romanos capit, modulus octo situlas.
In tales modulos salsæ, ex puteis haustæ, infunduntur, & à bajulis, ut dixi, in

P

cafam afportatæ in cupam effunduntur; & ex ea in his locis, in quibus valde
falfæ fuerint, mox fitulis in cortinam transfunduntur. In quibus verò minus
falfæ prius cochliari alto, & fimul cum manubrio ex una arbore cavato in
parvas cupas, in quas falfi lapides injecti funt, ut acrimoniam, quæ in eis eft,
aquis impertiant: tum effufæ in canaliculos, per eos ducuntur in cortinam:
ex feptem & triginta falfę fitulis Halæ Hermundurorum magifter, & qui fuccedit vicaᵗius ejus muneris viciſsim duas falis maſſas, quibus eft metæ figura, conficiunt. Uterque habet miniftrum, aut pro eo uxorem fociam laboris:
adeft etiam adolefcēs, qui ligna vel ftramina cortinæ fubjicit: omnes hi, quod
iftiufmodi officinę valde incalefcant, capita tantummodo pileolis ftramineis
& verenda fubligaculis tegunt, cætera nudi: fed quàm primùm magifter primam falfæ fitulam infuderit in cortinam, adolefcens ligna vel ftramina fubjecta accendit, fi ligna cremantur vel fafces ramorum aut virgultorum, fal fit
candidus; fi ftramina, non raro fubniger: eorum enim favillæ cum fumo in
operculum fublatæ, rurfus decidunt in aquas, easque nigrore inficiunt. Ut
autem falfæ celerius condenfentur, cùm magifter duos falfæ modulos & totidem fitulas infuderit, circiter fefquicyathum Romanum fanguinis bubuli, vel
vitulini, vel hircini, vel mifti in undevigefimam falfæ fitulam effundit, eaq;
diſſolutum in omnes cortinæ angulos diftribuit. Quanquam alibi fangui-
nem cerviſiâ diſſolvunt, fed cùm jam aquarum ferventium fordes fpumis miftæ apparent, eas batillo defpumat: quam fpumam, fi ipfi lapidibus falfis o-
pus fuerit, per foromen, quod fumum emittit, in focum infundit, ibiq; coquitur in lapides falfos: fi non, in officinæ folum effundit: quod primum coquendi & defpumandi munus femihorâ perficit. Deinde eas adhuc horæ quadrantem decoquit; quo tempore incipiunt in falem denfari: quas jam calore con-
crefcentes ipfe & minifter, aſsiduè fpathis ligneis verfant, tum hora eas fervere finit; quo tempore fefquicyathū cerviſiæ infundit: &, ut aura cortinæ non
infpiret, ejus fronti minifter imponit aſſerem longum pedes feptem & dimidium, altum pedem: utrique etiam ejufdem lateri aſſerem longum pedes tres
& dodrantem. Ille, quòd cortina in ipfius formis fit inclufa, ftabilis manet.
Hi duo, quòd illi & priori tigillo tranfverfo infiftant: poftea aſſeribus fublatis duas corbes altas pedes duos, & fuperius totidem pedes latas, inferius tantummodo palmum, tigillis tranfverfis idem minifter interponit; in quas magifter falem batillo injicit, easque femihorâ complet. Deinde rurfus aſſeribus
cortinæ impofitis, falfas fervere finit horę dodrantem. Tum iterum falem batillo fublatum, & fali, quo utraq; corbis completa eft, fuperinjectum accumu-
lat. In diverfis autem locis, diverfas fali dant figuras: in corbibus fiunt maſſæ
figura metæ, fed non in his folis, verùm etiam in inftrumentis, quæ imagines
multarum rerum exprimunt, ut etiam tabulæ quædam, in quas item fal conjicitur. Tam verò tabulas, quàm corbes in altiore cafæ loco, qui tertia, ut dixi, ejus pars eft, vel in fcamno æquè alto, & in quod ex eo itur, reponunt, ut
fal aere calido magis exiccetur. Magifter & ejus vicarius, interdiu noctuque,
feftis diebus anniverfariis tantummodo exceptis, falfas alternis coquentes falem conficiunt. Nulla cortina diutius anno dimidio ignis vim fuftinet: eam
magifter fingulis hebdomadis aquâ infufa lavat: lavatam ftraminibus fubjectis

ctis imponit & percutit: sed recentem primis duabus hebdomadis ter, reliquis bis. Quo modo crustæ de fundo decidunt: quæ ni decussæ fuerint, tardius vehementiore igni sal conficitur, qui & plus salsæ consumit, & cortinæ laminas adurit. Si tunc aliquæ rimæ, quibus cortina fathiscit, apparent, obliniuntur malthâ. Sal, qui primis duabus hebdomadis conficitur, minus bonus est, quòd ferrugine fundi, nondum crustas contrahentis, soleat infici. Quanquàm verò sal isto modo ex salsis tantùm putealibus & fontanis fit, tamen etiã eodem ex fluvialibus & lacustribus, & marinis potest confici: quin ex his etiã, quæ arte salsæ sunt. Etenìm in locis, in quibus sal effoditur, ejus impura fragmenta & ramenta conjiciuntur in aquam dulcem, ipsaque decocta spissatur in salem. Quidam salem quoque marinum, aqua dulci affusa, recoquunt, & in metarum parvarum figuram formant.

*Situla* A. *Modulus* B. *Cupa* C. *Magister* D. *Adolescens* E. *Uxor* F. *Spatha lignea* G. *Asseres* H. *Corbes* I. *Batillum* K. *Rutrum* L. *Stramina* M. *Cyathus* N. *Vasculum sanguinem continens* O. *Cantharus cervisiam continens* P.

**P 2**

Aliqui falem ex falfis, quæ ferventes ex terra effluunt, hoc modo côficiunt.
In lacunam fcaturiginofam imponunt ollas fictiles, inque eas tantam aquam
ex fca-

ex scaturigine cochlearibus hauſtam, infundunt, ut ſemiplenæ fiant: quam
perpetuus aquarum, quas lacuna continet, fervor, non aliter ac ignis ardor
ſalſam in cortinas infuſam coquit. Quamprimùm autem cœperit craſſeſcere,
quod fit cùm ad tertias aut amplius fuerit decoɛta, forcipibus ollas prehendentes eam in ferreas cortinas parvas, & quadrangulas item in lacuna collo-
catas effundunt: quarum cavum longum eſſe ſolet pedes tres, latum duos, altum digitos tres. Quoniam verò ſingulis quaterni ſunt pedes graves, quibus
inſiſtunt, aqua eas ſubit & undique cingit, nec tamen influit: quæ, quia continenter & ex lacuna per canales effluit, & ſcaturigines recentis copiam ſuppeditant, ſemper fervet, atque craſſeſcentem aquam in cortinas infuſam, in ſalem denſare poteſt: qui mox batillis eximitur, idemque labor ſæpius iteratur.
Verùm ſi ſalſæ cum aliis ſuccis permiſtæ fuerint, ut plerunque calidæ eſſe ſolent, ex eis ſal non debet confici.

*Lacuna* A. *Ollæ* B. *Cochlear* C. *Cortinæ* D. *Forceps* E.

Alii aquas ſalſas, ſed maximè marinas, in magnis ollis ferreis coquunt, qui,
quia plerunque ſtramina ſolent concremare, ſalem nigriorem conficiunt:
quidam in iiſdem ollis muriam ſalſamentorum decoquunt: hi verò ſalem efficiunt, qui piſces & ſapit & olet.

*Ollæ* A. *Tripus* B. *Cochlear altum* C.

Eos autem, qui salem ardentibus lignis, aquas salsas infundendo conficiunt, fossas,in quibus collocent ligna, facere oportet: quas convenit esse longas pedes duodecim, latas septem, altas duos & dimidium, ne aquæ infusæ,
effluant: undique lapidibus salsis,quamprimùm haberi possunt,constructas,
ut nec aquas sorbeant,neque terra ex earum fronte,tergo,lateribus decidat:
sed, quoniam carbones unà cum liquore salso mutantur in salem, Hispani, ut
Plinius scribit,etiam lignum referre arbitrantur.Quercus optima,ut quæ per
se cinere syncero vim salis reddat:alibi corylus laudatur.Attamen sal,quicun-
que ligno constit, non multum probatur,quòd niger sit & parum syncerus:
quocirca ista salis conficiendi ratio à Germanis & Hispanis repudiata.

*Fossa* A.   *Vas in quod salsa derivatur* B.   *Cochlear* C.
*Situla ad perticam, in ea inclusam, affixa* D.

Sed

Sed dilutum, ex quo conficitur fal, fit ex terra falfa, vel falis & halinitri fœcunda: lixivium verò ex cinere arundinis vel junci. Verùm ex terra falfa oritur dilutum, ex quo decocto fal tantummodò conficitur: ex altera, de qua paulo poft plura dicam, ex quo fal & halinitrum. At ex cinere nafcitur lixivium,
ex quo etiam fal folus fit. Tam autem cinis quàm terra primò conjiciatur in
magnam cupam: deinde aqua dulcis ei affundatur: quæ, cinere vel terra perticis agitata, horarum fermè duodecim fpacio imbibit falem: tum turbine ex
cupa extracto, colata excipiatur labro, mox five dilutum fuerit falfum, five lixivium vafculis hauftum infundatur in parvas cupas: ad extremum transfundatur in cortinam ferream vel plumbeam, & coquatur, donec aquis exhalatis
fuccus denfetur in falem.

Cupa magna A. Turbo B. Labrum C. Cochlear
altum D. Cupæ parvæ E. Cortina F.

Atq; hæ ferè salis conficiendi rationes sunt. Nitrum verò item fieri solet vel
ex aqua nitrosa, vel ex diluto, vel ex lixivio. Ut autem aqua maris, aut alia salsa,
in sali-

in falinas infufa, calore folis coquitur & mutatur in falem, ita nitrofa Nili in
nitrarias infufa five derivata, & eodem ardore folis decocta vertitur in nitrum: quinetiam ficuti mare fua vi influens in ejufdem Ægypti folum, abit in
falem, ita Nilus, cùm circa caniculæ ortum exundat, in nitrarias influens, in
nitrum convertitur.

*Nilus A. Nitrariæ B. Tales verò effe conjicio.*

At dilutum, ex quo conficitur nitrum, fit ex aquis dulcibus terrâ nitrofâ
percolatis: lixivium ex iifdem percolatis cinere roboris vel quercus; utrunq;
labris exceptum, & in æreas cortinas quadrangulas ingeftum coquitur ufque
ad eum finem dum in nitrum fpiffetur. Sed nitrum tam nativum quàm facticium in cupis pueri impubis urinâ temperatum decoquitur in iifdem cortinis. Decoctum infunditur in cupas, quibus funt fila ænea: ad quæ adhærefcens concrefcit, & fit chryfocolla, quam boracem Maurorum vocabulo nominamus. Quondam nitrum præter urinam Cypria ærugine temperatum
fuiffe, & tritum Cyprio ære in Cypriis mortariis, Plinius autor eft. Quinetiam
quidam chryfocollam ex alumine foffili, & fale ammoniaco conficiunt.

*Cupa in qua nitrum mifcetur cum urina A. Cortina B. Cupa in*
*qua chryfocolla denfatur C. Fila D. Mortarium E.*

Verùm

Vèrùm halinitrum conficitur ex terra ficca & fubpingui: quæ, fi aliquantulum in ore retineatur, guftatum falfedine, cum acrimonia quadam permifta, comovet. Ea terra & pulvis miftus altitudine palmi, alternatim ponantur
in cupis: pulvis ifte habeat duas portiones calcis uftæ & aquâ non reftinctæ,
atque tres cineris quernei, vel ilignei, vel roborei, vel cerrei, vel fimilis: cùm
quæque cupa his, alternatim pofitis, tota excepto dodrante fuerit completa,
tantæ aquæ affundantur ut plena fiat: quæ poftquam terrâ percolatæ, halinitrum, quòd in ea erat, combiberunt, turbine ex cupa extracto, dilutû excipiat
labro, & vafculis hauftum in parvas cupas infundatur. Quòd fi fapor ei fuerit
valde falfus, & aliquantum acris, probatur; fin minus, improbatur: atque iccirco rurfus eadem terra percoletur, vel altera recenti: quinetiam aquæ duæ vel
tres, una eadémq; terra halinitri plena percolentur: fed diluta non comifcean-
tur, nifi idem fapor omnibus eis fuerit; quod raró, vel nunquam accidit. Verùm prima quæq; in unam cupam infundantur; in alterâ fecunda, in tertiam
tertia. Quodq; verò fecundû vel tertium dilutû loco fimplicis aquæ terrâ percoletur recenti; quo modo ex utroq; conficitur primû dilutum: cujus quam-
primû copia habetur in ær14ream cortinâ quadrangulâ infundatur & decoquatur ad dimidias, mox transfundatur in cupâ: in qua, operculo tecta, cù id, quod
terrenû eft, fubfederit, & dilutum fuerit limpidû, in eandem cortinâ, vel alterâ
refundatur atq; recoquatur. Cùm verò effervefcens fpumaverit ne effluat, &
magis

magis purgetur, in ipfum infundantur libræ tres vel quatuor lixivii, facti ex
tribus cinereis quernei, vel afsimilis portionibus, & una calcis uftæ, fed a-
quâ non reftinctæ. Verùm aqua, prius quàm infundatur, alumen fofsile re-
folvatur: fint verò illius libræ centum & viginti, hujus quinque: paulo poft dilutum videbitur effe limpidum & cæruleum: fed coquatur ufque dum aquas,
quæ fubtiles funt, exhalet: maxima falis poftea cochlearibus ferreis exhaurien-
di pars in fundo cortinæ refideat. Succus autem transfundatur in cupam,
in qua bacilla recta & tranfverfa funt inclufa: ad quæ refrigeratus adhærefcit: atque, fi multus fuerit, tribus quatuórve diebus denfatur in halinitrum:
deinde dilutum, non congelatum effundatur, & refervetur atq; recoquatur.
Halinitrum verò excifum, & eo ipfo diluto lavatum conjiciatur in tabulas, ut
hoc deftillet, ipfum exiccetur. Halinitrum certe ex diluto, pro fucci, quê combibit multitudine vel paucitate, oritur multum vel paucum: ex lixivio affu-
fo, quod ipfum purgat, quodam modo purum & limpidum. Sed purifsimum
& translucidum, quòd magis à fale purgetur, & crafsitudinem exuat, hoc modo conficitur: quot amphoræ diluti infunduntur in cortinam, tot congii lixivii, de quo jam dixi, affundantur: & in eandem cortinam conjiciatur halinitrum factitium, quantum diluto & lixivio diffolvi pofsit: quàm primùm
miftura effervefcens fpumaverit, transfundatur in cupam, in quam injectum
fit fabulum, de fluvio fumptum & lavatum; ea panno tegatur: mox turbine
ex fundi foramine extracto, miftura fabulo percolata excipiatur labro: deinde in eandem vel alteram cortinam infufa decoquatur, donec majorem diluti
partem exhalet. Veruntamen fi quando valde bullit & fpumat, lixivium paucum affundatur. Tum transfundatur in alteram cupam, in qua bacilla funt
inclufa: ad quæ etiam ipfa adhærefcens fi pauca fuerit biduo, fi multa triduo,
vel fummum quatriduo congelat: quæ verò denfata non fuerit, in cortinam
refundatur & recoquatur ad dimidias; atque in cupam transfufa refrigere-
tur: quod toties facere oportet, quoties res hoc poftulat ut fiat. Alii alio modo
halinitrum purgant: eo enim ollam, ex ære caldario factam, complent, & o-
perculo, item æreo, tectam in prunis locant, ac ipfum coquunt donec liquefcat. Ollam autem operculatam non oblinunt, ut operculo, cui anfa eft, fublato videre pofsint utrum liquatum fit ne'cne. Cùm liquefactum fuerit fulfure,
in pulverem refoluto confpergunt; Quod, fi olla, in igni repofita, non arferit,
accendunt: quo fimul cùm craffa halinitri pinguitudine, quæ fupernatat, &
fola tunc ardet, confumpto fit purum: mox ollam ex igni removent; poftea
ex refrigerata eximunt halinitrum purifsimum: quod candidi marmoris fpeciem gerit; atque tunc etiam id, quod terrenum eft, in fundo refidet. At terra,
ex qua dilutum fuit factum, & rami quernei vel côfimilis arboris alternis fub
dio ponantur, & aqua, quæ combibit halinitrum, confpergantur: quo modo
quinque vel fex annis rurfus apta fit ad conficiendum dilutum. Halinitrum,
quodammodo purum, quod dum terra tot annos quievit interea, ortum fuit,
& quod lapidei parietes in cellis vinariis & locis opacis exudant, cum primo
diluto permiftum decoquatur.

*Cortina* A. *Cupa in quam fabulum eft injectum* B. *Turbo* C.
*Labrum* D. *Cupæ in quibus bacilla funt inclufa* E.

Hactenus

Hactenus de nitri conficiendi rationibus, quæ non minus ac salis variæ &
multiplices sunt, dixi: nunc dicam de ratione conficiendi aluminis, quæ nec
ipsa uniusmodi & simplex est. Etenim fit ex aqua aluminosa decocta usq; dum
densetur in alumen, vel ex diluto aluminoso, quod ex id genus terra, vel saxo, vel pyrite, vel alio misto, conficitur. Terra effossa primò tanta, quanta tre-
centis cisiis vehi potest, conjiciatur in duo castella: deinde aquis in ea derivatis, &, si atramenti sutorii particeps fuerit, urinis puerorum impubium superfusis diluatur.    Operarii autem quotidie sæpius venam perticis oblongis &
crassis commoveant, ut cum aquis & urinis permisceatur: tum turbine ex u-
troque castello extracto dilutum excipiatur lacu, ex una vel duabus arboribus cavato. Si verò locus aliquis talium venarum copiam suppeditaverit, ipsæ
statim non conjiciantur in castella, sed primò convehantur in areas, atque cu-
mulentur: quanto enim diutius aeri & pluviis expositæ fuerint, tanto meliores fiunt. Nam in ejusmodi cumulis, aliquot post mensibus, quàm venæ in a-
reas fuerunt congestæ, nascuntur fibræ longè venis bonitate præstantes: deinde vehantur in sex, pluráve castella, longa & lata ad novem pedes, ad quinque alta: mox aquis, in ea derivatis, similiter diluantur: posteaquà aquæ combiberunt alumen turbinibus extractis, dilutum excipiat lacuna rotunda, lata
pedes

pedes quadraginta, alta tres: tum venæ ex his castellis evectæ conjiciantur
in alia castella,& aquis,denuo in eo derivatis, atq; puerorum impubium urinis superfusis commoveantur perticis:quod dilutum turbinibus extractis eadem lacuna excipiat: sive verò hæc,sive lacus dilutum continet paucis post
diebus exanclatum canaliculis infundatur in plumbeas cortinas quadrangulas, & in eis coquatur, donec multo maximam aquæ partem exhalarit, atque
terra ab eo secreta fuerit: quæ in fundo cujusq; cortinæ residens pinguis est
& aluminosa, ac ex minimis crustis constare solet: in quibus non rarò candi-
dissimus & levissimus amianti,vel lapidis specularis pulvis inest.  Tum dilutum farinæ simile videtur.  Sunt qui modice coctum effundunt in cupam,ut
limpidum & purum fiat : deinde in cortinam refusum recoquunt,usq; dum
farinæ simile evadat: utro modo spissatum fuerit,mox transfundatur in vasa
lignea,in terra defossa,ut refrigescat: deinde refrigeratum effundatur in cupas,in quibus surculi recti & transversarii sunt inclusi, ad quos adhærescens
densatur in alumen: fiuntq; cubi parvi, & candidi, & translucidi: qui in hy-
pocaustis repositi siccentur.  Si venæ aluminosæ atramenti sutorii participi,
cum aquis dilueretur, urinæ superfusæ non fuerint, eas in dilutum limpidu,
& purum,cùm recoquitur,infundere necesse est.  Ipsæ enim atramentum sutorium ab alumine separant: quo modo illud in fundo cortinæ subsidet, hoc
supernatat:utrunq; seorsum effundere covenit,in vasa minora,& ex his in cupas, ut spissetur. Si verò,dum dilutum recoquitur, separata non fuerint,mox
ex minoribus vasis infundatur in majora,eaq; concludantur : in quibus item
atramentum sutorium separatum ab alumine concrescit : utrunq; excisum,
& in hypocausto siccatum divendatur dilutum , quod in vasis & cupis non
concrevit,in cortinam refusum recoquatur : sed terra,quę in fundo cujusque
cortinæ residit,ablata in castello unà cum venis, denuo aqua & urina dilua-
tur.At terra,quæ in castellis diluto,postquam effluxit,superfuit egesta & coa-
cervata quotidie, rursus magis ac magis sit aluminosa,non aliter atq; terra,ex
qua halinitrum fuit confectum,suo succo plenior sit : quare denuo in castella
conjicitur,& aquæ affusæ ea percolantur.

*Castella* A.  *Perticæ* B.  *Turbo* C.  *Lacus* D.  *Lacuna* E.
*Canaliculus* F.  *Cortina plumbea* G.  *Vasa lignea in terra defos-*
*sa* H.  *Cupa in qua surculi inclusi sunt* I.

Q

At faxa aluminofa primò in fornace calcariæ fimili fic urantur.  In fundo
fornacis ex id genus faxis fiat teftudo: quæ fit ignis receptaculum:reliqua fornacis

nacis pars vacua compleatur tota iifdem faxis aluminofis: mox igni continéter urantur donec rubefcant, & fumum fulfureum exhalent : quod eis fecundum diverfam ipforum naturam fpacio decem vel undecim vel duodecim,
vel plurium horarum accidit:hoc unum magiftro maximè cavendum eft,ne
faxa plus minus quàm oportet,urat: nam altero modo aquis cófperfa nó mol-
lefcunt,altero vel duriora fiunt vel in cinerem refoluuntur: neutro ex eis alumen tópiofum conficitur, quia vires,quas habent, ipfa deficiunt: deinde re-
frigeratá extrahantur,& in aream convehantur, aliaq; aliis fuperponantur,ut
ftrues fiat longa ad pedes quinquaginta,lata octo,alta quatuor : quibus aquæ,
cochliari alto hauftæ, infpergantur diebus quadraginta : vernis quidé mane
& vefperi,æftivis etiam meridie: tanto tempóris fpacio madefacta calcis,in-
ftar reftinctæ refoluuntur,oriturq; nova quædam aluminis futuri materia,
quæ mollis eft atq; fimillima liquidæ medullæ in faxis repertæ: & quidem candida,fi faxa antè fuerunt candida quàm urerentur:rofea,fi rubor candore miftus eis infedit:ex illa fit alumen candidú,ex hac rofeú:tum fornax fit rotúda:
cujus pars inferior,ut vim caloris fuftinere pofsit,fiat ex faxis,quæ igni neque
liquefcunt,nec in pulverem refoluuntur,cratis inftar conftructis: ab his altè
duobus pedibus in muro,iifdem faxis ducto,collocetur grandis cortinæ fun-
dum:quod conftet è laminis æreis: ejus fundi concavi & rotundi linea dimé-
tiens,pedum fit octo: in locum vacuú,qui eft fub fundum , imponentur ligna
igni accendenda.Super marginem fundi cortina faxis extruatur figura turbi-
nata,ut ejus fundi linea dimetiens fiat pedum feptè,oris decem:ipfa alta octo:
quæ intus oleo perfricetur,deinde malthetur, ut aquas bullientes continere
pofsit : maltha fiat è calce recenti,cujus gleba vino fit reftincta,è fquama ferri,
ex umbilicis cum albumine ovorum & oleo tufis atq; permiftis:margini cortinæ fuperponatur ligneus circulus, craffus pedem,altus femipedem: in quo
excoctores reponant batilla lignea,quibus aquas à terreno & glebis faxorum
non refolutis,quæ refident in cortinæ fundo, purgant. Cortina fic præparata ferè tota compleatur aquis,in eam per canaliculum infufis, quas acri igni
coquere convenit ufque dum bulliant : deinde materiæ , ex faxis uftis
& aqua confperfis ortæ , cifia octo paulatim à quatuor excoctoribus conjiciantur in cortinam : qui batillis ,quæ ufque ad fundum pertingant, materiam ab imo revolvant & cum aquis mifceant: iifdem glebas faxorum non re-
folutas è cortina eximát:quo modo ter aut quater omné materiá injiciét horis plus minus duabus vel tribus interpofitis : quibus aquæ,faxea illa materia refrigeratæ,rurfus incipient fervere:aquas tandem fatis purgatas & ad có-
gelandú aptas altis cochlearibus effufas per canaliculos ducant in triginta lacus roboreos,vel quernos,vel certeos:quorum pars vacua fit longa pedes fex,
alta quinq;,lata quatuor. In his aquæ congelant & in alumen denfantur verno tépore diebus quatuor,æftivo fex: poftea foraminib. quæ in lacuum fundo funt,apertis,aquæ nó congelatæ excipiantur vafculis,& refundátur in cortiná,vel refervétur in vacuis lacubus,ut cú magiftro excoctorum vifum fuerit eas miniftri in cortiná refundát:quæ quia nó caret alumine,meliores funt
aquis ejus prorfus expertibus: tum alumé fcalpro vel cultro excindetur: quod
craffum & præftans erit fecundum faxi vires:candidú vel rofeú fecundú ejufdem faxi coloré. Atterrenus pulvis,qui aluminis particeps in fundo lacuum
refidet craffus ad digitos tres aut quatuor,denuo cum nova aluminis materia

Q 2

conjiciatur in cortinam atq; recoquatur: poſtremo alumen exciſum lavetur
& ſiccatum divendatur

*Fornax* A. *Area* B. *Saxa* C. *Cochlear altum* D. *Cortina* E. *Canaliculus* F. *Lacus* G.

Sed

Sed ex pyritis crudis aliis've miftis aluminofis alumen fic fiat. Primò in à-
reis urantur: deinde aliquot menfibus aëri exponantur, ut mollefcant:tum in
cupas conjecti diluantur: pofthæc dilutum in plumbeas cortinas quadrangulas infufum coquatur donec fpiffetur in alumen: fed pyritæ aliiq; lapides
mifti non aluminis modò, fed atramenti etiam futorii participes fuerint, ut
plerunq; effe folent, ex ipfis utrunq; eò, quo dixi, modo, conflat. Poftremò fi
in pyritis aliisq; miftis lapidib. dilutis fuerit metallū, ficcentur, & ex eis in fornace coctis ipfum, five aurū, five argentū, five æs fuerit, conficiatur. Atramentum verò futoriū quatuor modis confici poteft: duob. ex aqua atramentofa,
uno ex melanteriæ & foryos, & chalcitidis diluto: item uno ex terris vel lapidib. vel miftis atramentofis. Aquam autē atramentofam in lacunis collectam,
fi inde derivari non poteft, operarii vel fitulis hauftam ex ipfis exportent, & in
calidis regionibus æftivo tempore in fubdiales areas, ad aliquam altitudinem
depreffas infundant: vel machinis è puteis extractam in canales fundant: per
quos in areas influat, & in eis folis calore concrefcat.

Cuniculus A.    Situla B.    Area C.

In frigidis autē regionibus & hyeme eadē aqua atramentofa & dulcis, pari
menfura primò in plumbeis cortinis quadrangulis decoquantur: deinde refrigeratæ infundantur in cupas, vel in lacus, Plinius vocat pifcinas ligneas,

Q 3

quibus quædã quasi tranſtra ſuperius ſic incluſa ſint,ut immobilia maneant:
ex his pendant reſtes lapillis extentæ,ad quas humor ſpiſſus adhæreſcẽs denſa-
tur in tranſlucétes atramẽti ſutorii vel cubos vel acinos,qui uvæ ſpeciẽ gerũt.

*Cortina* A.    *Lacus* B.    *Tranſtra* C.    *Reſtes* D.    *Lapilli* E.

Tertio modo atramentum ſutoriũ conficitur ex melanteria & ſory: nam
chalcitis,magis vero miſy, ſi fodinæ melanteriæ &ſory copiã ſuppeditant,re-
jicere cõvenit: quod ex eis,præſertim ex miſy atramẽtum ſutoriũ fiat maculo-
ſum:itaq; hæc effoſſa & in cupas injecta primò diluantur aqua: deindé,ut pyritæ,ex quib.nõ raro æs cõflatur,qui in fundo cuparũ reſederũt,eximi poſsint,
dilutũ in alias cupas,latas pedes novẽ,altas tres transfundatur. Surculi & cre-
mia,quæ ſupernatant,ejiciantur ſcopis: poſtquam omne craſſamẽtũ in fundo cuparũ cõſederit:dilutũ infundatur in plumbeã cortinã quadrangulã,lon-
gã pedes octo , latã & altã tres: in qua decoquatur uſq; dũ craſſum & lentum
fiat: tum in canaliculum effundatur,per quẽ in alterã cortinã plumbeam,jam
dictæ æqualẽ & ſimilem influat:refrigeratũ effundatur in duodecim canaliculos: è quibus defluat in totidẽ vaſa lignea,alta pedes quatuor & dimidiũ,la-
ta tres.His vaſis imponantur tranſtra digitos quatuor aut ſex inter ſe diſtan-
tia,quæ perforata ſint: atq; è foraminib.arundines graciles paxillis vel cuneis
adactis dependeant ad fundum uſq; pertinentes:ad quas atramentum ſutoriũ
adhæreſcens paucorum dierũ ſpacio concreſcit in cubos,qui ablati reponantur in

tur in conclavi: cujus folum afferibus tectum declive fit, ut humor, quo atramentū futoriū ftillat, in fubjectū vas defluere pofsit: qui cū diluto recoquatur:
ut etiā is, qui in duodecim illis vafis, propterea quod nimis tenuis & liquidus
effet, non concrevit, atq; fic in atramentum futorium converfus non fuit.

*Vas ligneum* A. *Tranftra* B. *Arundines* C. *Solum conclavis de-*
*clive* D. *Vas ei fubjectum* E.

Quarto modo atramentum futorium fit ex terris aut lapidibus atramentofis. Talis autem vena primò cōvehatur & coacervetur, & imbribus vernis vel
autumnalibus, caloribus æftivis, pruinis & gelicidiis hybernis quinq; aut fex
menfes exponatur, & aliquoties batillis ita fubvertatur, ut ea, quæ in fundo
refidebat, fupremum locum teneat: ita ventiletur, ut refrigefcat: quo modo
terra refolvitur atq; fermentefcit, lapis ex duro mollis evadit: deinde vena tecto operta, vel fub tectum vecta rurfus in eo loco remaneat fex, aut feptē, aut
octo menfes: poftea ejus tanta portio, quanta fatis eft, cōjiciatur in caftellum,
cujus dimidia pars aquis fit repleta: id longum exiftat pedes centū, latum quatuor & viginti, altū octo: habeat ad fundū forem, ut ea aperta venæ, quæ exuit
atramentum, feces eximi pofsint: habeat à fundo alte uno pede, tria vel quatuor foramina, ut ipfis claufis aquæ contineri pofsint, reclufis dilutū effluere,
vena fic cum aquis mifta, & perticis agitata in caftello relinquatur, donec ejus

partes terrenæ in fundo resederint, aquæ succosas côbiberint: tum foraminibus reclusis dilutum, ex castello effluens, excipiat castellum ei subjectū: quod
eandem habeat longitudinem, sed latum sit pedes duodecim, altum quatuor,
ut dilutum capere possit: id si non fuerit satis atramentosum, ipso vena recens
diluatur: sin atramentosum fuerit, nec tamen omne venæ divitis atramentū
exorbuerit, venam denuo aqua simplici diluere convenit: dilutum quàm primum limpidū fuerit, in plūbeas cortinas quadrangulas per canaliculos infusum coquatur, usq; dum aquas exhalet: mox injiciantur tantulæ ferri bracteę
resolvendæ, quantulas diluti natura postulat: inde rursus coctum bulliat, donec tam crassum fiat, ut refrigeratum in atramentum sutorium spissari possit:
posthæc effundatur in lacus, aut cupas, aut alia vasa, in quibus omne duobus
vel tribus diebus congelat, quod ad congelandū aptū est: id verò quod non
fuerit côgelatum vel statim in cortinam refusum recoquatur, vel reservetur,
ut eo vena recês diluatur: nā aqua simplici longe præstat. Atramentū verò dê-
satū excindatur, & denuo in cortinā conjectū recoquatur & liquefiat: liquatum infundatur in catinos ut ex eo pastilli fiant: si primo non satis spissatur,
diluto effuso densatum bis, vel ter, rursus in cortina liquefiat, & in catinos refundatur: quo modo ex eo pastilli conficiūtur puri, & aspectu pulchri.

*Cortina* A.    *Catini* B.    *Pastilli* C.

Sed pyritę atramentoſi,qui in numero miſtorum ſunt,ut aluminoſi urantur,aquis diluantur,dilutum coquatur in cortinis plumbeis donec denſetur
in atramentum ſutorium.  Quanquam ex his alumen & atramentum ſutoriũ
plerunq; conſiunt: nec mirum: ſucci enim ſunt cognati, & in hac re ſolũ differunt,quod illud minus,hoc magis ſit terrenum.Iſtiuſmodi autem pyritæ,ſi
quid metalli in eis inerit,item in fornacibus excoquantur.  Eodem modo ex
aliis miſtis atramentoſis atq; metallicis,conficiatur atramentum ſutorium &
metallum.  Quinetiam ſi venæ pyritis atramentoſis abundaverint, quidam
metallici non magnas arbores medias diffindunt,easque rurſus in partes ſe-
cant tam longas quam latæ ſunt foſſæ latentes & cuniculi,in quibus eas tranſverſas collocant: quoniam verò ipſas ſtabilitatis ergò ſic humi ſternunt, ut
pars lata ſit prona: teres,ſupina: inferius quodãmodo cõmitti poſſunt, ſuperius non poſſunt: intermedium ſpacium vacuum pyritis complent,& iiſdem
ac lignis pyritas comminutos ſuperinjiciunt,ut ingredientibus & egredienti-
bus,iter planum & æquabile explicent.Hi pyritæ, cùm foſſæ latentes vel cuniculi ſtillant aquis,ipſis madefacti ex ſe gignunt atramentum ſutorium, eiq;
cognata: cum aquæ ceſſant deſtillare,ipſum ſiccatur & dureſcit,& è puteis
unà cum pyritis nondum aqua reſolutis tractum,vel è cuniculis evectum cõ-
jiciunt in cupas vel lacus, & aquis ferventibus ſuperfuſis atramentum reſol-
vunt,atq; pyritas diluunt: quod dilutum viride in alias cupas aut lacus tranſ-
fundunt,ut limpidum & purum fiat: id deinde in cortinis plumbeis coquunt
donec ſpiſſetur: mox in vaſa lignea infundunt: ubi ad reſtes, vel arundines,
vel ſurculos adhærens in atramentum ſutorium viride concreſcit. At ſulfur
conficitur ex aquis ſulfuroſis,ex venis ſulfureis,ex miſtis item ſulfureis,aquæ
quidem ingerantur in cortinas plumbeas, & coquantur donec denſentur in
ſulfur. Ex hoc plerunq; & ſquama ferri concoctis,ac in urceos transfuſis, atq;
poſtea facticio ſulfure luteo obductis fit aliud ſulfur facticium, quod caballi-
num nominamus.  Venæ verò,quæ fere conſtant ex ſulfure & terra, & aliis
foſſilibus raro,coquantur in ventroſis ollis fictilibus.  Ipſæ fornaces duarum
capaces in tres partes ſint diſtributæ;quarum infima alta pedem à fronte habeat os, quo inſpiretur; ſuperius tecta ſit laminis ferreis, latera verſus perforatis; quas bacilla ferrea ſuſtineant,ipſæ verò ligna in fornacem impoſita;me-
dia pars alta ſit ſeſquipedem ; quæ item os habeat à fronte, ut ligna in fornacem immitti poſsint ; ſuperius habeat bacilla,ſuper quæ fundum ollæ cujuſq;
ſtatuatur ; ſuprema alta ſit fere duos pedes; ſed ollarum quæq; item alta duos
pedes,& craſſa digitum ; quæq; ſub ore habeat narem longam , verùm anguſtam ; quæque tegatur operculo item fictili ſic facto,ut os ollæ tegat, & in
eo aliquantum includatur.  Ad binas quaſq; id genus ollas opus eſt ſingulis
ollis ejuſdem magnitudinis & formæ,cujus illæ ſunt: ſed hæ naribus careant;
tria verò habeant foramina: quorum duo, quæ ſunt ſub ore, duas duarum
ollarum nares recipiant: ex tertio,quod eſt è contraria ejus parte ad fundum,
effluat ſulfur : ſingulæ fornaces binis ollis,quibus nares ſunt, in eas impoſitis tegantur laminis ferreis luto craſſo digitos duos oblitis, eiſq; totæ concludantur,relictis tantummodo duobus vel tribus ſpiramentis:ollarũ etiam ora
ex eis emineant.Extra quanq; fornacem ad alterum ejus latus collocetur olla,
vacans nare: in cujus foramina illarũ duarũ nares penetrét,ea lateribus,ut immobilis

mobilis maneat,utrinq; muniatur : cú venæ fulfureæ in ollas,in fornaces im-
pofitas,conjectæ fuerint,eas confeftim operculare,& qua cum operculo conjunguntur,luto oblinire convenit,ne fulfur exhalent : eadem de caufa ollæ
fubjectæ operculis tegantur & luto oblinantur : lignis accenfis venæ coquantur ufq; dum fulfur exhalarint: vapor fublatus dum per narem penetrat in ollam fubjectam craffefcit in fulfur:quod ceræ liquefactæ fimile in fundum decidit: ex quo cum é foramine , quod ad ollæ fundum effe dixi, defluxerit,ex-
coctor vel panem efficit, vel cannas bacilla've format, vel fulfurata, exilibus
lignis in id intinctis,conficit:mox ardentia ligna & prunas ex fornace extrahat,eaq; refrigerata duas illas ollas aperiat,& exinaniat purgamentis: quæ , fi
venæ compofitæ fuerint ex fulfure & terra , cineris fua fponte reftincti, fimilia funt: fin ex fulfure & terra & lapide, vel ex fulfure & lapide tantum, terræ
valde ficcatæ,vel lapidi multum tofto: pofthæc ollæ rurfus venis compleantur,& eadem ifta omnia iterentur.

*Ollæ quibus nares funt* A.   *Olla vacans nare* B.   *Opercula* C.

Sed mifta fulfurea,five ex lapide & fulfure tantummodo conitiierint, five
ex lapide & fulfure & metallo,coquantur in fimilib. ollis , fed in fundo perforatis: fornax fic fe habeat: ad murú officinæ II. extruantur latericii parietes,
alti pedes VII.lógi tres,crafsi fefquipedé.Hi diftét inter fe pedib. XXVII. inter
quos ité latere ducantur VII.muri humiles, utpote alti pedes II. & totidé digitos,fed lógi , æque ac parietes,pedes III.crafsi unú,parib.intervallis inter fe &
                                                                              parietes

parietes diſtincti: qua ratione alius ab alio aberit pedes duos & dimidium. In ejus ſuperius incluſa ſint bacilla ferrea, quæ ſuſtineant laminas ferreas, longas & latas pedes tres, craſſas digitum, ut & ollarum grave onus & ignis vim ſuſtinere poſsint: earum quæq; in medio habeat foramen rotundum, quod latum ſit ſeſquidigitum: quia verò nec plures quàm octo eſſe poſsunt, eis totidem ollæ in fundo perforatæ ſuperponantur, totidem integræ ſupponantur: illæ contineant miſta, & operculis tegantur. Hæ aquas, & earum ora ad laminas pertineant: miſta lignis, circa ſuperiores ollas poſitis & accenſis, cocta ſtillant ſulfure rubro, vel luteo, vel viridi: quod per foramina defluens excipiunt ollæ laminis ſuppoſitæ: quarum aqua mox refrigeſcit: ſi in miſtis ineſt metallum, ea reſervata excoquuntur: ſi minus, abjiciuntur. Veruntamen ſulfur ex iſtiuſmodi miſtis optime poterit elici, ſi ollæ ſuperiores ſic in fornace concamerata locatæ fuerint, at illæ, de quibus libro octavo, cum eandem rem metalli, quod in eis ineſt, cauſa tractarem, dixi, ut eædem fundo caruerint, inque eas cancelli fuerint impoſiti: inferiores verò eis hoc modo ſuppoſitæ fuerint: ſed laminam quanq; amplius habere foramen oportet

*Murus longus* A. *Muri alti* B. *Muri humiles* C. *Laminæ* D. *Ollæ ſuperiores* E. *Ollæ inferiores* F.

Alii urceum defodiunt in terra, & in eum imponunt alterum urceum in fundo perforatum: in quo pyriten, vel cadmiam, vel alium lapidem sulfurosum sic concludunt, ut sulfur exhalare non possit. Is acri igni coctus stillat sulfure, quod in urceum inferiorem, qui continet aquas, defluit.

*Vrceus inferior* A.    *Vrceus superior* B.    *Operculum* C.

At bitumen fit ex aquis bituminosis, ex bitumine liquido, ex mistis bituminosis: nam aqua bituminosa simul & salsa Babylone, ut Plinius scriptum reliquit, & e puteis in salinas ingesta, & flagrantissimo sole cocta densatur partim in bitumen liquidum, partim in salem. Sed bitumen, ut levius, superiorem: sal, ut gravius, inferiorem locum obtinet. Bitumen vero liquidum, si multum aquis fontium, rivorum, fluminum, innatarit, situlis, aliis ve vasculis haustum: si paucum, alis anserum, linteolis, rallis, arundinum panniculis, & aliis ad quae facile adhaerescit, collectum in magnis ollis aereis vel ferreis coquatur & igne spissetur. Verùm, quia ad diversos usus expetitur, quidam cum liquido miscent picem, quidam axungiam veterem, ut ejus lentorem temperent. Sed hi, quanquam ipsum coquunt in ollis, durum non efficiunt. At mista, in quibus inest bitumen, eo modo, quo ea, in quibus est sulfur, in ollis juxta fundum terebratis coquuntur: etsi rarius hoc fieri solet, quod tale bitumen non magni aestimetur.

*Fons*

*Fons bituminosus* A. *Situla* B. *Olla* C. *Operculum* D.

Quin omnes succi concreti, si copiose & abundanter cum aquis fuerint
permisti, atq; omnes etiam terræ, resident in fontibus, & in rivorum ac fluminum alveis: atq; lapides, in his jacentes eis obducuntur: nec indigent ullo
solis aut ignis calore, quo concrescant. Quod cùm viri sagaces consideraffent,
excogitarunt rationes, quibus reliquos quosdam succos concretos, & terras
quasdam insignes colligerent: etenim talem aquam, sive ex fonte, sive ex cuniculo defluat, aliquot lacubus ligneis, vel castellis ex ordine collocatis excipiunt: in eis enim resident: quare singulis annis derasi colliguntur: ut in monte Carpatho chrysocolla, in Meliboco ochra.

*Os cuniculi* A. *Canalis* B. *Castella* C. *Canaliculi* D.

R

Reſtat vitrum,cujus confectura propterea huc pertinet, quod ex ſuccis q-
buſdã cõcretis,& ſabulo,vel arena vi ignis & arte ſubtili exprimatur : & quod
expreſſum,ut ſucci concreti & gemmæ,atq; lapides quidã,transluceat:ut lapides liqueſcentes & metalla fundi poſsit: ſed primò mihi dicendum eſt de materia,ex qua vitrum cõficitur : deinde de fornacibus,in quibus conflatur: tum
de ejus conficiendi ratione.Cõſit aũt ex lapidibus liqueſcentibus & exſuccis
concretis,aut ex aliarũ rerũ ſuccis,qui cũ his naturali cognatione junguntur.
Lapides quidẽ liqueſcentes,ſi fuerint candidi & translucidi,cæteris præſtant:
quib.de cauſis ad cryſtallos primas deferunt: ex his. n. fractis in India fieri vitrum tã translucida facilitate precellens,ut nullũ cũ eo cõparari poſsit , auto-
res eſſe Plinius ſcribit:ſecũdas tribuũt lapidibus,q, tametſi eis duricia cryſtal-
lorũ nõ ſit,tamen ſimili modo cãdidi ſunt & trãslucent:tertias dant his lapidibus candidis,qui trãslucidi nõ ſunt.Eos autem omnes prius urere neceſſe eſt:
poſtea pilis ſubjectos ſic frangere & cõminuere,ut inde ſabulũ fiat: tũ cribra-
re:quocirca,ſi tale ſabulũ vel arena,ſe vitrariis ad oſtia fluminum oſtẽdit ,eos
urẽdi & tũdendi labore levat.Quod verò ad ſuccos cõcretos attinet,primæ deferuntur nitrò:ſecundæ ſali foſsili candido & translucido: tertiæ ſali,qui cõficitur ex lixivio,ex cinere anthyllidis,aut alterius herbæ ſalſæ facto. Sunt tamẽ qui huic ſali,nõ illi,ſecũdas tribuũt.Verũ ſabuli vel arenæ,ex lapidibus li-
queſcẽtibus confectæ,portiones duæ cũ nitri vel ſalis foſsilis,aut ex herba ſalſa facti

ſa facti unà commiſceantur: ad quas adjiciatur minuta magnetis particula:
certe ſingularis illa vis noſtris etiã tẽporib.æquè ac priſcis ita in ſe liquorẽ vitri trahere creditur,ut ad ſe ferrũ allicit:tractum aũt purgat,& ex viridi vel luteo cãdidũ facit:ſed magnetẽ poſtea ignis cõſumit:qui verò jã dictis ſuccis ca-
rẽt,ipſi duas portiones cineris quernei vel ilignei, vel roborei,vel cercei, aut,
ſi hi in promptu nó fuerint,fagini vel abiegni cũ una ſabuli vel arenæ permi-
ſcẽt, & addunt modicũ ſalẽ,ex aqua ſalſa vel marina factũ,atq; exiguã magnetis particulã : ſed iſti minus candidũ & trãslucidum vitrũ conficiũt:verũ cinis
ex antiquis arborib.fit:quarũ truncus,ubi aſſurrexit ad altitudinem ſex pedũ
cavatur,& injecto igni arbor tota cõburitur,ac in cinerem vertitur: quod fit
hyeme cũ nives diutinæ ſedent,vel æſtate,cum non pluit:nã imbres aliis anni
temporib.quod cineres cũ terra miſceant,impuros reddũt: quamobrẽtunc ex
iiſdẽ arborib.in plures partes ſectis,& ſub tecto combuſtis,cinis cõfiai.Sed vitrariis aliis tres ſunt fornaces,aliis duæ,aliis una:quib.tres, hi in prima coquũt
materiã,in ſecũda eam recoquũt,in tertia refrigerãt vitrea vaſa & cætera opera candentia:eorũ prima fornax cõcamerata & furno ſimilis ſit:in cujus ſuperiori camera,longa pedes ſex,lata quatuor, alta duos,lignis aridis accenſis res
miſtẹ coquantur acri igni donec liqueſcant,& in maſſam vertãtur vitream:
etſi nondũ ſatis à recremento purgatam: ea refrigerata extrahatur & in partes
dividatur: in eadem fornace ollæ,quæ continebunt vitrum,calefiant.

*Primæ fornacis inferior camera* A. *Superior* B. *Vitrea maſſa* C.

Secunda fornax rotunda & lata pedes decem, alta octo, extrinfecus; ut fit firmior, cingatur quinq; arcubus fefquipedem crafsis: ea item conftet ex duabus cameris: quarum inferioris teftudo fit crafla fefquipedem : ipfa camera habeat à fronte os anguftum, ut ligna in focum, qui eft in ejus folo, imponi pofsint: in fumma verò & media ejufdem teftudine magnum foramen rotūdum: quod ab ea pateat ad fuperiorem cameram, ut flammæ in ipfam penetrare pofsint. At in fuperioris cameræ muro inter arcus fint octo feneftræ tantæ, ut per eas ollæ ventrofæ in folo cameræ circum magnum foramē collocari pofsint: quárum ollarum crafsitudo fit ad digitos duos, altitudo ad totidem pedes, latitudo ventris ad fefquipedem, oris & fundi ad pedem. In pofteriori fornacis parte fit foramen quadrangulum, cujus altitudo atq; etiam latitudo ad palmum: per quod calor penetret in tertiam fornacem, cum hac conjunctam: ea quadrangula & longa pedes octo, lata fex, fimiliter conftet ex duabus cameris: quarum inferior à fronte habeat os, ut ligna in focum, qui etiam eft in ejus folo, imponi pofsint: ab utroq; oris latere in muro fit oblongi vafis fictilis receptaculum, longum circiter pedes quatuor, altum duos, latum fefquipedem. Superior verò camera habeat duo foramina, alterum à detro latere, alterum à finiftro, tam alta & lata, ut vafa illa cōmode in eam imponi pofsint: quæ vafa fint longa pedes tres, alta fefquipedem, lata inferiori parte pedem, fuperiori rotundata: in his opera vitrea jam conflata recondantur, ut mitiori calore refrigerentur: quæ ni ita paulatim fuerint refrigerata, difrumpuntur. Deinde vafis iftis ex fuperiori camera extractis & repofitis in receptaculis prorfus refrigerentur

Secundæ fornacis arcus A. Ejus cameræ inferioris os B. Feneftræ fuperioris cameræ C. Ollæ ventrofæ D. Tertiæ fornacis os E. Receptacula vaforum F. Foramina fuperioris cameræ G. Vafa oblonga H.

At quibus

At quibus duæ sunt fornaces, eorum partim in prima coquunt materiam, & in secunda non modò eandem recoquunt, verùm opera etiam vitrea reponunt: quanquam in diversis cameris partim in secunda materiam coquunt, pariter & recoquunt, in tertiam verò opera vitrea recondunt: atq; ita illi carent tertia fornace, hi prima: sed istiusmodi fornax secunda differt ab altera fornace secunda: etenim rotunda quidem est, sed ejus cava pars lata pedes octo, alta duodecim, quod constet ex tribus cameris: quarum infima non dissimilis est inferiori alterius secundæ fornacis. In mediæ verò cameræ muro sunt sex fornices: quæ cum ollæ calefactæ in eam impositæ fuerint, etiam luto obstruuntur relictis modicis fenestellis: in hujus mediæ cameræ summa & media parte est foramen quadrangulum, cujus longitudo, itemque latitudo ad palmum: per id calor penetrat in supremam cameram: quæ posteriori parte habet os, ut in oblongum vas fictile, in ea locatum, opera vitrea paulatim refrigeranda reponi possint. Ea autem parte solum officinæ est altius, aut scamnum habet appositum, ut vitrarii conscendentes commodius opera possint recondere.

*Alterius fornacis secunda camera infima* A. *Media* B. *Suprema* C, *Ejus os* D. *Foramen rotundum* E. *Foramen quadrangulum* F.

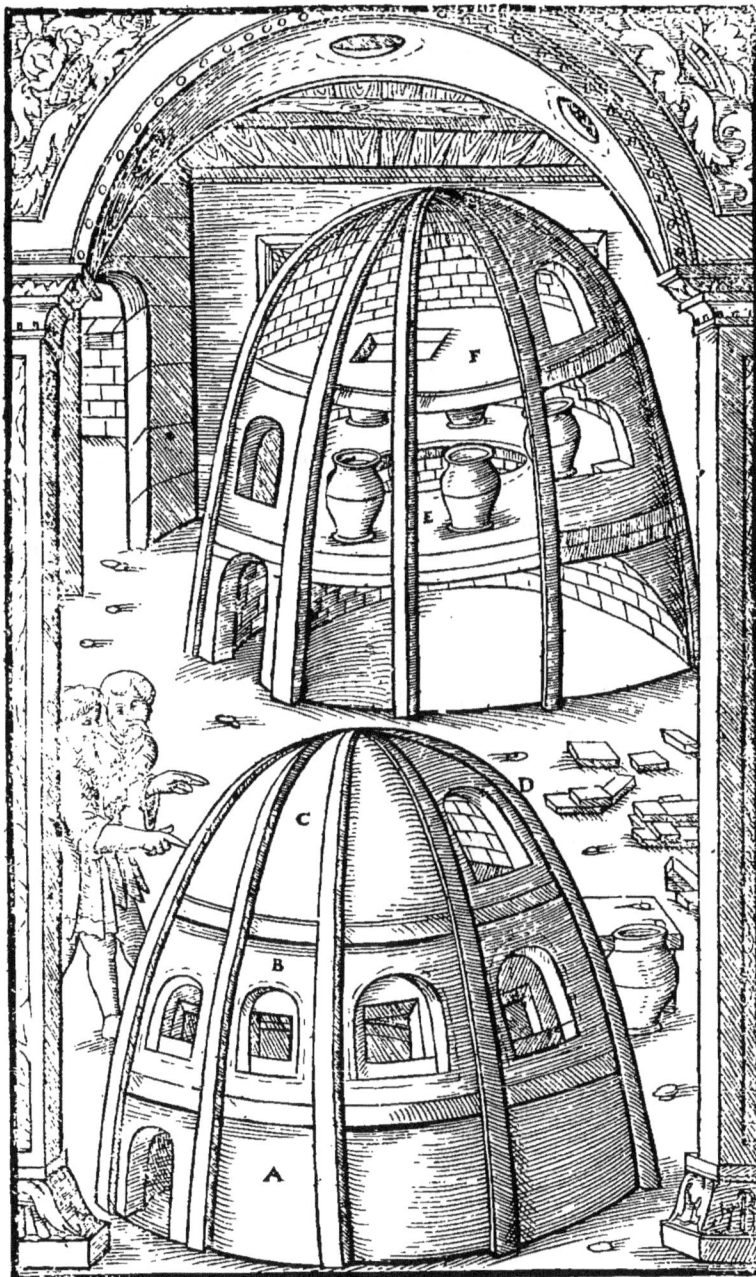

Sed qui carent prima fornace, hi, cùm munus diurnū perfecerint, vesperi
materia in ollas injiciunt: quæ noctu cocta liquescit & in vitrū abit. Duo autē
pueri

pueri interdiu noctuq; alternatim ignem alunt aridis lignis in focum impositis. At quibus una tantummodo fornax est, utuntur ea secunda, quæ ex tribus cameris constat: nã ut proximi materiã vesperi injiciunt in ollas: mane verò recrementis detractis opera vitrea conficiũt: quæ in supremã camerã, ut alteri, recondũt. Verũ secunda fornax, sive ex duabus, sive ex tribus cameris constiterit, atq; etiã prima, fiant ex lateribus crudis in sole siccati : qui ducti sint ex terra, quæ facilè igni neq; liquescit, nec in pulverem resolvitur: & quæ à lapillis purgata sit, atq; bacillis verberata: eadem terra calcis loco lateres interlinantur : ex eadem figuli forment tam vasa q̃ ollas, eaq; in umbra siccét. Duabus partibus absoluta restat tertia. Massa vitrea in prima fornace eo, quo dixi modo, confecta & fracta ministri secundam excalfaciunt, ut ea fragmenta recòquãt. Dum verò hoc agũt, interea ollę in prima fornace primũ lento igni calesiũt, ut humorē exhalét: deinde acriori, ut siccatæ rufescãt: mox vitrarii hujus os aperiunt, & ollas forcipe prehésas, si rimis nõ fathiscũt, celeriter in secũda reponũt: & recalsactas fragmentis vitreæ massæ, vel vitri cõplent: deinde fenestras omnes luto & lateribus obstruunt: cujusq; loco duabus tantummodo fenestellis relictis, de quarum altera inspectant & fistula recipiunt vitrum, quod ollæ in se continent: in altera reponunt alteram fistulam ut calida fiat: utraq; orichalcea, vel ænea, vel ferrea est, tres pedes longa: quin ante fenestellas crusta marmoris fornici imponitur : atq; ei rursus terra aggerata & ferrum: hoc fistulam in fornacem immissam retinet, illa oculos vitrarii ab ignis calore tuetur: his omnibus ordine factis vitrarii opus perficiendum aggrediuntur. Lignis autem aridis, quæ flammam, non fumum emittunt, fragmenta recoquunt: sed quanto diutius recoxerint, tanto puriora & magis traslucida ex eis fiunt opera: tanto minus maculosa & vesiculis turgescentia: tantò deniq; facilius vitrarii suum munus exequuntur: quocirca qui materiam, ex qua vitrum conficitur, unam modo nocté coquunt, ac mox ex ea opera vitrea efficiunt, minus pura & translucida faciũt, q̃ qui primo massam conficiũt vitreã, deinejus fragmenta, dié noctemq; recoquunt : atq; hi etiã minus pura & translucida, q̃ qui duos dies noctesq; eadé recoquũt: nam vitri bonitas non solũ in materia, ex qua conficitur, sita est, sed etiã in coquendo. Sæpius aũt vitrarii fistulis rapiunt experimentũ: sed q̃ primũ ex eo didicerint fragmẽta recocta satis esse purgata, quisq; altera fistula in ollã demissa, & paulatim versata, recipit vitrum: quod tanquam lentus aliquis & glutinosus succus ad eã adhęrescit; & quidé globulosum. Recipit verò tantũ, quantũ ad opus, quod efficere vult, satis est: id marmori impressum volvit & revolvit, ut adunetur: atq; per fistulã inspirãs vesicæ instar inflat: q̃ fistulã quoties inspirat, sępius verò inspirare necesse habet, toties eã repéte remotã ab ore ad maxillã admovet, ne flammã spiritu reducto in os trahat : mox fistulã sublatã circũ caput in orbem torquens vitrũ facit longũ, aut idé in æreo instrumẽto cavo versans figurat: tum recalfaciendo, inflãdo, premendo, amplificãdo in poculi, vel vasis, vel alterius rei figurã mente conceptã format: deinde rursus marmori imprimit, atq; sic fundũ dilatat: quod altera fistula in parté interioré cõpellit: postea forsice ejus os amputat: atq; si res hoc postulat, pedes & ansas affingit: quinetiam, si ei libitum fuerit, inaurat, & variis colorib. pingit. Postremò in oblongo vase fictili, ꝙ est in tertia fornace, vel in suprema secundæ camera reponit, sinitq; refrigerari: quod cũ talibus operib. sensim refrigeratis plenũ fuerit, bacillo ferreo lato, sub ipsum acto, sublatū in siniſtrū brachiū in altero receptaculo collocat.

*Fiſtula* A. *Feneſtella* B. *Marmor* C. *Forceps* D. *In-ſtrumenta quibus formæ ſunt datæ* E.

Vitrarii autem diverfas res efficiunt: etenim cyphos,phyalas, urceos, ampullas,lances,patinas,fpecularia,animantes,arbores,naves: qualia opera multa præclara & admiranda,cum quondam biennio agerem Venetiis, contem-
platus fum : in primis verò anniverfariis diebus feftis afcenfionis dominicæ
cùm venalia eſſent apportata Morano : ubi vitrariæ officinæ omnium cele-
berrimę funt:quas vidi cum aliâs,tum maxime cum certis de caufis Andream
Naugerium in ædibus , quas ibi habebat, unâ cum Francifco Afulano con-
venirem.

*De re Metallica Libri* XII. F I N I S.

# SCRIPTORVM, QVORVM INVENTIS
author in fequenti De animantibus fubterraneis libro ufus,
& ad hanc experientiam excitatus eft,

## C A T A L O G U S.

| | |
|---|---|
| Ælianus | Lucanus |
| Albertus | |
| Alexander Aphro- | Martialis |
| dienfis | |
| Ammonius | Nicander |
| Aratus | |
| Ariftoteles | |
| Ariftophanes | Oppianus |
| Athenæus | Ovidius |
| | |
| Caſsianus Theologus | |
| Charifius | Plautus |
| Cicero | Plinius |
| Columella | Pfellus |
| Corn. Tacitus | |
| | Seneca |
| Diofcorides | Servius |
| | Strabo |
| Galenus | |
| | Theophraftus |
| Homerus | Varro |
| Horatius | Virgilius |
| Iornandes | Xenophon. |

GEORGIVS

# GEORGIUS AGRICOLA GEOR-
### gio Fabricio S. P. D.

Uanquam duos libros de ſtirpibus ſcripſit Ariſtoteles, tamen iis
Theophraſtum diſcipulum non deterruit, quo minus ſuam de iiſdem ſtirpibus ſententiam multis libris explicaret. Nec ipſe Theo-
phraſtus tanta ſcientia, tantaq; copia ſtudium Dioſcoridis ardo-
remquè reſtinxit: ſed etiam is poſteritati ſerviens quarundam arborum ac
herbarum figuras & vires, longo atq; multo uſu perceptas, literis memoriæ-
que mandavit. Male enim ſe habuiſſent ſtudia, ſi ętate inferioribus ad ea quę à
majoribus erant inventa, nihil addere licuiſſet: certéſi Gręci hanc legem ini-
quam quondam accepiſſent, nulla ars, nulla ſcientia, nulla diſciplina potuiſ-
ſet perfici. Quapropter etſi Ariſtoteles libros complures edidit, in quibus
animantium naturas, partes, ortus, ratione & via eſt perſecutus: tamen philo-
ſophiæ deditos avocare nec voluit, nec debuit, à ſtudio tum perquirendi po-
ſterisq; prodendi naturas earum animātium, de quibus parum aut nihil ſcripſit: tum tractandi locos, quos in iis libris non ſatis exprefſit. Itaq; etiam apud
Græcos Oppianus ſcripſit de piſcibus, de animantium natura Porphyrius &
Ælianus: apud Latinos item de piſcibus Ovidius, de omnibus ferè animantibus Plinius. Quos ſcriptores ego ſecutus cum res ſubterraneas, quæ anima carent, ex poſuiſſem pluribus libris, ut rationem inſtitutā, quoad fieri poſſet, ab-
ſolverē, animantes etiā deſcripſi ſubterraneas: nec eas modò quæ perpetuo ferè verſantur in terra, ſed eas quoque quæ certis anni temporibus in eadem ſolent latere. Quo ſané modo & beſtiarum quarundam formas Ariſtoteli &
aliis vel incognitas, vel parum expreſſas, & illius locum de animantibus, quæ
hybernis ſe condunt menſibus, volui latius explicare. Hunc librum ſi proba-
vero tibi, qui Latinis & Græcis literis in primis eruditus, animantium naturas ſcrutaris, & jam multarum cognitionem cepiſti, eum facilius, ut ſpero, cæteris qui item rerum occultarum ſtudio delectantur, probabo. Vale Kemp-
nicii, III. Idus Aug. Anno M. D. XLVIII.


GEORGII

# GEORGII AGRICO-
## LAE DE ANIMANTIBUS
### fubterraneis LIBER.
#### *Ab authore recognitus.*

CORPUS fubterraneum, ut res ipfa demonftrat, in animatum diftribuitur, & inanimatum: quod autē animi expers eft, rurfus dividitur in id, quod fua fponte erumpit ex terra, & in id, quod ex eadem effoditur. De altero inanimi genere dixi in quatuor libris De natura eorum quæ effluunt ex terra infcriptis, de altero in decem De natura foffilium: nunc de fubterraneis animantibus dicam. Cùm verò genus animantium omne conftet ex quatuor elementis, & corpus humidum ac ficcum, id eft aqua & terra, ad accipiendū apta fint, neceffe eft ea ipfa duo elementa animantium materiā effe. Ex quo rurfus illud quadam naturæ necefsitate confequitur, ut omne animal & in aqua vel terra gignatur, & in eis commoretur atq; vita fruatur. Nam beftiæ volucres, & fi pafsim per aerem volitant, tamen in terra, vel in ftirpibus ex ea natis, vel in ædificiis fuper ipfam collocatis, conftruunt nidos, & eis aut terra aut aqua cibos fuppeditat. Ut enim verum fit quod perhibent, aves raras illas, & non adeò magnas, quarum pennas longas, & colore luteo dilutiore fplendentes, rex Turcarum in fuperiore parte coronæ, multis gemmis præciofis ornatæ geftat, in aere perpetuum vitæ curfum tenere, fœminàm ovis quæ parit, fuper dorfum maris finuatum, locatis ventre item finuato incubare, & pullos excludere, neutram vivam unquam pedibus brevifsimis, & in pluma reconditis terram attingere, tamen folo aere nec ali videntur poffe, nec augefcere, fed his quibus vefcuntur. Ac verò etiam beftiolæ, quæ πυρίγονοι, propterea quòd in terreno ifti igni gignuntur, à Græcis nominantur, terra & aqua non carēt: gignuntur autem, ut Ariftoteles fcribit, in his Cypri fornacibus, in quibus lapis ærarius multos dies crematur: atq; magnis mufcis paulo majores funt & fubalatæ. In igni ambulant & faliunt, fed emoriuntur quàm primum ab eo dimotæ fuerint. Animantium autem partim, tametfi latere foleant, non fubeūt terræ rimas, nec foramina, nec fpeluncas: quæ in fubterranearum numero nō funt: partim noctu, aut interdiu fubterraneas fuccedunt cavernas, partim certo anni tempore: quarum utræque eo ipfo diei vel anni tempore fubterraneæ funt, atq; dici poffunt: partim ferè perpetuo occulte in terra latent: quæ fubterraneæ & femper funt, & proprie dicuntur. Ut autem res expreffior & illuftrior fiat, paulo altius ordiar. Quoniam animantes omnes natura mutationes temporum fentiunt, pleræq; frigoris aut caloris vitandi caufa, vel regionem, locum ve mutant: vel ingrediuntur in domicilia, aut arbores exefas & excavatas: vel fubeunt terram. Earum aūt quæ regionem mutant, aliæ femel egreffæ nunquam revertuntur, aliæ revertuntur: nunquam redire folent rationis participes, hoc eft homines. Etenim hi non modo frigoris aut caloris

vitandi

vitandi causa alibi sedem collocant, verum etiam ex regionibus macris & nihil ferentibus migrant in opimas & fertiles: vel cùm tanta multitudo fuerit
orta, quantam non satis commode alit regio, partim alio ad habitandum eût.
Quo sanè modo alia ora parsque terrarum onus, quo premitur, in alia sæpe
deponit: quibus de causis Scandia, peninsularum omnium maxima, olim magnam Gothorum copiam unà cum conjugibus & liberis effudit in Sarma-
tiam & Daciam. Cymbros verò & Teutones, ex ultimis Galliæ Belgicæ oris,
in quas è Germania commigrarunt, maris inundationes exegerunt. Et eædē
ac terræ motus atq; eruptiones ignium & aquarum calidarum effusiones ex
Aenaria colonos, quos Hiero tyrannus Syracusanus eò miserat. Atq; his ferè de causis gentes aut victæ ab his quæ migrarunt, expelluntur & ejiciuntur ex propriis sedibus ac possessionibus, vicissimq; etiam ipsæ in alienas ir-
ruunt & eas occupant: aut subactæ & bello domitæ victricibus serviunt: aut
tam victæ quàm victrices communi conditione libertatis eandem regionem
obtinent. Simili modo animantes rationis expertes, maxime volucres, ex regionibus in quibus & natæ sunt & vivere consueverunt, nunquam reditu-
ræ in exteras se conferunt, etsi rarius. Quo pacto ab hinc annos sex, locustæ,
dirę herbarum, leguminum, segetum, stirpium, quas vastant, pestes, gregatim
involarunt in Pannonias, in Daciam, in veterem regionem Marcomanno-
rum, Lygiorumq;: aut quondam etiam sæpe ex Africa in alias Europæ oras.
Quin ut interdum unicus homo in longinquas regiones abit, nec redit unquam, ita unum solum animal: quo modo annos abhinc propè viginti in Norico, captum est animal canis villis vestitum: cujus, ut cephi Aethiopici, prioribus pedibus similitudo erat cum humanis manibus: posterioribus cum
humanis pedibus. Et Alberti cognomento Magni temporibus in Slavorum
sylvis comprehensę sunt animantes duæ, mas & fœmina, quarum pedes priores item erant similes manibus humanis: posteriores pedibus humanis: eas
verò ipse putavit esse in simiarum genere. Ac ibim Aegyptiam in Alpibus à
Marco Egnatio Calvino præfecto visam, Plin. memoriæ prodidit. Aquilam
quoq; Northusæ in Toringia, quum ibi consenuisset, mortuam scimus. Hoc
etiam anno, qui est octavus & vicesimus imperii Caroli quinti, lanius quidam
Dyncelspyhelensis aquilam profligatam occidit, & quasi donum senatui attulit: quæ aquila in eum in equo sedentem, pridie Epiphaniæ prope Rotelin
oppidum, impetu tam violento involavit, ut non procul abesset à periculo vitæ. Eodem modo verisimile est aliquos etiam pisces, cùm semel reliquerunt
mare, in fluvios, qui per longinquas regiones fluunt, ingredi, & nunquam in
idem redire. Hactenus de generibus animantium dixi, quæ in regionem
è qua egressæ sunt, non revertuntur: nunc dicam de his quæ reverti solent:
quæ & eædem sunt, & eadem ferè de causa, caloris scilicet vel frigoris vitandi,
à regione, cujus incolæ sunt, semigrant: & quidem æstate in locis frigidis,
hyeme in tepidis morantur. Etenim homines qui valetudini dant operam, ut
tueri se possint à calore, in æstivis sunt: ut à frigore, in hybernis: qui mos in
primis fuit Romanis. Atq; etiam reges & domini multarum gentium, æstate in
alias terras abeunt, in alias hyeme: nam reges Persarum olim hyberno tempore Babylone degebant, verno Susis, æstivo in Ecbatanis.       Eodem modo
                                                                                            bestiæ

beſtiæ volucres & aquatiles ſolum mutant & ſecedunt: quarũ aliæ in his ipſis regionibus & locis, in quibus ævum agere conſueverunt, refrigerationem in æſtate, in hyeme teporem ſolent perſequi: aliæ in longinquis & ultimis. Ac ferè volant, natant, eunt ad habitandum in locis, in quibus aer ita ſit temperatus, ut cibos ferat vel ſuggerat: quorum naſcendi facultatem eis adimit terra, quando frigore obriguit, vel calore exaruit: aqua eos non ſuppeditat, quando conglaciavit. Aves enim quædam æſtivo tempore in ſylvis, hyemali ad horrea & tecta plerunq; commorantur: ut pica, cornix, lurida, quam ἴκτερον Græci, Latini vocant galgulum: quædam cum æſtate ævum agant in ſylvis, hyeme demigrant in finitimos locos apricos, montium receſſus ſecutæ: ſicuti vultures, milvi, ſturni, turdi, merulæ, palumbes, upupæ. Aquatiles etiam volucres temporibus hybernis ſe conferunt ad lacus & fluvios, in auſtri partibus ſitos, qui frigore non congelant: aut ad aliquam fluminum partem, cui aqua non conglaciat: ut ardeolæ, mergi, corvi aquatici, onocrotali, fulicæ, anates immanſuetæ, querquedulæ: quędam ab ultimis quaſi terris diſcedunt in ultimas: veluti grues. Etenim, quod Ariſtoteles tradit, ex Scythiæ campis proficiſcuntur ad paludes Ægypto ſuperiores, unde Nilus profluit. Abeunt etiam longius olores, ciconiæ, immanſueti anſeres. Paucæ verò aves hyeme in ſylvis manent, ut tetraones, attagenes: minus multæ in agris, quarum in numero ſunt perdices. Item piſcium alii, ut vitare poſsint ſolis calores, æſtate de litore abeunt in altum: & contrà, ut conſectari queant teporé, conſequéti tempore ex alto, in quo ſe merſerant, emergunt, ac in litore verſantur: veluti delphini: alii ex mari ingrediuntur in mare, ut thynni hyberno tempore ex Ponto in magnum mare: & contrà verno ex magno mari in Pontum. Alii eodem in tempore in fluvios, ut ſalmones, thynni, ſturiones.

Atq; hæ animantes ſubterraneæ dici non poſſunt: ut nec ullæ aliæ quæ terrę cavernas non ſuccedunt: etiam ſi frigoris vitandi cauſa hybernis menſibus, caloris æſtivis occultentur & lateant, quales ſunt in hominum genere qui multum frigidas aut calidas regiones habitant: nam qui illas hyberno tépore, qui has ęſtivo in domibus latent, in quadrupedum genere erinacei: hyeme enim ſe condunt in cavas arbores, in quas autumno poma comportarunt. Similiter glires & mures Pontici, ac ſerpentes quidam ſe condunt in cavas arbores: ſed hi ipſi maxima ex parte, ut poſtea dicam, ſaxorum cavernas ſuccedunt. Quędam etiã blattæ & aſellę, rimis parietum & domorum latebris occultantur. Formicæ quoq; conduntur in acervis, in quibus congerendis vere & æſtate multum operæ & laboris conſumpſerũt. Apes item domeſticæ hyeme ingrediũtur in alveos ſylveſtres, aut in cava arborum, aut in terræ cavernas, aut in parietinas: crabrones quoq; ſylveſtres in cavernas, & quoſdã quaſi nidulos arborum: veſpę in earundé domorum've nidulos, quos æſtate cóſtruxerunt. Similiter hyeme latent in cavis arboribus non paucæ volucres, ut cuculus, picis, corvus, cujus caput rubra macula inſigne, qui propterea ϖυῤῥοκόϱαξ à Gręcis nominatur, upupæ quædam. At hirundines tam domeſticę quã agreſtes in loca vicina quæ ſunt tepidiora ſecedũt: quę ſi defuerint eis, ſe in anguſtis montiũ locis condũt, in quibus aliquando etiam ſturni, palumbes, turtures, merulæ, turdi, alaudæ, upupę latere conſueverunt. Sive autem in arboribus, five in montibus latuerint, ea de caufa verno tempore deplumes folent confpici. Satis multa, & fortafsis plura quàm inftituta ratio poftulabat, dixi de his animantibus quæ caloris frigoris've vitandi caufa non fubeunt terræ neq; rimas neq; foramina, neq; fpeluncas. Quanquam quæ dicta funt, ita apte natura cum his quæ fequuntur cohærent, ut diftracta vix pofsint fatis commode explicari. Igitur animantium, quarum gratia potifsimum hunc fcribendi laborem fufcepi, tria funt genera. Quædã enim vel noctu vel interdiu fubeunt terræ cavernas, atq; in eis delitefcunt, dormiunt've : fed pleræq; omnes etiam hyeme egrediuntur ad paftum capefcendum : quædam certo anni tempore fubterraneas fuccedunt cavernas, & in eis gravi fomno preffæ aliquot menfes confumunt : quædam ferè perpetuo occulte in terra latent. Primi generis non folùm terrenæ funt, fed etiam volucres : verùm terrenas primò perfequar. Earum autem in numero habentur homines cavernas fuccedentes, qui ex eo nominantur Troglodytæ : quorum alii eas cavernas fubeunt caloris vitandi caufa, ut qui in Africa habitant ad mare rubrum, & Syrticæ gentes : alii frigoris, ut qui in Afia poft Caucafum montem incolunt, planiciem feptentriones verfus fitam, & Scythicæ gentes, & fylveftres homines, qui in Scandiæ regione Scricfinnia noctu nautis infefti funt : quos ii rogis ardentibus abigunt. In Armenia etiam majore, ut Xenophon optimus author fcribit, funt domus fubterraneæ, quarum oftium putei inftar anguftum eft, inferior pars lata, aditus jumentis funt fofsiles, homines defcendunt gradibus. Quin in Tenedo infula, pifcatores hodie rupium fpeluncis pro domibus utuntur : ut quondã Cacus latro fpelunca inter Aventinum montem & falinas -Facies quam dira tegebat Solis inacceffam radiis : ut Sybilla Cumæa antro illò ad Avernum lacum tam mufivo opere infigni quàm vaticinationibus nobili. Et Circe, mulier cantionibus clara, habitavit, ἐν σπέοσι γλαφυροῖσι, ut Homerus canit. In Sedunis etiam in tractu Sittenfi ad Bremifam pagum ex rupe excifa fine ullis tignis & trabibus ligneis formatum eft integrum cœnobium, hoc eft, templum, cubicula, conclave, culina, cella vinaria. Similiter in altis montibus confpiciuntur arces fubterraneæ : ut quæ in Alpibus Covolum nominatur, in quam nec equites nec pedites poffunt afcendere, fed cùm homines, tum omnia ad vivendum neceffaria ad ipfam attrahuntur : quæ in præcipiti Siciliæ rupe, non longe ab Eryce monte exiftit, cum Drepano promontorio conjuncta ponticulo, quo folo adiri poteft : quæ in Saxonia inter Blancheburgum & Halberftadum eft : quæ in Toringia inter Vimariam & Blanchenhainam prope Mellingum pagum : illius nomen eft Reineftcinum vetus, hujus Pufthardum, atq; ea diftat à Vimaria quatuor milibus paffuum : utraq; ab habitatoribus nunc deferta eft & vacua : utraq; habet in faxo incifa hypocaufta, conclavia, fcamna, ftabula, præfepia, januas, feneftras : Saxonica verò etiam templum, fupra quod incolæ extruxerunt fpeculam, quæ fola fubjecta fuit fub afpectum. Hoc templum teftudinis figura, & pila media rotunda infigne eft : cætera omnia funt quadrata. Ipfe mons Saxonicus præceps eft ex omni patte, præter eam qua afcenditur : in cujus planicie excelfus collis clementer affurgit, qui qua parte planiciem fpectat, foffa fatis alta & lata circumdatur : ex hujus collis faxo arenaceo, nonnihil rubro, excifo formata eft

ta eft arxilla, cui multæ & magnæ feneftræ, quin in pede ipfius montis cellæ
funt fubterraneæ cum equorum item ftabulis. Utraq; arx hoc ænigma peperit ufitatum Saxonibus & Toringis,

.    *Dic quibus in terris arx alto condita monte,*
   *Mille ubi per tectum poffunt errare bidentes.*

Hoenfteini etiam, quæ arx eft Mifenæ trans Albim, equorum ftabula in faxo incifa funt. Et Præneftinæ foffæ fubterraneæ literis celebrantur, in quarum una Cajus Marius obfeffus, extinctusq; occidit. Græcas quoq; mulieres, quæ meretricium quæftum faciebant publice, in cellulis fubterraneis ha-
bicaffe ex comicorum fcriptis apparet: à quibus χαμαιτυπᾶα nominantur. Et
ganeum ἀπὸ τῆς γᾶς, quòd effet in terra, dictum putat Terentii interpres. Tales etiam cellæ Romæ fuerunt, & frequentiores quidem fub circo maximo,
qua pertinet ad naumachiam, & in vico Suburano, & Summæniano atque
Thufco: quin Romæ fubterraneæ Ditis aræ fuerunt, & fubterraneum Con-
fi templum: ac antiquos diis inferis effodiffe fcrobes fubterraneas, nymphis
antra legimus. In maritimis quoque Germaniæ quibufdam urbibus, ficut
in Prufsis Dantifci, & in Saxonibus Lubeci, bona vulgi pars fub terra habitat in teftudinibus, fuper quas exftructæ funt magnificæ domus, quæ à dominis incoluntur. Eodem modo cuniculus, vulpes, fiber, lutra, meles, & fortafsis aliæ quædam beftiæ fubeunt cavernas, fed egrediuntur ad paftum capefcendum etiam hyberno tempore. Ac cuniculus quidem multos fodit fpecus, & in colles terrenos agit cuniculos: ex qua re nomen invenit. Mane &
vefperi egreditur, reliquo tempore ferè latet.    Aliquos autem fpecus operit
pulvere, ne deprehendantur. Sed eum viverra atq; parvi quidam canes, quibus eft ad inveftigandû fagacitas narium, in fpecus & cuniculos immifsi, aut
liquor fervens in eofdem infufus, fugatum & exturbatum pellunt in retia,
quibus capitur. Cuniculis autem non unus eft color: vel enim in cinereo fuf-
cus, vel lepori nonnihil fimilis, vel maculofus: quomodo candidi nigris vel
rutilis maculis ftellantur. Vulpes verò in primis ad fraudem callida, non tam
ipfa fodit fpecus, quàm ab aliis animantibus effoffos occupat. Et melem à fpe-
cu prærepto, quia ejus os ftercoribus inquinat, fœtore abigit. Venatur lepores, cuniculos, mures, gallinas, aves, pifciculos. Dolofe autem agit omnia. E-
tenim fæpe lepores & cuniculos, dum fimulat fe cum eis colludere velle, capit incautos, muribus, ut feles, infidiari folet: gallinas noctu, clam ingreffa in
cafas, prehendit & afportat: aves, dum infidiofe fe fingit mortuam, ad ipfam
advolantes, captas necat & devorat: aquilæ impetum fupina jacens in terra
pedibus arcet donec comprehenfam laniet. Cauda, quam huic animali magnam & villis denfam natura donavit, à ripis in flumen demiffa, pifciculos in
eam innatantes capit: & cum paululû de ripa fe fubduxerit, illam conquaffans
pifciculos captos excutit in terram ac devorat. Retrorfum etiam gradiédo ad
nidulum vefparum accedit, quòd fibi ab earum aculeis metuat: ac cauda in
nidulum immiffa, vefpas excipit: mox his ipfis refertam extrahens proximo
lapidi, vel arbori, vel parieti, vel maceriæ illidit: omnibusq; vefpis ifto modo
opprefsis & interfectis nidulum vaftat atq; exinanit. Eadé cauda cané, cum eâ
infectatur, hac & illac per ipfius rictum ducta, eludit. At erinaceum, quòd ob

metum se in globum concludat, ut se spinis undiq; possit defendere, permin=
git, coq; modo suffocat. Etenim propter urinam in ipsius os influentem spiritum ducendi nullam habet potestatem. Ea verò uulpis, quæ canis mediocris
magnitudo est. Color autem sæpe rutilus, priore tamen parte canescens: ra•
ro candidus, rarius niger. Fiber etiam & lutra egrediuntur ex riparum cavernis, in quibus latent, &se in fluminibus mergunt, ac pisces capiunt quibus ves-
cuntur : sed fructus quoq; & cortices arborum comedunt. Lutra autem à lu-
tando appellatur. Frequenter enim se lavat cum capiendi piscis causa se in a-
quas, imò sæpe in earum profundum, penitus immergit: quanquam Varro
hoc vocabulum à Græcis fluxisse, & lytram iccirco nominatam putat, quod
succidere dicatur radices arborum in ripa, atq; eas dissolvere : ad tantum autem fere spacium sub aquis natat & currit, anteaquam rursus emergens aerem
spiritu ducat, ad quantum arcus intentus sagittam potest emittere : quem aerem si ducere nequit, ut cæteræ animantes gradientes, suffocatur. Corpus ei
latius & longius sele, pedes breves, dentes acuti : à fibro cauda, posterioribus
pedibus, pilis differt. Nam lutra caudam habet longam & reliquarum quadrupedum similem : fiber piscis : squamis tamen non obductam, admodum
pinguem, latam fere palmum, longam dodrantem. Is si jacet in gradibus, caudam & posteriores pedes demittit in flumen cum frigoribus non conglaciat:
si natat, cauda mota quasi remigare solet. Lutræ autem pedes omnes caninis
sunt similes: fibri priores caninis, posteriores anserinis. Etenim membranæ
quædam digitis sunt interjectæ: itaq; hi ad natandum, illi ad eundum magis
nati aptiq;: nam in aqua & in terra vivit. Fibri verò pilus est in cinereo candidus & inæqualis: ubiq; enim à brevibus duplo longiores existunt : sed lutræ
fuscus nonnihil ad castaneæ colorem deflectit, & brevis ac æqualis est, utriq;
verò nitidus, & mollis, quare utriusq; pellibus concisis fimbrias vestium ex
pellibus nobilibus confectarum, solent exornare : quanquam lutræ pelles lô-
ge præstant fibri pellibus : attamen fibrorum quoque pelles inter se multum
differunt colore : nam aliæ magis aliæ, minus ad nigrum accedunt, quædam
ad rufum: nigriores quidem longe cæteris præstant, minus nigri medium locum tenent, subrufi sunt deterrimi. Fiber autem in primis providus est & so-
lers: etenim fruticibus & arbusculis dente, tanquam ferro, resectis ante riparum cavernas construit parvas quasdam casas, & in iis duos tres've gradus,
quasi quasdam cameras: ut cum aqua fluminis crescès inundaverit ripas, possit ascendere cum decrescens resederit, descendere. Atq; etiam cum arborem
· jam ferè secuit, quoties ictum facit, totiens suspiciens considerat num sit casu-
ra. · Timet enim ne, si eo ictu concidat, ab ea, priusquam recedere de loco possit, incautus opprimatur. Nec verò minus est constans in proposito quàm so-
· lers : nam quam arborem ad ripas primo elegit secandam, eam non mutat, e-
· tiam si longo temporis spacio dissecare non possit. Hoc animal vocem infan-
tis instar mittit : ipsum aut venamur non modo propter caudã qua vescimur,
& pellem qua vestimur, sed etiam propter testes, quibus ut medicamentis, utimur : præsertim Ponticis: maximã enim vim habent: Eos testes, castorea medici nominant. Fibrum enim Grçci vocant κάςορα. Sed fiber autore Varrone
dictus ab extrema ora fluminis dextra & sinistra, qua maxime solet videri:

                                                                  nam

nam antiqui fibrum dicebant extremum. At meles exit è cavernis, & vagatur in fylvis non aliter atq; lupus, lupus cervarius, lepus, aper, cervus, tragelaphus, tarandus, alce, platyceros, caprea, ibex, rupicapra, dama, & aliæ plures. Verùm hæ animantes in fylvis cubant: pofteriores tamen in altifsimis
montium faxis & rupibus. Meles autem avide appetit mel, ex quo nomen hoc
duxit. Magnitudine eft vulpis aut canis mediocris, cujus quodammodo fpeciem præ fe fert, maximè canina. Nam ejus duo funt genera. Unum canis inftar digitatum, quod caninum vocant: alterum ungulas, ut fues, habet biful-
cas, quod idcirco fuillum appellant. Omnibus autem melibus crura funt brevia, dorfum latum, cutis fpifla, cujus in metu fufflatæ diftétu, utor Plinii verbis, ictus hominum, & morfus canum arcent: quanquam, fi quando cum iifdem pugnant, valde mordent. Duris veftiuntur villis, qui funt vel albi vel nigri, & dorfum quidem abundat nigris, reliquum corpus albis, excepto capite,
quod alternis quibufdam quafi lineis nigris & candidis à fuprema capitis
parte ad rictum ductis decoratur. Craffæ autem meles non funt, pingues tamen: quæ earum pinguitudo inuncta, vel cum aliis infufa, renum dolores
fedat. Ex hujus animalis pelle collaria fiunt, quæ ex eo melia à Varrone nominantur. In ripis etiam fluminum & lacuum nidos fingunt halcyones : nec
Ariftotelem latuit eas in fluvios afcendere, fed hyeme non occultantur. A-
vis eft non multo major paffere. Cùm autem marinæ halcyonis corpus totum coloribus cæruleo, viridi, fubpurpureo, fed miftis infigne fit, adeo ut neque collum, nec alæ aliquo ex eis careant, & roftrum habeat fubviride, longum, tenue, fluviatilis feu ripariæ pectus purpureum eft, collum & dorfum
in viridi cæruleum, alæ fufcæ, roftrum, ut etiam pedes, cinereum. Vefcitur
pifciculis & vermibus. Lagopus quoq; in altifsimarum Alpium fpecubus
juxta glaciem, quæ tota nunquam æftate folis calore liquefacta, vel aliis etiam
anni temporibus imbre dilapfa diffunditur, nidos conftruit & cubat. Ex
pedibus, quos habet leporis inftar villis & quidem candidis, non plumis,
veftitos, nomen traxit. Ei magnitudo columbæ. Color hyeme candidus,
æftate in candido cinereus. Longe non volat, fed Alpibus fe tenet. Capta non
vivit, nedum manfuefcit. Caro hujus avis fano palato eft bona, ægroto falu-
taris. At aves, quibus oculi diurno fpacio funt hebetes, acres, acutiq; noctur-
no, interdiu latere, noctu ex lateribus evolare, & ad paftum folent accedere,
quas iccirco nocturnas appellant: quales funt vefpertilio, bubo, ulula, no-
ctua, nycticorax. Verùm hæ non folùm in tenebricofis montium & rupium
cavernis latent, fed etiam in cavis arboribus, in ædificiis defertis, fub tectis domorum magnificarum & templorum & turrium, quæ raro homines
fuccedunt. Vefpertilio autem venatur culices & mufcas, exedit pernas, aliasq; carnes fuillas de trabibus fufpenfas. Cæteræ aves nocturnæ perfequun-
tur mures, hirundines, aves, fcarabeos, apes, vefpas, ci abrones. Sed bubo e-
tiam capit lepufculos & cuniculos. Ea omnium nocturnarum avium maxima ex fono, imò verò gemitu, quem edit, mihi videtur nomen inveniffe. Caput habet magnum: corpus anferis magnitudine, breve tamen & quafi de-
curtatum ac colore varium: roftrum curvum, ungues aduncos, oculos gran-
des. Huic non multum difsimilis eft ulula, fed minor: quæ item ex ululáti

voce nomen hoc traxit. Cum his duabus cognationem habent noctuæ sed differunt voce. Nec enim ululant, verum edunt sonum, quem Aristophanes κικκαβαῦ nominavit. Earum quatuor sunt genera. Unum, cui pluma aurium modo eminet: quod maximum est, & asio vocatur. Alterum eximii candoris in gutture & ventre, alioqui candidis & luteis maculis alterius dinstinctum. Tertium parvum, quo, ut etiam sequenti, aucupes venantur aves. Quartum minus illo: quod in rupibus saxisq; versatur. Hoc, sicut & proximum, cinereis & candidis maculis variat, item alternis. Nycticorax autem, hoc est corvus nocturnus, niger est, ut alterius generis corvus, sed eo plerunque minor. At vespertilio, quæ ex vespere, quo evolat, nomen hoc duxit, muri nonnihil similis est, quare scite scripsit Varro: Factus sum vespertilio, neq; in muribus plane, neq; in volucribus sum. Alas enim habet & volat, quod ei non convenit cum muribus: sed animalia parit, non ova, in qua re cum volucrum natura non congruit, & fœtus uberibus admotos lacte nutrit, cum volucres cibos conquirant undiq;, quos in os pullorum inserat. Præterea sunt ei dentes, quibus carent volucres. Caput autem simile habet muri vel cani: aures plerunq; duas, raro quatuor: dentes serratos: corpus obscure fulvis pilis vestitum, rostrum tamen nigrum, item aures: alas duas, quæ ut draconis & piscis volantis, non ex plumis constant, sed ex membranis, & quidem nigris. In utraque vero ala habet digitum, cui est unguis, caudam latam, & sicut alas, membranaceam, in qua duos pedes, quorum uterque quinos habet digitos uncis unguibus armatos, quibus in parietibus & rimis cavernarum adhærescit. Aut enim pendet, aut volat, aut jacet. Quia vero pedes non oriuntur ex corpore, sed ex cauda, ei esse traditur coxendix una. Vocem acutam ut mus non emittit, verum fere ut catellus latrat. Geminos autem, ut Plinius, volitat amplexa infantes, secumq; deportat. Cauda & alis affixa dies aliquot vivit. Quinetiam Troglodytæ, qui in Africa habitant, interdiu, maxime vero meridie latent in suis specubus.

De primi generis animantibus, quæ noctu vel interdiu in terræ cavernis delitescunt, dormiunt've satis. Ab eo ad secundi generis animantes, quæ certo anni tempore, ut dixi, subterraneas cavernas succedunt, & in eis gravi somno pressæ menses aliquot, quasi mortuæ sine cibo consumunt, ac usque ad finem eum latent, dum tepore veris humo excitatæ reviviscunt, & reminiscuntur cibum, quem tanto tempore oblitæ erant sumere. Tametsi ex his de quibus jam dixi, aliquæ sunt etiam, ut omnis generis quædam bestiæ sunt, in harum numero, ut suo loco dicam. Hæ autem aut terrenæ sunt, aut volucres aut aquatiles, aut earum vita est in terra pariter & in humore: sed terrenas hic quoq; primo persequar. Itaque multæ quadrupedes hyemis aut æstatis tempore se in specus condunt. Etenim mures Alpini autumno subeunt cavernas, in quibus æstate cubare consueverunt. Nam in eis ex fœno, straminibus, sarmentis exstruunt cubilia, in quibus totam hyemem usq; ad ver erinaceorum instar convoluti delitescunt & dormiunt. In una caverna plerunq; septem, aut novem, aut undecim, aut tredecim. Mira vero eis machinatio & solertia cum fœnum ac reliqua jam congesserunt. Unus enim humi stratus erectis pedibus omnibus jacet in dorso, in quem, tanquam in plaustrum

ſtrum quoddam, cæteri ea quæ congeſſerunt, conjiciunt,& ſic onuſtum, cauda mordicus apprehenſa, in ſpecum trahunt, & quaſi quodam modo invehunt: ex quo evenit,ut per id temporis detrito dorſo eſſe videantur. Itaqué
poſteaquam cubilia in ſpecu ſtraverint, ipſum aditum atque os ejus ſarmen-
tis & terra obſtruunt & obturant, ut tuti à ventorum vi, ab imbribus, à frigore eſſe poſsint. Tam autem arcte & graviter dormiunt, ut effoſsi & extracti non excitentur antequam in ſole expoſiti vel ad ignem locati concaluerint. Hic mus cognomen ex Alpibus,in quibus naſcitur, traxit: color ei eſt
aut fuſcus,aut cinereus,aut rutilus :magnitudo ferè leporis: muris ſpecies ac
figura, ex qua mus dicitur. Attamen mutilas habet aures & quaſi decurta-
tas: priores dentes longos & acutos : caudam amplius duos palmos longam,
pedes breves & villis ſuperius refertos : digitos pedum urſinis ſimiles: ungues longos, quibus alte effodit terram : poſterioribus pedibus non ſecús
ac rurſus ire ſolet, ac interdum ingredi bipes. Si cibus huic animanti datur,
eum in priores pedes ſumit,ut ſciurus: ut idem ſciurus & ſimia erectús uſque
eo in clunibus reſidet quo ad ipſum comederit. Veſcitur non modò fructibus,ſed etiam pane,carne,piſcibus,jure,pulmento: cupide verò lacte,buty-
ro, caſeo,quæ cum mandit,oris ſuctu ſonitum ſicuti porcellus edit.Multum
dormit: at cum vigilat,ſemper aliquid agit,ſtramina, fœnum,linteola,ralla
cubili ſuo importans: quibus os ita complet, ut nihil amplius capere poſsit :
reliquum pedibus accipit & trahit. Cum irritatus exarſerit iracundia,acriter
mordet. Si quando inter ſe colludunt mures Alpini,ut catelli clamorem faciunt. Cum è caverna montivagi egrediuntur ad paſtum, ex eis unus aliquis remanet juxta illius aditum, quàm poteſt diligentiſsime & longiſsime
proſpiciens. Is cum vel hominem,vel armentum,vel feram viderit,ſine mora clamat:quo audito undiq; omnes ad cavernam concurrunt.Eorum autem
vox fiſtulæ acutæ & lædentis aures ſimilis eſt:qua & mutationem aeris ſigni-
ficant,& ſibi quid adverſi accidere. Dorſum valde pingue habent, quum cæteræ corporis partes ſint macræ : quanquam hæc vere nec pinguitudo nec
caro dici poteſt: ſed,ut mammillarum caro in bubus, inter eas eſt medium
quiddam. Illud ipſum utile eſt puerperis, & his quæ ex utero laborant: quibus etiam eorum prodeſt pinguitudo. Vigilias præterea tollit. Glires e-
tiam hyeme non ſolùm in cavis arboribus,de qua re ſuprà dixi,ſed in terræ
latent ſpecubus.Glirem autem Ariſtoteſes ἐλειὸν nominat, cinereus, ut Albertus ſcribit eſt,excepto ventre, qui albicat. Ab eo differt beſtiola paulo mi-
nor:quam alii Græci hac de cauſa καμψίκερον vocarunt,quod vertat & ſurſum
verſus inflectat caudam : aliqui verò σκίερον, quòd cauda ſua villis veſtita &
conferta,quaſi flabello corpus ſoleat inumbrare : aliqui μυῶ σκίκρον,quòd præterea ſimilitudinem quandam gerat,ſpeciemq; muris: ſicut etiã ſciurus Fen-
nicus,qui non cauda,non figura & liniamentis totius corporis, nõ magnitudine,non moribus,ſed ſolo colore differt à noſtrate ſciuro : nam in candido
cinereus eſt,cum ſciurus noſtras ſit aut rutilus, aut niger : attamen in ea Sar-
matiɇ parte,quam hodie Poloniã vocamus,invenitur cui rutilus color miſtus
cinereo. Utriq; aũt ſciuro,hoc eſt tam Fennico quàm noſtrati,duo inferiores
dentes ſunt lõgi:uterq; cum graditur,demiſſam caudam trahit: quũ veſcitur,

cibum in priores pedes,quibus ut mures utitur pro manibus,sumit:posterio-
rib.& clunibus insistit:vescitur verò faginis glandibus,castaneis,nucibus a-
vellanis,pomis,& similib.fructibus. Hyeme verò conis abietis,piceæ,tedæ,
aliarumq; arborum.Utriq; verno tepore pariút,&pullos,si quis manú in ni-
dú immiserit,in aliú,nam faciút plures,transferút. Utroruq; carné tenues co-
medunt:divites,quod gustatú sapore quodá ingrato cómoveat,raro mádunt.
Utriq; quanq in arborib.versantur,se tamé hyeme non condunt. At gliribus
cum hyberno tempore latent,pro cibo somnus: atq; per id temporis pingue-
scunt. Quare recte de glire scripsit Martialis.

> *Tota mihi dormitur hyems,& pinguior illo*
> *Tempore sum,quo me nil nisi somnus alit.*

Ejus autem caro dulcis. Etsi verò glires vivunt in sylvis, ut non immeritò
de eorum penuria in Fundanio, vel De admirandis Varro his verbis conque-
ratur, Glis nullus est in sylva mea : tamen veteres gliraria habebant. Quæ
qualia debeant esse,idem Varro libro tertio De re rustica tradidit.Et hodie in
quibusdam locis sylvestribus incolæ fodiunt tellurem,ut in ejus cavernis glires inhabitare,& quando velint eos capere, & in cibo uti possint. Apud Romanos verò gliribus vivaria in doliis Fulvius Hirpinus instituit, ut Plinius
scriptum reliquit. Mus autem Ponticus , quem hodie vocant Hermelam ,
hyeme solum in cavis latet arboribus,ut suprà dixi.Est verò totus nivis instar
candidus, excepta cauda digitum longa : ejus enim dimidia pars,& quidem
inferior,nigerrima.Huic animanti magnitudo sciuri. Persequitur mures &
aves quibus vescitur.Ejus pelles in preciosarum numero habet : ut etiam muris quem Lasicium vocant:is in cinereo candidus est,nec duobus digitis crassior. At mus Noricus, quem Citellum appellant, in terræ cavernis habitat. Ei corpus ut mustelæ domesticæ,longum &tenue : cauda admodú brevis: color pilis,ut cuniculorum quorundam pilis,cinereus,sed obscurior.Si-
cut talpa caret auribus,sed non caret foraminibus, quibus sonum ut avis recipit. Dentes habet muris dentium similes. Ex hujus etiam pellibus, quanquam non sunt preciosæ,vestes solent confici. Subit etiam terræ cavernas
mus Pannonicus, cui color subviridis, species mustelæ,magnitudo muris.
Sorex quoque mensibus hybernis se condit in terra,in quam caverna ad pedum fere trium altitudinem descendit: essossus & in sole expositus,ut cæteræ animantes, quæ totam hyemem dormiunt,sensim se movens evigilat: ei
dodrantalis longitudo : color æstate rufus,fusco mistus, autumno cinereus:
aures,ut Plinius scribit,pilosæ: caudæ caulis infima parte setosus : nec enim
totam habet,ut sciurus,villis confertam & plenam : quinetiam auriú pili sunt
perexigui: hic mus sylvestris arbores,sicuti glis & mus Ponticus, & sciurus,
scandit : semina pyrorum comedit, & nuces avellanas:quare apud Germanos ex corilo nomen invenit. At alter mus sylvestris sorice brevior est, etenim semipedalis: color dorso &lateribus murinus, venter albicat : is sub fruticibus terram fodit ad duûm pedum altitudinem : inq; ultima cavernæ ad
pedes quatuor longæ,partem cógerit omne genus glandiú,atq; nucleos cera-
sorum & prunorum,aliorumq; fructuú,sed maxime nuces avellanas,& quidé
optimas : unde etiam ipse ab istius generis nucibus nomen traxit : in caverna

fere

fere media nidum pilei inftar ex foliis arborum facit,ut aqua, fi quãdo ea ftil-
laverit terra,extrinfecus defluat,ipfe ficcus intus in nido cubet: ad alterum e-
tiam cavernæ latus habet foramen,per quod ex ea, cum avellanæ nuces effodiuntur,effugere pofsit. Mus autem araneus veluti reliqui mures domeftici,
non latet in terra:qui ex eo,quod venenum morfu,ficut araneus,inferat,apud
Latinos nomen duxit : apud Græcos verò, qui μυγάλην vocant, ex eo quod
magnitudine,ut Aetius,qui breviter eum defcribit,autor eft,muri fit æqualis,
colore muftelæ fimilis : hoc eft in fufco fubrufus,excepto ventre, qui ex cinereo albicat, roftellum habet longiufculum : in utraq; maxilla dentes in bifi-
dos mucrones definunt: quare animantes ab eo morfæ quadrifida vulnera
accipiunt:ocellos habet minutulos & nigros: caudam brevem, & in ea bre-
vifsimos pilos,ejus morfus in calidis regionibus plerunq; eft peftifer , in frigidis non eft : fed ipfe divulfus,aut diffectus,& vulneri impofitus proprio veneno medetur: hunc captum feles interimunt, ab ejus veneno abhorrentes
non mandunt: ut nec murem majorem: qui, tametfi etiam ipfe hyeme non
latet,tamen in valle Ioachimica ex proximis domiciliis in cuniculos ingreditur,& in his verfatur:alioqui hyberno etiam tempore in domibus noftris folet vagari: mole corporis muftelæ minimæ magnitudinem fere affequitur
& exæquat:pilis eft fubnigris:cauda procera,nec admodum gracili,nec prorfus nuda pilis. At in terra latent aliquot muftelarum genera:nam plura funt:
eft enim muftela domeftica, quam Grçci γάλω, Germani ex fono quem e-
dit, vifelam nominant.Ea plerunq; eft in dorfo & laterib. rutila, raro fubful-
va : in gutture & ventre femper cãdida:quin nõnunquã tota cãdida reperitur,
quanquã rarius.Corpus habet tenue,& in lõgius ductũ: caudã brevé, primo-
res dentes breves,nõ ficuti mus,lõgos,appetens eft fevi. Catulos nuper natos,
quia ab hominib.& nõnullis aliis animãtib.eis periculũ metuit , fingulis dieb.
ore prehenfos aliò transfert.Perfequitur mures,depugnat cũ ferpentib. fed ut
à veneno tuta fit,prius edit rutã.Ubera vaccarum mordet,quę quã primum in
tumore fuerint,muftelina pelle perfricata fanãtur.Hęc muftela,fi noftræ domi vivit,etfi habet fuas cavernas,nõ diu ac multũ fe condit:fi ruri,hyberno tépore in fpecub.latet.Secundum muftelarũ genus Germani ιltiß nominant,ex
Græco vocabulo ἰκτις,quo erudita illa gens appellat fylveftrem muftelam : id
verò habitat in riparum cavernis,ubi lutræ & fibri more pifces captos comedit: & verfatur in fylvis,ubi prehendit aves: in domibus, ubi gallinas : quare
Plinius eam effe domefticam diceret:quarũ fanguiné exugit:fed ne clamare
pofsint,earum capita primo mordicus aufert.Atq; etiam earundem ova,quæ
furari folet,ac multa in unũ cõgerere,exorbet.Aliquãto major eft muftela domeftica,brevior,fed crafsior ea fylveftri,quæ martes vocatur: pilos habet in-
æquales & nõ unius coloris.Etenim breves fubfulvi funt;lõgi,nigri : qui fic ex
multis corporis partibus eminent,ut diftinctæ nigris maculis effe videãtur:
attamen circa os eft candida : cum graviter exarferit,male olet. Quocirca noftri vilifsimum quodq;fcortum,& maxime fœtidum,pellem hujus ictidis folent nominare. Tertium muftelæ genus etiam fylveftre,in faxorum rimis &
cavernis cubat, quod à Martiale martes , à Germanis martarus nominatur.
Martialis verfus hic eft in libro decimo Epigram. ad Maternum.

Venator

Venator capta marte superbus adest. Ei magnitudo felis, sed paulo longior
est: crura vero habet breviora, itemque breviores ungues. Totum ejus corpus pilis in fulvo subnigris vestitur, excepto gutture, quod candidum est.
Hęc mustela, similiter atque proxima, ingreditur domos & necat gallinas, earumque sanguinem exugit, & ova exorbet.    Quartum mustelæ genus item
sylvestre, in arboribus vitam vivit, quod etiam vocabulo martis appellatur.
Ea mustela sylvas insolenter & raro deserit: atque in hoc differt à proxima superiore mustela: & insuper quod guttur ejus lutei sit coloris, & quod reliqui corporis pilus magis sit obscure fulvus.    Hujus duo genera quidam esse
censent: unum quod in fageis sylvis versatur: alterum quod in abiegnis, atque
id sanè est aspectu pulchrius.    Quintum mustelarum genus omnium pul-
cherrimum & nobilissimum est, quod Germani zobelam vocant: in sylvis,
ut martes de qua jam dixi, degit, ea paulo minor, tota tamen obscure fulva,
præter guttur, quod habet cinereum. Mustelæ horum trium generum bonitate cæteris omnibus eo magis præstant, quo plures pili candidi cum fulvis
permisti fuerint. Zobelinæ autem pelles precii majoris sunt quam panni auro texti. Etenim comperi optimas quadraginta numero, tot enim uno fascicu-
lo colligari & unà vendi solent, plus quàm milibus nummûm aureorum ve-
nisse. Omne autem mustelarum genus ira incitatum grave quiddam olet, sed
maxime id quod Germani ꝑlꝛ appellant: omnis præterea mustulæ stercus
aliquantum redolet muscum. Noerza autem, quæ item in sylvis versatur, magnitudine est martis: pilos verò habet æquales, & breves, atq; colore ferè similes lutræ pilis: sed noerzæ pelles longè lutræ pellibus antecellunt: atq; hæ e-
tiam præstant si pili candidi cum reliquis fuerint misti. Reperitur hoc animal
etiam in vastis & densis sylvis quæ sunt inter Suevum & Vistulam. Etsi verò
mustelæ omnes nec hybernis latent mensibus, neq; subeunt terram, tamen
earum formas expressi singulas, quod id, ut arbitror, rerum naturalium stu-
diosis utile sit futurum. At viverra quæ cuniculos ex specubus exturbat, paulo major est mustela domestica. Color ei plerunq; in albo buxeus. Audax hoc
animal & truculentum, ac omni ferè animantium generi infensum atq; ini-
micum natura sanguinem earū quas momorderit ebibit, carnē non fermè comedit. Istius ferme ferocitatis est etiam agri vastator & Cereris hostis hame-
ster, quē quidā Cricetū nominant: incolæ Palestinæ quondā Græce ἀρκτομῦν
vocarunt: & quidē iccirco quod generis & murini sit, & ursini, cū erectus posterioribus pedibus insistit ob vētris nigrorē esse videatur: existit iracūdus &
mordax adeo, ut si eum eques incaute persequatur, soleat prosilire, & os equi
appetere: & si prehēderit, mordicus tenere. In terrę cavernis habitat, non aliter atq; cuniculus, sed angustis: & idcirco pellis, qua parte utrinq; coxā tegit: à
pilis est nuda. Major paulo quā domestica mustela existit: pedes habet admodum breves. Pilis in dorso color est ferè leporis: in ventre niger, in lateribus
rutilus Sed utrunq; latus maculis albis, tribus numero distinguitur. Suprema
capitis pars, ut etiam cervix, eundē, quem dorsum, habet colorē, tépora rutila
sunt, guttur est candidū: caudę, quæ ad tres digitos trāsversos lōga est, similiter leporis color. Pili autem sic inhærent cuti, ut ex ea difficulter evelli possint.
Ac cutis quidem facilius à carne avellitur, q̃ pili ex cute radicitus extrahātur.
Atq;

Atq; ob hanc caufam & varietatem pelles ejus funt preciofæ. Multa fruménti grana in fpecum congerit,& utrinq; dentibus malas enim amplas habet atq; laxas,mandit. Quare noftri hominem voracem hujus animantis nomine appellant,tanquam fciurus prioribus pedibus tum aures & os demulcet,tum cibum fumit:inq; eos erectus,pofterioribus & clunibus infiftês edit. Ager Toringiȩ eorum animalium plenus,ob copiam & bonitatem frumenti,neq; Mifenæ eorum expers eft:nam in tractu Pegano & Lipfiano reperiuntur. Criceto minor eft vormela,& magis varia.Etenim præter ventrem,qui item niger eft,totum corpus albis,fubluteis,rutilis,obfcure fulvis maculis decoratur. Cauda etiam, quæ longa fefquipalmum, habet pilos cinereos cum candidis permiftos,fed extrema parte nigros. Hactenus dixi de murium & muftelarum ac cognatorum animalium generibus, quorum maxima pars fuccedit cavernas fubterraneas:nunc de hyftrice dicam,qui item in fpecus fecedit,fed æftivis, ut Albertus fcribit,menfibus : idq; facit contra morem cæterarum animantium.Eum Græci quidam ακανθόχοιρον vocant, quòd & fimilitudinem gerat fpeciemq; porci bimeftris,& fpinis erinacei inftar hirfutus fit:attamen caput habet leporino fimilius:aures humanis,pedes urfinis. Juba ei eft fuperiore parte erecta & priore cana,tubercula cutis,quȩ ex utraq; oris parte funt, fetas longas & nigras continent ex eis natas:quin reliquæ etiam fetæ funt nigræ. Primæ fpinæ à medio oriuntur dorfo & à lateribus,fed longifsimæ à lateribus,fed longifsimæ à fuperiore eorum parte.Quæ fingulæ partim nigræ, partim candidæ funt:longæ duos,vel tres,vel quatuor palmos,quas, fi quando libitum fuerit,ut pavo caudam erigit,ingreffurus in caveam demittit:irritatus iracundia cum cutem intendit,mifsiles in ora urgentium canum infigit,aut tanto impetu jaculatur ut in ligno figat. Dentes,ut lepus,quatuor habet longos,duos fuperiore parte , & duos inferiore. Noctu vigilat, interdiù dormit. Vefcitur pane comminuto,pomis,pyris,rapis,paftinacis,bibit aquã, fed cupide vinum dilutum. Hoc animal gignit India & Africa,unde ad nos nuper allatum eft. Urfi præterea fe hyemis tempore in fpecuum latebras, quas locus ipfis fuppeditat,conjiciunt : quòd fi nullas fuppeditet,eas prioribus pedibus pro manibus ufi,faciunt ex ramis & fruticibus congeftis & ita conftructis ut non recipiant imbres,in quæ latibula fupini irrepunt. Timent enim de fuis veftigiis,quòd in folo impreffa eos venatoribus prodant. Mares autem quadraginta dies, fœminæ quator menfes fe occultant latebris: quo tempore candidam informemq; carnem & pariunt,& lambentes fenfim in propriam formant figuram:quod non ignoravit Ovidius qui canit :

Nec catulus partu,quem reddidit urfa recenti,

Sed male viva caro eft:lambendo mater in artus

Fingit,& in formam,quantam capit,ipfa reducit.

Abditi primum jacent & arctius dormiunt ad dies quatuordecim, multumq; tam gravi fomno fiunt pingues : deinde refident,& priores pedes fugentes vitam ducunt.Et latibulis verò rurfus prodeunt vere:mares valde pingues, fœminæ non item,quod pepererint eo tempore, alvum aftrictam folvunt aro herba devorata. Etfi verò urfi funt avidifsimi cædis, tamen urfæ in homines fi proftraverint fe, & os ad terram verterint, ac aerem fpiritu non

duxerint,

duxerint, nullam adhibent fævitiam: fed eos tantummodo odorantes, tanquam mortuos,quos odiſſe exiſtimantur,relinquunt: urſi autem hominibus
noſtris noti ſunt: multos enim regiones frigidæ gignunt, & quidem fuſcos
aût nigros: quorum duo ſunt genera,magni & parvi:hi facilius arbores ſcan-
dunt, & in tantam magnitudinem,in quantam illi,nunquam creſcunt.Utriq;
comedunt carnes,mel,fructus arborum, herbas. Myſia verò albos urſos gignit,qui piſces,ut lutra & fiber,capiunt. Latet etiam in terra hybernis menſibus lacerta: quanquam fuerunt qui negarent eam ſemeſtrem vitam excedere:
reliquis autem anni temporibus plerunq; in rubetis & ſpinetis ſolet verſari:ei
quadrupedi lingua bifida & piloſa: pedes humiles: verno tempore viridis color: æſtivo nonnihil pallidus. Latet lacerta Chalcidica,ex ærei coloris lineis,
quibus tergum ejus diſtinguitur, nominata.Eadem ſeps vocatur, quod vul-
nus,ſi quem momorderit,putreſcat,&ſanie male olente ſoleat manare: à lacerta viridi non corporis figura differt,ſed colore tantum.Latet lacerta aquatilis,cujus vita eſt in aqua & in terra,ſed crebrius in aqua. Gignitur in lacunis
opacis,quæ in pingui ſolo ſunt,& in quibuſdam mœnium foſsis. Parva eſt,&
hanc præterea habet ab aliis lacertis in colore diſimilitudinem , quæ ipſa vel
cinerea ſit,vel in cinereo fuſca. Teſtudinis aut ſalamandræ inſtar tardius in-
greditur.Irritata ſi exarſerit,elata, & quodammodo inflata, rectis pedibus in-
ſiſtit,& terribilis oris hiatu acriter oculis intuetur eum à quo fuerit laceſsita:
manatq; ſenſim lacteo & viroſo ſudore,uſq; dum tota fiat candida. Impoſita
ſali caudam movet ac effugere conatur: nam eum quia valde mordet,non poteſt ferre,ſtatimq; moritur: cùm alioqui verberata diu vivat. Latet chamæleon,in India & Africa natus: cujus,ut Ariſtoteles ſcribit,corpus in lacertæ figuram eſt formatum. Ejus verò,ut piſcium,& latera deorſum ducta & dire-
cta cùm ventre junguntur,& ſpina lateribus imminet.Facies ſimillima ſimiſ,
quam Cebum vocant.Cauda prælôga,quæ in tenue deſinit,& lori modo per-
multis implicatur orbibus. Quum ſteterit,altius quàm lacerta abſcedit à terra. Crura non aliter ac lacerta inflectit: ſinguli ejus pedes diviſi ſunt in binas
partes: quæ talem inter ſe habent ſitum , qualem pollex ad reliquam manus
partem ei oppoſitam.Quin etiam hæ ipſæ partes ſingulæ paululum in digitos
quoſdam diviſæ ſunt: priorum quidem pedum interiores tripartito, exteriores bipartito: poſteriorum verò interiores bipartito,exteriores tripartito.Di-
giti præterea unguiculos habent ſimiles unguibus animantium, quibus ſunt
adunci.Totum corpus crocodili inſtar aſperum. Oculi in receſſu cavo poſi-
ti prægrandes,rotundi,obducti cute ſimili reliqui corporis cuti: in quorum
medio exigua relicta eſt regio,qua videt:eam nunquam cute operit.Oculum
verſat in orbem,& aſpectum quoquo verſus refert, atque ita quod vult,cer-
nit. Mutat colorem inflatus : cùm aliàs nigra à crocodili colore non multum differat:& ut lacerta,pallidus ſit,nigris tamen,ut pardus, maculis eſt varius. Fit autem mutatio coloris totius corporis. Nam & oculorum & caudæ color non aliter ac reliqui corporis mutatur: motus ejus, ut teſtudinis,
admodum tardus eſt. Palleſcit cum moritur,& vita defuncto idem color inſidet. Gulam & aſperam arteriam eodem ſitu continet quo lacerta. Carnem
nuſquam habet niſi in capite & maxillis,cætera membra carent ea. Exiguæ
verò

verò carunculæ funt maxillis & caudæ, qua parte corpori eft agnata. Sanguinem tantummodo habet in corde, in oculis, in loco cordis fuperiore, & in venis hinc ductis: atque in his quidem perpaucum. Cerebrum paululum fupra
oculos pofitum, & cum eis continens eft. Cute autem oculorum exteriore detracta complectitur quiddã quod velut annulus æneus tenuis pellucet. Membranæ multæ ac robuftæ, & quæ multo præftant his quæ cæteris funt, diftribuuntur in totum ejus corpus. Totus diffectus diu fpirat, quòd exiguus admodum motus adhuc in ipfius infit corde. Cùm omnes corporis partes con-
trahit, tum vel maximè coftas. Liené qui confpici pofsit, nufquã continet. Aura verò perhibetur ali: unde Ovidius non modò dulcis, fed etiã doctus poeta:

*Id quoque quod ventis animal nutritur & aura,*

*Protinus afsimilat, tetigit quofcunque colores.*

Stellio etiam latet, figura fimilis eft lacertæ, natura chamæleonti: nam rore
tantùm vivit, & præterea araneis & melle. Eum Nicander ἀσκάλαβον, Ariftoteles ἀσκαλαβώτω nominat. Etenim illius tergum guttis ftellarum inftar lu-
centibus pictum: ex qua re etiam apud Latinos nomen invenit: atque hoc differt à lacerta. Idem γαλεώτης à Græcis vocatur. Ut anguis exuit vere membra-
nam hybernam tanquam fenectutem: eamq; nifi præripiatur, devorat. Quem
momorderit ftellio, ftupor opprimit. In Græcia eft venenatus & peftifer, in
Sicilia innocens. Adverfatur fcorpionibus: vitam agit in fepulchris, in cameris, in locis oftiorum & feneftrarum: inclufus in vitro vitam fine ullo cibo fupra femeftre fpacium ducere poteft: ejus oculi tantúmodo intumefcunt, mali
præterea nihil tum patitur.

Latet præterea hybernis menfibus falamandra. Etenim hoc anno in Fe-
bruario Snebergi maxima vis falamandrarum ex vicinis locis collecta, agglo-
merataque in ultima cuniculi cujufdam, quondam in Molebergum montem
acti, tunc verò inftaurati, parte fuit reperta. Et proximo anno in Novembri
falamandra viva ex fonte finitimæ fylvæ per fiftulas in hoc oppidum influxit.
Pluviæ autem & fubfequens ferenitas falamandras excitant ex venis, venulis,
cõmiffurisq; faxorum: hanc quadrupedem, cui item lacertæ figura, Germani,
quia propter crura brevia tardè graditur, Græco nomine μόλγω appellant.
Caput ei magnum, venter lutei coloris, ut etiã ima caudæ pars: reliquum corpus totum alternis maculis nigris & luteis quafi ftellatum diftinguitur. Propter frigus ignem, non aliter ac glacies, extinguit: quo modo etiã ova ferpen-
tium in igne camini conjecta, flãmam folent extinguere: attamen tam ipfa ova
quàm falamãdra comburuntur. Salamãdra autem irritata faniem evomit la-
cteã: huic animali nec mafculinum nec fœmininum genus falfo putant effe.
Teftudo etiam terreftris totã hyemem in terra latet, atq; gravi fomno preffa
tempus fine ullo cibo traducit. Scarabei deniq;, rutili, & grylli, qui potifsimũ
noctu ftrident, aridam fodiunt terrã, ut in ejus cavernis cubent æftate: grylli domeftici etiam hyeme. Nam fcarabei ante autumnum, imò prius intereũt
quàm tota çftas effluxerit: grylli agreftes ante hyemem, ut etiam aranei nigri,
qui fimiliter habitant in terræ rimis. At fcolopendra in truncis arborum,
aut in lignis fupra terram locatis, aut in palis terræ infixis, unde nomen invenit, cùm putrefcunt, & gignitur & vivit: quibus amotis aut commotis egredi-

T

tur: aliàs plerunque folet latere. Pennis caret, fed plurimos hábet pedes: quocirca eam ex Latinis alii multipedam, alii centipedã, alii millipedam vocarũt:
fi quando repit, partem corporis mediam tanquam arcum intendit: fi bacillo
aliàve rè tangitur, fe cõtrahit. Color ei æneus, corpus tenue, nec valde latum,
longum verò tres digitos, aut fummũ quatuor. Jam in volucrib. quæ fe condunt, hirundines ripariæ funt. Etenim plures numero inter fe nexæ hybernis
menfibus latẽt in ripis fluminum, lacuum, paludum, & in litorib⁹ ac fcopulis
maris: unde accidit, ut pifcatores interdum ita inter fe junctas ex aquis extrahant. Dictæ autem funt ripariæ, quòd foleant ripas excavare, & in eis nidos
cõftruere ac latere: has Græci & ἀπόδας vocant, non quòd fine pedibus fint, fed
eorum careant ufu, & κυψέλας, quòd ova pariant & excubent in ciftellis lõgis,
ex luto fictis, quibus aditus fit anguftus, ut omni anni tempore belluas & homines vitare, hyeme à frigoribus tutæ effe pofsint. Hoc differunt ab hirundi-
nib. tam agreftibus quàm domefticis, quòd tibias habeant hirfutas. Hæ, inquit
Plinius, funt quæ toto mari cernuntur, nec unquã tam lõgo naves, tamq; continuo curfu recedunt à terra, ut non circumvolitent eas apodes. Cætera genera refidunt & infiftunt, his quies, nifi in nido nulla: aut pendent, aut jacent.

Hyeme etiam in cavernis montium, etfi non in his folis, latent vefpertilio-
nes, bubones, ululæ, noctuæ, hirundines, fturni, palumbes, turtures, merulæ,
turdi, alaudæ, upupæ: de qua re fuprà dixi.

Jam ex aquatilium quæ latẽt genere, quædam hyeme, quædam æftate con-
dunc fe, vel in cœno, vel in arena: & ita quidẽ fe in iis cõdunt, ut reliquum corpus totum tegatur, os fit liberum. Hybernis menfibus hi pifces cõdunt fe, pri-
madiæ, hippurus, coracinus, murena, orphus, conger, turdus, merula, perca,
thynnus, raja, & omne genus cartilagineum, cochleæ. Æftivis verò mẽfibus
condit fe glaucus, afellus, aurata. Tricenis diebus circa canis ortum purpura,
buccinum, pectẽ, delphinus. Jam in numero animantium, quarum vita eft in
terra pariter & in humore, latet hyeme lacerta aquatilis, de qua fup. dixi. Crocodilus quoq; fpecum ejufdẽ hyemis vitandæ caufa fuccedit, & in eo quatuor
latet mẽfes. Frigus adeò moleftẽ patitur; ut etiam, cùm non foleat latere, interdiu in terra verfetur, in aqua noctu. Vivus in Europam raro nunc affertur: fed
mortuum fæpe pharmacopolæ in officinis fuis de trabe fufpendunt. Plinius
ejus figuram & naturam diligenter eft perfecutus: quadrupes malum, inquit,
& terra pariter ac flumine infeftum. Unum hoc animal terreftre linguæ ufu
caret; unum fuperiore mobili maxilla imprimit morfum, aliàs terribile pe-
ctinatim ftipante fe dentium ferie. Magnitudine excedit plerunq; duodevi-
ginti cubita. Parit ova quànta anferes, eaq; extra eum locum femper incubat
prædivinatione quadam, ad quem fummo auctu eo anno egreffurus eft Nilus. Nec aliud animal ex minori origine in majorem crefcit magnitudinem.
Et unguibus hic armatus eft, & cõtra omnes ictus cute invicta. Hunc faturum
cibo pifcium & femper efculento ore in litore fomno datum, parva avis, quæ
trochilos ibi vocatur, rex avium in Italia, invitat ad hiandum pabuli fui gratia, os primò ejus adfultim repurgans, mox dentes, & intus fauces quoque, ad
hanc fcabendi dulcedinem quàm maximè hiantes: in qua voluptate fomno
preffum confpicatus ichneumon, per eafdem fauces, ut telum aliquod, immif-
fus ero-

fus erodit alvum. In eo major erat peftis, quàm ut uno effet ejus hofte natura
côtenta. Itaq; & delphini immeantes Nilo, quorum dorfo, tanquam ad hunc
ufum, cultellata ineft pinna, abigentes eos prædâ, ac velut in fuo tantum amne regnantes, alioquin impares viribus ipfi, aftu interimunt: in ventre mollis
eft, tenuisq; cutis crocodilo, ideo fe ut territi immergût delphini, fubeuntesq;
alvum illa fecant fpina. Quin & gens hominum eft huic belluæ adverfa in i-
pfa Nilo, Tentyritæ ab infula in qua habitat appellata. Menfura eorum parva, fed præfentia animi in hoc tantum ufu mira. Terribilis hæc contra fugaces
bellua eft, fugax contra infequentes, fed adverfum ire foli hi audét: quinetiam
flumini innatant, dorfoq; equitantium modo impofiti, hiantib⁹ refupino capite ad morfum, addita in os clava, dextra ac læva tenétes extrema ejus utrinque, ut frenis in terram agunt captivos. Ac voce etiam fola territos cogunt e-
vomere recentia corpora ad fepulturam: itaq; ei uni infulæ crocodili non ad-
natant, olfactuq; ejus generis hominum, ut Pfyllorum ferpentes, fugantur:
hebetes oculos hoc animal dicitur habere in aqua, extra acerrimi vifus. Quidam hoc unum quamdiu vivat, crefcere arbitrantur: vivit autê lôgo tempore.

Latent etiam hybernis méfibus in terra ranæ omnes, exceptis temporariis
iftis minimis, quæ pallent in cælio, & reptant in viis & litoribus. Hæ enim,
quia non ex femine, quod effundunt mas & fœmina, cùm complexu venereo
junguntur, fed ex pulvere æftivis imbribus madefacto oriri videntur, diu in
vita effe non poffunt. Itaque conditur viridis illa parva, quam Græci & καλα-
μίτlω vocant, quòd in arundinetis agere confueverit: quanquam etiam arbores fcandit, atque in herbis vivit: & βρέξανla, quòd fono fui generis pluvias fu-
turas prænunciet. Nec enim, ut Plinius à nobis diffentiat, eft muta & fine voce. Verno tempore fæpenumero videtur ex terra eminere media, media adhuc in ea latére. Conduntur virides ranæ, quæ verfantur in fluviis atque pifcinis, & hæ quidem vocales & edules funt. Conduntur fublividæ & fubcine-
reæ, quæ item in fluviis, lacubus, paludibus, lacunis vivunt: hæ partim vocales & edules funt, partim mutæ & non eduntur: quas hybernis menfibus in
terra latére argumento eft, quòd verno tempore non tantùm earum fœtus
confpiciantur in lacunis, fed ipfæ veteres etiam ranæ. Quare verum non eft
quod fcribit Plinius: mirumq; femeftri vita refolvuntur in limum nullo cer-
nente, & rurfus vernis aquis renafcuntur, quæ fuêre natæ: perinde occulta ratione, cùm omnibus annis id eveniat: fœtus autem earum funt primò carnes
parvæ, rotundæ, nigræ, dein oculis tantùm & caudâ infignes: quas Nicander,
quia caudam movent, μολουείδ|ας, Aratus quia rotundæ, γυείυς, alii Græci
βατραχιδ|ας, quafi dicas, ranunculos, nominant: quorum poftea figurantur
pedes, priores ex pectore, in pofteriores finditur cauda. Conduntur præterea ranæ pallidæ in hortis agentes, quæ non comeduntur & mutæ funt. Conditur denique rana rubeta, quæ ex rubis, fub vepribus enim verfari folet, nomen invenit: eam Poeta bufonem, Græci φρύνον vocant. Duo ejus genera, altera terrena, quæ in domibus & vepribus agit: altera paluftris, quæ fui generis vocem edit. Utraque venenata eft, utraque, fi bacillo fæpius verberetur,
inflato corpore virus primò è clunibus exprimit longius, deinde fudat: cujus
fudoris lactei guttæ admodum gravis & putidi funt odoris: ac cùm occidi-

T 2

ditur, ferè opii: occiditur autem difficulter. Ranâ rubetâ mulieres veneficæ
quondam ad veneficia ſunt uſæ. Mus quoque aquatilis hyeme latet in ripis
fluminum & rivorum quos incolit. Ei magnitudo ferè muris ſylveſtris: mordet ſæpe manus piſcatorum, cùm ex foraminibus riparum, cancros fluviatiles
extrahunt. Vorat piſciculos parvos, quales ſunt gobiones fluviatiles, & alburni:
vorat fœtus lucii, ſalaris, barbi, aliorúmque: quocirca ubi magna vis id genus murium naſcitur, rivis vaſtitatem ſolet inferre. Cancer etiam fluviatilis
ſuccedit ripas, & in eis hyeme latet, æſtate plerunq; verſatur. At ſcorpius, quê
Germania tantummodo importatum novit, in terra nô latet, quanḡ in parietibus, & ſub lapidibus. Jam deniq; in ſerpentium genere, qui maxima ex parte
terreni ſunt, vipera, quam Græci εχιδνίω vocant, hyeme ſubit ſaxa. Ea longa
eſt circiter cubitum, & maculis in cinereo fuſcis plena. Primò intra ſe ova parit, dein his excluſis vivas animantes: nec tamen ipſa catulos ſingulos, ut Nicander & Plinius ſcribunt, diebus ſingulis parit viginti numero, nec cæteræ
t irditatis impatientes perrumpunt latera, occiſâ parente: ſed ut nobis ſerpentium ſpeculatores affirmant, uno eodémque die catulos plerunque undecim,
plures interdum parit, & quidem eis ſuperſtes vivit. Nec verò etiam cùm viperæ cômiſcent corpora, ſibi circumvolutæ fœmina maris caput inſertum in
os, ut idem Plinius ſcribit, abrodit voluptatis dulcedine: non autê mas modò,
verùm etiam fœmina naturâ brevem & quaſi mutilam habet caudam, non ut
pleræq; aliæ ſerpentes lôgam: ſed differunt inter ſe, etenim fœminæ caput eſt
latum, maris acutum. Cùm hic mordet ac virus evomit, apparêt veſtigia duorum dentium acutorum: cùm illa, plurium: vipera non lac modò ſicut ſerpentes cæteri, appetit, ſed etiam vinum: unde eam Galenus in lagenam vino reſer-
tam irrepſiſſe ſcribit, & vinum, in quo demortua fuit, potum, elephantiaſe la-
boranti remedium fuiſſe: contrà ad viperæ morſum multa faciunt, ſed maximè taxi arboris ſuccum facere, Claudium Cæſarem edicto propoſito Romanos admonuiſſe, Suetonius ſcriptum reliquit. Minori autem viperæ dipſas
eſt aſsimilis: quæ cùm alba ſit, ejus caudam duæ nigræ diſtinguunt lineæ: à
ſe ictum inexplebili ſiti enecat, ex quo nomen hoc duxit: quin ipſa multum
ſitit: quocirca immoderato potu onuſtæ umbilicus rumpitur, & gravius o-
nus effundit: hanc alii cauſonem, alii preſterem vocant: ſed preſter, ut corporis forma non multum à dipſade differat, effectu differt: nam ictum extemplo
ſidei atione quadam reddit immobilem ac mente alienum: mox pilis defluen-
tibus cum pruritu ac ventris ſolutione abſumit. Condit etiam ſe in terra, ſicuti cæteræ ſerpentes ferè omnes, vel in ſaxorum rimis cæcula: ex cæcitate a-
pud Germanos quoque nominata: quam eadem de cauſa Nicander τυφλῶπα,
alii τυφλῖνον nominant: etenim caret oculis. Color ei in luteo viridis, & valde
ſplendens: nunquam pede eſt longior, nunquam digito craſsior, ea ſicut &
vipera, ut Columella ſcriptum reliquit, ſæpe cùm in paſcua bos improvidè
ſupercubuit, laceſsita onere morſum imprimit. Quin amphisbæna hebetes habet oculos; item parva eſt & tarda, ſed biceps: quare alterutro capite,
cùm ei libitum fuerit, progredi vel egredi poteſt, unde ei nomen impoſitum:
denſæ cuti color inſidet terræ, variis notis diſtinctæ. Huic non diſsimilis
eſt figurâ ſcytale, ſed pinguior: ei craſsitudo quæ manubrio ligonis, longitudo quæ

do quæ lumbrico:hæc cùm verno tempore exuvias poſuerit,fœniculo,ut cæteræ ſerpentes non veſcitur:ex baculo nomen invenit. Tum hybernis menſibus in cava terræ vel loca ſaxoſa ingreditur natrix à natando appellata:qua de
cauſa à Græcis ex aqua ύδρ⊙ nominatur : & χέρσνδρ⊙,quòd & in terra & in a-
qua verſetur. Nec aſſentior Lucano qui cherſydrum à natrice diſtinguit. Eſt
autem infeſta & inimica ranis: forma non differt ab aſpide, ſed colore, qui ei
plerunque in cinereo candidus. Ex natricum genere videtur eſſe Calabricus
ſerpens,etiamſi maculoſus ſit. Eum his verſibus deſcribit Virgil.

> *Eſt etiam ille malus Calabris in ſaltibus anguis,*
> *Squammea convolvens ſublato pectore terga,*
> *Atq̄ notis longam maculoſus grandibus alvum,*
> *Qui dum amnes ulli rumpuntur fontibus, & dum*
> *Vere madent udo terræ,ac pluvialibus auſtris*
> *Stagna colit,ripiſq̄ habitans hic piſcibus atram*
> *Improbus ingluviem,raniſq̄ loquacibus explet.*
> *Poſtquam exhauſta palus,terræq̄ ardore dehiſcunt,*
> *Exilit inſiccum, & flammantia lumina torquens*
> *Sævit agris,aſperáq̄ ſiti atque exterritus æſtu.*

Ex natricum præterea genere ſunt boæ, in tantam, Plinio autore, amplitudinem exeuntes, ut, divo Claudio principe, occiſæ in Vaticano ſolidus in alvo
ſpectatus ſit infans. Aluntur primò bubuli lactis ſucco, unde nomen traxere:
ſunt enim nihil aliud quàm domeſticæ atq; vernaculæ natrices. Aſpis autè eſt
longitudine IIII. pedum,craſſitudine haſtæ. Color eis nõ unus: nã aliis ſqualidus, aliis viridis & varius, aliis cinereus, aliis igneus: maximè Æthiopicis.
Oculi hebetes in temporibus, & juxta ſupercilia carunculæ inſtar calli eminent: quocirca quaſi ſomniculoſa nictare non ceſſat, ſed animantium ſtrepi-
tu facilè excitatur. Gignit eam Ægyptus, Æthiopia, & cæteræ regiones A-
fricæ. Conjugæ,utor Plinii verbis,fermè vagantur,nec niſi cum compare vita eſt: itaq; alterutra interempta,incredibilis alteri ultionis cura, perſequitur
interfectorem,unumáue eum in quantolibet populi agmine notitia quadam
infeſtat;perrumpit omnes difficultates, permeat ſpacia, nec niſi amnibus ar-
cetur, aut præceleri fuga. Huic ichneumon, qui ſimilis eſt muſtelæ,maximè
inimicus eſt: itaq; non tantùm ejus ova perdit,ſed ipſum etiam interficit ; etenim mergit ſe limo ſæpius,ſiccatque ſole ; mox ubi pluribus eodem modo ſe
coriis loricavit,in dimicationem pergit : in ea caudam attollens ictus irritos
averſus excipit,donec obliquo capite ſpeculatus invadat in fauces; aſpides autem Galenus in tria diſtribuit genera, in chelidonias,cherſeas,ptyadas, à ſputo cognominatas,quas Cleopatra ſibi admovit. Aſpis verò frigoris impatiens
hyeme incluſus atque abditus latet in arenis;ut in cavis fagis aut quercubus
dryinos , ex qua re nomen invenit: eam alii, ut Nicander ſcribit, hydron,alii
chelydron nominant: eſt enim natrici,quod ad caput attinet, ſimilis, ſed tergum habet cinerei coloris, craſſitudo & longitudo ei eſt mediocris anguillæ,
graviter olet : ranarum fœtus, caudâ inſignes perſequitur: & eam contra mu-
ſca magna. At ceraſtes ex cornibus nomen traxit,quæ modò cochleæ inſtar
gemina, modò quadrigemina geſtat in capite, & quidem corporea: quorum

motu,ſcribit Plinius,reliquo corpore occultato ſolicitat ad ſe aves: alioquin
viperæ figuram eſt formatus. Color ei ſqualidus;in frigidis tautenregion ea
reperitur natrici ſimilis figurâ & colore; quanquam raro in his reperiri ſo
leat. In Africa in arenis & orbitis verſatur: alibi plerunque in ſaxorum rimis,
in quibus latet hyberno tempore. Ariſtoteles colubros etiam Thebanos tradit eſſe cornutos. Hæmorrhoos quoque in ſaxorum rimis agit, ea ex pro-
fluente ſanguine nomen invenit: nam cùm aliquem momorderit, prima nocte ſanguis erumpit ex auribus, ex naribus, ex ore unà cum ſputo, ex veſica cũ
lotio,ex vulneribus cum ſanie: gingivæ præterea & caro quæ eſt ſub unguibus, ſtillant ſanguine, ſi quem hæmorrhois fœmina momorderit: eſt autem
longa pedem, non multum craſſa; etenim paulatim in tenuem caudam deſinit; colore aliàs cinereo, aliàs candente. Ex fronte eminent duo cornicula,
item corporea; obliquè ac tardius ſerpit, & perinde ſtrepit ac ſi arundines
tranſeat. Huic figurâ ſimilis eſt ſepedon, ſed corniculis caret, & contrariè ſerpit; color ei ruber; à putredine, quæ mox ſequitur ejus morſum, nominatur.
Porphyrus verò, ut Ælianus tradit, palmi eſt magnitudine, capite candidiſ-
ſimo, reliqua purpureus, morſu innocuus, quippe qui dentibus careat. Invenitur in Indiæ locis vadoſis; captam caudâ ſuſpendunt, viventisàque ex ore defluentem liquorem legunt in vaſculis æreis: alterum item ex jam defuncto liquorem nigrum ſimiliter in altero vaſe excipiunt, & hic quidem in eſculen-
tis ſeu poculentis, cum grano ſeſami datus tabe lenta unius,vel etiam duorum
annorum ſpacio paulatim enecat; ille more cicutæ ſtatim abſumit. Acon-
tias autem, quem Latini jaculum appellant,ex arborum ramis ſe jaculi inſtar
vibrat in animal quod præterierit; ex qua re nomen reperit: nec verò ſolùm
deſuper ſe vibrat in animal, ſed humi poſitus, ſi fuerit laceſsitus, jaculi modo
corpus intorquens eminus petit adverſarium.

Cenchris verò, quam Nicander cenchrinen vocat, ex eo quòd crebris maculis mihi ſemini colore ſimilibus, ſi interſtincta, nomen invenit, de qua Lucanus:

> Quam ſemper recto lapſurus limite cenchris
> Pluribus ille notis variatam tingitur alvum,
> Quàm parvis tinctus maculis Thebanus ophites
> Concolor exuſtis atque indiſcretus arenis.

At baſiliſcus ex eo nominatur, quòd ita veneno cæteris ſerpentibus præſtet,
ut rex purpurâ & inſignibus regiis iis, in quos dominatur, antecellit. Caput
ei acutum, & color flavus. Cyrenaica, inquit Plinius, hunc generat provincia,
duodecim non amplius digitorum magnitudine, candida in capite macula,
ut quodam diademate inſignem; ſibilo omnes fugat ſerpentes; nec flexu mul-
tiplici, ut reliquæ, corpus impellit, ſed celſus & erectus in medio incedens,
necat frutices; non contactos modò, verùm & afflatos; exurit herbas, rumpit ſaxa: talis vis malo eſt. Creditum quondam ex equo occiſo haſta, & per
eam ſubeunte vi, non equitem modò, ſed equum quoque abſumptum. Huic
tali monſtro, ſæpe etenim enectum concupivere reges videre, muſtelarum
virus exitio eſt: adeo naturæ nihil placuit eſſe ſine pari. Injiciunt eas cavernis
facilè cognitis ſola tabe: necant illæ ſuo odore, moriunturàque, & naturæ pu-
gnam

gnam conficiunt. Bafilifcum ex volucrum,quas Ægyptii vocant ibes,ovis
gigni theologus Cafsianus affirmat:vulgus ex ovo,quod gallus peperit,mon-
ſtroſè aſſerit naſci, qualis fuiſſe perhibetur is qui Zuiccæ aliquot homines
necavit ſuo veneno,qua de cauſa dominus cellæ, in qua erat, fores clauſit,
muróque ſepſit. Sequitur draco à videndo appellatus, quòd acrius cernat
quàm cæteræ ſerpentes,quocirca veteres eum theſauris cuſtodiendis præfe-
cerunt; atque in ipſius cuſtodia ædes ſacras,adyta,oracula poſuerunt.Eſt autem ad adſpectum pulcher; etenim totus niger, præter ventrem, qui ſubviri-
dis,& carnem ſub mento,barbæ ſpeciem præ ſe ferentem,quæ felle tincta videtur eſſe. Pellis utriuſque ſupercilii pinguis. Ipſe præterea utrinque triplici
dentium ordine decorus,nec tamen multum mordens. Pugnat in aliis regionibus cum aquila,in Africa & India cum elephante.Nam in his ſunt vicenûm
cubitorum. Duplex ejus genus,unum terrenum,quod jam deſcripſi: alterum
volucre,cui ut veſpertilioni membraneæ ſunt alæ. Id ex vaſtitate Libyæ vento Africo invehi in Ægyptum Cicero ſcriptum reliquit. Unum habui lôgum
ſeſquipedem, quo Ambroſium Fibianum donavi: cui ferè color crocodili
fuit; de hoc ſcribit Lucanus:

*Vos quoque qui cunctis innoxia numina terris*
*Serpitis aurato nitidi fulgore dracones*
*Peſtiferos ardens facit Africa, ducitis altum*
*Aëra cum pennis,armentáq̄ tota ſequuti*
*Rumpitis ingentes amplexi verbere tauros,*
*Nec tutus ſpacio eſt elephas, datis omnia letho,*
*Nec vobis opus eſt ad noxia fata veneno.*

Ut autem ex dictis ſerpentibus aliquæ in calidiſsimis regionibus nullo anni
tempore neceſſe habent latére, certè in arenis & rimis ſaxorum ſolent cubare.
Serpit etiam teredo, caret enim non modò pennis, verùm etiam pedibus: ſed
ea cui color æneus ſub lignis putridis & naſcitur & latet, ac plerunque juxta
ſcolopendram invenitur. Craſsitudo ipſi eſt minimæ pennæ anſerinæ,qua
utimur,cùm ſcribimus: longitudo ſcolopendræ,ſed teres eſt.

Hactenus de animantibus, quæ in terra latent, aliquo anni tempore:nunc
dicam de ſubterraneis propriè vereque ſic dictis, hoc eſt de his quæ intra terram gignuntur,& ſemper ferè ſub terra,quaſi defoſſæ vivunt. Hæ autem ipſæ
partim in terra ſicca, partim in humida, vel in aquis ſubterraneis vitam agût.
Primi generis ſunt talpa, mus,rana venenata,ſpondylis, aſcarides, lumbrici,
cochleæ cavaticæ;alterius, piſces ſubterranei, quas animantes ſingulas perſequar,& primò quidem talpam. Ea quadrupes eſt non multum diſsimilis muri,cæca tamen,quanquam oculorum effigies,ſcribit Plinius,ineſt,ſi quis præ-
tentam detrahat membranâ,quæ non eſt pilis veſtita:liquido audit etiã obru-
ta, extracta ex terra, quã in arvis,magis verò in pratis & hortis, paſsim egerit,
diu non poteſt vivere; crura habet brevia,quare tardè graditur; digiti,qui in
priorib.pedibus ſunt quini,in poſteriorib.quaterni,omnes acutis unguiculis,
quibus terram fodit,armantur:pilos autem habet nigrore ſplendido inſignes:
qui catulis earum ſunt albi.Veſcitur ranis,etiam venenatis,lumbricis,radicib.

frugum & herbarum:ex earum pellibus pileoli & cubicularia fiunt ſtragula.
Sequitur mus ſubterraneus, quem alii agreſtem vocant. Servius à Cicerone
nitedulam putat nominari. De hoc Vergilius:

>—ſæpe exiguus mus
> Sub terris poſuitque domos, atque horrea fecit,
> Aut oculis capti fodere cubilia talpæ,
> Inventusque cavis bufo, & quæ plurima terræ
> Monſtra ferunt.

Duplex autem eſt, minor ſcilicet & major, ille non multo major exiſtit domeſtico mure minore, hic non multo minor domeſtico mure majore: quin caudam ut ille longam habet ac craſſam. Corrodit, imò exeſt, planeque interdum
conſumit radices lupuli, paſtinacæ, rapæ, & reliquorum leguminum. Vaſtat
meſſes: verùm ea peſtis non ſemper in terra latet, ſed nonnunquam egreditur,
etſi rarius. Contrà rana venenata, quam metallici noſtri ex ignis colore qui
inſidet ei, πυριφρυνον, ſuo tamen vocabulo nominant, in ſaxis perpetuò quaſi
condita & ſepulta latet. Altius intra terram gignitur, & reperitur modò in venis, venulis, ſaxorum commiſſuris, cùm hæ excavantur:modò in ſaxis ita ſoli-
dis, ut nulla foramina, quæ videri poſſint, appareant, cum cuneis dividuntur.
Quo ſanè modo & Snebergi & Mannisfeldi fuit inventa. Ea ex ſubterraneis
cavernis elata in lucem primò turget ac inflatur, mox de vita decedit: talis etiã
rana crebrius reperitur in Galliis Toloſæ, in ſaxo arenaceo rubro, candidis
maculis diſtincto, ex quo molæ fiunt:quocirca id genus ſaxa omnia, priuſquã
molas ex eis faciant, perfringunt: quod ni fecerint, ranæ, ubi cũ mole verſantur, concaluerint, inflari ſolent, & diſruptis molis frumenta veneno inficere.
Spondylis autem vermis intra terram reperiri ſolet, ita circa radices cõvolu-
tas ut verticilli, quod Græci σπόνδυλον vocant, ſpeciem præ ſe ferat: unde nomé
invenit. Ei longitudo & craſſitudo minimi digiti:caput rubrum, reliquũ corpus album, niſi quod ſupernè ſit aliquantũ nigrum, ubi cibo, quem ſumit, turget: quæ hortorum peſtis, cùm nec careat pedibus, nam ſex habet, nec ſerpat,
tamen Plinius ſcribit, genus id ſerpentis eſt, radices herbarum totas cõſumit,
fruticum corticem, quo radices eorũ obducuntur, tantũ abrodit: quinetiam
edit radices cucumeris aſinini, chamæleontis nigri, centauri, peucedani, ari-
ſtolochiæ, vitis ſylveſtris, cùm aliud animal eas non attingat. Sed vermis quadrupes, qui in Majo natus in agris currit, item craſſus & longus minimum digitum, ut pulices terreni, in leguminibus orti, ſupra terram vivit. Ei corpus
molle, nigror ſplēdidus, gracilis iſthmus: poſterior corporis pars pectori ad-
hæret:cùm in manus ſumitur, eas pingui liquore inficit, pellit urinam, ſed unà
ſanguinem. Aſcarides etiam, qui ſunt vermes parvi, non unius & ejuſdem co-
loris:nam alii candidi, alii lutei, alii nigri, ſæpius aratro excitantur. Reperiuntur autem plures in unum aliquem locum congregati; hi vaſtant ſata: etenim
validas ſegetes radicibus ſubſectis enecant. At lumbricos, qui item intra terram gignuntur, & oculis carent, pluviæ eliciunt. Cõcinnè igitur Euclio Plau-
tinus, ſolicitus de aula auro referta, inquit ad Strophylum:

> Foras, foras lumbrice, qui ſub terra erepſiſti modò,
> Qui modò nuſquam comparebas, nunc quom compares, peris.

Quin

Quin cochleæ in Balearibus infulis, ut Plinius fcribit, cavaticæ appellatæ; non prorepunt é cavis terræ, neque herbâ vivunt, fed uvæ modo inter fe cohærent. Accedo nunc ad alterum animantium fubterranearum genus, quod in humidis terræ locis agit: et fi lumbrici etiam & aliæ quædam id genus animantes in terra tantùm gignuntur humida. Pifces autem fofsiles duorum generum inveniuntur, fed intra terram nónihil teretes ut anguillæ, verùm pelle carent tenaci, fquamis etiam, ut & gobii, duramq; nec admodum jucundâ guftui habent carnem : majores crafsi funt feré duos digitos; minores, digitum: illi longi circiter palmos quatuor, hi tres. Sonum edunt acutum. Eos pharmacopolæ in vitrum inclufos de trabe fufpendunt, ut fpectaculum hominibus præbeant, longoq; tempore alunt pane & aliis quibufdam. Ex fluminibus autem quæ currunt in locis paludinofis, egrefsi per riparum venas lógius penetrant in terrâ, & interdum in proximi oppidi cellas ufq; fubterraneas, in quibus vinum vel cervifia folet condi. Attamen Theophraftus fcribit eos reperiri juxta fluvios, & in aquofis locis. Cùm enim terram inundaverit aqua, ex alveis fluminum egredi in eam: cùm decreverit, relinqui in exiccata. Itaq; perfequentes humorem terram fubire, dein humore exiccato in halitu permanere, non aliter ac pifces inter cæteros falitos vivunt. In latebris autem propter fenfuum ftuporem eos nihil fentire, fed effoffos fe movere. Non difsimile ait accidere in Ponto his pifcibus quos glacies complectitur. Etenim nó prius fentiunt & moventur, quàm in patinam injecti coquantur. Verùm nullos pifces, qui in fluviis verfari femper foliti fuerunt, poft inundationes in locis ficcis relictos fubire terram videmus, fed omnes de vita decedere. Itaque cùm fofsiles pifces etiam in locis, quos non inundavit aqua, foleant inveniri, certum eft illos eò per venas & venulas penetrare. De qua re ultra Albim Orteranti, quod oppidum eft ad Polfenicium fluvium, diligenter adverti. Nec in Germania modò fofsiles pifces reperiri folent, fed etiam poft Pyrenæos montes, ut Polybius in quarto & trigefimo hiftoriarum libro tradit, ufque ad Narbonem amnem planicies eft, per quam fluvii feruntur Iliberis, & Rofchinus, fluentes propter urbes ejufdem nominis, quæ habitantur à Celtis. In hac igitur planicie funt pifces fofsiles dicti. In ea enim eft terra tenuis, & multum nafcitur gramen : fub quod altitudine duorum vel trium cubitorum per arenam aqua fluminum dilatata fluit. Et fi quando inundaverint cum aqua, pifces terram fubeuntes alimenti caufa, (nam mirificè appetunt graminis radices) planiciem efficiunt refertã pifcibus fubterraneis, quos incolæ effodiunt. Inveniuntur etiam fofsiles pifces circa Heracleam, & in multis Ponti locis, ut Theophraftus memoriæ prodidit: in Paphlagonia, ut Eudoxus. Quin, fi Senecæ credimus, fub terra funt ftagna obfeffa tenebris & locis amplis. Animalia quoque illis innafcuntur, fed tarda & informia, ut in aere cæco, pinguique concepta, & in aquis torpentibus facta. Et, ut idem fcribit, in Caria circa Idimum urbem, cùm exiliffet unda, periere quicunque illos ederant pifces, quos ignoto ante eum diem cœlo novus amnis oftendit.

Poftremò in fubterranearum animantium, feu, quod placet theologis, fubftantiarum numero haberi poffunt dæmones, qui in quibufdam verfantur fodinis. Eorum autem duplex eft genus. Sunt enim truculenti & terribiles afpe-

aspectu, qui plerunque metallicis infesti atque inimici sunt. Talis fuit Anne-
bergius ille, qui operarios duodecim amplius flatu interfecit in specu, qui co-
rona rosacea appellatur. Flatum verò emittebat ex rictu. Equi enim specie ha-
bentis procerum collum & truces oculos dicitur visus. Ejusmodi etiam fuit
Snebergius, nigro cucullo vestitus, qui in fodina Georgiana operarium è solo sublatum in superiore loco maximæ illius còcavitatis quondam feracis argenti collocavit, non sine corporis attritu. Certè Psellus, cùm sex genera dæmonum definiat numero, hoc cæteris pejus esse dicit, quòd ipsi amictui sit
crassior materia. Quidam philosophi hos & similes dæmones, qui nocentes
sunt, & naturâ improbi, nominant brutos, & rationis expertes.

Sunt deinde mites, quos Germanorum alii, ut etiam Græci, vocant Co-
balos, quòd hominum sunt imitatores. Nam quasi lætitiâ gestientes rident, &
multa videntur facere, quum prorsus nihil faciant. Alii nominant viruncu-
los montanos, significantes staturam, qua plerunq; sunt, nempe nani tres dodrantes longi. Videntur autem esse seneciones & vestiti more metallicorum,
id est, vittato indusio, & corio circum lumbos dependentes induti. Hi damnú
dare non solent metallicis, sed vagantur in puteis & cuniculis: & quum nihil
agant, in omni laborum genere videntur se exercere: quasi modò fodiant venas, modò in vasa infundant id quod effossum est, modò versent machinam
tractoriam. Quanquam verò interdum glareis lacessunt operarios, rarissimè
tamen eos lædunt. Nec lædunt unquam, nisi prius ipsi cachinno fuerint, aut
maledicto lacessiti. Itaq; non admodum dissimiles sunt dæmonibus, tum his
qui raro hominibus apparêt, quum quotidie partem laboris domi perficiant,
& curent jumenta: quibus quod nostri causâ benignè faciant, generique hominum sint, aut saltem esse videntur amici, nomen imposuerunt Germani,
Gutelos enim appellant: tum Ti ullis vocatis, quos sexu tam mulieris quàm
viri ementito, cùm apud alias nationes, tum maximè apud Suionas in famu-
latu fuisse ferunt. Sed dæmones montani potissimum laborant in his specubus, è quibus metalla effodiuntur jam, vel ea effodi posse spes est. Quocirca
metallici non deterrentur à laboribus, sed omen inde capientes
alacriori animo sunt, & vehementius
laborant.

REI

# REI METALLICÆ NOMINA

## LATINA GRÆCAQUE GERMANICE
### REDDITA, ET EX ORDINE QUO QUOD-

que primo occurrit, collocata. Reliqua subjuncta sunt
libris, De natura fossilium inscriptis: quorum
pauca quædam repetere nunc
habui necesse;

### LIBRO PRIMO.

Fossor, Hauer oder berghauer
Præfectus metallorum, bergampтmañ
Præfectus rationib. Schichtmeister
Venam, qua parte abundat metallo, luto
  oblinire, das ertz vorstreichen
Venam terris, saxis, assere, palo tegere,
  das ertz vorsetzen
Præses fodinæ vel cuniculi, Steiger oder
  hutman
Magister metallicorum bergmeister
Jurati ttuumviri Zwene geschworne die ein
  gebirge befahren
Deserere fodinam, Aufflassen
Collectam exigere à dominis, Von den
  gewercken zupuß fordern
Symbola dominis indicere, Zupuß an
  legen
Symbola dare Zupuß geben
Juratus partium venditor krentzler

### LIBRO SECUNDO.

Fossas ducere Schörffen
Arenas rivorum vel fluminum lavare,
  Seiffen oder waschen
Cuniculus, Stoln
Cuniculum agere, Stolntreiben
Venas corio nudare, Genge entblössen
Fragmenta venarum, Geschube
Virgula furcata, die rute damit etliche ver-
  meinen genge außzurichten
Puteus, Schacht.

### LIBRO TERTIO.

Vena, Gang
Venula, vel fibra, klufft oder geschicke
Commissuræ saxorum Das absetzen des
  gesteins
Vena profunda, ein gang so in die teuffe
  vhelt
Vena dilatata, ein schwebender gang, oder
  fletze
Vena cumulata, ein geschutz oder stock
Primò disci figura se nobis ostendit, erst-
  lich lesst sich das auge sehen
Intervenium, ein keil berges

Vena profunda lata, ein mechtig gang so
  in die teuffe vhelt
Vena profunda angusta, ein schmal geng-
  lin so in die teuffe vhelt
Vena dilatata alta, ein dicker oder mechtiger schwebender gang oder fletze
Vena dilatata humilis, ein dünner oder
  schmaler schwebender gang oder fletze
Vena ex oriente pertinens in occidentem, ein gang der vom morgen in abend
  streicht
Vena ex occidente pertinens in orien-
  tem, ein gang der vom abend in morgen
  streicht
Vena ex meridie pertinens in septen-
  triones, ein gang der von mittage in mit-
  ternacht streicht
Vena ex septentrionibus pertinens in
  meridiem, ein gang der von mitternacht
  in mittag streicht
Instrumentum metallicum significans
  mundi partes, der bergcompaß
Ventus, wind
Subsolanus, der wind der von ost wehet o-
  der gehet
Ornithiæ, so von ost ostsuden
Cæcias, so von ostsuden
Eurus, so von mittel ost suden
Vulturnus, so von sudenost
Euronotus, so von suden sudenost
Auster, so von suden
Altanus, so von suden sudenwest
Libonotus, so von sudenwest
Africus, so vom mittel sudenwest
Subvesperus, so von westsuden
Argestes, so von west westsuden
Favonius, so von west
Etesiæ, so von west westnort
Circius, so von westnort
Caurus, so vom mittel westnort
Corus, so von nortwest
Thrascias, so von nort nortwest
Septentrio, so von nort
Gallicus, so von nort nortost

Super-

Batillum, ſchauffel
Siccare, treugen
Auram ſuppeditare, wetter brengen
Nona, das neunde
Fodinarum fructus, außpeute
Partes fodinę vel cuniculi, teil/oder kukus
Fodinæ vel cuniculi ſemis, ein halbe zech
oder ſtoln
Quadrans fodinæ vel cuniculi, ein ſchicht
Seſcuncia fodinæ vel cuniculi, ein halbe
ſchicht
Fodinæ vel cuniculi ſicilicus & dimidia
ſextula ac ſcripulum, ein zweydreiſſigſt
teil
Fodinæ vel cuniculi ſextula & ſimplium,
ein halber zweydreiſſigſt teil
Proprietarius, grundherre
proprietarii partes, erbkukus
Accepti expenſíque rationem reddere,
rechnung thun
foramina quæ ſuppeditant ſpiritũ, windlöcher
ſpiritum ſuppeditare, wetter brengen
Machinæ ſpiritales, windfenge
putei ſpiritales, windſchechte
foramina ſpiritialia, windlöcher
Vicarius domini, vorleger
Proſcripti, der teil ins retardat geſetzt wer-
den
Eximere partes de proſcriptorum numero, die teil auß dem retardat nemen
ſcriba fodinarum, bergſchreiber
ſcriba partium, gegenſchreiber
Decumanus, zehender
Diſtributor, außteiler
purgator argenti, ſilberbrenner
ſcriba magiſtri metallicorum, des berg-
meiſters ſchreiber
monetariorum magiſter, müntzmeiſter
monetarius, müntzer
Intermiſſionem operarum concedere,
friſt geben
Judex metallicus, bergrichter
Locare aliquot paſſus venæ fodiendæ,
vordingen
Opera, ſchicht
opera extraordinaria, ledige ſchicht
Ingeſtores, die berg anſchlagen
Vectiarii, heſpeler
Vectores, drecker/ die auff den dreckwerg
arbeiten/mit hunden lauffen oder karnen
diſcretores, ertzpucher
lotores, weſcher/vnd ſeiffner
excoctores, ſchmeltzer

### LIBRO QUINTO

Venam aperire, ein gang entblöſſen
Capſa putealis, kaw
Capſa quam habitat præſes fodinæ,
zechauß
agere cuniculum, ein ſtoln treiben
aſſerculi vel pali in quibus ſedent foſſores qui cuniculum agunt, ſtempfele
puteus rectus, ein ſchacht der gerich ge-
ſuncken
puteus obliquus, ein flacher ſchacht
Foſſa latens vel occulta, ein ſeng oder felort oder querſchlag
os cuniculi, des ſtolns mundloch
Materia metallica reperitur in canalibus, vel cohærens, & cõtinuata, gang-
hafftig/ vel diſperſa & per eos fuſa, niſ-
rig : vel ventris figura extuberans,
bauchigt/ ſo der gang ein bauch wirfft:
vel in venis & fibris à vena principali
ortis, quaſi in ramis ſparſa, eſtig
terra ferruginea, eiſenſchuß
res foſſilis ſpumæ argenti ſimilis, miſpu-
ckel in zwitter gruben
vena putris, ein ſchnetiger gang
vena dura, ein vheſter gang
venam in fodinis igni frangere, ſetzen
cruſtæ, ſchalen
cavum, der vngehawen ſchram oder ſchrot
Ligna quibus ſunt tenuiſſimæ bracteæ
flabellorum quorundam inſtar criſpatæ, berte
Fiſſuras adigere, ein riß hawen
Venam tecti vel fundamenti ſaxis abrumpere, eine wand werffen
Remanere quaſi turbines quoſdam, ſecke
bleiben
venæ duriſſimæ nodus, ein gueß oder
miſpickel
aer ſe fundit in cava terræ, & rurſus evolat, das wetter zeihet vß vnd ein/ ſommer
zeit zum höchſten ein/ zum niderſten her-
auß/ winter zeit widerumb zum niderſten
ein/ zum höchſten herauß
puteus qui lacunæ loco eſt, waſſerſchacht
Lacuna, ein ſumpff
rectus puteus, ein richtſchacht
Putei ſtructura.
tigna per intervalla collocata, tragſtempffel
tigilla, donholtzer/ oder dumbholtzer/ wie
mans jetzo nennet
aſſeres qui ad tigilla prope fundamentum affiguntur, donnen
Scalæ, farten

V

Canalis, wasserseige
Alveus minor, ertztrog
alveus major, bergtrog
Aquaria vasa, die gesheß darinnen man
    wasser zeihet
situla, pfützainer oder wasserkanne
Modulus, wasserzober
Bulga per se hauriens aquas, ringebulge
bulgæ in quam aquæ batillo agitatæ in-
    funduntur, streich bulge
In bulgæ partem ruptam bacilli teretis &
    striati particulam immittere, &c. ein
    kerbholtz oder schraube einbinden
Infundibulum, stürtze
Machihæ tractoriæ, gereuge so berg vnd
    wasser heben
Machinæ spiritales, gezeuge so wetter
    brengen
Machinæ scansoriæ, farten
Machina prima, qua etiam aquæ extra-
    huntur, haspel/ hanc aliqui girgillum
    vocabulo Latinis non usitato nominât
Tigna in fronte & tergo putei collocata,
    pfülbeume
palos in tigna immittere, vorpfenden
sucula, ronbaum
stipites vel asseres crasi, haspelsturtzen
lamina ferrea crassa, pfadeisen
Vectis, haspelhorn
Funis ductarius, seil
Uncus ferreus, seilhacke
Collis assurgens circa machinæ casam,
    halde
    Machina altera qua etiam res fossi-
les extrahûtur, schwengrad oder radhaspel
Bacilla ferrea in sucula inclusa, schweng-
    stangen
Vectis in metallis usitatus, haspelhorn
Vectès recti, haspelrinden
Modiolus rotæ, nabe
Radius, speiche
Curvatura, felge
    Tertia machina, die ronde scheibe da-
mit man bergzeihet
Orbis, scheibe
Axis statutus, spille
Axis stratus, welle
Tympanum dentatum, kamprade
tympanum quod ex fusis constat, furge-
    læe oder getriebe
tabella, leiste
    Machina quarta qua etiam res fos-
siles extrahuntur, gepel
tigna erecta, seulen

tigna humi strata, schüt
tigna oblique descendentia, pande
arca rotunda, vmblauf im gepel
Crater, kessel / dann er ist oben weit vnden
    enge wie ein kessel
contigua tigilla per quæ penetrant pali,
    das gezimmerte schrot
tignum in imo crateris stratum, der steg
    der vnder das gezimmer des kessels querü-
    ber gelegt
catillus ferreus ex acie temperatus, das
    eiserne gestelte pfenlein
axis, spille
codax, zapffe
circulus ferreus, eiserner ring
tigna oblique ascendentia, steiffen darauf
    die arme ruhen
tigna transversaria duplicata, arme so die
    querüber gehen vnd in einander geschlos-
    sen sein
tympanum, korb
rotæ, korbscheiben
Fusi, korbhöltzer darumb die gepelseile sein
    angetrieben / daß man die scheiben vnnd
    höltzer zusamme einen korb nennet
Ductarii funes, gepelseile
trabes, stege darauff die gepelseil gehen
axiculus ligneus teres, wengstempel dar-
    auff die seile gehen daß sie sich nit bestos-
    sen oder abniffen
orbiculi, scheiben daruf die seile auch gehn
tignum curtum, schemel darauff der treiber
    sitzt vnd daron man die pferde spannet
auriga, treibe
statera, wage
Harpago, sturtzwage oder fahacke
    Machina quinta, die rößkunst mit
der preinsscheibe
tympanum prope tympanum quod ex
    fusis constat, preinsscheibe
Tympanum quod ex orbibus constat,
    korb
Harpago, preinsschuch
tignum mobile, schnel zeug
tignum breve, schemel
tabulatum, bune
alter harpago, fahacke
    Venas autem &c. das fürfuhren vnd
bergfodern
Traha cui imposita est capsa, schlite
Traha carens capsa, schleffe
Bacillum, knebel
Sacci è setosis pellibus suillis confecti,
    borstige seusecke

canales recludere, aufziehen
tertia machina, radkan oder roßkunst
Axis statutus, spille
rota dentata, kamprade
Dentes, kimen
Axis stratus, welle
tympanum quod ex fusis constat, getriebe
tympanum cui infixæ sunt fibulæ ferreæ, die scheibe darein die kropen geschlagen
Quarta machina, taschenhaspel
sucula, ronbaum
tympanum, scheibe
quinta machina, handzug so zwo wellē hat
sexta machina, taschen rad
rota quæ à calcantibus versatur, vmblauf rad wie in einer mangel
　　Machina omnium quæ aquas trahunt maxima, kertad oder kunst
castellum, wasserkaste
fores quibus vectes sunt, strudel
Antæ excavatæ, das außgeschweiffte beyderseits der strudel darinne der hengsitzer aufzihet vnd wider lefft vorfallen
canales sub ostiis, lotten darinnen das wasser auff das kertad fleust
rotæ theca sive loculamentum, radstäbe
rota duplices habens pinnas, das rad so zwifach geschauffelt
orbes, scheiben
tympanum quod ex quatuor oibibus & pluribus tignis constat, korb
catena ductaria, eisern seil
tympanum alterum, premscheibe
harpago pergrandis, prembs
tabulatum aliquantum declive, sturtze
palus, stempfel
catena ferrea, kette
alter harpago, fahafe
rector machinæ, hengsitzer
loculamentum pensile, hangend heußlein
socius ejus harpagonem prægrandem ad alterum tympanum admovens, präser
qui bulgas effundunt, sturtzer
puteus, kunstschacht
bulgarum gubernator, streicher
lacuna, streichsumpf darinne sich das wasser samlet
fossa latens juxta lacunam, das außgebrochene örtlein
　　Machinæ spiritales, zeuge so wetter in die grubē brengen/oder böses herauß ziehen
　　Primum genus, windfenge

prima species, windfang mit breten vbereckc creutzweis
puteus, windschacht
operculum in orbis figuram formatum, rondte decke
secunda, zweyerley lotten windfenge
canalis longus, lotten
tertia, der windfang im vhasse
os spiritale, der spund so den wind fehet
ala, flogel
　　Secundum genus, focher
prima species, der focher in der scheibe oder ronden geheuse den ein hespeler zihet
Secunda & tertia, der focher in einem gevierten geheuse an der erden vnd entbot mit flugeln wie ein müle
alæ, flügel
quarta, der focher in einer scheiben den ein wasserrad vmbtreibet
primum genus flabellorum, flügel von dinnen vnd starcken bretten
secundum, flügel von kurtzen bretstucken
tertium, flügel von kurtzen bretstucken daran gänseflügel gemacht
　　Tertium genus, wetterblaßbelge
prima species, der wetter balg/der böse wetter auß dem schachte durch lotten zihet/oder gutes dadurch hinein bringet
secunda, der wetterbalg so durch rören in einen stoln wetter brenget
tertia, die wetterbelge so man trit
quarta, die wetterbēge mit der rondē scheiben so ein pferd trit
quinta, die wetter belge da ein pferd wie in einer Roßmüle die stehende welle vmbtreibet
　　Ratio eventillandi linteorum jactatu, die weise mit eilach zu fochern
　　Machinæ scansoriæ
scalæ, farten
Insidere in bacillo, auff dem knebel ein fahren
insidere in corio, einroschen
descendere gradibus in saxo incisis, auff gehawenen stuffen einfahren
aer immobilis, böse wetter
Virus sive fumus virosus, schwaden
ex lacunis evolar, der schwaden geht auf
pestilens aura, vergifte lufft
graves halitus, dumpfig böse wetter/ es sey der dampff kalt oder warm
　　LIBRO SEPTIMO.
Venas experiri vel explorare, probieren

Capſa, ſůmpff oder puchtrog
Solea ferrea, eiſern blech
Tigna tranſverſaria, querhöltzer
eorum foramina quadrangula, laden
pila, ſteinpfel oder puchenſteinpfel
caput pili ferreum, pucher oder pucheiſen
cuneus ferreus latus, feder
dens pili, deumling
dentes axis, hebeblatten oder hebarm
quadrangula contignatio, ſchrot
capſa cujus fundum filis ferreis eſt contextum, durchwurf
cribrum uſitatum, reder ſo einen hölzenen
lauf mit einem eiſern boden hat / heiſt die
arbeit das rodern vber die kreutzhöltzer
capſa patens, kaſtenreder
magna capſa lignea, ſchwengreder
cribrum rotundatum, ſiebreder ſo einen
kupfernen lauf mit einem eiſernen boden
hat
Neuiolæ verò, quod eſt metallum,&c. das
auß kleinen in Vngern
longa capſa patens, rolle
brevis capſa patens, durchlaß
Abacus, bune
Cribrum quod verſatur in vaſe aquarum
ferè pleno, der naſſe ſiebreder / oder das
naſſe außrodern durch das ſieb
corbis quæ verſatur in vaſe aquis referto,
der naſſe korbreder / oder das naſſe außre-
dern durch den korb
Lanx, ſchuſſel
Molendi rationes, die weiſen goldertz
vnd zwitter zu malen
Prima mola, die gemein weiſe da die müle
ein waſſerzad treibet
Tigna, das mülgebüt
Axis, welle
Codaces, zapffen
Dimidiatæ armillæ ferreæ, pfenlein
Tympanum dentatum, kamprad
Dentes, kimen
Tympanum quod ex fuſis cóſtat, getriebe
Fuſi, ſpindeln
Axis ferreus ſtatutus, ſpille
Subſcus, müleiſen oder meiſſel
Molæ, mülſtein
Infundibulum, goſſe
Lignea bractea rotundata, lauff
Canalis, melwinckel da es vffſchüttet
Secunda mola, cujus rota ab equis aut a-
ſinis aut capris verſatur, die roßmüle
Tertia,cujus orbē calcantes circumagūt,
die müle mit der ſcheiben die man trit

Quarta, quæ manibus circumacta verſa-
tur, die handmüle
Quinta, quæ uno codemq́; tempore auri
venam tundit, molit,lavando purgat,
die goldmüle mit dem treugen puchwerck
Tabellæ duæ inter ſe tranſverſæ , quas
tertia decuſſat, der querl
Lavandi rationes, die weſchwerck
Prima, das weſchwerck durch den ſchlem-
Canalis, ſchlemgrabe　　　　　(grabe
Ejus caput, durchlaß
Canalis tranſverſus, quergerinne
Aquagii canalis, waſſergerinne
Rutrum ligneum, kiſte
Secunda, das waſſchen vber das gewhelle
Tertia, der gemeine ſchlemgraben
Canalis devexus ſive minor, der ſchlem-
graben
Ejus caput, herd
Trulla, kelle
Rutellum, kiſte
Lapilli nigri magni, grober ſtein
mediocres, kreytſtein
parvi, zelwerck
Duo canales devexi, der zwifach ſchlem-
graben
Quarta, das waſſchen vbern teſt
Lacus, waſchtrog
Abacus, bune
Quinta, der kurtze herd
Sexta, der planherd
Lintea, planen
Altera area, der wende herd
Septima, die ſieb arbeit
Cribrum anguſtum, das enge ſiebe
Succutere, troſtieren
Radius, ſtreichholtz
Cribrum anguſtius, das engere ſieb
Cribrum anguſtiſſimum, das härene ſieb/
welches das engſte
Machinæ quæ venas udas pilis præ-
ferratis tundunt, die naſſen puchwerck
Prima, das naſſe puchwerck vff ſilbergenge
Capſa, ſumpff
Saxum, ſolſtein
Solea ferrea, eiſener ſolſtein
Lamina ferrea foraminum plena, eiſern
gitterlein
Canalis, gerinne
Batillum ligneum, höltzen ſchäuflein
Batillum ferreum, eiſerne ſchauffel
Lacus, ſumpff
Canaliculus, gerinlein
Secunda, das naſſe puchwerck vff zwitter

V 4

Secunda, das seiffen vber die floß / oder floßgraben
Furca septicornis, die seiffen gabel so sieben zacken hat
tertia, die gerinarbeit
Batillum ligneum, hölzene rurschauffel
batillum ligneum cui manubrium curtû, hölzin schäufflein
quarta, die vhaß arbeit
quinta, quæ nova est, die newe seiffen arbeit/heisst vbers blech
capsa patens, kaste
lamina ferrea, das eisern gelöchert blech
canalis, gerinne
tabellæ quarum alia aliâ altior est, das gevhelle oder widerstosse
lacus, sumpff
materia, werck
rutrum ligneum, kiste
res inanis, das taub
rutrum ferreum, kratze
præses laboris, der oberste seiffner
lacusculus, lautertrog
sexta, quæ etiam post hanc inventa est, die newlichste seiffen arbeit
septima, die flutgreben
octava, das gold waschen in wasser rissen
Charadra, wasseriß
nona, das Polnisch pleyerts waschen
terra ferè lutea, gluch
argilla uda & arenosa, schwilen
cribrum æneum, reder
Torrendi ratio, das brennen im backofen
rutabulum, schurstange
rastellum bidens, pock
rutrum, krucke
Materia, quæ dum torrentur lapilli, confluit, fasen
Cremandi rationes duæ, zweyerley weise zu rösten
altera, das rösten im vßgestochenen platze
panes ex pyrite vel cadmia conflati, stein
altera, das rösten im ofen

LIBRO NONO.

Excoquere, schmelzen
excoctio, das schmelzen
excoctor, schmelzer
Domicilium sive officina in qua venæ excoquuntur, hutte
Qui succedit vicarius excoctoris muneri, schmelzer so ans meisters stat trit
Minister, fürlauffer
Fornax, schmelzofen
Os fornacis, auge

Catinus, tiegel oder spot
Humoris receptaculum, aizucht
camini pars patens quæ fumum emittit, rachloch
camini parietes duo, rectus & obliquus, schleten
Follis, balg
Follium sedilia, balggeruste
Machina quæ folles comprimit, die welle so von einem wasserrade getriben wirt/ mit ihrer zugehörung
organû quod folles diducit, der balgzug
Follis partes
Tabulata, balgbrete
Arcus, bogel
coria, balgleder
caput, balghaubt
Tabellæ tiliaceæ tabularum latera cingentes, lindene leisten
foramen superioris tabulati, spundloch
ejus operculum, spund
cauda, balgsterzel
foramen spiritale inferioris tabulati, windfang
operculum, deckel des windfanges
lorum, rime
annulus ferreus, ring
pessulus ligneus, rigel
clavi cornuti, balgnäle
cochlea, schraube
tabula, schran
naris, liesse
bracteæ simul junctæ, das schloss
Follium sedilia, das gestelle zun blasbelgen
tigna humi locata, schwellen
pali cuneati, pfele
tigna statuta, tocken
tigilla, tremlein
fistula, form
Machinæ pars quæ folles comprimit, die welle mit den streichen
tigilla quæ longis axis dentibus depressa folles comprimunt, schemel
vectis, schinholz oder schin/ oder balg sterzel
Instrumentum ferreum, schinhake
Organi folles diducentis partes
tignum statutum perforatum, klobseule
tignum quod versatur circum axiculum ferreum, schwengel
Capsa, kaste
Machinæ cujus dentes tigilla deprimunt partes
axis, welle

Rota,

Panes ærei fathiscentes, **tinstocke**
secundarii panes, **votpleusten oder vot-
pleitlech**
Mixtura æris & plumbi & argenti, **werck**
tertiarii panes, **zwir votpleitstein oder lech**
tertius excoctor, **der schmelzer so den zwir
votpleiten stein oder lech arbeit**
panes duri in quibus minus argenti inest, **arm oder durhartwerck**
quartarii panes, **hartwerck**
ultimi panes, **pirstein**
alterius generis fornax, **der spleisofen**
lapis fissilis ærosus, **kupfferschifer oder
lechschifer**
Panes ex eo confecti sive primarii,
panes præterea duplices sunt: quorum alteri ærei existunt, **kupfferstein** / alteri
cum primariis panibus recoqui solét,
**trogstein**
liquor candidus primò è fornace defluès
cu Goselariæ excoquitur pyrites, **sobelt**
què parietes fornacis exudàt, **conterfey**
Stannum, **schwarz plen**
plumbum depauperatum, **frisch plen**
Ratio lapillorum nigrorum exco-
quendorum, **das zin schmelzen**
saxum solidum quod in solo fornacis locatur, **solstein**
saxa vilia quæ natura de diversa materia
composuit, **grindstein**
solarii pavimentum, **des sollers boden**
caminus, **glocke**
catinus, **gereute**
murus humilis, **furmeurlin**
contus, **stecheisen**
alter catinus, **zingrube**
Lapilli nigri majusculi, **groberstein**
mediocres, **mittelstein**
minutuli, **kleinerstein**
collecti ex materia quæ lavatur,
**siffenstein**
Rutrum, **reinkraze**
cancelli, **gatter**
ferrum signatorium, **gegraben stempel**
Massa ex cancellis formata, **palle**
fornacem interius saxorum glareis & luto incrustare, **osenen**
malleus quo saxa arenarii, in solo fornacis locandi, partes extuberantes rese-
cantur, **pile**
Fornacum camera quæ fumum reci-
pit, **das zinschmelzen mit dem rauchfang**
Focus in quo plumbum purgatur,
**der flosherd**

Catinus, **furherd oder zingrube**
batillum, **kolschauffel**
folles tereres è corio facti, **ronde libern
blasbelge**
Orbis, **scheibe**
Fornax in qua ferrum excoquitur,
**renherd**
Magister, **renner**
certa venæ mensura, **furmas**
via recrementorum, **lachtloch**
recrementa, **sinder**
marculi lignei, **hölzene schlegel**
magnus malleus ferreus, **der hammer den
ein wasserrad hebet**
secare in partes, **zuschroten**
adolescens, **der auffgisser**
alter, camini focus, **der schmidherd**
massæ ferreæ quadrangulæ, **stockeisen**
bacilla ferrea, **stabeisen**
fornax primæ assimilis, **ein ofen gleich dem
darinnen man die rohe schicht arbeit/doch
vil weiter und höher**
focus fornacis ferrariæ, **schmidherd**
Ratio aciei conficiendæ, **die weise
stal zu machen**
bacilla ex acie facta, **stalstebe**
Venæ argenti vivi excoquendæ ra-
tiones, **die weise queckfilber erz zu schmelzen**
Prima, **das schmelzen im herde**
Stibii vena, **spiesglaserz**
Secunda, **das schmelzen auff die weise des
distillieren**
Tertia, **das schmelzen im gewelbe**
Quarta, **das schmelzen mit sande od' assche
aufm drifus**
Quinta, **das schmelzt mit sande oder assche
im windofen**
Rationes venæ plumbi cinerei ex-
coquendæ, **das wismut schmelzen**
Prima, **das schmelzen uber der gruben**
Altera, **das schmelzen in der sichtenen rinnen**
Tertia, **das schmelzen in eisernen pfänlin**
Quarta, **das schmelz im ofen einem schmid
ofen gleich**
Canaliculus, **rinse**
Quinta, **das schmelzen aufm herde so auff
der halde**
Sexta, **das schmelzen so aufm wendeherde**
Crates ferrea, **eisener röst**

### LIBRO DECIMO.

Aqua valens quæ aurum ab argento secernit, **scheidewasser**
Pulvis valens qui aurum ab argento secernit, **scheidepulver**

For-

Cultel-

Cultellus utrinq; acutus, *messer*
Globus, *kogel*
Ferramentum cui imponuntur ligna *das brandeisen*
Circulus alterius ferramenti in muro inclusi, *der eiserne hake*
Ferreum instrumentū cujus extima pars sursum versus eminet, *der eiserne hake daran ein rond höltzen klötzlein ist*
Sella *das messing kloz*
Foris ferrea, *das eiserne thörlein*
Cultellus, *klincke*
Instrumentum ferreum, *das gebogen eisen*
Instrumentum ferreum cujus extima pars recta sursum versus extat, *der eiserne hake*
Aliud instrumentum ferreum vulsellę simile, *klemme*
 Ratio argenti in testa, sub tegula collocata, perpurgandi, *das silber brennen vnder der müffel*
Tegula, *muffel*

### LIBRO XI.

Argentum ab aere separare, *seigern*
Officina sive domicilium in quo argentum ab aere separatur, *seigerhutte*
Paries camini rectus, *schnurgerichte schlete*
Paries camini obliquus, *flache schlete*
Canalis, *rinne*
 Focus extra domicilium in quo massę plumbeę liquantur, *der zu lassheid*
Murus qui quartum murum lōgum munit contra vim ignis, *schild*
Vehiculum, *whänlein*
Grus, *kranich*
Catinus, *pfenlein*
Quiddam fumiae argenti simile, *dornlein*
 Pilum quo franguntur panes aerei, *kupferbrecher*
Truncus, *stock*
Massa plumbea, *pleistucke*
Sella aenea, *sattel*
Pilum, *stempffel*
Caput pili, *kupferbrecher*
Tigna statuta, *seulen*
Tigna trasversa, *rigel*
Dens quadrangulus, *schemel*
Axis, *welle*
Ejus dentes, *arme*
Axiculus ferreus, *eisern welchin*
Fistula aenea, *kupfern welchin oder rore*
Clavus ferreus, *eiserner nahel*
 Fornax in qua calefiunt panes ae-

rei, *wermofen*
Rastrum bidens, *krail so zwene zaken hat*
Praeses officinae, *huttenmeister*
Aes in quo inest argentum temperare cum plumbo, *pley zum silbrigen kupfer schlahen*
Temperatura, *mischung oder zuschlag*
Dives plumbum, *reich pley*
Plumbum depauperatum, *frisch pley*
Panis, *stucke*
Aeris panes fatiscentes, *kinstocke*
Spinae, *dorner*
Fornaces in quibus aes cum plumbo miscetur, *schmeltzofen*
Catinus, *tiegel*
Humoris receptaculum, *pfanne*
Fornaces in quibus recrementa recoquuntur, *schlackenofen*
Excoctor, *schmeltzer*
Rutrum, *kruckeisen*
Lignum fissum & hians, *kloppe*
Uncus, *hake*
Reliquiae hordei ex quo cervisia est facta, *treber*
 Fornax similis furno, *spleisofen*
Aes residuum, *gesplissen kupfer*
Aes abstractum, *abzug*
Magister, *spleismeister*
Prima temperatura, *das vorpleien oder zuschlag auff frisch einstich*
Stannum pauper, *frisch einstrich*
Secunda temperatura, *der zuschlag auff reiche einstrich*
Stannum mediocre, *reich einstrich*
Tertia temperatura, *das vorpleien auff den herd zu arbeiten*
Stannum dives, *treib oder wergpley*
Machinae quibus pines levantur & reponuntur, *gezeuge oder storcke oder kranch/*nostri enim appellāt ciconias, Latini grues
Lingua, *der hund*
Asser triangularis, *die tragbar*
 Fornax in qua argentum & plumbum ab aere secernuntur, *seigerofen*
Basis, *das vndere teil des ofens*
Focus, *herd*
Murus, *schild*
Parietes, *eiserne ofen wende*
Soleae, *solstucke*
Saxa quadrangula, *werckstucke*
Laminae aereae, *scherten*
Particulae eminentes, *zapfen*
Ferrum uncinatū, *das eisen mit den hecklein*

fot/quod fic àGermanis appellatur p̱ter fornaceos parietes, quos quidam faciunt: & tectũ quod partim ex luto prima domicilii pars,ſtroſtet  (conſtat
ſecunda, herdſtet
cupa, bottich
Scamnum, banck
tertia ſive poſtrema, falbſtet
Terra clivuli inſtar aggerata, ſtuffe
operculum, decke
Focus, herd
bacillum ferreum, ſteckeiſen
cortina, pfanne
Tigilla in terra defoſſa, ſtappeln
tigilla eis immiſſa, ſöckbäume
minores perticæ, kleine hecſcheite
minora bacilla ferrea uncinata, herckſcheit
Fibulæ, ſchlurffen  (haken
majores perticæ, groſſe heckſcheite
Majora bacilla ferrea uncinata, bortháke
poſterior foci pars, wiſſe
Paries inter poſteriorẽ foci partẽ & tertiã domicilii partẽ medius, zaũn
Anguli, horner
Situla, ſtulaimer
Modulus, zober darinnen man das auß getalt ſaltzwaſſer in die köte tregt
Cochleare altum, ſchüffe
Cupa parva, böte
Canaliculus, rinne
magiſter, wircker
Qui ſuccedit vicarius ejus muneri,knecht
miniſter, helfferknecht
Adoleſcens, greuder
coquere, ſieden oder kochen
Deſpumare, ſcheumen
Decoquere ut denſetur in ſalem, zu ſaltz
Spatha lignea, rurſcheit  (brengen
Fervere, ſocken
Aſſer, das horn bret
Aſſeres qui cortinæ lateribus imponuntur, ſpene
Corbis, korb/quanquam in quibuſdam locis ſalem in alveos,nõ in corbes,injiciunt
Batillum, ſchauffel  (jiciunt
tertia, das ſaltzſieden in ſiedeheiſſen quellen
Quarta, das ſaltz ſieden in eiſernen topfen
Quinta, das ſaltz ſieden im herde ſo ſaltz waſſer auff brennend holtz goſſen wird
Sexta, dz ſaltz ſieden auß gemachten ſaltzwaſſer
Dilutum, lauge durch erdrich gemacht
Lixivium, lauge durch aſche gemacht

Labrum, wanne
Nitri conficiédi rationes, die weiſen nitar oder tin car/oder baurach zumachen
Prima, das niter machen am Nilo
Secunda, die weiſe niter von gemachter niter lauge zuſieden
Ratio conficiendæ chryſocollæ, quam boracem nominamus, die weiſe borzas zuſieden
Ratio conficiendi halinitri, die weiſe ſalniter zuſieden
Aluminis conficiendi rationes, die weiſen alaun zumachen
Prima, die weiſen alaun auß alauniſchem erdrich zumachen
Caſtellum, kaſte
Lacus, trog
lacuna, teich
Altera, die weiſen alaun auß alauniſchen felſen zu machen
Atramenti ſutorii conficiendi rationes, die weiſen kupffer waſſer zumachen
Prima, wie die ſonne das kupfferwaſſer wircken mag
Secunda, die weiſe kupfferwaſſer auß kupfer weßrichen waſſer zuſieden
Reſtis, peſtener ſtrick
Catini, pfannen
Tertia, die weiſe kupfferwaſſer auß ſchwartzem atrament vnd dergleichen zuſieden
Quarta, die weiſe kupferwaſſer auß erdrich vnd ſtein damite es vormiſchet zuſieden
Quinta, wie ſich kupferwaſſer auff ſtoln vorſamlet
Sulfuris conficiendi rationes, die weiſen ſchwefel zumachen
Prima, das ſchwefel machen im topfen
Secunda, das ſchwefel machen in ofen wie zu Kromenau
Tertia, das ſchwefel machen in krugen
Bituminis conficiendi ratio,die weiſe bergwachs auß ſteinochſchen waſſer zuſieden
Chryſocollæ colligendæ ratio, die weiſe berggrün zuvor ſamlen
Ochra, okergel
Vitri conficiendi ratio, die weiſe glaß zumachen
Sal ex cinere anthyllidis vel alterius herbæ ſalſæ factus, ſalalkali
Fornax prima, ſchmeltzofen
Secunda, glaßofen
Tertia, kulofen

FINIS.

# INDEX SECUNDUS

## CONTINENS EADEM REI METAL-
licæ nomina Latina, Græcaq́; Germanicè reddita, sed in
Lectoris gratiam, secundum Alphabeti ordinem digesta.

silberig scheidwasser

Argentum perpurgare, silberbrennen

Argenti in testa sub tegula collocata perpurgandi ratio, das silber brennen vnder der muffel

Argilla cinerea, thone oder thon

Argilla uda & arenosa, schwilen

Artifex experiendæ venæ vel metalli,
probirer

Asser, das horn bret / lib 12.

Asseres ad latus scalarum tignis impositæ, rhubune oder abtrit

Asseres cavis pleni, brete so runde tuck-
lein haben

Asseres dissectæ arboris extimi, schwarten

Asseres qui cortinæ lateribus imponuntur, spene

Asser qui erigi potest, wende bret

Asseres qui prope fundamentum ad tigilla affiguntur, donnen

Asseres & qui utrinq; puteû à vena, & qui
reliquam ejus partê ab ea, in qua sunt
scalæ, distinguunt, scitten donnen

Asser triangularis, die trag bar / lib. 11.

Asserculus curvatus, das außgehawen
bretlein / lib. 11.

Asserculi vel pali in quibus sedent fossores, qui cuniculum agunt, sitzpfele

Atramenti sutorii conficiendi rationes,
die weisen kupferwasser zu machê / Prima,
wie die son dz kupferwasser wircken mag /
Secûda, die weise kupfferwasser auß kupf-
ferwesrichem wasser zu sieden / Tertia, die
weisen kupferwasser auß schwartze atrament / vnd dergleichen zusieden / Quarta,
die weise kupfferwasser auß erdrich vnnd
stein / damit es vermischt zu siedê / Quinta,
wie sich kupfferwasser auff stoln versamlet

Aurum suppeditare, wetter brengen

Aurea massula, könig

Auriga, treiber

Aurum ab argento secernere, gold vom
silber scheiden

Auri ab argento separandi altera ratio,
dz scheiden im guß. Ea triplex est, Prima
perficitur sulfure, dz ist dz scheidê im guß
durch schwefel. Secûda perficitur stibio,
dz ist dz scheiden im guß durch spißglaß.
Tertia, rebus côpositis perficitur, dz ist
dz scheiden im guß durch gemischte pulver

aurum experiri argento vivo, anquicken

aurum vel argentum coticula explorare,
gold oder silber streichen

Auri ramenta leviora, stemmicht gold /

graviora, kornicht gold

Auster, der wind so von suden wehet oder (gehet

axis, spille / welle

axis statutus, spille

Axis stratus, welle

axiculus, waltze / welchin

axiculus ferreus, schwengel nabel

axiculus ferreus quadrangulus, eisern
viereckicht welchin

axiculi ferrei, eiserne welchin

axiculus ligneus teres, wegstempel das
rauff die seil gehn / das sie sich nit bestos-
sen oder abnissen

### B

Bacillum, knebel

Bacillum ferreum fossorum teres, das ci-
sen damit man einen durchschlag macht

bacillum ferreum fossorum latum, das
brecheisen

bacillum ferreum, nabel / lib. 11 steckeisen /

bacilla ex acie facta, stälstebe (lib. 12.

bacilla ferrea, stabeisen

bacilla ferrea antecedentia, die gelocher-
ten stebe / lib. 11.

bacilla ferrea in sucula inclusa, schweng
stangen

basis fornacis, das vnder theil deß ofens

batillum, schauffel

batillum, kolschauffel / lib. 9.

batillum ferreum, eiserne schauffel

batillum ligneum cui manubrium curtum, hölzen schauflein

batilla lignea, seiffen schauffeln / lib 8

bituminis côficiendi ratio, die weise bergwachs auß stein olischem wasser zu sieden

boreas, der wind so von ost nort wehet

bractea, feder

bracteæ, blech

bracteæ ferreæ, platten

bracteæ simul junctæ, das schloß

bulgæ per se hauriens aquas, ringebulge

buiga in quam aquæ batillo agitatæ infunduntur, streichbulge

In bulgæ partem ruptam bacilli teretis
& striati particulam immittere, ein
kerbholz oder schraub einpinden

### C

Cadmia, kobelt

Cæcias, der wind so von ost suden wehet

Calceus siphonum, pompen schuch

caminus, glocke / lib. 9.

Camini pars patens que fumum emittit,
rauchloch

Camini parietes duo, rectus & obliquus,

X 3 quus,

das aciimer: schrot
contignationes quadrangulæ, jocher
contignationes sic factę, ut capita tignorum in formis aliorum tignorum includantur, geschlossene jocher
contignationes sic factæ, ut tignorum
capita excisa sint, jocher so incinan-
der gevhellet
contus, stecheisen / lib. 9. schlackeisen/
lib.11.
Contus fossorum, die brechstang
contus uncinatus, reumer / lib. 9. glet-
hake / ibidem. schackenhake/hake/lib.11.
reumeisen / ibidem
coquere, sieden/oder kochen
corbis, korb
Corbis qui versatur in vase aquis referto,
der nasse korbreder / oder das nasse auß
redern durch den korb
Corium terræ, die erde oder leim
Coria follia, balgleder
Cortina, pfanne
corus, der wind so von nortwest wehet
Crater, kessel/dan er ist oben weit / vnden
eng wie ein kessel
Crates, horte
Crates ferrea, eiserner röst
cremandi rationes duæ, zweierley weiß zu
rösten/Altera, das rösten im außgestoch-
enen platz/ Altera, das rösten im ofen
cribrum æneum, reder
cribrum angustum, das enge sieb / angustius, das engere / angustissimum, dz
herenne sieb/welches das engste
Cribrum quod versatur in vase aquarum
ferè pleno, der nasse sieb reder / oder dz
nasse außredern durch das sieb
cribrum rotundatum, siebreder so einen
kupffernen lauff mit einem eisernen boden
hat
cribrum usitatum, reder so einen hölzenen lauff mit einem eisernen boden hat /
heißt die arbeit das rodern vber die krenz-
hölzer
crustæ, schalen
cultellus, klincke lib.10.
cultellus utrinq; acutus, messer
cuncus, keil
cuncus ferreus, schleißeisen
cuncus ferreus latus, feder
Cunei ferrei, eiserne meissel
Cuniculus, stoln
cuniculus habens jus possessionis, erb-
stoln
cuniculus non habens jus possessinis,

treugstoln
cuniculum agere, stoln treiben
cupa, bottich/ lib.12.
cupa parva, böte
curvatura, felge
cutis, mott / lib.8.

## D

Decoquere ut densetur in salem, zu salz
brengen
Decuma, der zehende
Decumanus, zehender
demensum, lehen
demensum duplicatum, wehr
demetiri, vormessen
dentes, kimen / lib.6.
dentes axis, hebeblatten / oder heb arm/
strich / lib.9.
dens pili, schemel & deumling lib.8.
dens quadrangulus, schemel
dentes suculæ, hebblatten deß ronbaumes
dentes tympani, kimen
Descendere gradibus in saxo incisis, auff
gehauenen stuffen einfharen
Deserere fodinam, aufflassen
Despumare, scheumen
devexum vel declive montis, das gehen-
ge deß gebirges
dimidiatæ armillæ ferreæ, pfenlein
discretores, erzpucher
distributor, außtheiler
domicilium in quo sal conficitur, kot /
quod sic à Germanis appellatur propter fornaceos parietes, quos quidam
faciunt, & tectum quod partim ex luto constat. Prima domicilii pars,
strostett / Secunda, herdstett / Tertia
sive postrema, saltzstett
domicilium sive officina in qua venę excoquuntur, hutte
ductarii funes, gepelseil
duo canales devexi, der schlemgraben

## E

Etesiæ, der wind so von west west nort
Eventilatio linteaminum jactatu, das
fochern mit leilachen
Euronotus, der wind so von suden suden
ost wehet
Eurus, der wind so von mittel ost suden
Excoctio, das schmelzen
Excoctor, schmelzer: Qui succedit vica-
rius excoctoris muneri, schmelzer so
an deß meisters statt trit: ejus minister,
fürlauffer
Excoctio æris rudis minus synceri

Focus in quo sal conficitur , herd / posterior ejus pars , witsse

Fodina , grube oder zeche

fodinæ vel cuniculi semis , ein halbe zech oder stoln

fodinæ vel cuniculi sicilicus & dimidia sextula ac scripulum, ein zwen dreißigs teil

fodinarum fructus , außpente

follis , balg / follium sedilia , balg gerüste

follis duplicatus , zwifacher balg

folles teretes è corio facti , ronde liderne bloßbelge

foramen spiritale , windfang

foramen spiritale inferioris tabulati follium , windfang

foramen superioris tabulati follium , spundloch

foramina fistularum , das gepore

foramina quæ suppeditant spiritum , windlöcher

foramina spiritalia , windlöcher

foramen trunci , das gepor

forceps , zang so einen hacken hat

forceps ferreus , zange darinnen man kogeln geust

foris ferrea , das eiserne thörlein

Fores quibus vectes sunt , strobel

Fores extra domicilium in quo massæ plumbeæ liquantur , der zulaß herd

foricula , deß ventils thörlein

foriculæ , schnepperlein / lib. 10.

fornax , heintze / lib. 10.

fornax in qua ærei panes fathiscentes torrentur , derrofen

fornax in qua panes ærei torrefacti coquuntur , garherd ejus magister , garmacher

fornax in qua argentum & plumbum ab ære secernuntur , seigerofen

folles in qua calefiunt panes ærei , werm ofen

fornax in qua ferrü excoquitur , renherd

fornax in qua sit vitrum : prima, schmelz ofen / secunda, glaßofen / tertia, külofen

fornax in qua plumbum ab argento separatur , treibe herd

fornax in qua venæ excoquütur, schmelz ofen

fornax primæ assimilis , ein ofen gleich dem / darinnen man die rohe schicht arbeit / doch viel weiter und höher

fornax quæ foraminibus vento inspiratur, vulgò ventola , windofen

Fornax secunda concamerata , ein gewelbter treibherd. Fornax secunda item concamerata , sed quæ in quibusdam à proxima differt , der treibeherd in Polen und Ungern.

Fornax secunda vento exposita , dz treiben under dem kloß

fornax secunda in quo plumbum ab argento separatur , treibeherd

fornax similis furno , spleißofen

Fornacem interius saxorum glareis & luto incrustare , ofenen

fornacum cameræ que fumü concipiunt, der rauchfang od gewelb uber dz schmeltz ofen darinnen man den rauch fahet

fornacula , probir ofen

fornacula latericia , gemaurter probir ofen : ferrea , eiserner probir ofen : fictilis , tenner probir ofen

Fornaces in quibus æs cum plumbo miscetur , schmeltzofen

fornaces in quibus recrementa recoquütur , schmeltzofen

Fornix , boge

fossa latens juxta lacunam , das außgebrochen örtlein

fossa latens vel occulta , ein leng oder felort / oder querschlag

fossam agere longam & declivem , einen wassergraben machen / und jm ein rosch machen (hen

fossam latentè substruere , ein kasten schlagen

fossam patentem ducere , ein rosch treiben

Fossas ducere , schörffen

fossor , hawer oder berghawer

Fossores qui colla gerunt intorta, krump helse

fragmenta venarum , geschube

Fulturæ nativæ vel fornices , bergvhesten

fumus virosus , schwaden

funis ductarius , seil

funiculus canabinus , ein schnur

funiculus ex phyliris tiliæ factus , past

furcæ ligneæ , seiffen gabeln

furcilla ferrea , eiserne schlacken gabel / li 9.

furca septicornis , die seiffen gabel so sieben zacken hat

Fusi , kerbhöltzer darumb die gepelseil seind angetrieben / dann man die scheiben und höltzer zusammen in ein korb neñet / item spindeln

### G

Gallicus , der wind so von nort nortost weGlobus , vogel
het

Graves

waſchen auffm herd mit ochſen od pferd-
heuten verdeckt: undecima, dʒ goldſam-
len mit vhelen: duodecima, das waſſchē
vber das grün tůch: decima tertia, das
waſchen vber das herrinne tůch: decima
quarta dʒ waſchen vber den raßen:dec-
ima quinta, dʒ waſchen im groſſen ſicher
trog vñ ſichern:decimaſexta:dʒ gold ſich
ern:decimaſeptima, dʒ waſchē im hubel

Lavandæ materię cùm lapillis nigris vel
metallorūramētis permiſtę rationes,
die waiſen zwitterberg vnd ander metal-
liſcher abſchilfung zuſeiffen: prima, quæ
vetus eſt, die alte ſeiffen arbeit. Lotores,
ſolche ſeiffner: ſecūda, dʒ ſeiffen vber die
floſ od floß grabē:tertia, die gerinarbeit:
quarta,die vhaß arbeit:quinta,quæ nova eſt die newe ſeiffen arbeit/heiſt vbers
blech/ſexta,quæ etiam poſt hanc invēta eſt, die neulichſte ſeiffen arbeit: ſeptima, die ſlut greben: octava, das gold
waſchen in waſſerriſſen: nona, das Pol-
niſch pleyertʒ waſchen

Libonotus, der wind ſo von ſubē weſt wehet
Libra,pfund/nicht allein wag: prima libra
minor,das weglein darinnen man dʒ ertʒ
vnd den zuſatʒ einwiget: ſecunda, darinnen man das pleyertʒ zuwiget: tertia, darinnen man das korn auffʒaihet
Libra ſtativa, auffſaß
Libramentum, welle oder widerwag
Libra penſilis, wag
Libramentum ſive tympanum inferius,
der widerwag/oder vndere ſcheibe
lignum fiſſum & hians, floppe
lignum teres zapffe
ligula, zunglein
ligna longa, treibe ſcheit/lib 10.
Ligna quibus ſunt tenuiſſimæ bracteæ
ſtabellorū quorundam inſtar criſpatæ
lignea bractea rotundata,lauff     (berte
ligo, keilhaw
ligo ſimilis roſtro anatis, die keilhau ſo ge-
ſtalt wie ein enten ſchnabel
ligones cuſpidati, keilhawen
ligones lati, radhawen
limus, ſchlam
lingua, hund/lib.10.
lintea,planen
liquor candidus primo è fornace deſluēs,
cum Goſclarię excoquitur pyrites, kobelt/
quem parietes fornacis exudant,
conterſe.
Lixivium, lauge durch äſchen gemacht
Locare aliquot paſſus venæ fodiendæ,

vordingen
loci devexi & concavi, ſchluchten
loci valleſtres, thele
loculamentum, das ciſerne gevierten
heuslein/lib.6.geheuſe darinnen die wag
ſtehet/lib.7.kaſte/lib.10.
loculamentum penſile, hangend heuſlin
lorum, rime
lotores, weſcher oder ſeiffner

## M

Machina omnium quæ aquas trahunt
maxima, kerrad oder kunſt
machina prima, qua etiam aquæ extrahuntur, haſpel/ hanc aliqui girgillum
vocabulo latinis non vſitato nomināt
machina altera qua etiam res foſſiles extrahuntur, ſchwengrad oder radhaſpel:
tertia: die ronde ſcheibe/ damit man berg
zeihet:quarta,gepel/quinta, die roßkunſt
mit der prembſcheibe
machina qua res graves demittuntur in
puteum, bruſtwinde
machina qua venæ ſiccæ pilis præferratis tunduntur, das treuge puchwerck
machina quæ folles comprimit, die welle
ſo von einem waſſerrad getrieben wirdt
mittrer zugehörung
machinæ pars quæ folles comprimit die
welle mit den ſtrichen
machina tractoria, ein haſpel/ gezeuge ſo
berg vnd waſſer hebet
machinæ ſcanloriæ, farten
machinæ ſpiritales, windfang/ gezeug ſo
wetter bringen
Machinæ ſpiritales, zeuge ſo wetter in die
grubē bringen/ oder böſes herauß ziehen:
Primū genus, windfang/ejus prima ſpecies, windfang mit brettī vber ecke creutʒ
weiß: ſecunda, zweierley lotten wind
feng: tertia d'windfang im vaß. Secundū
genus, focher,ejus prima ſpecies, d'focher
in der ſcheibe od runde geheuß dē ein heſpeler zeihet/ ſecunda & tertia, der focher in
einem gevierten geheuſe an der erden/vnd
entbor mit flügeln wie ein müle:quarta,der
focher in einer ſcheiben / den ein waſſerrad
vmbtreibet. Tertiū genus, wetter blaſbelg/
ejus prima ſpecies, der wetterbalg / der
böſe wetter auß dem ſchlacht durch lotten
zeihet oder guts dardurch hinein bringt:ſe-
cunda, der wetterbalg der durch rören in
einen ſtoln wetter bringet: tertia, die wetterbelg ſo man trit: quarta, die wetter
belg mit der ronden ſcheiben ſo ein pferdt
ern: quinta, die wetterbelg do ein pferd wie

Monetariorum magister, müntzmeister
Mortariolum, capellen futter
murus, schilt: humilis, furmeurlein
murus qui principalem murum ab igni
    defendit, schilt
murus qui quartum murum longum mu-
    nit contra vim ignis, schild

## N

Naris, liesse
neusole quod est metallum, das vß kleinen
    in Vngern
nitri conficiendi rationes, die weise niter/
    oder tincar/oder baurach zumachen: pri-
    ma, dz niter machen am Nilo: secunda,
    die weise niter von gemachter niter lauge
## O                                    (zu sieden
Ochra ex plumbo facta, pleygeel
officina in quo argentum ab ære separa-
    tur, seigerhütte
officina sive domicilium in quo plumbũ
    ab argento separatur, treibhütte
opera, schicht: extraordinaria, ledige
    schicht
operculum, treibehut/lib.10 decke/lib. 12.
operculum ampullæ, helm oder alembick
operculum foraminis superioris tabulati
    follium, spund: inferioris autem, de-
    ckel deß windfangs
operimentum, sturtze
orbis, scheube/lib 5 6.
orbis ex saxo formatus, rondstein
orbiculi, scheiben darauff die seil auch gehn:
    item, pompenzog
orbiculus ferreus, das eiserne rödlein
organum quod folles diducit, der balgzug
orichalcea fila colligata, die meßine bürste
ornithiæ, der wind so von oft oßsudt wehet
os cuniculi, deß stolns mundloch
os fornacis, auge
os fornaculæ, mundloch/mundhol/thör-
    lein
os spiritale, der spund so den wind fehet
oscula, löcher wie aizuchten / haben ire
    schutzen/wan die pletz voller sein / schutzet
    man für/lib.12.

## P

Palus, stempffel
Palos in tigna immittere, vorpfenden
panes æris fathiscentes, finstocke
panes ex pyrite vel cadmia conflati, stein
panes ex spinis conficere, stuck auß do-
    nen machen
panes ex spinis vilibus confecti, eiserne
    stuck

Panis, stuck / lib.11.
panis argenteus, plicksilber
panes ex pyrite conflati, stein oder lech
panes primarii vel ex ære rudi conflati
    panes, stein oder lech
panes duri qui plus argenti in se conti-
    nent, reichhartwerck
panes ærei fathiscentes, finstocke / panes
    secundarii, vorpleystein/oder vorpleie-
    lech: panes tertiarii, zwir vorpleisstein
    oder lech: panes duri in quibus minus
    argenti inest, arm oder burhartwerck:
    panes quartarii, hartwerck: panes ul-
    timi, pirstein
panes ex lapide fissili ærofo confecti sive
    primarii, stein: panes præterea dupli-
    ces sunt, quorum alteri ærei existunt,
    kupffer: alteri cum primariis panibus
    recoqui solent, trogstein
paries camini obliquus, flache schlete
paries camini rectus, schnurgerichte/
    schlete
paries inter posteriorem foci in quo sal
    sit, partem, & tertiam domicilii par-
    tem medius, zäun
parietes qui sunt à lateribus fornacis in
    qua argentum & plumbũ abære secer-
    nũtur, seiger wend/paries prior, fürwad
partes fodinæ vel cuniculi, teil oder
    kuckus
particulæ eminentes, zapfen
parvi cunei lati, federn
passus metallicus, lachter
pedes, füsse
perones, wasserstiffelen
Pertica, stab
perticæ minores, kleine heckscheite/libro.
    12. majores, große heckscheite
pessulus ligneus, rigel
pestilens aura, vorgiffte lufft
pilæ, taschen
pilum, pompenstange/ lib 6.
pilum dentibus carens, kolb
pilum æneum, kupfferner stösel
pilum excoctorum, stoßbaum/ oder kolb/
    oder stoßkolb
pilum latum, das breit gesteng
pilum quo franguntur panes ærei, kupf-
    ferbrecher
pilum teres, stopffholtz/lib.9.
    item, das rund gesteng
pila, gesteng/lib.6.stempffel/lib.8.pfeiler/
    schuster
pila ferrea, eiserne stenglein

                                            Y

schwebenden gangs deß fletzes am hartz

Saxum rubrum rot gebirge: alterum item rubrum : roter klee/3. gerhulle. 4. gniest. 5 schwehlen. 6. oberzauchstein. 7. zechstein. 8. vnderzauchstein. 9. blitterstein. 10. oberschwelen. 11. mittelstein. 12. vnderschwelen. 13. dach. 14. notwerg. 15. lotwerg. 16. kamme

Saxa vilia, quæ natura de diversa materia composuit, grindstein

saxi pars pendens, dz hangend deß gangs

saxi pars jacens, das liegende deß gangs

scalæ, farten

scalæ excoctorum, flickleitter

scamna, lib. 10. pöcke : banck/lib 12.

scopæ, pesen

scriba fodinarum, bergschreiber

scriba magistri metallicorum, deß bergmeisters schreiber

scriba partium, gegenschreiber

secare in partes, zuschroten

secretor, seigerer/lib 11.

sella, das meßing floß/lib. 10.

sella ænea, sattel/lib. 11.

sepes obliquæ in pratis, außstriche

septentrio, der wind so von nott wehet

septum, schleusse/lib. 12.

sescuncia fodinæ vel cuniculi, ein halbe schicht

siccare, treugen

situla, pfutzaimer vnnd wasserkanne/fulaimer

signo in saxum inciso pangere terminos, ein stuffe schlahen

Siphones, pompen: primus, secundus & tertius nulla habent propria vocabula germanica: quartus, die pompen waßer kunst: quintus, haspelpompe: sextus, radpompe / der haspel pompen gleich: septimus, die neue Grenfridistorsische radpompe: octavus, die ander neue radpompe. 9. die dritte neulichste radpomp

siphunculus, rörlein/welches die röre hat/ so sie forne oben nicht außgeschnitten

siphunculus orichalceus, quo aqua hausta ad incendium exprimitur, meßinge

situlæ, kannen (sprutze

socius ejus harpagonem pergrandem ad alterum tympanū admovens, premser

solarii pavimentum, deß sollers boden

soleæ, solstucke

solea ferrea, eisern solstein/eiseren blech

spatha, stoßeisen/lib. 11.

spatha excisoria, schabeisen

spatha ferrea, stoßeisen

spatha lignea, rurscheit/lib. 12.

spatha lignea excoctorum, flickscheit oder kleibscheit

spinæ, dorner/röstdorner

spinæ, quæ de panibus ex ære & plumbo conflatis, dum stannum ab ære secerneretur, ortæ sunt, frischdorner

spinæ, quæ de panibus ex semel recoctis spinis conflatis, ortæ sunt, dorner so einmal gearbeitet seind

spinæ, quæ dum panes fathiscentes torrentur, ortæ sunt, röstdorner

spinæ viles, eiserne dorner

spinæ vilissimæ, die geringste dorner

spinæ quæ de plumbo, cum in secundis fornacib. separatur ab argento, detrahuntur, abstrich

spiritum suppeditare, wetter brengen

spuma argenti, glette

stannum, schwartz pley

stannum pauper, frisch einstrich/mediocre, reich einstrich/ dives, treib vnnd werck pley

statera, wage

stipes chelas habens perforatas, ein gezwiselt stamholtz

stipites vel asseres crassi, haspelsturtzen

stipites ad saxa terminalia affixi, pfel so man an die lechstein schlehet

strues lignorum sive crates, röst

subcæsivum, oberschar /

subscus, müleisen oder meissel (gehet

subsolanus, der wind der vorst ost wehet oder

subvesperus, der wind so von westsuden we=

succutere, trosteren (het

sucula, ronbaum

supernas, der wind so von nottost wehet

sulfur argento admiscere, das silber im schwefel freuden

sulfuris conficiendi rationes, die weisen schwefel zumachen: prima, dz schwefel machen im topffen/secunda, dz schwefel macht im ofen wie zu Kromenau/tertia, das schwefel machen in krugen .

symbola dare, zupus geben

symbola dominis indicere, zupus anlegt

T

Tabula, schran

Tabella, leiste/rigel/oder bretstucke/täflin

Tabellæ duæ inter se transversæ, quas tertia decussat, der querl

Tabellæ quarum alia alia altior est, das geröhelle vnd widerstosse

entem der gang hat sein außgehn im morgen

vena caudam tédit in occidenté, der gäg vhelt in die teuffe gegen dem abende

vena cumulata, ein geschute oder stöck

vena dilatata, ein schwebend gang/od fletze

venâ dilatata alta, ein dicker oder mechtiger schwebender gang oder fletze

venâ dilatata humilis, ein dünner oder schmaler schwebender gang oder fletze

vena dilatata recta, ein schwebender gang oder fletz so sich seiger gericht außbreitet

vena dilatata obliqua, ein schwebender gang oder fletz so sich flach außbreitet

vena dilatata curvata, ein schwebender gang oder fletze so sich steigend vnd vhallend außbreitet

Vena dura, ein vhester gang

Vena durissimo saxo finditur in partes, ein vhest gestein zustoßt den gang

Vena ex meridie pertinens in Septentriones, ein gang der von mittag in mitternacht streicht

vena ex oriente pertinens in occidétem, ein gang der von morgen in den abendt streicht

Vena ex occidente pertinens in orientem, ein gang der von abend in morgen streicht

vena ex septentrionibus pertinens in meridiem, ein gang der von mitternacht in mittag streicht

vena principalis, der hauptgang

vena principalem oblique diffindens, ein gang der ottschicks vber kompt/ oder der sich vber den haupt gang ortet

vena principalem oblique diffindens rapta, ein gang den der hauptgang mit sich schlappet

vena principalem oblique diffindens in priorem partem translata, ein gang den der hauptgang zu ruck stoßt

vena profunda, ein gang so in die teuffe vhelt

vena profunda angusta, ein schmal genglein/so in die teuffe vhelt

vena profunda descendens rectâ in profundum terræ, ein gang der seiger gericht in die teuffe vhelt

vena profunda descendens obliqua, ein gang der flach in die teuffe vhelt/ oder ein flacher gang

Vena profunda descendens torta, ein

gang der sich storrt

vena profunda lata, ein mechtig gang so in die teuffe vhelt

vena putris, ein schnetiger gang

venam, qua parte abundat metallo luto oblinire, das ertz vorstreichen

vena solida, ein volliger gang

venam tecti vel fundamétu saxis abrumpere, eine wand werffen

vena transversa, creutzgang oder quergäg

vena vacua fossilibus & aquis pervia, ein gang der wasser tregt

venam aperire, ein gang entblösen

venam fibræ in molli saxo disjiciunt, kluffte vnd fletze zuschmettern vnderweilen den gang int schneingen gestein

venam in fodinis igni frangere, sitzen

venam terris, saxis, assere, palo tegere, dz ertz vorsetzen

venæ caput, das außgehen deß ganges

venę fundamentū, das liegende deß gangs

venæ tectuin, dz hangende deß ganges

venæ durisimæ nodus, ein gneuß oder misspickel

venarum cavernulæ, drusen

venarum conjunctio, wen ein gang zum andern vhelt

venarum excoquendarum ratio, das schmeltzen auffm stich. Venarum aliæ citò liquescunt, etlich ertz seind flüßig/ aliæ lentè, etlich seind streng vnnd wild/ arbeiten sich seiger/aliæ sparsim ferventes non coeunt in unum, etlich arbeiten sich zu heiß gretig

venarum tundendarum modi, die weisen ertz zu puchen. Primus, das ertz puchen so gemein: alter, das ertz puchen mit feusteln/ tertius, das ertzdreschen

venarum urendarum rationes, die weisen ertz zu rösten. Prima, das gemein ertz rösten. Secunda, das zwitter rösten. Tertia, das glantz rösten. Quarta, das rösten auff dem eisernen blech: quinta, das rösten auff den eisernen blechen im ofen: sexta, das schifer rösten.

venas pilis præferratis tundere, ertz vnder den pucheren puchen/ oder schlecht ertz puchen

Venas corio nudare, geng entblossen

Venas experiri vel explorare, probiren

venula vel fibra, kluffte oder geschicke

veruculum, das eisen wie ein brotspiß via, gasse

# INDEX RERUM AC VER-
## BORuM IN LIB. DE RE METAL-
### LICA, TERTIUS.

Statera

Torren-

## FODINARUM OMNIuM, QUAE IN LIB. XII. DE RE Metallica numerantur, CATALOGUS.

## FINIS.

# ANIMANTIUM NOMI-
## NA LATINA GRAECAQVE GER-
manicè reddita, quorum author in lib. De Subterraneis animantibus meminit.

### GRADIENTIUM.

Alce eſch/elend
Aper wildſchwein
Araneus niger ſchwartze feldſpinne
Aſellus ſchefflein in feneſtris verſatur.
Βατραχίδες kaulkrotten
Blattæ wibel/brotwoꝛme/ſpringwibel
Βρίξας laubfroſch
Bufo krott
Καλαμίτη item laubfroſch
Καμψίχορ⊙ eichorn
Caprea reh
Caſtor piber
Cervus hirs
Chamæleon, Germanis eſt ignotus
Crocodilus crocodil
Cuniculus cuniculi
Dama ein gemps des hörner voꝛſich gebogen
ſein
Ἐλαφὸς Italicè ghyro
Erinaceus igel / ejus duo genera, huntsigel vnd
ſewigel
Fiber piber
Formica eims
Γάλη wiſel
Glis groſſe haſelmaus
Γυέτρος kaulkroten
Hyſtrix ſtachelſchwein/boꝛnſchwein/ porcopick
Ibex ſteinpock
Ἰκτὶς iltes & aliæ ſylveſtres muſtelæ
Lacerta grunader
Lacerta Chalcidica kupferadex
Lacerta aquatilis waſſeradex
Lupus wolff
Lupus cervarius lurx
Lutra otter
Martes ſteinmarter/vnd paummarter
Meles daxs
Melium ein halsband darunder daxs gefüttert/
ſo man den hunden anlege
Μολουείδες kaulkroten
Mus alpinus murmelchier
Mus araneus ſpixmauß
Mus agreſtis ſchörmauß
Mus laſſicius laſſix
Mus Noticus piſche/ bilche / ziſel / bilchmauß/
ziſelmauß
Mus domeſticus major ratte
Mus Pannonicus
Mus Ponticus hermlein

Mus aquaticus waſſermauß
Mus ſubterraneus kleine ſchörmauß
Mus ſylveſtris haſelmauß oder nöſmauß
Muſtela domeſtica wiſel
Muſtela ſylveſtris iltes
Μυγαλῆ ſpixmauß
Μῦς ὁξίυρ⊙ eichorn
Noerza noerx
Platyceros damhirs
Pulices terreni erdfloh
Πυελόρρυυ⊙ feurkrote
Rana rubera krote
Rana temporaria reinfröſchlein
Rana venenata foſsilis feurkrote
Rana viridis parva laubfroſch
Ranæ virides, ſublividæ, ſubcinereæ fröſche
Rupicapra ein gemps des hörner hinderſich ge-
bogen ſein
Salamandra molch
Scarabeus, de quo hic loquimur, ſettkefer
Σκίυρ⊙ eichorn
Sorex mitle haſelmauß
Stellio Tarantula
Talpa molwurff
Tarandus reen
Teſtudo ſchiltkrote
Tragelaphus brandhirſe
Vermis in Majo natus meiwoꝛm
Viverra ſurette vnd frette
Vormela woꝛmlein
Urſus beer
Vulpes fuchs
Zobela zobel.

### VOLANTIUM.

Alauda lerch
Anas immanſueta wilde ente
Anſer immanſuetus wilde gans
Apis pien
Ἀπόδες ſpiꝛſchwalben
Aquila adler
Ardeola reiher
Attagen haſelhůn
Bubo gros huhu
Ciconia ſtoꝛch
Cornix krahe
Corvus aquaticus waſſerrabe
Corvus, cujus caput rubra macula eſt inſigne
holkrahe
Corvus noꝛturnus naꝛtrabe

# INDEX IN LIBRVM
De subterraneis animan-
tibus secundus

## A

DE ANIMANTIBUS SUBTERRANEIS
*Indicis Finis.*

NB. Fol. 107. lin. 15. pro verricula, lege rutra.